化学电源技术

上海空间电源研究所　编著

科学出版社

北　京

内 容 简 介

本书密切结合当前航天器电源分系统中化学电源研究、设计、制造和应用,对化学电源的理论、技术、制造和测试做了较为详尽的论述。

全书共 10 章,内容包括:化学电源基础知识、锌锰干电池、铅酸蓄电池、锌银电池、镉镍电池、氢镍蓄电池、锂电池、锂离子蓄电池、热电池及其他化学电源。

本书可供从事和关心航天器总体与电源分系统技术领域的研究、设计、制造、测试、应用的专业技术人员和管理干部使用,也可作为高等院校相关专业本科高年级学生和研究生的选修教材或参考书。

图书在版编目(CIP)数据

化学电源技术/上海空间电源研究所编著. --北京:科学出版社,2015.2

(航天电源技术系列)

ISBN 978-7-03-043314-5

Ⅰ.①化… Ⅱ.①上… Ⅲ.①化学电源 Ⅳ.①TM911

中国版本图书馆 CIP 数据核字(2015)第 026613 号

责任编辑:王艳丽 孙静惠
责任印制:谭宏宇 / 封面设计:殷 靓

科学出版社 出版

北京东黄城根北街 16 号
邮政编码:100717
http://www.sciencep.com

北京虎彩文化传播有限公司印刷
上海蓝鹰文化传播有限公司排版制作
科学出版社发行 各地新华书店经销

*

2015 年 2 月第 一 版 开本:787×1092 1/16
2019 年 9 月第七次印刷 印张:30
字数:718 000

定价:120.00 元

前　　言

上海空间电源研究所是我国抓总研制空间电源分系统的专业研究所,主要承担航天器、航空器、导弹、火箭及其他特殊设备用电源系统及其设备的研究、设计、制造和试验任务。化学电源在电源分系统中承担着储存电能的作用,是电源分系统的重要组成部分。本书内容全面,强调设计与应用相结合,实用性强,是从事和关心航天器总体及电源分系统技术领域研究、设计、制造、测试、应用和管理的专业技术人员、大专院校师生和管理干部的一本很好的参考书。

全书共10章,第1章主要介绍了化学电源的基础知识。第2章锌锰干电池,主要介绍锌锰干电池的工作原理、性能和制造。第3章铅酸蓄电池,主要介绍铅酸蓄电池工作原理和性能,制造、使用和维护等。第4章锌银电池,主要介绍锌银电池的工作原理、设计与制造、使用和维护等。第5章镉镍电池,主要介绍镉镍电池的工作原理、单体设计和电池组设计、安全性能和使用维护等。第6章氢镍蓄电池,主要介绍单体电池设计和电池组设计、制造以及使用和维护等。第7章锂电池,主要介绍锂电池结构组成以及 Li/MnO_2、Li/I_2、Li/SO_2、$Li/SOCl_2$ 四类锂电池。第8章锂离子蓄电池,主要介绍锂离子蓄电池单体结构,锂离子蓄电池制造、设计和计算以及使用和维护。第9章热电池,主要介绍热电池工作原理及其设计制造过程、钙系和锂系热电池等。第10章其他化学电源,主要介绍燃料电池、电化学电容器、水激活电池、锌空电池、钠硫电池、氧化还原液流电池。

本书由上海空间电源研究所组织编写,其中第1～3章由张新荣、张伟编写,第4章由王冠编写,第5章由费君生编写,第6章由马丽萍编写,第7章由郭瑞编写,第8章由潘延林编写,第9章由胡华荣编写,第10章由王涛编写,以上作者的单位均为上海空间电源研究所。

在本书初稿的编写过程中,空间电源技术实验室整理并提供了国内外化学电源技术最新发展状况以及后续发展方向。本书初稿完成后,李国欣对全书的内容进行了审稿,并提出了宝贵的意见和建议。上海空间电源研究所科技委专门邀请专家对本书进行了认真的评审,在此一并表示感谢。本书凝聚了上海空间电源研究所的各级领导的关心和支持,各领域同事和朋友的帮助与鼓励以及各章节作者的心血和智慧。

限于作者水平,本书难免有一些不足之处,恳请广大读者批评指正。

上海空间电源研究所

2014 年 9 月

目　　录

第1章 化学电源基础知识

1.1 化学电源的定义、特点、应用及发展概况

1. 化学电源的定义

顾名思义,电源——电力之源,即借助于某些变化(化学变化或物理变化)将某种能量(化学能或光能)直接转换为电能的装置,通过化学反应直接将化学能转换为电能的装置称为化学电源,如常见的锌锰干电池、铅酸电池等。通过物理变化直接将光能、热能转换为电能的装置称为物理电源,如半导体太阳电池、同位素温差电池等。

化学电源在实现化学能直接转换为电能的过程中,必须具备两个条件:

① 必须把化学反应中失去电子的过程(氧化过程)和得到电子的过程(还原过程)分隔在两个区域中进行。因此,它与一般的氧化还原反应不同。

② 两个电极分别发生氧化反应和还原反应时,电子必须通过外线路做功。因此,它与电化学腐蚀微电池也是有区别的。

从化学电源的应用角度而言,常使用电池组这个术语。电池组中最基本的电化学装置称为电池。电池组是由两个或多个电池以串联、并联或串并联形式组合而成的。其组合方式取决于用户所希望得到的工作电压和电容量。

习惯上常将化学电源简称为电池。

2. 化学电源的特点

化学电源是将化学能直接转化为电能的装置。与其他电源(如火力发电、水力发电、风能、原子能、太阳能等发电装置)相比,它具有以下特点:

① 能量转换效率高。其他的发电方式往往要经过多种步骤。例如,火力发电先把燃料的化学能转变为热能,再由热机将热能转变为机械能,最后才由发电机把机械能转变为电能。在整个发电过程中,每一次转换都要损耗能量,而且还要受卡诺循环的限制,能量转换效率最高只能达到40%,一般仅为25%。

化学电源直接将化学能转变为电能,不经过上述中间步骤,也不受卡诺循环的限制,能量转换效率最高可达80%。

② 化学电源工作时不产生污染环境的物质,且无噪声。从环境保护的角度来看,它是受人欢迎的干净的能源。

③ 不仅能产生电能,而且能储存电能,因此可与其他能源配合使用,组成能源系统。

④ 可制成各种形状和大小以及不同电压和容量的产品用于各种场合。

⑤ 使用方便,易于携带,安全,易维护。

⑥ 能在各种条件下使用,如高低温、高速、失重、振动、冲击等恶劣环境条件。

⑦ 既可以长时间储存,也可瞬间启用。

3. 化学电源的应用

由于具有以上特点,化学电源在世界各国的工业、军事及其他部门有极其广泛的用途。

各种类型电池的主要应用范围如图1.1所示。它分别标出了各类电池的功率水平和工作时间。在一定的效率水平和工作时间范围内,某种电池的使用会呈现相应的优势。

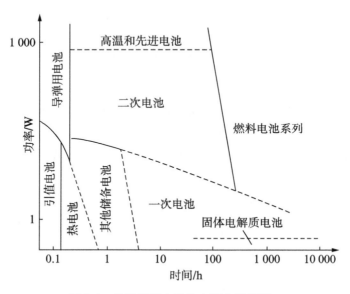

图1.1　各种类型电池的主要应用范围

一次电池,常用于低功率到中功率放电。它们使用方便,相对价廉。外形以扁形、扣式和圆柱形为多见。常以单体电池或电池组的形式用于各种便携式电气和电子设备。圆柱形(干)电池广泛用于照明、信号和报警装置,还广泛用于半导体收音机、收录机、计算器、玩具以及剃须刀、吸尘器等家庭和生活用品上。扣式电池广泛应用于手表等,薄形电池还用于CMOS电路记忆储存电源。同时,一次电池广泛应用于军事便携通信、雷达、夜间监视等设备,还用于气象仪器、导航仪器等。

二次电池及其电池组,常用于较大功率的放电。常用于汽车启动、照明和点火。二次电池的另一主要用途是辅助和(备用)应急电源,以及(浮充状态下)负荷平衡供电。它作为卓有成效的电化学储能装置在人造卫星、宇宙飞船和空间站方面,在潜艇和水下推进方面,在电动车辆方面的应用,正越来越显示出新的生命力。

储备电池,常在特殊的环境下使用。如储备热电池和储备锌银电池经多年长期储存之后能在短时间内高倍率放电,用作导弹电源。在微安级低倍率放电条件下工作的固体电解质电池,储存寿命或工作寿命特别长,可用作心脏起搏器和计算机储存电源等可靠性要求特别高和寿命特别长的场合。

燃料电池,用于长时间连续工作的场合。它已成功应用于"阿波罗"飞船等的登月飞行和载人航天器中。同时,相关学者正在进一步研制燃料电池电站,并入公用电网供电。

4. 化学电源的发展简述

化学电源的历史可以追溯到1800年意大利科学家伏打发明的世界上第一个电池——伏打电池。这个最早的电池是由铜片和锌片交叠而成,中间隔以浸透盐水的毛呢。1836年,英国人丹聂耳对伏打电堆进行改进,设计了具有实用性的丹聂耳电池。19世纪末期诞生的化学电源中,铅酸电池和锌锰干电池至今仍然是最重要的两种电池。1859 年普兰特发明了铅酸电池,1881 年富莱、布鲁希进而制成了涂膏式极板,为铅酸蓄电池奠定了基础。1868 年勒克朗谢发明了锌二氧化锰电池。20 年后,迦斯勒作出了一个重大的改进,制成了锌二氧化锰干电池。1899 年雍格纳发明镉镍电池。1901 年爱迪生发明了铁镍蓄电池。以上 4 种类型电池的发明对电池发展具有深远意义,它们已有一百多年的历史,由于不断地改进和创新,至今在化学电源的生产与应用中仍然占有很大的份额。

　　1941 年法国科学家亨利·安德烈将锌银电池技术实用化,开创了高比能量电池的先例。1969 年飞利浦实验室发现了储氢性能很好的新型合金,1985 年该公司研制成功金属氢化物镍蓄电池,1990 年日本和欧洲实现了这种电池的产业化。1970 年出现金属锂电池。20 世纪 80 年代开始研究锂离子蓄电池,1991 年索尼公司率先研制成功锂离子电池,目前其已经广泛应用于各个领域。

　　燃料电池的开发历史悠久。1839 年,格罗夫通过将水的电解过程逆转发现了燃料电池的工作原理;20 世纪 60 年代,基于培根型燃料电池的专利研制了第一个实用性的 1.5 kW 碱性燃料电池,可以为美国国家航空航天局的“阿波罗”登月飞船提供电力和饮用水;20 世纪 90 年代开始,新型的质子交换膜燃料电池技术取得了一系列突破性进展。

　　化学电源与其他电源相比,具有能量转换效率高、使用方便、安全、容易小型化、与环境友好等优点,各类化学电源在日常生活和生产中发挥着不可替代的作用。化学电源的发展是和社会的进步、科学技术的发展分不开的,同时化学电源的发展反过来又推动了科学技术和生产的发展。由于科学技术、军事、航天等部门的新要求,提出了一系列新的化学电源,例如,各种高性能的锂电池、燃料电池、热电池和固体电解质电池。将来化学电源仍会快速发展。

1.2　化学电源的工作原理

　　化学电源是一个能量储存与转换的装置。放电时,电池将化学能直接转变为电能;充电时则将电能直接转化为化学能储存起来。电池中的正负极由不同的材料制成,插入同一电解液的正负极均将建立自己的电极电势。此时,电池中的电势分布如图 1.2 中折线 A、B、C、D 所示(虚线和电极之间的空间表示双电层)。由正负极平衡电极电势之差构成了电池的电动势 E。当正、负极与负载接通后,正极物质得到电子发生还原反应,产生阴极极化使正

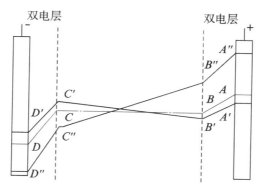

图 1.2　化学电源的工作原理

极电势下降;负极物质失去电子发生氧化反应,产生阳极极化使负极电势上升。外线路有电子流动,使电流方向由正极流向负极。电解液中靠离子的移动传递电荷,电流从负极流向正极。电池工作时,电势的分布如 $A'B'C'D'$ 折线所示。

上述的一系列过程构成了一个闭合通路,两个电极上的氧化、还原反应不断进行,闭合通路中的电流就能不断地流过。电池工作时电极上进行的产生电能的电化学反应称为成流反应,参加电化学反应的物质叫活性物质。

电池充电时,情况与放电时相反,正极上进行氧化反应,负极上进行还原反应,溶液中离子的迁移方向与放电时相反,充电电压高于电动势。

放电时,电池的负极上总是发生氧化反应,此时是阳极,电池的正极总是发生还原反应,此时是阴极,充电时进行的反应正好与此相反,负极进行还原反应,正极进行氧化反应,成为一个可以做功的化学电源。

1.3 化学电源的组成

化学电源的系列品种繁多,规格形状不一,但就其主要组成而言有以下四个组成部分:电极、电解液、隔膜和外壳。此外,还有一些零件,如极柱等。

1. 电极

电极包括正极和负极,是电池的核心部件,它是由活性物质和导电骨架组成的。

活性物质是指电池放电时,通过化学反应能产生电能的电极材料,活性物质决定了电池的基本特性。活性物质多为固体,但是也有液体和气体。对活性物质的基本要求是:

① 正极活性物质的电极电势尽可能正,负极活性物质的电极电势尽可能负,组成电池的电动势就高。

② 电化学活性高,即自发进行反应的能力强;电化学活性和活性物质的结构、组成有很大关系。

③ 质量比能量和体积比能量大。

④ 在电解液中的化学稳定性好,其自溶速度应尽可能小。

⑤ 具有高的电子导电性。

⑥ 资源丰富,价格便宜。

⑦ 环境友好。

要完全满足以上要求是很难做到的,必须综合考虑。

目前,广泛使用的正极活性物质大多是金属的氧化物,如二氧化铅、二氧化锰、氧化镍等,还可以用空气中的氧气。而负极活性物质多数是一些较活泼的金属,如锌、铅、镉、钙、锂、钠等。

导电骨架的作用是能把活性物质与外线路接通并使电流分布均匀,另外还起到支撑活性物质的作用。导电骨架要求机械强度好、化学稳定性好、电阻率低、易于加工。

2. 电解液

电解液也是化学电源的不可缺少的组成部分,它与电极构成电极体系。仅有电极、没有电解液,也不能进行电化学反应。电极材料选定之后,电解液有一定的选择余地,电解液不同,电极的性能也不同,有时甚至关系电池的成败。电解液保证正负极间的离子导电作用,有的电解液还参与成流反应。电池中的电解液应该满足：

① 化学稳定性好,使储存期间电解液与活性物质界面不发生速度可观的电化学反应,从而减小电池的自放电。

② 电导率高,则电池工作时溶液的欧姆电压降较小。不同的电池采用的电解液是不同的,一般选用导电能力强的酸、碱、盐的水溶液,在新型电源和特种电源中,还采用有机溶剂电解质、熔融盐电解质、固体电解质等。

3. 隔膜

隔膜,又称隔板,置于电池两极之间,主要作用是防止电池正极与负极接触而导致短路,同时使正、负极形成分隔的空间。由于采用隔膜,两个电极的距离可大大减小,电池结构紧凑,电池内阻也降低,比能量可以提高。隔膜的材料很多,对隔膜的具体要求是：

① 应是电子的良好绝缘体,以防止电池内部短路。

② 隔膜对电解质离子迁移的阻力小,则电池内阻就相应减小,电池在大电流放电时的能量损耗就减小。

③ 应具有良好的化学稳定性,能够耐受电解液的腐蚀和电极活性物质的氧化与还原作用。

④ 具有一定的机械强度及抗弯曲能力,并能阻挡枝晶的生长和防止活性物质微粒的穿透。

⑤ 材料来源丰富,价格低廉。常用的隔膜有棉纸、浆纸层、微孔塑料、微孔橡胶、水化纤维素、尼龙布、玻璃纤维等。

4. 外壳

外壳是电池的容器,同时兼有保护电池的作用。在现代化学电源中,只有锌锰干电池是锌电极兼作外壳,其他各类化学电源均不用活性物质兼作容器,而是根据情况选择合适的材料作外壳。电池外壳应具有良好的机械强度、耐震动和耐冲击,并能耐受高低温环境的变化和电解液的腐蚀。因此,在设计及选择电池外壳的结构及材料时,应考虑上述要求。化学电源的外壳可采用各种橡胶、塑料以及某些金属材料。

1.4　化学电源的实用电极

电极往往被简化为平板电极,成分单一,形状规则。这只是一个简化问题的理论抽象。化学电源中的实用电极远非如此。就电极材料而言,除了参加电极反应的活性物质,还有其他组分和添加剂;就电极结构而言,则并非平板一块,而是种类甚多且各具特点。

1. 实用电极的材料分类

1) 主要成分

电极反应的活性物质是主要成分,例如,锌电极的主要成分是锌,二氧化锰电极的主要成分是 MnO_2。在研制一种新的电池时,如果电极尚未选定,对于电极材料应考虑以下因素：化学电源作为一种能源装置,应产生尽可能多的电能。电能取决于电源的电动势和输出电量这两个因素。电动势越高,电量越多,电能就越多。为了获得高的电动势,希望正极的电位高一些,负极的电位低一些,因此要了解电极材料的标准电极电位(φ_0)和平衡电极电位(φ_e)。电池能产生的电量,一方面取决于活性物质的数量(数量越多,产生的电量越多),

另一方面取决于活性物质的电化学当量(K)。K值越小,单位质量活性物质产生的电量就越多。应当说明,电极一经选定,电极材料的主要成分就不能改变。为了改进电极的性能,就只能从次要成分及添加剂方面想办法。

2) 次要成分

次要成分虽然不直接参加电极反应,但可以改善电极的导电性质、孔隙率、机械性能和加工性能。例如,在锌二氧化锰电池的正极(碳包)中加入的石墨和乙炔黑,都可以改善电极的导电性能和吸收电解液的能力;在有的电极中加入发孔剂则可增加孔隙率。

3) 添加剂

添加剂的加入量很小,各有特定的目的:电催化剂,能促进电极反应。阻化剂,能减小电极的自放电,如在电极中加入微量元素组分,可提高溶液中参加金属自溶共轭反应的氧化组分的过电位。活化电极,减小电极的钝化。改变电极材料结晶组织的添加剂,如在铅酸电池的正极中加入某些合金元素添加剂,能细化晶粒。防止负极材料充电时收缩、结块、比表面减小的添加剂,如在镉镍蓄电池镉电极中加入氢氧化亚镍。

2. 化学电源的实用电极结构

1) 片(板)状电极

它是由金属片(板)材直接制成的。如锌二氧化锰电池的负极就是锌皮做的圆筒。这种电极的制造简单,但是性能不好,真实比表面小,只能在较小的电流下工作。

2) 粉末多孔电极

这种电极是将粉末状的活性物质用各种方法制成的。化学电源绝大部分电极都是粉末电极。粉末电极有以下优点:粉末电极的多孔性可大大增加电极的比表面,减小电极通过的真实电流密度,降低电化学极化。可利用扩散层厚度很小的孔的内表面,进行物质传递,大大增加极限扩散电流密度,降低浓度极化。由于活性物质在微孔中反应,在充放电过程中可更好地保存,不致脱落或生成枝晶,引起短路。采用粉末材料可以得到成分更为稳定和均匀的电极活性物质。通过改变粉末材料的配比、粒度等性质,可以较方便地改变电极材料的特性;通过改变加工工艺,可以较方便地改变电极结构。

因此,粉末多孔电极的提出,为化学电源电极的改进和发展开辟了广阔的前景。

1.5 化学电源中的多孔电极

1. 多孔电极的意义

目前,大部分化学电源都采用多孔电极。采用多孔电极的结构是化学电源发展过程中的一个重要革新,这是因为多孔电极结构为研制高比能量和高比功率的电池提供了可行性和现实性。

多孔电极是用高比表面积的粉状活性物质与具有导电性的惰性固体微粒混合,然后通过压制、烧结等方法制成。采用多孔电极的结构能使进行电化学反应的活性比表面积有很大的提高。由于提高了参加放电过程的活性物质的量,同时也由于电极孔率和比表面的提高,电极的真实电流密度大大降低,使电池的能量损失(包括电压和容量的损失)大幅度减小。因此电池的性能就会得到显著的改善,特别是对于像锌这样一类的具有钝化倾向的电极,多孔电极具有更重要的意义。

　　按照电极反应的特点,将多孔电极分为两类:一类是液-固两相多孔电极;另一类是气-液-固三相多孔电极。在两相多孔电极中,电极的内部孔隙中充满了电解液,电化学反应是在液-固两相的界面上进行的,如锌-银电池中的锌电极、铅酸蓄电池中的铅电极等。而对于三相多孔电极,电极的孔隙中既有充满电解液的液孔,又有充满气体的气孔,在气-液界面上进行气体的溶解,而在固-液界面上进行电化学反应。例如,金属-空气电池中的空气电极及燃料电池中的氢电极和氧电极都属于三相多孔电极。

　　在电池中采用多孔电极主要是为了减小电极的真实电流密度,提高活性物质的利用率,降低电池的能量损失。但这一目的并不是在所有条件下都能达到的。因为在多孔电极中,电极反应是在三维空间结构内进行的,与电极表面距离不同,极化差别必然存在。因此,存在一系列的在平面电极上不存在的特殊问题,例如,整个电极厚度内反应速率的分布、极化性质的改变等。在多孔电极内部存在着浓度梯度和由欧姆内阻而引起的电势梯度,它们使多孔电极的内表面不能被充分利用,因此使多孔电极的有效性受到限制。

　　2. 两相多孔电极

　　在两相多孔电极内部,实际上是由充满电解液的大小不等的液孔和固相两种网络交织而成,结构复杂。没有浓差极化的情况下,由欧姆极化、电化学极化控制。有时电解液的电导高,欧姆极化可以忽略,如电极的电化学极化又小,则当有电流流过时,沿电极孔的纵深方向存在着电解液的浓度梯度。物质传递对电极极化的均匀性有显著的影响。在孔内物质传递的唯一方式是扩散。

　　在多孔电极中,如果只考虑浓差极化,而假设孔内溶液中的欧姆内阻为零,那么孔内表面上各点的电极电势应该相等,电极是一个等电势体。

　　根据极限电流表达式:

$$j_d = \frac{nFDc^0}{L} \tag{1.1}$$

式中,c^0 为溶液本体浓度(或初始浓度)。虽然 n、F、c^0 是常数,但对于孔内表面上各点而言,D 与 L 的值是不同的。物质在孔内扩散受多孔电极的结构影响,一般要用有效扩散系数 $D_{有效}$ 来代替整体溶液中的扩散系数 D。显然,越往孔的深处,L 越大,$D_{有效}$ 越小,即越往孔的深处 j_d 越小。

　　如果多孔电极的孔率和孔径比较大,可以改善孔内物质的传递,使孔内电流分布比较均匀,电极内表面得到较好的利用。

　　如果工作电流密度较大时,孔内的浓度梯度也变大,物质传递的影响更严重,孔内表面上电流分布会更不均匀。

　　3. 三相多孔电极

　　以气体为活性物质的电极与以固体或液体为活性物质的电极不同,它在反应时是在气、液、固三相的界面处发生,缺任何一相都不能实现电化学过程。气体反应的消耗以及产物的疏散都需要扩散来实现,所以扩散是气体电极的重要问题。

　　1) 气体扩散电极的特点

　　气体扩散电极的理论基础是薄液膜理论。威尔曾对 4 mol · dm^{-3} H$_2$SO$_4$ 中的铂黑氢电极进行了下列实验。当氢电极的过电势维持在 0.4 V 时,在用氢饱和的静止溶液中,流过全浸入的铂黑电极的阳极电流仅0.1 mA。但若小心地将铂黑电极从溶液中慢慢提升时,开始流过电极的电流几乎不变,当电极提升到某一位置后,发现电极上流过的电流迅速增长,并且很快上升到一个极大值。继续将电极向外提升,电极上流过的电流开始慢慢下降。用显微镜观察电极表面,发现电流突然上升时,铂黑电极表面存在薄的液膜。

制备高效气体电极时,必须满足的条件是电极中有大量气体溶液到达而又与整体溶液较好连通的薄液膜。这种电极必然是较薄的三相多孔电极,其中既有足够的气孔使反应气体容易传递到电极内部逸出,又有大量覆盖在电极表面上的薄液膜,这些薄液膜还必须通过液孔与电极外侧的溶液通畅地连通,以利于液相反应粒子和反应产物的迁移。因此,理想的气体电极是在电极表面具有大量高效的反应区域——薄液膜层,这时扩散层厚度大大降低。

极限电流密度比全浸没式电极大为增加,这是气体扩散电极的基本特点。为了达到此目的,常有的气体扩散电极主要采用了三种不同形式的结构:双层电极、微孔隔膜电极、憎水电极。

2)气体扩散电极模型

气体扩散电极牵涉液、固、气三相,可以看成是由气孔、液孔和固相三种网络交织组成,分别担任着气相传质、液相传质和电子传递的作用。所以它的电极结构和作用原理都要比全浸没的两相多孔电极复杂。对于气体扩散电极的研究只有一二十年的时间,很多问题目前还不清楚。为便于研究,通常需要把三相多孔电极简化为比较接近实际的模型。过去常用平行毛细管模型加以描述,这显然与实际情况相差太远。目前,化学电源中常见的两种三相多孔电极结构的模型为:亲水气体扩散电极、憎水气体扩散电极。

3)气体扩散电极中的物质传递

在气体扩散电极中,除了与两相多孔电极一样,具有液相物质传递外,还有气相中的物质传递。多孔气体电极中气相传质速度往往较大。只有透气层不太厚,气孔率不太小及反应气体浓度不太低,在一般工作电流密度下才不会出现严重的气相浓度极化。当反应气体组成一定时,为提高极限电流密度,降低浓差极化,应该从改进电极的结构着手,如减薄透气层厚度、加大孔率、减小孔的曲折系数等。其中特别是孔的结构值得注意,因为有效扩散系数与曲折系数的平方成反比。当然,电极的结构还应该结合其他方面的要求综合考虑,如储存性能、寿命等。在气体扩散电极中,究竟是气相还是液相中的物质传递中起控制作用,要根据它们的极限电流密度的大小来确定。

4)气体扩散电极内的电流分布

采用气体扩散电极的目的在于提高电极的工作电流,降低极化。但是,如同两相多孔电极一样,气体扩散电极的反应界面同样不能充分利用。由于气体扩散电极中的电极过程涉及气、液、固三相,它的极化特性和影响因素等动力学问题非常复杂,数学处理也比较困难。下面仅在简化了的特定条件下,定性地讨论气体扩散电极在各种极化控制下的电流分布和改进气体扩散电极的可能性。

电化学极化-欧姆极化控制相当于小电流密度下工作的情况,假设多孔电极中气相和液相极限传质速度很大,因而可以忽略气、液相中反应粒子的浓差极化,也就是说全部反应层中各相具有均匀的组成,并且设反应层的全部厚度中各项的比体积均为定值。在满足这些假设时,电极的极化主要由界面上的电化学反应和固、液相电阻引起。这时电极过程受电化学极化和欧姆极化控制。

当电极在高电流密度下工作,电极表面活性物质消耗的速度很快,气相和液相中的物质传递起控制作用时,称电极为扩散控制。

为简化起见,假设电极的电化学极化很小,与浓差极化相比,可以忽略,同时假设电解液的电导率很高,多孔体内部发生欧姆电压降。对于氧的还原反应,物质传递包括毛细孔中氧气向电解液弯月面的扩散,溶解在电解液中的氧向电极反应表面的扩散以及生成物 OH^- 粒子从液膜中向孔外整体溶液中的扩散等。由于憎水剂的存在,电极处于不完全润湿状态,在某些毛细孔的壁上,电解液形成了一个弯月面和弯月面以上的一部分很薄的液膜,氧从气相通过液膜向电极表面扩散的途径很短,所以扩散电流很大,越往电解液深处延伸,氧的扩散层越厚,扩散电流也就越小,最后降至零。即在电极处于扩散控制下,电流分布是集中在毛细孔面向气体的一面,而在毛细孔面向电解液的一面的孔壁上几乎没有氧的还原反应发生。

实际上气体扩散电极内欧姆电压降不可能为零,特别是在大电流密度条件下工作时,欧姆电压降更为严重。因此,这时实际上往往为扩散-欧姆控制。为了改善电极的性能,既要改善气体的扩散,又要能减小电极孔内电解液中的欧姆电压降。

从以上讨论可以看出,电化学极化-欧姆极化控制和扩散控制的电流分布情况恰好相反。在电化学极化-欧姆极化控制时,电流多分布于靠近电解液的一侧,而扩散控制时,电流多分布于靠近气体的一侧,这是两种极端的情况。因此,可以推论,实际电化学反应进行得最强烈的地带必然在两者之间。

由于气体扩散电极内部结构复杂,研究的历史较短,因此对它的动力学规律认识还不够深入。对于各种模型和理论与实际气体扩散电极的结合还需要做大量的工作。

1.6 化学电源的分类

化学电源的分类方法较多,按电解液、活性物质的存在方式、电池特点、工作性质及储存方式等有不同的分类方法。

1. 电解液

电解液为碱性水溶液的电池称为碱性电池。电解液为酸性水溶液的电池称为酸性电池。电解液为中性水溶液的电池称为中性电池。电解液为有机电解质溶液的电池称为有机电解质溶液电池。电解液为固体电解质的电池称为固体电解质电池。

2. 活性物质的存在方式

活性物质保存在电极上。可分为一次电池(非再生式,原电池)和二次电池(再生式,蓄电池)。

活性物质连续供给电极。可分为非再生燃料电池和再生式燃料电池。

3. 电池特点

按电池的某些特点分为:高容量电池;免维护电池;密封电池;烧结式电池;防爆电池;扣式电池、矩形电池、圆柱形电池等。

4. 工作性质及储存方式

尽管由于化学电源品种繁多,用途又广,外形差别大,使上述分类方法难以统一,但习惯上按其工作性质及储存方式不同,一般分为四类。

1）一次电池

一次电池，又称原电池。即电池放电后不能用充电方法使它复原的一类电池。换言之，这种电池只能使用一次，放电后的电池只能被遗弃。这类电池不能再充电的原因，或是电池反应本身不可逆，或是条件限制使可逆反应很难进行。如

锌锰干电池	$Zn \mid NH_4Cl \cdot ZnCl_2 \mid MnO_2 (C)$
锌汞电池	$Zn \mid KOH \mid HgO$
镉汞电池	$Cd \mid KOH \mid HgO$
锌银电池	$Zn \mid KOH \mid Ag_2O$
锂亚硫酰氯电池	$Li \mid LiAlCl_4 \cdot SOCl_2 \mid (C)$

2）二次电池

二次电池，又称蓄电池。即电池放电后可用充电方法使活性物质复原以后能够再放电，且充放电能反复多次循环使用的一类电池。这类电池实际上是一个电化学能量储存装置，用直流电把电池充足，这时电能以化学能的形式储存在电池中，放电时化学能再转换为电能。如

铅酸电池	$Pb \mid H_2SO_4 \mid PbO_2$
镉镍电池	$Cd \mid KOH \mid NiOOH$
锌银电池	$Zn \mid KOH \mid AgO$
锌氧(空)电池	$Zn \mid KOH \mid O_2 (空气)$
氢镍电池	$H_2 \mid KOH \mid NiOOH$

3）储备电池

储备电池，又称激活电池。即其正、负极活性物质和电解质在储存期不直接接触，使用前临时注入电解液或用其他方法使电池激活的一类电池。这类电池的正负极活性物质的化学变质或自放电，由于与电解液的隔离，本质上被排除，使电池能长时间储存。如

镁银电池	$Mg \mid MgCl_2 \mid AgCl$
锌银电池	$Zn \mid KOH \mid AgO$
铅高氯酸电池	$Pb \mid HClO_4 \mid PbO_2$
钙热电池	$Ca \mid LiCl \cdot KCl \mid CaCrO_4 (Ni)$

4）燃料电池

燃料电池，又称连续电池。即只要活性物质连续地注入电池，就能长期不断地进行放电的一类电池。它的特点是电池自身只是一个载体，可以把燃料电池看成是一种需要电能时将反应物从外部送入电池的一次电池。如

氢氧燃料电池	$H_2 \mid KOH \mid O_2$
肼空燃料电池	$N_2H_4 \mid KOH \mid O_2 (空气)$

必须指出，上述分类方法并不意味着某一种电池体系只能分属于一次电池或二次电池或储备电池和/或燃料电池。恰恰相反，某一种电池体系可以根据需要设计成不同类型的电池。如锌银电池，可以设计为一次电池，也可设计为二次电池或储备电池。

表 1.1 列出按以上原则分类的一些常用电池。应当说明，这只是一种较为普遍的分类方法，还有一些其他分类方法，如按电极系列的分类、按电池形状或大小的分类、按电极结构的分类、按用途的分类或按某种电池性能的分类。

表 1.1　常见电池的分类

电池类别	电池种类
一次电池	锌二氧化锰电池 锌氧化汞电池 锌空气电池 锂卤化物电池 锂碘电池
二次电池	铅酸电池 镉镍蓄电池 铁镍蓄电池 锌银蓄电池
燃料电池	氢氧燃料电池 肼燃料电池 甲醇空气燃料电池
储备电池	钙铬酸钙电池 铝化锂二硫化铁电池 钙五氧化钒电池 镁三氧化钨电池

1.7　化学电源的性能

　　化学电源的系列,品种多,性能各异。化学电源的性能通常指电性能、机械性能和储存性能。有时还包括使用性能和经济成本。这里主要讨论电性能和储存性能。电性能包括电动势、开路电压、工作电压、内阻、充电电压、电容量、比能量(比功率)和寿命等。储存性能则主要取决于电池的自放电大小。

　　1. 电动势

　　电池的电动势,又称电池标准电压或理论电压,为电池断路时(没有电流流过外线路)正负两极之间的电位差。

$$E = \varphi_+ - \varphi_- \tag{1.2}$$

式中,E 为电池电动势;φ_+ 为处于热力学平衡状态时正极的电极电位;φ_- 为处于热力学平衡状态时负极的电极电位。

　　电池的电动势可以从电池体系热力学函数自由能的变化计算而得。主要电池系列的电动势见表 1.2。

　　2. 开路电压

　　电池的开路电压是无负荷情况下的电池电压。开路电压不等于电池的电动势,它通常接近电池的电动势,但总是小于电动势。

　　如金属锌在酸性溶液中所建立的电位是锌自溶解与氢析出这一对共轭体系的稳定电位,而不是锌在酸性溶液中的热力学平衡电极电位。锌氧电池的电动势为 1.646 V,但开路电压仅 1.4～1.5 V。主要原因是氧在碱性溶液中无法建立热力学平衡电位。

表 1.2 主要电池系列电动势和理论容量

电池系列	负极	正极	反应机理	电动势 V	理论容量* g·(A·h)⁻¹	A·h·kg⁻¹
一次电池						
锌锰电池	Zn	MnO_2	$Zn+2MnO_2 \longrightarrow ZnO \cdot Mn_2O_3$	1.6	4.46	224
镁电池	Mg	MnO_2	$3Mg+2MnO_2+3H_2O \longrightarrow Mn_2O+3Mg(OH)_2$	2.8	3.69	271
碱性锌锰	Zn	MnO_2	$Zn+2MnO_2 \longrightarrow ZnO+Mn_2O_3$	1.5	4.46	224
锌汞电池	Zn	HgO	$Zn+HgO \longrightarrow ZnO+Hg$	1.34	5.27	190
镉汞电池	Cd	HgO	$Cd+HgO+H_2O \longrightarrow Cd(OH)_2+Hg$	0.91	6.15	163
氧化银电池	Zn	Ag_2O	$Zn+Ag_2O+H_2O \longrightarrow Zn(OH)_2+2Ag$	1.6	5.55	180
锌空气电池	Zn	O_2（空气）	$Zn+\frac{1}{2}O_2 \longrightarrow ZnO$	1.65	1.55	645
锂二氧化硫电池	Li	SO_2	$2Li+2SO_2 \longrightarrow Li_2S_2O_4$	3.1	2.64	379
锂二氧化锰电池	Li	MnO_2	$Li+Mn^{IV}O_2 \longrightarrow Mn^{III}O_2(Li^+)$	3.5	3.50	286
储备电池						
氯化亚铜电池	Mg	Cu_2Cl_2	$Mg+Cu_2Cl_2 \longrightarrow MgCl_2+2Cu$	1.6	4.14	241
锌氧化银电池	Zn	AgO	$Zn+AgO+H_2O \longrightarrow Zn(OH)_2+Ag$	1.81	3.53	283
二次电池						
铅酸电池	Pb	PbO_2	$Pb+PbO_2+2H_2SO_4 \longrightarrow 2PbSO_4+2H_2O$	2.1	8.32	120
铁镍电池	Fe	NiOOH	$Fe+2NiOOH+2H_2O \longrightarrow 2Ni(OH)_2+Fe(OH)_2$	1.4	4.46	224

续表

电池系列	负极	正极	反应机理	电动势/V	理论容量*	
					$g \cdot (A \cdot h)^{-1}$	$A \cdot h \cdot kg^{-1}$
镉镍电池	Cd	NiOOH	$Cd+2NiOOH+2H_2O \Longrightarrow 2Ni(OH)_2+Cd(OH)_2$	1.35	5.52	181
锌银电池	Zn	AgO	$Zn+AgO+H_2O \Longrightarrow Zn(OH)_2+Ag$	1.85	3.53	283
锌镍电池	Zn	NiOOH	$Zn+2NiOOH+2H_2O \Longrightarrow 2Ni(OH)_2+Zn(OH)_2$	1.73	4.64	215
氢镍电池	H₂	NiOOH	$H_2+2NiOOH \Longrightarrow 2Ni(OH)_2$	1.5	3.46	289
锌氯电池	Zn	Cl₂	$Zn+Cl_2 \Longrightarrow ZnCl_2$	2.12	2.54	394
镉银电池	Cd	AgO	$Cd+AgO+H_2O \Longrightarrow Cd(OH)_2+Ag$	1.4	4.41	227
高温电池	Li(Al)	FeS	$2Li(Al)+FeS \Longrightarrow Li_2S+Fe+2Al$	1.33	2.99	345
	Na	S	$2Na+3S \Longrightarrow Na_2S_3$	2.1	2.65	377
燃 料 电 池						
氢氧燃料电池	H₂	O₂(或空气)	$H_2+\dfrac{1}{2}O_2 \Longrightarrow H_2O$	1.23	0.366	2 975

* 仅根据活性负极和正极材料计算的数据。

必须指出,电池的电动势是从热力学函数计算得到的,而电池的开路电压应是实际测量出来的。开路电压在实验室里可用电位差计精确测量,通常用高阻伏特表,关键是测量仪表内不应有电流流过。否则,测得的电压是端电压,而不是真正的开路电压。

3. 工作电压和内阻

电池的工作电压,又称放电电压,或端电压、负荷电压。当电池处于工作状态时,即电池外线路中有电流流过,电流对外做功时,电池的工作电压为

$$
\begin{aligned}
V &= E - IR_内 \\
&= E - I(R_\Omega + R_f)
\end{aligned}
\tag{1.3}
$$

式中,V 为工作电压(V);E 为电动势(V)(常用开路电压代替);I 为工作电流(A);R_Ω 为欧姆内阻(Ω);R_f 为极化内阻(Ω);$R_内$ 为电池的全内阻,为欧姆内阻和极化内阻之和。

如某 35 A·h 锌银电池,开路电压为 1.84 V,4 C 倍率放电(即 140 A),工作电压为 1.42 V,则电池内阻为

$$
R_内 = \frac{1.84 - 1.42}{140} = 0.003(\Omega)
\tag{1.4}
$$

欧姆内阻(R_Ω)包括电解液的欧姆电阻,电极上的固相欧姆电阻和隔膜的电阻。电解液的欧姆电阻主要与电解液的组成、浓度、温度有关。电极上的固相欧姆电阻包括活性物质颗粒间电阻、活性物质与骨架间接触电阻及极耳、极柱的电阻总和。隔膜的欧姆电阻与电解质种类、隔膜的材料、孔率、孔径等因素有关。此外,R_Ω 还与电池的电化学体系、尺寸大小、结构和成型工艺有关。装配越紧凑、电极间越靠近,欧姆内阻就越小。

极化内阻(R_f)是指电池工作时正极和负极的极化引起的阻力所相当的欧姆阻抗。极化包括电化学极化和浓差极化两部分的总和。在不同场合各种极化所起的作用不同,因而所占的比例也不同,这主要与电极材料的本性、电极的结构和制造工艺以及使用条件等有关。

在电池工作时,内阻要消耗电池的能量。放电电流越大,消耗的能量越多。因此,内阻是表征电池性能的重要指标之一。内阻越小越好。

表征电池放电时电压特性的专用术语有以下几个:

① 额定电压(或公称电压)。额定电压指该电化学体系的电池工作时公认的标准电压。如锌锰电池的额定电压为 1.5 V,镉镍电池为 1.2 V。

② 工作电压。工作电压指电池在某负载下实际的放电电压。通常指一个电压范围。

③ 中点电压。中点电压指电池放电期间的平均电压或中心电压。

④ 终止电压。终止电压指放电终止时的电压值。视负载和使用要求不同而异。

以常见的铅酸电池为例(电动势为 2.1 V),开路电压接近 2.1 V;额定电压为 2.0 V;工作电压为 1.8~2.0 V;中、小电流放电时终止电压为 1.75 V;大电流放电时终止电压为 1.5 V(充电电压为 2.3~2.8 V)。

主要电池的工作电压见表 1.3。

在电池的放电试验中,测量了电池的开路电压、工作电压、终止电压和放电时间等参数。用工作电压作纵坐标,放电时间作横坐标,描绘出一条工作电压随放电时间发生变化的曲线,即放电曲线。从放电曲线可以计算出电池的电容量、电能量、电功率;知道了电池的质量和体积以后,可以计算出电池的质量比能量和体积比能量。

表1.3　主要实用电池系列的特性

电池系列	负极	正极	典型工作电压/V	质量比能量/(W·h·kg^{-1})	体积比能量/(W·h·dm^{-3})
一　次　电　池					
锌锰电池	Zn	MnO_2	1.2	65	140
镁电池	Mg	MnO_2	1.7	100	195
碱性锌锰电池	Zn	MnO_2	1.15	95	219
锌汞电池	Zn	HgO	1.2	105	325
镉汞电池	Cd	HgO	0.85	50	180
氧化银电池	Zn	Ag_2O	1.5	130	515
锌空气电池	Zn	O_2(空气)	1.2	290	905
锂二氧化硫电池	Li	SO_2	2.8	280	440
锂二氧化锰电池	Li	MnO_2	2.7	200	400
固体电解质电池	Li	I_2(P2VP)	2.8	150	400
储　备　电　池					
氯化亚铜电池	Mg	Cu_2Cl_2	1.3	60	80*
锌银电池	Zn	AgO	1.5	30	75+
热电池	Ca	$CaCrO_4$	2.4	5	15+
二　次　电　池					
铅酸电池	Pb	PbO_2	2.0	35	80
铁镍电池	Fe	NiOOH	1.2	30	60
镉镍电池	Cd	NiOOH	1.2	35	80
锌银电池	Zn	AgO	1.5	90	180
锌镍电池	Zn	NiOOH	1.6	60	120
氢镍电池	H_2	NiOOH	1.2	55	60
锌氯电池	Zn	Cl_2	1.9	100	130++
镉银电池	Cd	AgO	1.1	60	120
高温电池	Li(Al)	FeS	1.2	60	100++
高温电池	Na	S	1.7	100	150++

* 水激活；＋自动激活2～10 min 速率；＋＋预测值。

放电曲线的形状随电池的电化学体系、结构特性和放电条件而变化。典型的放电曲线如图 1.3 所示。平滑放电曲线(曲线 1)表示放电终止前反应物和生成物的变化的影响最小;坪阶放电曲线(曲线 2)表示放电分两步进行,反应机理和坪阶电位有变化;倾斜放电曲线(曲线 3)表示放电期间反应物和生成物、内阻等变化的影响很大。

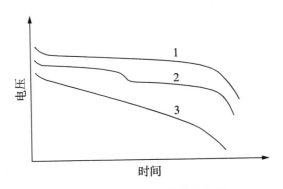

图 1.3　典型的电池充放电曲线

　　放电曲线反映了电池放电过程中电池工作电压真实的变化情况,所以放电曲线是电池电性能优劣的重要标志。一般总是希望曲线越平坦越好。

　　电池的放电方法,视放电时间是否连续,可分为连续放电和间歇放电。其典型放电曲线如图 1.4 所示。从图 1.4 可知,间歇放电时,电池在大电流放电时下降的电压在间歇停止之后会上升,使电池性能有所恢复,出现锯齿形放电曲线。

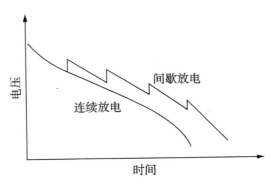

图 1.4　典型连续放电和间歇放电曲线

　　电池的放电方法视负荷的不同模式,可分为恒电阻、恒电流和恒功率(放电电流随电池放电电压下降而增加,保持输出功率恒定)。

　　4. 充电电压

　　电池的充电电压,仅对二次电池充电而言,为充电时该二次电池的端电压。在恒电流充电场合,充电电压随充电时间的延长逐渐增高。在恒电压充电场合,充电电流随充电时间的延长很快减少。典型的电池充电曲线如图 1.5 所示。

　　对于某些电池,为了保证电池能充足电,并保护电池不过充或抑制气体析出,规定了充电的终止电压。必须指出,充电时外部充电设备施加的电压必须超过该电池(或电池组)的充电终止电压。

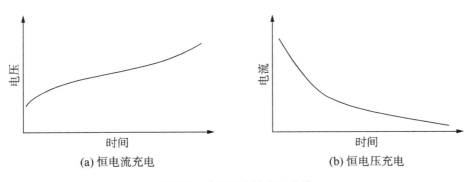

(a) 恒电流充电　　　　　　　　　(b) 恒电压充电

图 1.5　典型的电池充电曲线

5. 电容量及其影响因素

电池的电容量简称容量。单位为库仑(C)或安时(A·h)。

表征电池电容量特性的专用术语有以下三个：

① 理论容量。理论容量指根据参加电化学反应的活性物质电化学当量数计算得到的电量。通常,理论上 1 电化学当量物质(1 电化学当量物质的量,等于活性物质的相对原子质量或相对分子质量除以反应中的电子数)将放出 1 法拉第电量,即 96 500 C 或 26.8 A·h。主要电池系列的理论容量见表 1.2。

② 额定容量。额定容量指在设计和生产电池时,规定或保证在指定的放电条件下电池应该放出的最低限度的电量。

③ 实际容量。实际容量指在一定的放电条件下,即在一定的放电电流和温度下,电池在终止电压前所能放出的电量。

几种主要的电化学体系电池的理论容量(只根据正极和负极活性物质)、实用电池的理论容量和这些电池在 20℃放出的实际容量如图 1.6 所示。

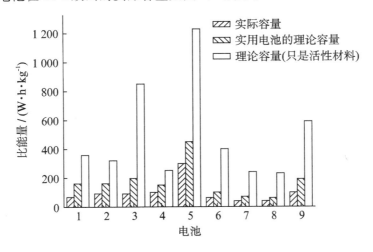

图 1.6　几种主要电池的理论和实际容量

一次电池：1-锌锰干电池,2-碱二氧化锰电池,3-镁二氧化锰电池,
　　　　　4-锌氧化汞电池,5-锂二氧化硫电池;
储备电池：6-镁氯化亚铜电池;
二次电池：7-铅酸电池,8-镉镍电池,9-锌氧化银电池

电池的实际容量通常比额定容量大 10%～20%。电池放电方法,通常有恒电流放电、变电流放电和恒电阻放电等。其实际容量的计算方法如下:

恒电流放电:

$$C = \int_0^t I \mathrm{d}t = It \qquad (1.5)$$

变电流放电:

$$C = \int_0^t I(t) \mathrm{d}t \qquad (1.6)$$

恒电阻放电:

$$C = \int_0^t I(t) \mathrm{d}t = \frac{1}{R} \int_0^t V(t) \mathrm{d}t \qquad (1.7)$$

式中,C 为放电容量(A·h);I 为放电电流(A);V 为放电电压(V);R 为放电电阻(Ω);t 为放电到终止电压的时间(h)。

电池容量的大小,与正、负极上活性物质的数量和活性有关,与电池的结构和制造工艺有关,与电池的放电条件(放电电流、放电温度)也有密切的关系。

影响电池容量的因素的综合指标是活性物质的利用率。换言之,活性物质利用得越充分,电池给出的容量也就越高。

活性物质的利用率可以定义为

$$利用率 = \frac{电池实际容量}{电池理论容量} \times 100\% \qquad (1.8)$$

或

$$利用率 = \frac{活性物质理论用量}{活性物质实际用量} \times 100\% \qquad (1.9)$$

如某锌银二次电池的正极片的实际容量为 45 A·h,实际用银 192 g。考虑到银的电化学当量为 4.05 g·A·h⁻¹,则银电极的利用率为

$$\frac{45 \times 4.05}{192} \times 100\% = 94.9\% \qquad (1.10)$$

活性物质的利用率永远小于 100%。

现将影响电池容量的因素分述如下。

1) 活性物质的数量与活性

在电池中活性物质的数量要适宜。太少会影响额定容量,太多会白白浪费。这是因为:就制成粉状电极中的活性物质而言,电解液在小孔中扩散比较困难;在活性物质表面上形成的放电产物覆盖了粉状电极内部的活性物质,使其很难充分反应。为保证电池给出足够高的容量,正负极活性物质的实际用量比理论用量要高些。有时为了考虑电池的长寿命,特别是二次电池,如镉镍电池,设计者有意识地提高负极理论容量相比于正极的比例[(1.5～2):1]。因此,不同用途的电池,活性物质用量差别很大。

活性物质的活性直接影响电池的容量。其活性与晶型、制造方法、杂质成分和存放状态

都有关。如铅酸电池的活性物质 PbO_2 有两种结晶状态, α - PbO_2 和 β - PbO_2。实验证明, β - PbO_2 的活性比 α - PbO_2 高。

2）电池的结构和制造工艺

电池的结构,包括极板厚度、电极表观面积、极板间距等,都直接影响到电池的容量。在活性物质数量相同的条件下,极板越薄,越有利于电解液的渗透,活性物质可充分作用。极板的表观面积大些,可降低真实电流密度,减少电化学极化,当然对提高电池容量有利。上述这些电池内部结构设计的主要参数合理与否会直接影响电池的容量。

电池的形状、尺寸和电池组的结构,对电池容量也有影响。如高而窄的圆柱形电池的内阻一般比相同结构的矮而宽的电池要低。因此,按它的体积比例,前者优越于矮宽电池。电池组的结构(外壳材料、散热和保温措施等)影响到单体电池的环境和温度,对电池容量也有影响。如电池组的保温性能较好,对低温下工作的单体电池容量有利。

电池制造工艺,对电池容量影响也很大。制备活性物质的配方和操作步骤,电解液的浓度和用量,都是影响电池容量的重要因素。

3）电池放电的条件

电池的容量与电池的放电条件有极大的关系。放电条件主要是指放电电流强度(放电倍率)、放电形式、放电终压和放电温度。

为了方便,电池放电电流的大小常用放电倍率表示(简称放电率)。

$$放电倍率 = \frac{额定容量(\text{A} \cdot \text{h})}{放电电流(\text{A})} \tag{1.11}$$

换言之,电池的放电倍率以放电时间来表示。或者说,以一定的放电电流放完额定容量所需的小时数来衡量。例如,某电池额定容量为 20 A·h,若用 4 A 电流放电,则放完 20 A·h 额定容量需用 5 h,也就是说以 5 小时倍率放电,用符号 C/5 或 0.2C 表示;若以 0.5 小时倍率放电,就是用 40 A 电流放电,用符号 C/0.5 或 2C 表示。由此可见,放电倍率所表示的放电时间越短,即放电倍率越高,则放电电流越大。

根据放电倍率的大小,电池可分成低倍率、中倍率、高倍率和超高倍率 4 类(有时也习惯于不区分是高倍率还是超高倍率,而统称为高倍率电池)。其区分标准大致如下:① 低倍率,<0.5C;② 中倍率,0.5~3.5C;③ 高倍率,3.5~7C;④ 超高倍率,>7C。

放电倍率对电池放电容量的影响很大。放电倍率越大,即放电电流越大,电化学极化和浓差极化急剧增加,使电池放电电压急剧下降,电极活性物质来不及充分反应,电池容量会减少很多。

放电形式对电池容量也有影响。从图 1.12 可知,间歇放电的放电曲线呈锯齿形,其放电容量较连续放电大。同时,恒电阻、恒电流和恒功率放电模式对电池容量的影响也不相同,如图 1.7 所示。从图 1.7(a)可知,若起始电流相同,由于恒电阻放电平均电流最低,该模式工作时间最长。假定平均电流相同,这三种放电模式的比较如图 1.7(b)所示。这时,工作时间相同,但恒电阻放电时电压稳定性最好。不过,恒功率放电是很实用的,具有向负载提供功率恒定的优点,它可使电池能量得到最有效的利用。

放电终压与电池容量有直接的关系。如果使用电池供电的设备的最低输入电压允许电池的放电终压有所降低,则可导致电池放出更大容量。

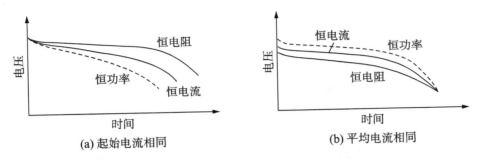

图 1.7　电池在不同放电模式下的放电曲线

电池内部的温度对放电容量关系很大。第一,温度高些,可以加快两个电极的电化学反应速率。第二,电解液电导增加,黏度下降,有利于离子的迁移,提高了电解液的扩散速度。第三,可降低反应产物的过饱和度,防止生成致密层,有利于活性物质充分反应。第四,可防止或推迟某些电极的钝化。这些因素的综合表现是减轻了电极的极化,有利于提高电池的容量。

温度对电池容量的影响如图 1.8 所示。电池温度从 T_4 到 T_1 逐渐减少。放电温度的下降会导致容量减少及放电曲线斜率增大。造成低温下电池放电容量降低的主要原因有:活性物质的活性减弱,电化学极化急剧增加;电解液导电能力下降,黏度增加;电解液在多孔电极小孔中扩散困难;电池的欧姆内阻增加;负极可能发生阳极钝化。

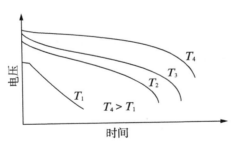

图 1.8　放电温度对电池容量的影响($T_1 < T_2 < T_3 < T_4$)

虽然不同系列、结构的电池放电特性不一样,但通常在 20~40℃ 可获得最好的特性。如果温度过高,放电时化学成分变质很快,足以造成容量损耗增大。

为了比较电池的容量,通常以 25℃ 作为标准状态。换言之,某些电池的容量测试应在 25℃±5℃ 进行(指电解液的温度)。若恒电流放电电流为 $I(\mathrm{A})$,规定的终止电压的放电时间为 $T(\mathrm{h})$,放电终止时电解液温度为 t_f,则放电容量 $C_{放}$ 为

$$C_{放} = I \cdot T_\mathrm{C} \tag{1.12}$$

式中,T_C 为校正放电时间(h)。而

$$T_\mathrm{C} = T[1 - k(t_t - 25)] \tag{1.13}$$

式中,k 为放电时间校正系数,视电池系列和结构而异。

6. 比能量和比功率

电池的输出能量是指在一定的放电条件下电池所能做出的电功,它等于电池的放电容

量和电池平均工作电压的乘积。其单位常用瓦时(W·h)表示。

电池的比能量有两种。一种为质量比能量,用瓦时·千克$^{-1}$(W·h·kg^{-1})表示;另一种为体积比能量,用瓦时·立方分米$^{-1}$(W·h·dm^{-3})表示。比能量的物理意义是电池为单位质量或单位体积时所具有的有效电能量。它是比较电池性能优劣的重要指标。

必须指出,单体电池和电池组的比能量是不一样的。由于电池组合时总要有连接片、外部容器和内包装层等,故电池组的比能量总是小于单体电池的比能量。

主要实用电池的比能量见表1.3。

电池的功率是指在一定放电条件下,电池在单位时间内所能输出的能量。单位是瓦(W)或千瓦(kW)。电池的单位质量或单位体积的功率称为电池的比功率。它的单位是瓦·千克$^{-1}$(W·kg^{-1})或瓦·立方分米$^{-3}$(W·h·dm^{-3})。如果一个电池的比功率较大,则表示在单位时间内,单位质量或单位体积中给出的能量较多,即表示此电池能用较大的电流放电。因此,电池的比功率也是评价电池性能的重要指标之一。

7. 储存性能和自放电

电池经过干储存(不带电解液)或湿储存(带电解液)一定时间后,其容量会自行降低。这个现象称为自放电。储存性能是指电池开路时,在一定条件下(如温度、湿度等)储存一定时间后自放电的大小。

电池在储存期间,虽然没有放出电能量,但是在电池内部总是存在着自放电现象。即使是干储存,也会由于密封不严,进入水分、空气及二氧化碳等物质,使处于热力学不稳定状态的部分正极和负极活性物质(构成微电池腐蚀机理)自行发生氧化还原反应而消耗掉。如果是湿储存,则更是如此。长期浸在电解液中的活性物质也是不稳定的。负极活性物质大多是活泼金属,都要发生阳极自溶。酸性溶液中,负极金属是不稳定的,在碱性及中性溶液中也不是十分稳定。

电池自放电的大小,一般用单位时间内容量减少的百分数来表示。即

$$自放电 = \frac{C_0 - C_t}{C_0 t} \times 100\% \tag{1.14}$$

式中,C_0 为储存前的容量(A·h);C_t 为储存后的容量(A·h);t 为储存时间(常用天、周、月或年表示)。

自放电的大小,也能用电池储存至某规定容量时的天数表示,称为储存寿命。储存寿命有两种,干储存寿命和湿储存寿命。对于在使用时才加入电解液的电池储存寿命,习惯上称为干储存寿命。干储存寿命可以很长。对于出厂前已加入电解液的电池储存寿命,习惯上称为湿储存寿命(或湿荷电寿命)。湿储存时,自放电较严重,寿命较短。如锌银电池的干储存寿命可以达到5～8年,但它的湿储存寿命通常只有几个月。

降低电池中自放电的措施,一般是采用纯度较高的原材料,或将原材料预先处理除去有害杂质。有的在负极材料中加入氢过电位较高的金属,如 Cd、Ag、Pb 等。也有的在电极或溶液中加入缓蚀剂,目的都是抑制氢的析出,减少自放电反应的发生。

8. 寿命

在讨论电池储存性能时,引入了干储存寿命和湿储存寿命的概念。必须指出,这两个概念仅是针对电池自放电大小而言的,并非电池的实际使用期限。本节讨论的电池的寿命,是

指电池实际使用的时间长短。对一次电池而言,电池的寿命是表征给出额定容量的工作时间(与放电倍率大小有关)。对二次电池而言,电池的寿命分充放电循环寿命和湿搁置使用寿命两种。

充放电循环寿命,是衡量二次电池性能的一个重要参数,经受一次充电和放电,称为一次循环(或一个周期)。在一定的充放电制度下,电池容量降至某一规定值之前,电池能耐受多少次充电与放电,称为二次电池的充放电循环寿命。充放电循环寿命越长,电池的性能越好。在目前常用的二次电池中,镉镍电池的充放电循环寿命最长(>500 周),铅酸电池次之(200~250 周),而锌银电池要短得多(100 周左右)。

二次电池的充放电循环寿命与放电深度、温度、充放电制度等条件有关。放电深度是指电池放出的容量占额定容量的百分数。减少放电深度(即浅放电),二次电池的充放电循环寿命可以大大延长。

湿搁置使用寿命,也是衡量二次电池性能的重要参数之一。它是指电池加入电解液后开始进行充放电循环直至充放电循环寿命终止的时间(包括充放电循环过程中电池进行放电态湿搁置的时间)。湿搁置使用寿命越长,电池的性能越好。在目前常用的电池中,铅酸电池的湿搁置使用寿命最长(3~8 年),镉镍电池次之(3~5 年),而锌银电池要短得多(1 年左右)。

思 考 题

(1) 化学电源有何特点?化学电源是由几部分组成的?各有什么作用及要求?

(2) 什么是化学电源的内阻?它受哪些因素的影响?

(3) 什么是化学电源的容量?它分为几种?

(4) 如何提高化学电源的比能量?

(5) 什么叫化学电源的循环寿命?它取决于哪些因素?

第2章 锌锰干电池

2.1 锌锰干电池概述

2.1.1 锌锰干电池的发展简史

锌二氧化锰(Zn-MnO₂)电池是以 Zn 为负极、MnO₂ 为正极的一个电池系列。电解液可采用中性(实际是微酸性)的 NH_4Cl、$ZnCl_2$ 水溶液或碱性的 KOH 水溶液,简称锌锰电池。由于世界上第一只锌锰干电池是由法国的乔治·勒克朗谢发明的,也称为勒克朗谢电池。

1868 年,勒克朗谢采用了软锰矿(主要成分是 MnO_2)作正极,锌棒作负极,电解液是质量分数为 20%的氯化铵水溶液,玻璃瓶作电池的容器制成了世界上第一只 Zn-MnO₂ 电池。经过 1888 年卡尔·加斯纳的改进,采用氯化铵、氯化锌水溶液作电解液,面粉及淀粉作电解液的凝胶剂,锌筒作为负极兼作电池的容器,成为今天的糊式 NH_4Cl 型 Zn-MnO₂ 电池的雏形。糊式电池俗称干电池。1890 年,该电池在世界上相继投入生产。1935 年,亨特莱制作了叠层电池,可以说它是锌锰叠层电池的最早形式。在 20 世纪 50 年代出现了碱性锌锰电池,由于采用了导电性好的氢氧化钾溶液,同时使用电解二氧化锰,使得锌锰电池的容量成倍地提高,而且适用于较大电流连续放电。60 年代采用浆层纸代替了传统锌锰电池中的糊糊层,不仅使隔离层的厚度降为原来的 1/10 左右,有利于降低欧姆电阻,而且使正极粉料的填充量增加,使锌锰电池的性能明显提高,形成了纸板式锌锰电池。70 年代高氯化锌电池问世,使锌锰电池的连续放电性能得到明显的改善。80 年代后期,节约资源、保护环境的意识不断深入人心,这就引发了锌锰电池的两个发展方向:可充碱性锌锰电池和负极的低汞、无汞化。90 年代通过改性正极材料、使用耐枝晶隔膜、采用恒压充电模式等措施,使可充碱锰电池达到了深度放充电 50 次循环以上,曾经一度实现了商业化生产。同时,在各国政府政策的逐步引导下,碱锰电池的负极汞含量不断降低,直至 21 世纪初实现了完全无汞化。20 世纪末以来,无汞碱锰电池的性能再度获得了大幅度的提高,LR6 型碱锰电池在重负荷(较大电流)连续放电方面进步明显,重负荷工作时电池放电容量显著增加,放电电压显著提高。

20 世纪 80~90 年代无汞和低汞的绿色 Zn-MnO₂ 电池的问世给锌锰电池带来了强大的生命力;另外,从理论上人们也进行了大量的研究工作,这些研究成果也为 Zn-MnO₂ 电池带来了新的发展。

2.1.2 锌锰干电池的分类

按照电解液的性质进行分类,锌锰电池可以分为中性锌锰电池和碱性锌锰电池。

按照结构特点,锌锰电池可分为单体电池、组合电池和复式电池三种。锌锰单体电池有两种基本结构,即筒形电池和扁形电池。筒形单体电池可以单个使用。但扁形单体电池一般不能单个使用,而是按照要求叠合成组合电池(即叠层电池)后才能使用。对于要求工作电流较大工作电压较低的,可选用筒形电池,需要工作电压较高工作电流较小的,可选用叠层电池。组合电池是由若干只同型号单体电池通过并、串联的方式组合在一起的。所需单体电池的数目和排列方式取决于使用要求。它有串联、并联、串并联三种形式。锌锰复式电池是由两种不同的单体电池或组合电池组成的。它的具体组成与结构随需要而定,以满足使用者的要求。

通常按照习惯人们将锌锰电池分为如下几个大类:

$$
\text{Zn-MnO}_2\text{ 电池}
\begin{cases}
\text{中性}
\begin{cases}
\text{铵型电池(pH=5.4)}
\begin{cases}
\text{糊式电池(普通型)} \\
\text{纸板电池(高容量)}
\end{cases} \\
\text{锌型电池(pH=4.6)——纸板电池(高功率)}
\end{cases} \\
\text{碱性}
\begin{cases}
\text{一次碱性 Zn-MnO}_2\text{ 电池} \\
\text{二次碱性 Zn-MnO}_2\text{ 电池}
\end{cases}
\end{cases}
$$

2.1.3　锌锰干电池的型号和规格

国际电工委员会(IEC)对干电池的型号和规格做出了规定。表 2.1 中是一些常见中性锌锰电池的型号和规格。

表 2.1　一些常见中性锌锰电池的型号和规格

电池型号	标称电压/V	尺寸/mm
R20(D、1 号)	1.5	$\phi 34.2 \times 61.5$
R14(C、2 号)	1.5	$\phi 26.2 \times 50$
R6(AA、5 号)	1.5	$\phi 14.5 \times 50.5$
R03(AAA、7 号)	1.5	$\phi 10.5 \times 44.5$
6F22(9 V 电池)	9	$(H)48.5 \times (L)26.5 \times (W)17.5$

单体电池的型号是在英文大写字母的后面跟上以阿拉伯数字表示的序号。大写字母 R 表示圆筒形电池,F 表示扁形电池,S 表示方形或矩形电池。

例如,R20 表示圆筒形锌锰电池,后面的 20 是序号,从电池标准中可以查出其规格、尺寸,如表 2.1 给出的,其电压为 1.5 V,其直径为 34.2 mm,高度为 61.5 mm。R20 电池也被称为 D 型电池或 1 号电池。

两个以上的单体电池组合成电池组的表示方法如下:当电池串联时,在单体电池型号之前加上单体电池串联数。如 6F22,表示 6 个扁形电池 F22 的串联。当电池并联时,在单体电池型号之后加一并联的电池数。如 R10-4,表示 4 个 R10 电池并联。

除了中性锌锰电池之外,其他系列的电池还应在 R、F、S 之前加一个字母表示该电池化学体系。如碱性锌锰电池圆筒形 R6 电池,则应表示为 LR6,其中 R 之前的 L 表示碱性锌锰电池。

为了表示电池的性能特征,常在序号之后加上 C、P、S 等字母,其中 C 表示高容量,P 表示高功率,S 表示普通型。如 R20C 表示圆筒形铵型纸板锌锰电池,属于高容量电池。又如 R6P 表示圆筒形锌型纸板锌锰电池,属于高功率电池。再如 R20S 表示圆筒形糊式锌锰电池,属于普通型,但一般 S 都省略不写了。

2.1.4　锌锰干电池的用途

锌锰电池原材料丰富、结构简单、成本低廉、携带方便,因此其诞生至今一百多年来一直是人们日常生活中近程使用的小型电源。与其他电池系列相比,锌锰电池在民用方面具有很强的竞争力,被广泛地应用于信号装置、仪器仪表、通信、计算器、照相机闪光灯、收音机、电动玩具及照明等各种电器用具的直流电源。随着小型民用电器器具的开发和人们物质文化水平的提高,以及锌锰电池向高性能无污染的方向发展,它的应用范围将越来越广泛。

2.1.5　锌锰干电池的特点

锌锰电池结构简单,所使用的原材料来源丰富,所以它的成本低、价格便宜,而且使用方便,不需维护,便于携带。它的缺点是比能量低,工作时电压稳定性差,特别是大电流密度放电时尤为明显,在大电流连续放电时,电压下降很快,所以一般适用于小电流或间歇放电。

2.2　工作原理和性能

2.2.1　锌锰电池的反应

锌锰电池的反应是比较复杂的,为了便于讨论反应的过程,人们把产生电流的电化学反应称为初级反应。初级反应生成的产物与电解液发生化学反应或通过其他方式离开电极表面的反应称为次级反应。锌锰电池放电时,虽然初级反应比较简单,但次级反应就复杂多了,所以很难用一个总反应方程式来表示电池实际进行的全部反应。下面就不同电解液中的主要反应汇总如下:

1. 碱性介质中的锌锰电池的电池反应

碱性锌锰电池(碱锰电池)的表达式为

$$(-)Zn \mid KOH \mid MnO_2(+)$$

负极反应:

$$Zn-2e+2OH^- \longrightarrow Zn(OH)_2 \rightleftharpoons ZnO+H_2O \qquad (2.1)$$

正极反应:

$$MnO_2+H_2O+e \longrightarrow MnOOH+OH^- \qquad (2.2)$$

电池反应:

$$Zn+2MnO_2+H_2O \longrightarrow 2MnOOH+ZnO \qquad (2.3)$$

由于 $Zn(OH)_2$ 或 ZnO 能进一步与碱作用生成锌酸盐,反应方程式为

$$Zn(OH)_2+2KOH \longrightarrow K_2ZnO_2+2H_2O \qquad (2.4)$$

或

$$ZnO+2KOH \longrightarrow K_2ZnO_2+H_2O \qquad (2.5)$$

按照固相质子扩散理论,电极反应在正极生成的 $MnOOH$ 不断向 MnO_2 电极深处转移。由

于在碱性溶液中 MnO_2 的放电过电势较低,且 KOH 的导电能力强,电池在反应中又无其他副反应,产物部分可溶,因此碱锰电池的放电性能很好,可以较大电流连续放电,放电时 MnO_2 的利用率也较高。

2. 中性介质中锌锰电池的电池反应

1) 电解液以 NH_4Cl 为主的锌锰电池(NH_4Cl 型电池)的电池反应

NH_4Cl 型电池的表达式为

$$(-)Zn \mid NH_4Cl、ZnCl_2 \mid MnO_2 (+)$$

负极反应:

$$Zn + 2NH_4Cl - 2e \longrightarrow Zn(NH_3)_2Cl_2 \downarrow + 2H^+ \tag{2.6}$$

正极反应:

$$MnO_2 + H^+ + e \longrightarrow MnOOH \tag{2.7}$$

电池反应:

$$Zn + 2NH_4Cl + 2MnO_2 \longrightarrow Zn(NH_3)_2Cl_2 \downarrow + 2MnOOH \tag{2.8}$$

由式(2.8)可知,电池反应的结果生成了二氨基氯化锌沉淀,正极表面生成 MnOOH。所生成的 MnOOH 一方面通过固相质子扩散向电极内部转移,另一方面同时又进行歧化反应向溶液中进行转移,反应方程式为

$$2MnOOH + 2H^+ \longrightarrow MnO_2 + Mn^{2+} + 2H_2O \tag{2.9}$$

$$2MnOOH + 2NH_4^+ \longrightarrow MnO_2 + Mn^{2+} + 2NH_3 + 2H_2O \tag{2.10}$$

由于电解液中有 $ZnCl_2$ 存在,而 $ZnCl_2$ 又是较好的去氨剂,它可与 NH_3 发生下列反应:

$$ZnCl_2 + 2NH_3 \longrightarrow Zn(NH_3)_2Cl_2 \downarrow \tag{2.11}$$

正极反应消耗 H^+,使得正极附近的 pH 增大,当 pH 增大到 8~9 时,发生下列反应:

$$ZnCl_2 + 4NH_3 \longrightarrow Zn(NH_3)_4Cl_2 \downarrow \tag{2.12}$$

除了上述副反应外,电池中还可能存在其他一些副反应,反应产物都是一些沉淀,它们将会使电池内阻增大。因此这类电池的反应较为复杂,产物也十分复杂,但反应的主要产物是 $Zn(NH_3)_2Cl_2$。

2) 电解液以 $ZnCl_2$ 为主的锌锰电池($ZnCl$ 型电池)的电池反应

$ZnCl$ 型电池的表达式为

$$(-)Zn \mid ZnCl_2 \mid MnO_2 (+)$$

负极反应:

$$4Zn - 8e + 9H_2O + ZnCl_2 \longrightarrow ZnCl_2 \cdot 4ZnO \cdot 5H_2O + 8H^+ \tag{2.13}$$

正极反应:

$$MnO_2 + H^+ + e \longrightarrow MnOOH \tag{2.14}$$

电池反应：

$$4Zn + 9H_2O + ZnCl_2 + 8MnO_2 \longrightarrow 8MnOOH + ZnCl_2 \cdot 4ZnO \cdot 5H_2O \qquad (2.15)$$

由式(2.15)可知，$ZnCl$ 型 Zn-MnO_2 电池在反应时，需要消耗水，使得这种电池的防漏性能较好。另外，这种电池的副反应比 NH_4Cl 型的少，且产物在刚生成时比较疏松，所引起的内阻较 NH_4Cl 型锌锰电池小，但随着时间的延长，产物会逐渐变硬，内阻增大。因此这类电池的连放性能优于 NH_4Cl 型电池。

2.2.2 二氧化锰电极

锌锰电池的正极活性物质为 MnO_2，电池在放电时，MnO_2 发生阴极还原反应，生成低价态锰的化合物。大量实验表明，锌锰电池在工作时，电池的工作电压下降主要来自于正极电极电势的变化。因此研究 MnO_2 电极的电化学行为及其反应机理对于锌锰电池有着非常重要的意义。虽然锌锰电池已有 100 多年的历史，但由于 MnO_2 正极的阴极还原过程比较复杂，目前还未彻底弄清，MnO_2 阴极还原反应的机理和有关理论仍有争论。在长期的研究中人们提出过四种机理：质子-电子机理、两相机理、$Mn(II)$ 离子机理、黑锌锰矿机理。

由于质子-电子机理能够成功解释锌锰电池中的许多现象，而且有一定的理论和实验事实的支持，因此目前大多数学者倾向于赞同质子-电子机理。下面从质子-电子机理的观点出发讨论 MnO_2 的电极的阴极还原过程。

质子-电子机理认为，MnO_2 阴极还原的电极反应是在电极表面进行的，首先是 MnO_2 还原为三价锰的化合物，即 $MnOOH$，而且 $MnOOH$ 是在 MnO_2 的同一固相内生成的，为使反应继续进行，$MnOOH$ 要进行转移，离开电极表面，转移的方式与溶液的酸度有关。第一步($MnOOH$ 的生成，有电子参加的电化学步骤)称为 MnO_2 还原的一次过程，也称为初级过程；第二步($MnOOH$ 的转移)称为二次过程，也称次级过程。

大量的研究表明，二氧化锰阴极还原反应中，电化学反应(初级过程)的速率还是很快的，而电极表面的初级产物的转移速度(次级反应)却是有限的。因此二氧化锰电极的极化主要来自电极反应初级产物转移的迟缓性，即次级反应是电极过程的速率控制步骤。

在不同 pH 的介质中水锰石的转移方式不同，因此相应的控制步骤也有所不同。在酸性溶液中水锰石的歧化反应是 MnO_2 阴极还原的控制步骤，在碱性溶液中质子的固相扩散过程是 MnO_2 阴极还原的控制步骤，在中性溶液中水锰石的歧化反应和质子的固相扩散过程共同构成了 MnO_2 阴极还原的控制步骤。

在碱性溶液中引起的二氧化锰电极电位下降有下列几个原因：① 二氧化锰固相内部的浓差极化；② 液相中 OH^- 离子的浓差极化；③ 正极 $\varphi_{MnO_2/MnOOH}^{\ominus}$ 的不断变化。

在氯化锌-氯化铵溶液中，MnO_2 电极电位下降的主要原因有：① 水锰石在 MnO_2 表面的积累引起的极化，它既由 H^+ 离子在固相中扩散的迟缓性引起，也由歧化反应较慢所引起，而前者所占的比例较大。② 电极附近溶液 pH 的升高，即 OH^- 离子在电极附近浓度增高，而向溶液深处扩散较慢所引起的浓差极化。

上述两种极化在电池"休息"时会逐渐衰减，使电位得到恢复。① 电极组分不断变化，随着放电深度的增加，低价锰相对含量增加，电位下降。② 反应生成的沉淀物在电芯表面沉淀，也会使电位降低。

2.2.3　锌电极

金属锌是一种比较理想的电池负极材料。它的电极电势较负,电化学当量较小,交换电流密度较大,可逆性能较好,析氢超电势较高。同时,锌的资源丰富,价格低廉。

锌电极在放电时发生阳极氧化反应,在不同的电解液体系中其反应产物不同。

在以 NH_4Cl 为主的电解液中,发生如下反应:

$$Zn+2NH_4Cl-2e \longrightarrow Zn(NH_3)_2Cl_2 \downarrow +2H^+ \tag{2.16}$$

在以 $ZnCl_2$ 为主的电解液中,发生如下反应:

$$4Zn-8e+9H_2O+ZnCl_2 \longrightarrow ZnCl_2 \cdot 4ZnO \cdot 5H_2O+8H^+ \tag{2.17}$$

在 KOH 溶液中,则发生如下反应:

$$Zn-2e+4OH^- \longrightarrow Zn(OH)_4^{2-} \rightleftharpoons ZnO+H_2O+2OH^- \tag{2.18}$$

在 KOH 溶液中 Zn 的放电反应遵循溶解-沉积机理,放电首先产生锌酸盐 $Zn(OH)_4^{2-}$,锌酸盐浓度达到饱和后沉积出 ZnO,产物 ZnO 和反应物 Zn 分属两相。放电最终产物 ZnO 是两性物质,同 KOH 溶液中的锌酸盐 $Zn(OH)_4^{2-}$ 之间存在着溶解平衡。

通常在中小电流放电条件下,锌电极的极化比正极 MnO_2 的极化要小得多。由于锌电极的交换电流密度比较大,电化学反应速率比较快,电化学极化比较小,在放电过程中锌电极的阳极极化主要来自于浓差极化,这主要是放电产物离开电极表面受到一定的阻碍所造成的。

2.2.4　主要性能

1. 开路电压

在锌锰电池中,在开路的情况下,无论正极还是负极都达不到热力学的平衡状态,所测得的只是它们的稳定电势。因此,开路时所测得的两极的电极电势之差是电池的开路电压,即

$$U_{开}=\varphi_{MnO_2}^{稳}-\varphi_{Zn}^{稳} \tag{2.19}$$

式中,$\varphi_{MnO_2}^{稳}$、$\varphi_{Zn}^{稳}$ 分别为二氧化锰电极和锌电极在此条件下的稳定电位。它们分别与电极材料的纯度、本身的活性及电解液的组成有关。

对二氧化锰电极,它的性能因品种不同差异很大。譬如,在 $ZnCl_2$-NH_4Cl 介质中,人造二氧化锰的电位比天然二氧化锰约正 250 mV。另外,正极也可以看成是一个多电极体系,除铁、铜等杂质与二氧化锰组成微电池外,还由于碳能吸附氧而形成 $C(O_2)$-MnO_2 微电池。

锌电极因为有较大的交换电流密度和较高的氢过电位,易于建立稳定电位。其变化范围小些,大约在 0.8 V。因此,它对电池的开路电压的变化影响很小。锌锰电池的开路电压一般为 1.5~1.8 V。

2. 工作电压

工作电压(即闭路电压)是指电池接通负载时测得的端电压,又称负载电压或放电电压。

电池工作时,因为有电流通过电极,所以正、负极都产生极化。放电电流密度越大,则工作电压偏离开路电压越大,电压降越大。另外,电流越大,欧姆极化也增加,使总压降更大。

图 2.1 给出了锌锰电池典型的连续放电曲线与放电电流的关系。

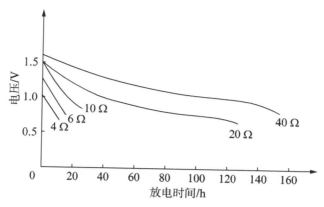

图 2.1 锌锰干电池典型的放电曲线与放电电流的关系

从图可以看出,锌锰电池在大电流密度下连续放电时,随着放电的进行,正、负极极化越大,越无法达到一个稳定的状态。所以一般锌锰电池不宜作大电流连续放电。

当电池以间歇方式进行放电时,电压可以得到恢复。即电池放电时,工作电压下降,休息一段时间后,工作电压又有所回升,如图 2.2 所示。电池休息时,电压的恢复主要是正极表面的水锰石有充分时间向固相深处扩散;歧化反应也可以充分进行,使二氧化锰电极恢复到接近放电前的状态;另外,电液中的成分(无论是电极表面还是溶液深处)有充分的时间通过液相扩散使其浓度趋向一致,浓差极化接近消除。即正、负极的极化由于休息而大大减小,故电压能得到恢复。显然,间歇放电性能优于连续放电性能,因此锌锰电池适用于小电流间歇放电。

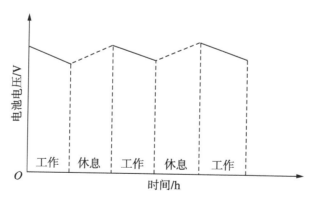

图 2.2 锌锰干电池间歇放电时电压变化示意图

3. 电池的内阻

电池的欧姆内阻是指电流通过电池时,电池各部件(电极、隔膜、电解液等)对电流的阻力。锌锰电池的内阻是比较大的,这与它所使用的材料、电池的结构等因素有关。一个中等尺寸的铅酸蓄电池的欧姆内阻大约为 $10^{-3}\Omega$,而一个新的 R20 电池内阻达 $0.2\sim0.5$ Ω。电池尺寸越小(R14、R6 电池),电池的内阻越大。电池的结构不同,欧姆内阻也不同,如 R6 电池的内阻大于 R20 电池的内阻,糊式电池的内阻大于纸板电池的内阻。表 2.2 列出了糊式R20 电池各部分电阻的数值及所占的比例。

表 2.2　糊式 R20 电池欧姆内阻的分布情况

分布	电芯	电糊层	碳棒	锌电极	合计
电阻/Ω	0.08	0.05	0.09	微	0.22
占总电阻/%	36.4	22.8	40.8	微	100

锌锰电池的欧姆内阻除以上几部分外,还包括放电产物的电阻、各部分之间的接触电阻等。由于电池的欧姆内阻在放电过程中是发生变化的,所以,随着放电深度的增大,电池的内阻也增大。此外,放电温度的下降,也会使得电池的欧姆内阻增大。

在放电过程中,碳棒、锌电极和碳包本身的欧姆电阻变化不太大,主要是碳包与电糊界面、锌极与电糊界面接触电阻增大而引起电池欧姆内阻增大。因为在放电过程中,有 $Zn(NH_3)Cl_2$、$Zn(OH)Cl$、$ZnOMn_2O_3$ 等反应生成的难溶物在界面上析出,造成欧姆内阻比新电池增加几倍。碳包、电糊、锌极三者之间接触良好是降低电池内阻的重要措施。另外,保证电池密封、防止电解液干枯和盐类结晶,也可避免电池内阻的增大。

电池的内阻是电池的一个重要的性能指标,它直接影响着电池的容量及功率,由于锌锰电池的内阻较大,所以它不适用于大电流放电。

4. 电池容量及其影响因素

电池的实际容量主要与两方面因素有关,一是活性物质的填充量,二是活性物质的利用率。很明显,活性物质的量越多,电池放出的容量就越高;利用率越高,容量也越高。因此,提高电池的容量通常从这几方面着手。以碱锰电池为例,21 世纪初碱锰电池的容量大幅度提高就是这两方面措施共同作用的结果。

在正极方面,将镀镍钢壳的厚度从 0.3 mm 降低到 0.25 mm,则 LR6 型碱锰电池正极环的体积可从 3.2 cm³ 增加到 3.3 cm³,使得正极活性物质填充量增加3%。目前,还有将钢壳厚度进一步降低到 0.2 mm 的趋势。使用比表面积更大、粒度更小的膨胀石墨,一方面可以减少石墨用量,增加 MnO_2 的填充量;另一方面,石墨、MnO_2 接触性能的改善也提高了正极利用率。

在负极方面,通过提高锌膏中锌的比例,改变凝胶剂的配比,增加锌膏注入量,使用添加剂等措施,负极活性物质的填充和利用率也获得了提高。

对锌锰电池来说,一般都采用定电阻放电,以近似计算法来衡量电池的容量。

(1) 定电阻连续放电的近似计算如下:

$$C = \frac{V_平}{R} \times t = \frac{V_初 + 2V_终}{3R} \times t \tag{2.20}$$

式中,$V_平$ 为平均放电电压;R 为放电电阻;$V_初$ 为放电开始的负荷电压;$V_终$ 为放电终止的负荷电压;t 为放电到终止电压的持续时间。

[例]　某一 R20 电池,5 Ω 连续放电,初始负荷电压为 1.50 V,放电至终止电压 0.75 V时的连续时间为 15 h,求它的电容量。

解:

$$V_平 = \frac{(1.50 + 0.75 \times 2)}{3} = 1.0(V)$$

$$I_平 = 1.0/5 = 0.2(A)$$

$$C = 0.2 \times 15 = 3(A \cdot h)$$

(2) 定电阻间歇放电(适合于 R20 电池、5 Ω 间放、30 min·d^{-1})的近似计算如下：

$$C = Kt \tag{2.21}$$

式中，K 为随放电时间不同的经验常数，即放电时间 1 000 min 以下 $K = 3.824 \times 10^{-3}$，放电时间 1 000～1 200 min $K = 3.714 \times 10^{-3}$，放电时间 1 200 min 以上 $K = 3.699 \times 10^{-3}$；t 为放电时间(min)。

对锌锰电池来说，影响容量的因素很多。包括原材料、放电制度、电池生产工艺等。一般情况下锌锰电池采用恒阻方式进行放电测试，放电容量为恒阻放电曲线的积分。

5. 储存性能

储存性能是锌锰电池的重要指标，从产品制造完毕到用户使用总是需要一段时间，因此要求电池具有一定的储存性能。为此国家对锌锰电池储存性能有明确规定，如 R20 电池要求，储存半年容量下降不大于 10%，一年不大于 20%。

电池储存时造成容量下降主要是电池存在自放电，而且主要来自负极。除自放电外，影响储存性能的还有电池中的电液干枯，电池出现的气胀、出水冒浆、铜帽生锈等。

电池气胀是指电池在使用和储存期间发生的封口的封口剂被顶开，电池底部鼓起等现象。它可造成电池不能使用，有时会损坏用电器具。产生气胀的原因在于电池内部产生很多气体。这些气体主要有氢气、二氧化碳和氨气等。

出水冒浆是指电池在储存和使用期间，特别是大电流放电或电池短路时发生的电液外溢的现象。它不仅使电池失去供电能力，而且使用电器具遭到腐蚀和损坏。出水冒浆主要是电池反应所引起的电池内部的离子浓度的变化、pH 的变化等所造成的水分的移动和淀粉的水解，以及电池内部所产生的压力、封口不严等因素共同作用的结果。

铜帽生锈是指铜帽发生腐蚀，由于腐蚀产物是碱式碳酸铜，为绿色，故又叫绿铜帽。它不仅引起接触不良，还易造成用电器具引线短路，腐蚀用电器具。产生绿铜帽的根本原因是铜帽与电解液直接接触而形成微电池。要消除绿铜帽问题，必须使电解液、电芯粉不与铜帽接触。

总之，从电化学观点讲，电池在储存中的自放电是不可避免的。我们需要保证原材料的质量，严格工艺纪律，以减缓它的自放电速度，使其容量的保持率达到技术标准。

2.3 锌锰干电池制造

电池的装配是经过锌筒垫底、浇浆、浆电芯、糊化、上纸圈盖、上铜帽、封口等工序完成的。在锌锰电池系列中，最先问世的就是糊式电池，由于其隔离层采用了以淀粉和面粉加入电解液所形成的糯糊层，所以称为糊式电池。从电解液的组成来看，它属于 NH$_4$Cl 型电池，其结构如图 2.3 所示。

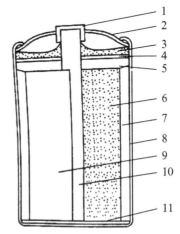

图 2.3 圆筒形锌锰干电池结构图

1-铜帽；2-电池盖；3-封口剂；4-纸圈；5-空气室；
6-正极；7-隔离层；8-负极；9-包电芯的棉纸；
10-碳棒；11-底垫

糊式电池工艺比较成熟,但制造工艺复杂、工序较多、电池性能欠佳,已开始逐步被纸板电池和碱锰电池所替代。糊式锌锰电池生产过程归纳起来可分为碳棒的制造、正极电芯的制造、电液及电糊的配制、装配等几个重要部分。纸板电池主要是隔离层上的改进,制造工艺与糊式电池大同小异。就生产过程中的主要工序条件进行分析,了解它们与电池性能之间的关系,从而可以了解这些工艺参数的确定依据,按照这些依据,再通过实验来使其工艺条件确定得更合理,起到指导生产的作用。糊式锌锰电池的生产流程如图 2.4 所示。

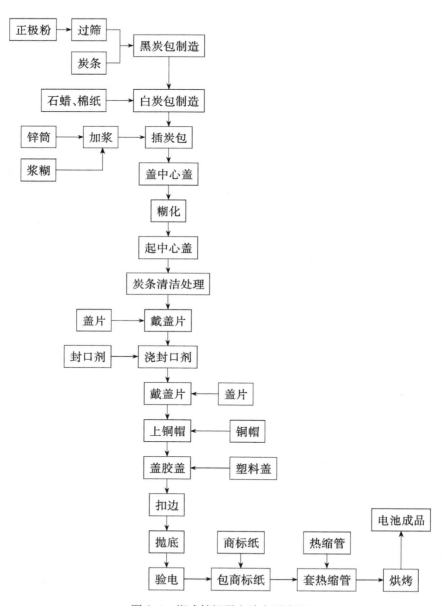

图 2.4　糊式锌锰干电池主要流程

碳棒是电池正极电芯的集流体,起着传导电流的作用。具有电阻小、透气性好、机械强度较大、表面粗糙、杂质含量少等特性。碳棒的制造是在专门的碳素生产厂进行的。它是由石墨和沥青经过加热充分混合、加压成型后焙烧而成的。

打电芯又称打芯,主要目的是使正极料粉成型制成电芯,一般是在专门的打芯机上完成的。

锌筒既是电池的负极,又是电池的容器。锌筒的制造有两种工艺:一种是制成焊接锌筒的焊接法;另一种是反挤压法制成整体锌筒,这是目前广泛使用的一种加工工艺,主要用于 R6、R14、R20 电池。

电解液又称电液,锌锰电池的电液由 NH_4Cl 和 $ZnCl_2$ 组成,目的是参加成流反应,同时起离子导电作用。电液及电糊的配方、pH 的大小、电液净化处理的好坏、浆液是否均匀等都对电池的容量及储存性能有直接的关系,对电池的气胀、出水冒浆、铜帽生锈也有密切的关系。

2.4 改进型锌锰干电池

随着用电器具的不断进步,对电源的要求越来越高,促进了锌锰新型电池的发展。例如,耐漏性好、能承受重负荷的高氯化锌型锌锰电池,放电稳定性好、适应重负荷放电、以氢氧化钾或氢氧化钠作为电解液的碱性锌锰电池,都先后问世。

由于高氯化锌型电池的正、负极活性物质与普通锌锰电池相同,仅电解液成分不同,所以仍属中性锌锰电池系列。而碱性锌锰电池虽然正、负极活性材料与普通锌锰电池基本相同,但由于电解液成分和电池结构完全不同,所以通常把它列入碱性系列。

2.4.1 氯化锌型锌锰电池

1. 电解液

氯化锌(简称锌型)电池的电解液是无铵或少铵氯化锌溶液。它同氯化铵型电解液的物理性能比较见表 2.3。

表 2.3 氯化铵型与氯化锌型电解液的物理性质比较

电解液	导电度/$(m\Omega \cdot cm^{-1})$	pH	水蒸气压力/kPa	锌离子状态
氯化锌型	150	4.6	2.93	$[Zn(H_2O)_4]^{2+}$
氯化铵型	430	5.4	2.39	$[ZnCl_4]^{2-}$

从表 2.3 中可以看出,氯化铵型电解液的电导,大约是氯化锌型电解液的 3 倍,并且 pH 稍偏高。氯化锌型电解液密度因锌离子的半径较小,受锌离子与水和状态影响较大。而氯化铵型是以铵离子为主的电解液,因其铵离子和水分子的半径相近,水合度弱。同时,氯化锌型电解液水蒸气分压高,容易失水。所以氯化锌型电池必须考虑隔离层保水性和电池的高度密封性。

由于电解液的组成不同,锌离子的状态也不同,即生成的锌离子荷电正、负不同。氯化锌型电解液的锌离子一般多为 $[Zn(H_2O)_4]^{2+}$ 状态;氯化铵型电解液的锌离子一般多为 $[ZnCl_4]^{2-}$ 状态。当进行重负荷连续放电时,在锌极附近由于锌离子蓄积产生极化。如果是荷正电荷的离子,它从锌极表面向电池内部迁移和扩散较易;如果荷负电,则必须依靠浓差扩散而离开锌极表面,较难进行。因此,锌型比氯化铵型(简称铵型)电池锌负极的浓差极化小,重负荷连续放电性能优越。

2. 放电反应

锌型、铵型电池的一般反应式见表2.4。

表 2.4 氯化锌型和氯化铵型电池主要反应方程式

电　池	反 应 方 程 式
氯化锌型电池	$8MnO_2 + 8H_2O + ZnCl_2 + 4Zn \longrightarrow 8MnOOH + ZnCl_2 \cdot 4Zn(OH)_2$
氯化铵型电池	$2MnO_2 + 2NH_4Cl + Zn \longrightarrow 2MnOOH + Zn(NH_3)_2Cl_2$

从表2.4看出锌型电池在反应中消耗相当量的水,同时反应物与铵型也不同。锌型和铵型电池的产物分别为 $ZnCl_2 \cdot 4Zn(OH)_2$ 和 $Zn(NH_3)_2Cl_2$,这两种产物都是难溶性的盐,而 $Zn(NH_3)_2Cl_2$ 变成 $Zn(NH_3)_4Cl_2$ 有再溶解性。

锌型电池的内阻与水的消耗和电池活性物质表面被放电反应生成物覆盖有很大关系。因电池在开始放电时,电池消耗 H_2O 和 H^+,电解液向碱方面移动,反应生成物在锌负极和二氧化锰电极表面形成微密层,使内阻增大。在锌型电池中加入少量氯化铵时对放电性能有益。

由于锌型和铵型电池的反应生成物不同,所以它们的放电特性不同。锌型电池对氧气很敏感,氧气能与电解液 $ZnCl_2 \cdot 4ZnO \cdot 5H_2O$ 反应生成白色沉淀物,降低电池容量。因此锌型电池在储存或工作时,要防止水分的蒸发和氧气的进入。

3. 电池的性能

1) 放电性能

以锌型和铵型纸板 R20 电池的放电曲线作比较,如图2.5所示。从图中看出,铵型电池在 1.1V 左右,电压急剧下降。这是由于氯化铵不足和二氨基氯化锌结晶产生。锌型电池初始电压偏低,但在放电过程中没有急剧下降的现象。这对于连续放电和提高二氧化锰的利用率有利。所以锌型电池连续使用时二氧化锰的利用率比铵型的高。

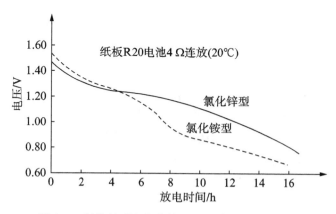

图 2.5　氯化锌型和氯化铵型电池放电曲线的比较

2) 温度特性

锌型电池的电解液含氯化锌 $25\% \sim 35\%$,不含固体盐类。因此,当温度变化时溶液的量不会变化,离解度的变化小,从而放电性能的变化也小。另外,含氯化锌 30% 左右的水溶液,在 $-20℃$ 左右不会冻结,所以耐寒性好。而铵型电池含有固体氯化铵,随温度变化,氯化铵的溶解度也变化,放电性能受温度影响较大。

2.4.2　碱性锌锰电池

碱性锌锰电池(碱锰电池)的研究始于 1882 年,但其在 20 世纪 60 年代始商品化,是在中性锌锰电池的基础上发展起来的。它是以多孔锌电极为负极,MnO_2 为正极,电解液为 KOH 的水溶液碱性锌锰电池。由于它的性能优异,价格不高,发展很快,已成为糊式电池,甚至是纸板电池的替代品。同时,从 60 年代开始对可充的碱性锌锰二次电池也开展了广泛的研究,经过几十年的研究已经取得突破性进展,目前已有商品进入市场。

1. 锰电池的电池反应和特点

如 2.2 节所述,碱锰电池的表达式及电池反应如式(2.1)~式(2.3)所示。负极反应生成的 ZnO 部分可溶于碱中生成锌酸盐,正极反应生成的水锰石通过 H^+ 向电极深处转移。从反应还可看出,碱锰电池反应时电解液 KOH 不消耗,只起离子导体作用,因此碱锰电池的电液量可以较少,但反应中有水参加,电解液量也不能太少。

碱性锌锰电池的额定电压为 1.5 V,平均工作电压大于 1.1 V,放电电压较中性锌锰电池平稳得多,放电后电压恢复能力强,大电流连续放电容量有显著提高,低温性能好。碱锰电池特点如下:

(1) 放电性能好:在低放电率及间放条件下,其容量是中性锌锰电池的 5 倍以上,而且可以高速率连续放电,属于高功率电池。这是因为在碱锰电池中采用了电解锰,而且 MnO_2 在碱性介质中极化小,负极采用了多孔锌电极,电解液 KOH 水溶液的导电能力强,反应产物疏松且部分可溶,所以,放电时,两极的极化比中性电池小,电池的欧姆内阻也小。因此,与中性电池相比,碱锰电池可以大电流连续放电,而且容量高。

(2) 低温性能好:碱锰电池在低温条件下的放电特性要优于中性锌锰电池,它可以在 −40℃ 的条件下工作,在 −20℃ 时可以放出 21℃ 时容量的 40%~50%。这是由于 KOH 水溶液的冰点低,两极的极化较小,而且负极采用了多孔锌电极,防止了锌电极的钝化。

碱锰电池的一个缺点是,若制造工艺及密封技术掌握不好,易出现爬碱现象。另一个缺点是由于负极采用了多孔锌电极,自放电的量较大,因此需要强力的防止自放电的措施来取代汞。

为了说明碱性锌锰电池的放电性能,对不同种类的 R20 型电池,在相同条件下进行放电对比,放电结果如图 2.6 所示。

2. 碱锰电池的结构

碱锰电池有圆筒形、方形和扣式等几种结构,最常见的是圆筒形结构。由于圆筒形碱锰电池采用了锰环-锌膏式结构,外壳是作为正极集流体的钢壳而非中性电池使用的锌筒,所以这种结构习惯上也被称为反极式结构。

3. 碱锰电池的制造工艺

碱锰电池的制造可分为电解液的配制、正极的制造、负极的制造、隔膜筒的制造、负极组件的制造、电池的装配等几个部分。

正极的制造一般经过干混、湿混、压片、造粒、筛分、压制正极等几道工序来完成。正极粉料经过干混后,需要加调粉液进行湿混。调粉液可用 KOH 水溶液,也可用蒸馏水。在使用蒸馏水时应注意两点:一是正极装入电极前必须烘干,以利于电液注入后吸液快、吸液

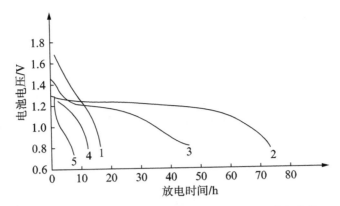

图 2.6　不同种类 R20 型电池 21℃±2℃ 连续放电曲线
1-镁锰电池;2-锌汞电池;3-碱性锌锰电池;4-纸板高性能电池;
5-普通锌锰电池

多,并保证正极电液均匀一致;二是电液注入后应停 15～30 min,才能对电池进行密封,目的是使电池内部的气体尽量逸出,减轻电池的气胀和爬碱。

湿混后正极粉料进行压片、造粒,以使湿粉料充分紧密接触,提高密度,从而减小接触电阻和提高装填量。造粒后要经过筛分、干燥,然后把混合均匀和处理后的正极粉料放在打环机中,用高压压制成环状柱体。

负极的制造主要是制成锌膏。锌膏的配置分干拌和湿拌两个过程。和膏过程中所有的器具需要满足无汞碱锰电池使用材料的工艺要求,干拌桶的内壁可以涂覆耐磨非金属材料,接触锌膏的机械和容器全部采用工程塑料,以便彻底避免金属杂质的引入。

电池的外壳采用镀镍钢壳,它同时又是正极的集流体。在钢壳的内壁上喷涂一层石墨导电胶,以增大钢壳和正极锰环之间的接触面积,还可防止钢壳镀镍层的氧化。装配时将正极环推入钢壳内部,使之与钢壳紧密接触。然后将隔膜套插入正极环的中间,注入锌膏,再将负极组件插入。

负极组件由负极底、密封圈和集流铜钉组成,铜锭与负极底焊接在一起后穿过密封圈。密封圈可采用尼龙或聚丙烯,密封圈上设有薄层带作为防爆装置,一旦电池内气压达到一定标准,薄层带就会破裂,放出气体,从而避免电池内气压过高造成爆炸。

在钢壳口部涂上封口胶,经过封口、拔直等工序将钢壳和密封圈组装到一起。

4. 碱性锌锰电池的可充性

碱性锌锰电池具有可充性。锌电极在碱性溶液中有良好的可逆性,故可充性的关键在于二氧化锰电极。在深入分析二氧化锰电极还原过程后,发现它的放电过程分两个阶段。

第一阶段放电曲线呈"S"形,它的反应是

$$MnO_2 + H_2O + e \Longrightarrow MnOOH + OH^- \tag{2.22}$$

反应前后的 Mn^{4+}、Mn^{3+}、O^{2-}、OH^- 都在同一固相中。上述初级反应很快,电化学极化很小,速率控制步骤是质子在固相中的扩散。第一阶段反应最大限度是二氧化锰全部转为水锰石,或者说四价的锰被还原为三价的锰。由于这种反应的作用物及产物都在同一固相中,因此又称为均相固相反应,具有可逆性。碱性锌锰电池和中性锌锰电池都主要利用这一段来放电。对碱性锌锰电池来说,据有关资料介绍,若放电电压终止在这一段的范围内(1.1～

1.2 V),可以充放 100 次循环以上,如果放电进入第二阶段,则充放几次循环就失败了。也有资料指出,可充范围比从 MnO_2 到 $MnO_{1.5}$ 还要小,它只能到 $MnO_{1.8}$,最低到 $MnO_{1.7}$。

放电第二阶段的机理,一般认为是水锰石继续被还原,即 $MnOOH \rightarrow Mn(OH)_2$,反应是

$$MnOOH + H_2O + OH^- = Mn(OH)_4^- \quad (溶解为 Mn^{3+})$$
$$Mn(OH)_4^- + e = Mn(OH)_4^{2-} \quad (还原为 Mn^{2+}) \quad\quad (2.23)$$
$$Mn(OH)_4^{2-} = Mn(OH)_2 + 2OH^- \quad (沉积出 Mn(OH)_2)$$

这个机理又称溶解沉积机理,它被某些实验所证实。这个反应的产物形成了一个新相 $Mn(OH)_2$,故第二阶段放电称为非均相固相反应。其氧化态 $MnOOH$ 和还原态 $Mn(OH)_2$ 是两个固相,故放电曲线是一段平线,即电位不随时间变化。这个阶段放电相当于从 $MnO_{1.5}$ 到 $MnO_{1.0}$。

碱性锌锰电池如作为二次电池,除了不能过放电外,也不能过充电。如 LR20 电池,充电电流应小于 200 mA,充电电压应控制在 1.75 V 以下。否则会生成可溶性的 MnO_4^-,它有强氧化能力。若扩散至锌电极上,会腐蚀锌极,造成严重自放电。

从现状来看,电池经过多次反复充放电循环后,还可能发生正极膨胀、电解液干涸、二氧化锰与石墨之间接触变差、内阻增大、工作电压显著下降等问题。所以,要使碱性锌锰电池作为二次电池使用,还要对有关问题作进一步研究。

思　考　题

（1）什么叫锌锰电池?

（2）简述锌锰电池的分类。

（3）简述锌锰电池的特点。

（4）试用质子-电子机理说明二氧化锰电极的初级过程以及其必需条件是什么。

（5）试写出锌锰电池的主要成流反应方程式。

（6）何谓开路电压? 为什么锌锰电池的开路电压实质上是两极的稳定电位之差?

（7）为什么锌锰电池的开路电压的变化主要来自正极?

（8）何谓工作电压? 为什么锌锰电池不宜在较大的电流密度下工作?

（9）何谓电池内阻? 锌锰糊式电池的欧姆电阻来自哪些方面? 降低电池欧姆内阻应从哪些方面采取措施?

（10）简述影响锌锰电池储存性能的因素。

（11）简要说明氯化锌型电池工作时,pH 增加,锌离子浓度减小和内阻增加的主要原因。

（12）为什么氯化锌型比氯化铵型电池耐寒性能更好?

（13）在电性能方面,碱性锌锰电池比中性锌锰电池有哪些优越性?

（14）在碱性锌锰电池的正极工艺中,用蒸馏水作调粉液有哪些好处? 应当注意什么?

（15）在配制碱性电解液时,应注意什么?

第3章　铅酸蓄电池

3.1　铅酸蓄电池概述

3.1.1　铅酸蓄电池的发展简史

铅酸蓄电池已有近150年的历史了。1860年,普朗特(Plante)首先报道了从浸在硫酸溶液中并充电的一对铅板可以有效地放出电流,后来富尔(Faure)提出了涂膏极板的概念。此后100多年来,电池的主要组件没有发生根本性变化。但随着各国科学家和工程技术人员的不断努力,这种蓄电池仍发生了一系列技术进步,如管状电极、交替电解液、超细玻璃纤维隔板(AGM)。20世纪下半叶铅酸电池在结构上发生了重大变化。此前,铅酸电池的极板是浸在可流动的硫酸中使用的,在电池过充时,氢气和氧气可无障碍释放出来,这样就带来电解液失水,电池需定期维护。科学家一直试图研制密封式铅酸电池蓄电池,这样阀控密封铅酸蓄电池(valve-regulated lead-acid,VRLA)应运而生。首批商业化的VRLA电池是20世纪60年代德国的阳光公司和70年代的盖茨能源产品公司设计的。两家公司采用的工艺分别是胶体和超细玻璃纤维隔板工艺。随着阀控密封铅酸蓄电池(VRLA)、卷绕VRLA技术等的发展,其越来越完善,应用越来越广泛。例如,启动型铅酸蓄电池能以3~5 C甚至更高倍率进行放电,而且高低温特性良好,可以在$-40\sim60\,^{\circ}\mathrm{C}$的环境下工作。固定型铅酸蓄电池的寿命可以高达10年以上。由于铅酸蓄电池优良的性能、低廉的价格和容易回收的特点,人们一直十分关注它的发展。普遍认为它还会继续发展,以满足人类不断增长的需求。其技术上的发展趋势有如下几个方面:① 要求蓄电池必须是免维护型的,更便于使用;② 提高电池的比能量;③ 提高电池的比功率;④ 提高电池的循环寿命。

3.1.2　铅酸蓄电池的分类

铅酸蓄电池有多种分类方法。按电极结构来分,有管状电极铅酸蓄电池和涂膏式电极铅酸蓄电池;按电池结构分,有富液铅酸蓄电池、胶态电解液铅酸蓄电池和阀控密封铅酸蓄电池。

3.1.3　铅酸蓄电池型号编制

根据JB 2559—2012标准,铅酸蓄电池型号由三部分组成,其安排及含义如下:串联的单体蓄电池数—蓄电池用途、结构特征代号—额定容量。单体蓄电池数目为1时,可省略;蓄电池用途、结构特征代号应符合表3.1的规定;额定容量以阿拉伯数字表示,其单位为A・h,在型号中单位可省略。例如,6个单体串联的额定容量为100 A・h的干式荷电起动型蓄电池的型号命名为6-QA-100。

表 3.1　蓄电池用途、结构特征代号

序号	蓄电池类型 (主要用途)	型号	序号	蓄电池特征	型号
1	起动型	Q	1	密封式	M
2	固定型	G	2	免维护	W
3	牵引(电力机车)用	D	3	干式荷电	A
4	内燃机车用	N	4	湿式荷电	H
5	铁路客车用	T	5	微型阀控式	WF
6	摩托车用	M	6	排气式	P
7	船舶用	C	7	胶体式	J
8	储能用	CN	8	卷绕式	JR
9	电动道路车用	EV	9	阀控式	F
10	电动助力车用	DZ			
11	煤矿特殊	MT			

3.1.4　铅酸蓄电池的用途

铅酸蓄电池的用途极其广泛,如在车用(引擎启动、车辆照明、引擎点火)铅酸电池、能量储存、紧急供电、电瓶车/混合动力电动车领域应用。此外,它还广泛应用于电话系统、电动工具、通信装置、紧急照明系统,也可用于采矿设备,为材料搬运设备提供动力。具体可体现在:

① 启动用铅酸蓄电池。为各种汽车、拖拉机、货车牵引型(矿山机车、工业卡车),特殊性(潜艇、海洋浮标)及船用内燃机配套。12 V 标称电气系统,使用内燃机的汽车和其他车辆启动、点火和照明。美国采用 2.4 V 电子系统,正向 36 V/42 V 前进(18 个单体,42 V 是标称充电电压,36 V 是最低工作电压)。休闲艇,大型商船:6～220 V,自带 DC/AC 发电机充电。

② 固定型铅酸蓄电池。广泛应用于发电厂、变电所、电话局、医院、公共场所及实验室等,作为开关操作、自动控制、通信设备、公共建筑的事故照明灯的备用电源及发电厂储能等用途。对这类电池的特殊要求是寿命要长,一般为 15～20 年。

③ 蓄电池车用电池。用于各种叉车、铲车、矿用电机车、码头起重机、电动车和电动自行车。36 V 系统(6 只 6 V 电池串联)/200～300 V 高压,EV-1(26 只 12 V 阀控电池)。

④ 便携式设备及其他设备用铅酸蓄电池。常用于照明灯、便携式仪器、便携式工具、照明工具、照明设备、收音机、玩具等设备的电源。一般此类电池容量小于 25 A·h。

⑤ 储能系统。满足用电高峰时进行负载平衡(500 MW,1 000 V)。

⑥ 功率调节和不间断电源系统(UPS)。

3.1.5　铅酸蓄电池的特点

铅酸蓄电池的优点:① 原料易得,价格相对低廉;② 可充放电循环使用;③ 高倍率放电性能良好;④ 高低温性能良好,可以在 $-40 \sim 60℃$ 环境下工作;⑤ 适合于浮充电使用,使用寿命长,无记忆效应;⑥ 废旧电池容易回收,发达国家铅的回收率高达 96%。

铅酸蓄电池的缺点:① 比能量低,一般为 $30 \sim 40 \ W \cdot h \cdot kg^{-1}$;② 使用寿命不及 Cd-Ni 电池;③ 制造过程有 H_2SO_4 腐蚀性气味,容易污染环境。

3.2 工作原理和性能

铅酸蓄电池的正极活性物质是二氧化铅(PbO_2),负极活性物质是海绵状金属铅(Pb),电解液是稀硫酸(H_2SO_4)水溶液。在电化学中该体系表示为

$$(-)Pb \mid H_2SO_4 \mid PbO_2 (+)$$

该电池放电时,把储存的化学能直接转化为电能。正极 PbO_2 和负极 Pb 分别被还原和氧化为 $PbSO_4$。铅酸蓄电池的标称电压为 2 V,理论上放出 $1 \ A \cdot h$ 的电量需要正极活性物质 PbO_2 4.45 g、负极活性物质 Pb 3.87 g、纯硫酸 3.66 g。如此计算铅酸电池的理论比能量是 $166.9 \ W \cdot h \cdot kg^{-1}$,实际比能量是 $35 \sim 45 \ W \cdot h \cdot kg^{-1}$。

3.2.1 电池反应及电池电动势

对于铅酸蓄电池在放电和充电时的电极反应的描述,根据双极硫酸盐理论,其化学反应方程式为

$$Pb + PbO_2 + 2H_2SO_4 \underset{充电}{\overset{放电}{\rightleftharpoons}} 2PbSO_4 + 2H_2O \qquad (3.1)$$

该方程式是双极硫酸盐化理论的基础,是格拉斯通和查依伯在 1882 年提出来的。该理论认为,已充电的铅酸蓄电池正极活性物质是 PbO_2,负极活性物质是海绵状 Pb。放电后两极活性物质均转化为 $PbSO_4$。

在铅酸蓄电池中采用密度为 $1.2 \sim 1.3 \ g \cdot cm^{-3}$($15℃$)的 H_2SO_4 水溶液。H_2SO_4 是强电解质,而且是二元酸。在上述浓度范围内,硫酸完全电离为氢离子(H^+)和酸式硫酸根离子(HSO_4^-)。

$$HSO_4^- \rightleftharpoons H^+ + SO_4^{2-} \qquad K_2 = 1.2 \times 10^{-2}$$

式中,K_2 是电离平衡常数,$K_2 = \dfrac{C_{SO_4^{2-}} C_{H^+}}{C_{HSO_4^-}}$,

$$\frac{C_{SO_4^{2-}}}{C_{HSO_4^-}} = lg(1.2 \times 10^{-2}) - lgC_{H^+} = -1.92 + pH$$

当 pH = 1.92 时,$C_{SO_4^{2-}} = C_{HSO_4^-}$;

当 pH < 1.92 时,$C_{SO_4^{2-}} < C_{HSO_4^-}$。

在铅酸蓄电池中,电解液是强酸性的(pH ≤ 1.92),所以 $C_{SO_4^{2-}} \leqslant C_{HSO_4^-}$。这就证明了电解液中存在的离子绝大部分是 H^+ 和 HSO_4^-。

综上所述,在电池充放电时,两极上进行的反应可以用下列方程式描述:

负极反应:

$$Pb + HSO_4^- \underset{充电}{\overset{放电}{\rightleftharpoons}} PbSO_4 + H^+ + 2e \tag{3.2}$$

正极反应：

$$PbO_2 + 3H^+ + HSO_4^- \underset{充电}{\overset{放电}{\rightleftharpoons}} PbSO_4 + 2H_2O - 2e \tag{3.3}$$

根据式(3.2)，可得负极的平衡电极电位

$$\varphi_- = \varphi^\ominus + \frac{RT}{2F} \ln \frac{\alpha_{H^+}}{\alpha_{HSO_4^-}} \quad \varphi^\ominus = -0.300\ V \tag{3.4}$$

根据式(3.3)，可得正极的平衡电极电位

$$\varphi_+ = \varphi^\ominus + \frac{RT}{2F} \ln \frac{\alpha_{H^+}{}^3 \cdot \alpha_{HSO_4^-}}{\alpha_{H_2O}{}^2} \quad \varphi^\ominus = 1.665\ V \tag{3.5}$$

式(3.5)中的 $\varphi^\ominus$ 值和 PbO_2 的晶体结构有关。PbO_2 有 α-PbO_2 和 β-PbO_2 两种结晶变体，通常得到的 $\varphi^\ominus$ 是 $\varphi_\alpha^\ominus$ 和 $\varphi_\beta^\ominus$ 的算数平均值。

将式(3.2)、式(3.3)相加，即得式(3.1)，将式(3.5)、式(3.4)相减，就等于电池的电动势，即

$$
\begin{aligned}
E &= \varphi_{PbO_2/PbSO_4}^\ominus - \varphi_{PbSO_4/Pb}^\ominus + \frac{RT}{2F} \ln \frac{\alpha_{H^+}{}^3 \cdot \alpha_{HSO_4^-}}{\alpha_{H_2O}{}^2} - \frac{RT}{2F} \ln \frac{\alpha_{H^+}}{\alpha_{HSO_4^-}} \\
&= \varphi_{PbO_2/PbSO_4}^\ominus - \varphi_{PbSO_4/Pb}^\ominus + \frac{RT}{F} \ln \frac{\alpha_{H_2SO_4}}{\alpha_{H_2O}}
\end{aligned}
\tag{3.6}
$$

由式(3.6)可以看出，除了影响 $\varphi_{PbO_2/PbSO_4}^\ominus$ 和 $\varphi_{PbSO_4/Pb}^\ominus$ 的一些因素影响电动势之外，电池的电动势随硫酸活度的增加而增大。

3.2.2　二氧化铅正极

铅酸蓄电池正极由活性物质 PbO_2 和板栅两部分组成。铅酸蓄电池正极活性物质 PbO_2 是疏松的多孔体，需要把它固定在载体上。通常用 Pb 合金铸造成的栅栏片状物体作载体，使活性物质固定在其中。该载体称为板栅。板栅除了作载体外，它的几何形状对固定活性物质、均匀分布电流有很大的影响。

正极活性物质放电经过两个连续反应：

第一阶段，在微孔聚集体表面上进行的电化学反应是

$$PbO_2 + 2H^+ + 2e \longrightarrow Pb(OH)_2 \tag{3.7}$$

第二阶段，在大孔聚集体上 $Pb(OH)_2$ 与 H_2SO_4 接触，发生的反应是

$$
\begin{aligned}
Pb(OH)_2 + H_2SO_4 &\longrightarrow PbSO_4(溶液) + 2H_2O \\
PbSO_4(溶液) &\longrightarrow PbSO_4(结晶)
\end{aligned}
\tag{3.8}
$$

反应(3.7)和反应(3.8)在空间上分开。由于微孔聚集体的孔直径小，SO_4^{2-} 尺寸相对大，不能进入微孔聚集体中(膜效应)。反应(3.7)被称为双注入过程，指为了反应的进行，需

要电子来源于板栅。同时需要等量的 H^+ 来源于主体溶液。

放电反应的单元过程可以描述如下：取聚集体的任意一小块 A，它居于正极活性物质的深处，如图 3.1 所示。反应按以下顺序发生：

① 电子从金属板栅通过腐蚀层到达正极活性物质。

② 电子沿着正极活性物质聚集体骨骼传递到 A。

③ H^+ 和 H_2SO_4 从主体溶液沿着大孔结构进行传质。

④ H^+ 沿着聚集体的微孔传递至 A。

⑤ 发生电化学反应：$PbO_2 + 2H^+ + 2e \longrightarrow Pb(OH)_2$。

⑥ 发生化学反应：$Pb(OH)_2 + H_2SO_4 \longrightarrow PbSO_4$（溶液）$+ 2H_2O$。

⑦ 在大孔结构中发生 $PbSO_4$ 的成核和长大。

⑧ 水从 A 沿着大孔结构传递到主体溶液。

该过程中电极反应受限于单元过程中最慢的步骤。

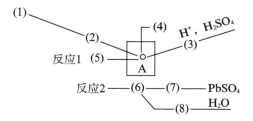

图 3.1　正极反应过程示意图

近年来，随着铅酸蓄电池的改进，其使用寿命延长了。但由于采用薄型极板后板栅易受腐蚀而损坏，使正极板栅腐蚀的问题更加突出，此常常成为电池寿命终止的原因。

1. 正极板栅腐蚀的原因

由式(3.2)及式(3.4)可知，当电极电位负于 $-0.3\,V$ 时，板栅中的 Pb 处于热力学稳定状态；反之电极电位大于 $-0.3\,V$ 时，它将处于热力学不稳定状态。

铅酸蓄电池中正极的平衡电极电位是由活性物质 PbO_2 确定的，如式(3.3)、式(3.5)所示。由此可知，在充电时正极电极电位将比 $1.6\,V$ 还大（充电是阳极过程，阳极极化电极电位向正方向偏移）。放电时电极电位虽然比 $1.6\,V$ 小（放电是阴极过程，阴极极化电极电位向负方向偏移），但是向负方向最多移动 $300 \sim 400\,mV$。可以说，从充电到放电的全过程，电极电位值都远远比所标出的电极电位大得多。包含活性物质和板栅的正极板就相当于用 PbO_2 活性物质作正极，用板栅合金作负极组成了一个电池，只是两个电极处于短路状态，正极板栅总处于热力学不稳定状态，有被氧化的可能。当电池充电时，板栅腐蚀的产物应该是 PbO_2。

2. 铅的阳极腐蚀机理

在铅酸电池正极工作的电位范围内，板栅腐蚀的根本原因是 Pb 及 Pb 合金的热力学不稳定性。为了减缓腐蚀，研究铅及铅合金阳极腐蚀机理是必要的。

正极板栅腐蚀的产物主要是 $PbSO_4$、四方晶系 PbO 和少量的碱式 $PbSO_4$。腐蚀层 $PbSO_4$ 是致密的，且膜具有半透明的性质，只允许半径小的 H^+、OH^- 透过，半径大的离子 HSO_4^-、Pb^{2+} 是不透过的。H_2SO_4 扩散受到限制，使腐蚀产物 $PbSO_4$ 膜层下的 pH 增加呈碱性,使四方晶系 PbO 和少量的碱式 $PbSO_4$ 能够稳定存在。膜的组成被多种分析方法所认定。但对腐蚀膜的形成过程有不同的解释。一种解释是,充电时铅的氧化过程是在 PbO_2 层表面上析出氧,而 O_2 将 Pb 氧化。该理论假设,在 PbO_2 表面上析出的氧是以超化学当量的原子形态进入 PbO_2 晶格的,并且扩散到金属-氧化膜界面处,在那里使 Pb 氧化成四方 PbO 和 α-PbO_2。另一种解释是,水参加了发生在金属-氧化膜界面上的氧化反应,即

$$Pb + 2H_2O \longrightarrow Pb(OH)_2 + 2H^+ + 2e$$

$Pb(OH)_2$ 进一步分解,即

$$Pb(OH)_2 \longrightarrow PbO + H_2O$$

或者是按下式进行电化学氧化,即

$$Pb + H_2O \longrightarrow PbO + 2H^+ + 2e$$

铅同水分子参加的阳极氧化反应可能生成 PbO_2,即

$$Pb + 2H_2O \longrightarrow PbO_2 + 4H^+ + 4e$$

由于上述反应的平衡电极电位比 $PbO_2 \longrightarrow PbSO_4$ 反应的平衡电极电位小,因此如果阳极腐蚀是在比 $\varphi_{PbO_2/PbSO_4}$ 小的电极电位条件下进行时,PbO_2 可能以中间产物的形式生成,它在氧化膜-溶液界面上转变成 $PbSO_4$,而在金属-氧化膜界面上转变成氧化铅,反应式为

$$Pb + PbO_2 \longrightarrow 2PbO$$

综上所述,在所提到的机理中,氧化反应可能在金属-氧化膜或氧化膜-溶液的界面上进行,也可能在两个区域同时进行两个反应。而在上述两个界面上分别进行的反应速率取决于氧化膜的结构。如果这层阳极膜是有微孔或无孔的阳极膜,则可以提高金属的耐腐蚀性能,并使进行反应的区域移到氧化物-溶液的界面。如果这层阳极膜有粗大的孔,则腐蚀过程主要在金属-氧化膜界面上氧化膜的微孔中进行。

3. 正极板栅的长大

正极板栅在使用过程中要变形,这称为正极板栅的长大。板栅变形的结果导致板栅线性尺寸加长、弯曲以及板栅个别筋条的断裂,所有这些现象都引起正极板栅的破坏和电池寿命的终止。

正极板栅长大主要是板栅金属在阳极腐蚀过程中表面上生成的氧化膜造成的。在很高的电极电位下,Pb 和 Pb 合金的最终腐蚀产物是 PbO_2,其体积大约是 Pb 原子体积的 1.4 倍。一般腐蚀膜还有微孔,表观体积还要增大一些。如果腐蚀膜有一定强度,就可能使板栅长大,这就是腐蚀变形机理。

正极板栅长大严重程度,在很大程度上取决于正极板栅合金的机械性能。能够增加合金机械强度的一些因素都可以减缓板栅的长大。

3.2.3 铅负极

在常温小电流放电时,电池的容量受正极的控制,因为正极活性物质的利用率低,负极活性物质利用率高。但在大电流放电时,特别是低温大电流放电时,电池的容量转为受负极

控制,因为这时的负极活性物质利用率反而比正极的低了,其原因是阳极钝化。了解负极的反应机理和钝化原因,对于提高电池启动性能和低温性能是非常重要的。

关于铅酸蓄电池负极充放电时的反应机理,不同的研究者得到的结果不尽相同,可归纳为如下模型:

① 溶解沉积机理。溶解沉积机理认为,负极的放电过程是,当负极的电极电位超过 $Pb/PbSO_4$ 的平衡电极电位时,Pb 首先溶解为 Pb^{2+} 或可溶的质点 Pb(Ⅱ),它们借助扩散离开电极表面,随即遇到 HSO_4^- 和 SO_4^{2-},当超过 $PbSO_4$ 溶度积时,发生 $PbSO_4$ 沉积(在扩散层内发生),形成 $PbSO_4$ 晶核,然后是 $PbSO_4$ 的三维生长。

② 固相反应机理。对于负极的放电反应,当放电电位超过某一数值时,达到固相成核过电位时,发生固相反应,SO_4^{2-} 与 Pb 表面碰撞直接成核,形成固态的 $PbSO_4$,随后 $PbSO_4$ 层以二维或三维方式生长,直到 Pb 表面上完全被 $PbSO_4$ 覆盖,最后 $PbSO_4$ 层生长速度由 Pb^{2+} 通过 $PbSO_4$ 层的传递速度决定。

与溶解沉积过程相比较,固相反应过程主要发生在较高过电位下,而溶解沉积过程主要发生在较低过电位下。

1. 铅负极的钝化

在常温低倍率放电条件下,铅酸电池的容量取决于正极,但在低温和高倍率放电时,表现出电压很快下降,电池的容量常常取决于负极,其主要原因是负极的钝化。

负极放电时的最终产物是硫酸铅,当负极发生钝化时在金属铅表面上形成多晶的硫酸铅覆盖层,由于这个覆盖层盖住海绵铅电极表面,电极表面与硫酸溶液被机械隔离开。此时能进行电化学反应的电极面积变得甚微,真实电流密度急剧增加,使负极的电极电位向正方向明显偏移,进而电极反应几乎停止,此时负极处于钝化状态。

因为在海绵状铅的表面上生成致密的硫酸铅是钝化的原因,因此一切可以促进生成致密硫酸铅层的条件都加速了负极的钝化,如大电流放电、硫酸浓度大、放电温度低。

2. 负极活性物质的收缩

未经循环的负极海绵状铅由于具有较大的真实表面积,且其孔隙率较高,因而处于热力学不稳定状态,在循环过程中,特别是在充电过程中,存在收缩其表面的趋势。当负极活性物质发生收缩时,其真实表面积将大大减小,因而大大降低了负极板的容量。防止这种收缩的方法是采用负极添加剂。添加剂的一个功能是阻止负极活性物质收缩;另一个功能是去极化作用。

3. 负极活性物质的添加剂

常用负极添加剂有无机添加剂和有机添加剂等。无机添加剂有乙炔黑、木炭粉和硫酸钡等;而有机添加剂有木屑、各种木素及衍生物、各种腐殖质、腐殖酸等。

其中无机添加剂炭黑的添加目的,是增加负极活性物质的分散性,并提高其导电性。而硫酸钡的作用机理是,硫酸钡与硫酸铅都是斜方晶体,其晶格参数非常接近。在放电时,高度分散的硫酸钡可以成为硫酸铅的结晶中心。由于成核中心多了,一方面使硫酸铅结晶时的过饱和度降低;另一方面使生成的硫酸铅粗大并覆盖负极的可能性减小。

有机添加剂也称为负极膨胀剂,膨胀剂可以吸附在活性物质上,降低了电极-溶液相界面的自由能,防止了海绵状铅表面的收缩。从而提高极板在低温和高充电电流密度下的容量,延长电池的循环寿命。膨胀剂的添加可降低化成时间,并使负极充电过程析出氢气的电势变负。

4. 铅负极的自放电

铅酸蓄电池的自放电速度是由负极决定的,因为负极自放电速度较正极快。电池的自放电随使用板栅合金的不同而不同,并随酸度的提高和温度增加而增加。通常表示铅酸电池自放电性能指标的是荷电保持能力,即用自放电后的剩余容量来表示。

5. 铅负极的不可逆硫酸盐化

极板的硫酸盐化也称为不可逆硫酸盐化,这种现象是由使用或维护不当造成的。不可逆硫酸盐化,是负极活性物质在一定条件下生成坚硬而粗大的硫酸铅,它不同于铅在正常放电时生成的硫酸铅,几乎不溶解,所以在充放电时很难或者不能转化为活性物质——海绵铅,使电池容量大大降低。

防止负极不可逆硫酸盐化最简单的方法是及时充电和不要过放电。蓄电池一旦发生了不可逆硫酸盐化,如能及时处理尚能挽救。一般的处理方法是:将电解液的浓度调低(或用水代替 H_2SO_4),用比正常充电电流小很多的电流进行充电,然后放电,再充电……如此反复数次,达到恢复电池容量的目的。

6. 高倍率部分荷电状态下铅负极的硫酸铅积累

混合电动车和电动自行车的 VRLA 电池经常处于高倍率部分荷电状态(high rate partial state of charge),即在使用过程中,其荷电状态维持在 $20\%\sim100\%$,最小充电倍率为 8 C,最大放电倍率可达 18 C。这种状态下的 VRLA 电池负极容易发生硫酸铅积累。

3.2.4　铅酸蓄电池的电性能

1. 铅酸蓄电池的电压与充放电特性

铅酸蓄电池的电动势约为 2 V,其值的实际大小主要由所用硫酸的浓度和工作温度决定,即

$$E = \varphi^{\ominus}_{PbO_2/PbSO_4} - \varphi^{\ominus}_{PbSO_4/Pb} + \frac{RT}{F}\ln\frac{\alpha_{H_2SO_4}}{\alpha_{H_2O}} \tag{3.9}$$

开路电压是指外电路没有电流通过时,电池两极之间的电势差。实际生产中总结的计算开路电压的经验公式为

$$V_{OC} = 1.850 + 0.917(\rho_{液} - \rho_{水})(V) \tag{3.10}$$

式中,$\rho_{液}$、$\rho_{水}$ 分别为电解液和水的密度。

电池的工作电压的表达式为

$$V_{OC} = E - \eta_+ - \eta_- - IR(V) \tag{3.11}$$

铅酸电池的充放电曲线如图 3.2 所示。由图可见,放电电流越大,放电电压越不稳定,这是因为放电电流大时电极极化大。对于铅酸电池来说,正负极的电化学极化不大,且硫酸溶液的电导率又高,因此发生的极化主要是浓差极化。

2. 铅酸蓄电池容量及其影响因素

与其他电池一样,铅酸蓄电池的容量主要取决于所用的活性物的数量与活性物质的利用率,而活性物质的利用率又与放电制度、电极与电池的结构、制造工艺等有关。放电制度主要是指放电倍率、终止电压和放电温度。

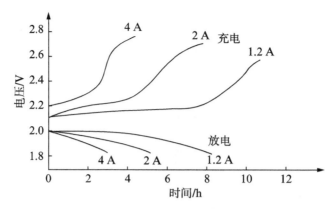

图 3.2　铅酸蓄电池的充放电曲线

表 3.2 所列为某种规格汽车电池放电倍率与放出容量之间的关系。由表 3.2 可见，放电倍率越大，电池放出的容量就越小。放电倍率越高，放电电流密度越大，电流在电极上分布越不均匀，电流优先分布在离主体电解液最近的表面上，从而在电极的最外表面优先生成 $PbSO_4$。$PbSO_4$ 的摩尔体积比 PbO_2 和 Pb 大，于是放电产物 $PbSO_4$ 阻塞多孔电极的孔口，电解液则不能充分供应电极内部反应的需要，电极内部物质不能得到充分利用，因而高倍率放电时容量降低。在大电流放电时，活性物质沿厚度方向的作用深度有限，电流越大其作用深度越小，活性物质被利用的程度越低，电池给出的容量也越小。

表 3.2　某种规格汽车电池放电倍率与放出容量的对应关系

放电倍率	容量/(A·h)	容量/%	放电倍率	容量/(A·h)	容量/%
0.05 C	116	100	10 C	38.2	32.9
0.1 C	106	91.4	12 C	36.2	31.2
0.2 C	96.5	83.0	15 C	34	29.3
0.5 C	79.5	62.5	20 C	30	25.9
1 C	66.4	57.4	30 C	24	20.7
1.2 C	62.8	54.1	60 C	14	12.1
1.5 C	59.8	51.6	120 C	8	6.9
2 C	55.5	47.8	300 C	3.5	3.0
3 C	50.2	43.0	600 C	2.0	1.7
6 C	44.8	38.6			

放电温度对放电容量的影响是放电温度越低，电池放电容量就越低。这是因为低温时硫酸水溶液电导率减低，欧姆极化增大。温度降低时硫酸水溶液的黏度增加，硫酸的扩散速度减慢，浓差极化增大。同时，温度低时电化学极化也稍有增大，所以低温时电池放出的容量低。温度越低，电池放出的容量越小；反之，温度升高，电池放出的容量也高。不过在低温时电池未放出的容量，待温度升高后仍可放出。

放电终止电压的选择对铅酸蓄电池的容量也有影响。一般大电流放电时，终止电压选择应低一些;反之,应选择高一些。对铅酸蓄电池来说,大电流放电时,放电容量相对额定容量少,生成 $PbSO_4$ 少,终止电压选择低一些,也不会对电池产生损害;以小电流放电,放电电压达到终止电压时,能够转化的 PbO_2 几乎都转化成 $PbSO_4$,使活性物质的体积膨胀,减少极板的孔率。不适当地降低终止电压,容易出现应力,对电极不利。

电极与电池的结构、制造工艺是决定电池容量的决定因素。极板几何尺寸也对电池容量有影响。活性物质的量一定时,极板厚度较薄,也就是极板的表观面积较大时,活性物质利用率较高,如卷绕 VRLA 电池;极板的高度越高,电极输出的容量就越小,当极板的长度比较大时沿高度方向板栅的电阻就不可忽略,这样会造成电流密度值上端大下端小。电池高度较大时,硫酸也会有分层现象,即上端密度低下端密度高。这些因素都影响活性物质的利用率,即都影响电池的容量。极板的孔率、正极中 $\alpha\text{-}PbO_2$ 和 $\beta\text{-}PbO_2$ 的比例、活性物质与板栅结合的好坏、隔板的选取、添加剂的使用情况等都影响容量。

3. 铅酸蓄电池的失效模式和循环寿命

铅酸电池的失效模式主要有以下几种情况:

① 正极板栅的腐蚀与长大。在铅酸电池的充放电过程中,正极板栅会被腐蚀,致使板栅不能支撑活性物质;或者腐蚀层的形成使板栅合金产生应力,致使板栅线性长大变形,使极板整体遭到破坏,引起活性物质与板栅接触不良而脱落。

② 正极活性物质软化、脱落。随着充放电反复进行,PbO_2 颗粒之间的结合强度变低,或从板栅上脱落下来。

③ 负极的不可逆硫酸盐化。铅酸电池长期充电不足、过放电或放电状态下长期储存时,其负极将形成一种粗大的 $PbSO_4$ 结晶,造成再充放电困难。

④ 早期容量损失。采用低锑或铅钙合金板栅时,电池的循环寿命明显缩短,尤其在深循环时,在蓄电池使用的初期会出现容量明显下降的现象,这主要是由于正极板栅和活性物质界面的导电性差而发生容量损失。

⑤ 热失控。对于 VRLA 电池,热失控也是主要的失效模式。通常要求 VRLA 电池充电电压不要高于单格 2.4 V,在实际使用中,由于调压装置可能失效,充电电压过高,从而充电电流过大,产生的热使电池电解液温度升高,导致内阻降低,而内阻降低使充电电流变大。电池的温度与充放电电流相互加强,最终不可控制。

4. 铅酸电池的充电接受能力

充电接受能力一般是指电池放出的容量占前次充入容量的百分数,它是铅酸电池的一个重要指标,特别是对于电动车铅酸电池。通常情况下,铅酸电池的充电接受能力主要取决于负极,在低温和高倍率放电条件下,更是如此。例如,同样容量的正负极片以相同的条件在 -25°C 充电,结果发现,负极的充电接受能力不到 40%,而正极已经超过 70%。

3.3　铅酸蓄电池制造

构成铅酸蓄电池的主要部件是正负极和电解液,此外还包括隔板、电池槽和一些必要的零部件。正、负极活性物质是分别固定在各自的板栅上,活性物质加板栅组成正极和负极。板栅在电池中虽不参加成流反应,但是对电池的主要性能如容量、寿命、比功率等都有很大的影响。一个单体铅酸蓄电池的电压为 2.0 V。为了满足一些用途的需要,也可以将几个单体电池装配在同一个电池槽中,只是该电池槽是由几个彼此互不相通的小槽构成,每个单体电池分别置于各个小槽中,通过串联组成电池组。电池组的电压是串联电池的个数乘2,单位是 V。

目前,铅酸蓄电池中的极板主要有涂膏式和管式两种。涂膏式极板是将铅膏涂在铅合金板栅上而形成的极板;管式正极是在铅合金骨架外套以纤维管,并在管中挤入正极铅膏而形成的极板,在胶体 VRLA 电池中常常采用管式正极。图 3.3 为铅酸电池的极板和电池结构。

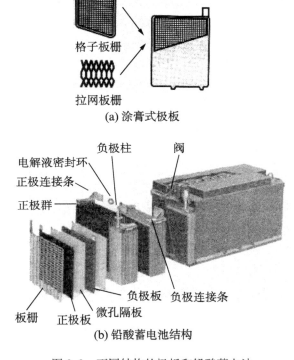

图 3.3　不同结构的极板和铅酸蓄电池

本节以涂膏式极板为例介绍加工铅酸蓄电池的工艺原理。铅酸蓄电池制造是从加工极板开始的,而正负极板的加工工艺形式比较相似。将生极板化成为熟极板后,就可以用正负极板和隔板等配件装配成电池。铅酸蓄电池的装配过程是将熟极板按正负极板间必须配有隔板、正负极板相间排列的原则,将正负极与隔板配成极群,通常极群的边板是负极板。通过钎焊将同名电极连接在一起并配有极柱,将极群与电池壳盖组合成电池。电池的具体生产流程如图 3.4 所示。

1. 板栅

铅合金板栅的形式主要有两种:铸造板栅、拉网板栅。铸造板栅生产的工艺流程是:合金配置、模具加温、喷脱模剂、重力浇铸和时效硬化。Pb-Sb 合金的配制过程为了缩短熔化时间和节约能源、减少烧损,常采用先配制高 Sb 合金的方法,然后添加 Pb,使其变为需要的成分。

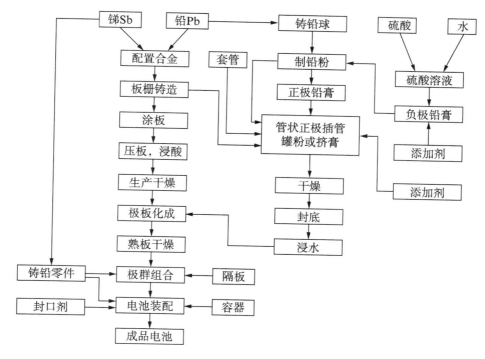

图 3.4　铅酸蓄电池的制造工艺流程图

2. 铅粉

铅粉制造是电极活性物质制备的第一步,而且是很重要的一步,其质量的好坏对电池的性能有重大影响。目前制造铅粉主要有两种方法:一种是球磨法;另一种方法是气相氧化法。球磨法采用的设备是岛津式铅粉机(滚筒式球磨机),将铅块或铅球投入球磨机中,由于摩擦和生成氧化铅时放热,使筒内温度升高,为氧化铅的生成提供了条件。只要合理地控制铅量、鼓风量并在一定的湿度下就能生产出铅粉。

3. 铅膏

制造铅膏是极板生产中的关键工序。正极板用的铅膏是由铅粉、硫酸、短纤维和水组成。负极板用的铅膏是由铅粉、硫酸、短纤维、水和添加剂组成。和膏作业是在和膏机中进行的。和膏工艺的操作顺序是加入铅粉和添加剂,开动搅拌后,再加短纤维和水,而后再慢慢加入硫酸,最后继续搅拌一段时间后将铅膏排出和膏机。

4. 生极板

对于涂膏式极板,生极板的制造大致包括涂填、淋酸(浸酸)、压板、表面干燥、固化等工序。

5. 化成

极板化成是活性物质制备的最后一步,就是用通入直流电的方法使正极板上的活性物质发生电化学氧化,生成 PbO_2,同时在负极板上发生电化学还原,生成海绵状铅。这个过程称为化成。化成工序通常是在化成槽中加入密度为 $1.05\ \mathrm{g\cdot cm^{-3}}$ 的硫酸,正负极板分别作阳极和阴极进行电解。化成好的极板称为熟极板。

6. 隔板

隔板是电池的主要组成部分之一,其主要作用是防止正、负极短路,但又要尽量不影响电解液自由扩散和离子的迁移,也就是说隔膜对电解质离子运动的阻力要小,还要有良好的化学稳定性与机械强度。

3.4 免维护铅酸蓄电池

免维护电池的正负极板栅与传统的铅锑合金板栅有显著的差别,明显减少电池的自放电和耗水量,使电池在使用期内不需要加水,从而达到对其免维护要求。又因其密封在一个气阀控制在一定压力下的电池内,故又称阀控电池。

免维护铅蓄电池中采用过量的负极活性物质,保证充电时正极优先析出 O_2,而负极上产生 H_2:

$$2H_2O \longrightarrow O_2 + 4H^+ + 4e \tag{3.12}$$

析出的 O_2 穿过隔膜扩散到负极,与海绵状铅发生反应:

$$Pb + \frac{1}{2}O_2 + H_2SO_4 \longrightarrow PbSO_4 + H_2O \tag{3.13}$$

同时负极上还可能发生电化学还原反应:

$$O_2 + 4H^+ + 4e \longrightarrow 2H_2O \tag{3.14}$$

因此,O_2 不会在电池内积累,而负极总是充电不足状态,负极上不会产生氢气(关键是 O_2 到负极并消耗)。

为了减少自放电产生的 H_2,必须用特殊的耐腐蚀板栅合金材料,如负极板栅采用 PbCaSnAl 多元合金,正极板栅采用 PbCaSnAl 或 PbSb(1.85%)As 合金、PbSb(2.5%)Se 合金、PbSb(2.5%)CuS 合金等。

为了安全装上安全阀。内部气压过高时,安全阀自动打开释放内部的气体。降压时,自动关闭,阻止大气中 O_2 进入电池。必须采用高孔率、吸电解液性能优良的超细玻璃纤维毡作隔膜材料,并严格控制电解液量(使其呈贫液态)。

低倍率放电时,免维护电池比普通电池容量小 10%～12.5%(如 20 h 率),但低温性能好得多。

3.5 铅酸蓄电池的使用和维护

为了便于运输和保存,不带电解液出厂。极少数(潜艇、航标电池)可带电解液出厂。取出包装箱后,先检查外观,再用万用表检查极性及电池内部有无短路(应有电压极性显示,否则,加几滴蓄电池用水,再看有无电压显示)。

配电解液:1.835 g·cm^{-3} H$_2$SO$_4$ 的水溶液。(切不可将水倒入 H$_2$SO$_4$ 内!)

初充电:用直流电源充电,充电最高电压为(3 V×串联数)。初始充电电量为额定容量的 3～5 倍。

二阶段充电法:先以一定的充电电流充电至一定时间,或大部分单体充到 2.4 V 时,再将充电电流减半,继续充电,至充足为止。

恒流充电法：以一定的充电电流充电，至充足为止。充电过程中，注意电解液温度不得超过 45℃。当温度达到 40℃左右时，须采取降温措施或减少充电电流。

充足电的现象：① 电解液中已剧烈冒升细密的气泡；② 电压和电流密度上升到一定数值，并保持 3 h 以上不变；③ 充电量已接近规定值。

正常充电/均衡充电(正常充电充好后，停 1 h，用较小充电电流充电，至剧烈产生气泡；再停 1 h，如此反复进行操作，且充电电压、电解液密度保持不变)/快速充电/小电流充电/恒电流充电/恒电压充电/阶段充电。

维护：如电池使用与维护得当，就能保持电池的容量和延长电池的寿命。① 电池应经常处于充足状态，勿经常使用充电不足的电池。② 全放电后应立即充电，最大间隔时间不要超过 24 h，使用时若不能经常全充全放者，应每月进行一次 10 小时率全充放。③ 使用过程中应尽量避免大电流充放电、过充、过放电及剧烈震动。④ 保持清洁干燥。室内严禁烟火(5% H_2 含量，严防遇火爆炸)。⑤ 使用过程中，应经常进行电解液检查，任何情况下，不得让极板落出电解液面，否则查明原因立即解决。

思　考　题

(1) 什么叫铅酸蓄电池？

(2) 简述铅酸蓄电池的分类。

(3) 简述铅酸蓄电池的特点。

(4) 简述铅酸蓄电池的电池反应及电池电动势。

(5) 简述铅酸蓄电池的电性能。

(6) 简述 PbO_2 电极反应机理。

(7) 简述 PbO_2 的多晶体特性。

(8) 铅负极的反应机理是什么？

(9) 铅自溶的基本规律是什么？

(10) 简述铅酸蓄电池的电压和充放电特性。

(11) 铅酸蓄电池容量的影响因素有哪些？

(12) 铅酸蓄电池的失效模式是什么？

(13) 简述化成时槽电压及电极电位的变化。

(14) 简述化成时极板中铅膏的变化。

(15) 简述铅酸蓄电池的制造工艺流程。

(16) 免维护铅酸蓄电池的注意事项有哪些？

第4章 锌银电池

4.1 锌银电池概述

4.1.1 锌银电池的发展简史

锌银电池是化学电源中出现最早的电池系列之一,至今已有近二百年的历史。按照热力学计算,它的比能量和电动势都比较高,因此曾是人们长期向往的一个电池品种。但是,由于存在着一些难以解决的关键技术,直到20世纪40年代末,锌银电池技术才逐渐成熟起来,碱性锌氧化银体系才作为一次和二次电池获得承认,并得到了广泛的应用。

阻碍锌银电池发展的主要原因有两个:一是微溶于碱的氧化银不断从正极向负极迁移,很快形成连通两极的电子通道"银桥"而造成电池失效;二是初期采用的实体锌电极在氢氧化钾电解液中迅速腐蚀溶解。

1883年,克拉克的专利叙述了第一只完整的碱性锌氧化银原电池。在锌银电池发展中,贡献最大的是安德烈和尤格涅尔。尤格涅尔在1899年制成了烧结式的银电极,使银电极的性能得到很大的提高,成为今天烧结式银电极的基础。1941年,法国的亨利·安德烈预告了锌氧化银电池的现代发展,他在一篇题为《锌-银蓄电池》的论文中,广泛而深刻地叙述了他早期的工作。最初,他发现氧化银在碱性电解液中溶解时,溶解的银向锌电极迁移并在负极发生沉积。他提出用玻璃纸半透膜做锌银电池的隔膜,有效地减缓了银迁移,推迟了银桥的形成,半透膜为研制出实用的可充式电池铺平了道路。他又采用了多孔锌电极和少量的浓氢氧化钾电解液,并确定了最佳的电解质中氢氧化钾质量浓度为40%～45%,使锌电极的腐蚀速度大大下降,终于制成了有实际应用价值的锌银蓄电池。

第二次世界大战之后,电子技术的进步和工业技术的发展,迫切要求体积小、质量小、比功率大、使用寿命长以及使用方便的化学电源,因此,锌银电池在许多国家得到了推广,它的电性能和寿命等均有所提高。

到20世纪50年代,导弹及火箭技术的发展,需要有长期待机作战用电源。为弥补锌银电池寿命不长以及不能在荷电状态下长期湿态储存的不足,研究者发展了人工激活干式荷电态锌银蓄电池和自动激活锌银一次电池组。50年代后期,航天技术的发展,使密封锌银蓄电池得到了应用。70年代,电子工业迅速发展,尤其是电子仪器和设备趋于小型化,也促使化学电源向小型化发展。这时,出现了扣式锌银电池。小型电子计算机和电子手表的大量生产,使扣式锌银电池的产量剧增。

我国锌银电池的研制和生产自20世纪50年代开始,至今已有60多年历史。目前,能够根据我国国民经济和国防建设的需要,研制和设计具有我国技术特色的各类锌银电池,能够生产几十种规格、不同类型的产品,某些产品性能指标接近国外先进技术水平。

4.1.2　锌银电池的性能和特点

　　1. 充放电电压的两坪阶特性

　　碱性锌银电池是一种高比能量和高比功率的电池。它的负极为金属锌,正极为银的氧化物(二价银的氧化物过氧化银 AgO 和一价银的氧化物氧化银 Ag_2O),电解液为氢氧化钾的水溶液。

　　由于锌银电池正极材料主要是由两种价态银的氧化物组成,因此,在对锌银电池充、放电时,对应着两种银氧化物生成和发生还原反应的过程,锌银电池充电曲线如图 4.1 所示,不同放电倍率下的放电曲线如图 4.2 所示。

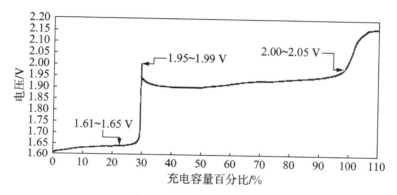

图 4.1　锌银电池充电曲线

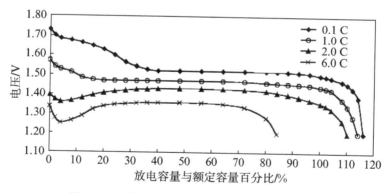

图 4.2　锌银电池在不同放电倍率下的放电曲线

　　可以看出,锌银蓄电池的充电、放电曲线明显呈现阶梯状的特征。充电曲线的第一阶梯相应于 1.61～1.65 V 的充电电压,第二阶梯则相应于 1.95～1.99 V 的电压。两个阶梯也称为两个坪阶,通常情况下,电压较高的阶梯称为高坪阶,电压较低的阶梯称为低坪阶。

　　第一阶梯的充电时间约占总充电时间的 30%,第二阶梯约占 70%。实际上,第一阶梯相应于银被氧化为一价的氧化物 Ag_2O,第二阶梯则相应于二价银的氧化物 AgO 的形成。在充电终止时,观察到第三个新的阶梯,在 2.05 V 以上,银的继续氧化基本终止,充电电流消耗与氧的阳极生成。

　　当用小电流放电时(如图 4.2 中的 0.1 C 放电曲线),二价银氧化物 AgO 在第一阶梯被还原,Ag_2O 则在第二阶梯被还原,第二阶梯的长度在放电时比在充电时要短得多。也就是说,在充电和放电时,出现了很明显的电压变化的滞后现象。

大电流放电将使锌银蓄电池的电压降低,并使放电曲线上第一阶梯的相对长度缩短。当用很大的电流放电时,第一阶梯完全消失,放电过程实际上是从第二阶梯的电压开始。

对于不同放电率的电池,两个阶梯长度不相同。在低倍率放电时,第一个阶梯的电压在1.75 V左右,为高坪阶电压段,占放电总容量的15%～30%。第二个阶段的电压在1.40 V左右,为低坪阶电压段,放出的容量占放电总容量的70%～85%,该坪阶的电压非常平稳。

低坪阶放电电压平稳,使得锌银电池可以用于对电源电压平稳性要求严格的场合。然而,对于电压精度要求较高的使用场合,锌银电池的高坪阶电压成为突出问题。

导致锌银电池低坪阶电压平稳的原因主要有两个方面。第一,电池放电时,氧化银电极上氧化银的含量逐渐减少,正极的反应面积减少,从而提高电池放电的真实电流密度,引起电极极化增大,氧化银电极的电极电位变负,放电电压降低;第二,与放电低坪阶相应的是氧化银还原为银的过程。氧化银的电导是银的电导的$1/10^{14}$,银的生成使电极的电导大大增加,从而降低了电池的内阻,减少了电池放电电压的衰减。

极化的增大,使放电电压降低,而电导的增加,减少了压降程度,两者的作用相互抵偿,从而使电池工作电压保持不变或变化幅度较小。

锌银电池负极采用多孔锌电极,可逆性良好,放电时电极电位变化不大,也保证了电池工作电压的平稳。

在某些使用场合下,放电高坪阶电压会带来不利影响。一是该坪阶电压不平稳;二是高坪阶电压的存在对电池的使用造成许多不便。

消除高坪阶电压的方法主要有以下几种。

第一种:预放电。在电池使用前,以一定的放电制度进行放电,放出一部分容量,使电压达到要求的范围,或达到低坪阶电压段。这种方法简单易行,但对使用者不方便。更重要的是将要损失一部分容量,有时甚至可以损失30%的容量,显然不是一种经济的处理方法。

第二种:添加卤化物。一般是在电解液中添加一定量卤化物的盐类,如氟化钾、溴化钾或碘化钾。可以在制造电池化成银电极时,用含卤化物的电解液进行化成,电池在出厂前已不存在高坪阶电压;也可以在激活电解液中加入卤化物。该方法比较简便,对容量没有影响。但是随着循环周期的增加,卤化物的效果会逐渐减弱。有人认为是由于在化成(充电)时,卤素离子生成某种卤化物或者络合物,吸附在AgO和Ag_2O以及骨架周围,使电极表面的电阻增加,来消除高阶电压。

第三种:采用脉冲充电或者不对称交流电充电。这些方法与一般使用的直流恒流充电方法不同的是,充电电流是交变的,每一个交变周期里,正半周有一定的电流充电,负半周施加相反方向的电流,使电池放电,需要保持正半周充电容量大于负半周的放电容量。正半周充电生成的二价银氧化物在负半周有一部分参加放电反应,生成一价银氧化物。采用脉冲充电和不对称交流电充电的优点是:第一,消除放电曲线上的高坪阶电压;第二,提高容量。

电池充电时,随着电极活性物质氧化-还原反应的进行,电池容量增加,电池电压升高。而当充电末期,活性物质的氧化-还原反应停止,如果继续充电,电池的容量不再增加,充入的电量用于析出氢气和氧气的反应,这时需要结束充电。

2. 比能量和比功率

比能量是评价电池能量的综合性指标。在传统的水系电解液电池系列中,锌银电池的比能量是比较高的。实际使用的锌银电池活性物质利用率比较高,正极达 $85\%\sim90\%$,负极达 $60\%\sim70\%$。银电极极化小,放电生成导电性好的银。并且电解液用量少,其他零部件质量占的比例小,均可以使锌银电池具有较高的质量比能量。加上电池装配紧凑,其体积比能量也比较高。

比功率是衡量电池性能的另外一项主要指标。在某些要求短时间、大电流工作的场合,决定电池体积和质量大小的,首先往往不是电池的比能量,而是它的比功率特性。和其他传统的电池体系相比,锌银电池的比功率较高,可以用于高电流密度放电,这也是锌银电池长期被用于许多导弹武器、运载火箭上的原因之一。

在大电流密度下放电时,锌银电池也具有很高的比能量。在常温下,锌银电池以 1 h 率放电时,可以放出额定容量的 90% 以上;以 $1/3$ h 率放电时,能够放出额定容量的 70% 以上;在特定条件下,可以在 $3\sim5$ min 内放出电池的大部分容量,显示出其优越的大电流放电性能。当用大电流放电时,放电的延续时间通常并不受电池电容量的限制,而受二次电池的发热限制。当用大于 2 h 率的放电电流连续放电时,在放电时间内,温度急剧上升到 $90\sim100\,^{\circ}\!C$,这就使锌电极的腐蚀和隔膜的破坏加速,从而降低二次电池的循环寿命。

主要的电池体系的比能量特性见表 4.1。

表 4.1　几种二次电池的比能量

电池种类	质量比能量/$(W \cdot h \cdot kg^{-1})$	体积比能量/$(W \cdot h \cdot dm^{-3})$
铅酸电池	$30\sim50$	$90\sim120$
铁镍电池	$20\sim30$	$60\sim70$
镉镍电池	$25\sim35$	$40\sim60$
锌银电池	$100\sim120$	$180\sim220$
锂离子电池	$120\sim140$	$260\sim340$

在一般情况下,锌银电池的质量比能量为 $100\sim150$ $W \cdot h \cdot kg^{-1}$,体积比能量为 $150\sim240$ $W \cdot h \cdot dm^{-3}$,目前大量生产的二次电池中其比能量仅次于锂离子电池。

3. 自放电

对于原电池和一些有长期荷电储存要求的蓄电池来说,自放电是一个重要指标。锌银电池的自放电较小,即它具有良好的荷电储存性能。锌银电池自放电主要是由电极的电化学不稳定引起的。其中包括两部分,锌负极的自溶解;正极氧化银的分解及银迁移。电解液的浓度、温度、电极中的杂质对这个过程有着明显的影响。

汞是锌电极中的有益添加剂,为减少自放电,通常在制造电池时向锌电极中加入一定量的金属汞(或汞的化合物)作为缓蚀剂。汞与锌形成汞齐(即锌汞合金),使锌上析出氢的过电位提高,从而抑制了进行析氢的阴极过程反应,最终降低析氢速度。由于是共轭反应,锌溶解的阳极过程也受到阻碍,使锌溶解速率减缓。

虽然汞是很好的缓蚀剂,但是它具有剧毒,可以损害人的神经系统。不少机构都在研究对人体无害的代汞添加剂。

已知铜、铁、钴、镍、锑、砷或锡是极为有害的,它们无论在电极上还是在电解液中,会与负极锌发生置换反应,生成的金属铜、铁、钴或者镍沉积在锌电极上。碱性溶液中铁、钴、镍的电极电位比锌正得多,而且氢在它们上面析出的过电位较低,从而加速了氢的析出,加速了锌的腐蚀速率,增大了负极自放电速度,使电池荷电储存寿命受到影响。因此,一般对铁、铜等杂质的含量控制在 0.000 5% 以内。而含有镉、铝、铋或铅的锌合金则降低锌的腐蚀速率。

电解液浓度也是影响负极自放电的一个重要因素,锌在低浓度氢氧化钾溶液中的自放电速率要大一些。因此,凡要求储存寿命较长的电池都采用较浓的氢氧化钾电解液。

但是由于锌电极是多孔电极,真实表面积很大,实际上总是以一定的自溶解速率在溶解,自放电总是存在的。

过氧化银 AgO 在热力学上不稳定,储存中它容易分解成氧化银 Ag_2O 和氧气:

$$2AgO \!\!=\!\!\!=\!\! Ag_2O + \frac{1}{2}O_2$$

结果使容量降低。在室温下,AgO 分解速率很小,提高环境温度会加速分解反应进行。

4. 寿命

电池的寿命主要指循环寿命、湿储存寿命(包括荷电湿储存寿命)和干储存寿命。与其他化学电源相比,湿寿命短是锌银电池的一个突出缺点。

循环寿命是考核蓄电池连续工作能力的指标。锌银蓄电池循环寿命较短,通用的高倍率型电池只有 10~50 周次,低倍率型电池有 250 周次左右。特种锌银电池一般只有 3~5 周次,比铅酸电池低得多,与镉镍电池相比,相差更大。

锌银电池在实际使用中,一旦将电解液注入电池,便开始了隔膜的损坏过程和电极的变化。因此,把电池从开始加注电解液到电池失效,丧失规定功能所经过的时间,称作湿储存寿命,也称湿搁置寿命,简称湿寿命。根据不同的电池结构和使用条件,锌银电池的湿寿命从 3 个月到 20 个月左右。自动激活式锌银一次电池的湿寿命更短,通常以小时计。

在某些使用场合,要求电池随时可以进行工作,也就意味着在正常情况下,电池是以荷电湿态搁置的。经过一段时间搁置后,电池内部会发生相应的化学变化(自放电),电池容量发生损失,工作电压也会出现下降,为使电池随时都能够满足技术指标的要求,对电池需要进行充电维护。蓄电池每次充电后,在一定条件下储存性能满足技术要求的最长储存时间,称为电池的荷电湿储存寿命,也称为荷电湿搁置寿命,简称荷电湿寿命。

目前,锌银蓄电池的荷电湿储存寿命不高,一般为 3~6 个月。锌银扣式电池的荷电湿寿命稍长,一般为 1~2 年。荷电湿储存寿命低是由电池自放电引起的,凡影响自放电的因素均会对锌银电池的荷电湿储存寿命产生影响。

除了锌银扣式电池出厂时已有电解液外,其他类型的锌银电池(包括干式放电态锌银蓄电池、干式荷电态锌银蓄电池及自动激活式锌银一次电池组)都是干态出厂。到了使用前加注电解液激活电池,从出厂到加注电解液有一段干态储存时间。在干态储存期间,电极的活性物质要发生变化,隔膜材料会老化损坏,干态储存时间过长,电池激活后也不能满足技术要求规定的性能指标。电池(自装配后)干态储存后,性能满足技术要求的最长储存时间,称为电池的干态储存寿命,或称干搁置寿命。

目前,锌银电池的干态储存寿命达 5~8 年,有的可储存 12 年以上。

由于锌银电池成本较高,从经济性考虑,希望电池的干态储存寿命、湿态储存寿命和荷电储存寿命越长越好。然而,实际上锌银电池的使用寿命是较短的。限制其使用寿命的主要因素有隔膜的氧化和氧化银的迁移、锌枝晶穿透、锌电极的下沉和锌电极自放电率较大四方面。

① 隔膜的氧化和氧化银的迁移。锌银蓄电池中通常使用水化纤维素膜作为主隔膜,化学稳定性较差。在电池中长期和氧化银、过氧化银等强氧化剂接触,会被氧化而受到破坏,造成强度变差。此外,锌银电池采用浓氢氧化钾作为电解液,对隔膜有腐蚀作用,长期浸泡在浓碱中的隔膜会发生解聚。同时,氧化银在氢氧化钾溶液中有一定的溶解性。25℃时,相对密度为 1.40 的氢氧化钾溶液中氧化银的溶解度为 0.05 $g \cdot dm^{-3}$(以 Ag 计)。在溶液中的形式是 Ag^{2+}、$(OH)^-$ 和胶体银微粒。它们迁移到达隔膜后,将膜的分子氧化,本身被还原为银,沉积在隔膜上。溶解的氧化银还可以透过隔膜,到达锌负极,在负极上还原成银沉积下来。沉积在膜上的银积累到一定数量后,就可以透过隔膜,形成很细的银桥,发生电子导电。最初造成微短路,然后逐渐发展成完全短路,最终导致电池失效。

② 锌枝晶穿透。当负极过充电时,由于电极上的氧化锌或者氢氧化锌都已完全还原,电解液中的锌酸盐离子就要在电极上放电析出金属锌。首先是电极微孔中电解液内的锌酸盐离子被消耗,再继续沉积锌,只能通过电极外部电解液中的锌酸盐离子来实现。由于浓度极化较大,结晶在电极表面突出部分优先生长,形成树枝状结晶。枝晶可以一直生长到隔膜之间的间隙,甚至在隔膜的微孔里生长,以致穿透隔膜,造成电池短路。因此,锌枝晶穿透也是锌银蓄电池寿命短的原因之一。

③ 锌电极的下沉。由于锌酸盐溶液的分层性质,电池上部锌酸盐浓度低而碱浓度高,电池下部锌酸盐浓度高而碱浓度低,相对于同一锌电极来说,形成浓差电池。随着充放电循环的进行,锌电极上部逐渐减薄,下部逐渐加厚,使锌电极变形,这种现象称为锌电极下沉。电极下部沉积的锌积累,使隔膜涨破,造成电池短路。同时,锌电极变形后,与正极相对应的作用面积减小,且下沉的锌堵塞锌电极下部的微孔,也使作用面积减小,活性物质利用率下降,放电容量降低。

④ 锌电极自放电率大。锌银蓄电池经过多次循环后,正、负极活性物质配比不平衡,金属锌的含量相对减少,充电时受银电极控制,放电时受锌电极控制,电池容量损失严重。

5. 低温性能

低温性能差是锌银电池的又一缺点。在较低温度,尤其在 0℃ 以下工作时,放电电压和放电容量都会相应降低,温度越低,降低越多,甚至不能放出容量,电池也就随之停止工作。

图 4.3 的放电曲线表明了高放电率电池在不同温度下的放电性能。可以看出,由温度引起的电压变化与由电流密度引起的电压变化是紧密相关的,因此,低温的不利影响可以通过降低电池的电流密度得到改善。一般情况下,在低温环境下工作的锌银电池,应考虑到相应低温下输出容量的减少,而选用容量较大的电池。而高放电电流密度下,电池的放电电压和容量可以通过提高电池的工作温度得到提升。

图 4.4 是低放电率电池在不同温度下的放电曲线。图 4.5 是环境温度对锌银电池质量比能量的影响情况。

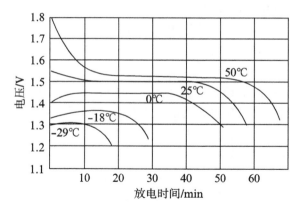

图 4.3　1 h 率下温度对高放电率锌银电池放电性能的影响

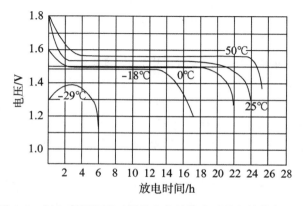

图 4.4　24 h 率下温度对低放电率锌银电池放电性能的影响

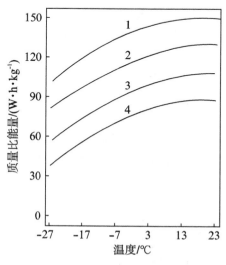

图 4.5　温度对锌银电池质量比能量影响

1—10 h 率;2—1 h 率;

3—20 min 率;4—10 min 率

从图 4.3、图 4.4 以及图 4.5 可以看出，在 0℃ 以下时温度对锌银电池的影响是相当大的，对于电压精度要求严格的使用情况，要求电池在低温下工作时，需要给电池设计加热系统。

锌银电池低温性能差的原因在于：一是低温下氢氧化钾溶液的黏度增大，电导下降，引起浓度极化增大，电池内阻升高，电池电压下降。另一原因是锌电极在低温下容易钝化（钝化是指金属阳极溶解时，正常溶解的金属由于阳极过程受阻碍，而突然停止溶解的一种现象），使放电容量大大减小。

低温环境对锌银电池充电同样是不利的，0℃ 以下充电只能获得很少的容量，一般充电应在 15℃ 以上的环境中进行。

图 4.6 给出了环境温度、放电倍率与锌银电池工作电压、放电容量之间的关系。

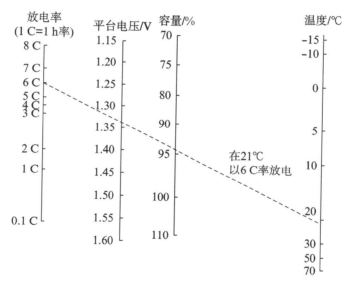

图 4.6　不同温度不同放电条件下锌银电池的性能
为求出锌银电池的容量和平台电压，可在电池工作环境温度与放电率之间划一直线得出

6. 成本

锌银电池的另一个缺点是价格昂贵，这是因为电池的主要原材料是贵重的金属银及银盐，在整个锌银蓄电池中的费用占 75% 以上。

4.1.3　锌银电池的命名规则

锌银系列电池的型号按信息产业部标准《含碱性或其他非酸性电解质的蓄电池和蓄电池组型号命名方法》和 GJB 1876A—2005《锌银储备电池组通用规范》中的有关规则命名。

单体蓄电池的型号，采用汉语拼音字母与阿拉伯数字相结合的方法表示。必要时，附加蓄电池形状、放电率及结构形式代号。

系列代号是以两极主要材料的汉语拼音第一个大写字母表示，负极材料在左，正极材料在右。锌银蓄电池的系列代号是 XY。X 是负极锌的汉语拼音的第一个大写字母，Y 是正极银的汉语拼音的第一个大写字母。

额定容量以阿拉伯数字表示，单位为安时（A·h）或毫安时（mA·h）。标准规定，额定容量小于 100 mA·h 的电池一般以毫安时为单位。

锌银蓄电池按其适用的放电率高低,分为低倍率型、中倍率型、高倍率型和超高倍率型四种。其划分标准及标注代号列于表 4.2 中。

表 4.2 放电率字母代号

放电率	放电率代号	放电率范围
低倍率	D	≤0.5 C
中倍率	Z	0.5 C~3.5 C
高倍率	G	3.5 C~7.0 C
超高倍率	C	≥7.0 C

注:在型号表示中,低倍率蓄电池放电率字母代号 D 省略。

形状代号:开口蓄电池形状不标注。密封蓄电池形状代号见表 4.3。

表 4.3 形状代号

形 状	形状代号
方形	F
圆柱形	Y
扁形(扣式)	B

注:全密封蓄电池在形状代号右下角加脚注。如 F_1、Y_1、B_1。

单体蓄电池型号排列顺序为:系列 形状 放电率 结构形式 容量。

[例1]

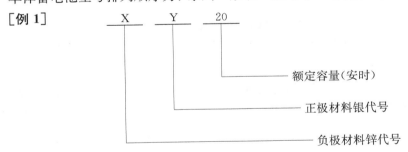

XY20 表示额定容量为 20 A·h 的方形、开口、低倍率锌银蓄电池单体。其中电池形状代号、低倍率代号均不标注。

将 n 个极群组分别装在一个内部隔成 n 个槽的电池壳中,这样的蓄电池称为整体蓄电池。一个槽内的极群组构成的蓄电池相当于一个单体蓄电池,极群组数就是这样的单体蓄电池数。整体蓄电池的型号由两部分组成,前一部分是多槽整体电池壳内极群组的个数,后一部分是一个槽内极群组构成的蓄电池型号。为与蓄电池组的型号相区别,在极群组个数的数字下面加一短横线"—"表示。

整体蓄电池型号排列顺序为:极群组个数 一个槽内蓄电池型号。

[例 2]

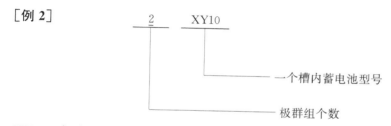

2XY10 表示两个 10 A·h 锌银极群组组成的整体蓄电池。

由单体蓄电池串联组成的蓄电池组,型号由单体蓄电池的数量及单体蓄电池的型号组成;由整体蓄电池串联组成的蓄电池组,型号由整体蓄电池的个数及整体蓄电池的型号组成,中间加一短横线"-"。

蓄电池组型号排列顺序为:串联单体蓄电池数量　单体蓄电池型号,或者为:串联整体蓄电池数量-整体蓄电池型号。

[例 3]

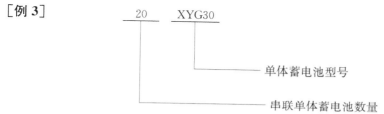

20XYG30 表示由 20 只 30 A·h 高倍率型锌银蓄电池单体串联组成的锌银蓄电池组。

[例 4]

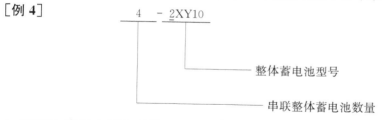

4-2XY10 表示由四个双槽 10 A·h 锌银整体蓄电池串联组成的锌银蓄电池组。

如出现其他同容量、串联只数相同而结构、连接形式不同的蓄电池组,为区别起见,按顺序在原型号后加汉语拼音大写字母 A、B 等,依此类推。

[例 5]　　　　　　　　　　　　　　4-2XY10(A)

4-2XY10(A)表示的是与例 4 结构不同的蓄电池组。

锌银储备电池组的型号组成为:串联单体个数　系列名称　特性代号　额定容量　-区分号。

串联单体个数用阿拉伯数字表示;系列名称为锌银电池系列 XY;电池特性代号为 ZB,代表储备;额定容量用阿拉伯数字表示,常以 A·h 为单位;区分号使用详细规范(或技术条件)中电池区分号表示。

[例 6]　20XYZB18-008。

20XYZB18-008 表示由 20 只单体电池串联、额定容量为 18 A·h 的锌银储备电池。

4.1.4　锌银电池的分类和用途

锌银电池的分类方法有多种。按工作方式,可以分为一次电池和二次电池。按储存状态,可以分为干式荷电态电池和干式放电态电池。按结构,可以分为密封式电池和开口式(即排气式)电池。按外形,可以分为矩形电池和扣式电池。按激活方式,可以分为人工激活和自动激活电池。按放电率,可以分为高倍率、中倍率和低倍率电池。上述几种分类方法可以概述如下:

$$
\begin{cases}
\text{一次电池} \begin{cases}
\text{扣式电池(非储备式湿式荷电态电池)} \\
\text{储备电池} \begin{cases} \text{人工激活电池} \\ \text{自动激活电池} \end{cases}
\end{cases} \\
\text{二次电池} \begin{cases} \text{干式荷电态电池} \\ \text{干式放电态电池} \end{cases}
\end{cases}
$$

综合考虑锌银电池的优缺点,它往往限用于某些对电池性能有特殊要求的场合,一般限于对电池体积和质量要求严格的军事设备上。必须指出的是,锌银电池具有卓越的大电流放电性能和其他优异特性,使其广泛应用于航天、航空等领域。一次电池只限于那些要求高比能量但寿命短的用途,而二次电池则用于少量全循环和较短的湿寿命的场合。按照使用环境,可分为空间、空中、地面和水下等方面。

全密封电池多用于空间航天器,特别是对寿命较短的卫星,如几天到十几天,可用锌银电池作为主电源。如"东方红"一号卫星电源(图4.7),第一、第二颗科学试验卫星电源,其单体电池均为全密封结构电池;美国的"徘徊者"、"水手"、"勘测者"和"航行者"等系列卫星,均采用了特殊设计的密封锌银电池。航天飞机、宇宙飞船和空间站等多采用锌银二次电池作为应急电源。

图 4.7　我国第一颗人造地球卫星"东方红"一号(左)及采用的密封锌银电池组(右)

在20世纪60年代至80年代,锌银电池主要用作背负式电子设备和步话机设备、摄影机驱动装置、脉冲收发机、电视摄像机、医疗用仪器、雷达和夜视仪等的电源;同时,锌银电池是飞机的应急启动与仪表工作电源(主要用于军用直升机和战机),同时还在靶机、无人驾驶飞机、有人和无人驾驶的同温层气球等飞行器上作为动力电源。随着新体系化学电源的应用,这些特殊应用的锌银电池已逐渐淡出。

此外,各种战略战术导弹武器均普遍采用锌银电池。目前,常规弹(箭)的控制系统、遥测系统、安全自毁系统、外弹道测量系统(弹上部分)、头部姿态控制系统、头部引爆装置等电源,基本上采用自动激活锌银一次电池或者人工激活锌银二次电池。它们直接影响到导弹运行的控制以及弹头引爆的及时性,作用十分重要。在水下用途中,各类现役鱼雷中操练用鱼雷多用人工激活二次电池作动力,并向雷上仪表等供电。它们的性能不仅决定鱼雷的航速和航程,还影响到运行与命中目标的精度。

4.2　工作原理

4.2.1　概述

锌银电池的电化学体系表达式为

$$(-)Zn|KOH|Ag_2O(AgO)(+) \tag{4.1}$$

表达式表明,锌银电池的负极是以氢氧化钾溶液为电解液的锌电极,正极是以氢氧化钾溶液为电解液的氧化银(过氧化银)电极。

锌银电池的锌电极在饱和锌酸盐的少量碱溶液中工作,锌电极的放电产物为氧化锌(式(4.2))或者氢氧化锌(式(4.3)):

$$Zn+2OH^- {=\!=\!=} ZnO+H_2O+2e \tag{4.2}$$

或

$$Zn+2OH^- {=\!=\!=} Zn(OH)_2+2e \tag{4.3}$$

其中,负极反应产物可能有三种:无定形 $Zn(OH)_2$、$\varepsilon\text{-}Zn(OH)_2$ 和惰性 ZnO。无定形 $Zn(OH)_2$ 是一种最易溶解且最不稳定的形式;$\varepsilon\text{-}Zn(OH)_2$ 是一种最不易溶解而最为稳定的氢氧化物;惰性氧化物 ZnO,也比较稳定。

正极上银的氧化物放电的产物为还原生成的金属银,两种价态对应反应式(4.4)和式(4.5):

$$2AgO+H_2O+2e {=\!=\!=} Ag_2O+2OH^- \tag{4.4}$$
$$Ag_2O+H_2O+2e {=\!=\!=} 2Ag+2OH^- \tag{4.5}$$

因此,锌银电池放电时的总反应为式(4.6)、式(4.7)、式(4.8)以及式(4.9),当放电产物为 ZnO 时:

$$Zn+2AgO {=\!=\!=} ZnO+Ag_2O \tag{4.6}$$
$$Zn+Ag_2O {=\!=\!=} ZnO+2Ag \tag{4.7}$$

当放电产物为 $Zn(OH)_2$ 时:

$$Zn+2AgO+H_2O {=\!=\!=} Zn(OH)_2+Ag_2O \tag{4.8}$$
$$Zn+Ag_2O+H_2O {=\!=\!=} Zn(OH)_2+2Ag \tag{4.9}$$

锌银电池可制成可充电式的二次电池,也可制成储备式的一次电池。电池充电时所进行的过程是上述放电反应的逆反应。

由锌银电池反应方程式可知,虽然锌电极与氧化银电极的电极电位,均与溶液中 OH^- 的活度有关,但由于 OH^- 并不参与电池总反应,因此锌银电池的开路电压(或电动势)仅取决于正、负极的标准电极电位:

$$E^{\ominus} = \phi_+^{\ominus} - \phi_-^{\ominus}$$

正、负极的标准电极电位随电极反应不同而不同。对于负极,当电极产物为 ZnO 时,

$$\phi_{Zn/ZnO}^{\ominus} = -1.260 \text{ V}$$

$$\left(\frac{dE^{\ominus}}{dT} \right)_{ZnO} = -1.161 \text{ mV/℃}$$

当电极反应产物为 ε-Zn(OH)$_2$ 时,

$$\phi_{Zn/Zn(OH)_2}^{\ominus} = -1.249 \text{ V}$$

$$\left(\frac{dE^{\ominus}}{dT} \right)_{Zn(OH)_2} = -1.001 \text{ mV/℃}$$

对于正极,当由 AgO 还原成 Ag$_2$O 时,

$$\phi_{AgO/Ag_2O}^{\ominus} = +0.607 \text{ V}$$

$$\left(\frac{dE^{\ominus}}{dT} \right) = -1.117 \text{ mV/℃}$$

当由 Ag$_2$O 还原为 Ag 时,

$$\phi_{Ag_2O/Ag}^{\ominus} = +0.345 \text{ V}$$

$$\left(\frac{dE^{\ominus}}{dT} \right) = -1.337 \text{ mV/℃}$$

因此,当负极产物为 ε-Zn(OH)$_2$ 时,相应于不同的正极反应,电池的电动势和温度系数分别为

$$E_1 = +0.607 - (-1.249) = 1.856 \text{ V}$$

$$\left(\frac{dE_1}{dT} \right)_{\varepsilon\text{-}Zn(OH)_2} = -0.116 \text{ mV/℃}$$

$$E_2 = +0.345 - (-1.249) = 1.594 \text{ V}$$

$$\left(\frac{dE_2}{dT} \right)_{\varepsilon\text{-}Zn(OH)_2} = -0.336 \text{ mV/℃}$$

负极产物为 ZnO 时,

$$E_1 = +0.607 - (-1.260) = 1.867 \text{ V}$$

$$\left(\frac{dE_1}{dT} \right)_{ZnO} = +0.044 \text{ mV/℃}$$

$$E_2 = +0.345 - (-1.260) = 1.605 \text{ V}$$

$$\left(\frac{dE_2}{dT} \right)_{ZnO} = -0.176 \text{ mV/℃}$$

其中,E_1 为相应于由 AgO 还原为 Ag$_2$O 时的电池电动势;E_2 为相应于由 Ag$_2$O 还原为 Ag 时的电池电动势。

换言之,锌银电池放电时,放电曲线出现两个电压坪阶,E_1 为高坪阶的电动势,E_2 为低坪阶的电动势。这是锌银电池所特有的电压特性。

1961 年,希尔斯(S. Hills)进行了测量,得到了十分符合惰性氧化锌稳定形式的重复数据。得到低电位坪阶为 $E_2 = 1.604$ V,而 $\left(\dfrac{dE_2}{dT}\right)_{ZnO} = -0.169$ mV/℃,以及高电位坪阶为 E_1 $= 1.857$ V,而 $\left(\dfrac{dE_1}{dT}\right)_{ZnO} = +0.057$ mV/℃。

对于惰性氧化锌体系的理论数值来说,它们在实验误差范围内。

4.2.2　锌银电池的成流过程

化学电源能够把它两极活性物质的化学能直接转换成电能,向外输出电流;还可以将输入的电流转换成活性物质的化学能储存起来。

把锌电极与氧化银电极用隔膜隔开,浸在氢氧化钾电解液中,组成锌银电池。锌电极具有较负的电极电位,称为电池的负极;氧化银电极具有较正的电极电位,称为电池的正极。正极和负极之间存在平衡电极电位差,就是电池的电动势。

将正极与负极通过负载连接起来时,如图 4.8 所示,因为两极之间存在电位差,即有电流流过负载,同时,正、负极与电解液之间的平衡状态受到破坏。

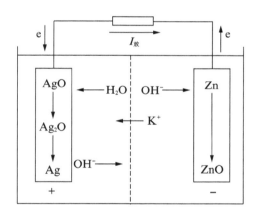

图 4.8　锌银电池放电示意图

负极锌是很活泼的金属,在碱溶液中,容易失去两个电子而被氧化成二价锌离子,如式(4.2)、式(4.3),由于外电路是电子导体,失去的两个电子通过外电路输送到正极。

正极的过氧化银,在碱性溶液中具有较强的氧化性,容易得到电子而被还原。即负极输出的电子通过外电路到达正极时,由过氧化银中的二价银获得,还原生成一价银氧化物,如式(4.4)所示;氧化银中的一价银再得到一个电子,还原成零价的金属银,式(4.5)所示。

随着放电的进行,电子通过外电路不断地从负极输送到正极,锌的氧化和银氧化物的还原不断地进行。

在电池内部,由于电场的作用和电极反应的进行,钾离子(K^+)做定向运动,从负极移向正极;氢氧根离子(OH^-)也做定向运动,从正极移向负极。电池内部靠这些离子在电解液中的运动而导电。这样,内电路和外电路一起构成了完整的闭合电路。应当注意的是,此时在外电路的电流是从正极流向负极(与电子运动方向相反);在内电路的电流是从负极流向正极。

上述的电池向外输出电流的过程就称为放电。两电极产生电流的反应称为电极的成流反应,总的放电反应如式(4.10)、式(4.11)所示。

$$Zn + AgO + H_2O \rule[0.5ex]{1em}{0.4pt} Zn(OH)_2 + Ag \tag{4.10}$$

或

$$Zn + AgO \rule[0.5ex]{1em}{0.4pt} ZnO + Ag \tag{4.11}$$

对于蓄电池,经过放电,两极活性物质的状态发生了变化;负极从还原态变成氧化态;而正极则从氧化态变成还原态。当施加外部直流电源,通以与放电时方向相反的电流时,可使两极活性物质恢复到放电前的状态。把电能转换为化学能储存起来的过程,称为充电。

如图4.9所示,外部直流电源的正极接蓄电池的正极,从正极取走电子,使正极发生氧化反应。首先,正极银失去一个电子,从零价的银变为一价银氧化物,如式(4.12)所示:

$$2Ag + 2OH^- \rule[0.5ex]{1em}{0.4pt} Ag_2O + H_2O + 2e \tag{4.12}$$

进一步再失去一个电子,一价银氧化物变成二价银氧化物,如式(4.13)所示:

$$Ag_2O + 2OH^- \rule[0.5ex]{1em}{0.4pt} 2AgO + H_2O + 2e \tag{4.13}$$

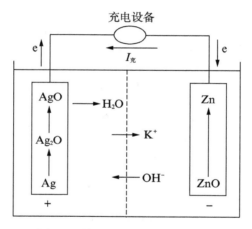

图4.9 锌银电池充电原理示意图

外加直流电源的负极连接蓄电池的负极,把从正极获得的电子供给负极,负极得到两个电子发生还原反应,氢氧化锌或氧化锌还原为锌,如式(4.14)、式(4.15)所示。

$$Zn(OH)_2 + 2e \rule[0.5ex]{1em}{0.4pt} Zn + 2OH^- \tag{4.14}$$

或

$$ZnO + H_2O + 2e \rule[0.5ex]{1em}{0.4pt} Zn + 2OH^- \tag{4.15}$$

随着充电的进行,电子通过外电路不断从正极输送到负极,银的氧化和氧化锌或者氢氧化锌的还原不断地进行。

在蓄电池内部,由于电场的作用和电极反应的进行,钾离子(K^+)做定向运动,从正极移向负极;氢氧根离子(OH^-)也做定向运动,从负极移向正极。电池内部靠这些离子在电解液中的运动而导电。与放电过程相似,内电路与外电路一起构成了完整的闭合电路。此时在外电路的电流是从负极流向正极(与电子运动方向相反);在内电路的电流是从正极流向负极。

将正、负极进行的反应方程式合并,即得到充电时电池的总反应,如式(4.16)、式(4.17)所示:

$$Zn(OH)_2 + Ag \Longrightarrow Zn + AgO + H_2O \tag{4.16}$$

或

$$ZnO + Ag \Longrightarrow Zn + AgO \tag{4.17}$$

根据成流反应,可以计算活性物质的电化学当量,进一步还可以计算它们的理论容量。以过氧化银为例,说明活性物质的电化学当量及理论容量计算过程。一个过氧化银分子还原成银,发生两个电子的转移。1 mol 过氧化银完全还原,就会得到 2 法拉第(F)电量,生成 1 mol 银。按式(4.18)进行计算。

$$\begin{array}{cccc} AgO & + & 2e \longrightarrow & Ag \\ 124\,g & & 2F & 108\,g \\ X & & 1\,A \cdot h & Y \end{array} \tag{4.18}$$

计算得出:$X = \dfrac{124}{2F} = \dfrac{124}{2 \times 26.8} = 2.31\,g \cdot (A \cdot h)^{-1}$

$$Y = \frac{108}{2F} = \frac{108}{2 \times 26.8} = 2.01\,g \cdot (A \cdot h)^{-1}$$

即过氧化银的电化学当量为 $2.31\,g \cdot (A \cdot h)^{-1}$,银的电化学当量为 $2.01\,g \cdot (A \cdot h)^{-1}$。同样可以计算氧化银的电化学当量为 $4.32\,g \cdot (A \cdot h)^{-1}$ 和锌的电化学当量为 $1.22\,g \cdot (A \cdot h)^{-1}$。电化学当量还可以以 $(A \cdot h) \cdot g^{-1}$ 为单位表示。表 4.4 列出了锌银电池中有关物质的电化学当量。

表 4.4　锌银电池有关物质的电化学当量

物质名称	变化价数	电化学当量	
		$g \cdot (A \cdot h)^{-1}$	$A \cdot h \cdot g^{-1}$
Ag	2	2.01	0.496
Ag	1	4.03	0.248
Ag_2O	1	4.33	0.231
AgO	2	2.31	0.432
Zn	2	1.21	0.824
$Zn(OH)_2$	2	1.85	0.541
ZnO	2	1.51	0.662

有了电化学当量,当电极活性物质量已知时,就可以计算活性物质的容量。由于不考虑活性物质利用率的影响,这样计算出的容量为活性物质 100% 利用时的数值,称为理论容量,是可能获取容量的极限。

4.2.3　锌电极基础化学和电化学

1. 锌-氧化锌电极的化学

锌是一种白色而略带蓝灰色的金属,为六方紧密堆积晶体结构。熔点 419.58℃,沸点为

907℃。20℃时的密度为 7.142 g·cm^{-3}，是一种良好的导电体和导热体。锌的电阻率为 $5.916×10^{-6}$ Ω·cm，几乎是银的 4 倍，但导热效率只有银的 1/4。锌的延展性主要依纯度而定，含杂质量越多，延展性越小。

氧化锌可以通过在空气中加热锌制得，也可以由加热分解碳酸锌或其他锌盐制得。通常它是白色物质，加热时变黄。在锌电极阳极极化时，氧化锌也呈现其他颜色。这种颜色是由各种类型的晶格缺陷或畸变而引起的。某些缺陷则导致了 ZnO 的半导体性质。

2. 锌电极的动力学

金属锌，由于其电极电位较负，阳极溶解反应极化小，电化学当量较低以及电极过程可逆的优点，被广泛地用作一次或二次电池中的负极活性物质。但是，要真正使用必须解决它的阳极钝化和阴极沉积等问题。

1) 锌的阳极钝化

在纯的浓碱溶液中，锌阳极溶解的产物为可溶性锌酸盐：

$$Zn + 4OH^- \longrightarrow Zn(OH)_4^{2-} + 2e$$

当溶液被锌酸盐所饱和或 OH$^-$ 离子强度减小时，将进行生成 $Zn(OH)_2$ 或 ZnO 的阳极过程：

$$Zn + 2OH^- \longrightarrow Zn(OH)_2 + 2e \tag{4.19}$$

或

$$Zn + 2OH^- \longrightarrow ZnO + H_2O + 2e \tag{4.20}$$

实际上，电解液常常用 ZnO 饱和。因此，锌的阳极溶解往往在少量的被锌酸盐饱和的浓 KOH 溶液中进行，反应结果以式(4.19)和式(4.20)为更可能。

对于整体锌电极，式(4.19)、式(4.20)只可能在很小的电流密度下进行。当电流密度增大时，锌极电位立即变得很正，极化非常严重，电池根本无法工作，即发生锌的阳极钝化现象。图 4.10 为锌电极恒电流阳极溶解的典型钝化曲线。由图 4.10 可知，开始时，锌正常溶解，极化很小，但当时间到达 P 点时，电极电位向正的方向剧变，这时锌的阳极溶解过程受到很大的阻滞，电池不能继续工作。这种阳极溶解反应受到严重阻滞的现象，称为钝化现象。

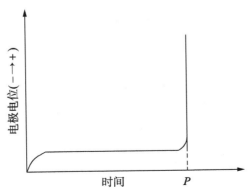

图 4.10 锌电极恒电流阳极溶解时的典型电位-时间曲线

钝化时间与电流密度的关系可简便地以式(4.21)表示：

$$(i - i_1) t_P^{1/2} = k \tag{4.21}$$

式中，i_1 为使阳极钝化的最小电流；k 对特定系统来说是常数。

影响锌电极钝化特性的主要因素有两个：锌电极的工作电流密度和电极界面溶液中的物质传递速度。大量的试验数据表明，锌电极阳极溶解的电流密度越大，达到钝化所需的时间越短。同时，达到钝化所需时间的长短与电极界面溶液中的物质传递速度关系很大。水平放置于容器底部的锌电极，最容易钝化；水平俯放在容器顶部的锌电极，最不容易钝化；垂直安放的锌电极，情况居中。对扩散过程而言，由于 $Zn(OH)_4^{2-}$ 离子的扩散系数比 OH^- 离子的小一个数量级，所以主要受 $Zn(OH)_4^{2-}$ 离子扩散控制。

电流密度和物质传递的影响，主要在于促使电极表面电解质中锌酸盐含量过饱和及氢氧根离子浓度的降低。因为在锌阳极钝化时电极表面附近电解液的组成几乎均为

$$\frac{C_{Zn(OH)_4^{2-}}}{C_{OH^-}} \approx 0.16$$

由此可知，锌电极钝化时，电极表面溶液中，锌酸盐是过饱和的（其比值比氧化锌在氢氧化钾溶液中的溶解度要大得多）。锌酸盐浓度达到过饱和所造成的直接后果，是形成固态电极反应产物 ZnO 或 $Zn(OH)_2$。

关于锌的阳极钝化机理，人们普遍认为：漂浮的、疏松的、黏附在电极表面的 ZnO 或 $Zn(OH)_2$ 的成相膜不是锌极钝化的原因。电极表面紧密的 ZnO 吸附层才是促使锌极钝化的根本原因。进一步的研究证明：锌电极表面只要有单分子 ZnO 吸附层，就能使锌极钝化。

由此可知，为了防止锌电极钝化，使锌电极不至于达到生成 ZnO 吸附层的电位，必须控制电流密度或改善物质传递条件。在电池中，电极尺寸和外壳大小受一定的限制，改变物质传递条件的可能性是不太大的。因此，改变电极结构，采用多孔电极，降低电极表面的实际电流密度，具有十分重要的意义。

2）二相多孔锌电极

多孔电极，是由高比表面的粉末状活性物质或它与具有导电性的惰性固体微粒混合，通过压制、烧结和化成等方法构成的电极。多孔电极的特点是具有很高的孔隙率和比表面。如多孔锌电极，在相同的表观面积下，其实际工作电流密度大大降低，即降低了极化，从而避免了锌极钝化。

当讨论在多孔锌电极的液-固两相界面上进行的电化学反应时，必然会牵涉比较复杂的数学处理问题。本书不在此作详细推导，只作一些简单的定性论述。

要使多孔电极孔内表面上电流均匀分布，必须尽量降低溶液的比电阻（即采用导电能力强的电解质溶液），同时采用孔径（或孔率）较大的多孔电极结构。当多孔电极的孔率和孔径较大时，可以改善孔内外物质的传递，使电极内表面得到较好的利用。对于大功率的电池，放电电流密度大，为了更好地提高多孔电极的利用率，极片应薄一些。通常，高倍率放电（大于 $3.5C$）的锌银电池极片比低倍率（小于 $0.5C$）的锌银电池极片薄得多。

当然，工作电流密度越大，孔内浓度梯度也变得越大，物质传递的影响越严重。因此，孔内表面电流分布更不均匀。

实际上,真实的多孔电极的结构十分复杂。尤其当电极的液-固两相界面处于工作状态时,电极结构可以发生很大的变化。同时,电化学极化、浓差极化和电阻极化可能都占有相当大的比例,因此研究多孔电极的特性是一个比较复杂的问题。不能简单地认为多孔电极的性能正比于它的比表面,对于大电流工作和厚的多孔电极,尤其如此。因此,结论是:多孔电极的内表面电流分布是不均匀的,并且随电极结构和工作条件的不同,孔的内表面的利用程度可以有很大的不同。

改进多孔电极的结构(如增大孔率、孔径等),提高孔内表面的利用程度,实际上往往受到一定的限制。如必须考虑电极的机械强度,考虑电极的制造方法等。

总的来说,多孔电极的优越性是十分明显的。对碱性氢氧化钾电解液中的锌电极而言,采用多孔电极结构,提高了对其钝化的抑制能力,提高了电池的比能量、比功率。同时合理地解决了二次锌银电池充电时生成的枝晶容易脱落、短路,导致降低电池容量和循环寿命的难题。

3) 锌的阴极沉积

在锌银电池中,都会遇到电沉积锌的阴极过程(充电过程)。它对电极和电池的性能都有重要的影响。

二次锌银电池,即锌银二次电池有一个循环寿命问题。在它的充电过程中,当负极表面的氧化锌全部被还原以后,溶液中的锌酸根离子开始在锌电极表面放电析出金属锌。这时,往往容易形成树枝状的锌枝晶,它与基底结合不牢,容易脱落,降低电池容量;同时,它还会引起电池内部正、负极之间短路,缩短循环寿命,对锌银二次电池十分有害。因此,在锌银二次电池充电时,常常采取各种措施避免生成锌枝晶。

一次锌银电池没有循环寿命问题。它要求锌负极能在大电流密度下工作,要求电极具有高孔率、高比表面,还要具有一定的机械强度。这种锌电极由电沉积法制造的树枝状锌粉压制而成。因为该树枝状锌粉具有很大的比表面,且树枝状结晶相互交叉重叠,在较小压力下就可以成型,接触良好,孔率可高达 $70\%\sim80\%$,且电极强度足够,导电性能良好。

由上述可知,锌阳极电沉积的重要问题是锌的结晶状态。实验表明,当从碱性锌酸盐溶液中电沉积时,锌的结晶形态受过电位的影响很大。如过电位较低,即在浓的锌酸盐溶液中在低电流密度下电沉积时,容易得到苔藓状或卵石状的锌结晶;而过电位较高,即在高电流密度下电沉积,电极表面锌酸盐离子浓度很贫乏的情况下,容易得到树枝状的锌结晶。

影响电沉积枝晶成长的主要因素有:电极过程的电化学极化;反应物的物质传递条件;溶液中表面活性物质的含量。

在反应物质的传递比较容易,即不考虑浓差极化的条件下,当电沉积过程的电化学极化足够高时,不仅在电极表面的一些活性部位进行电沉积,在比较完整的结晶表面也可能生成结晶晶核,进行电沉积过程。这时,结晶的成长比较均衡,不容易得到树枝状结晶。

在反应物质的传递比较困难、高电流密度下电沉积时,浓差极化很大。溶液中反应离子扩散到电极表面凸出处,要比扩散到电极表面其他部位更为容易,从而促使形成树枝状结晶。

当溶液中含某些表面活性剂时,它们会被吸附或生长在结晶表面的活性部位,阻滞枝晶成长。如在碱性锌酸盐溶液中含有少量铅离子时,铅将和锌共沉积,改变锌的晶形,抑制枝晶的成长。

因此,控制电沉积过程的结晶条件(如电流密度、溶液组成、温度等),可以得到不同用途的结晶。

4.2.4 银电极基础化学和电化学

1. 银-氧化银电极的化学

银可能有几个氧化态,在周期表中,它和铜、金共组成一个副族,它可有 +1、+2 及 +3 三种价态,其相应的氧化物是 Ag_2O、AgO 及 Ag_2O_3(对于碱性电池来说,Ag_2O_3 是没有意义的)。

金属银在通常环境下是稳定的,在碱性环境中(KOH 溶液中)也比较稳定,具有高的导电率,它的电阻率为 1.59×10^{-6} $\Omega \cdot cm$。Ag_2O 的制备方法是在没有强氧化剂存在的条件下,用 KOH 或者 NaOH 处理银离子溶液。Ag_2O 作为活性物质的重要特点是电阻高,电阻率约为 10^8 $\Omega \cdot cm$。Ag_2O 的另一个重要特点就是在碱性溶液中的溶解度,其随着氢氧离子浓度的增大而增大,在 25℃时的溶度积为 2×10^{-8},并随着温度的升高而增大,银溶解及迁移到锌电极被认为是锌银电池某些性能发生问题的原因。Ag_2O 在 KOH 溶液中的溶解度如图 4.11 所示,随着 KOH 溶液浓度的增大而增大,在 KOH 浓度约为 6 mol·L^{-1} 时,Ag_2O 的溶解度达到最大值,约为 2.4×10^{-4} mol·L^{-1}。

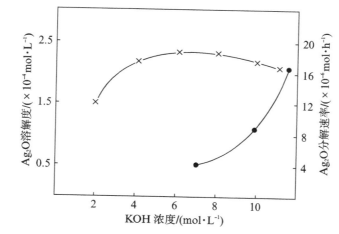

图 4.11 Ag_2O 在 KOH 溶液中的性质

×——溶解度;●——室温下所溶解的 Ag_2O 的分解速率

Ag_2O 的分解速率随所溶解的 Ag_2O 的浓度增大而增高,分解速率随着温度的升高而增高(图 4.11),当有固态氧化锌与溶液接触时,分解速率也会增大。关于所溶解的 Ag_2O 的产物,通常认为是 $Ag(OH)_2^-$ 或者 AgO^-。

氧化银(Ⅱ)是一种灰黑色固体,有时把它称为过氧化银,但是并没有足够的证据证明它是过氧化物。可用臭氧、过硫酸盐或者高锰酸盐氧化银或银盐的方法制备 AgO,当银或者 Ag_2O 在强碱性溶液中被电解氧化时,也可以生成 AgO,AgO 的电阻率为 $10 \sim 15$ $\Omega \cdot cm$。

AgO 在碱液中溶解度与 Ag_2O 类似,也许是 AgO 在碱液中容易分解的缘故,溶液中未发现 Ag^{2+} 离子。充电时,溶液中发现有 $Ag(OH)_4^-$ 离子存在,溶解度比 Ag_2O 大。在 12 mol·L^{-1} 的 KOH 溶液中,$Ag(OH)_4^-$ 的溶解度达到 3.2×10^{-3} mol·L^{-1},而 Ag_2O 的溶

解度仅为 $2 \times 10^{-4} \ mol \cdot L^{-1}$。

AgO 在室温环境中是稳定的,但进行热分解时比 Ag_2O 灵敏。有人估算,干燥的 AgO 在室温下需要 $5 \sim 10$ 年才能分解完全,随着温度的升高,AgO 分解速率也增大,在 $100\ ℃$ 时,大约需要 $1\ h$ 就能够完全分解。

作为锌银电池的氧化银电极,会发生的分解反应见式(4.22)、式(4.23),其中包括固相反应:

$$AgO + Ag \longrightarrow Ag_2O \tag{4.22}$$

和液相反应:

$$2AgO \longrightarrow Ag_2O + \frac{1}{2}O_2 \uparrow \tag{4.23}$$

AgO 在 KOH 溶液中的分解速度如图 4.12 所示。分解速度随着温度的升高、随碱液浓度的增大而增大。据估计,在 40% KOH 中,$25\ ℃$ 下,AgO 分解完全约需要 1 500 天(ZnO 的存在降低了这一分解速度,因为 ZnO 对进一步把 Ag_2O 还原为 Ag 有阻碍作用)。很明显,室温下 Ag 在 KOH 溶液中的分解速度是很缓慢的。

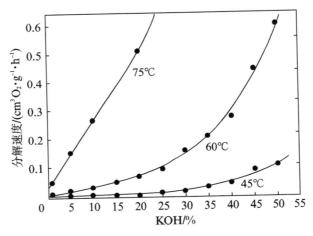

图 4.12 AgO 在 KOH 溶液中的分解速度

当然,在室温下式(4.23)的自分解比重是很少的,因为在 AgO 上析出 O_2 的过电位很高。

总的来说,氧化银电极的自放电速度并不严重,但是它对锌银蓄电池的搁置寿命却有着很大的影响,在电池设计(包括正、负极片设计和隔膜选用等)方面必须引起足够的注意。

2. 氧化银电极的充放电特性

锌银电池的正极活性物质是银的氧化物——一价银的氧化物 Ag_2O 和二价银的氧化物 AgO(三价银的氧化物 Ag_2O_3 不稳定)。氧化银正极的特性取决于这些氧化物的特性。

在锌银二次电池中氧化银电极充放电的电极反应为

$$2Ag + 2OH^- - 2e \underset{放电}{\overset{充电}{\rightleftharpoons}} Ag_2O + H_2O \tag{4.24}$$

$$Ag_2O + 2OH^- - 2e \underset{放电}{\overset{充电}{\rightleftharpoons}} 2AgO + H_2O \tag{4.25}$$

换言之,充电时金属银通过一价氧化银 Ag_2O 生成二价氧化银 AgO;而放电时,二价氧化银 AgO 通过一价氧化银 Ag_2O,还原成金属 Ag。无论充电还是放电,均有中间产物 Ag_2O 生成。因此,可以在氧化银电极的充放电曲线上观察到对应于不同价银氧化物的两个电位台阶。

典型的氧化银电极的充放电曲线如图 4.13 所示。

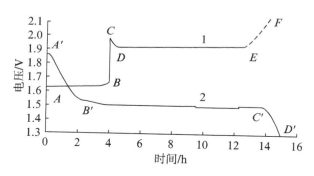

图 4.13　氧化银电极的充、放电曲线

1-充电曲线;2-放电曲线

充电过程:氧化银电极的充电过程如图 4.13 中曲线 1 的 $ABCDEF$ 所示。曲线 1 的第一个电位坪阶(AB 段)相当于由金属银氧化至 Ag_2O。开始电极反应在金属银(Ag)和氢氧化钾(KOH)电解液界面上进行。随着 Ag_2O 的生成,电极表面逐渐被 Ag_2O 遮盖。由于 Ag_2O 的导电性比金属银差得多,所以充电过程内阻剧增。同时,可以进行氧化反应的银表面越来越少,使实际的充电电流密度变大,电极表面发生钝化现象,电极电位向正的方向急剧上升(BC 段)。当达到 AgO 的生成电位(C 点)时,开始生成 AgO,它除了按式(4.24)的途径由 Ag_2O 进一步氧化生成外,还可能由金属银直接生成:

$$Ag + 2OH^- - 2e \longrightarrow AgO + H_2O$$

由于 AgO 的导电性比 Ag_2O 好,所以生成 AgO 以后,充电曲线 1 上电位稍有恢复(CD 段)。随着充电的进一步进行,形成第二个坪阶(DE 段)。当电极氧化到一定深度以后(E 点),反应逐渐变困难,电极电位不断向正方向移动,直至达到氧的析出电位(F 点),开始析出氧气:

$$4OH^- - 2e \longrightarrow 2H_2O + O_2 \uparrow$$

充电完毕后,电极上有 Ag_2O 和 AgO,还有未被氧化的金属银。整个氧化银电极充电的总容量,相当于银完全被氧化为 AgO 所需电量的 $60\% \sim 65\%$,或相当于金属银被氧化为 Ag_2O 所需电量的 $120\% \sim 130\%$。

放电过程:氧化银电极的放电过程如曲线 2 的 $A'B'C'D'$ 所示。在放电曲线上也有两个电位坪阶。第一个坪阶($A'B'$ 段)相当于式(4.25)所示的二价氧化银还原为一价氧化银 Ag_2O 的电极过程。随着放电的进行,电极表面导电性相对较好的 AgO 逐渐被电阻率大的 Ag_2O 所置换,反应变困难,电极电位向负方向移动。当达到生成金属银的电位时(B' 点)开始式(4.24)所示的一价氧化银 Ag_2O 还原为金属银的过程,构成了放电曲线 2 上的第二个电位坪阶($B'C'$ 段)。当然也可能有 AgO 直接还原为金属银的反应:

$$AgO + H_2O + 2e \longrightarrow Ag + 2OH^-$$

当电极上活性物质基本消耗完时,电位急剧下降($C'D'$段)。必须指出,第二个坪阶($B'C'$段)的放电容量占总容量的70%左右。

由上述充放电状况的分析,可以看到氧化银电极具有下列特性:

① 氧化银电极放电时,出现两个不同的电位坪阶。它们与锌银电池放电时高阶电压段和平稳电压段相当。

高倍率放电时,由于极化导致电池的高阶电压不明显。但低倍率(即小电流)长时间放电时,高阶电压段占总放电容量的15%~30%,对于电压精度要求很高的场合,高阶电压的存在就成为一个突出问题。

② 低坪阶时,电极放电电位十分平稳,电流效率接近100%。随着金属Ag的生成,电极导电性大大改善,欧姆极化减少。此外,Ag的密度为10.5 g·cm^{-3}。Ag$_2$O的密度为7.15 g·cm^{-3}。AgO的密度为7.44 g·cm^{-3}。因此,当Ag$_2$O还原生成Ag时,活性物质真实体积收缩,电极表面孔隙增大,改善多孔电极性能。因此,不仅放电电压平稳(电压低坪阶放出总容量的70%,而电压变化不超过2%),而且活性物质利用十分完全(电流效率近100%,正电极充进的电量几乎能全部放出来)。

③ 放电时的高阶电压段($A'B'$段)明显比充电时的高坪段(DE段)短得多。这是因为:① 对金属Ag直接氧化成AgO的反应而言,放电时高坪阶段的电量仅为充电时的50%。② 高坪阶段放电产物Ag$_2$O电阻率很大,因此使高坪阶段参加反应的AgO量比实际含量少。③ 电池荷电态搁置时,由于自放电反应,电极组成发生变化。随着搁置时间的增加,AgO量越来越少。④ 氧化银电极可以大电流放电,但必须用低充电率充电。因为当Ag氧化成Ag$_2$O时(Ag$_2$O的电阻率比Ag大得多,密度又比Ag小),电极表面会生成一层绝缘的致密钝化膜,对Ag$^+$或氧离子穿透的阻力很大。为使充电完全,必须采用低充电率,即氧化银电极的充电能力很低。在放电时,虽然Ag$_2$O电阻率很大,但(由于Ag$_2$O密度与AgO相差不多)不致生成致密的钝化层,而且可大电流放电。

4.2.5 电解液

1. 电解液的作用和基本功能

电解液的作用和基本功能是:

① 参加电极反应。

② 担负着电池内部的导电作用。

③ 通过改变电解液的组成还可以给电池带来一些特殊的性能,以达到能够满足特定需要或者延长电池寿命的效果。

2. 对电解液的基本要求

除了参加电极反应外,电池对电解液的性能和组成还有如下要求:

① 有尽可能高的离子导电率。

② 有尽可能低的黏度。

③ 有相当高的纯度。

④ 对隔膜的侵蚀性要尽量小。

⑤ 为了改善电池的某些性能,常在电解液中加入一些特殊的添加剂。有的为了消除放电的高电压坪阶,加入氯化钾或溴化钾;有的为了延长电池的寿命,加入一定量的氧化锌、铬酸钾和氢氧化锂等。

3. 氢氧化钾溶液的物理性质

纯氢氧化钾溶液是无色透明的腐蚀性液体,和一般电解质溶液相比,它有较高的离子电导。

氢氧化钾(KOH)又称苛性钾,在水中溶解度很大,可以配成浓度很高的水溶液,表 4.5 给出了 20℃时氢氧化钾水溶液的密度和浓度,图 4.14 给出了几种常用温度下氢氧化钾水溶液的密度和浓度的关系。

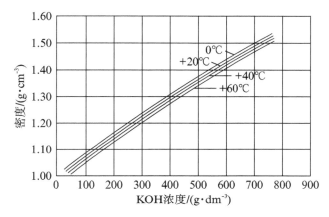

图 4.14　氢氧化钾溶液的密度与浓度的关系

表 4.5　氢氧化钾水溶液的密度和浓度(20℃)

密度/(g·cm⁻³)	质量分数/%	KOH 含量/(g·dm⁻³)	密度/(g·cm⁻³)	质量分数/%	KOH 含量/(g·dm⁻³)
1.020	2.38	24.3	1.080	8.89	96.0
1.025	2.93	30.0	1.085	9.43	102.3
1.030	3.47	35.8	1.090	9.96	108.6
1.035	4.03	41.7	1.095	10.5	114.9
1.040	4.58	47.6	1.100	11.0	121.3
1.045	5.12	53.5	1.105	11.6	127.7
1.050	5.68	59.4	1.110	12.1	134.1
1.055	6.20	65.4	1.115	12.6	140.6
1.060	6.74	71.4	1.120	13.1	147.2
1.065	7.28	77.5	1.125	13.7	153.7
1.070	7.82	83.7	1.130	14.2	160.4
1.075	8.36	89.9	1.135	14.7	166.9

密度/ (g·cm⁻³)	质量分数/%	KOH 含量/ (g·dm⁻³)	密度/ (g·cm⁻³)	质量分数/%	KOH 含量/ (g·dm⁻³)
1.140	15.2	173.5	1.330	34.0	451.8
1.145	15.7	180.2	1.335	34.4	459.6
1.150	16.3	187.0	1.340	34.9	467.7
1.155	16.8	193.8	1.345	35.4	475.6
1.160	17.3	200.6	1.350	35.8	483.6
1.165	17.8	207.5	1.355	36.3	491.6
1.170	18.3	214.3	1.360	36.7	499.6
1.175	18.8	221.4	1.365	37.2	507.6
1.180	19.4	228.3	1.370	37.7	515.8
1.185	19.9	235.3	1.375	38.2	524.0
1.190	20.4	242.4	1.380	38.6	532.1
1.195	20.9	249.5	1.385	39.0	540.3
1.200	21.4	256.6	1.390	39.5	548.5
1.205	21.9	263.7	1.395	39.9	558.9
1.210	22.4	270.8	1.400	40.4	565.2
1.215	22.9	278.0	1.405	40.8	572.5
1.220	23.4	285.2	1.410	41.3	581.8
1.225	23.9	292.4	1.415	41.7	590.2
1.230	24.4	299.8	1.420	42.2	598.6
1.235	24.9	307.0	1.425	42.6	607.1
1.240	25.4	314.5	1.430	43.0	615.4
1.245	25.9	321.8	1.435	43.5	623.9
1.250	26.3	329.3	1.440	43.9	632.5
1.255	26.8	336.7	1.445	44.4	641.0
1.260	27.3	344.2	1.450	44.8	649.5
1.265	27.8	351.7	1.455	45.2	658.1
1.270	28.3	359.3	1.460	45.7	666.6
1.275	28.8	366.8	1.465	46.1	675.3
1.280	29.3	374.4	1.470	46.5	684.0
1.285	29.7	382.0	1.475	47.0	692.0
1.290	30.3	389.7	1.480	47.4	701.4
1.295	30.7	397.3	1.485	47.8	710.1
1.300	31.3	405.0	1.490	48.1	718.9
1.305	31.6	412.6	1.495	48.6	727.7
1.310	32.1	420.4	1.500	49.1	736.5
1.315	32.6	428.8	1.505	49.5	745.4
1.320	33.0	436.0	1.510	50.0	754.3
1.325	33.5	443.9	1.515	50.4	763.3

氢氧化钾水溶液的凝固点与浓度的关系如图 4.15 所示。

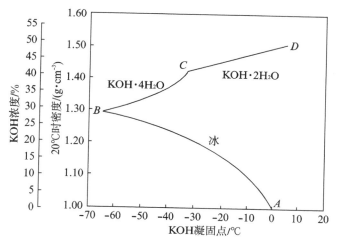

图 4.15　氢氧化钾水溶液的凝固点与浓度的关系

从图 4.15 中可以看到,在比较低的浓度范围(密度 1.30 g·cm^{-3} 以下),凝固点随浓度的增加而下降(图中曲线 AB 段)。在密度 1.30 g·cm^{-3} 附近,有一个最低点,相应温度为 -66℃(B 点),这时的固相是冰和 KOH·4H$_2$O。

在较高浓度下,随着浓度的增加,凝固点上升(B 点以后)。在密度 1.44 g·cm^{-3} 附近,凝固点为 -33℃,这时稳定的固相是 KOH·4H$_2$O(BC 段)。

浓度继续升高,到密度 1.50 g·cm^{-3} 附近,凝固点变为 0℃,这时稳定的固相是 KOH·2H$_2$O(CD 段)。

选用合适的电解液浓度,可以避免电解液在低温环境下结冰,进而导致电池在低温环境下无法使用。

电解液的电导是电解液重要的性质,与溶液的浓度、黏度、温度以及杂质含量等有密切的关系。纯氢氧化钾电解液的电导率与电解液的浓度的关系如图 4.16 所示。

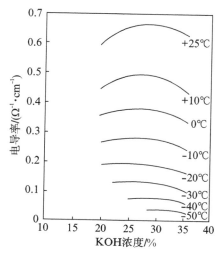

图 4.16　氢氧化钾溶液的电导率与浓度的关系

在给定的温度下,氢氧化钾溶液的电导率最初随浓度的增加而增加,在较高的浓度范围内出现最高点,最高点的位置随不同的温度而不同。25℃时,电导率最高位置约为 27%(质量分数),相当于室温下的密度 1.26 g·cm⁻³。而在这一范围内,正好是 Ag_2O 溶解度的最高点。

从图 4.16 中还可以看到,随着温度的降低,出现最高点的浓度逐渐向较低浓度转移。而且电导率逐渐下降,0℃的最高点只相当于 25℃时的 55% 左右。但是,温度对电导率的影响比浓度的影响要大得多。图 4.17 可以看出三种常用相对密度的氢氧化钾溶液的电导率与温度的关系。

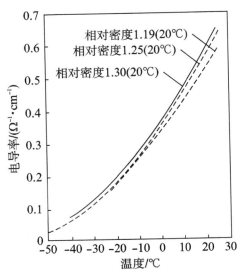

图 4.17 氢氧化钾溶液的电导率与温度的关系

添加剂的加入同样会影响到氢氧化钾溶液的电导率。加入氢氧化锂(LiOH)使氢氧化钾溶液的电导率下降,见表 4.6。

表 4.6 添加 LiOH 对 KOH 电解液电导率的影响

LiOH 含量/(g·dm⁻³)	电导率下降/%
10	7.1
20	11.7
30	15.4
40	18.4
50	21.0

在一定范围内,添加氧化锌(ZnO)也会使氢氧化钾溶液的电导率下降。

综上可见,氢氧化钾电解液的性质与电解液的浓度有关,考虑到对电池电性能及寿命都有利,锌银电池所用电解液的浓度一般选在 30%~40% 范围,尤其考虑到对寿命有利,选在 40%(相对密度 1.40)者较多,有的电池电解液浓度甚至高达 45%。

4.2.6 隔膜

1. 用作锌银电池的聚合物隔膜

隔膜是置于电池正负极之间,允许电解液中某些离子通过,但能阻止正、负极接触的电绝缘物质。因此,隔膜对电池的性能和寿命有很大的关系。进行隔膜设计时要选择各种特性的隔膜,进行适当的组合,使其各自发挥自己的特长,共同完成隔膜所承担的任务。

1) 电池内部各部位对隔膜的要求

为了便于讨论,将正、负极极片之间的空间分为四个区域。从银电极向锌电极分别编号为Ⅰ、Ⅱ、Ⅲ、Ⅳ四个区域(图4.18)。

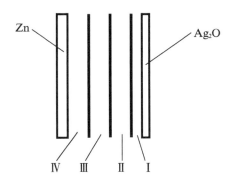

图 4.18 各区域隔膜作用示意图
Ⅰ-银电极隔离物;Ⅱ-阻银隔离物;
Ⅲ-阻枝晶隔离物;Ⅳ-锌电极隔离物

(1) Ⅰ区

Ⅰ区为紧贴银电极的隔膜,称为银电极隔离物。充电态的正极是由 Ag_2O 和 AgO 组成的,而 AgO 是不稳定的化合物,在湿搁置过程中会自发起反应,生成 Ag_2O 和 O_2。Ag_2O 在氢氧化钾溶液中有一定的溶解度,在溶液中可能以 $Ag(OH)_2^-$ 的形式存在。它具有较强的氧化性。同时,AgO 分解产生的 O_2 也有较强的氧化性。目前常用的水化纤维素膜带有能被氧化的基团,其分子结构中的环和侧链羟基(—OH)都能被 AgO 和 O_2 氧化。所以,水化纤维素和银电极之间要有一银电极隔离物,它与有强氧化能力的氧化银电极接触,它的作用是维持电解液层与电极接触,并保护下一层隔离系统免受氧化作用。所以要求银隔离物是多孔的、化学稳定性高的惰性基体,一般称为辅助隔膜。目前比较成熟的该区域隔膜是非编织物。常见的有尼龙毡、尼龙纸、聚丙烯毡等。通常是一层厚度为 $0.1\sim0.2\ mm$,具有 $80\%\sim90\%$ 孔隙率的多孔材料。对自动激活的一次电池来说,膜的润湿速度是很重要的。对人工激活的二次锌银电池而言,由于要承受很高的加速度和特殊的失重条件,所以要求有优良的润湿保持性能和芯给能力。有些材料的热稳定性和化学稳定性虽然高,但它的润湿性和芯吸能力差。对这些材料必须进行后处理——纤维亲水表面处理,如聚丙烯毡等。

(2) Ⅱ区

Ⅱ区为阻银隔离物。它具有阻挡溶解的银从氧化银电极迁移到锌电极的作用。也就是能阻挡 $Ag(OH)_2^-$ 在碱性电解液中的迁移。

要求阻银隔离物具有下列的一种或几种作用：① 必须要有能让 K^+ 和 OH^- 离子通过、但选择性地不让较大的银络合物离子通过的细孔结构；② 它能与银或银络合物之一形成一种弱离解的络合物；③ 它能与银的络合物发生不可逆反应生成一种不迁移的物质；④ 膜的作用像一个选择性的溶剂,溶解碱,但不溶解银的络合物。

适用此区的常见隔膜是玻璃纸、肠衣素膜和纤维素膜等。

(3) Ⅲ区

Ⅲ区为阻枝晶隔离物。它应能阻挡锌枝晶从锌电极向银电极方向的横向生长。锌电极的枝晶将导致电池组的短路,这是锌银电池隔膜的最大难题。所以,对阻枝晶隔离物的选择是很重要的设计环节。

从锌电极生长出来的枝晶通过高孔率的锌隔离物,然后到达阻枝晶隔离物。短期内,枝晶可能继续与隔膜平行地生长。同时,枝晶在寻找膜上的薄弱点,并透过它生长达到银电极。二次电池再充电期间,枝晶生长。在锌酸盐离子已大部分消耗的场合,树枝状枝晶的生长速度更快。特别是再充电循环接近结束时更是如此。

当有锌酸盐离子存在时,由于可溶性物质从隔膜中漏滤出来,所以以玻璃纸作为阻枝晶隔膜是有效的。可溶性表面活性剂的存在改变了晶体的生长方式,使它表现出阻枝晶性质。聚合物添加剂能迅速掩蔽生长的结晶,以至阻止其生长和产生细碎而较软的沉积。

较好的阻枝晶隔膜是甲基纤维素膜和肠衣素等。

(4) Ⅳ区

Ⅳ区为锌电极隔离物。常称为负极片包封纸。

它在电池中有以下几个作用：① 能增强电极的机械强度。负极成分大部分为氧化锌粉末,很脆弱。适当的包封使电极具有相当高的机械强度。② 保持电液对电极表面的接触,且起灯芯作用。放电时锌电极区电渗脱水,故锌隔离物比银隔离物应有更大的吸水能力。③ 防止电极干燥,以维持整个电极上电流密度的均匀性,也阻止了枝晶生长。④ 隔离物应使紧靠电极的均匀而静止的界面层起到增大电解液电镀能力的作用。

此区所用的锌电极隔离物,常见的有丝绵纸、耐碱棉纸等。

2) 对隔膜的要求

由上述四个区域的讨论,对隔膜的要求综述如下：

① 隔膜在碱性环境中必须能长时间地保持外形的稳定性和结构的完整性。

② 要有强的耐氧化作用。宁可让隔膜受二价银的侵蚀,也不能让银迁移到锌电极上去。

③ 有一定的湿强度,以能阻止锌枝晶穿透引起的短路。

④ 不能限制电解液中水合离子的迁移。

⑤ 隔膜的电阻要小。

3) 隔膜的电阻

隔膜均为多孔的不导电的物质。仅当它浸入电解液后,才能导电。因此,隔膜导电实际上是靠孔中电解质溶液的离子传递。隔膜的微孔被电解液充满,构成许多电解液通路。在电场作用下,由通道里溶液中的离子来传导电流。因此,隔膜的电阻实际上是隔膜有效微孔中这部分电解质溶液所产生的电阻。

$$R_M = \rho_s \cdot J$$

式中，R_M 为隔膜内阻；ρ_s 为溶液的比电阻；J 为表征隔膜微孔结构的因素，与隔膜的结构有关。

从 R_M 表达式可知，隔膜的电阻包含两项因素。一为电解质溶液的比电阻，它取决于溶液的组成和温度。另一项为隔膜的结构因素。对某一类隔膜，J 为一定值。

同一种隔膜在不同溶液中的电阻，主要是随溶液的比电阻而变化；在同一种溶液中比电阻一定的不同隔膜，其电阻反映了结构因素 J 的变化。

4）常用隔膜的组成、来源及其特点

常用隔膜的名称、制造及其特点见表 4.7。

表 4.7　常用隔膜的名称、制造及其特点

名　称	制　造	特　点
尼龙纸	将长纤维尼龙切断成 2 mm 左右的短纤维，加入羧甲基纤维素进行打浆、抄纸，然后用聚乙烯醇胶复合黏结	1. 抗氧化性能及化学稳定性好； 2. 吸蓄电解液性能好（动态、静态均佳）； 3. 吸碱速率好； 4. 放电曲线特性好； 5. 湿强度稍差
尼龙毡	粒子料尼龙熔融，挤压抽丝，在高温气流下成纤维，定型，达到微纤化，并接收成非编织的尼龙毡	1. 由长纤维组成，湿强度高； 2. 抗氧化性能及化学稳定性好； 3. 静态吸碱率高； 4. 大电流放电，电压比尼龙纸高； 5. 吸碱速率及动态吸碱率较差
石棉纸	采用石棉进行抄纸，加入填充料 $Mg(OH)_2$，控制孔径、孔率及吸碱率，再加入聚乙烯醇酸性部分缩甲醛黏合剂，增加纸的耐折强度	1. 属无机膜，耐氧化和耐腐蚀性好； 2. 在长寿命电池中，显示优点； 3. 放电特性曲线较差，电压平稳段短
复合纸	尼龙纸和耐碱棉纸各一层，用聚乙烯醇胶液复合	1. 提高了尼龙纸的湿强度及结构紧密度； 2. 电池充放电寿命较长
辐射接枝膜	聚乙烯薄膜用钴 60 辐射接枝丙烯腈，再进行磺化处理	1. 湿强度高； 2. 干膜、湿膜尺寸变化大； 3. 充放寿命短，不宜作Ⅲ区膜
肠衣素膜	木质纤维为原料的水化纤维素膜，是碳氢化合物的一种	1. 内阻小，适用于大电流密度； 2. 耐氧化性较差； 3. 小电流充放，寿命短； 4. 在大电流、湿寿命短的场合使用
皂化膜、银镁盐膜	短棉纤维为原料的水化纤维素膜，经皂化处理生成有三个羟基结构的无色再生三醋酸纤维素膜（皂化膜），再经银镁盐处理而成棕色膜（银镁盐膜）	1. 机械强度（干、湿态）较高； 2. 耐枝晶穿透力强； 3. 内阻不太大； 4. 化学稳定性较好； 5. 阻止银迁移能力较强； 6. 银镁盐膜性能比皂化膜好

2. 作为锌银电池隔膜的纤维素的性质

再生纤维素膜作为隔膜的应用，使锌银电化学体系发展到实用的二次电池组阶段。

图 4.19 给出了天然纤维素的晶格。纤维素是一种天然的高聚物，以再生膜和纤维的形

式使用,平均聚合度(DP)至少是 200,单体单元是葡萄糖,在聚合态的葡萄糖基中含有三个活性羟基。

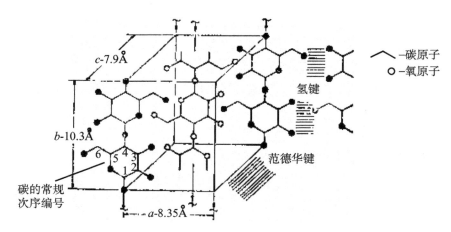

图 4.19　天然纤维素的晶格

结晶性用来描述结构中含有的互相加强,防止减弱的键的程度。有序度取决于隔膜在碱中的膨胀量,因为氢氧离子和纤维素的羟基特有的相互作用,碱促进了水的贯透作用。碱中的膨胀量依赖于结晶度,在良好的结晶中,仅结构部分是足以允许碱离子和水浸透的。

在无定形区域中,结构失去了完整性,而且聚合物的性质宛如一个可溶物。由于降低了可入性,高结晶度有利于阻止化学侵蚀的稳定性。因此,结晶度对结构的完整性、与离子迁移有关的大小选择性以及化学稳定性都有关系。

纤维素聚合物是通过缩醛结构键合起来的,这种结构在高温时受到碱的水解,这种侵蚀涉及末端单体单元的分裂,直到产生不反应的醛基为止。强氧化剂都可以把羟基氧化到醛基或者酮基。甚至在室温下,碱中的链迅速裂开,醛基似乎会引发氧的氧化过程。

一价银氧化水合醛时生成金属银,不仅成了与氧反应的阻止剂,而且可以与羟基相竞争作为二价银的还原剂而产生更多的一价银,因此用一价银对隔膜进行适宜的预处理是有益的。

无论分裂或者降解过程,高聚合度可以延长失效开始的时间,交联增加了低聚合度的分子链结合起来的聚合度。

3. 接枝膜

接枝膜具有半渗透性,制造这种膜时,选择一种如聚乙烯的树脂,挤压成一微米厚度的薄膜。

接枝是指采用一种化学或辐射方法,即使用化学引发剂或者原子辐射(γ射线)进行引发。就聚乙烯来说,在冗长的聚乙烯分子上加上化学特性不同于聚乙烯的侧链,便可改进基体聚合物的性质。这样,具有某些理想特性(如抗氧化性)而无导电性能的聚乙烯,通过接枝,可使其性能得到改进,获得一种在 40% 氢氧化钾溶液中具有低电阻的膜。

辐射接枝情形如图 4.20 所示。可以看出,高能的 γ 射线使聚乙烯的碳氢键断开,生成一种游离基(一种带奇电子数的化学种类)。在照射期间,如果没有其他化学药品存在,聚乙烯游离基同时进行交联和降解。交联是通过改变聚乙烯链,使其变为一种三维的紧密的网状结构而降解使聚乙烯链的长度或聚乙烯的相对分子质量减小。

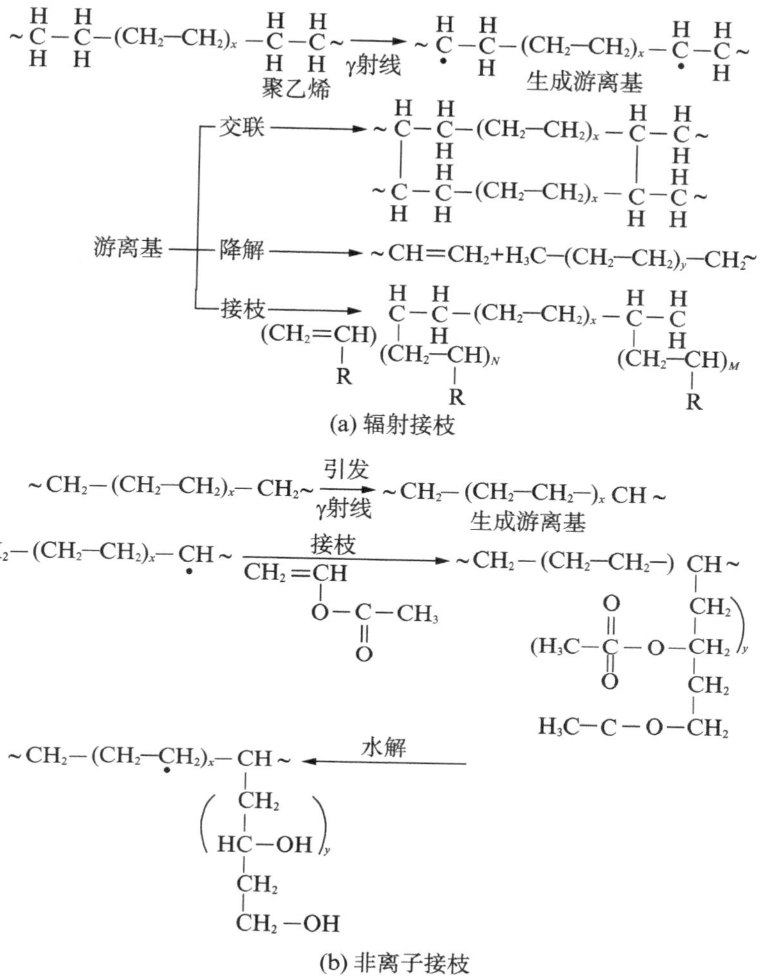

(a) 辐射接枝

(b) 非离子接枝

图 4.20 接枝过程

为了发展在锌银蓄电池中具有更长循环寿命的隔膜,最重要的是隔膜内阻足够低,耐氧化,并且最好可以耐热并能防止锌扩散。

在制作锌银蓄电池隔膜时,主要有以下三个基本而苛刻的重要参数:制造聚乙烯膜时所用的基体树脂的种类;制成膜时基体树脂交联的程度;接枝到交联膜上的单体的类型。

4.3 结构和制造

4.3.1 锌银电池的结构

1. 锌银二次电池的结构

锌银蓄电池单体的结构如图 4.21 所示。锌银蓄电池单体主要由电极组、单体电池外壳、单体电池盖、排气阀(气塞)、极柱等组成。电极组由正极、负极和隔膜组成,装在单体电池壳中,单体电池壳是用聚酰胺树脂注塑而成,配以聚酰胺树脂注塑的盖,盖子上一般装有两个极柱。电极组的正、负极引出极耳分别与正、负极柱连接,并通过极柱引出。一般在盖的中央留有注液口,注液口处安装排气阀。干式放电态电池的正极片在出厂时是银,负极片是氧化锌混合粉。正极片包覆一层尼龙毡,正、负极片之间使用隔膜隔离,组成电极组。有的电池负极包膜,有的电池正极包膜,也有的电池正、负极都包膜。电池在使用前注入电解液,经过化成循环,正极片转换为银的氧化物,负极片转换为金属锌。

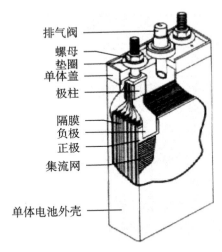

图 4.21　锌银蓄电池单体结构示意图

正极片和负极片通常都使用银丝编制网或银箔切拉网作导电骨架,组成电极组后,正极极耳与负极极耳分别通过电池单体上的正、负极柱导出。

注入电解液后,注液口装上一个排气阀,当电池内部压力超过规定值时,气体可以泄出,而电解液不能泄漏。因此,这样结构的电池也叫开口式电池,或排气式电池。

干式荷电态蓄电池的结构与干式放电态蓄电池的结构相似,它的正极片和负极片在电池装配前就已经通过化成分别转换为银的氧化物和金属锌。其他结构与干式放电态电池基本相同,注液口处也装有一个排气阀,这种电池可以干态储存五年以上。使用前注入电解液,经过一定时间的渗透之后,即可使用。

如果对负极采取减少析气的措施,采用高纯度电解液,上述干式荷电态的电池可以做成密封电池。与开口式电池不同之处在于,气塞不是通气的,不作为气阀的作用,注液后将注液口密封。

锌银蓄电池单体外形通常做成长方体,为了与其他形状的电池相区别,可以称为方形电池或者矩形电池,通常将单体电池的长度和宽度尺寸设计成一定的比例。

锌银蓄电池是比较常见的一种锌银电池,在比较多的情况下,是以电池组的形式进行使用的,很少有单独使用单体电池的情况。方形单体电池的结构,便于形成组合电池时的连接,使得布局紧凑,空间利用合理。

图 4.22 为锌银电池组典型结构图,单体电池通过跨接片连接在一起形成电池组,组合电池外壳内的底面和侧面加热带和泡沫内衬,主要起到为单体电池加温和保温的作用,减少外界环境温度对电池性能的影响,确保电池在合适的温度条件下工作。

2. 锌银一次电池的结构

干式荷电态锌银电池也称储备电池,有人工激活式和自动激活式两种,前者多指人工激

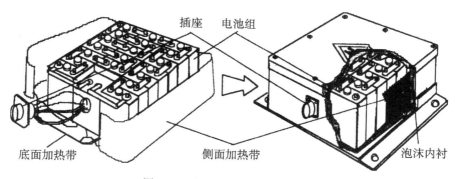

插座　电池组

底面加热带　　　　　　侧面加热带　　　　泡沫内衬

图 4.22　锌银电池组典型结构图

活干式荷电态蓄电池,后者多指自动激活式一次电池组。

自动激活式锌银一次电池组的大小差异很大,大型电池组如鱼雷推进用的电池组可达数百千克,功率达到几百千瓦。小型电池组如某些电子仪器用的电池组,容量仅为 0.4 A·h,质量仅为 270 g。

自动激活式锌银一次电池组可做成多种形状,如导弹用的电池组可做成圆形、半圆形和方形等,便于安装在弹体内部。

自动激活锌银一次电池组的结构比锌银蓄电池组的结构要复杂得多。一般由三部分组成:电极组部分、电解液储存系统和激活系统,有些电池组还要有加热系统。电解液储存系统和激活系统还可以统称为储液和激活系统,一般包括储存电解液的容器储液器,用来产生高压气体的气体发生器,把电解液与电池部分进行隔离的密封膜以及必要的推动电解液或冲破密封膜的运动件。

图 4.23 是典型的导弹用自动激活锌银一次电池组。

图 4.23　自动激活锌银一次电池组

储液和激活系统有多种形式,相应的分为多种自动激活式电池组。图 4.24 展示了四种不同类型的电池设计。激活源目前以气体发生器为主,气体发生器是一个小的火药筒,含有阻燃剂、火药和电子点火器等。

图 4.24(a)为盘管式自动激活锌银一次电池组示意图。储液器是盘管形,盘旋在电池组

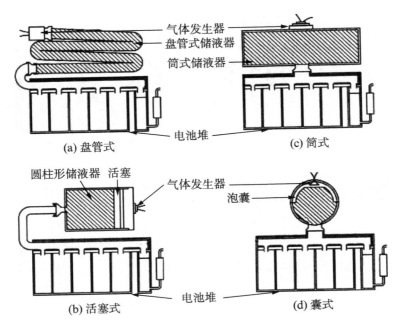

图 4.24　应用于自动激活电池的四种类型激活系统的示意图
(a) 盘管式储液器；(b) 活塞式储液器；(c) 筒式储液器；(d) 囊式储液器

的周围,一端与气体发生器连接,另一端与电池组上称为分配道的电解液通道相连接,中间用易碎的密封膜隔离,管式储液器的两端均装有密封膜。电解液装在盘管式储液器中,激活电池时,点燃气体发生器,产生的高压气体通过电解液压力传递给密封膜,密封膜破裂,电解液在高压气体推动下进入电池组,电池组内部的气体在气液分离部位与电解液分离后,由气孔排出。这种激活机构的电池组便于加热,激活可在数秒内完成。

　　通常盘管式储液器卷绕在电池组的周围,如图 4.25 所示。也可以弯曲 180° 做成扁平状,或者为适合一些不规则的物体做成各种形状。

图 4.25　使用管式缠绕储液器的自动激活一次锌银电池组

　　图 4.24(b) 为活塞式自动激活锌银一次电池组示意图。储液器是一个内壁光滑的不锈钢制圆筒,兼有汽缸作用。内部一端装有一个可沿圆筒壁滑动的活塞,并与气体发生器连

接,另一端与电池组相连,中间由密封膜隔离,电解液装在储液器中。电池未激活时,活塞应处于靠近气体发生器的一端,需要激活时,点燃气体发生器,产生高压气体,推动电解液,打破密封膜,电解液通过电池组的电解液分配道进入电池组中,这种激活也属于加压式激活。

图 4.24(c)为筒式自动激活锌银一次电池组示意图。储液器是一个不锈钢或者铜质的圆筒,储液器通过接头与气体发生器和电池堆相连接,中间由密封膜隔离,电解液装入圆筒内,如图 4.26 所示。电池组使用时,通过外部电信号引燃气体发生器的药柱,产生的高压气体冲破储液器的密封膜,将储液器中的电解液高速推入电池堆进液分配通道内,然后再分配至每个单体电池槽,进而激活电池组,对外供电,工作原理如图 4.27 所示。

图 4.26　筒式自动激活一次电池装配示意图(左)及筒式储液器(右)

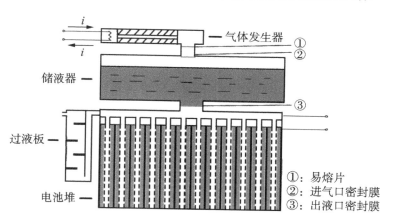

图 4.27　锌银储备电池组工作原理图

i-电流

图 4.24(d)为囊式自动激活锌银一次电池组示意图。电解液装在金属材料制作的储液器中,储液器一端安装气体发生器,另一端与电池堆相连。储液器内部有一金属箔或者弹性非金属材料制作的泡囊,泡囊紧贴装有气体发生器的一端,储液器与电池堆连接的一端有密封膜,将电解液与电池堆隔离开。激活时,气体发生器产生高压气体,推动泡囊并导致泡囊翻转,将压力传递到电解液,密封膜破裂,电解液进入电池堆内部,电池组激活。

从以上几种结构的自动激活式锌银一次电池组的激活机构和储液可见,电池组的激活机构原理均是点燃气体发生器,产生高压气体,推动电解液,冲破密封膜,将电解液压入电池堆内。

为了满足低温环境下的使用需求,自动激活锌银一次电池组一般都有加热系统,用于在激活前对电解液进行加热。加热系统按照加热方式可以分为化学加热、电加热和中和加热等。化学加热是通过点燃可燃的金属粉放热达到加热的目的,如采用锆粉加铬酸钡燃烧可达 1 000℃;电加热采用外部电源,对电池组内部的由电阻丝制作的加热带进行加热;中和加热则是利用酸碱中和反应放出的热进行加热。其中,电加热方式最为普遍。

电加热系统的装置比较简单,需要对储液器、电池堆设计一定形状、一定功率的加热带,加热线路通过接入温度继电器进行控制。加热带通常根据设计的阻值,用电阻丝绕制成一定的形状,用聚乙烯醇缩醛胶或硅橡胶进行固封,制作方式简单。也可以采用康铜箔的加热带,该种加热带阻值精度高,分布均匀,加热一致性好。

3. 锌银扣式电池的结构

锌银原电池体系的体积比能量是所有电池系列中最高的,由此制备成小而薄的扣式结构电池进行使用是十分理想的,规格范围通常是 5~250 mA·h,大多数产品都是使用一价氧化银(Ag_2O)制备的。

典型锌银扣式电池的剖面如图 4.28 所示。

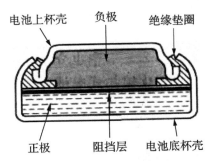

图 4.28　典型锌银扣式电池的剖视图

电池壳是用机械引伸方法制得的钢壳。氧化银正极装在电池底杯壳中,与壳体紧密接触。正极的上面装配隔膜作为阻挡层,隔膜的上面是负极。电池杯壳通常用铜-不锈钢-镍三层复合材料制成。有些大电流放电电池的壳外层镀金;小电流放电电池壳外层镀镍。为减少电池气胀,盖内进行汞齐化处理,与负极紧密接触。采用机械的方法将上杯壳和底杯壳封接。上杯壳与底杯壳之间用密封绝缘垫圈实现密封,防止电解液泄漏,并实现电池盖与电池壳体间的绝缘,绝缘垫圈可以用一些具有一定弹性的耐腐蚀材料制成,如尼龙等。

锌银扣式电池的正极材料通常由一价氧化银(Ag_2O)和 1%~5% 的石墨混合组成,石墨用于提高导电性。Ag_2O 中也可以含有二氧化锰(MnO_2)或高价银镍氧化物($AgNiO_2$)作为正极填充剂。正极物质中有时也采用一定比例的二价氧化银和一价氧化银的混合物,其中含有铅酸银($Ag_5Pb_2O_6$)或金属银,以降低 AgO 正极的电压和电池内阻,但是在商品扣式电池中不再使用。还可以向混合物中加入少量聚四氟乙烯作为黏合剂,易于正极片的压制。

负极采用一种高比表面积、汞齐化的凝胶状金属锌粉,置于上杯壳的有效体积内,该上杯壳用作电池负极的外部端子。正、负极之间采用一片玻璃纸或接枝聚乙烯膜隔离,电解液采用氢氧化钾或氢氧化钠溶液。

4.3.2　锌银电池的制造工艺

锌银电池由以下几部分组成:由正极活性物质和极片集流网制成的银正极片、由负极活性物质和极片集流网制成的锌负极片、隔膜、电解液、电池盖、电池壳体、极柱、螺母和垫圈等。其结构如图 4.21 所示,为了叙述方便,以锌银二次电池(蓄电池)为例简要介绍其制造工艺过程。

1. 活性银粉的制备

目前,锌银电池的正极均为银电极,银电极的活性物质种类较多,大多以硝酸银为主,制造成所需要的活性物质。常见的锌银电池正极活性物质有热还原银粉、乙酸银粉、葡萄糖还原银粉和过氧化银粉等。必须指出,纯银板不能作为正极使用,因为纯银板没有多孔性,不具备充放电的能力。

热还原银粉是使用最广泛的锌银电池正极活性物质,其制造工艺简单、操作方便,电化学活性高和得粉率高等。热还原银粉的制造工艺流程如图 4.29 所示。

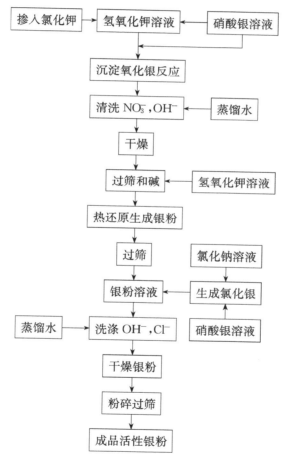

图 4.29 热还原银粉的制造工艺流程

典型工艺过程如下:

① 配制硝酸银(AgNO₃)溶液。将化学纯的硝酸银 10 kg 放入不锈钢容器或者瓷缸内,再加入 17.5 L 蒸馏水,用有机玻璃棒搅拌,使其全部溶解。

② 配制氢氧化钾(KOH)溶液。取 12 L 蒸馏水在不锈钢桶或者塑料桶中,加入 6.7 kg 氢氧化钾,同时用有机玻璃棒搅拌,使其全部溶解。冷却后,溶液密度应在 1.30 g/mL 左右。

另称取氯化钾(KCl)35 g,加入上述冷却后的氢氧化钾溶液中,搅拌使其溶解。氯化钾的作用是作为硝酸银和氢氧化钾反应的催化剂。加速反应时产生沉淀,可避免生成胶体溶液,便于过滤。此外,在 Ag_2O 沉淀的同时,沉淀出少量氯化银($AgCl$),可消除或缩短放电时的高阶电位。

③ 硝酸银和氢氧化钾溶液的反应。先将氢氧化钾溶液缓慢倒入银反应釜内。在进行均匀速度搅拌的同时,将硝酸银溶液一滴一滴地滴入氢氧化钾溶液中。滴液速度以 120～160 滴/min 为佳。这时,在反应釜内发生反应,生成红褐色的氧化银沉淀。反应方程为

$$2AgNO_3 + 2KOH = Ag_2O\downarrow + 2KNO_3 + H_2O$$

硝酸银溶液滴完后,仍继续搅拌一段时间,使两种溶液反应完全。为了提高银粉的得粉率,反应后的溶液最好搁置 1～2 天后再进入下一道工序。

取反应釜内澄清的溶液 10～15 cm^3,放入小烧杯中,再滴入 3～4 滴 10% 浓度的盐酸溶液。如小烧杯中的液体无白色沉淀,即认为反应完全。如有白色沉淀,则在反应釜内继续加入适量的氢氧化钾溶液,同时进行搅拌,直至反应完全为止。

④ 清洗硝酸根离子(NO_3^-)和氢氧根离子(OH^-)。将银反应釜内的氧化银沉淀转移到铺有尼龙布的装置中(如离心机),用纯水冲洗干净,可以采用 1% 的酚酞试剂检测 OH^- 离子是否彻底清洗干净,最后使用离心机将水甩干。

⑤ 氧化银的干燥。将洗净抽干的氧化银粉末均匀铺在搪瓷盘中,在 90～95℃的烘箱中鼓风干燥 15～20 h,直至烘干为止。烘干的检测方法:烘 20 h 之后,取少量粉末,用天平称其质量。然后,把这些粉末重新放入烘箱中继续烘干 2 h,再称重。如果质量不变,说明粉末已经烘干。

⑥ 和碱。首先,配制密度为 1.1 $g \cdot cm^{-3}$ 的氢氧化钾溶液,然后按照每 100 g 氧化银粉需 5～10 cm^3 密度为 1.1 $g \cdot cm^{-3}$ 的氢氧化钾溶液的比例计算,准备和碱使用。

将干燥后的氧化银粉末过 40 目的筛子,放在大的塑料或者不锈钢盆中,取氢氧化钾溶液,均匀混入氧化银粉末中。经过和碱的氧化银粉末过 40 目筛,使其形成较细的粒子,不会结块。

⑦ 热还原。将经过和碱的氧化银粉末平铺在银盘中,铺的厚度宜薄些,通常不超过 2 cm,将银盘放入预热到 450℃左右的厢式电阻炉中还原,反应方程式为

$$2Ag_2O \longrightarrow 4Ag + O_2\uparrow$$

经过 7～8 min 后取出,用银铲刀翻动,使底部未还原的氧化银粉末翻到表面,再将银盘两端调换一个方向。高温还原 7～8 min 后,取出银盘,如无红褐色的氧化银粉末存在,说明热还原已经完全。反之,需继续放入炉内还原。总的还原时间不能超过 20 min。和碱和热还原两道工序必须连续进行,才能保证银粉的质量。

⑧ 银粉过筛。热还原的银粉冷却后,放入粉碎机内均匀打碎过筛。少量的可在研钵中研碎过筛。要求过筛后的银粉为松散的细颗粒。在粉碎的过程中如有发亮的结晶粉粒,应取出来作为废银处理。

⑨ 掺氯化银($AgCl$)。在锌银电池电解液中添加氯离子,能抑制放电时的高坪阶电位。同样,在银粉中掺入一定量的氯化银也能起这一作用。其化学反应式为

$$NaCl + AgNO_3 \longrightarrow AgCl \downarrow + NaNO_3$$

硝酸银的加入量可以采用式(4.26)进行计算：

$$m_{AgNO_3} = m_{Ag} \times 1.2\% \times 1.2 \tag{4.26}$$

式中，m_{Ag} 为掺入氯化银前热还原银粉的质量；1.2%为活性银粉中氯化银含量指标(0.95%～1.75%)的中间值；1.2为硝酸银与氯化银相对分子质量的比值。

需要添加的氯化钠的质量为

$$m_{NaCl} = m_{AgNO_3} \times 50\%$$

将银粉放入不锈钢容器中，加入纯水浸没，将计算量的硝酸银溶解后倒入不锈钢容器中，充分搅拌，使硝酸银溶液均匀地混合在银粉中。把计算量的氯化钠溶解后，边搅拌银粉边缓慢地倒入氯化钠溶液。

将掺入氯化银的银粉放置在清洗设备内，用纯水清洗，去除氯离子等杂质离子。

⑩ 银粉干燥、过筛，取样分析。将清洗彻底的银粉均匀铺在搪瓷盘里，厚度不宜太厚，在烘箱中烘干。

将烘干的银粉过 40 目筛，均匀取样分析，银粉应放在棕色玻璃瓶内保存。

氧化银热还原法得到的活性银粉技术标准见表 4.8。

表 4.8　热还原银粉的技术标准

序号	项　目	技术要求
1	银(Ag)	>97%
2	氯化银(AgCl)	0.95%～1.75%
3	硝酸根(NO_3^-)	<0.05%
4	铁(Fe)	<0.005%
5	铜(Cu)	<0.005%
6	视密度*	1.20～1.60 g·cm^{-3}

* 视密度为 1 cm^3 容积内活性银粉的质量。由于测量时银粉颗粒之间没有外来压力存在，孔隙较大，故活性银粉的视密度比银的密度要小得多。

2. 负极活性物质的制备

制造锌银电池的负极，常用活性锌粉或混合锌粉。活性锌粉常用电解法制备，用于压成式电极。混合锌粉主要是锌粉和氧化锌粉的混合物，用于压成-化成式锌负极或涂膏式锌负极。

制备电解锌粉有碱性法和酸性法。在碱性电解液中电解制取活性锌粉是目前常用的方法。

电解液常用含有氧化锌的氢氧化钾溶液，以锌锭作为阳极，锌箔或者镍箔作为阴极。阳极接直流电源的正极，阴极接直流电源的负极。当电路接通后，两极与溶液的界面处发生电化学反应。

阳极发生锌的溶解，即锌的氧化过程：

$$Zn+2OH^-\!\!=\!\!=\!\!Zn(OH)_2+2e$$

进一步,$Zn(OH)_2$ 与氢氧根离子(OH^-)反应生成锌酸盐离子而溶解在电解液中。

$$Zn(OH)_2+2OH^-\!\!=\!\!=\!\!Zn(OH)_4^{2-}$$

同时,电解液中的锌酸盐离子解离为 $Zn(OH)_2$,在阴极还原析出锌。

$$Zn(OH)_4^{2-}\longrightarrow Zn(OH)_2+2OH^-$$
$$Zn(OH)_2+2e\!\!=\!\!=\!\!Zn+2OH^-$$

控制一定的条件,使生成疏松的、比表面积大的细小树枝状锌粉。电流密度是控制的主要参数,当电流密度较小时,即反应速率较低,溶液来得及供应进行电化学反应所需要的锌离子,生成的锌在阴极上可以按照锌的金属晶格排列整齐,得到致密的产物,不能用于制造电极。而当电流密度提高到极限电流密度时,溶液中的锌离子来不及供应阴极上电化学反应的需要,还原产物易在电极某些突出部位生长。而阴极表面是凸凹不平的,凸的部分析出的产物比凹下的部分析出的产物增长得快,结果析出的产物表现了粗糙不平状态,这就是疏松的细小树枝状沉积物。但有时,因还原产物锌在凸出部位相对于阳极方向增长过快,而形成粗大的枝晶,也不能应用于制作电极。

电解中,温度的控制也很重要,温度高,极化减小,不利于细小树枝状沉积物生长,因此电解中控制温度不超过 $45\,^{\circ}\mathrm{C}$。

电解前需要对阳极进行去除氧化膜处理,通常是用盐酸溶液进行处理的。电解时,按照阴极电流密度 $85\ \mathrm{mA\cdot cm^{-2}}$ 通电,每隔 $4\sim6\ \mathrm{h}$ 刮下电沉积的产物,清洗干净,干燥,过筛即可。洗涤时,避免使锌粉暴露于空气中。

常用的混合锌粉是蒸馏锌粉与氧化锌粉的混合物。常用的是 Zn 与 ZnO 的比例为 $25:75$。根据需要加入一定量的氧化汞(约 2%)或其他添加剂。加入锌是为了提高混合锌粉的导电性,充电时使氧化锌易于转变成有电化学活性的锌。加入氧化汞是为了减少锌的自放电。混合锌粉的工艺过程为:将锌粉、氧化锌粉及其他添加剂分别过筛,而后按照配比称取各组分,放在一起混合均匀。如果氧化汞等添加剂的含量不均匀,将会导致电池性能不均一。

3. 隔膜的制造

要求一种隔膜同时满足锌银电池的各项要求,是不可能的。因此,采用复合隔膜的组合形式,一般在正极上包的膜称为辅助膜,采用惰性的尼龙布、尼龙纸、尼龙毡等,这种隔膜多孔,具有良好的吸储电解液性能,并且将正极片与主隔膜隔离,防止主隔膜氧化。锌负极包裹的耐碱棉纸也属辅助隔膜,一方面可以吸储电解液,另外还可以提高负极片的机械强度。目前主隔膜采用的有水化纤维素膜和接枝膜等。水化纤维素膜应用最为广泛,它对电解液中的 $Ag(OH)_2^-$ 或银的胶体粒子透过阻力较大。同时,具有足够的离子导电性,对锌枝晶有一定阻力,它兼起阻银和阻锌枝晶的作用。下面讨论水化纤维素膜的制造过程。

在锌银二次电池中使用的水化纤维素膜,其原料是高聚合度的三醋酸纤维素膜,经皂化处理和银镁盐处理两道主要工序再生而成。该再生三醋酸纤维素膜的制造工艺流程如图4.30所示。

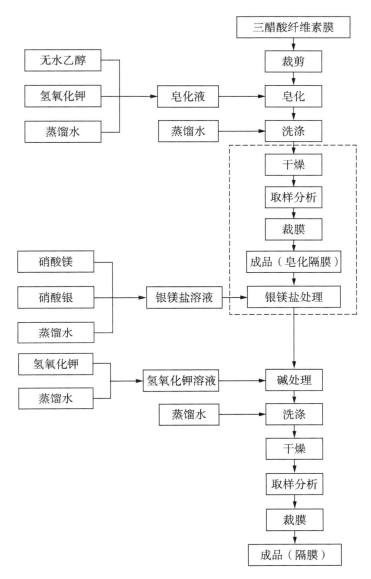

图 4.30 再生三醋酸纤维素膜制造工艺流程

1) 皂化处理

配制乙醇水溶液(体积比为 1:1)或甲醇水溶液(甲醇与水的体积比为 9:1),边搅拌边加入 KOH(按 120 g·dm^{-3}),至全部溶解为止。浸入三醋酸纤维素膜。用蒸汽间接加热,在 40~50℃下进行皂化处理。皂化反应方程见式(4.27)。

$$[C_6H_7O_2(CH_3COO)_3]n + 3nKOH \xrightarrow[\text{或 CH}_3\text{OH}]{C_2H_5OH} n[C_6H_7O_2(OH)_3] + 3nCH_3COOK \qquad (4.27)$$

必须指出,皂化反应中只有 KOH 参加了反应,使三醋酸纤维素分子中的三个憎水基团 (CH$_3$COO$^-$)被三个亲水基团(OH$^-$)取代,成为能使离子通过的水化纤维素膜,乙醇(或甲醇)并不参加反应,它的存在只是加速了皂化反应的速率。

皂化后的膜,水洗至中性,烘干后即成皂化膜,又称白膜。

2）银镁盐处理

配制银镁盐（其质量比为 $AgNO_3$：$Mg(NO_3)_2$：蒸馏水＝1：2：100）。室温下浸入皂化膜 1 h 左右，取出，擦净表面银镁盐溶液。再进行碱处理（密度为 1.40 g·cm^{-3} 的 KOH 溶液），室温，15 min 左右。

经银镁盐处理和碱处理后的膜，热水洗至中性，烘干后即成银镁盐膜，又称黄膜。

凡对循环寿命或干储存寿命要求较高的锌银二次电池，常用黄膜；对循环寿命和干储存寿命要求不高的场合，可用白膜。

水化纤维素膜的技术标准见表 4.9。

表 4.9　水化纤维素膜的技术标准

序号	项　目	技　术　要　求
1	厚度	(0.035±0.005)mm
2	抗拉强度	干强度：纵向不小于 1.0 MPa，横向不小于 0.8 MPa 湿强度：纵、横向大于 0.2 MPa
3	含铁量(Fe)	不大于 0.008%
4	乙酸根含量	不大于 1%
5	静态吸碱率	不小于 200%
6	面密度	不小于 40 g·m^{-2}
7	外观	颜色均匀，无褶皱，无黑点、污物和机械损伤

4. 正极片的制造

根据银正极片制造工艺过程的不同，银正极片大致可分为以下几种：烧结式正极片、涂膏式正极片和银氧化物粉末压成式正极片等。

1）烧结式正极片

烧结是指在规定的高温下，使粉状物质黏结在一起，以得到多孔结构体的工艺。烧结式银电极使用活性银粉制作的电极，在低于熔点的合适温度下烧结，银粉颗粒间有一定的黏结，形成强度很好的多孔结构电极。该方法工艺简单，可在干式放电态锌银电池直接作正极片，也可在化成后作为干式荷电态锌银电池正极片。

具体工艺流程如图 4.31 所示。

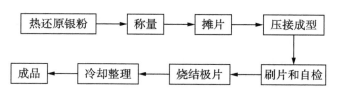

图 4.31　烧结式正极片的制造工艺流程

制造这种极片，首先按设计要求，称取一定质量的活性银粉。先取其 1/3 量倒入摊片模中（图 4.32），用有机玻璃刮刀均匀铺开。加入银网骨架，再倒入其余活性银粉，用刮刀均匀铺开，刮平。放入上盖，加压成型。压力视极片厚度要求而异。

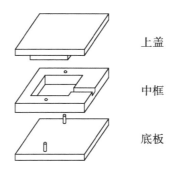

图 4.32　正极片摊片模示意图

以约 10 片极片为一叠,在 400～450℃高温炉内烧结 15～25 min,取出,自然冷却,即成为烧结式电极。

必须指出,极片成型时压力、烧结温度和烧结时间,对正极片的孔率、活性物质利用率和机械强度有很大影响。表 4.10 给出了氧化银热分解银粉制作的银电极压制压力、孔率与强度之间的关系。

表 4.10　银电极压制压力、孔率与强度的关系

孔率/%	厚度/mm	压力/(kg·cm^{-2})	放电容量/(A·h)	电极强度
43.8	0.50	800	1.90	好
49.6	0.55	650	2.20	好
51.4	0.58	500	2.38	好
53.2	0.60	400	2.40	好
56.6	0.65	300	2.40	差
62.0	0.73	200	2.93	很差

有人研究过氧化银热分解银粉压制的极片用不同温度烧结时,烧结温度对其性能的影响(表 4.11)。

表 4.11　烧结温度对电极性能的影响

烧结温度/℃	烧结时间/min	利用率/%	电极强度	工 艺 性
200	15	71.2	差	极片间无黏结
300	15	—	差	极片间无黏结
400	15	71.2	好	极片间稍有黏结,易分离
500	15	69.0	好	极片间稍有黏结,可分离
600	15	65.5	最好	极片间黏结较紧,不易分离
700	15	39.2	最好	极片间黏结较紧,不易分离

在相同的烧结时间内,烧结温度较低时(300℃以下),没有起到烧结的作用,电极强度较差。烧结温度较高(600℃以上),电极间黏结较紧不宜分离,工艺上不可行。因此,选择烧结

温度在 $400\sim500$℃之间,使银粉颗粒间有一定黏结,工艺上也可行。

烧结时间对电极性能的影响见表 4.12。

表 4.12　烧结时间对电极性能的影响

烧结时间/min	利用率/%	极片强度	变形情况	工　艺　性
5	70.0	差	不变形	极片间稍有黏结
10	72.5	较差	不变形	极片间稍有黏结
15	68.0	较好	不变形	极片间有黏结
20	—	好	不变形	极片间有黏结
25	71.2	好	不变形	极片间有黏结
30	68.0	好	不变形	极片间黏结较紧

综合烧结温度和烧结时间对电极性能的影响,烧结的工艺条件可以确定为 $400\sim450$℃下烧结 25 min。

2) 过氧化银粉末压成式正极片

过氧化银粉末压成式正极片的制造方法是将活性过氧化银粉,在银网导电骨架上直接加压成型。

① 制取过氧化银粉:将 $85\sim90$℃的热 KOH 溶液,很快倒入 $85\sim90$℃的热 $AgNO_3$ 溶液中(KOH:$AgNO_3=1:1$,质量比),反应过程中应保持剧烈地搅拌。其反应见式(4.28):

$$2AgNO_3+2KOH \xrightarrow{\triangle} Ag_2O\downarrow+2KNO_3+H_2O \tag{4.28}$$

称取与 KOH 和 $AgNO_3$ 同样质量的 $K_2S_2O_8$ 粉末,很快倒入上述反应生成物中。加温至溶液沸腾。反应方程式见式(4.29):

$$Ag_2O+K_2S_2O_8+2KOH \longrightarrow 2AgO\downarrow+2K_2SO_4+H_2O \tag{4.29}$$

保持沸腾 $15\sim20$ min,使氧化反应能充分进行,且使过量的 $K_2S_2O_8$ 分解。将生成的 AgO 沉淀过滤洗涤、干燥(50℃左右)。过 $60\sim80$ 目筛备用。

为了提高过氧化银粉的稳定性,可以通过制造含有硅酸钠(Na_2SiO_3)的 AgO 来实现。

用该法制造的过氧化银粉,AgO 含量不小于 98%,对含有 Na_2SiO_3 的过氧化银粉而言,AgO 含量不小于 97%,Na_2SiO_3 约占 1%。其热稳定性应达到如下要求:75℃,1 g 样品搁置 3 d,AgO 含量下降不大于 3%。

② 压制成型:按 100 g AgO/100 cm³ 黏合剂(聚异丁烯氯仿溶液、聚四氟乙烯悬浮液等)的比例混合均匀,大部分溶剂挥发后(每 100 g AgO 中含 1 g 黏合剂)黏成一团。50℃烘箱中干燥。过 40 目筛。然后称取一定量的过氧化银粉末,在银网骨架上直接加压成型。

这种极片的特点是:即使在低倍率放电时,也不会出现高坪阶电位,这可能是因为在过氧化银极片中,活性物质颗粒之间电阻很大,以及 AgO 与导电银网接触时分解为 Ag_2O。所以,放电时首先参加反应的是与骨架接触的 Ag_2O,而不是 AgO,所以消除了高坪阶电位。

与烧结式正极片相比,过氧化银粉末压成式正极片制造工艺简单,但极片成型较困难,循环寿命短,一般只适用于一次电池。而烧结式正极片大量在二次电池中得到应用。

3) 涂膏式正极片

该方法本来是制造氧化银电极的方法。最初用于一次电池的电极制造,将氧化银用水或 1% 羧甲基纤维素(CMC)的水溶液调成糊膏,涂于金属编网或拉网上。在合适的温度下,将极片干燥。该工艺方法简单,但是活性物质与导电网之间的结合较差。

后来发展了涂膏技术,可制造强度较好的、可适用于二次电池的银电极。工艺过程如下:将占 70%～80% 的氧化银(Ag$_2$O)用水调成膏状,涂于导电网上。经过 70～85℃ 干燥后,在 400℃ 下将氧化银分解成金属银,在该温度下,可以发生局部烧结,但还达不到烧结式电极的强度。用足够的压力将分解成的银紧压在导电网上,使银和导电网结合良好,最后经过化成后变为银氧化物电极。

5. 负极片的制造

锌负极主要由电极集流网、负极活性物质和耐碱棉纸组合而成,从制造方法来分,主要有涂膏式负极片、压成式负极片和电沉积负极片等。

1) 涂膏式负极片

涂膏式负极片的制造方法是将一定比例的混合锌粉混合均匀,加入适量的黏结剂,调成膏状,涂在导电骨架上,晾干(或烘干)后模压成型。具体工艺流程如图 4.33 所示。

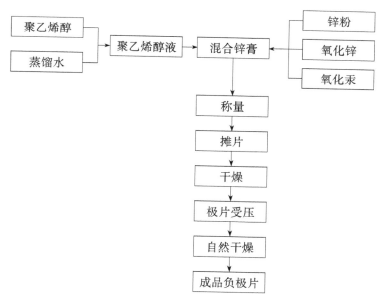

图 4.33　涂膏式负极片的制造工艺流程

① 制取混合锌粉。根据不同产品的具体要求,按氧化锌(ZnO,分析纯)65%～75%、锌粉(Zn,分析纯)25%～35%、红色氧化汞(HgO,分析纯)1%～4% 配比混合。加入锌粉的目的是改变混合锌粉的导电性,减少充电时使氧化锌转变成有电化学活性的锌的阻力;加入氧化汞的目的是提高氢在锌负极上的过电位,减轻锌的自放电。锌粉混合在搅拌机中进行。

② 调膏。在混合锌粉中加入黏结剂——聚乙烯醇水溶液(每 100 g 混合锌粉加入 30～40 cm³ 3% 的聚乙烯醇水溶液),调成黏性的膏状,直至没有干粉颗粒。

③ 涂膏。在模具底板上铺有耐碱棉纸,压上中框(图4.34)。根据设计的用量称取锌膏(呈膏团状)。用不锈钢刮刀将膏团取一部分铺底,放入导电银网骨架,再涂上其余锌膏,刮平成为膏坯。在膏坯表面垫一层尼龙布,用上盖紧压膏坯,去掉中框,将耐碱棉纸折叠包好。

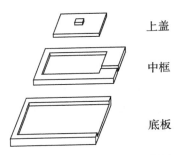

图4.34 负极片摊片模示意图

④ 晾干(或烘干)。将上述膏状极片放在光滑平整的塑料板上,室温下自然晾干,或在40～60℃烘箱中鼓风干燥到一定程度,绝对不能在高温下快速干燥,否则会因电极内外干湿不一而变形。

将干燥后的极片放入层叠式的压模中,在20～100 MPa范围内加压,控制极片在一定厚度范围内。然后逐片放在木盘中,自然干燥,极片表面整洁无污点,厚度的均匀性和外形尺寸应符合设计要求。制成的负极片如图4.35所示。

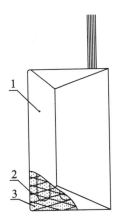

图4.35 负极片
1-耐碱棉纸;2-极片集流网;3-负极活性物质

涂膏式电极的孔率一般为35%～45%,因为是以氧化锌状态为主,还原成金属锌后孔率将会增大。

2) 压成式负极片

① 电解锌粉压成式电极。用电解锌粉作活性物质,可以直接压制锌电极,与化成的氧化银电极相配,制作干式荷电态锌银电池。

将电解锌粉添加一定量(通常是1%～2%)的氧化汞和一定量(通常是1%)的聚乙烯醇粉,混合均匀。

将与电极尺寸相应的棉纸压入压膜内,并放入导电银骨架。将称量的电解锌粉倒入模内摊匀,再铺上一层棉纸,盖上模盖,根据厚度要求进行压制,孔率一般为 55％～60％。

②混合锌粉压成式电极。这种电极与涂膏式电极相似,组成均为蒸馏锌粉与氧化锌粉的混合物;不同之处是,这种电极不用涂膏,而是用潮湿状态的混合锌粉直接以模压的方法制成。

黏合剂的加入量比涂膏式电极少,黏合剂的浓度比涂膏式电极所用的浓度高一些,如 6％聚乙烯醇水溶液,压制压力也比较大。

3)电沉积负极片

用于一次锌银电池的一种锌电极。它的特点是,极片可以做得很薄。如使用铜箔做集流体,铜箔厚度约为 0.05 mm,电沉积锌后,厚度约为 0.25 mm,这样的薄型电极,一般的锌电极制作工艺难以实现。

电沉积的原理与电解锌粉的原理相同,如图 4.36 所示。

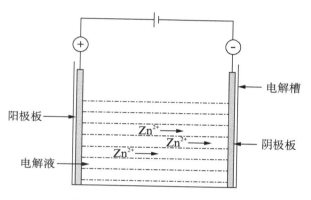

图 4.36　电沉积锌电极的原理图

用含氧化锌的氢氧化钾电解液,以锌锭作阳极,铜箔作阴极,在较大的电流密度下电解。细小树枝状锌沉积在铜箔上,铜箔在电池中起到电极骨架和导体的作用。经过洗涤、冲切、干燥后,即成为所需要的锌电极。

工艺控制的关键是,在一定的电解液浓度下,使锌的沉积在极限电流密度下进行,生成的产物是细小树枝状锌。

6. 化成

极片化成是锌银电池生产过程中的一道重要的工序。即通过化成,一方面可除去夹杂在电极中的有害杂质,如硝酸根离子。另一方面,电极经过化成,即通过充电或充放电的电化学过程,可增大电极的真实表面积,使电池的电化学活性好。化成这个操作过程,有的在电池装配前进行,有的则在电池装配后进行。

极片化成的工艺流程如图 4.37 所示。就化成的正负极片装槽形式而言,可分双化成和单化成两种。

单化成是将所需要的电极配以辅助电极进行化成的方法。如可以将银电极单化成转化为氧化银电极,也可以将混合锌粉电极单化成后转化为锌电极,辅助电极可多次反复使用。

双化成是将所需要的两种电极装配在一起组成化成电池,进行化成后,同时得到正、负极片的方法。如银电极和混合锌粉电极配成化成电池,化成后分别转化为氧化银电极和锌电极。

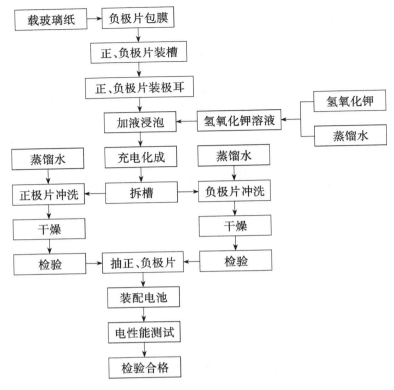

图 4.37　极片化成的工艺流程

1) 双化成

双化成就是将银正极片和锌负极片配对合装在化成槽中以电池形式进行充电或充放电。将锌负极片以两片对称,用玻璃纸为暂时性的隔膜(暂时性指只供化成时用),卷包成 U 形的状态,然后将银正极片插在锌负极片之间,一片正,一片负,逐一叠在一起。银正极片并联在一起。锌负极片也并联在一起。化成槽松紧度控制在 65% 左右。加注 20% 饱和氧化锌的氢氧化钾溶液作为化成液,以液面浸没极片为准,浸泡 12 h 以上,保证化成液浸透到电极内部。化成制度为一充制、二充一放制(充电—放电—充电)、三充二放制(充电—放电—充电—放电—充电)等,化成充电终压为 2.08～2.10 V,环境温度为 20～30℃。

化成充放电结束后,从化成槽中拆出正、负极片,务必防止正、负极片相碰短路产生火花。正极片吊放在盛有蒸馏水的水槽中进行浸洗,定时更换蒸馏水,直至中性。负极片从化成槽中取出,拆除负极片外包的隔膜,吊放在蒸馏水中洗至中性,用过滤纸吸去负极片中的水分,放入衬有过滤纸的锌极夹板中。正极片在 50℃ 烘箱中烘干,此时的正极片呈褐灰色,已荷电,必须放在真空干燥箱内存放。负极片送入 210℃ 左右马弗炉中快速烘干,锌夹板两侧用铁板压紧,避免锌负极片烘焦。烘干的锌负极片已呈深灰色,已荷电,必须放在真空干燥箱内存放。

2) 单化成

在装配单体时,一般负极片比正极片多一片。因此,用双化成方法往往容易有多余的正极片。为了继续利用这些多余的正极片,就发展了另一种叫单化成的方法,即把涂膏式的锌负极片单独进行化成。

单化成时，也采用 20% 饱和 ZnO 的 KOH 溶液作化成液，使用厚度为 0.5 mm 的不锈钢板作为辅助电极（正电极），辅助电极上点焊 0.2 mm 的不锈钢箔作为极耳。锌负极片包裹玻璃纸（与双化成的负极片相同）浸泡 20 h 后，进行化成。化成充电可分为两个阶段，第一个阶段以 15.5 mA·cm^{-2} 的电流密度充电 5 h，然后转入第二阶段，以 11.6 mA·cm^{-2} 的电流密度充电 2 h，化成松紧比约为 65%。在化成过程中有大量气体析出，电解液也会向外溢出。因此要经常补加电解液，使电解液的液面与隔膜保持齐平。单化成结束后，锌负极片的清洗、烘干和储存方法与双化成的锌负极操作相同。

7. 单体电池的装配

锌银二次电池结构的特点是极片紧装配。即正负极片之间依靠隔膜相互压紧，间隙很小，电池装配的松紧度为 70%～80%，自由电解液量较少。

极片的厚度根据电池放电倍率确定：对于高倍率放电的电池，极片较薄，一般为 0.5 mm 左右，采用薄极片可以增加极片的实际工作表面积，减少电流密度，降低极化。对于长寿命、低倍率放电的电池，可采用较厚的极片，这时多孔极片的内表面利用率较好，采用厚的极片可以提高电池的比容量。

单体电池的制造工艺流程如图 4.38 所示：

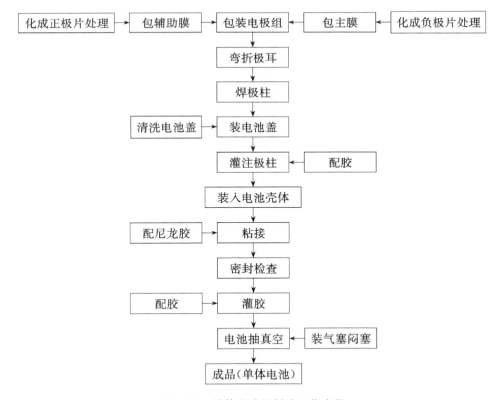

图 4.38　单体电池的制造工艺流程

1）准备工作

① 单体电池壳与盖的准备。单体电池的壳与盖多用热塑性材料注塑而成，注塑过程中常沾有大量油污，使用前要经过除油去污处理。单体电池壳、盖一般可用洗涤剂刷洗，然后

用清水洗净,再用蒸馏水冲洗,晾干或烘干。

② 气塞的准备。将气塞加密封垫圈和密封套管装配好,并检查能否在规定压力下起作用。

③ 极片的准备。经过化成的极片的极耳表面有一层氧化层,在焊接前必须将这层氧化物除掉,一般用酒精喷灯快速烧一下正极片的极耳。在滚轮上粘砂皮纸,将正极(酒精喷灯处理后)、负极极耳上的氧化层或锌垢砂清。

2) 正极片烫包尼龙毡

在正极片上包一层辅助隔膜,一般使用尼龙毡。烫包尼龙毡时,电极三边留烫缝,烫缝用烙铁烫牢,不应有裂缝、叠缝、焦糊现象。尤其是下部及侧面,应紧靠极片边缘完全熔合,不得有开口。

为了区分正、负极,通常在正极极耳根部套一段红色的软聚氯乙烯套管。

3) 负极片包隔膜

在负极片上一般采用经过处理的水化纤维素膜(黄膜或银镁盐膜)。根据电池技术指标和寿命的不同要求,包膜的层数也有所不同。

4) 电极组包装

电极组包装有两种形式:插片式和折叠式。

① 插片式。两片负极片用再生水化纤维素膜包装,然后将烫好辅助隔膜的正极片插入中间(图4.39),再在负极片的外侧放一片正极片,这样将电池所需的正、负极片相互交错组成电极组。一般为使氧化银电极充分利用,电极组的两侧均为负极片。

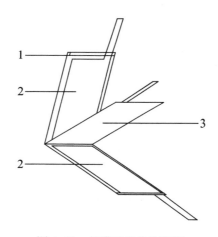

图 4.39　包膜及极片的装配
1-隔膜;2-负极片;3-正极片

② 折叠式。正、负极片都包有主隔膜,然后将正、负极片间隔包装。折叠式装配如图4.40所示。

5) 焊极柱

用专用钳子将极耳弯折,使其能形成弧形,然后按电池单体的高度将多余的极耳剪去(防止银带碎料落入电极组内)。将电极组放在工装夹具内,用电烙铁将银带焊在镀银的接线柱的叉口内。焊接处要求平整光滑,不准有虚焊的现象发生,再用乙醇将焊锡膏擦除。

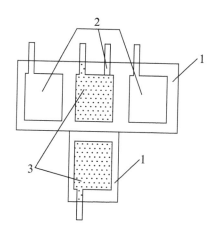

图 4.40　折叠式装配
1-隔膜；2-负极片；3-正极片

6）封壳体和盖

将电极组的正、负极装入电池盖的孔中，放入橡胶垫圈、平垫圈、旋紧螺母。在电池盖的背面极柱六角处用环氧胶灌入密封固化。然后装入电池壳体中，将顶盖四周与电池壳体相结合处用尼龙胶密封牢。

7）封胶

单体顶盖处浇注有颜色的环氧胶，室温下自然固化，电池单体的装配基本完成。

8）气密性检查

为检查壳和盖的接缝处以及极柱与盖的接合处的密封性，将密封测试的气嘴拧到单体电池盖的气塞孔上，把单体电池浸在无水乙醇或纯水中，通入压缩空气，施加 0.07～0.12 MPa 的气压，保持 30 s。检查封接处是否有气泡冒出，如无气泡冒出，证明该电池单体密封性良好。

9）干燥处理，装气塞

将经过气密性检查的电池，放入真空干燥箱内，抽真空干燥 12 h 以上。取出电池后立即拧上气塞（或闷塞）。在正极上点上红漆，作为正、负极区分的标记。

目前，锌银蓄电池出厂时均无电解液。电极一般为干荷电状态（也有的是放电状态）。所以，使用前须先注入电解液。通常浸泡半小时后即可使用（对于放电态出厂的电池，使用前尚须在注入电解液后预先进行 2～3 次充放电化成循环）。

8. 电解液的配制

极片的化成和电池的激活都要使用氢氧化钾电解液。本部分介绍配制电解液时材料用量的估算，以及配制的一般步骤和配制中的注意事项。

1）材料的准备

根据所需溶液的浓度要求，准备相应纯度的氢氧化钾试剂。试剂级的氢氧化钾分成三个纯度等级，即优级纯（GR）、分析纯（AR）和化学纯（CP）。此外，还有工业纯的氢氧化钾。

锌银电池生产中，制造银粉、电解锌粉、处理隔膜以及极片化成，常用化学纯的氢氧化钾配制溶液。电池的激活电解液常用分析纯氢氧化钾配制；密封电池的电解液常用优级纯的氢氧化钾配制。

试剂级的氢氧化钾含量见表4.13。

表4.13　试剂级氢氧化钾的含量

试剂纯度等级	优级纯（GR）	分析纯（AR）	化学纯（CP）
KOH 含量/％	≥85	≥82	≥80

配制电解液用水应该是高纯度的水，一般用蒸馏水，也可以用净化水。

2）材料用量的估算

首先，要根据所配制电解液的密度值，从表4.5中查出每升溶液中所含纯氢氧化钾的量。由于氢氧化钾试剂中氢氧化钾的含量一般在85％以上；所以要根据需要量换算成试剂量。用所需配制溶液中的量减去氢氧化钾试剂的量，就可以得到所需用的纯水量。

欲配制3 000 cm³相对密度为1.40的氢氧化钾溶液，需计算需要的分析纯氢氧化钾试剂和蒸馏水的用量。

查表4.5可知，相对密度为1.40的氢氧化钾溶液含KOH为565.2 g·dm⁻³，而分析纯氢氧化钾试剂含KOH为82％。所以，配制3 000 cm³相对密度为1.40的氢氧化钾溶液，需氢氧化钾试剂的量为

$$\frac{565.2 \times 3}{0.82} = 2\ 068（克）$$

蒸馏水的量为

$$1.40 \times 3\ 000 - 2\ 068 = 2\ 132（克）$$

因为水的相对密度约为1，所以蒸馏水的体积为2.132 L。

3）配制过程

配制电解液所用的容器应耐碱、耐高温等。其容积视配制量而定。少量配制可用烧杯，大量配制可用白瓷缸或不锈钢槽。

量取比计算量稍少一些的蒸馏水至上述容器中，按计算的试剂量称取氢氧化钾试剂缓慢加入蒸馏水中，同时搅拌，使氢氧化钾完全溶解。

由于氢氧化钾溶解过程中放热，最好进行冷却。此外，还有大量碱雾放出，配制时最好在通风橱或空气流通的地方进行操作。

溶液冷却至20℃时，用比重计测量相对密度。若相对密度高于要求值，则适当加入少量蒸馏水；若相对密度低于要求值，则再加入一些氢氧化钾，最好取出少量溶液在量筒中测量相对密度。

调好相对密度的电解液可以用滤纸过滤到储存容器中。

取样分析KOH、K_2CO_3和杂质（Cu和Fe）的含量是否符合技术要求。如果KOH的含量不合格，可加注蒸馏水或加入KOH试剂进行调整；如果K_2CO_3和Cu、Fe的含量不合格，需要查明原因并制定处理办法。

合格的电解液需密闭保存，尽量减少与空气的接触，以防止生成K_2CO_3。

4）注意事项

配制电解液时，应戴防护眼镜和橡皮手套。并应在工业场地准备5％的硼酸溶液，防止

电解液烧伤。氢氧化钾试剂和溶液都有强烈的腐蚀性,要注意防护。

9. 各种黏合剂的配制

在锌银电池的生产过程中,常使用一些黏合剂,本部分概括介绍它们的配比及配制方法。

1) 聚乙烯醇溶液的配制

聚乙烯醇是制作负极的原材料之一,是一种水溶性的高分子化合物,常用它的 3% 或者 6% 的水溶液做涂膏式负极片或混合锌粉负极片的黏合剂。

按配比取一定量的蒸馏水倒入干净的烧杯中,称取所需量的聚乙烯醇粉末,在搅拌下徐徐加入水中。待聚乙烯醇完全被水浸润和膨胀后,将烧杯移至水浴中加热,并搅拌。加热温度控制在 100℃ 以下,直至聚乙烯醇全部溶解。

在加热过程中,由于蒸发损失水分,应在停止加热时加入蒸馏水,补充到原来的体积,补加水时应进行搅拌。

冷却后,用双层尼龙布过滤溶液,放密闭容器内保存。

2) 苯酚胶及苯酚水溶液的配制

国内生产的锌银蓄电池单体壳和盖多采用聚酰胺树脂材料制成,这种材料的封接宜用苯酚胶。

一种苯酚胶的典型配方(按质量比)为

苯酚(CP)	9 份
聚酰胺树脂	3 份
蒸馏水	1 份

按配比称取苯酚于锥形瓶中,在水浴中加热溶解。而后,依次加入聚酰胺树脂和蒸馏水,在水浴中加热,并不断搅拌,使其全部溶解,成为棕红色透明胶液。

苯酚胶存放后水分蒸发,胶液变稠时,可加入适量的苯酚水溶液稀释。

苯酚水溶液按以下质量比配制:

苯酚(CP)	8 份
蒸馏水	2 份

在水浴中加热使苯酚溶解即可,苯酚水溶液是透明的粉红色溶液,存放后变成红棕色。

因苯酚有腐蚀性,苯酚蒸汽有毒,在配制时应戴橡胶手套和防护眼镜,最好在通风橱中进行。

3) 环氧树脂的配制

锌银电池密封所用的环氧树脂胶配方有多种,各有特点。将两种常用配方进行介绍:

(1) 环氧树脂胶的配制

质量配比为

环氧树脂	8 份
多乙烯多胺	1 份

按配方将多乙烯多胺均匀地倒入环氧树脂中,迅速搅拌至颜色均匀一致为止。

多乙烯多胺是固化剂,如加入适量,室温下 24 h 内可以固化。如加入不足,则固化时间延长;加入量过大,则固化过快,且胶发脆。

（2）加填充剂的环氧树脂胶

质量配比为

环氧树脂	1 份
乙二胺	0.1 份
二氧化钛	0.3 份

将各组分搅拌混合均匀即可。

这种环氧树脂胶可在室温下固化或在 45℃搁置 2 h 固化。固化后胶封件外表美观,强度及硬度均好。

4.4 设计和计算

4.4.1 设计的一般程序

化学电源是为用电的设备、仪器配套的,用电的设备、仪器的体积和质量大小不一,可以大到运载火箭、导弹武器,也可以小到一些便携式设备。广义上说,这些用电的设备、仪器统称为整机。整机的使用有一定的技术要求,相应地与它配套的化学电源也有一定的技术要求。人们设法使化学电源既能发挥自己的特点,又能以较好的性能去适应整机的要求。这种寻求使化学电源能满足整机技术要求的过程,称为化学电源的设计。

设计要解决的问题是:在允许的尺寸、质量范围内进行结构及工艺设计,使其可靠地满足整机系统的用电要求;寻找可行和尽可能简单方便的工艺;尽量降低成本;在条件许可的情况下,尽量提高产品的技术性能。

各种化学电源的设计有相似之处,但也各有缺点。本节简要地介绍锌银蓄电池设计原则和一般的计算方法。

传统的计算方法是在过去积累的试验数据的基础上,根据要求的条件进行选择和计算,经过进一步的试验确定合理的参数。

锌银蓄电池的设计包括性能设计和结构设计。性能设计指电压、容量和寿命的设计。而结构设计是指电极、单体电池外壳、隔膜、电解液和其他结构件的设计。

设计的程序一般分为以下三步:

第一步:对各种给定的技术指标进行综合分析,找出关键问题。通常,为满足整机的技术要求,提出的技术指标有工作电压、电压精度、工作电流、工作时间、机械载荷、寿命和环境温度等。其中主要的是工作电压(及电压精度)、容量(工作电流×工作时间)和寿命。

第二步:进行性能设计。根据要解决的关键问题,在以往积累的试验数据的基础上,确定合适的工作电流密度,选择合适的工艺类型,以做出合理的电压设计。根据实际需要的容量,确定合适的设计容量,以确定活性物质的用量。选择合适的隔膜系统,以确定寿命设计。当然,这些设计都是相关的,设计时要综合考虑。

第三步:进行结构设计。包括电极外形尺寸的确定,电极厚度的计算;单体电池外壳的设计,电解液的设计,隔膜的设计以及导电网、极柱、气塞的设计等。对于电池组,还要进行电池组外壳、内衬材料以及加热系统的设计等。

设计中应着眼于主要问题,对次要问题进行折中和平衡,最后确定合理的设计方案。

4.4.2 电压设计

通常,电池的技术指标给出以下几项内容:工作电流(即放电电流)、工作电压(即放电电压)、工作时间、工作周期、工作温度、机械载荷及湿储存期等。这么多的指标中,如果机械载荷无特殊要求,在规定的工作温度范围内的工作电压(放电电压)设计,将是电池电性能设计中首先要考虑的问题。

举例说明,如果一个电池组的技术指标如表 4.14 所示。

表 4.14   电池组的技术指标

项　　目	技术指标
工作电流	5 A
工作电压	(12±0.6)V
工作时间	6 min
循环周次	5 周次

这个电池组的工作电压,即放电电压要求为(12±0.6)V(±0.6 V 是电压精度,也就是电池组工作过程中电压偏离规定值 12 V 的范围)。通常,按照一只锌银单体蓄电池额定放电电压 1.50 V 计算,蓄电池组的额定电压应是单体蓄电池额定电压的整数倍。因此,满足蓄电池组工作电压要求所需要的单体蓄电池数量为

$$12 \div 1.50 = 8 \text{ 只}$$

这样,蓄电池组的电压设计就可以转化为单体蓄电池的电压设计。按照技术指标,电池组的电压范围为 11.4~12.6 V,折合成对单体蓄电池的要求,电压范围应为 1.425~1.575 V。就是说,在 15~50℃ 的工作温度下,工作 5 个循环周次,单体蓄电池电压都应在 1.425~1.575 V 之间,才能满足电池组的技术要求。

决定电池放电电压的主要因素,是放电电流密度,而放电电流密度的大小要根据积累的试验数据来选择。

现有曾经做过的电流密度试验数据。分别在 15℃ 和 50℃ 下,以不同的电流密度放电,测量单体电池放电电压,归纳成以下的放电电压与放电电流密度的关系(表 4.15)。其中每一电流密度下对应的放电电压波动范围,右方为 50℃ 放电电压值,左方为 15℃ 放电电压值。

表 4.15   单体电池放电电压与放电电流密度的关系

放电电流密度/ (mA·cm^{-2})	25	30	36	40	45
放电电压波动范围/V	1.47~1.56	1.46~1.56	1.44~1.56	1.44~1.56	1.41~1.56

从表 4.15 可以看出,按照放电电流密度小于 40 mA·cm^{-2} 设计,可以满足单体蓄电池工作电压 1.425~1.575 V 的要求,也就是说,可以满足技术指标中电池组工作电压(12±0.6)V 的要求。

应该指出,除了放电电流密度外,影响放电电压的因素还有温度、电解液的组成、电极结构、充电制度、机械载荷、湿储存期等。因此,需要根据这些因素对放电电压影响的试验数据

进行平衡,综合考虑后确定应采取的电流密度值。

4.4.3 容量设计

锌银电池的容量设计,实际上是确定电池中两极活性物质量的问题。

电池技术指标中有工作电流(放电电流)和工作时间(放电时间)的要求。可以根据这两个指标计算得出电池工作过程中需要的使用容量,这就是按照技术指标必须保证的容量。

然而,一个电池仅仅具有按照指标要求的容量是不够的,还必须具有一定的冗余量。这部分冗余量要考虑到以下几种情况:电池在荷电储存时,尤其在较高的环境温度下储存时,容量有损失——自放电。按规定的最长储存期储存后,放电容量应符合指标要求;电池放电有一定的电压精度要求,在规定的温度下限放电,放电电压不能低于某一特定值,因此,电池放电不可能放到活性物质完全耗尽,要保留一部分容量;随循环周次的增多,电池容量下降,要有一些冗余量补偿这部分损失;由于工艺水平所限,制造电池时不可能将每只单体蓄电池的容量都做得均匀一致。为保证组成电池组时最低容量符合技术指标要求,也要留有一定的容量裕度;为满足电池放电电压的要求,有时要进行一些处理,如浅放电、预放电等,也要消耗一部分容量;有的电池体积是预先指定的,或限定在一定的单体电池壳中进行设计。以上这些情况决定了电池设计容量时要留有一定的冗余量。

因此,电池的容量是根据需要设计的,设计时考虑到各种影响因素后所确定的容量值称为设计容量。

设计容量按式(4.30)计算:

$$C = \frac{(1+\alpha)K_1C_0}{1-K_2} \tag{4.30}$$

式中,C 为设计容量(A·h);α 为非工作状态消耗的容量比率(以百分数计);C_0 为技术指标规定的容量,即实际使用容量(A·h);K_1 为设计安全系数;K_2 为湿存放后容量损失(用百分数表示)。α 根据实际对电池预处理消耗的容量确定。K_1 的选取与放电率和要求的可靠度有关,根据经验选取,对于高倍率放电要求高可靠的电池,取 2~3;低倍率放电的电池,可酌减。K_2 随电池湿存放条件不同而有不同的数值。对于高倍率放电的电池,根据试验数据选定。对于低倍率、长寿命、多次循环的电池,限定取 $K_2 = 10\%$。因为这种电池多数在地面电子设备、仪器上使用,各次循环可控制到尽量按全容量进行,并可以及时进行充电,能使电池容量基本恢复原来状态,所以做了这样的限定。

有了电池的设计容量,就可以进一步计算活性物质的量。

［例7］ 设计某高倍率放电的锌银蓄电池。技术指标要求:工作电流为 4 A,工作时间为 6 min。高温荷电储存三个月后,容量损失为 50%。为提高电压精度,采取预放掉容量 10% 的措施。这个电池的设计容量为多少方可满足技术指标的要求?

解:

根据已知:$I = 4$ A,$t = 6$ min $= 0.1$ h;可知,实际放电容量 $C_1 = It = 4 \times 0.1 = 0.4$ (A·h)。

据已知:$K_2 = 50\%$,$\alpha = 10\%$;取 $K_1 = 3$。

则设计容量:

$$C = \frac{(1+\alpha)K_1C_0}{1-K_2} = \frac{(1+0.1) \times 3 \times 0.4}{1-0.50} = 2.64 \text{ (A·h)}$$

按照传统概念，设计容量是指活性物质利用率为 50% 时的容量，所以理论容量为设计容量的 2 倍。

由于银的价格高，为使银能尽量利用，在锌银蓄电池设计中，通常设计容量是以银电极的容量为基准的。

在锌银电池中，两极容量之间有如下的关系，称为容量配比。

$$P = \frac{C_{Zn}}{C_{Ag}}$$

式中，P 为容量配比；C_{Zn} 为负极活性物质的理论容量，以锌计（A·h）；C_{Ag} 为正极活性物质的理论容量，以银计（A·h）。P 值一般取 1.1~1.5，视负极片工艺和电池类型而定。

[例 8]　如前例计算出设计容量为 2.64 A·h，则该电池的理论容量为多少？需要多少克银粉？

解：

可以计算得出银的电化学当量为 2.01 g·(A·h)$^{-1}$。因通常情况下锌银电池的容量是以银的容量为基准的，所以可知电池理论容量为

$$C_{Ag} = C_{理} = 2C_{设} = 2 \times 2.64 = 5.28 (A·h)$$

银粉质量：

$$G_{Ag} = 2.01 \times 5.28 \approx 10.6 (g)$$

银粉利用率与银电极电流密度设计值有关，根据多年的实践经验，其设计参数见表 4.16。

表 4.16　电池负载与银粉利用率

放电负载	设计值（银粉）	利用率计算值	
		以二价银计	以一价银计
低倍率（0.5 C 以下）	3.5 g·(A·h)$^{-1}$	58%	116%
中倍率（0.5~3.5 C）	4.0 g·(A·h)$^{-1}$	50%	100%
高倍率（3.5 C 以上）	4.5 g·(A·h)$^{-1}$	45%	90%

4.4.4　单体电池的结构设计

1. 单体电池外形尺寸的选择

首先是确定长度和宽度尺寸的比例。外形为长方体的单体锌银蓄电池，多数情况下是组合成电池组使用的。为使单体蓄电池之间的连接紧凑、整齐及尺寸成比例，单体蓄电池的长度和宽度尺寸经常取为 2:1。

但是，有时按这样的比例设计，电极面积太大，不便于制造，且强度不好。这时，就将电池外形设计成长度与宽度尺寸相近。尤其是长期循环的电池，考虑到循环后期电极组膨胀，电池的长度与宽度尺寸之比越大，即电池越薄，膨胀越严重。为减少单体电池壳的形变，采用长度与宽度尺寸相近的近似正方形的尺寸是有益的。

其次是单体电池高度的设计。单体电池高度设计实质是单体电池壳高度的设计,因为单体电池盖以上部分的高度是极柱的高度,这部分尺寸基本不随电池壳尺寸成比例变化,一般为 8～12 mm,仅随单体电池壳的高度略有改变。

从电池本身的性能来看,不希望电池壳的高度过大或过小,高度过大时,易出现电解液浓度分层,性能不均匀,且壳注塑加工困难。高度过小时,电极高度太小,电池壳的有效质量和体积利用率太低,电池比能量下降。一般电池壳高度尺寸取为长度尺寸的 1.5～2.5 倍为宜。

单体电池壳外部高度和内部高度的关系(图 4.41),用式(4.31)表示:

$$h_2 = h_1 + \delta_1 + \delta_2 \tag{4.31}$$

式中,h_1 为单体电池壳内部高度(mm);h_2 为单体电池壳外部高度(mm);δ_1 为单体电池壳口高度(mm);δ_2 为单体电池壳底厚度(mm)。

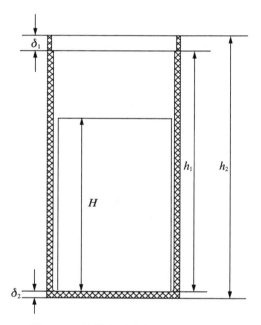

图 4.41　单体电池壳高度尺寸的组成

δ_1 的尺寸与单体电池壳大小有关,根据经验,一般为壁厚的 1.5～2 倍。

δ_2 的尺寸也与单体电池壳的大小有关,与壳壁尺寸相当或稍厚。根据数据经验,20 A·h 以内的电池,壳底厚 2～3 mm;大型单体电池壳底厚可以取 4～5 mm。这样的厚度均能够满足强度的要求。

2. 电极尺寸的设计

首先是电极高度的设计。电极高度的设计不是任意的,与单体电池壳的高度有关。有足够大的气室,以保证加注电解液方便和减少从注液口冒出电解液的可能;隔膜的高度至少要比电极的高度高出 6 mm 以上,以防止锌枝晶绕过隔膜上端引起两极短路。在设计电极高度时必须留出这部分空间;力争使电极高度尽可能大,以提高电池的比能量。

计算电极的高度,按照经验公式(4.32)计算:

$$H = 0.0015\,h_1{}^2 + 0.635\,h_1 - 1.1 \tag{4.32}$$

式中, H 为电极高度(mm); h_1 为单体电池壳内部高度(mm)。

其次是电极宽度的设计。一般情况下,电极宽度尺寸比单体电池壳内部长度尺寸小 2.5~3 mm 为宜。

4.4.5 电极厚度的计算

通过电压设计,确定电池的放电电流密度,根据式(4.33)可计算电极的面积:

$$i = \frac{I}{S} \tag{4.33}$$

式中, i 为放电电流密度(mA·cm^{-2}); I 为放电电流(mA); S 为电极面积(cm^2)。

通过容量设计,确定了电池的设计容量,也就知道了活性物质的用量。

用式(4.34)可以计算电极的厚度:

$$\delta = \frac{G}{S \times d \times (1-\eta)} \tag{4.34}$$

式中, δ 为电极厚度(cm); G 为活性物质质量(g); S 为电极面积(cm^2); d 为活性物质密度 (g·cm^{-3}); η 为电极孔率(%)。

d 按照表 4.17 所列数值选用。

表 4.17 活性物质密度

活性物质名称	密度/(g·cm^{-3})
银粉	10.5
锌粉	7.1
混合锌粉(75%ZnO+25%Zn)	5.9

孔率的大小对电极性能和电池容量影响很大。根据以往试验的结果,已确定了孔率取值的最佳范围(表 4.18)。具体到不同的设计要求,可作向上或向下的适当变化。

表 4.18 不同电极的孔率

电极类型	电极孔率/%
银电极	50~55
电解锌粉	55~60
混合锌粉(75%ZnO+25%Zn)	35~45

[**例 9**] 某电池有 9 片正极,用银粉总量为 90 g,电极尺寸为宽 32 mm,长 72 mm。若电极孔率为 52%,则电极厚度为多少?

解:

根据式(4.34)可得

$$\delta = \frac{G}{S \times d \times (1-\eta)} = \frac{90 \div 9}{3.2 \times 7.2 \times 10.5 \times (1-0.52)} = 0.086(cm) = 0.86(mm)$$

[例10] 某电池有10片负极,采用含氧化锌75%和锌粉25%的混合锌粉,假设混合锌粉密度未知,粉共重95 g,电极尺寸同例9,孔率为42%,求负极电极的厚度。

解:

由于混合锌粉的密度不知,首先可以通过氧化锌和锌粉的密度进行计算。

查表可知氧化锌的密度为5.5 g·cm⁻³,锌的密度为7.1 g·cm⁻³,则混合锌粉的密度为

$$d_{混} = d_{Zn} \times 25\% + d_{ZnO} \times 75\% = 7.1 \times 25\% + 5.5 \times 75\% = 5.9(g \cdot cm^{-3})$$

电极厚度为

$$\delta_{混} = \frac{G_{混}}{S \times d_{混} \times (1-\eta)} = \frac{95 \div 10}{3.2 \times 7.2 \times 5.9 \times (1-0.42)} = 0.12(cm) = 1.2(mm)$$

用上述方法计算得出的电极厚度是否可以应用,还需要考虑两个因素:一个是按现有的工艺能否在要求的公差范围内加工,有没有足够的强度;二是用它们配成的电极组装入单体电池壳后,装配松紧比是否在最佳范围。若不是这样,需要重新进行调整。

4.4.6 电极组厚度计算及装配松紧比的计算

电极组的厚度是组成电极组的各个部分厚度的总和,即正极的厚度、负极的厚度和隔膜厚度的总和。

[例11] 已知一锌银蓄电池,有9片正极片,每片厚度为0.87 mm;有10片负极片,每片厚度为1.59 mm。每片正极片包一层厚0.09 mm的尼龙布,负极包四层水化纤维素隔膜,每层隔膜厚度为0.035 mm。求电极组厚度。

解:

计算电极组厚度时,先分别计算电极组各个组分的厚度。即

正极片总厚度:0.87×9=7.83 mm;

负极片总厚度:1.59×10=15.90 mm;

尼龙布总厚度:0.09×1×2×9=1.62 mm;

隔膜总厚度:0.035×4×2×10=2.80 mm。

将以上各组分厚度相加,得28.15 mm,即为极群组的总厚度。

计算尼龙布厚度时,注意正极片两面都有一层。同样,计算隔膜厚度时,也要注意负极片两面都有相同层数的隔膜。

已知极群组厚度,就可以根据它来设计或选择尺寸合适的单体电池壳,反过来,也可以根据现有单体电池壳的尺寸配置电极组,这时就要用到装配松紧比的概念。

电极组的厚度与单体电池壳相应方向的内径尺寸之比,称为装配松紧比,简称装配比。装配松紧比计算公式为

$$\eta = \frac{D}{M} \times 100\%$$

式中, D 为电极组的厚度; M 为单体电池壳相应方向内径的尺寸。

装配松紧比是考虑了加注电解液之后,隔膜和电极膨胀的一个参数。对于化成电池,可用来控制电极的厚度;对于成片电池,装配松紧比的大小对电性能有直接影响。

若装配松紧比太大,隔膜和电极浸润困难,电解液不足,会造成放电容量不足,电池发热,放电电压偏低,甚至不能放电。装配松紧比太小,不仅降低了电池的比能量,还会加剧电极变形,影响使用寿命。一般情况下,高倍率型电池的装配松紧比,比低倍率型电池的要低一些。

[**例 12**]　上例中,电极组厚度为已知,单体电池壳内径为 32 mm,求这个电池的装配松紧比。

解:

根据装配松紧比公式,代入数值,得到

$$\eta = \frac{28.15}{32} \times 100\% = 88\%$$

[**例 13**]　如果例 12 中的电池需要设计装配松紧比为 80%,则单体电池壳相应方向内径尺寸为多少?

解:

通过装配松紧比公式计算:

$$M = \frac{D}{\eta} = \frac{28.15}{0.80} = 35.2 (\text{mm})$$

在装配化成电池时,会遇到这样的情况。例如,测得某化成电池电极组厚度为 28 mm,若工艺要求装配松紧比控制为 80%,现有内径尺寸为 40 mm 的化成电池槽,应加入填板的厚度为多少?

首先,按照装配松紧比公式计算所需化成电池槽内径尺寸,为 28÷0.80=35 mm。再计算所加填板的厚度,为 40−35=5 mm。

应该注意的是,填板尺寸应作为电池壳壁尺寸考虑,不可作为电极组尺寸。如果按照以下计算: 40×0.80=32 mm,32−28=4 mm。将所得的 4 mm 作为填板尺寸,这样计算是错误的,错误的是把填板尺寸计入电极组尺寸之内,这应当引起注意。

4.4.7　在给定尺寸的单体电池中进行结构参数计算

有时,电池组的外形尺寸是给定的,因而单体电池的尺寸和数量也是确定的。这时只限定在给定的单体电池壳中进行结构参数的设计。

这种情况下,电池的体积是已限定的,设计的中心是在这限定的体积中进行尽可能合理的容量设计。这种设计是根据已掌握的工艺、结构研制试验的数据,归纳出经验公式来进行计算。

计算活性物质的经验式有几种,不同的经验式适用于不同的电极工艺。式(4.35)是一种适用于多种工艺负极片的经验式:

$$\lg G = -0.18 + 1.12 \lg V_1' \eta \tag{4.35}$$

式中,G 为两极活性物质总量(g);$V_1{}'$ 为单体电池壳的外形体积(cm^3);η 为装配松紧比(%)。

计算出两极活性物质总量 G,就可分别确定两极活性物质的量。

对于混合锌粉的负极片,两极活性物质的量按下面一组经验式计算:

$$\begin{cases} 2.03G_{混}=G \\ G_{Ag}=1.03G_{混} \end{cases}$$

对于电解锌粉负极片,两极活性物质的量按下面一组经验式计算:

$$\begin{cases} 2.267G_{Zn}=G \\ G_{Ag}=1.267G_{Zn} \end{cases}$$

式中,G 为两极活性物质总量(g);G_{Ag} 为正极活性物质总量(g);$G_{混}$ 为混合锌粉负极活性物质用量(g);G_{Zn} 为电解锌粉负极活性物质用量(g)。

根据两极活性物质用量、电极孔率,可以计算得出电极的厚度。

电极的数量可根据设计电流密度和选用电极尺寸计算得出,为使正极银充分利用,多采用负极比正极多一片的结构。

举例说明计算过程。现有单体电池壳,外形尺寸为 46 mm×23 mm×79 mm,内部尺寸为 41 mm×18 mm×72 mm,电极尺寸为 38 mm×51 mm。此电池工作电流为 12 A,工作时间共 10 min,满足电压要求的电流密度为 35 mA·cm^{-2}。要求设计电池的结构参数。

首先,根据电流密度与放电电流,求出电极工作总面积:

$$S=\frac{I}{i}=\frac{12\times1\,000}{35}=343(cm^2)$$

根据电极面积,确定正极片数量:

$$n_+=\frac{S}{2S_+}=\frac{343}{2\times3.8\times5.1}=8.8\approx9(片)$$

确定负极片的数量:

$$n_-=n_++1=9+1=10(片)$$

若正极片用氧化银热还原银粉,孔率为 51%;负极片用混合锌粉压成式工艺,电极孔率为 40%,电池装配松紧比为 83%。

单体电池壳外形体积:

$$V_1{}'=4.6\times2.3\times7.9=83.58(cm^3)$$

活性物质总量按式(4.35)计算:

$$\lg G=-0.18+1.12\lg V_1{}'\eta=-0.18+1.12\lg83.58\times0.83=1.88$$
$$G\approx76(g)$$

代入经验式:

$$\begin{cases} 2.03G_{混}=G \\ G_{Ag}=1.03G_{混} \end{cases}$$

可得

$$G_{混}=\frac{76}{2.03}=37.4(g)$$

$$G_{Ag}=1.03\times37.4=38.6(g)$$

电极厚度为

$$\delta_+=\frac{38.6\div9}{3.8\times5.1\times10.5\times(1-0.51)}=0.043\,cm=0.43(mm)$$

$$\delta_-=\frac{37.4\div10}{3.8\times5.1\times5.9\times(1-0.40)}=0.055\,cm=0.55(mm)$$

隔膜设计按正极烫封尼龙布一层(0.09 mm),包石棉纸一层(1×0.08 mm),负极包水化纤维素膜三层(3×0.035 mm)。

正极片总厚度:0.43×9＝3.87 mm;

负极片总厚度:0.55×10＝5.5 mm;

尼龙布总厚度:0.09×2×9＝1.62 mm;

石棉纸总厚度:0.08×1×2×9＝1.44 mm;

水化纤维素膜总厚度:0.035×3×2×10＝2.10 mm;

极群组总厚度:3.87＋5.5＋1.62＋1.44＋2.10＝14.53 mm;

装配松紧比:$\frac{14.53}{18}\times100\%＝80.7\%$。

设计符合规范,如果装配松紧比过大或过小,应做适当调整。

4.4.8　电解液的设计

电解液的组成、添加剂的影响,均应在性能设计时考虑,因为这些因素对电池容量及电压均有影响,依赖于试验数据作基础。在结构设计时,仅涉及电解液的量,有经验公式如式(4.36):

$$L = 0.28V' - 1 \qquad\qquad (4.36)$$

式中,L 为电解液体积估算值(cm^3);V' 为单体电池壳外形体积(不含极柱)(cm^3)。

试验已证明,这个经验公式对估计电液量是足够准确的。实际上,电解液量的控制,以不超过隔膜上边缘为限。

4.5　人工激活锌银二次电池组

4.5.1　特性和用途

人工激活锌银二次电池组在使用前呈干荷电储存,使用时用人工灌注规定量的电解液使电池活化。它具有结构简单、操作维护方便、准备时间短、可检查、可靠性高和能反复使用等优点。

一般激活时间为 30 min～1 h。激活前干储存寿命为 5～10 a。激活后荷电状态湿搁置寿命为 1～3 月,放电状态湿搁置寿命为 1 a。

根据负载要求人工激活锌银二次电池组,可分为低倍率、中倍率、高倍率和超高倍率放电四种。高倍率(如 5 C)放电比能量可达 $46\sim87\ \mathrm{W\cdot h\cdot kg^{-1}}$,低倍率(如 0.1 C)可达 $72\sim250\ \mathrm{W\cdot h\cdot kg^{-1}}$,循环周次 $5\sim150$ 周。

由于该类电池比功率高、能瞬时输出大电流,常用作运载火箭、武器型号以及卫星的控制、安全、遥测和回收等系统的一次电源。

4.5.2 结构组成

人工激活锌银电池组的典型结构如图 4.42 所示。除单体电池外,还包括电池组盖、电池组外壳、加热装置、保温装置、接插件等部分。

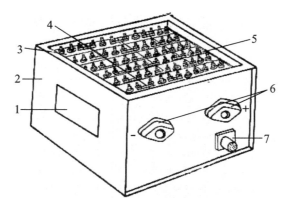

图 4.42 人工激活锌银二次电池组(去盖后)结构示意图
1-产品铭牌;2-电池组外壳;3-单体电池;4-接线片;
5-加热带;6-正负接线端;7-插头座;8-电池组盖(未画出)

1. 外壳和盖组件

外壳和盖一般用铝合金板、钢板经铆接或焊接而成,也可用环氧玻璃钢缠绕成型,用以保护电池堆和其他装置不受使用环境条件的影响,同时起到隔热、防霉、防潮、防盐雾、密封和安装固定的作用。

外壳和盖之间多采用螺钉、搭扣连接,或用钢带捆绑,接缝处一般设置橡胶密封垫圈。较小的电池多用螺纹连接。目的是使内部各构件牢固,能承受住各种载荷的作用。为了安装方便,根据用户要求往往增加固定用的支耳。

2. 防振和减振装置

电池组使用时环境条件很恶劣(如冲击、振动等),除了提高单体电池强度(如增加底胶固定电极组)外,通常利用玻璃钢蜂窝结构、泡沫塑料和毛毡等作为减振垫以起减振作用。

3. 加热装置

人工激活锌银二次电池组主要采用电加热装置。电加热装置由加热带、温度继电器、换向继电器和插座组成。有些电池组安装有低温热管和热汇,组成加温装置。当电池内部温度低于某一温度时,用外电源或外热源对电池组进行加温,以保证电池的工作性能。

4. 隔热、保温和冷却装置

为了使电极组能在一定温度范围内工作,减少外界环境温度的影响,在电池组外壳四周和底、盖上装有泡沫塑料或毛毡、蜂窝泡沫塑料板等保温材料。

放电过程中,由于电池内阻的存在,电极组的温度逐渐升高。对某些保温条件较好的系统(如潜艇、卫星等)和容量较大的电池更为明显。温度太高对电性能会造成不良影响。为保证电极组在一定温度下工作,与加热作用相反,某些电池中还设有冷却装置。目前较好的方法也是采用热管、热汇装置,以便将电池组工作时产生的热量导出。

5. 插座、连接片等

为了构成电池组内部充放电回路,各单体电池间分别用连接片进行串并联连接,并用螺母固定。插座作为电池组的输出端。

4.5.3 设计要点

二次电池组的设计,主要由两部分组成。其一是电性能的设计,以单体电池设计为基础,通过对选择的单体电池进行串、并联设计组装成电池组,以满足任务书中所规定的工作电压、工作电流、工作时间的要求。其二是结构性能设计,它保证单体电池组装成电池组后在特定的环境下完成其供电任务。

1. 外壳和盖组件的设计

1) 结构形式和材料的选择

锌银二次电池组的结构质量取决于设计时所选择的结构形式和材料品种。其在二次电池组中所占的质量比例大小也不一样。一般结构质量占电池组质量的 30%～60%,而结构质量中,外壳和盖组件的质量又占了较大的比例。典型的运载火箭和武器型号用电池组中各主要零部件所占的比例见表 4.19。

表 4.19 主要零部件质量比例

零部件名称	占电池组质量/%		
	BF01-A2	KZ70-4C	1K71-5C
单体电池	42.6	48.9	50.4
外壳	21.6	17.5	10.0
盖	8.1	6.5	4.3
保温装置	7.5	7.6	8.4
加热装置	5.4	6.5	7.8
插座、连接片	10.5	9.6	10.7
防震紧固件	4.3	3.4	3.4
其他	—	—	5.0
合计	100	100	100

电池实际输出的比能量 M^* 可由式(4.37)表示:

$$M^* = M_0^* K_E K_R K_W \tag{4.37}$$

式中,M_0^* 为理论比能量($W \cdot h \cdot kg^{-1}$);K_E 为电压效率(%);K_R 为反应效率(%);K_W 为质量效率(%),

$$K_W = \frac{W_0}{W_0 + W_s} = \frac{W_0}{W}$$ (4.38)

其中，W_0 为假设能按电池反应式完全反应的正、负极活性物质总质量(g)；W_s 为不参加电池反应的物质总质量(g)。

从式(4.37)、式(4.38)中可以看出，减小 W_s，增大 K_W 值，在提高电池实际比能量方面占有显著的位置，是电池结构设计者的主要任务。

之前设计的外壳、盖组件的材料大多选用不锈钢或碳钢，目前选用铝合金、镁合金或钛合金，随着复合材料的发展，如玻璃钢材料、夹层结构材料也逐渐应用到电池组的结构设计中。

选用比强度高、比刚度大的结构材料是空间飞行器各产品选材的原则之一。几种外壳、盖组件常用的材料性能见表 4.20。

表 4.20 几种材料的机械性能比较

材 料	碳钢	不锈钢	硬铝	镁合金	玻璃钢	玻璃钢蜂窝
密度(d)/(g·cm^{-3})	7.8	7.8	2.7	2.2	1.8	0.44
抗拉强度(σ_B)/MPa	400~500	400~500	170~400	170~210	300	—
抗弯强度(σ_b)/MPa	—	—	—	—	97.8	61.8
弹性模量(E)/MPa	2.0~2.1×10^5	2.1×10^5	0.67~0.7×10^5	0.42×10^5	0.025×10^5	0.173×10^5
泊松比(μ)	0.24~0.28	0.25~0.30	0.31~0.33	0.25~0.34	—	—

根据单体电池的外形，二次电池组外壳绝大部分是设计成方形容器。只是根据总体某些特殊需要才设计成圆形或半圆形的外形。因而一般可按方形容器和圆筒形容器进行设计。

外壳和盖的结构是相互匹配的，为了便于人工激活，应做成可拆卸的。连接结构大多是法兰式，根据密封要求的高低及外形尺寸的大小，可设计成内法兰式和外法兰式，密封要求不高，可用带式捆扎搭扣连接。

2) 强度和刚度的计算

外壳和盖的强度要求保证二次电池组能承受在起飞动力段、返回动力段所承受的动载荷。这些载荷包括过载、振动、冲击等(过载是恒力载荷，振动是疲劳载荷，冲击是瞬时载荷)。

方形容器可用平板受力状态进行设计和计算。在计算时假设：周边是嵌住的；整个板面承受均布载荷。

外壳和盖若有密封要求，还要按压力容器进行强度计算。电池容器设计，也属低压容器设计范畴，材料均为薄板，强度计算的安全系数较大。为了增加容器的刚性，外壳的壁、底面及盖面，往往做成冲压成型的加强筋，因而实际的挠度都比理论计算值小得多。

夹层结构的材料，密度小，具有高的比强度和比刚度。采用这种材料，可减小产品结构质量的 $10\%\sim50\%$。若采用玻璃钢蜂窝结构，还有良好的电绝缘性、耐腐蚀、隔热和保温等优点。

夹层结构是一种由面板(或称蒙皮)和芯子所组成的承力结构。面板可采用金属(如铝等)或非金属(如玻璃钢等)。芯子可以是泡沫塑料,也可以是蜂窝结构。蜂窝芯子材料可以是金属(铝、不锈钢、钛合金等),也可以是非金属(玻璃布、纸张、棉布、塑料等)。夹层结构材料品种繁多,而作为结构材料,特别是用于航天领域,玻璃钢蜂窝结构占显著的地位。

3) 密封设计

要使电池组在真空环境下正常工作,电池组的外壳必须进行密封设计。

由于本节介绍的电池组为人工激活式的,往往在使用之前要以手工的方式向电池加注电解液,进行激活。因此,外壳和盖组件之间设计成可拆卸连接形式。这种可拆卸的连接形式常用法兰结构、槽式结构等。

另外,电池的活性物质——金属锌和银氧化物,在碱性电解液 KOH 溶液中,热力学不稳定。多孔的锌电极总是发生锌的溶解和氢的析出;而正极银的氧化物与碱液接触会缓慢地分解释放氧气,产生的一部分氧气在电池内部还可以把锌电极氧化,而锌电极析出的氢气在一定条件下,可以还原银氧化物。

因而,电池外壳设计还要考虑气体在密封的外壳中所产生的压力及其影响。一般小容量电池组可以采用整体的密封结构设计,而大容量的电池组必须在电池组盖上设计排气装置,即安全排气阀,常用的安全排气阀有机械隔膜式和电磁式两种。

4) 外壳的三防设计

根据技术条件环境要求,二次电池组应符合"三防"的要求。所谓"三防",从腐蚀来讲,是指防潮、防霉、防盐雾;从辐射讲,是指防电磁辐射、防核和宇宙射线辐射。在此,主要指防潮、防霉、防盐雾。

(1) 防潮

在干燥的大气中,金属表面产生一层薄的氧化膜,之后金属的氧化反应停止,而在潮湿的大气中,金属表面凝结形成的水膜对腐蚀过程产生重要影响。若大气含有一定量的大气污染物,则腐蚀更加严重。通常存在一个相应于形成凝结水膜的临界湿度。空气的湿度超过这个临界湿度时,腐蚀速度显著上升。这个临界湿度又取决于大气的污染程度,对于纯净的含湿大气,形成一个分子厚的水膜的相对湿度为 60%,两个分子厚时为 90%。若要起到电化学腐蚀介质的作用,一般需要更厚的水膜。空气中含有吸湿性的杂质,或金属表面上存在起毛细作用的孔隙时,将会促进水膜的形成而降低凝水时的相对湿度。如图 4.43 所示,在纯净的空气中湿度对金属的诱蚀影响并不严重,也无速度突变的现象。当大气中含有 SO_2,湿度超过 70% 左右时,金属锈蚀就急剧增加,这就是临界湿度。

防潮措施:① 选用非金属复合材料作外壳优于金属材料;② 若选用金属材料作外壳,要使金属表面形成转化层,外加一层坚固的保护层。这些措施有:化学及化学镀覆层,如氧化、磷化、铬酸化、氟化等;表面合金化;金属镀层;非金属镀层。

(2) 防霉

真菌通常造成工业产品及材料的侵蚀,特别是在湿热条件的环境中更为突出。据粗略估计,电工产品因真菌等因素造成的故障占故障总数的 10%~15%。在湿热条件下,电工产品的可靠性仅为干燥气候条件下的 1/10~1/2,甚至 1/25~1/20。非金属材料具有较高的抗蚀性,但其抗真菌性能较差。因而,二次电池组设计过程中选用非金属材料时还必须考虑防霉设计。

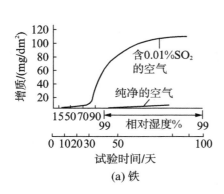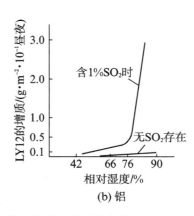

图 4.43 大气腐蚀时相对湿度和空气中含 SO₂ 杂质的关系

根据热带电工产品及其材料的防霉要求：

① 最好选用本身具有抗霉性能的材料,若选用的材料抗霉性满足不了要求,应采取防霉处理。

② 用不耐霉材料制成的零件,可根据情况用浸涂防霉性溶液或浸涂防霉性涂料进行防霉处理。

③ 用于防霉处理的防霉剂,应尽量满足:对人无毒性或毒性较小,并有强烈的抑菌或杀菌作用;对材料的性能、产品的外观没有影响,或影响甚微;防霉处理力求操作简单,经济效果好。

④ 对外观要求高的产品,为防止在储存、运输条件下长霉,可采取以下措施:在密封良好的包装箱内,放置具有抑菌作用的三氯酚等挥发性防霉剂,用量为每 100 cm³ 放 30～50 mg;或用多聚甲醛,用量为每 100 cm³ 放 0.7～1.0 mg。铝金属不宜放三氯酚。

（3）防盐雾

盐雾腐蚀是指临近海洋大气区的产品所受到海洋大气的腐蚀。在海洋大气区,影响腐蚀强度的主要因素是积聚在金属表面的盐粒或盐雾的数量。海盐中特别是氯化钙和氯化镁是吸湿的,易在产品表面形成液膜,当昼夜或季节气候变化达到露点时尤其明显。这种腐蚀,可以通过外表涂覆设计来减轻。

2. 加热及保温装置的设计

温度对锌银电池工作特性的影响是一个很重要的因素。经验表明,它的最佳工作温度范围是在 10～40℃。低于这个温度,其工作特性,如输出容量、工作电压都逐渐下降。有的人认为它的工作特性是一个临界的最低工作温度,是－20℃,低于这个温度,其工作特性显著下降。

为了保持锌银电池的工作特性,使其在低温环境条件下也能正常工作,二次电池组设计时必须考虑加热保温装置。

保温装置指在二次电池组外壳的外表面衬以质轻、导热系数很低的绝热保温材料,如泡沫塑料、呢绒、海绵橡胶等。根据二次电池组的使用情况,使电池的温度逐渐升高所采用的装置,有以下几种加热方式:

① 利用热空气在二次电池内进行循环加热。

② 利用液体在二次电池内进行循环加热。

③ 利用二次电池瞬间的短路放电。

④ 利用二次电池预先充电。

⑤ 利用附设于二次电池四周的外加热源。

⑥ 电阻加热法。即依赖于电流通过电阻元件——高阻合金丝（或带）产生热量对二次电池加热。由于这种方法简单,制造维护方便,是至今一直沿用较为广泛的一种加热装置。

既要保证二次电池的工作特性,又要兼顾发射场某些条件的限制,因而设计时必须考虑到以下几点:

① 二次电池组在环境温度改变的情况下,其内部单体电池间的温差变化不大,内部有比较均匀的温度场。同时在加热时,单体电池间的加温速率及差值也不能过大。

② 加热的时间越短越好。

③ 提供给电加热装置的外电源要根据发射场地的具体情况而异,如电压范围、功率大小等。

④ 材料来源方便、价廉,加热器制造简单,使用维护方便等。

常用的二次电池组的保温材料是硬质泡沫塑料,几种常见的泡沫塑料的性能见表 4.21。

表 4.21　部分泡沫塑料的主要性能

指　标	聚醚型聚氨酯泡沫塑料	聚酯型聚氨酯泡沫塑料	聚苯乙烯	聚氯乙烯
密度/(g·cm^{-3})	0.045~0.065	0.17~0.18	0.06~0.22	0.09~0.22
抗压强度/MPa	0.25~0.5	2.2~2.35	0.3~2.0	0.5~1.5
抗张强度/MPa	—	0.55~0.85(150℃)	—	—
耐温性/℃	−60~120	−60~120	−80~70	−30~60
热导率/(W·m^{-1}·K^{-1})	92~100	≤167	≤167	138

常用的结构形式是,用浸渍胶的无碱玻璃布作包封物,采用高电阻镍铬合金丝作发热元件,制成板状电加热器。这种加热器结构简单,加工方便,但浸渍胶选择不当容易造成吸湿、吸碱而引起绝缘电阻下降。

电加热器功率根据热平衡方程式进行计算。电加热器产生的热量(Q_w)为电池升温所需的热量(Q_1)和加热过程中的热损失(Q_2)之和。

各热量的计算公式,分别见式(4.39)、式(4.40)、式(4.41):

$$Q_w = \frac{V^2}{R} t \tag{4.39}$$

式中,V 为加热电源电压(V);R 为电加热器的电阻值(Ω);t 为加热时间(s)。

$$Q_1 = m \bar{C}(T_2 - T_0) \tag{4.40}$$

式中,m 为电池质量(g);$\bar{C}$ 为电池的平均比热(J·g^{-1}·K^{-1});$T_2 - T_0$ 为电池温升(K)。

$$Q_2 = \frac{T_1 - T_0}{\dfrac{\delta}{\lambda}} Ft \tag{4.41}$$

式中，$T_1 - T_0$ 为电加热器器壁表面与环境温度的温差（K）；δ 为保温层的厚度（cm）；λ 为保温层的热导率（W·cm^{-1}·K^{-1}）；F 为热传导的表面积，即电池组的外表面积（cm^2）；t 为热传导时间（与加热时间相同）（s）。

为简化计算，可将式（4.41）假定为：在电加热时，单层平壁处于稳定的热传导状态。

最常用的控制线路是在加热线路中串联温度敏感控制开关——温度继电器。如果加热功率较大时，采用大功率继电器（如换向继电器等）转换分流。

4.5.4　靶场测试

出厂的产品虽然已经按照技术条件所规定的内容进行了检查和抽样例行试验，并已确定为合格的产品，但为了确保锌银二次电池组可靠使用，在靶场使用之前，还必须对电池组进行单元测试和检查。

一般的检查测试内容和步骤如下：

① 开箱后检查电池组有无机械损伤和其他污损，并对照装箱清单清点备件是否齐全。

② 将电池组进行干态称量，测量外形尺寸和接口的安装尺寸。

③ 开盖对电池组本身进行一般性检查，包括单体电池极性连接的正确性、各电气连接部分的正确性、可拆卸零件的互换性和紧固性、绝缘性。

④ 加热系统工作正常性检查：包括电加热器的电阻值、继电器工作的正常性。还必须通电检查测定加热电流值，估算加热时间是否符合要求。

⑤ 加注电解液：加注电解液方式可用常压法或减压法。电解液随产品出厂时用塑料瓶装好，加注电解液的量，应保证在技术条件规定的范围内，切勿多加、少加和漏加。

⑥ 加注电解液后的产品，经过规定的浸泡时间后，要检测单体电池和电池组的开路电压是否符合技术文件的规定。

⑦ 开路电压合格的电池组，在一定的负载下进行放电检查，其工作电流、工作电压都应符合技术文件的规定。

⑧ 装盖之前还应该进行湿态绝缘性能检查，加盖后还要称湿态质量。

⑨ 上述合格产品，在安装之前，有的还规定一些其他的检查项目和要求，其目的在于提高产品的可靠性。

⑩ 目前，用于运载火箭和武器型号的锌银蓄电池组均做成干荷电态出厂，经过干态储存后造成电池容量的下降，因而电池产品的储存寿命在各种文件中也有明确的规定。

上述检查中，若有某项不合格都应查明原因，排除故障，再加以检查，否则严禁装弹或箭。

4.5.5　发展前景

锌银二次电池自问世以来，就以它的比能量高、比功率大而引人注目。20 世纪 60 年代以来，几乎世界各国的战略武器和运载火箭都以锌银蓄电池作为型号各系统的一次电源。如美国 NASA 在 20 世纪 70 年代末期已研制出宇航用的 100 多种不同类型、不同容量的锌银电池。容量从零点几安时到 775 A·h。典型的"阿波罗"飞船的运载火箭、"土星五号"上共使用 14 组锌银电池。

我国第一代战略武器和运载火箭也都采用了锌银电池作为一次电源。我国已经研制出 100 多种锌银电池,单体容量从 0.3 A·h 到 650 A·h。

虽然锌银电池价格昂贵,寿命较短,低温性能较差,但它的比能量、比功率、可靠性、安全性等方面的综合性能,目前还没有其他二次电池能完全替代。其寿命完全可以满足战略武器和运载火箭的要求,低温性能可以通过设计的加热保温装置加以弥补。因而,展望它的前景仍然具有较强的生命力。估计在今后一段时间内,锌银电池仍然用作运载火箭和战略武器的一次电源。

4.6　自动激活锌银一次电池组

4.6.1　特性和用途

自动激活锌银一次电池组是一种储备式电池,是在适当的温度下,用电解液自动激活的。存放时,电解液和由活性物质制成的电极组是分开的,因此可以长时间保存,而电池性能不会有重大变化。使用时,通常用电或机械方法将电解液加注到电极组中,使电池激活。激活动力源大多为高压气体(或气体发生器)。电池激活后即可使用,经过较短的时间带电湿搁置后,如未使用,电池即失去其功能,不能使用。根据一次性使用的特性,这种电池称为一次电池。

目前,各种战术导弹中,如地-空、空-空、岸-舰、舰-舰、空-舰等,广泛使用了自动激活锌银一次电池。由于战略上的需要,为了增强地-地或潜-地等战略或战术导弹的机动性,在许多场合也广泛采用它作为主电源。此外,某些航天器中也用它作为特种备用能源。如星际航天器,在漫长的星际航行中,可遥控启动激活电池,即刻提供大功率的电源。

自动激活锌银一次电池,可以采用不同的方法进行分类。如可按其加热方式、储液器的结构形式,将其分成不同的类型。具体分类如下:

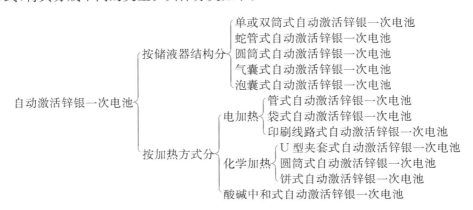

4.6.2　电加热自动激活锌银一次电池组

1. 电加热的基本原理

由于锌银电化学体系最适宜的工作温度为 25℃,所以锌银电池在低于此温度下使用时,要发挥其应有的特性就必须进行加热。如果条件允许，最好是采用电加热的方式。这种加热方式安全可靠，使电池具有较高的比能量。期望一个处于较低温度状态下的锌银电池组能正常工作，只要加入适当温度的电解液即可。实验和理论都表明，处于−40℃的锌银电池组，只要将＋60℃的电解液注入其中即能转入正常工作。也就是说，注入电解液后电池组的平衡温度在25℃以上。如果在短时间内不考虑散热损失，这个平衡关系可用式(4.42)表示：

$$c_1 m_1 \Delta T_1 = \left[\sum_{i=1}^{n} C_i m_i \right] \Delta T_2 \tag{4.42}$$

式中，c_1 为电解液比热($J \cdot g^{-1} \cdot K^{-1}$)；$m_1$ 为电解液质量(g)；ΔT_1 为电解液相对升温(K)；ΔT_2 为平衡后体系的升温(K)。

众所周知，

$$Q = IVt \tag{4.43}$$

式中，Q 为热量(J)；I 为电流(A)；V 为电压(V)；t 为时间(s)。

综合式(4.42)、式(4.43)可以得出式(4.44)：

$$c_1 m_1 \Delta T_1 = IVt \tag{4.44}$$

在实际使用过程中，用户通常给出了外界的加热电源的电压，并限制了时间。所以化学电源的设计，应根据所设计电池的具体情况来确定加热电流，见式(4.45)：

$$I = \frac{c_1 m_1 \Delta T_1}{Vt} \tag{4.45}$$

在确定了电流 I 后，根据欧姆定律就容易确定电阻丝的电阻值。

在设计电热器时，为了使加热器在电解液储存器内均匀分布，一般采用并联形式，见式(4.46)：

$$\frac{1}{R} = \sum_{i=1}^{n} \frac{1}{R_i} \tag{4.46}$$

式中，R 为总加热电阻(Ω)；R_i 为并联的分路电阻(Ω)。

必须指出，各种不同的加热器具有不同的加热效率，从国外某自动激活一次电池(52C)推算，其加热效率为40％。这是由于储液器是由塑料制造的，用外围的加热带加热，电流不能过大，否则将损坏储液筒；其外壳是用铝铸件来制造的，这样就增加了散热量，从而导致加热时间变长。从−40℃加热到工作适宜温度要4 h。而盘管式储液器是由紫铜制造的，外有保温泡沫塑料包层，所以使加热效率提高到55％。对双圆筒内设加热管的电解液储存器，由于加热器放在储液器内部，减少了热损失，使加热效率增加到70％左右。

2. 加热线路

由于武器型号要求电池组使用的操作简单，维护方便，但过热会导致储液器受到损坏，造成电池失效。因此采用自动控制的方式对电池组加热。加热恒温线路中包括：加热器、温度继电器、切断及接通用的换向继电器等。具体线路如图4.44所示。

温度继电器可选择温度范围在25～35℃，换向继电器根据加热电流的大小确定。在实际装配过程中，储液器内电解液的温度通过调整温度继电器与储液器的距离以及隔热或传

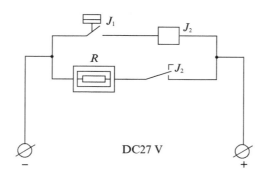

图 4.44　电池加热线路原理图

J_1-温度继电器；J_2-换向继电器；R-加热器

热材料的厚度来确定。储液器内电解液的温度与继电器的温控范围并不等同。只有这样，才能够保证电解液具有较高的温度，使电池在低温环境下使用。为了防止电池内部线路出现故障，温度失去控制，特别是高温过热使电池遭到破坏，一般应提供在各种温度条件下所需的加热时间或加温曲线，供使用人员判别加热时间是否正常时参考，如超过规定的时间，说明内部线路可能出现故障，人工切断电源，对电池组进行下一步操作使用。

3. 储液器的结构形式及其功能

自动激活锌银一次电池的储液器形式多种多样，不仅是电解液的储存装置，还是电池组激活系统的重要组成部分。具有能储存电解液、良好的流体力学特性、能承受较高的压力以及工作后残留电解液少等特点。

从流体力学的角度来看，储液器的工作过程是较复杂的。由于激活是快速的，因此排出电解液的过程很难说是稳定流动，而处理非稳流过程，涉及较复杂的数学方法，通常采用稳定流动的力学方程得到近似的结果，以便确定可靠激活一个储液器所需要的动力源，进一步可以进行气体发生器的设计，计算出其功率和推力、药形、药量等参数。

储液器的容积与所装电解液的体积之间的配合也是比较关键的，因为配合不好会导致电池失效。电解液过少，会使大量气体进入电池；电解液过多会经不住热冲击，导致密封膜的破裂。一般对储液器的基本要求是：必须稳定地把电解液密封在储液器内，不工作时，不允许电解液有渗漏。但必须经得住规定温度范围内反复加热。也就是说，在热力学上是一个闭合体系，不允许有物质交换。同时也要求保持热力学上可逆性，即经过一个热循环后，能回到原来的状态。利用体膨胀的公式(4.47)，作图(图 4.45)以便于设计的合理性和可靠性。以装 1 700 cm^3 电解液的储液器为例，

$$\begin{cases} V_1 = V_{10}(1 + \beta_1 t) \\ V_2 = V_{20}(1 + \beta_2 t) \end{cases} \tag{4.47}$$

式中，V_1 为常温（25 ℃）下储液器容积，1 830 cm^3；V_2 为常温（25 ℃）下电解液体积，1 700 cm^3；V_{10} 为 0 ℃时储液器容积；V_{20} 为 0 ℃时电解液体积；β_1 为制作储液器的材料的体胀系数，取紫铜 5.7×10^{-5} K^{-1}；β_2 为电解液体胀系数，取 60×10^{-5} K^{-1}；t 为温度变化值，即温差（K）。

可以看出，V_2 不允许大于 V_1，电池组使用温度范围内两线不相交，并留出相应的空余空

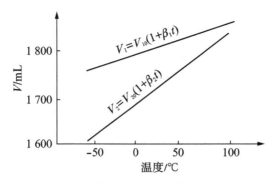

图 4.45 储液器容积与电解液体积的温度关系

间保证储液器的稳定性,从图 4.45 上推测,在 +120℃ 左右两线才相交,此时电解液已超过沸点,是不允许的。

4. 装电极组的壳体

装电极组的壳体,大都由有机玻璃制成,或用其他塑料压制而成,也可采用木材制造。在结构上一般制成连通器的形式,即使电解液能同时等量地进入每个单体电池,使放电均衡。这种壳体通常由下面几个功能件组成。

1)电解液分配道

电解液分配道是电解液进入壳体的主要通道。为了防止多余物,上面装有防多余物的筛板。筛板如果装在进口处,则呈"莲蓬头",可以有效地防止多余物的侵入。不过在设计时应注意其强度及安装的部位。如筛板损坏,其本身就成了多余物,会使电池失效。

2)电解液分配孔及排气孔

由电解液分配道来的电解液,由分配孔进入每个单体电池。而多余的气体则由排气孔排出壳体。

3)气液分离装置

为防止多余的电解液随气体一同排出,设计了气液分离装置。这种装置一般采用多层次,再配以单向阀门形成一个过滤系统,从而有效地将气体与液体分开,以免电解液喷出大外壳,危害其他仪器。气液分离装置内部又装有能吸收电解液的物质(如棉纸等),这更增强了吸收效果。

电解液分配道、分配孔、排气孔及气液分离装置的良好配合,是连通器形式的壳体在设计过程中需要仔细考虑的问题。

5. 激活动力源的选择

激活动力源,一般是采用压缩空气或气体发生器。因弹上通常备有压缩气源,但引出该气体要有通气管道,并必须使用减压阀。而采用气体发生器,则比较简单,使电池组自成系统。根据电池组带有多少电解液,以及储液器的流体力学特性(计算压头损失等)来决定气体发生器的用药量。在用药量确定后,设计气体发生器,实质上就是设计一个固体火箭发动机。

6. 电池组的组装

由激活动力源、储液器、装有电极组的电池壳体等主要部件,按一定的要求组装成电池组。用螺纹连接的方法把气体动力源与储液器连接在一起,然后用钢带把储液器与电池壳体连接在一起。将此电池组合件装入外壳内,按要求焊接好加热线路,加上保温层,盖好外盖板,电池就组装好了。

7. 测试

装好的电池,按要求抽样,进行例行试验。试验方法按技术条件进行。这些试验,按用户单位提出的力学条件(如加速度、振动、冲击等)、热学环境(如高温、低温)、电学要求(如在各种湿度下的电绝缘性)以及空间环境(如低气压、电磁场、核辐射等)指标进行激活放电考核。

8. 维护和使用

电加热自动激活锌银一次电池在交付用户后,存放在规定环境条件的仓库中,经常进行监测,即干态测试。这时测试的主要内容有:测量发生器的电阻、加热器电阻以及相应接点的绝缘电阻等,必要时通过加热对加热线路进行检测。

9. 干储存寿命的影响因素

研究干态储存寿命使用的方法通常是:将不同干储存期的电池按照出厂时的技术条件规定的试验方法激活放电,然后将所测得的数据与该批产品出厂试验所测试得到的数据进行对比分析,得出平均年变化量,推测电池的干储存寿命。

影响干储存寿命的因素主要有:

① 活性物质(正、负极的材料)随时间的增长其化学组成发生变化。如正极中的 AgO 向 Ag_2O 及 Ag 转化,并部分放出氧气。而放出的氧又使负极发生钝化,即由金属锌向氧化锌转化。这一结果使电池的激活时间延长,容量减少。

② 电池的气动源——发生器中的某些零部件发生老化,使发生器的推力和功率均发生变化。特别是密封橡胶件的老化,使壳体的气密性降低,导致漏气,使激活时间延长。

③ 温控敏感元件(温度继电器)老化,导致温控不准。

④ 储液器漏液,腐蚀连接部位,使其强度下降,激活时受到力的冲击而破坏,使电池激活不正常或根本不激活。

⑤ 电解液储存器漏液,导致电池绝缘电阻下降,造成绝缘性能不合格。

⑥ 经过长期存放与运输,导致部分紧固件松动,使电池导电性或绝缘性受到破坏。

⑦ 电池内的高分子材料(塑料壳体、橡胶件、胶黏剂等)老化,导致壳体破裂,密封失效。

失效机理的研究指出,失效过程是一个比较复杂的物理化学过程,与周围环境有很大的关系,如与温度的关系。

10. 带电湿搁置寿命

自动激活锌银一次电池通常是短寿命的。激活后,如不使用,在短时间内(一般数个小时)即失效。随着武器及其他航天器的发展,特别是战略导弹使用固体发动机以后,导弹发射前的准备工作缩短了。发射场有的已经转入地下(或在潜艇中发射),有的是机动性强的车辆式。由于现代的侦察手段,导弹已不能在发射现场停留过久,必须采取打了就走的方法来保存自己。随之发射前的准备工作也简化了。临时安装化学电源(带电的二次电池通常在发射前安装)已变得很困难,近乎不可能了(如已装在潜艇中的导弹)。因此,某些战略导弹(如美国"民兵"洲际导弹)便开始使用一次电池。为提高电池的可靠性及排除可能出现的其他故障,还要求一次电池激活后先给其他弹上仪器供电,以检查导弹工作是否正常。如不正常就需要排除故障。这就要求激活后的电池带电湿搁置。在带电湿搁置时间内,随时可以放电。另外,能湿搁置的电池,在这个时间内电池不短路,不泄漏电解液和排放有害气体,以避免损害弹内其他仪器。

研制能带电湿搁置的一次电池,关键是要寻找合适的隔膜材料和设计出漏电较小的电池壳体。既然一次电池有电解液分配系统,且是一个连通器,它也会有"漏电"问题,使电压偏低、容量下降,最终造成不能使用。为此,在设计电池的分配系统时,使分配道尽可能地长些,必要时装上憎水装置,或涂覆憎水层(如涂一层固体石蜡),也能起到一定的作用。

为了延长带电湿搁置寿命,隔膜可采用混合的匹配隔膜,即把一次电池所用的隔膜(如皱纹纸等)与二次电池所用的隔膜(如水化纤维素膜等)联合起来使用,不仅延长湿搁置寿命至几十个小时,还可以进行 3～5 周次的充放电循环,而激活时间在 3～15 s。

国外一些厂家自动激活一次电池(锌银系列)的各种参数及带电湿寿命性能见表 4.22。

表 4.22　国外一些厂家锌银一次电池的性能参数举例

厂家及型号	电压/V	电流/A	工作时间/min	质量比能量/(W·h·kg^{-1})	激活时间/s	湿寿命/h
美国雅德尼 20PA50	28	350	11	68.1	3	8
美国雅德尼 19PA30	28	60	30	——	——	12
美国科科公司 P11A	28	50	5	36.0	1	6
美国机械铸造公司 AMF88-70	28	5	10	11.6	15	10
美国依格匹秋公司 GAP4007	13.9	34	1.5	9.7	0.5	2

各种隔膜系统激活时间和湿寿命的关系见表 4.23。

表 4.23　各种隔膜系统激活与湿搁置时间表

适用范围*	激活时间/s	带电湿搁置时间/h
草纸(皱纹纸)Ⅰ、尼龙毡Ⅱ	2	12
滤纸Ⅰ	3	12
DP 尼龙毡Ⅰ	3	12
DP 滤纸Ⅰ	3	12
DP 滤纸Ⅰ、皱纹纸Ⅰ	3	12
DP 过氯乙烯棉Ⅰ、皱纹纸Ⅰ	3	48
DP 过氯乙烯棉Ⅱ	3	18
耐碱棉纸Ⅱ、皱纹纸Ⅰ	3	6
BX 过氯乙烯棉Ⅰ、耐碱棉纸Ⅰ	3	48
OS 过氯乙烯棉Ⅰ、耐碱棉纸Ⅰ	3	48
OS 过氯乙烯棉Ⅰ、耐碱草纸Ⅰ	3	48

续表

适 用 范 围 *	激活时间/s	带电湿搁置时间/h
氯丙毡Ⅰ、耐碱纸Ⅰ	3	12
石棉膜Ⅰ、草纸Ⅰ	3	12
字典纸Ⅱ	3	20
OS字典纸Ⅰ、草纸Ⅰ	3	20
OS字典纸Ⅰ、氯丙毡Ⅰ	3	20
OS字典纸Ⅰ、DP过氯丙毡棉Ⅰ	3	18
BX打字纸Ⅰ、氯丙毡Ⅰ	3	24
水化纤维素膜Ⅰ、草纸Ⅱ	15	50
水化纤维素膜Ⅰ、耐碱棉纸Ⅱ	15	28
氯丙毡Ⅰ、草纸Ⅰ	10	12
玻璃纸Ⅰ、草纸Ⅰ	10	50
BX字典纸Ⅰ、玻璃纸Ⅰ	10	24

* DP、BX、OS 为表面活性剂代号，Ⅰ、Ⅱ代表层数。

4.6.3 酸碱中和加热自动激活锌银一次电池组

为了改善锌银电池的低温环境工作性能，可用各种加热方法，现介绍采用酸碱中和产生的热量进行加热的方法。

1. 酸碱中和加热的基本原理

锌银电池采用的电解液通常是浓度为 $30\% \sim 40\%$ 的氢氧化钾溶液，可作为酸碱中和法的碱液，酸液使用浓硫酸。中和后溶液中碱浓度仍应保持在 $30\% \sim 40\%$，因此，中和前的酸、碱浓度是非常关键的。

根据反应方程式(4.48)：

$$2KOH + H_2SO_4 = K_2SO_4 + 2H_2O \qquad (4.48)$$
$$\ M_1 \qquad M_2 \qquad\qquad M_3 \qquad M_4$$

式中，M_1 为 2KOH 的相对分子质量；M_2 为 H_2SO_4 的相对分子质量；M_3 为 K_2SO_4 的相对分子质量；M_4 为 $2H_2O$ 的相对分子质量。

中和反应所耗去的 KOH 量 X_1 为

$$X_1 = \frac{M_1}{M_2} m_H$$

式中，m_H 为硫酸的用量(g)。

中和后所剩下的 KOH 的量为

$$m_{OH} - X_1 = m_{OH} - \frac{M_1}{M_2} m_H = V_{OH} d_{OH} C_{OH} - \frac{M_1}{M_2} m_H$$

中和后生成的水的量 X_2 为

$$X_2 = \frac{M_4}{M_2} m_{\mathrm{H}} = \frac{M_4}{M_2} V_{\mathrm{H}} d_{\mathrm{H}} C_{\mathrm{H}}$$

可以计算得出反应后碱液的浓度如式(4.49)：

$$C_1 = \frac{V_{\mathrm{OH}} d_{\mathrm{OH}} C_{\mathrm{OH}} - \dfrac{M_1}{M_2} V_{\mathrm{H}} d_{\mathrm{H}} C_{\mathrm{H}}}{V_{\mathrm{OH}} d_{\mathrm{OH}} + V_{\mathrm{H}} d_{\mathrm{H}} \left[1 + C_{\mathrm{H}} \left(\dfrac{M_4 - M_1}{M_2} - 1 \right) \right]} \tag{4.49}$$

关于原始浓度,有方程式(4.50)：

$$d_2 C_2 = \frac{V_{\mathrm{H}} d_{\mathrm{H}} C_{\mathrm{H}}}{V_{\mathrm{OH}}} \frac{M_1}{M_2} + d_1 C_1 \tag{4.50}$$

式中, d_2 为反应前碱溶液的密度(g·cm^{-3}); C_2 为反应前碱溶液的质量分数(%); d_1 为反应后碱溶液的密度(g·cm^{-3}); C_1 为反应后碱溶液的质量分数(%)。

很显然,碱必须是过量的,而酸在反应后被全部消耗,中和后的产物 K_2SO_4 对放电性能无显著影响。

2. 利用酸碱中和加热激活电池的研究

首先要测定体系的升温,即用滴管向装有 KOH 溶液的烧杯中加入 H_2SO_4(防止溅到外面)。可以粗略研究配方和升温情况。

对于电性能,主要研究单体放电情况。需要设计一个单体激活器,其有三种形式：

① 酸和碱分别装在 2 个储液器中。用高压气体将酸打入碱中,随即进入单体电池,接通负载进行放电；

② 将装有浓酸的玻璃瓶置于碱液中,在高压气体进入时用重锤击破酸瓶,反应后溶液进入单体,进行放电；

③ 将装有浓酸的瓶中再装入火药,药炸后瓶破碎,浓酸与碱反应,进入单体同时放电。

为测量升温情况,需测温度的地方装上热敏电阻,记录升温曲线。

这些装置可以用来研究酸碱配比、升温特性与单体的电性能,但不是实用的装置。实际上使用的自动激活一次电池,必须能经受导弹在储存及使用时所经历的各种物理和化学的环境考验。

3. 组合电池设计

有关文献报道,日本曾提出这样的方案(图 4.46)：酸和碱分别储存在不同的容器中,容器为塑料制品,均置于一个金属耐压容器之内。工作时,点燃固体火药气体发生器,高压使酸碱容器破裂,在进入电池壳体的过程中进行反应,放出热量,使电池激活。

另外一种方案如下：碱溶液储存在铜制圆筒中,硫酸装在玻璃瓶中,内部放入火药。激活时,点火,在玻璃瓶破碎的同时中和反应热使电池升温,进行放电,如图 4.47 所示。该方案的特点是不使用动力源,因为酸碱中和时放出的热使部分液体变为气体,产生很大的压力,足以打破密封膜,激活电池组。

酸碱中和自动加热法不需要地面电源加热,也没有化学加热方法所需要的那么多结构质量,因此比能量介于电加热法和化学加热法之间。

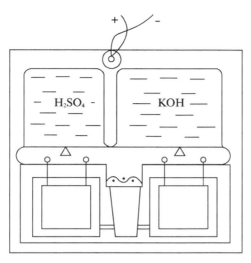

图 4.46 利用酸碱中和热自动加温的一次电池设计示意图 1

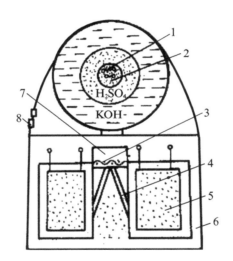

图 4.47 利用酸碱中和热自动加温的一次电池设计示意图 2

1-点火桥丝;2-火药;3-筛极;4-通道;
5-极片;6-壳体;7-分配槽;8-绑带

4.6.4 化学加热自动激活锌银一次电池组

1. 化学加热电池的基本特征

化学加热自动激活一次电池,是以化学药剂引燃后产生的热量经过热交换装置,使电池的电解液快速获得热量的一种自动激活一次电池。

典型的自动激活锌银一次电池组的结构如图 4.48 所示。它主要由电极组件、电解液储存器、化学加热器和气源等组成。

工作原理简述如下:当电池使用时,地面电源将化学加热器点燃,随后把气体发生器点燃,气体发生器产生的气体压力把电解液储存器中的隔膜打破,电解液便进入已点燃的加热器中进行热交换,使电解液温度升高,最后进入电池使之激活,多余的气体从气塞中排出。

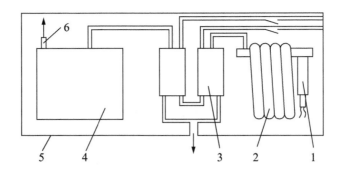

图 4.48　YXZ-10 自动激活一次电池组结构示意图

1-气体发生器；2-电解液储存器；3-化学加热器；4-电极组件；5-外壳；6-气塞

化学加热器产生的气体从外壳的排气孔排出。从气体发生器点燃，加热器工作，到电池出现工作电压所需的时间为 0.8~1.5 s。在化学加热器的电路中装有温度继电器，以控制化学加热器工作状态。

2. 电极组件

化学加热自动激活一次电池的电极组件，由电极组、壳体、盖板、接线柱和气塞等组成。电极组通常由正极片、负极片和隔膜组成。

3. 电解液储存器

电解液储存器是储存电解液的专用装置。以盘管式储液器为例进行介绍。

盘管式储液器由蛇形管、连接头、密封膜、垫圈等组成。其特点是电池激活时不受角度的影响。所以最适用于导弹发射时有角度变化的场合。蛇形管由紫铜管在专用设备上冷绕而成。连接头起着装配连接作用。密封膜可用经热处理的紫铜箔冲制而成，它在储液器内对电解液起密封作用。在选择密封膜时，应考虑到外界的振动、冲击、运输等力的作用。同时，它的破坏压力应与发生器产生的压力相匹配。

加注电解液时应该特别注意，蛇形管超过三圈时，用重力加注就很困难。采用真空加注法，可以获得满意的加注效果。

检验方法：未加注电解液的储液器，应进行强度试验和气密性试验。加入电解液后，应进行高、低温和冷热冲击试验，最后在常温下进行 15~60 天的搁置试验。

4. 化学加热器

1）工作原理

化学加热器是自动激活电池的主要组成部分之一。它能在短时间内产生大量的高温、高压燃气。在化学加热器中，高热剂的燃烧是一种激烈的氧化-还原反应过程，在这种反应中释放出大量的热。例如：

$$BaO + Mg \longrightarrow Ba + MgO + 50 \text{ kJ}$$

$$Fe_2O_3 + 2Al \longrightarrow 2Fe + Al_2O_3 + 829 \text{ kJ}$$

化学加热器就是利用上述化学反应所产生的热能并通过热交换器提高电池工作温度的一种装置。

2）双圆筒式加热器

双圆筒式加热器主要由加热药片、点火药包、热交换器、绝缘子、导电柱和圆筒外壳组成。热交换器装药后用圆筒外壳加以紧固密封,两个圆筒用排气接头相连。

3) 化学加热器所用药剂的选用原则

化学加热器所用药剂为烟火剂类型。它的组成为氧化剂、可燃物、黏合剂、钝感剂、安定剂、缓燃剂和催化剂等。化学加热器使用的药剂要求用量最少,而特种效应最佳。以上几种原材料选择的共同原则是:有足够的特种效应;耐潮;对人体无害;易于加工且安全。

选择氧化剂时应满足如下要求:含有大量的氧且燃烧时易放出氧;为固体化合物,在 $\pm 60℃$ 范围内具有物理和化学的稳定性,遇水作用不分解;由氧化剂组成的药剂机械敏感度不能太高,爆炸性能不是太剧烈。

选择可燃物时应满足如下要求:极易被氧化物中的氧或空气中的氧所氧化;燃烧时能生成氧化物,以保证药剂达到最佳效应;燃烧时所需氧量最少;在 $\pm 60℃$ 范围内有足够的物理和化学安定性,遇弱酸、弱碱作用尽可能稳定。

4) 化学加热器的点火药包

化学加热器的装药由加热药片与点火药包组成。点火药包是化学加热器能否正常工作的关键。它可以分为粉状药包和固体药包两类。这两种药包都由氧化剂和可燃物组成。其中氧化剂一般采用氯酸钾、过氧化钡等,而可燃物一般用三硫化二锑、硫氰酸铅等。由于粉状药包的电火桥丝易与药剂脱离,使点火可靠性降低,因此早在 20 世纪 40 年代苏联学者就开始研制并使用固体点火药。这种点火药包点火可靠,得到了广泛的应用。

5) 化学加热药片的制造

化学加热药片主要是由高热燃烧剂、传火药剂、引燃药剂分层压制而成的。这种加热药片燃烧温度高,可达 2 000℃ 以上。在恒容条件下燃烧速度极快。最普遍廉价的高热剂是铁-铝高热剂,它的机械和化学稳定性都比较好。熔渣流动性小,适合于工质不流动的闭口体系使用。此外,可以调节铁-铝高热剂成分的配比来提高其热效应,提高其发火性能,控制其燃速,以寻求最佳效应的配方。但铁-铝高热剂比较难点燃,所以必须采取分层引燃的方法,用发火点较低的引燃药来点燃传火药,再由传火药点燃高燃剂。引燃药主要由过氧化钡和镁粉组成;传火药主要由四氧化三铁、过氧化钡、铝粉、镁粉等组成。

6) 化学加热器药剂量的确定

化学加热器药剂的用量取决于电池组升温时所需要的总热量 Q。为了确保电池组放电性能良好,设计时给定一个保险系数 k 是必要的。加热器设计的热量值为 Q 与 k 之积,这一热量与选用药剂的热效应之比则为加热器的装药量。保险系数 k 值的确定与热交换时的复杂程度有关,热损失大的 k 值要取得大些,反之亦然。

7) 安全生产

安全生产是火工品生产过程中头等重要的课题,所以每个火工品工作者都必须高度重视。为此,必须建立并严格贯彻执行各种安全操作的规章制度,并及时检查贯彻执行的情况,防止麻痹大意,确保国家和人民财产的安全,确保科研和生产的正常进行。

8) 化学加热器的现在与未来

化学加热器的特点是除了用来加热电解液外,还能代替气体发生器作为激活电池的动力源。但是,它仅是一种间接利用化学能的装置,结构笨重,比能量低。因此,在电池组中的应用受到很大的限制。从发展的角度看,需要研制轻型化、小型化的加热器,否则就会有被淘汰的可能。

4.6.5 双极性自动激活锌银一次电池组

普通的自动激活式锌银一次电池的极群组与锌银蓄电池的极群组相似,一般都是由几片正极片和几片负极片组成。双极性结构的电池,它的一只单体只有一片正极片和一片负极片,两个电池之间没有常见的壳壁相连,也没有普通的起串联作用的极柱及跨接片,如图4.49所示。在一个金属片的两侧各附上正极材料和负极材料,就构成了双极性电极。多个双极性电极配对放在一起,电极之间夹以隔膜,就构成了一个双极性电池堆(图4.50)。

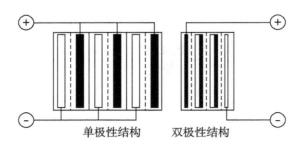

图4.49 普通电池(左)与双极性电池(右)的结构示意图

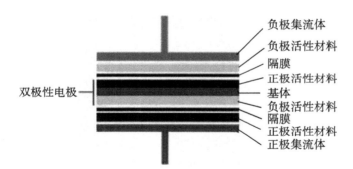

图4.50 双极性电池电极堆的结构示意图

电极中间的金属片(基体)起到两电池间电子导体(即极柱和连接片)的作用,同时又起到隔离两电池间电解液的作用(即电池外壳的作用)。

最初的双极性电极是以一个金属箔(片)作导电骨架,一面附上正极活性物质,另一面附上负极活性物质,但这样的双极性电极不便于制备。改进后的双极性电极是将正极片和负极片分别制作,装配时将正极片和负极片紧压在金属箔的两面,组成一个双极性电极。根据所要求的电压,将相应数量的双极性电极配对组成电极组。再加上外壳及激活系统,便构成了双极性电池组。这样的电池组省去了单体电池间串联用导电零件以及单体电池间的电池外壳,减轻了电池组的质量,降低了电池单体间连接的能量损耗,并能充分利用空间。并且该种结构的电极内阻较小,适用于非常大的电流密度放电,比功率较大。

由于双极性电池把电子导电部分做成一个整体,利用电堆节省了单体壳和外部连接,使电池体积减小30%以上,质量减少20%以上,显著提高比能量和比功率;并适合于大电流密度放电,一般可在$300\sim600\ mA\cdot cm^{-2}$下正常工作,短时间可达安培级电流密度,输出比功率为$500\ W\cdot kg^{-1}$左右,电池靠电点火头及气体发生器激活,结构合理紧凑,动作安全可靠,储存寿命较长,且较少的电极数量使得电池激活更为迅速。

但双极性自动激活锌银一次电池组结构比较复杂,制造麻烦,各单体电池间容易短路,激活时可能存在电解液分配不均匀等缺点。

4.7　使用和维护

4.7.1　注液和注液的方法

由于锌银蓄电池的湿寿命有限,所以一般都是以干态出厂,直到使用前才加注电解液,这样可以大大延长电池的有效期。至于能否正确地给电池加注电解液,也是影响电池性能的一个重要方面。

锌银蓄电池不宜过早加注电解液,干式放电态的电池可在使用前的 4～5 天注液,干式荷电态的电池可在使用前的 2 天,甚至几个小时前注液。这是因为电池注液后,它的主隔膜——水化纤维素膜受到浓氢氧化钾溶液的长期浸泡后分子结构会发生缓慢变化,强度变差。尤其是干式荷电态电池,注液后就开始了银迁移对隔膜的氧化破坏过程。所以,湿荷电态电池即使不使用,经过一段时间后也会自行短路失效。

1. 电解液量

从电池总反应式可以看出,反应过程中没有 KOH 的变化,从理论上说明,电池容量与电解液量没有严格的数量关系,只要能充满电极微孔和将隔膜充分浸润就可以了。从经验上看,高倍率型电池需要的电解液量相对要多一些;低倍率型电池的需要量相对少一些。实际上,电解液量是一个很重要的参数,每种电池在技术说明书中都有严格的规定。加多了既增加质量,还容易造成爬碱漏碱,影响使用;加少了,电极和隔膜干枯,放电困难,容量和负荷电压都会下降,甚至在勉强放电时还会因温升过高而损害电池。所以要严格控制,原则是当电解液渗透充分后,液面应当与电极上边缘齐平,或略高 2～3 mm,但不能高过隔膜,电解液太高不但容易爬碱,还容易引起锌电极上涨。

2. 注液方法

1) 滴注法

有的电池气室较大,电解液可用注射器直接滴加。

首先戴好防护眼镜防止电解液不慎溅入眼内。用注射器(针尖的长度需根据需要进行截短)吸取规定量的电解液(或规定量的 2/3),从电池气塞孔处缓缓滴入到电池内,滴加速度可酌情掌握,只要碱液不上溢堵住气孔即可。若电解液一次未加足,过半小时后可再补入不足的部分。同时,在注射器吸入电解液后的移动过程中不要使针杆滑动,以免有电解液漏掉,影响电解液量的精确度,也防止滴落在电池表面上。若偶然滴到电池外面,应立即用脱脂棉擦净。加注完毕后,用脱脂棉蘸少许乙醇擦净注液孔及电池外部的碱液,在气孔上轻轻塞上脱脂棉球。

电池立放 1～2 h 以后,转为侧向倾斜 30°～45°,放置 1～2 天,翻转 180°,再同样倾斜放置 1 天,使电解液充分渗透。倾斜放置时注意不要让倾出的游离电解液堵住出气孔。

电池恢复到正常位置直立放置 1 天。经充分渗透后的电解液面应和电极上边缘平齐。如果不符,应用注射器抽出多余的游离电解液或补加电解液。

取下气孔处脱脂棉球,用蘸少量工业酒精的脱脂棉擦洗气孔,装上气塞。

以上注液步骤是针对低倍率型电池。高、中倍率型电池电极较薄,容易渗透,渗透时间可以缩减至 1～2 天。

2）抽气法

不能采用滴注法加液的电池,应采用抽气法。所使用的工具及材料与滴注法相同,另外还需要一块约 5 mm 的海绵橡胶板或真空橡胶板,裁下一个大小与气塞孔部分直径相近的圆片作为密封垫。注射器针尖从此密封垫的圆心穿过,并推到针的根部,如图 4.51 所示。

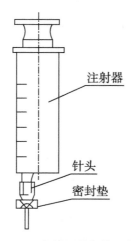

图 4.51　密封垫的安装示意图

注液时,将吸了一定量电解液的注射器压到电池气孔上,让密封垫将螺孔封严,如图 4.52 所示。当抽动注射器杆时,空气从电池中抽出,在电池内形成相对真空。一旦松开注射器杆,靠大气压力的作用电解液自动被吸到电池中。如此反复几次,即可完全加注。如果用空的针筒这样从电池中抽气,就可加快电解液的渗透速度,从而大大地缩短渗透等待的时间,是加快注液的一个简单易行的方法。

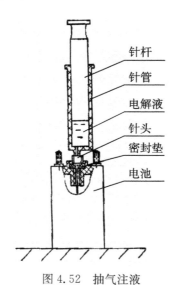

图 4.52　抽气注液

3）减压渗透法

为了加快渗透速度,在有真空泵和真空试验箱的地方可采用减压渗透的方法。先用滴注法或抽气注液法注入规定值的 3/4 至全部的电解液量,这个量要视气室大小而定,要保持电解液面与电池内气嘴的距离在 3 mm 以上。将电池放入真空试验箱中抽真空,可先抽至 -26 kPa 的表压力,停留 3～5 min 后放气,恢复到常压。再抽气,将真空度比先前提高 13～16 kPa,保持 3～5 min 后再放气,恢复到常压。如此反复,每次真空度都比上一次提高 13～16 kPa,直至 -93～-87 kPa 为止。放气恢复到常压后取出电池,用脱脂棉球蘸乙醇擦净溅到电池表面上的碱液,补足所欠的或吸走过剩的电解液,擦净气孔,装上气塞。

这种加注方法效果很好。整个注液过程中都必须注意安全,不要让碱液滴落到皮肤上,更不要溅到眼睛里,对于偶然溅上的,要尽快用稀硼酸和清水冲洗干净。

4.7.2 化成与充电

1. 充电

充电是电池将外部直流电源供给它的电能转化为化学能储存起来的过程。充电时,正极生成氧化银和过氧化银,负极生成金属锌,电池恢复到放电前的状态。

一般的充电方法是恒电流充电,即用桥式整流器 DC 通过电流表 A,滑线电阻 R 和电池组 E 串联起来,如图 4.53 所示。需要注意的是:第一,整流器的正极要和电池的正极相连,负极与电池的负极相连,不能颠倒。第二,多个电池同时充电时要将它们串联起来充电,而不能允许像图 4.54 那样将电池并联起来,是因为各电池的性能不完全一致,充电过程中很有可能在两个并联电池组中产生电压差,进而造成两个电池的充电电流产生很大的差值,甚至出现一组电池为另一组电池充电的现象。这种差异使它们偏离了最适宜的充电电流,达不到正常的充电性能。若并联两组间的电压差相当大,有可能将电池损毁。若需充电的电池很多,要求多路充电时,应当如图 4.55 那样将整个充电回路和整流器并联起来(E_1、E_2 的电动势可以不同),各自通过自己的电流表和滑线电阻调整电流。第三,不同容量的电池不宜串联在一起同时充电。因为这会使它们偏离自己的最佳充电电流,影响充电效果。

整流器 DC 的输出电压一定要高于串联电池组 E 的总电压,由于电池单体终止充电电压为 2.00～2.05 V,所以为串联 n 个电池充电时要求:充电设备的输出电压 $\geqslant 2.4 \times n$ V。

使用直流电源为电池充电时,为了防止过充电,要求充电时对单体电池电压做好记录。当电压超过 2.00 V 时,更要严密监视,15 min 就应测量一次。

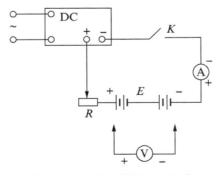

图 4.53　电池的恒流充电电路

DC-整流器;A-直流电流表;V-直流电压表(量程 0～3 V,精度不低于 1.0 级);R-滑线电阻;E-串联电池;K-开关

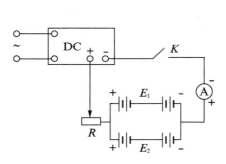

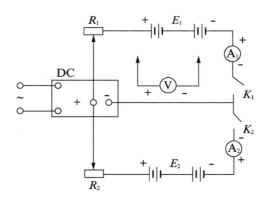

图 4.54　不允许的充电方式　　　图 4.55　用一台整流器给两个电池组充电电路图

2. 化成

化成是通过电化学或者化学的方法使电极的活性物质利用率提高的工艺过程。电池制造出来之后，为了让活性物质充分活化起来，就需要在较好的条件下做一两个周次的充放电循环，即化成。干式荷电态的电池在制造时就已经将电极化成完毕，所以激活后不需要进行化成就能够直接使用。

化成操作应当在 15℃ 以上的室温下进行。化成充电电流一般也用 10 h 率，充电终止电压控制在 2.05～2.10 V，放电电流也按 10 h 率，放电终止电压为 1.0 V。

3. 不对称交流电充电和脉冲充电

直流充电的方法是最常见的，也是最方便的，但是其充电的效果却远不及脉冲充电法和不对称交流电充电法。

不对称交流电充电就是使交流电正弦波的两个半波发生畸变，使正半波的面积大于负半波。当用这个电流给电池充电时，它的正半波电流的方向是给电池充电的方向；而负半波电流的方向是电池和电源串联在一起对调节电阻放电的方向。由于正半波的面积大于负半波，所以充电电量大于放电电量，经过交变周期后电池的电量就逐步增加。图 4.59 给出了不对称交流电电流波形。

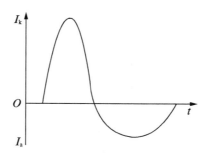

图 4.56　不对称交流电的电流波形

不对称交流电充电的电路可参考图 4.57、图 4.58。

图中 E 是需充电的串联电池组，T 是自耦调压变压器，使用时要特别注意：① 外电源的零线一定要接在初级和次级线圈的公共点上，绝不可将火线接在这里；② 它的初级和次级不可颠倒，也就是绝不能将 220 V 电压加在有活动点的一侧。

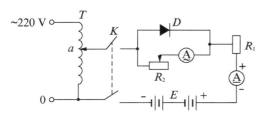
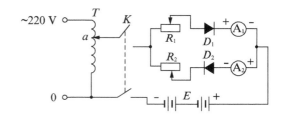

图 4.57 不对称交流电充电电路 1   图 4.58 不对称交流电充电电路 2

图 4.57 中,调压器输出的电流经过刀闸 K 进入并联电路,当调压器的动点 a 处于高电位时,硅整流二极管 D 导通,电流通过二极管 D,再经过调整电阻 R_1、直流电流表 A,从电池的正极端进入电池,最后回到零点。这个电流流动的方向刚好是给电池充电的方向。在二极管 D 导通时,它两端的电压降接近为零。因此,在电阻 R_2 和交流电流表 A 上的电压也接近为零,在这条支路里基本上没有电流通过。当 a 点的电位上升时,通过电池的电流上升,a 点电位下降,通过电池的电流也下降,直至 a 点电位与电池正极端电位相等时,电流降至零。这样的电流变化情况就相当于图 4.56 中正半波的情形。

电源电压继续变化,a 点电位低于电池组正极电位,电池组 E 通过电流表 A 和调整电阻 R_1 向调压器放电。二极管 D 由于受到反向电压的作用而截止,电流只好通过交流电流表 A 和电阻 R_2 回路,a 点电位越低,放电电流越大,当 a 点电位变为负值时,实际上就成了电池组与调压器次级串联起来向电阻 R_1 和 R_2 放电。放电电流经过极大点开始下降,当 a 点电位升高到与电池组正极电位相等时,放电电流降为零,这便是图 4.56 中的负半波情形。a 点电位继续上升,二极管 D 导通,开始第二个充电周期。

在图 4.57 的电路中,选择电阻 R_1 和直流电流表 A 时要特别注意,流经 R_1 的电流并不只是电流表 A 指示的电流,其实际电流要大得多。直流电流表 A 所指示的是通过 A 的正半波电流平均值与负半波电流平均值的差值,也就是给电池净充电的电流值。计算电池的充电容量就要用它。通过电池的真正电流有效值很难计算。如果用 $\underset{\sim}{I}$ 代表要求的交流电电流表 A 测量值,用 I 代表总路直流电流表 A 预定的指示值,那么,选用电阻 R_1 时应当使它的额定电流值大于 $2\underset{\sim}{I}+I$;而直流表 A 的量程应大于 I 的三倍。

图 4.58 中用两个方向不同的二极管支路并联,R_1、D_1、A_1 支路通过充电电流,R_2、D_2、A_2 支路通过放电电流。直流电流表 A_1 和 A_2 的方向也刚好相反。只要调节电阻 R_1 和 R_2,便调节了电池的充电电流和放电电流。电阻和电流表的选择可根据要求的电流值选择。给电池净充电的电流 I 与 A_1、A_2 两支路电流 I_1、I_2 的关系为:$I=I_1-I_2$。

为了达到消除放电高电压的目的,不对称交流电的交直流比应当有一定的范围。按图 4.57 的电路,一般应取交流电流与直流电流之比在 $1:1$ 至 $3:1$ 之间,用图 4.58 的电路一般应使两个支路电流之比为:$I_1:I_2=(1:0.5)\sim(1:0.7)$。

4.7.3 严防过充电和过放电

锌银蓄电池不耐过充电和过放电,所以要尽量避免。过充电时,电流完全用于电解水,生成氢气和氧气,对电池有极大的害处。首先,正极过充电产生的初生态原子氧具有很强的氧化性,可直接氧化隔膜,加速隔膜的破坏。第二,析出的气体搅动电解液,又冲刷掉正极上一些氧化银颗粒,加速银迁移的过程,也增加了对隔膜的破坏作用。第三,过充电时锌电极上长出锌枝晶,能够刺透隔膜,引起电池内部短路失效。从这三点可以看出,过充电会严重损害电池的使用寿命。

由于电池容量的不均匀,使用中个别电池的过放电也很容易出现。尽管过放电时不像过充电那样损害隔膜,但是,严重的过放电却可在银电极上电镀出金属锌,堵塞银电极微孔,显示出锌电极的电位,电池无法继续工作。因此,在使用中发现有个别电池已经过放电时就不要再继续放电,应当将过放电的电池更换。

4.7.4 自动激活锌银一次电池的使用

自动激活锌银一次电池从性能上来讲,具有锌银蓄电池的基本特性,突出特点是使用方便,激活迅速。但是它的湿态寿命短,仅有几个小时到数十个小时。因此,电池只要一经激活,就无可挽回地被消耗掉。所以,对它的使用要特别慎重,不到关键时刻不轻易激活。

自动激活锌银一次电池使用中最重要的问题就是确保可靠激活,为了保证可靠,就需要在使用前做好各种检查和维护工作。

1. 装入整机前的检查

① 要做外观检查。新电池开箱后,需要看有无合格证,铅封是否正常,再查看外表有无损伤,有无电解液渗漏现象。

② 要做电池状态检查。对照技术说明书中插座接点的分配图找出正、负极接点,用万用表的适当电压档测量正、负极两端有无电压。若没有电压,再用电阻档测量这两点间是否为开路。

③ 检查激活系统。找出插座上引进激活电源的两个接点,用万用表的低电阻档小心地测量这两点间的电阻值,应在一至几欧姆范围内。如果测得电阻值为零,应当怀疑气体发生器有内部短路,要做进一步分析研究。如果测得为开路,或者其值大到几百欧姆,表明气体发生器内的点火电阻丝(桥丝)已断,电池不能使用。这里强调要用万用表的低电阻档测量,绝不能用高电阻档。这是因为高电阻档测量低电阻时通过的电流较大,有可能超过气体发生器允许的安全电流,引起电池组激活。尤其是使用带高电压电池的万用表时更应小心。每一种自动激活锌银电池组的技术说明书都对安全电流做了明确的规定,在测量气体发生器时绝对不可使电流超过这个界限。

④ 检查加热系统。自动激活锌银电池组一般都备有低温加热装置,多数为电阻丝绕制成的电加热器。加热温度用温度继电器自动控制。当环境温度较低时,温度继电器闭合,接通外加热电源给电池组加热。待温度升到要求的范围后,温度继电器自动断开,加热停止。

检查时要先用万用表测量插座上"加热电源"接点间是否通路。如果是开路,可能是因环境温度较高,温度继电器已经断开,则应将电池组移至低温处(如0℃左右的冰箱里)放置1~2 h,然后再测。倘若已经接通,就可接入适合的外电源给电池组加热。测量加热电流是否在规定的范围内,最好继续加热一段时间,直至自动断开为止。如果电池组在低温下已放置数个小时,加热电源接点间仍为开路;或加热了很长时间,超过了规定的低温加热时间,加热仍不能自动停止,都表明系统有故障。

2. 装机

经检查无误后,电池组便可装入整机系统。这里除了要求安装和接线正确以外,重要的是不要使激活电源线和加热电源线太细太长,电阻太大。

3. 激活前的准备

电池组激活前首先应检查激活电路是否畅通,激活电源电压是否符合要求。第二,检查加热电源电压是否正常,若环境温度低于 15℃,则应接通加热电源提前给电池预热,提前的时间应大于或等于技术条件规定的电池加热时间。直到温度继电器断开,加热停止后电池组才可激活。当然,若环境温度较高,则可不对电池组加热。

4. 激活

当接到命令后,闭合激活电路。电流的通过瞬间,点燃气体发生器,并把电解液推进电池组。电池组两极间电压迅速升到规定的范围之内,激活即告完成。通常这个过程是迅速和无误的,但是由于系统复杂,环节较多,也有出现故障的可能。所以,在有条件的地方应当接一个电压表检测电池电压的变化。如果激活电路闭合后电池还无电压,可能是电池未被激活,或者因个别电池单体没有注入电解液造成串联电路开路。遇到这种情况,需要先检查激活电路有无故障,而后再闭路激活一次。如果激活后电池电压太低,可稍待片刻,看能否升到正常,若仍达不到要求,只得更换新的电池组。

用过的电池组要尽快从整机上拆掉,以免搁置时间久了发生漏碱损坏其他仪器。

4.7.5　储存及运输的注意事项

锌银电池是比较贵重的物品,为了更好地发挥其性能,延长使用期限,应当做好储存及运输工作。

干态电池应当装在包装箱内,储存于阴凉、干燥、无腐蚀性气体的仓库里。环境温度不宜太高,一般为 0～35℃。尤其是干式荷电态的电池在高温下会加速锌的氧化和过氧化银的分解,损失容量。

湿态电池的储存则应当更谨慎一些,因为它直接影响到电池的使用期限。一般说来,电池以放电态储存为好,这样可以减少银迁移对隔膜的破坏。但是,不允许将电池两极用导线短路起来储存。储存环境应当干燥阴凉,切忌在阳光下暴晒。环境温度最好在 0～15℃,这样既可以减少锌电极的自放电,也减少了隔膜的银迁移危害。每隔 10 天左右检查一次,并及时清除电池表面的灰尘和渗出的碱液,保持电池的清洁,以便减少由爬碱造成的绝缘下降。

锌银电池的极片一般较薄,强度相对也比较差。干态电池在运输时由于电极组晃动,遇到强烈的震动和撞击会损坏电池的极片。所以电池应当装在减震良好的包装箱中,要轻取轻放,不能倒置,也不可以日晒雨淋。湿态电池运输时也应装在包装箱内,用绝缘材料塞紧并盖好,严防两电极短路。

4.7.6　常见故障分析

1. 短路

本部分涉及的短路指的是电池内部短路,是电池的最终失效形式。电池内部两极之间由电子绝缘变成了电子导电状态,不能建立起来稳定的电势差,无法再储存和输出能量,完全不能继续工作。

电池短路主要有以下几个原因:① 隔膜受氧化银和氧的氧化破坏,强度下降,产生孔洞;② 银迁移在隔膜微孔中沉积出金属银,严重时可形成连通隔膜两面的电子通道;③ 树枝状金属锌刺穿隔膜;④ 锌电极活性物质随着循环自动生长,超出隔膜,并与正极极耳接触。另外,由于操作失误,坚硬的金属和其他碎屑掉进电池,也可以刺破隔膜造成短路。

可以根据电池的充电和荷电搁置情况来判断其是否已经短路。正常使用的蓄电池组按规定的电流充电,如果有个别单体电池的充电时间特别长,负荷电压总达不到 2.05 V 以上,并且发热,甚至烫手,就可能发生了短路。将电池单体取下,荷电搁置三至五天,如果其开路电压下降到 1.55 V 以下,甚至 1.0 V 以下,则证明它确实已经短路。另外,有的电池充电时虽也能勉强充到 2.05 V,但荷电储存几天后,开路电压下降到 1.55 V 以下,说明发生了微短路。短路的电池不能继续使用,若勉强使用它将会变成额外的负载消耗能量。短路损坏的锌银电池无法修复,应当更换新的电池。

2. 放电容量低

电池使用初期,室温下的放电容量低于额定容量,有时是属于电池固有的"正常"现象,有时属于使用不当的非正常现象。有的干式荷电态电池为了满足某些特殊的需求,在制造过程中预先放掉了一部分容量,使第一周期放电容量偏低。但是它应能满足特殊规定的技术要求,而且在后续的循环中应有所恢复。另一种现象是由于电池经过长期干态储存之后,正极过氧化银分解,负极金属锌氧化,损失了容量。干式放电态的锌电极在长期干储存过程中由于金属锌被氧化,电导下降或与导电网接触变差,可造成第一周期化成容量不足。再经过一次化成或几次使用后自然会恢复到正常。上述几种情况都属于"正常"现象。除此之外,多是由使用维护不当造成的非正常现象,应检查原因,采取相应的措施。可从以下几点入手分析:

① 电解液量不足。从电池单体侧面看,没有游离态电解液,甚至将电池倒置也没有游离电解液从电极组流出。充放电过程中发热厉害,很快到达充电或放电的终止电压。应当尽快补足电解液,并让它进一步充分渗透,再使用时问题就自然解决。

② 电解液渗透不充分。表面看,电解液很多,却多浮在气室里。从正面看,隔膜还有发干的迹象,电解液没有充分渗透到电极和隔膜中去,一些气室小、电极组与壳体装配比较紧和电极较厚的电池容易出现这种现象。尤其是采用抽气激活时由于操作不熟练或密封垫漏气更容易发生。注液时虽然尚未注足规定量,却再也加注不进去剩余的电解液量。若充放电时同时出现发热和很快充电或放电到终止电压的现象,可以使用空的注射器按照抽气激活的方法对单体电池反复抽气,这时会有很多气泡冒出,电解液面迅速下降。若电池不需要立即使用,也可以按照滴注时静止渗透的方法再让电池延长渗透 2～3 天,及时采取这些措施后电池容量即可增加。

③ 化成不充分。干式放电态电池在注液后需化成 1～2 个周期,若化成终止电压控制不好或充电电流太大,都有可能造成电池容量偏低。有些经过长期干态储存的放电态电池,活性物质间电接触变差,内阻增大,也可以造成化成不充分。倘若充电终止电压测量无误,则可看到第二周期的化成容量比第一周期高,如果再增加一两次化成循环,电池容量即可达到要求。

④ 电池类型选择错误。若将低倍率型电池用于 1 C 以上的电流放电,则由于电池电极较厚,隔膜层数较多,高倍率放电时活性物质利用率不能充分发挥,放电容量必然偏低,而且工作电压也较低。如果工作电压还能满足需要,则可继续使用,若工作电压太低,则应适当

增加串联电池单体的数量。

⑤ 充电环境温度太低。低温下充电也会因充电不充分而造成放电容量不足。但是，这不是永久性的容量损耗，当在 15℃ 以上的室温中充电时，容量就能够恢复。

如果电池已经使用了较长时间或者经过了多个循环周次，放电容量逐渐衰减是正常现象。按照化成制度对电池做一次小电流全容量充放电循环，可使容量得到部分恢复，如果这样还不能满足工作容量的需求，则应当更换新的电池。

3. 放电电压低

人们常说的锌银电池的额定工作电压是 1.50 V，其实这是低倍率放电时的情况，随着放电电流的增大，电池的工作电压随着下降。在 18℃ 以上的室温条件下放电时，不同放电倍率下电池的平稳工作电压见表 4.24。

表 4.24　放电倍率与平稳工作电压对应表

放电倍率/C	平稳工作电压/V
3～7	1.30～1.45
1～3	1.43～1.50
0.5～1	1.48～1.52

如果电池工作平稳电压较表 4.24 中所给出的值低得多，则需要进行检查，可能的原因有以下几点：

① 连接件接触不良或电缆线太长太细。首先要检查各串联电池间的汇流条、螺母、垫圈、接线焊片有无松动，接触是否良好，有无锈蚀等。有时因为极柱根部螺纹深度太浅，螺母根本安装不到底，虽然感觉螺母已经非常紧了，实际并未真正紧压在汇流条上，如果用镊子拨动垫圈可以活动，证明的确没有压紧，应当增加一两个垫圈。

电池的供电电缆不能太细太长。如果放电电流仅仅是毫安级的，影响可以忽略；如果放电电流达几安培、几十安培甚至更大，就必须考虑导线的电压降。因为电池的输出电压很低，电流又相对很大，导线电阻稍微增加一点，所造成的电压损失就会相当大。

② 电解液量不足。电解液干枯不仅造成电池容量下降，同时也使得输出电压降低。这种干枯可能是因为激活注入电解液量过少，也可能是由于长期使用后水分蒸发或者爬碱漏液造成损失。从外表可以看出，内部没有游离态的电解液，甚至倒置也没有电解液游离出来。补充电解液到正常位置后，经过充分渗透电压就会回升。

③ 环境温度过低。低温放电时，由于电解液的电导下降和电极极化加大，锌银蓄电池的放电电压显著下降，放电倍率越高，电压降低就越严重。这是由电池的本性决定的，若给电池采取一些保温措施，充分利用放电过程中产生的热量，可使放电电压回升，放电容量也有所提高。

④ 荷电储存时间过久。长期荷电储存后的锌银蓄电池由于过氧化银的分解以及残余金属银的反应，产生了导电性更差的一价氧化银，由此增大了正极的内阻。长期搁置过程中，锌电极上的电极材料逐渐失去活性，也会增大负极的放电阻力。这些原因导致了电池放电初始电压降低，即电压滞后现象。但经过一段时间的放电之后，由于有导电性优异的金属银生成，电阻下降，电压即可恢复到正常值。这段电压滞后会影响仪器的正常工作，可在正

式放电前先用工作电流或更大的电流预放电几分钟,当然这种方法适用于放电倍率不太大的情况,在很大的放电倍率下,预放电的时间应当更短,以免损失过多的容量。经这样的处理之后,正式放电时工作电压会更平稳。再经过充电后立即放电,这种现象随即消失。

⑤ 电池类型选择不当。低倍率型电池如果进行 1 C 以上的放电,则工作电压下降。如果工作电压不能满足仪器设备的基本要求,则需要增加串联电池单体的数量。

4. 爬碱、漏液

爬碱、漏液是碱性电池的问题之一,不仅影响电池的外观,更重要的是还可以造成一系列麻烦。① 碱液腐蚀导线、连接件以及焊接点,造成电接触不良,影响正常供电。② 漏出的碱液可以腐蚀外壳以及相邻的整机构件。③ 破坏电池对地的绝缘电阻,严重时可干扰整机的工作状态。④ 当漏出的碱液将电池两极连通时,可造成电池外部的微短路,损失容量,尤其对于需要长期荷电储存的电池危害更大。

锌银蓄电池的爬碱、漏液通常有以下几种情况:① 从气孔塞冒碱,多发生在过充电或过放电时有大量气体逸出的情况下,冒出来的碱量大而猛烈,危害很大。② 沿着气孔塞,极柱的密封缝隙缓慢地爬延,速度慢但持续时间长。对极柱封结工艺做一些改进,沿极柱爬碱的量也随着减少。③ 壳盖间黏结不好,或零件本身有裂缝,电解液从这些裂缝中爬出。

关于电池爬碱的原因,国内外学者做了大量的研究工作,提出了电化学爬延的理论。曾经的理论认为,电解液靠毛细管现象上升是导致爬碱的根本动力。经过计算,认为靠表面张力的作用,只能使碱液沿毛细管上移最高达 3.8 mm,而事实上爬延的能力要远远超过这个数值。新的理论用弯月面上面潮湿薄膜区不断发生的电化学反应解释了这个问题。通常看到,在负极上的爬碱要比正极上严重得多,这是因为,在负极引线与电解液接触的电液弯月面上方有一片潮湿水膜,由于电化学腐蚀现象的存在,在这里将发生氢和氧的还原反应,生成氢氧根离子;在负极的基体里发生金属的氧化:

$$O_2 + 2H_2O + 4e \Longrightarrow 4OH^-$$
$$2H_2O + 2e \Longrightarrow 2OH^- + H_2\uparrow$$

及

$$Zn + 2OH^- \Longrightarrow ZnO + H_2O + 2e$$

图 4.59 给出了这个过程的示意。

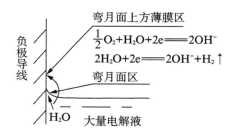

图 4.59　负极引线上的电液弯月面及其上方的水膜区

氢和氧的还原生成了氢氧根离子,造成了弯月面上方水膜区中碱浓度的提高。浓碱容易从空气里吸收水分,同时靠浓度差的作用,弯月面下面电解液中的水也可以扩散到这个薄膜区中,于是薄膜变成较厚的碱膜,碱的高度就向上移动了一段距离。新的碱膜继续向前润湿,在它的前方仍然形成一个薄膜区,在这个薄膜区里同样发生氢和氧的还原,生成氢氧根离子,形成浓碱溶液,它又吸收水分,碱膜又增厚上爬,如此周而复始地进行下去,碱的高度就持续不断地上升。一些学者在试验的时候用显微镜观察并记录了这个过程。

在解决锌银电池密封问题上,国内外做了不少努力,研制成功了使用不同消气原理的不漏碱、不透气的全密封锌银蓄电池。小型扣式电池的大量生产也是在基本解决了电池的爬碱、气胀等问题之后才实现的。

全密封锌银电池的结构一般比较复杂,对使用维护的要求也比较严格,目前实际上使用的电池都是通气式电池。通气式电池的盖上都装有气孔塞,气孔塞依靠橡胶的密封套管(也称活门)或弹簧压紧的钢珠使电池在平时保持密封状态,只有当电池内部气体积蓄到一定压力的时候才能推开活门或钢珠做瞬间排气。由于通气时间很短,就减少了碱的爬延渗出。

5. 充不进电

接通充电电源之后,如电池电压很快升到 2.10 V 以上,大量冒气,不能再充,是否意味着电池已经失效了呢?

遇到这种情况,首先要检查充电电流是否正确,倘若充电电流太大,就会出现这种假象。尤其是用多档电流表时更应注意。

第二种可能是长期放电态储存后的结果。经过这种长时间的储存,锌电极上氧化锌老化,变得不活泼,活性物质和导电网的电连接变差,也会引起充电电压较快地上升。将电流减小一些,缓慢充电,反复一两次就会有所好转。

第三种情况是经过长期荷电态储存的电池,在使用前做补充电出现的。由于储存中的过氧化银分解及其与残留金属银反应,生成了高电阻的氧化银,正极电阻加大,补充电就会出现很高的极化,造成充不进的现象。若减小充电电流,会收到一些效果,但总的不会很大。最好的办法是将电量全部放掉,再做一次充电。一些特殊场合使用的电池,在设计中已考虑到了长期荷电储存的影响,如不特别指出,一般不需要补充电,仍能满足使用要求。

第四种情况是长期小电流使用(如小到几十小时率以下)会造成充电接受能力的急剧下降,充电容量骤减。在这种情况下,电流仅集中在电极的少数活性地区,引起活性物质结晶变粗,活性下降,而且还会破坏隔膜的均匀性。这种损伤是永久性的,用小电流充电可获得部分恢复。所以,在选用电池时并非容量越大越好。有时为了避免充电带来的麻烦,将电池设计大的冗余度,达到一次长时间使用的目的。其实,这不但增加了设备的投资费用,也有碍于电池性能的充分发挥。只要能满足一次使用的要求,应使电池的放电率在十几分之一倍率到几倍率之间。若电流小到几十小时率甚至上百小时率则是不恰当的。

第五种情况是电池的两极容量配比不平衡,出现充电时某一极先到终点,而放电时另一极先到终点的现象。长期干态储存的干式荷电态电池有时会出现这种情况,这是由储存中两极容量的不平衡损失造成的,或者是锌电极氧化厉害,或者是银电极分解严重,都有可能形成这种结果。出现这种情况的明显标志是第一次放电容量很低,充电时测量两极电位会看到一极极化严重,另一极极化很小。排除的办法是用小电流(如 10 h 率)给电池过放电到额定容量值,再循环几次,情况会有好转。

6. 胀肚

一般电池胀肚有三种情况:

第一种是给电池注液后或只经过少数循环就出现,即使卸下气孔塞也不见有气体放出和胀肚减轻的迹象。这是设计不合理造成的,是电池干态的装配松紧度太大所致。在这种情况下,隔膜及锌电极经浸润后膨胀,产生的压力使外壳变形。对这种电池的电解液量要注意,决不可太少,否则会影响正常的放电容量。

第二种是使用中的积气胀肚,经常由气孔塞透气性不好造成。只要拧松气孔塞,就会观察到气体泄出,肚子立即变小。若是新电池,则可取下密封套管,看通气孔是否通畅。若通畅,则可更换密封套管,甚至用镊子撑开密封套管活动一下也有些作用。对于钢珠弹簧式气孔塞,可拧松旋塞,调小排气压力。已经长期使用的电池气胀,就应当看密封套管是否与气塞颈粘连,通气孔是否被碳酸盐结晶或碱结晶堵塞,若发生此种情况应刷洗或更换新的气孔塞。

第三种是在电池的多次循环中产生锌电极下沉造成的。下沉的锌电极中下部增厚,压迫壳壁鼓起。这种变形是永久性的,只要容量还可以满足使用需求,电池外壳又可以容纳得下,就不影响使用。

思 考 题

(1) 简述锌银电池的发展简史。长期以来不能制成实用的锌银蓄电池的主要原因是什么?

(2) 锌银电池如何分类?主要在什么条件下应用?

(3) 写出锌银电池的电化学体系表达式,并说明含义。写出锌银电池的电极反应与电池反应,并说明锌银电池是如何产生电流的。

(4) 计算锌银电池中有关物质(Ag、Ag_2O、AgO、Zn、ZnO、$Zn(OH)_2$)的电化学当量。

(5) 锌银电池对电解液有什么要求?氢氧化钾电解液有什么性质?对锌银电池性能有什么影响?

(6) 简述锌银电池有哪些主要优缺点。锌银电池充放电电压的特点是什么原因造成的?

(7) 指出几种常用的消除或减少锌银电池放电高压坪阶的方法。

(8) 锌银电池的自放电是如何造成的?为什么在制造锌电极时常常加入一些汞的化合物?

(9) 什么叫循环寿命、湿储存寿命、荷电湿储存寿命和干储存寿命?

(10) 为什么锌银电池常做成干式荷电电池?锌银电池寿命短的原因是什么?

(11) 自动激活锌银一次电池组由哪些部分组成?各部分有什么作用?

(12) 有哪几种常见的自动激活式锌银一次电池组?它的储液和激活系统各有什么特点?简述它们的工作原理。

(13) 什么是双极性电极?双极性电极电池组结构特点是什么?

(14) 制备活性银粉的反应原理是什么?

(15) 为什么制备氧化银热分解银粉时碱要过量?为什么要和碱?

(16) 简述隔膜的功能。锌银电池对隔膜有什么要求?银镁盐隔膜制作工艺原理是什么?

(17) 什么是化成?化成电池控制装配松紧比有什么作用?

（18）简述锌银电池的设计一般程序。

（19）什么是电压设计？怎样进行电压设计？

（20）什么是容量计算？根据什么原则确定设计容量？怎样计算设计容量？

（21）怎样设计银电极、锌粉电极和混合锌粉电极的厚度？

（22）怎样计算两极活性物质用量？怎样估算电解液的体积？

（23）锌银蓄电池有几种注液激活的方法？简述其要点及注意事项。

（24）什么叫过放电？过放电害处是什么？什么叫过充电？过充电有什么危害？

（25）自动激活锌银一次电池激活前为什么要做一系列检查？怎么做这些检查？怎样正确进行激活？需要注意什么事项？

第 5 章　镉　镍　电　池

5.1　镉镍电池概述

镉镍电池以海绵状金属镉(Cd)为负极,氧化镍(NiOOH)为正极,氢氧化钾(KOH)或氢氧化钠(NaOH)的水溶液为电解液。因此,与锌银电池一样,镉镍电池也称为碱性电池,该电池的电化学表达式为

$$(-)Cd|KOH(或~NaOH)|NiOOH(+)$$

5.1.1　发展简史

自 1900 年前后瑞典学者尤格涅尔(W. Jungner)发明镉镍电池以来,已有 100 余年的历史,经历了从有极板盒式电极电池、烧结式电极电池、密封结构电池到采用纤维式、发泡式和塑料黏结式电极等新一代镉镍电池四个阶段的发展:

第一阶段是 20 世纪前 50 年研制生产的以 20 世纪初两位发明家的一系列专利为基础的有极板盒式(或袋式)电池。甚至到现在仍然以当时的结构形式生产,大量用作牵引、启动、照明及信号电源。

第二阶段是 20 世纪 50 年代研制的烧结式电极电池。1928 年德国学者 G. Pflerder 等首次申请了烧结式电极专利,而在第二次世界大战期间,德国首次制成了烧结式电池。由于电极可以做得很薄,真实表面积很大,电极间距离可以缩小,因此该烧结式电池可承受大电流密度的放电。第二次世界大战后,许多国家开始制造烧结式电池,并在短期内得到迅速发展,用作坦克、飞机和火箭等各种发动机的启动电源,有的还作为飞机的随航应急电源使用。

第三阶段是 20 世纪 60 年代研制的密封镉镍电池。1948 年德国学者 G. Neumann 首次申请了密封镉镍电池专利,此后这一原理在全世界引起了广泛研究。在 20 世纪 60 年代初期,通过采用负极容量过量,海绵状的金属镉被电解液润湿以后,被电极周围的氧所氧化;控制电解液用量,使用高微密度的微孔隔膜,氧化镍电极中添加氢氧化镉;加密封圈或金属陶瓷封接等措施,研制成功了全密封镉镍电池。在 20 世纪 60 年代后期,对密封电池的充电率、放电深度和防止过充电进行了研究。20 世纪 70 年代,引用先进的电子自动控制技术进行充放电保护研究,进一步提高了电池的可靠性。烧结式密封镉镍电池能大电流放电,可以满足负载大功率的需要,可用作卫星、火箭、导弹、携带式激光器、背负式报话机、电子计算机、助听器和小功率电子仪器的电源。

第四阶段是 20 世纪 70 年代末各种新型电极不断被开发应用所带来的镉镍电池发展的崭新时期。特别是发泡电极、纤维电极和塑料黏结电极的研制成功,镉镍电池又成为研究的热点,极大地推动了镉镍电池在各个领域的应用,从此蓄电池开始全面进入个人电子消费品市场,同时电子技术的迅猛发展也带来了电池行业的繁荣。

镉镍电池作为一种高效长寿命的电化学储能装置在航天事业的发展中也起到了重大的作用。据统计,自 1957 年 10 月 4 日苏联发射的世界上第一颗人造地球卫星——"卫星 1 号"上天以来,至 1987 年年底为止,全世界共发射成功各种航天器 3 500 多颗。其电源系统为太阳电池和全密封镉镍电池匹配联合供电的占 90%(此外,主电源为化学电池的占 5%,燃料电池为 3%,温差发电器占 2%。事实上,国际上 20 世纪 60~70 年代也有一些短寿命的卫星是直接用镉镍电池作为其主电源的)。镉镍电池的首次空间应用,在 1959 年 8 月 6 日美国发射的 Explorer 6 卫星上得以实现,随后不断得到改进,到 20 世纪末,借助电化学浸渍技术、隔膜新技术的推广应用和全密封镉镍电池整体性能研究的成果,美国完成了其称谓的第四代空间用镉镍电池的研发,Eagle-Picher Technologies 的专家发表文章宣布已有 1 400 多个该类镉镍电池单体成功应用于近 40 颗轨道飞行器。进入 21 世纪,镉镍电池仍在承担卫星储能电源的任务。

我国早期的镉镍蓄电池研究是在原苏联有极板盒式镉镍电池技术基础上开展的。1955 年年底,当时的天津 754 厂试制成功袋式碱性镉镍蓄电池;1959 年河南新乡国营 755 厂研制了碱性镉镍蓄电池;此后在 1965 年、1975 年分别研制成功了板式圆柱密封镉镍蓄电池、箔式圆柱密封镉镍蓄电池和全烧结式开口镉镍蓄电池,并于 1980 年建成完整的箔式圆柱密封碱性蓄电池生产线和烧结式镉镍蓄电池生产车间;在此期间完成了多项改进,降低了成本,国内外首创的半烧结电池成为极具竞争力的产品。从 20 世纪 80 年代开始我国的镉镍电池技术研究逐渐跟上了国际上的最新进展,出现了越来越多的研究成果,也有越来越多的单位利用自身条件和优势,吸收开发各类镉镍电池技术,为国内各行业建设和发展,为丰富国民大众的生活,研发供应价廉物美的产品以及满足特种用途的镉镍电池品种,同时我国的镉镍电池也打入了国际市场,成为具有竞争力的创汇产品。在航天领域,我国镉镍电池于 1971 年 3 月 3 日首次由"实践"一号卫星搭载飞行,设计寿命为一年,实际在太空中工作了 8 年之久,1981 年 9 月 20 日镉镍电池正式作为主储能电源用于"实践"二号卫星,从此开始了作为我国航天飞行器主储能电源的成功历程。其应用范围囊括我国通信、气象、资源等长寿命(6 个月以上)卫星和"神舟号"系列载人飞船,并且也已进入国际市场,在外国卫星上成功运行。

5.1.2　分类

镉镍电池的规格、品种很多,分类的方法也不同。习惯上可按如下原则区分:

1. 按电极的结构和制造工艺分

① 有极板盒式,包括袋式、管式等。

② 无极板盒式,包括压成式、涂膏式、半烧结式和烧结式等。

③ 双极性电极叠层式。

2. 按电池封口结构分

① 开口式,指电池盖上有出气孔。

② 密封式,指电池盖上带有压力阀。

③ 全密封式,指采用玻璃-金属密封、陶瓷-金属密封或陶瓷-金属-玻璃三重密封结构。

3. 按输出功率分

① 低倍率(D),指其放电倍率小于 0.5 C。

② 中倍率(Z),指其放电倍率 0.5~3.5 C 之间。

③ 高倍率(G),指其放电倍率 3.5～7 C。

④ 超高倍率(C),指其放电倍率大于 7 C。

4. 按电池外形分

① 方形(F)。

② 圆柱形(Y)。

③ 扁形或扣式(B),高度小于直径的三分之二。

镉镍电池单体和电池组型号的命名是按国标 GB 7169—2011《含碱性和其他非酸性电解质的蓄电池和蓄电池组型号命名方法》中的有关规定进行的。

国标 GB 7169—2011 规定,镉镍电池的系列代号为 GN,是负极材料镉的汉语拼音 Ge 和正极材料镍的汉语拼音 Nie 的第一个大写字母。第三个字母为外形代号,但开口电池不标注,外形代号右下角加注 1,表示全密封结构。第四位一般用于表示倍率,但低倍率也不标注。对单体而言,如:

GNY4——容量为 4 A·h 的圆柱形密封镉镍电池。

GN20——容量为 20 A·h 的方形开口镉镍电池(方型开口电池不标注代号)。

GNF₁20——容量为 20 A·h 的方形全密封镉镍电池。

对电池组而言,如:

20GN17——由 20 只容量为 17 A·h 的方形开口镉镍电池单体组成的电池组。

36GNF30——由 36 只容量为 30 A·h 的方形密封镉镍电池单体组成的电池组。

18GNY500m——由 18 只容量为 500 mA·h 的圆柱形密封镉镍电池单体组成的电池组(额定容量单体为 mA·h 时,在数字后面加 m 以示区别)。

5.1.3 性能特点

镉镍电池具有使用寿命长(充放电循环周期高达数千次),机械性能好(耐冲击和振动),自放电小,低温性能好(－40℃)等优点,受到广大用户的欢迎。现分述如下:

1. 充放电特性

镉镍电池的额定电压为 1.20 V。开口镉镍电池的充放电曲线如图 5.1 所示。

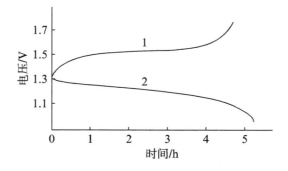

图 5.1　镉镍电池充电曲线和放电曲线
1-5 小时率充电曲线;2-5 小时率放电曲线

由充电曲线 1 可知,电池开始电压为 1.35 V 左右。充电时缓慢上升到 1.4～1.5 V。仅在充电末尾急剧增长到 1.75～1.80 V。由放电曲线 2 可知,镉镍电池放电较为平稳。仅在放电终止时,电压突然下降。终止电压通常规定为 1.0 V 左右。平均工作电压为 1.20～1.25 V。

镉镍电池也适用于高倍率放电特性的要求。如图 5.2 所示。

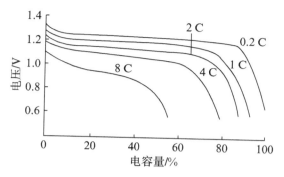

图 5.2　烧结式镉镍电池典型放电曲线

镉镍电池电解液选用 KOH 溶液,其密度为 1.30 g·cm^{-3}。这时电导最大,放电容量也达极大值,不同温度下放电状态与电池内阻有关,如图 5.3 所示。

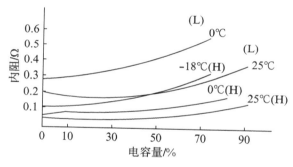

图 5.3　镉镍电池内阻特性

2. 自放电

镉镍电池的自放电大小与温度有很大关系。镉镍电池在不同温度下的自放电见表 5.1。在室温下,充电初期,镉镍电池自放电很大,以后速度变慢。经过 2～3 d 后,自放电几乎停止,如图 5.4 所示。在充电初期自放电相当严重,是氧化镍电极上 NiO$_2$ 分解和吸附氧解吸附的结果。

表 5.1　镉镍电池在不同温度下的自放电

温度/℃	自放电时间/昼夜	镉镍电池容量损失/%
+20	3	6.6
	6	7.1
	15	8.4
	30	11～18
+40	3	7.7
	6	9.8
	15	12.8
	30	23.4

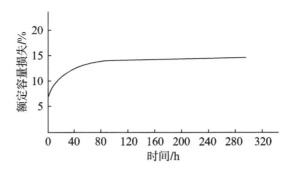

图 5.4　镉镍电池的自放电曲线

高温储存时,自放电十分严重。如+40℃荷电储存一个月,镉镍电池容量只剩70%～80%。

同时,镉镍电池自放电速度与电解液组成有关,如在 KOH 电解液中添加少量 LiOH,其自放电速度则减少。

3. 低温性能

镉镍电池的一个重要的优点是低温性能良好。镉镍电池在不同温度下放电容量见表5.2。

表 5.2　镉镍电池不同温度下放电容量

温　　度	20℃	0℃	−20℃	−40℃
5小时率放电容量	100	95	75	20

4. 耐过充电能力强

因为镉电极和氧化镍电极属于不溶性电极,所以镉镍电池在充电时要求并不像锌银电池那样严格。不会因过充电而引起负极金属枝晶的产生和生长,也不会引起隔膜的破坏而造成电池内部短路。

5. 寿命长

寿命长是镉镍电池的主要优点。若以使用时额定容量的70%作为判别标准,只要正确使用,精心维护,则镉镍电池的循环寿命可达 3 000～4 000 周(使用 8 a～25 a)。若在电解液中加入氢氧化锂,电池寿命还可长些,这是其他电池无法相比的。

6. 机械强度好

有极板盒式镉镍电池,是活性物质包装在穿孔的镀镍钢带内压制成电极,再焊成极组,其强度良好。而无极板盒式(烧结式)镉镍电池,是把活性物质充填在烧结镍基板的微孔内形成烧结式电极,采用紧装配结构,因此其机械强度好,能承受较大的冲击和振动。

7. 镉镍电池易制成密封电池

由于金属电极的特性,在镉镍电池内部不产生氢气,又能复合过充电产生的氧气,因此镉镍电池容易被制成密封电池。

5.1.4　用途

镉镍电池已在世界各国国民经济的许多领域得到越来越广泛的应用。

① 有极板盒式电池。它由于强度高、成本低,被广泛作为通信、照明、启动、动力等直流电源。

　　② 开口烧结式镉镍电池。它由于能大电流放电,被用作飞机、火车、坦克及高压开关的启动电源或应急电源。

　　③ 圆柱密封镉镍电池。由于机械强度好,不漏液,不爬碱,使用方便,它被用作通信、仪器仪表以及许多家用电器的电源。

　　④ 全密封镉镍电池。由于能在真空下长期工作,它被广泛用作各种人造卫星、宇宙飞船和空间站等空间飞行器的电化学储能装置。

　　⑤ 扣式镉镍电池。可用作电话载波机及助听器电源。

5.2　工作原理

5.2.1　成流反应

　　镉镍电池充放电反应可表述如下:

$$\text{负极}\quad Cd+2OH^-\underset{\text{充电}}{\overset{\text{放电}}{\rightleftharpoons}}Cd(OH)_2+2e \tag{5.1}$$

$$\text{正极}\quad 2NiOOH+2H_2O+2e\underset{\text{充电}}{\overset{\text{放电}}{\rightleftharpoons}}2Ni(OH)_2+2OH^- \tag{5.2}$$

$$\text{总反应}\quad Cd+2NiOOH+2H_2O\underset{\text{充电}}{\overset{\text{放电}}{\rightleftharpoons}}2Ni(OH)_2+Cd(OH)_2 \tag{5.3}$$

　　镉镍电池的成流反应如图 5.5 所示。从图 5.5 可知,电池放电时,负极镉被氧化,生成氢氧化镉;在正极上氧化镍接受了由负极经外线路流过来的电子,被还原为氢氧化镍。充电

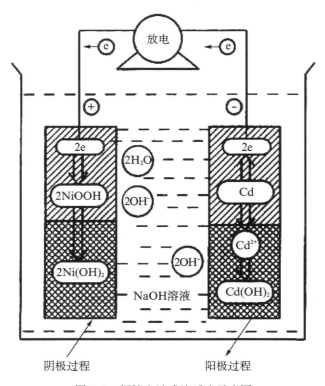

图 5.5　镉镍电池成流反应示意图

时正负极状态变化正好和放电相反。由式(5.3)可知,电池在放电过程中消耗水,而在充电过程中生成水,尽管在充放电循环中水不增加也不减少,但电池中的电解液量不能太少。

5.2.2　电极电位和电动势

根据式(5.1),负极的平衡电极电位为

$$\varphi_{Cd(OH)_2/Cd} = \varphi^{\ominus}_{Cd(OH)_2/Cd} - \frac{RT}{2F}\ln\alpha^2_{OH^-} \tag{5.4}$$

式中,$\varphi^{\ominus}_{Cd(OH)_2/Cd} = -0.809\ V$。

同理,根据式(5.2)可知,正极的平衡电极电位为

$$\varphi_{NiOOH/Ni(OH)_2} = \varphi^{\ominus}_{NiOOH/Ni(OH)_2} + \frac{RT}{2F}\ln\frac{\alpha^2_{H_2O}}{\alpha^2_{OH^-}} \tag{5.5}$$

式中,$\varphi^{\ominus}_{NiOOH/Ni(OH)_2} = +0.49\ V$。

式(5.5)和式(5.4)相减,就得镉镍电池的电动势 E

$$E = 1.299 + \frac{RT}{F}\ln\alpha^2_{H_2O} \tag{5.6}$$

从式(5.6)可知,镉镍电池的电动势 E 随碱溶液中水的活度的增加而增大。

根据化学热力学的关系式,可以推导出镉镍电池的温度系数是负的。

$$\left(\frac{\partial E}{\partial T}\right)_P = -0.5\ mV \cdot \text{℃}^{-1}$$

即镉镍电池的电动势随温度的增加而降低,温度每增加1℃,电动势降低 0.5 mV。

5.2.3　氧化镍电极的工作原理

1. 氧化镍电极的半导体特性

正极氧化镍电极的充电态活性物质是六方晶系层状结构的 β-NiOOH,放电后转变为 Ni(OH)$_2$,纯净的 Ni(OH)$_2$ 并不导电,但由于 Ni(OH)$_2$ 在制备和充放电过程中总有一些没有被还原的 Ni^{3+} 以及按化学式计量过剩的 O^{2-} 存在,因此在 Ni(OH)$_2$ 晶格中某一数量的 OH$^-$ 会被 O^{2-} 代替,而同一数量的 Ni^{2+} 被 Ni^{3+} 所取代,如图 5.6 所示。Ni(OH)$_2$ 晶格中的 Ni^{3+} 离子,用符号表示为电子缺陷□e。Ni(OH)$_2$ 晶格中的 O^{2-} 离子,用符号表示为质子缺陷□H$^+$,这样就具备了半导体的性质,是一种 P 型半导体电极。这种半导体的导电性取决于电子缺陷的运动和晶格中电子缺陷的浓度,氧化镍电极的导电能力随着氧化程度的增加而增加。当电池充放电时,在电极/溶液界面上发生的氧化还原电极过程是通过半导体晶格中的电子缺陷和质子缺陷的转移来实现的。

当电极浸入电解液中,界面上形成双电层。当 Ni(OH)$_2$ 晶体与电解液接触时,Ni(OH)$_2$/溶液界面形成的双电层,如图 5.7(a)所示。处于溶液中的 H$^+$ 和 Ni(OH)$_2$ 晶格中的 O^{2-} 定向排列起着决定电位的作用。在阳极极化时,H$^+$ 通过双电层的电场,从电极表面转移到溶液,和 OH$^-$ 相互作用生成水。其反应方程式为

$$H^+(\text{固}) + OH^-(\text{溶液}) \longrightarrow H_2O + \square H^+ + \square e \tag{5.7}$$

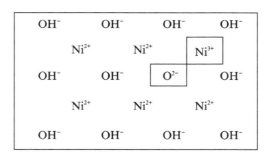

图 5.6　$Ni(OH)_2$ 半导体的晶格示意图

这和 $Ni(OH)_2$ 电极的充电反应是一致的(充电是阳极极化过程):

$$Ni(OH)_2 + OH^- \longrightarrow NiOOH + H_2O + e \tag{5.7'}$$

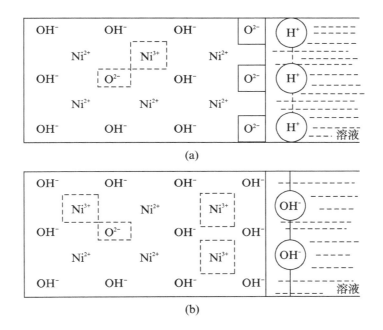

图 5.7　正极/溶液界面上双电层的形成
(a) $Ni(OH)_2$/溶液界面;(b) NiOOH/溶液界面

由于式(5.7)阳极过程的结果,电极表面产生了新的质子缺陷□H^+ 和电子缺陷□e,引起质子从晶格内部向表面层扩散,即相当于 O^{2-} 离子向晶格内部扩散。由于固相中扩散速度是很小的,因而会发生固相中氧的浓差极化。在极限情况下,表面层 H^+ 浓度为零,几乎全部变为 NiO_2,如式(5.8)所示。这时,急剧增加的阳极极化电位足以使溶液中的 OH^- 被氧化,出现析氧现象,如式(5.9)所示。

$$NiOOH + OH^- \longrightarrow NiO_2 + H_2O + e \tag{5.8}$$

$$4OH^- \longrightarrow O_2 \uparrow + 2H_2O + 4e \tag{5.9}$$

因此受质子迁移速度的影响,镍电极充电不久,电极表面的 NiOOH 就开始转化为 NiO_2,同时此时的阳极极化电位也使 OH^- 离子氧化放出氧气,而电极内部仍有 $Ni(OH)_2$ 存在,并未全部氧化。充电到一定程度,NiO_2掺杂到整个表层$NiOOH$的晶格中(为此也有人把这种现象视为化学吸附氧);所以,正极充电时O_2的析出不是在充电终期,而是在充电不久就会开始。在电极表面形成的Ni_2O分子只是掺杂在$NiOOH$晶体中,并不形成单独的结构。这是氧化镍电极的一个重要特性。

充电充足时,$NiOOH$/溶液界面形成的双电层如图5.7(b)所示。正极放电时进行阴极极化,从外线路来的自由电子与固相中的Ni^{3+}离子结合成Ni^{2+}。与此同时,质子从溶液越过双电层,占据质子缺陷(在碱性溶液中,质子是由水分子给予的)。其反应方程式为

$$H_2O + \square H^+ + \square e \longrightarrow 2H^+(固) + OH^-(溶液)$$

这个阴极过程和$NiOOH$电极的放电反应一致。

$$NiOOH + H_2O + e \longrightarrow Ni(OH)_2 + OH^-$$

由于$NiOOH$电极阴极过程的结果,电极表面质子缺陷的浓度降低,即电极表面$Ni(OH)_2$浓度增加,$NiOOH$浓度减少。由于质子从电极表面向晶格内部扩散速度的限制,引起较大的浓差极化,在远离界面的电极深处还有很多$NiOOH$没有被还原,放电就到终止电位了。换言之,$NiOOH$电极的活性利用率既依赖于放电电流,也依赖于固体晶格中的质子扩散速度。

氧化镍电极的充放电曲线如图5.8所示。曲线1为放电曲线。开始放电时,电极电位为$+0.6$ V(相对于HgO电极),在短时间内下降到$+0.48$ V。曲线1的虚线部分是充完电的电池搁置一定时间之后再进行放电的情况。由于搁置时有自放电,开始放电在较低的电位下进行。BC段是电极放电的主要阶段。曲线2是充电曲线。

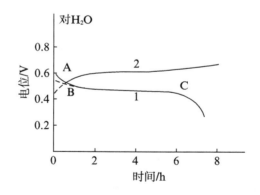

图5.8 氧化镍电极充放电曲线

1-放电曲线;2-充电曲线

由于电极的半导体性质,反应进行不彻底,电极活性物质利用率不高。如提高电导率和固相中质子扩散速度,可以增加电极的充电率和放电深度,提高活性物质利用率。而半导体的导电率和质子扩散速度不仅依赖于温度,还依赖于晶格中存在的某些缺陷。引入某些杂质可以改变其半导体性能,从而改变其电化学特性。例如,正极中加入$LiOH$或$Ba(OH)_2$,锂和钡能增加氢析出的过电位,使充电效率提高。添加钴能大大增加电极的放电深度。当钴和钡或钴和锂同时添加时,充电效率和放电深度都有所提高,而且互不干扰。铁是有害杂质,它降低了充电效率,不能增加放电深度,必须尽量避免。

2. 镍电极活性物质的晶型结构

镍电极的还原态及氧化态物质按照晶体学理论,有 α-Ni(OH)$_2$ 和 β-Ni(OH)$_2$,β-NiOOH 和 γ-NiOOH 四种晶型结构。四种晶型的活性物质都可以看作是 NiO$_2$ 的层状堆积物。它们在结构上的差别主要表现在层间距、排列方式和层间的嵌入粒子不同。当整齐有序排列时便形成 β-Ni(OH)$_2$,当无规则堆积时则为 α-Ni(OH)$_2$。在充放电过程中,各晶型的 Ni(OH)$_2$ 和 NiOOH 存在一定的对应转变关系,如图 5.9 所示。

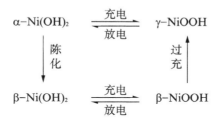

图 5.9　晶型转变关系

β-Ni(OH)$_2$ 转变为 β-NiOOH,相变过程中质子 H$^+$ 转移,两者层间距为 $0.45\sim0.48$ nm,层间一般不存在水分子和其他离子插入。γ-NiOOH 是 β-NiOOH 过充电时的产物,其还原产物为 α-Ni(OH)$_2$。α-Ni(OH)$_2$ 和 γ-NiOOH 层间距为 $0.76\sim2.4$ nm,层间嵌入有水分子和碱金属离子及 CO$_3^{2-}$、NO$_3^-$ 等离子。在长期循环、过充电、高倍率充放电以及较浓的电解液条件下易形成 γ-NiOOH。γ-NiOOH 的生成使得 Ni(OH)$_2$ 在充放电过程中其体积变化量也相应增加。当正常充放电时,β-Ni(OH)$_2$ 转变为 β-NiOOH,其体积变化量仅 15%;而当 γ-NiOOH 生成时,体积变化量为 44%。研究普遍认为镍电极中 γ-NiOOH 的生成是造成电极膨胀、掉粉、微应力机械损伤乃至电极寿命终止的主要原因。此外它也可能是造成烧结式镍电极的 Cd-Ni、H$_2$-Ni、MH-Ni 电池记忆效应的原因之一。

当电极反应仅在 β-Ni(OH)$_2$/β-NiOOH 之间进行时,电极活性物质体积变化量小,电极反应可逆性良好,电极性能稳定。这是因为 β-Ni(OH)$_2$/β-NiOOH 密度差别小,相应的晶格参数和层间距较为接近,两者具有良好的结构可逆性。而当电极出现 α-Ni(OH)$_2$/γ-NiOOH 反应时,结构变化增大,结构中吸收的 KOH 大约为前者的 4 倍。H. Bode 及其合作者确定了 γ-NiOOH 最高氧化态的近似成分为(4NiO$_2$ · 2NiOOH) · (2K · 2OH · 2H$_2$O)。R. Barnard 及其合作者深入研究并发表多篇论文讨论了这一问题,提出了通用表达式 M$_{0.32}$ · NiO$_2$ · 0.7H$_2$O,其中 M 代表 Li$^+$、Na$^+$、K$^+$ 和 Rb$^+$,并且测量了 β-Ni(OH)$_2$/β-NiOOH 和 α-Ni(OH)$_2$/γ-NiOOH 组成的电池的电压,前者比后者的开路电压高100 mV左右。更多的研究成果支持了这些观点,多种成分在晶间的存在起到了使高价态镍化合物稳定的作用,电极中的杂质似乎也是通过这种途径发挥作用。Yuichi Sato 及其合作者认为 γ-NiOOH 是镍电极存在记忆效应的主要原因,他们的实验表明仅经过几个正常充放电循环电极内部集电体表面就形成了 γ-NiOOH,然后其随着浅充放电循环的进行向溶液中生长。也有观点认为记忆效应源于低能量 β-NiOOH 或 Ni(OH)$_2$ 高电阻层的形成,Robert A. Huggins 分析了过充形成的无定形 HNi$_2$O$_3$ 对电压和容量的影响。总的来说,镍电极的记忆效应与充放电历史有关,其机理存在多种解释,尚难定论。

5.2.4 镉电极的工作原理

负极活性物质为海绵状金属镉。放电时形成的最终产物是氢氧化镉。其反应方程式为

$$Cd+2OH^- \xrightarrow[\text{充电}]{\text{放电}} Cd(OH)_2+2e$$

实验证明,镉电极的反应机理是溶解-沉积机理,即放电时镉以 $Cd(OH)_3^-$ 形式转入溶液,然后生成 $Cd(OH)_2$ 沉淀附着在电极上。在正常的工作电位(低于镉电极的钝化电位),反应过程是 OH^- 首先被吸附。

$$OH^- \longrightarrow OH_{\text{吸}}+e \qquad\qquad (5.10)$$

也就是

$$Cd+OH^- \longrightarrow Cd-OH_{\text{吸}}+e \qquad\qquad (5.10')$$

这一吸附作用,在更高的电位下被进一步氧化:

$$Cd+3OH^- \longrightarrow Cd(OH)_3^-+2e \qquad\qquad (5.11)$$

和

$$Cd(OH)_3^- \longrightarrow Cd(OH)_2+OH^- \qquad\qquad (5.12)$$

沉积在电极表面上的 $Cd(OH)_2$ 呈疏松多孔状,它不妨碍溶液中 OH^- 离子连续向电极表面扩散。因此,电极反应速率不会受到明显影响,镉电极的放电深度较大,活性物质利用率较高。对于镉电极的放电产物有研究者根据放电前后电极质量的变化,并用电子显微镜、红外光谱和 X 射线衍射等方法,观察其放电产物为 β-$Cd(OH)_2$ 或 γ-$Cd(OH)_2$,或是两者的混合物。也有研究者通过中子衍射测试,说明放电产物是 CdO。

如果到了镉的钝化电位,反应就不一样了。这时将在金属表面上生成很薄的一层钝化膜。这层膜一般认为是 CdO。也有研究者根据镉电极放电停止时的双电层电容降低为原来的 1/30,而欧姆电阻增加量小于 6 倍的实验现象,提出镉电极的钝化是由吸附氧引起的,吸附氧的量只要等于几个分子层,就足以使镉电极钝化。如果放电电流密度太大,温度太低,碱液浓度低,都容易引起镉电极钝化。很明显,镉电极的放电容量或活性物质利用率会受到镉在溶液中钝化程度的限制。

防止电极钝化,主要是在制造活性物质时加入表面活性剂或其他添加剂。其作用是起分散作用、阻聚作用,阻碍镉电极在充放电过程中趋向聚合形成大晶体,使电极真实面积减少;同时,改变镉结晶的晶体结构。通常在生产实践中,一般加入苏拉油或 25 号变压器油。

其他添加剂有 Fe、Co、Ni、In 等,Fe、Co 和 Ni 可提高电极的放电电流密度。Fe 和 Ni 的加入,可降低放电过程的过电位。In 可提高电子导电性。在开口电池中,一般加入 Fe 或铁的氧化物;在密封电池中,一般加入 Ni 或镍的氢氧化物。铊、钙和铝是对镉电极有害的杂质。

氢在镉电极上析出过电位很大。适当控制充电电流,充电时可不发生氢气逸出。同时,镉在碱性溶液中不会自动溶解。所以,镉电极的充电效率较高。

由于镉电极中总有少量的 Cd^{2+} 离子溶解在电解液中,除此之外,R. D. Armstrong 和

S. J. Churchouse 在实验中发现,溶液中还有 Cd(OH)$_2$ 的悬浮物存在,在一定的电场作用下,Cd^{2+} 离子很快在电极表面的 Cd(OH)$_2$ 悬浮物上长大起来,最终刺穿隔膜引起电池短路,因此在高可靠使用场合镉镍电池需要按规定程序进行操作(参见 5.6 节)。

5.2.5 密封镉镍电池工作原理

密封电池无须维护,受到了用户的欢迎。但是,实现密封不是一件容易的事。实现密封最重要的条件是:如何防止电池储存时析出气体和消除电池在正常充电时产生的气体。

镉镍电池是最先研制成密封电池的电化学体系,也是使用最广泛的密封电池。它与其他电化学体系相比,具有下列优点:

与以锌或铁为负极的电池不同,镉镍电池在开路搁置或充电时,负极上不产生氢气。这是因为:

$$Cd(OH)_2 + 2e \longrightarrow Cd + 2OH^- \qquad \varphi^{\ominus}_{Cd^{2+}/Cd} = -0.809 \text{ V} \qquad (5.13)$$

$$2H_2O + 2e \longrightarrow H_2\uparrow + 2OH^- \qquad \varphi^{\ominus}_{H^+/H_2} = -0.828 \text{ V} \qquad (5.14)$$

即镉电极的标准电极电位 $\varphi^{\ominus}_{Cd^{2+}/Cd}$ 比同溶液中氢电极的标准电极电位 $\varphi^{\ominus}_{H^+/H_2}$ 正 20 mV。因此,镉镍电池储存期间无氢产生。而且,氢在镉电极上析出过电位较高(+1.05 V)。所以,适当控制充电电流可以抑制氢的产生,充电效率也很高。

镉负极分散性较好,呈海绵状,对氧具有很强的化合能力。因此,镍电极在充电或自放电时产生的氧迁移至负极,很容易与镉进行化合反应[式(5.15)],或电化学反应[式(5.16)]而被镉吸收。其反应方程式为

$$2Cd + O_2 + 2H_2O \longrightarrow 2Cd(OH)_2 \qquad (5.15)$$

$$\begin{cases} 2Cd + 4OH^- \longrightarrow 2Cd(OH)_2 + 4e \\ O_2 + 2H_2O + 4e \longrightarrow 4OH^- \end{cases} \qquad (5.16)$$

据报道,过充电时约有 70% 的氧气是与镉直接反应消耗掉,另外 30% 的氧气是通过电化学途径消耗掉的。

综上所述,虽然正极充电时析出的氧气可以被负极吸收,但还必须防止充电或过放电时氢的析出。因此,在设计和制造密封镉镍电池时还须采取如下措施:

1. 设计负极容量超过正极容量

密封电池设计时,负极始终有未充电的活性物质存在,即负极容量大于正极容量,也就是说,电池容量由正极决定,或电池容量受正极限制。正极负极活性物质容量比,一般控制在负极容量:正极容量=(1.3~2.0):1。

当正极充足电发生过充时,负极上还有多余的 Cd(OH)$_2$(多余的负极容量称为充电储备物质)未被还原,避免了过充电时负极上氢气的析出。电池充电(或过充电)时,正极上产生的氧气扩散到负极,立即被负极海绵状镉吸收,生成 Cd(OH)$_2$,又成为负极充电物质。因此,负极永远不会完全充足电。通常,把这种充电的保护作用称为镉氧循环,如图 5.10 所示。

2. 控制电解液用量

密封电池的电解液浓度与开口电池基本相同(都用密度为 1.25~1.28 g·cm^{-3} 的 KOH

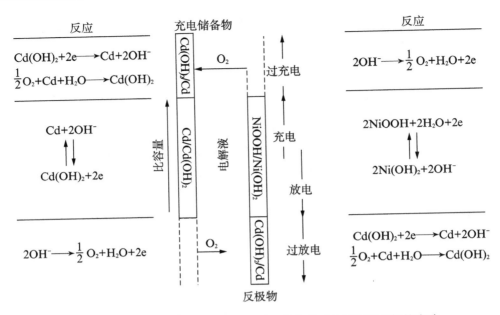

图 5.10   密封镉镍电池在正常和极端工作条件下的反应和氧气的流动

水溶液,加有 15 g·dm^{-3} 的 LiOH),但用量少得多,以保证氧气从正极向负极顺利扩散,在负极上有足够的反应表面积。因此,电解液用量必须控制适宜。当然,电解液量太多,电池内气室必然减小,电池内压力增大,如图 5.11 所示。

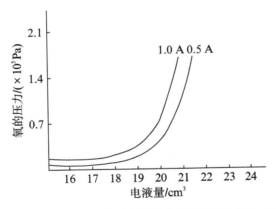

图 5.11   电液量对氧压力的影响(实验电池,4 A·h)

电解液的用量与电极孔率、隔膜材料有关。镉电极孔隙率对电池内氧气压力的影响如图 5.12 所示。其最适宜的用量根据实验确定,通常为 3~5 g·(A·h)$^{-1}$,或电极组质量的 17%~19%。

3. 选用微孔隔膜

在密封电池中,除了一般电池对隔膜的要求外,要求隔膜尽可能薄、透气性要好、孔径尽量小,以适应使氧气快速向负极扩散的需要。例如,圆柱电池用的单层膜——尼龙毡(0.27 mm 厚)、纤维素毡(0.20 mm 厚)或聚乙烯毡(0.22 mm 厚),扣式电池中用的三层膜——氯乙烯-丙烯共聚毡(0.06 mm 厚)、纤维素毡(0.10 mm 厚)和氯乙烯-丙烯腈共聚毡(0.06 mm 厚)。

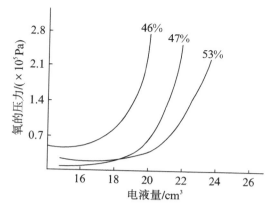

图 5.12　镉电极的孔隙率对电池内氧气压力的影响

4. 采用薄板片、紧装配

采用多孔薄型镍电极、海绵状薄型镉电极,实现单体内部紧装配。极片间距控制在 0.2 mm 左右,保证氧气向负极的顺利扩散。

5. 进行反极保护

当由单体电池串联组成的电池组放电时,尽管单体电池型号相同,但其容量的不均匀性必定存在。因此,当容量最小的那只单体电池容量放完后,整个电池组仍在放电,此时容量最小的电池就被强制过放电而造成反极充电状态,如图 5.13 所示。

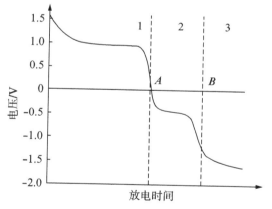

图 5.13　在电池组中容量最小的单体电池过放电曲线

从图 5.13 可知,第一阶段是正常放电,放电到 A 点,电池电压降至零伏。此时,正极容量已放完,因负极容量过剩,仍有未放电的活性物质存在。第二阶段电池电压急剧下降至 -0.4V,此时,负极继续发生氧化反应(正常放电),而正极发生水的还原反应,产生 H_2,这时,

负极

$$Cd + 2OH^- \longrightarrow Cd(OH)_2 + 2e \tag{5.17}$$

正极

$$2H_2O + 2e \longrightarrow H_2 \uparrow + 2OH^- \tag{5.18}$$

放电到 B 点,负极容量已放完,负极电位急剧变正,电池电压降至 $-1.6 \sim -1.52\text{V}$。此时,

第三阶段正极上析出氢气,负极上析出氧气:

负极

$$4OH^- \longrightarrow O_2\uparrow + 2H_2O + 4e \qquad (5.19)$$

必须指出:电池过充电时,正极上生成 O_2,负极上生成 H_2,而强制放电(也称反极充电)时,正极上生成 H_2,负极上生成 O_2。电池一旦发生反极充电,是极其危险的。它使电池内压力急剧上升,引起爆炸;而 O_2 和 H_2 先后在同一电极上生成,更易引起爆炸。为此,除严格禁止过放电外,还须采取反极保护措施。

目前,主要的反极保护措施是在氧化镍电极里加入反极物质 $Cd(OH)_2$,如图 5.14 所示。正常放电时,正极中被加入的 $Cd(OH)_2$ 并不参加反应,作为非活性物质存在,一旦电池出现过放电时,正极中被加入的这部分 $Cd(OH)_2$ 立即进行阴极还原反应

$$Cd(OH)_2 + 2e \longrightarrow Cd + 2OH^- \qquad (5.20)$$

代替了水在正极上的还原,防止了在正极上生成 H_2,同时,还原生成的 Cd 又可与负极过放电时产生的 O_2 建立镉氧循环。这样,即使反极充电,电池内也不会因有气体的积累,造成电池内压力的上升。

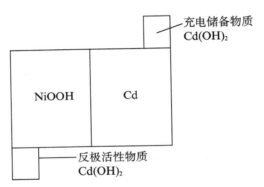

图 5.14　充电储备物质和反极活性物质示意图

5.3　矩形开口式镉镍电池

矩形开口式镉镍电池的典型代表是烧结式镉镍电池,根据正负极片是否均采用烧结极板区分为全烧结和半烧结镉镍电池。

全烧结镉镍电池是指其正负极片均经烧结而成可大电流放电的一类镉镍电池。正负极片的基片均采用冲孔镀镍钢带在低密度镍粉和发孔剂组成的镍浆中拉浆,经刮平、干燥过程,在氢气保护的高温炉内烧结而成。然后,分别在硝酸镍和硝酸镉溶液中浸渍,经结晶、碱化处理获得正负极片,用这种极片即可组装成电池。由于极片采用烧结式结构,所以全烧结电池的内阻小,能以超高倍率放电。放电倍率可高达 45 C 以上。虽然目前全烧结电池市场售价稍贵,但它具有其他电池系列无法比拟的特性,尤其是可提供高峰值功率和具有快速充电的良好性能,受到了用户的欢迎。

半烧结电池,是在全烧结电池基础上为了降低成本适应不同用户需要而发展的一个镉镍

电池新品种。半烧结电池即一半采用烧结电极,一半为非烧结电极。具体讲,是正极为烧结式极片、负极为压结式或涂膏式极片组装成的镉镍电池。其价格较低,约为全烧结电池的 2/3。

5.3.1　电池结构

典型的全烧结镉镍电池解剖图如图 5.15 所示。将经烧结和浸渍而成的正负极片之一包封隔膜,组成电极组。然后将电极组与极柱、螺栓、螺母连接紧固或将电极组与极柱用点焊方法连接,装在塑料电池槽内。用胶黏剂或超声波焊机把电池槽、盖封结好。最后灌注电解液,拧上气塞即可。

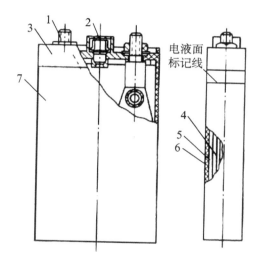

图 5.15　全烧结镉镍电池结构示意图

1-极柱;2-气塞;3-盖;4-正极板;5-负极板;6-隔膜;7-外壳

半烧结电池结构与全烧结电池基本相同。所不同的是负极片不是烧结式的,隔膜要包封在负极片上。通常,负极片数比正极片多 1 片。

5.3.2　电池制造

1. 全烧结镉镍电池

全烧结镉镍电池的制造工艺流程如图 5.16 所示。

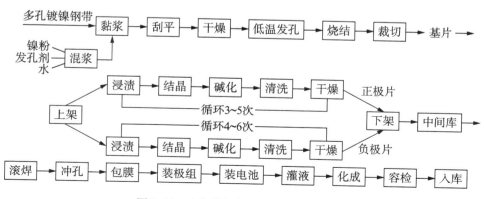

图 5.16　全烧结镉镍电池制造工艺流程

① 骨架制造。骨架可作为烧结结构极片的机械支承，又可作为电化学反应的导体集流之用。同时，还使制造过程的连续性成为可能。目前，一般采用两种骨架：

连续的（成卷）穿孔镀镍钢带或穿孔纯镍带作为制造骨架的基带。其厚度为 0.1 mm，孔径为 $\phi1.5\sim2.0$ mm，孔隙率为 $35\%\sim40\%$。

镀镍钢丝或镍丝编织的网栅作为制造骨架的基网。典型网栅可采用 $\phi0.18$ mm 的镍丝，开孔尺寸 1.0 mm。

② 基片制造。将低密度镍粉粘黏在骨架上，经烧结而成基片。它通常有 $80\%\sim85\%$ 的孔率。孔率的大小可通过调整发孔剂量的多少及控制烧结温度和时间来实现。其厚度为 $0.4\sim1.0$ mm，可按设计要求加以控制。有干粉滚压法和湿法拉浆法两种，采用干粉滚压法制造基片，一般预先将基带或基网作黏浆处理，使其表面形成粗糙层增加镍粉的黏结力。

③ 浸渍。这是在基片中添加活性物质的主要手段。它是决定电池容量的关键工序。目前常用的浸渍方法有静态浸渍法、电化学浸渍法和真空浸渍法等。

④ 极片化成。极片浸渍后，除了进行机械刷洗（或人工刷洗）和干燥外，并须对极片充电和放电进行电化学清洗和化成。极片化成大致有配对化成法、连续化成法、组装电池化成及开口化成等。

⑤ 隔膜选择。一般采用非编织的聚丙烯毡状物或维尼伦与尼龙的复合物作全烧结电池的隔膜。该材料的多孔性相对较好，构成通过电解液的离子导电通路。

⑥ 极组装配。极组以正负极片交错方式装配。极组极耳用螺栓连接或焊接在极柱上。

⑦ 电解液配制。采用氢氧化钾水溶液作电解液。常用电解液的密度为 1.25 g·cm^{-3} 和 1.30 g·cm^{-3} 两种。低温使用的电池应选用 1.30 g·cm^{-3} 密度的电解液。

⑧ 极组装入电池槽及封盖。将极组装入电池槽中。电池槽和电池盖通常用尼龙或 AS、ABS 等工程塑料注塑成型。对电池槽要求有一定的透明度，使用期间可供操作和维护人员观察电池的液面位置。装入电极组的电池槽与其相匹配的电池盖以溶剂黏结密封、热封或超声波黏合。

⑨ 化成。化成就是通过几次充放电过程，将正极氢氧化镍和负极氢氧化镉转变成活性物质。化成大致有三个作用：可除去夹在电极间的有害物质，如硝酸根离子。经历数次氧化还原反应过程，可增大电极的真实表面积。与电极结合较疏松的活性物质在化成后的清洗洗刷中可予以清除。用化成好的极片组装电池，一般不会发生活性物质从极片上脱落的现象。

⑩ 拧气塞。作为电池注液口的活动塞头，最好选用带有止回阀功能的气塞，以止回释放过充电消耗水所产生的气体。止回阀能防止电解液被大气污染。

现对基片制造、浸渍和化成三道极其重要的工序再作些介绍和说明。

1）基片制造工序

① 干粉滚压法。先将羰基镍粉与发孔剂（碳酸氢铵或聚乙烯醇缩丁醛）按一定配方混合，过筛后倒入滚压机料斗中。启动滚压机，调整好滚轮间隙，再把骨架事先切割成基片所需尺寸，然后将骨架插入料斗使之与滚轮接触。随着滚轮的慢慢转动，已轧上镍粉的骨架从滚轮下部送出，如图 5.17 所示。送入烧结炉内 $900\sim1\,000$℃（在 H$_2$ 保护下）烧结，即成正负极片的基片。

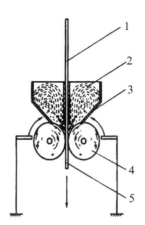

图 5.17　干粉滚压法原理示意图

1-骨架;2-混合镍粉;3-料斗;4-同步轧辊;5-待烧结基片

混粉时,镍粉和发孔剂的体积比在 1:1 左右。其质量比与它们的视密度有关。如羰基镍粉:碳酸氢铵=(5:5)~(6:4),羰基镍粉:聚乙烯醇缩丁醛=(6.5:3.5)~(8:2)。

② 湿式拉浆法。湿法拉浆和卧式烧结炉内进行基片烧结的原理如图 5.18 所示(工艺流程见图 5.19)。

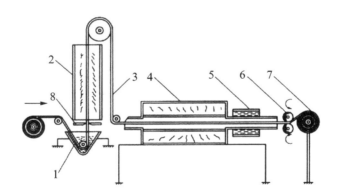

图 5.18　湿法拉浆及卧式烧结炉内进行基片烧结的原理示意图

1-镍浆;2-烘道;3-干燥的基片带;4-高温烧结炉;
5-冷却室;6-同步进出辊轮;7-烧结成品带;8-刮刀

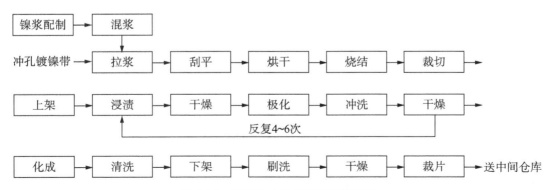

图 5.19　圆柱电池正极制造工艺流程

首先要配制镍浆。镍浆配制是关键环节之一。为确保一定的黏度,镍粉的视密度测定、材料配比、混浆的速度和时间需严加控制。

烧结时保护气体(氢氮混合气体)流量、干燥通道的温度、拉浆模间隙、烧结温度、钢带走速(它是决定基板在高温中烧结时间的重要参数)等都必须严格加以控制。

2) 浸渍工序

① 静态浸渍法。静态浸渍是将基片插入浸渍架上分别浸在存有静置的硝酸镍与硝酸镉溶液中,使硝酸镍和硝酸镉填入正极多孔镍基片和负极多孔镍基片中,然后用 KOH 或 NaOH 碱化沉积成氢氧化镍和氢氧化镉。如此重复进行多次,直到活性物质的增重达到要求为止。典型的静态浸渍工艺参数见表 5.3。

表 5.3　典型的静态浸渍工艺参数

参数	浸渍溶液密度/(g·cm^{-3})	pH	温度/℃	时间/h	浸渍次数
正极片	1.68～1.78	3～4	70～80	2～4	4～6
负极片	1.60～1.68	3～5	40～50	2～4	3～5
碱化	1.15～1.20	—	70	2	—

浸渍溶液的配制:

正极浸渍溶液(1 dm^3),含硝酸镍 1 500 g,硝酸钴 75 g。

负极浸渍溶液(1 dm^3),含硝酸镉 1 250 g,硝酸镍 50 g。

碱化溶液(3 dm^3),含氢氧化钾 1 000 g。

② 电化学浸渍法。电化学浸渍就是用电解的方法来获得活性物质。以镍基片作阴极,分别以镍或镉为阳极,在微酸性的硝酸镍或硝酸镉水溶液中接通直流电源,即在镍基片的孔中沉积活性物质氢氧化镍或氢氧化镉。这种方法工艺简单,节省了碱化过程,生产周期短,容易形成流水生产作业,能源及原材料消耗比静态浸渍少,只是浸渍液的处理较麻烦。电化学浸渍方法主要有两种,醇水溶液或水溶液电化学浸渍。

使用醇水溶液的电化学浸渍工艺制度:1.6～1.8 mol·L^{-1} Ni(NO$_3$)$_2$,0.18～0.2 mol·L^{-1} Co(NO$_3$)$_2$,乙醇∶水为 1∶1(体积比),pH 2.8～3.2,电流密度 46.5～77.5 mA·cm^{-2},浸渍温度 70～80℃,浸渍时间 1～3 h。

使用水溶液的电化学浸渍工艺制度:1.5 mol·L^{-1} Ni(NO$_3$)$_2$,0.175 mol·L^{-1} Co(NO$_3$)$_2$,0.075 mol·L^{-1} NaNO$_2$,pH 3～4,电流密度 50～93 mA·cm^{-2},浸渍温度 95～100℃,浸渍时间 2～5 h。

与化学浸渍工艺相比,电化学浸渍制备镍电极有以下优点:在电极微孔内活性物质沉积均匀;浸渍量易控制;腐蚀程度小;利用率高,电化学浸渍镍电极活性物质利用率为 100%～130%,而化学浸渍镍电极只有 90%;电极膨胀小;生产效率高。

③ 真空浸渍法。真空浸渍就是将基片放入密封容器中,用真空泵抽气,使容器内的负压达到一定值。然后将正负极浸渍液分别输入正负极容器中,并继续抽真空,保持一定时间。由于基片处于真空环境中,烧结镍结构孔隙中的空气被抽去,使硝酸镍与硝酸镉离子更方便地填入正负基片里。因此,真空浸渍是缩短浸渍时间,获得较高浸渍效率的工艺方法。

也可将基片放入已灌好浸渍溶液的密封容器中,然后抽真空,待容器内真空度达到一定值时,保持 0.5 h 左右,即完成一次真空浸渍。通常,真空浸渍比静态浸渍可减少一个周次,并可缩短浸渍生产周期,但生产设备投资及能源消耗较静态浸渍高。

3)化成工序

① 配对化成。配对化成就是将浸渍好的正负极片组成临时电极对,中间加隔离板,放入化成槽内。视槽的大小放入 15 片正极、16 片负极或 20 片正极、21 片负极等,再把正负极分别连成并联状态(也可装成正极片比负极片多 1 片)。然后将若干化成槽连接成串联状,每个槽里加化成液,其液面高度应将极片完全浸没,即可通电进行充电。充电完毕,切断充电电路,在原化成槽里进行放电。待充放电达到要求后,即可出槽、清洗并干燥。典型的化成充放电参数见表 5.4。

表 5.4　典型的化成充放电参数

化成次数	充　　电		放　　电	
	电流	时间/h	电流	终止电压/V
第一次	0.2 C	9	0.2 C	1.0
第二次	0.2 C	7	0.2 C	1.0
第三次	0.2 C	7	0.2 C	1.0

② 连续化成。对湿法拉浆成型的极片可采用连续化成的办法。它在相似于连续电镀的设备上进行,如图 5.20 所示。

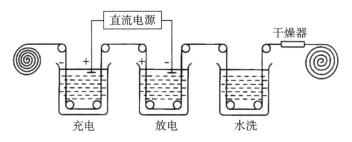

图 5.20　连续化成示意图

连续化成可分为配对化成与单化成两种。配对化成就是将正极片卷与负极片卷重新卷合,中间用卷状隔膜隔开,然后在图 5.20 所示的设备上进行化成。也可将三合一的成卷极片装入圆形的化成槽中,进行充放电化成。单化成就是正极片或负极片作为一个电极,另一个电极以不锈钢等材料代替作为辅助电极,在化成槽里进行化成。这种方法使用者不多,不仅物耗能耗增加,且生产周期增加一倍,但化成效果较配对化成要好,可按实际情况进行选择。

③ 组装电池化成。该法适用于极片面积不大而不需再分割的极片。可直接组装成电池单体。灌注化成液后,即可进行充放电。达到化成目的后,倒去化成液,灌注电解液后即可送检入库。

④ 开口化成。开口化成是一种不封盖的组装电池化成,与组装电池化成大同小异。由于部分极片经充放电化成后会有与电极结合较疏松的活性物质及极片附着物脱落,因此必须将极组拆开刷洗干净(主要是正极)。然后重新包膜,组装电池。该法与组装电池化成法

相比,生产周期稍长些,多花费些能源、原材料,但可确保产品无多余物,提高了产品品质和可靠性。

2. 半烧结镉镍电池

与全烧结镉镍电池相比,半烧结镉镍电池采用的烧结镍正极与其镍电极制造过程相同,但半烧结镉电极的制造一般采用两种方法:干式模压法和湿式拉浆法。

1) 干式模压法

干式模压法混合料的典型配方见表5.5。

表5.5　典型的干式模压法混合料配方

材料名称	海绵镉	氧化镉	氢氧化镍	变压器油
配比/%	40	52	5	3

先将氧化镉、海绵镉、氢氧化镍按比例混合均匀,再加入变压器油混合均匀。并将混合粉与3%羧甲基纤维素(CMC)水溶液以19∶1比例拌匀。然后根据要求称取一定量的混合粉,取一半左右放入模具中,刮平,再放上骨架,并加入另一半粉。刮匀后合上上模板,送入压力机中加压成型。成型压力一般控制在40 MPa左右。经干燥处理即成镉负极片,视需要进行化成或组装电池。

2) 湿式拉浆法

先将氧化镉、镉粉、反极物质按比例倒入和粉机中搅匀,再逐步加入变压器油混匀。配制3%的羧甲基纤维素钠水溶液,加入一定量的聚乙烯醇缩丁醛料。搅匀,测量黏度,再加入消泡剂。把混好的浆料倒入胶件磨机中,通过胶磨使粉变为细泥。把浆液倒入料斗中,用拉浆法使冲孔镀镍钢带表面沾满浆液,刮平。进入电加热烘道烘干。干燥程度以烘干到90%为好,使极片带不开裂。紧接着,立即进入液压工序。经液压后使极片的密度增加35%～40%。按要求裁切成不同规格的镉负极片。点焊上极耳后成为完整的极片。视要求进行化成或组装电池(一般矩形电池均先装配电池后化成,而圆柱电池均采用单化成)。

5.3.3　电池性能

1. 放电特性

典型的全烧结镉镍电池不同倍率的放电曲线如图5.21所示。半烧结电池不同倍率的放电曲线如图5.22所示。

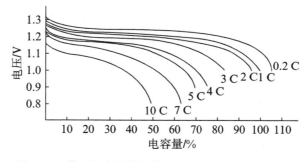

图5.21　典型的全烧结镉镍电池不同倍率的放电曲线

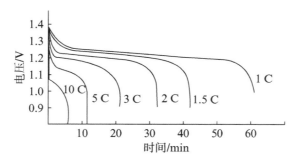

图 5.22　半烧结电池不同倍率的放电曲线（25℃）

2. 影响容量的因素

全烧结电池的电容量与放电倍率和温度有关。它们的关系分别如图 5.23 和图 5.24 所示。

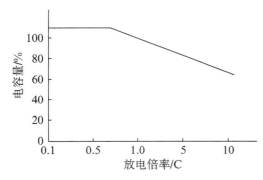

图 5.23　放电容量与放电倍率的关系（25℃）　　　图 5.24　放电容量与温度的关系

3. 内阻

全烧结电池是所有镉镍电池中内阻最小的电池。由于各制造厂商的结构设计、工艺技术有所不同，电池内阻稍有差异。表 5.6 列出了一些典型数据。

表 5.6　典型的全烧结电池内阻

电池容量/(A·h)	电池内阻/mΩ
20	0.8～1.5
40	0.6～1.0
60	0.4～0.8
80	0.3～0.7
100	0.2～0.4

4. 荷电保持能力

荷电保持能力是指电池全充电后在开路情况下长期储存所剩余的放电容量。荷电损失的原因是自放电和电池间漏电。

自放电是由电池本质所决定的。试验表明，荷电保持能力与开路储存时间存在半对数的函数关系，如图 5.25 所示。自放电倍率大小是由电极的杂质和化学稳定性决定的。

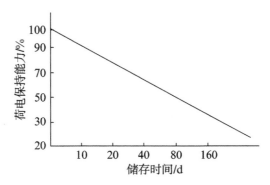

图 5.25 荷电保持能力与储存时间的关系

储存温度也是影响电池自放电的重要原因之一。如图 5.26 所示。

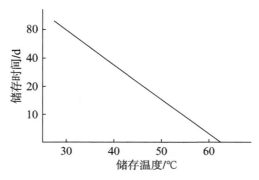

图 5.26 储存温度与时间的关系

5. 储存与寿命

全烧结电池可在任何充电态和很宽的温度范围－60～60℃内储存。但最好的温度区间是 0～30℃,电解液液位正常,并保持垂直位置,以放电态储存为宜。储存后使用前,电池应充电活化,使之恢复到工作状态。

全烧结电池寿命分为充放电循环寿命和使用寿命两个方面:

① 充放电循环寿命。由于制造厂商的工艺技术和选用原材料的不同,可分为 500 周以上和 800 周以上两类。

② 使用寿命。使用寿命是指在正常使用和维护下(包括长期在浮充电下使用),通常为 10～15 a。若使用维护得当,使用寿命还可更长些。

6. 比能量和比功率

全烧结电池在 25℃下的比容量、比能量和比功率的典型平均值见表 5.7。

表 5.7 典型比特性参数

参数	质量比特性	体积比特性
比容量	$25\sim31\ A\cdot h\cdot kg^{-1}$	$48\sim80\ A\cdot h\cdot dm^{-3}$
比能量	$30\sim37\ W\cdot h\cdot kg^{-1}$	$58\sim96\ W\cdot h\cdot dm^{-3}$
比功率	$330\sim400\ W\cdot kg^{-1}$	$730\sim1\ 250\ W\cdot dm^{-3}$

5.3.4 电池型号和尺寸

典型的国产全烧结镉镍电池型号和外形尺寸见表5.8。

表 5.8 典型的国产全烧结镉镍电池型号和外形尺寸

| 型 号 | 额定电压/V | 额定容量/(A·h) | 外形尺寸/mm | | | | 极柱罗纹 | 正常充电 | | 正常放电 | | | 最大质量/kg | 循环寿命/周 |
			长	宽	高	带极柱高		电流/A	时间/h	电流/A	终止电压/V	放电时间/h		
GNC10	1.2	10	64	29	125	133	M8	2	7	2	1.0	5	0.54	≥500
GNC10-(2)	1.2	10	80	24	140	152	M8	2	7	2	1.0	5	0.56	≥500
GNC20-(2)	1.2	20	87	40	136	152	M8	4	7	4	1.0	5	0.88	≥500
GNC20-(3)	1.2	20	80	28	200	218	M8	4	7	4	1.0	5	0.92	≥500
GNC30	1.2	30	87	52	154	180	M10	6	7	6	1.0	5	1.30	≥500
GNC35	1.2	35	80	35	220	240	M10	7	7	7	1.0	5	1.50	≥500
GNC40	1.2	40	103	47	197	225	M12	8	7	8	1.0	5	1.68	≥500
GNC40-(2)	1.2	40	80	40	222	250	M10	8	7	8	1.0	5	1.70	≥500
GNC50	1.2	50	103	56	197	225	M12	10	7	10	1.0	5	2.10	≥500
GNC60	1.2	60	103	65	197	225	M14	12	7	12	1.0	5	2.52	≥500
GNC80	1.2	80	135	57	230	200	M16	16	7	16	1.0	5	3.60	≥500
GNC100	1.2	100	135	68	230	260	M16	20	7	20	1.0	5	4.50	≥500
GNC120	1.2	120	135	96	230	260	M16	24	7	24	1.0	5	5.40	≥500
GNC150	1.2	150	135	96	230	260	M18	30	7	30	1.0	5	6.70	≥500
GNC200	1.2	200	147	78	340	380	M18	40	7	40	1.0	5	7.80	≥500
GNC300	1.2	300	165	144	314	354	M20	60	7	60	1.0	5	14.60	≥500
GNC400	1.2	400	165	144	314	354	M20	80	7	80	1.0	5	18.50	≥500

5.3.5 典型电池设计

全烧结镉镍电池以化学电源形式使用,航空机载电源是较典型的实例之一。如为某大型民航客机配套的直流化学电源,由两个电池组串联用作启动辅助电源,并可在常规直流电源发生故障时,为机载电子仪器设备应急供电。

航空机载电池组的技术要求:

① 额定电压:13.5 V。

② 额定容量:35 A·h(1 C率放电,≥60 min)。

③ 最大工作电流:315 A。

④ 最大工作电流放电时间:≥5 min。

⑤ 外形尺寸：221 mm×182 mm×257 mm。

⑥ 质量：21 kg。

1. 电池组设计

电池组外壳，一般采用不锈钢或耐碱涂料处理的钢结构所制成的密封箱体。配上相应的盖，用 4 个带弹簧的搭扣加以固定。电池壳备有过充电排气的气体扩散通道孔（管）。

电池组内部采取紧密装配，箱体内设有固定夹板，确保电池在外壳内无松动，具备经受剧烈的冲击和松动不受损伤的能力。

电池组由 11 只 35 A·h 全烧结开口式镉镍单体电池串联组成。单体电池间连接，一般采用连接片，正确地接在端面上，连接应牢固、可靠，接触电阻小。第一个和最后一个电池可用电缆线直接接在插座上。插座的型号须与用户协调一致。

根据需要，可在电池组中设置温度传感元件、加温装置等。

2. 单体电池设计

1）正负极活性物质计算

根据法拉第定律，每克氢氧化镍产生 0.289 A·h、每克氢氧化镉产生 0.366 A·h 电量。实际上活性物质利用率不可能达到100%。在开口镉镍电池中，正极活性物质利用率约为95%，负极活性物质利用率约为60%。设计时还要留 10%～20%的设计余量。因此，35 A·h 电池的活性物质用量计算如下：

正极容量：$35 \div 95\% \times 110\% = 40.5$ A·h；

正极活性物质需用量：$40.5 \div 0.289 = 140$ g；

负极容量：$35 \div 60\% \times 110\% = 64.2$ A·h；

负极活性物质需用量：$64.2 \div 0.366 = 176$ g。

2）极片体积计算

正极增重率为 1.2～1.5 g·cm^{-3}，取 1.3 g·cm^{-3}；

负极增重率为 1.5～1.9 g·cm^{-3}取 1.6 g·cm^{-3}；

正极片体积 $V_+ = 140 \div 1.3 = 107.7$ cm^3；

负极片体积 $V_- = 176 \div 1.6 = 110$ cm^3。

3）极片尺寸和数量设计

极片尺寸和数量的计算公式为

$$V = (WH\delta) \cdot n \tag{5.21}$$

式中，V 为极片（正或负）总体积；W 为极片宽度；H 为极片高度；δ 为极片厚度；n 为极片（正或负）数量。

国内外生产镉镍电池的部分制造厂商的烧结式极片的厚度见表5.9。

表 5.9　部分制造厂商烧结式极片厚度比较

制造厂商	正极片/mm	负极片/mm
General Electric	0.69～0.71	0.80～0.82
Eagle Picher	0.63～0.70	0.68～0.78

制造厂商	正极片/mm	负极片/mm
SAFT（法）	0.83～0.88	0.82～0.90
上海新宇电源厂	0.60～0.80	0.60～0.80

根据电池组分配给电池单体的外形尺寸 80 mm×35 mm×220(240)mm，若正负极片采用相同厚度的基片(0.7 mm)，则正负极片的体积为

$$72×140×0.7＝7\ 056\ mm^3＝7.056\ cm^3$$

将 2)计算的正负极片总体积和单片体积数据代入式(5.21)，则正负极片的 n 值为

$n^+＝107.7÷7.056＝15.2$，取 15 片；

$n^-＝110÷7.056＝15.59$，取 16 片。

4）放电电流密度验证

极片总面积为 $15×7.2×14＝1\ 512\ cm^2$；

电池作用总面积为 $2×1\ 512＝3\ 024\ cm^2$。

0.2 C 率放电电流值为 7 A，电流密度为 2.3 mA·cm^{-2}。根据实践经验，0.2 C 率放电电流密度在 2～3 mA·cm^{-2}时，其 10 C 率放电的负载电压一般在 1.12 V 左右(0.5 s 时)。由此可知，当该电池组以 9 C 率放电(315 A)时，可以满足要求。

5）单体装配松紧度计算

单体电池槽的壁厚一般为 2～2.5 mm。因此，单体槽内腔厚度为 29.2 mm。

隔膜选用丙烯毡和聚乙烯辐射接枝膜，总厚度为 0.18 mm。

电极组总厚度为

$$15(0.7＋0.36)＋16×0.7＝27.1\ mm$$

单体装配松紧度为

$$27.1÷29.2＝92.8\%$$

满足单体电池装配要求。

5.4　圆柱形密封镉镍电池

圆柱形密封镉镍电池(以下简称圆柱电池或密封电池)采用了特殊的设计，可防止充电时由于析出气体而产生的压力。电池内无游离电解液，因此不存在渗漏电解液的问题。使用期间除再充电外，无须维护和保养。

圆柱电池的工作原理除与其他镉镍电池一样外，还在于其负极活性物质相对过量，控制了电解液用量，选用微孔隔膜，采用薄极片紧装配的方法，在正极中添加反极物质进行了正极反极保护等。这样一来，防止了在电池内部积聚大量气体，达到了电池密封的目的。(关于密封镉镍电池的工作原理，请参阅 5.2.5 小节。)

圆柱电池具有高容量、高功率、高可靠、密封性好、电压平稳、使用温度范围宽和坚固耐用，且可与干电池互换的特点。

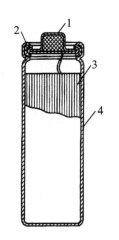

图 5.27　圆柱形密封镉镍电池结构示意图

1-组合盖；2-绝缘圈；3-卷式极片组；4-外壳

5.4.1　电池结构

圆柱电池是用途极其广泛的电池之一。圆柱形结构易于大批量生产，而且这种结构可获得极好的机械和电气性能。

典型的圆柱形密封镉镍电池结构如图 5.27 所示。其外壳由金属材制成。内装卷片结构的箔式电极组（也有插片结构的电极组）。上面装有安全排气装置的顶盖组件。顶端为正极，外壳为负极。

圆柱电池的外壳用镀镍钢板引申而成，也可冲压成型后再进行电镀处理。

圆柱电池的正极采用多孔烧结镍电极。用浸渍硝酸镍盐、再浸入碱溶液中沉淀氢氧化镍的方法充填活性物质。圆柱电池负极的结构和制造有多种。有的如同正极一样采用烧结镍基片；有的用涂膏法或压制法制造，也有的用电沉积法或发泡电极技术制造。

将连续加工成型的正负电极按规定的要求切割成一定的尺寸。然后，把它们连同中间的隔膜一起盘旋卷绕。隔膜通常采用渗透性好的非编织聚丙烯或尼龙和维尼纶的复合物。这些材料可吸收大量氢氧化钾电解液，并允许氧气渗透。最后把卷状电极装入外壳中加上顶盖组件进行封装。

圆柱电池的顶盖组件采用安全阀结构。若电池内部由于过度过充电或过放电产生超压时，则安全阀可自动打开排出气体。待电池内部压力恢复正常时自动复原。该安全阀排气结构可确保电池安全可靠而不会使电池外壳破裂。

安全阀有两种。早期生产的圆柱电池多数为一次密封型安全阀，如图 5.28(a) 所示。当电池内部气体压力增加到 $1\sim2$ MPa 时，密封膜鼓起被顶尖刺破而排出气体。此后电池不再密封，电池气体直接放出，空气中的二氧化碳也会直接进入电池，毒害电解液。同时还有溢出电解液的危险，电池不久就会失效。另一种就是目前普遍采用的二次密封型安全阀。如图 5.28(b)、(c) 所示。

5.4.2　电池制造

1. 电极制造

大规模圆柱电池电极生产均采用湿式拉浆法制造电极的基片。正极均用烧结式极片。负极有的也采用烧结式极片，适用于大电流高倍率放电的场合，但需用量较少；相当多的地方，大量需用经湿式拉浆后干燥再加压轧制成的负极（即半烧结极片）。

1）镍正极制造

圆柱电池正极制造工艺流程如图 5.19 所示。

① 骨架制造。烧结镍电极骨架为冲孔镀镍钢带。可根据烧结炉膛的宽度设计若干条极片并列的冲孔带。注意在骨架一边留有 $2\sim3$ mm 光边。

② 镍浆配制。将视密度为 $0.56\sim0.62$ g·cm^{-3} 的镍粉、CMC、聚乙烯醇缩丁醛按一定比例倒入和粉中混合。

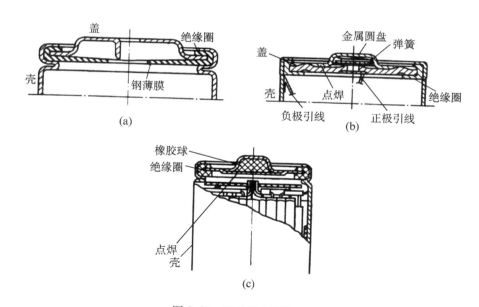

图 5.28　三种安全阀结构

(a) 针刺破一次密封安全阀;(b)、(c) 再闭式二次密封安全阀

③ 混浆。混好后浆液黏度约为 35 Pa·s,湿密度 1.70 g·cm^{-3}左右。

④ 烧结。将冲孔镀镍钢带通过传送机构进入镍浆斗沾上浆,经过刮刀刮平保持一定厚度,然后烘干,进入高温烧结炉。在一定温度下保持一定的烧结时间,再通过冷却段将基带送出(图 5.18)。为了得到品质好的基片,须控制好下列工艺参数:干燥炉温度;炉膛内氢氮气压力、流量;烧结炉温度;基带走速;冷却水压力。烧结后,及时测定基板强度和基板孔率,其应符合要求。

⑤ 裁切。按不同型号极片要求,将连续成卷基带裁切成大张基板。

⑥ 上架。将大张基板装在框夹上,再将框夹装在框架上。装夹数量可按浸渍设备确定。

⑦ 浸渍。采用真空浸渍法或电化学浸渍法。

⑧ 干燥。将浸渍好的基板整个框架吊入干燥槽内进行干燥。

⑨ 极化。将经浸渍并干燥的基板浸入 NaOH 溶液中,通电进行极化处理。

⑩ 冲洗。将整个框架吊入冲洗槽中进行冲洗。

⑪ 干燥。从浸渍至干燥重复循环 4~6 次,待增重达到要求后转入化成。

⑫ 化成。重复进行三充二放。第三次充电时,充入电量较少。

⑬ 清洗。

⑭ 下架。将浸渍好的正负极板从框架和框夹上卸下。

⑮ 刷洗。将正负极板分别送入刷片机内进行刷洗和抛光。去掉极板表面的浮粉,露出镍基板本色。

⑯ 冲洗、干燥。

⑰ 裁片。将大张极板放入剪片机,按要求进行极片长度剪切。然后将切断的极板放入裁片机,进行极片宽度切割。最后,将正负极片分别叠理整齐,包装好转入装配车间进行电池装配。

2）镉负极制造

烧结式镉负极,其制造过程与上述烧结式镍正极基本相同。唯浸渍溶液组成和个别工艺参数稍有调整。

经湿式拉浆后干燥再加压轧制成的镉负极,其制造过程参见半烧结式镉电极的制造过程。

2. 电池装配

圆柱电池装配工艺流程如图 5.29 所示。

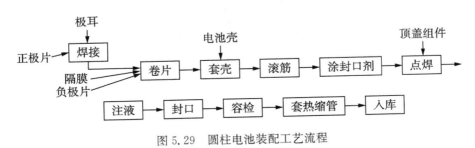

图 5.29　圆柱电池装配工艺流程

① 顶盖组件准备。按不同型号,分别将其顶盖组件进行装配、焊接和压力测试。

② 卷片。可在卷片机上进行。先将负极从上导向槽插入,插至碰到卷片机芯棒。再将正极插入下导向槽,启动设备,使芯棒带动正负极转动半圈。在负极片上放好隔膜。再次启动机器,使电极组卷绕成圆形。用专用夹子取出电极组,检查电极组有无短路等异常现象发生。

③ 套壳。将电极组无极耳的一端向里,插入电池壳内。放入绝缘圈。检查正极与外壳之间的绝缘电阻。

④ 滚筋。在滚筋机或滚筋夹具上进行。滚筋后检查绝缘电阻、滚筋高度、深度及平整度。

⑤ 涂封口剂。将配制好的沥青涂料倒入涂覆设备中。在夹套工位上放置电池。电池边转动,喷嘴边喷出沥青。放上密封圈后,对密封圈内角再喷涂一次。检查涂覆均匀度。

⑥ 点焊。将极组正极焊在电池盖上。

⑦ 注液。在定量注液设备上进行。允许分 2～3 次加注。注液量必须十分严格,不准随意多加或少加。

⑧ 封口。在封口机上进行。检查外观,应匀称、光滑。

⑨ 容检。按工艺要求进行充放电容量检查。分档归类。揩擦电池顶部及底部污物。

⑩ 套热缩管。在热缩机上进行。完成电池单体的包装。

将上述各工位的设备按生产进度要求配备一定的数量,并按先后顺序排列,配置一条输送带,即可成为一条圆柱形密封电池装配生产流水线。

5.4.3　电池性能

1. 充电特性

圆柱电池常采用恒流充电。一般采用 0.1 C 率(10 h 率)电流充电 12～16 h。尽管许多电池可接受 1/3 C 率电流安全充电,但圆柱电池能够承受 0.1 C 率电流的过充电而对电池无损害。如用较高充电率充电,必须注意过充电不要过度。否则会使电池温度上升。圆柱电池不同充电率的充电特性曲线如图 5.30 所示。

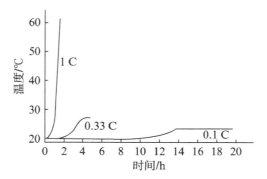

图 5.30　圆柱电池充电时的温度上升曲线

用较高充电率充电,电压会明显上升。圆柱电池的电压曲线与开口电池不同。由于氧的再化合,负电极不可能达到开口电池那么高的充电状态,因而圆柱电池的充电终止电压较低。如果过充电率超出氧再化合或热耗散能力,也会导致电池失效。

当电池进入过充电时,大部分电流作用于产生氧气并与负极反应生成热量。过充电时产生的热量与电压和电流的乘积相等。稳定态的温度主要取决于过充电倍率、充电电压、单体与电池组的热传导特性和环境温度。图 5.30 表示了 0.1 C、0.33 C 和 1 C 率电流充电时的温升曲线。高于 0.33 C 率电流充电时,温度会急剧上升。

圆柱电池充电时的充电电压与内部压力、温度的关系如图 5.31 所示。从图 5.31 可知,以较高的 0.33 C 率充电时,开始电压较高。然后,它以与 0.1 C 率充电相同的速度变化。但压力和温度开始上升得较快,且以比 0.1 C 率更快的速度上升。

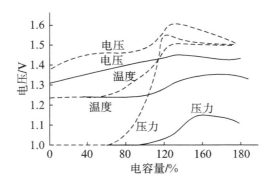

图 5.31　圆柱电池充电时压力、温度和充电电压之间的关系
-----:0.33 C 率;——:0.1 C 率

圆柱电池充电温度以 0~30℃ 为宜。充电温度低,电池电压反而增高。因为在低温下氧气再化合反应较缓慢,因此充电率必须减小。超过 40℃ 时充电效率很低。温度过高还会引起电池损坏。图 5.32 表示了圆柱电池以 0.2 C 率电流充电时,在不同温度下充电 16 h 时的终止电压。

恒电位充电可能会导致热失控,一般不宜采用。如采取措施对充电电流加以限制,该法也是可取的。

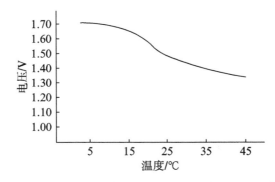

图 5.32　圆柱电池典型充电终止电压与温度的关系(0.2 C 率充 16 h)

浮充电必须采取相同的措施。以较小的恒电流进行浮充,可使电池保持全充电态。每 6 个月定期放电,检查电池容量。然后再充电并转入浮充状态可确保电池具有最佳性能。

2. 放电特性

典型的圆柱电池放电曲线如图 5.33 所示。

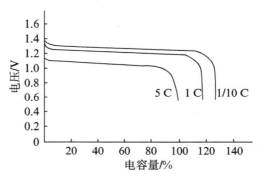

图 5.33　典型的圆柱电池放电曲线

圆柱电池在−20℃下不同倍率的放电曲线如图 5.34 所示。圆柱电池在−20～30℃之间工作状态较好。但是,必须指出,在该范围之外它仍能发挥有用的工作特性。特别是低温下的高倍率性能比铅酸电池好得多,仅次于开口式全烧结电池。低温性能下降是电池内阻增大所致,高温性能下降是工作电压下降及自放电所致。

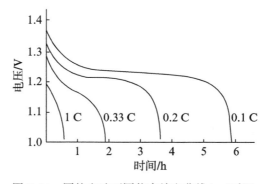

图 5.34　圆柱电池不同倍率放电曲线(−20℃)

圆柱电池主要型号的放电性能指标见表 5.10。

表 5.10　圆柱电池的放电性能指标

电池型号	0.2C率		1C率		2C率		允许放电			脉冲放电	
	电流/A	容量/(A·h)	电流/A	容量/(A·h)	电流/A	容量/(A·h)	电流/A	时间/min	容量/%	2～3 min/A	2 s/A
5#(GNY500)	0.1	0.5	0.5	0.45	1	0.4	3	7.5	75	5	10
2.5#(GNY1200)	0.24	1.2	1.2	1.10	2.4	1.0	12	6	70	18	42
2#(GNY1800)	0.36	1.8	1.8	1.7	3.6	1.6	18	4.5	70	28	70
1#(GNY4000)	0.8	4.0	4.0	3.6	8.0	3.4	28	6	70	54	90

3. 内阻

电池内阻取决于欧姆阻抗、活化极化、浓差极化和容抗等因素。在一般情况下,容抗效应可忽略不计。活化和浓差极化引起的电阻效应随温度增加而减少、温度下降而增加。

圆柱电池以中倍率放电时,活化极化和浓差极化对其影响不大。但不同荷电态时其内阻稍有差异,如图 5.35 所示。

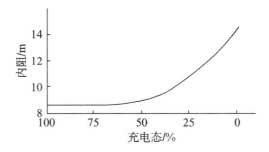

图 5.35　圆柱电池不同荷电态的阻抗

圆柱电池使用一段时间后,容量逐渐损耗,导致内阻逐渐增加。这与图 5.35 所示的不同荷电态的内阻变化相似。

4. 荷电保持能力

荷电保持能力受时间和温度影响较大。图 5.36 表示了三者之间的关系。

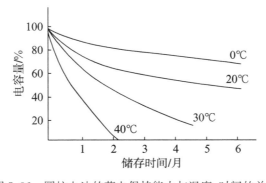

图 5.36　圆柱电池的荷电保持能力与温度、时间的关系

圆柱电池的工作温度和储存温度见表 5.11。

表 5.11　圆柱电池的工作温度和储存温度

电池类型	工作温度/℃	储存温度/℃
普通圆柱电池	−40～50	−40～50
优质圆柱电池	−40～70	−40～70

圆柱电池可在充电态或放电态下储存而不会损坏。使用时,经过再充电后即可恢复容量。

5. 电池反极

当若干电池串联使用时,容量最低的电池会被电池组内其他电池迫使反极。串联电池的个数越多,反极的可能性越大。电池反极时,正电极会产生氢气,负电极则产生氧气。这是十分危险的,甚至可能导致爆炸。经常的或较长时间的反极会导致电池内部压力增加而打开安全阀排气,从而使电解液损耗,直至干涸。

在使用由多个电池单体组成的电池组时,建议采用电压限制装置,以避免电池反极发生。

6. 循环寿命

圆柱电池有较长的循环寿命。在正确使用和控制充电条件下,可达 500 次以上。若在浅充放情况下,循环寿命更长,如图 5.37 所示。

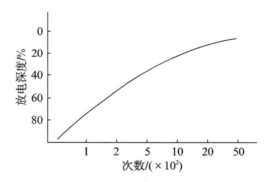

图 5.37　圆柱电池循环寿命与放电深度的关系

除放电深度外,循环寿命还取决于充放电速率、循环频率、温度等因素。

用聚丙烯膜改善了圆柱电池的使用寿命,特别是在温度升高的情况下较突出。因聚丙烯有较好的抗氧化性,当连续工作温度为 70℃时,能使电池有满意的寿命。

5.4.4　电池型号和尺寸

典型的国产圆柱形密封镉镍电池的型号和外形尺寸见表 5.12。

表 5.12　典型的国产圆柱镉镍电池型号和外形尺寸

电池型号	容量/(A·h)	外形尺寸/mm		IEC命名	相当于干电池型号				质量/g
		直径	高		中国	美国	德国	美国	
GNY150	0.15	12	30			N	R₁	R₁	8
GNY180	0.18	10.5	44	KR12/30	7	AAA			10

续表

电池型号	容量/(A·h)	外形尺寸/mm		IEC命名	相当于干电池型号				质量/g
		直径	高		中国	美国	德国	美国	
GNY500	0.5	14	50	KR15/51	5	AA	R_6	R_6	25
GNY600	0.6	22	26			$1/2C_S$			30
GNY800	0.8	16.5	49						40
GNY1200	1.2	22	42		2.5	C_S			50
GNY1500	1.5	22	49				R_{14}	R_{14}	65
GNY1800	1.8	26	49	KR27/51	2	C			75
GNY2500	2.5	33	44	KR33/44					130
GNY3000	3.0	33	61	KR35/62	1	D	R_{20}	R_{20}	150
GNY4000	4.0	33	61		1	D	R_{20}	R_{20}	165
GNY5000	5.0	35	92	KR35/92	0		R_{25}	R_{25}	200
GNY7000	7.0	43	61						265
GNY10000	10.0	43	92	KR44/92					380

5.5 全密封镉镍电池

航天用镉镍电池要求可靠性高、寿命长(中低轨道卫星最少要 2～3 a,高轨道卫星最少要 8～10 a 以上),必须能在高真空环境下工作。普通的密封电池在真空条件下经过长时间的逸出气体和微漏电液,最终导致电液干涸而使电池失效。因此,普通的密封电池已无法满足航天要求。很明显,如何使电池从液密封到气密封是航天用全密封镉镍电池长寿命、高可靠的关键。由于全密封镉镍电池的漏气率极小,应小于 1.33×10^{-7} Pa·dm³·s⁻¹,通常也称为气密电池。

5.5.1 电池结构

10 A·h、15 A·h、24 A·h、50 A·h 等 4 种典型的方形空间用全密封镉镍电池外形如图 5.38 所示。其中,电池单体的外形尺寸分别为: 10 A·h,76 mm×23 mm×71 mm;15 A·h,76 mm×23 mm×114 mm;24 A·h,76 mm×23 mm×163 mm,50 A·h,127 mm×33 mm×144 mm。

与开口电池和密封电池一样,全密封镉镍电池也是由正极片、负极片、隔膜、电解液、外壳和盖、极柱等组成。航天用全密封镉镍电池的主要设计参数大致可以归结为:

(1) 容量设计

额定容量:6～100 A·h。

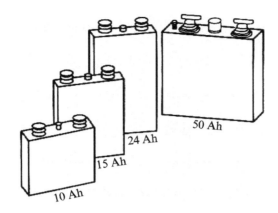

图 5.38　典型空间用方形全密封镉镍电池(10 A·h、15 A·h、24 A·h、50 A·h)外形图

（2）基片设计

基片类型：Ni 网、穿孔镀镍钢带、穿孔镍带；

加工成型：干法烧结、湿法拉浆。

（3）正极片设计

板片数：视实际需要而定；

宽度：53 mm、76 mm、127 mm、185 mm；

厚度：0.70～0.76 mm；

浸渍方式：化学法；

增重：12～15 g·dm^{-2}；

钴含量：约增重的 5%。

（4）负极片设计

极片数：视实际需要而定；

厚度：0.75～0.89 mm；

浸渍方式：化学法；

增重：14～19 g·dm^{-2}；

预充电：有的未用，有的预充电 20%～30%。

（5）隔膜

厚度(经压缩后)：0.18～0.28 mm；

材料：尼龙-6。

（6）电解液

含锂氢氧化钾水溶液，浓度：31%～34%。

（7）负、正极容量比

理论值：1.6～1.8；

测量值：1.3～1.7。

（8）外壳和盖设计

材料：不锈钢或 08F、08Al 碳钢；

加工成型：引伸法。

在全密封电池内部零部件的质量分配上，主要是正负极片的质量，约占 65%(表 5.13)。

表 5.13 全密封 20 A·h 单体的质量分配

序号	零部件	质量/g	占总质量的百分比/%
1	正极	277	29.7
2	负极	323	34.7
3	隔膜	15	1.6
4	电解液	93	9.9
5	壳盖	219	23.5
6	其他	6	0.6
总计		933	100

5.5.2 电池制造

由上述可知,全密封镉镍电池成败的关键是如何保证电池的气密性,而它的正负极片制造,与电解液、隔膜的匹配以及负极活性物质过量、正极中加入反极物质等措施,都和密封电池基本相同。

1. 金属陶瓷封接

全密封镉镍电池的气密性,是由金属陶瓷封接技术保证的。常用的全密封方法有两种:金属玻璃密封和金属陶瓷密封。前者价格低,易制造,缺点是易碎、强度不够,在碱液中易腐蚀。后者强度高,在碱液中较稳定。因此,镉镍电池没有采用金属玻璃密封技术。

1) 全密封要求

电池能否达到全密封要求,其基本指标为:

① 外观。外观应完整,无裂纹、无熔穿现象发生。

② 漏气率。$< 1.33 \times 10^{-7}$ Pa·dm^3·s^{-1}(电池盖的漏率应达到$< 1.33 \times 10^{-8}$ Pa·dm^3·s^{-1}的要求,用氦质谱检漏仪检测)。

③ 强度。抗拉强度> 40 MPa(用标准抗拉件测试)。

④ 绝缘性能。> 100 MΩ(电池正负极间测量)。

2) 封接方法和原理

金属陶瓷封接方法有:

① 烧结金属粉末法:Mo-Mn 法、Mo-Fe 法、W-Fe 法。

② 活性金属法:Ti-Ag-Cu 法、Ti-Ni 法、Ti-Cu 法。

③ 氧化物焊料法:Al_2O_3-MnO-SiO_2 系、Al_2O_3-CaO-MgO-SiO_2 系。

④ 气相沉积工艺:蒸发金属法、溅射金属法、离子涂覆。

⑤ 固相工艺:固态封接、静电封接。

⑥ 压力封接:压力封接、压力带技术。

⑦ 其他封接:电子束焊、激光焊、离子喷涂。

常用的金属陶瓷封接方法为烧结金属粉末法和活性金属法两大类。

烧结金属粉末法(又称 Mo-Mn 法等),是在还原气氛中用高温在陶瓷体上烧结一层金属粉,使瓷件表面带有金属性质。然后,把已金属化的表面与金属件进行封接。

活性金属法（又称 Ti-Ag-Cu 法等），是利用钛、锆等金属对氧化物、硅酸盐等物质具有较大的亲合力，且易与铜、镍等金属在低于其各自熔点的温度下形成合金的特性，使含钛的合金在液态易与陶瓷表面发生反应，从而完成金属-陶瓷之间的封接。

3）封接盖结构

封接结构有平封、套封和针封三种基本形式，如图 5.39 所示。这三种封接形式各有长处，适用于不同的场合。

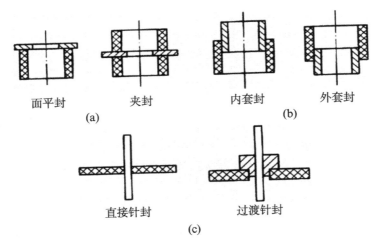

图 5.39　封接结构示意图
(a) 平封；(b) 套封；(c) 针封

针对镉镍电池的盖和极柱之间的封接而言，情况较复杂。除结构上应考虑减少封接应力外，还应使选用的金属和陶瓷的膨胀系数相匹配，选用弹性模量低、屈服极限低、塑性好的金属和合金；焊料熔点不宜过高，应有一定的强度和延展性；应尽量减少封接区金属的厚度，扩大平封金属环的内孔尺寸等。

A、B、C、D 四种典型的金属陶瓷封接盖截面图分别如图 5.40、图 5.41、图 5.42 和图 5.43 所示。

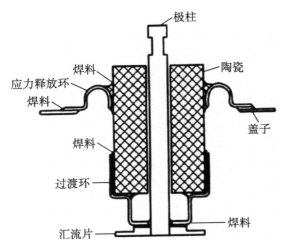

图 5.40　美国哥尔通公司的金属陶瓷封接盖（A 型）的截面图

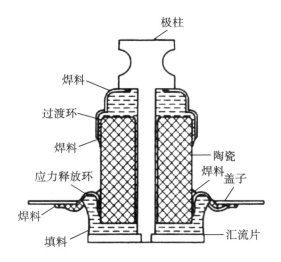

图 5.41　美国通用电气公司的盎属陶瓷封接盖(B 型)的截面图

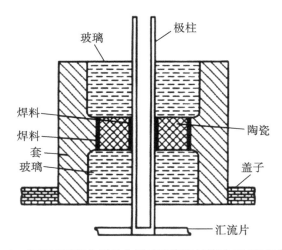

图 5.42　美国梭诺通公司的金属玻璃陶瓷封接盖(C 型)的截面图

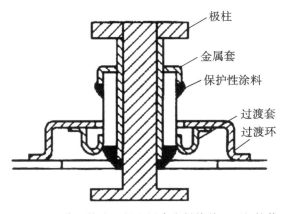

图 5.43　法国萨福特公司的金属陶瓷封接盖(D 型)的截面图

A 型结构中的过渡环,作为汇流片与陶瓷连接的过渡零件。应力释放环,主要是为了减少金属-陶瓷封接时和充放电时金属板柱和陶瓷间产生的应力。过渡环和应力释放环材料为可伐合金,陶瓷为 85%～95% Al_2O_3 瓷。采用活性金属法封接,焊料为含 78% Ag 的低共熔 Ag-Cu 焊料。

B 型结构中,填料用环氧树脂。采用活性金属法,焊料是 Ag-Cu-Pd 合金。

C 型结构中,先把过渡套焊在盖上,然后进行金属陶瓷封接,最后封接玻璃。采用钼-锰法、焊料是铜合金。

D 型结构采用了过渡环、过渡套复合封接,再加上保护性涂料的封接方法。

4) 封接工艺简介

(1) 钼-锰法

钼-锰法工艺流程如图 5.44 所示。

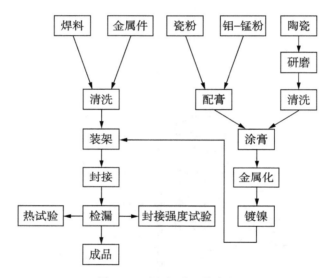

图 5.44　钼-锰法工艺流程

陶瓷体的选择和清洗。选用 95% Al_2O_3 瓷,表面研磨平整,用草酸或稀盐酸除锈,洗净剂清洗,蒸馏水煮洗,无水乙醇脱水烘干。

陶瓷金属化包括涂膏、金属化和镀镍。涂膏:将纯度 99.7% 以上的钼粉、锰粉(过 400 目)与 95% Al_2O_3 粉按配方要求混合,加入一定量的硝化棉溶液和乙酸丁酯,球磨 72 h 以上。将该膏涂于陶瓷件表面(厚度小于 50 μm)。金属化:将涂好膏的瓷件置于钼舟中,在氢气炉中烧结。镀镍:在已金属化的瓷件上镀镍,以增强焊料的润湿性。

金属件处理。金属件需镀镍,以利于焊料的润湿和流散。焊料可用 Ag-Cu、Ag 和 Au-Ni 焊料。使用前须去油和酸洗。

装架和封接。把金属化的陶瓷、金属零部件和焊料在封接模具中进行装配,然后置于氢气炉中封接。封接温度较焊料流点高 20～50℃,保温时间为几秒至几分。

检验。对产品须做检漏、绝缘和外观检查。对封接样品而言,除检漏外,还须进行封接强度试验和热试验。必须指出,对全密封镉镍电池陶瓷金属封接盖的检漏,以喷吹法为宜(通常不用氦室法和累积法)。

（2）钛-银-铜法

钛-银-铜法工艺流程如图 5.45 所示。

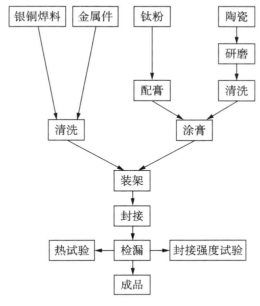

图 5.45　钛-银-铜法工艺流程

该法对陶瓷的选择和处理、涂膏、金属件处理、装架、封接和检验等工序和钼-锰法基本相同。不同的是,钛-银-铜法在陶瓷上涂钛粉膏,不必进行金属化即可装架封接。封接是在真空炉中进行的。

（3）防碱腐蚀措施

在全密封镉镍电池中,由于陶瓷过渡层 Mo、Mn、Ti 和 Ag-Cu 焊料都是耐碱性较差的金属,在电池中长期工作易受碱腐蚀而使电池泄漏和陶瓷短路,最终导致电池失效。

采用 Ag 焊料是不够理想的。虽然银的耐碱性能较好,但电池中存在银迁移的问题,使陶瓷件绝缘性能降低。

单纯采用 Au-Ni 焊料也还有隐患存在。因为 Au-Ni 焊料流散性好,耐碱性能也好,但价格昂贵。同时,采用 Au-Ni 焊料虽解决了焊料的腐蚀问题,但陶瓷过渡层的腐蚀问题仍未解决。

为此,在金属-陶瓷封接的焊缝处,可以采取以下三种措施来延长电池的寿命: ① 添加玻璃釉,形成陶瓷-金属-玻璃封接结构。② 填灌保护性有机涂料。③ 电镀镍保护层。

2. 单体电池封口

全密封镉镍电池的封口,可用氩弧焊、激光焊和电子束焊等方法。目前,仍以氩弧焊法为多见。现简述如下:

① 焊前处理。若外壳和盖均为不锈钢材料,须先用汽油清洗,后在除油液中煮沸 1 h以上。取出水洗,稀盐酸(密度 1.09 g·cm^{-3} 左右)中浸 1 min,水洗至干净为止。焊前除去焊接部位的氧化层。(若外壳和盖均为镀镍钢板材料,必须事先将焊接部位的镀镍层除去。)

② 焊接。将盖放在外壳内,使接触处尽量无缝隙。焊接时,应注意将电池置于干冰或乙醇干冰液内冷却。

③ 检漏。焊接部位用细钢丝刷清除焊口氧化层,用肉眼检查应无气孔。经真空储存一段时间后,用酚酞检查应无碱液漏出。

上述方法也适用于在外壳制造过程中壳底和壳身的焊接。

5.5.3 电池性能

1. 物理性能

1) 外形尺寸、体积和质量

世界上几个全密封电池主要制造厂商的 6 A·h、9 A·h、10 A·h、12 A·h、15 A·h、20 A·h、21 A·h、24 A·h、30 A·h、36 A·h、50 A·h、55 A·h、100 A·h 全密封镉镍电池单体的外形尺寸、体积和质量见表 5.14。

表 5.14 航天用全密封镉镍电池外形尺寸、体积和质量

额定容量/A·h	长/mm			宽/mm			高/mm			体积/cm³			重量/kg		
	EP*	GE**	SAFT***	EP	GE	SAFT	EP	GE	SAFT	EP	GE	SAFT	EP	GE	SAFT
6	53	54	53	22	21	21	89	79	82	104	90	91	0.29	0.275	0.30
9	—	—	53	—	—	22	—	—	94	—	—	110	—	—	0.41
10	76	76	—	23	23	—	71	84	—	122	147	—	0.377	0.462	—
12	76	76	76	23	23	23	103	102	—	176	179	—	0.522	0.547	—
15	76	76	76	23	23	23	114	120	—	194	210	—	0.612	—	—
20	76	76	76	23	23	23	—	160	169	—	280	—	—	0.951	—
21	76	—	—	23	—	—	167	—	—	284	—	—	0.910	—	—
24	—	76	—	—	23	—	—	163	—	—	285	—	—	1.0	—
30	76	76	—	23	23	—	178	174	—	304	304	—	1.09	1.10	—
36	81	—	—	37	—	—	146	—	—	440	—	—	1.27	—	—
50	—	127	—	—	33	—	—	144	—	—	604	—	—	2.04	—
55	81	—	—	37	—	—	200	—	—	606	—	—	1.81	—	—
100	189	—	185	37	—	35	185	—	185	1 300	—	1 220	3.69	—	3.95

* EP-Eagle Picher(美国依格匹秋公司)。

** GE-General Electric(美国通用电气公司)。

*** SAFT-SAFT-America(法国萨福特美国公司)。

2) 内阻

在 40~60 Hz 范围内 6 A·h、10 A·h、20 A·h、50 A·h 新电池的内阻与电池容量的关系如图 5.46 所示。由图 5.46 可知,电池内阻均在毫欧姆数量级,电池容量越大,内阻越小。

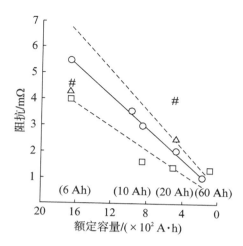

图 5.46 在 40～60 Hz 范围内新的全密封单体内阻与容量的关系
图中不同符号是指不同制造厂商

3）热性能

全密封单体所需材料的某些热物理性质见表 5.15。若单体的高度为 z 方向,单体的长度为 y 方向,单体的宽度为 x 方向,则同一单体在 x 方向和 y 方向的热导率 k_x 和 k_y 的计算值和测量值的比较见表 5.16。不同制造厂生产的同一 20 A·h 单体电池的 k_x、k_y 测量值的比较见表 5.17。从表 5.16 和表 5.17 可知,单体长度方向(y)的热传导性能比单体宽度方向(x)好一倍以上。

表 5.15 某些镉镍电池材料的热物理性质

材　料	比热/(J·g⁻¹·℃⁻¹)	热导率/CGS 单位	密度/(g·cm⁻³)
镍	0.46～0.54	0.636	8.90
NiO	—	0.009 41	7.45
NiO·OH	～0.46	—	—
NiO·H₂O	～0.59	～0.335	—
Ni(OH)₂	—	—	4.83
Ni₂O₃·xH₂O	—	—	4.83
镉	0.23	0.96	8.64
CdO	0.34	—	8.15
Cd(OH)₂	～0.84	—	4.79
KOH(30%)	～3.43	0.005 65	1.29
不锈钢(304)	0.50	0.163	8.03
尼龙	～1.67	～0.002 5	～1.14

表 5.16 6 A·h 单体热导率计算值和测量值的比较(CGS 单位)

参 数	k_x	k_y
计算值	0.018	0.218
测量值	0.028	0.079

表 5.17 20 A·h 实测热导率数据比较(CGS 单位)

制造厂商	k_x	k_y
Eagle Picher	0.010 9	0.023 4
General Electric	0.015 9	0.028 0
SAFT-America	0.011 3	0.029 3
平均值	0.012 6	0.026 8

2. 初始电性能

1) 初始充电性能

充电和温度的关系。不同温度下全密封电池的充电曲线如图 5.47 所示。

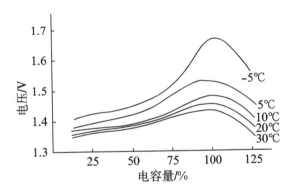

图 5.47 不同温度下的充电曲线(0.25 C 率)

充电和充电率的关系。20℃ 下不同充电率时全密封电池的充电曲线如图 5.48 所示。

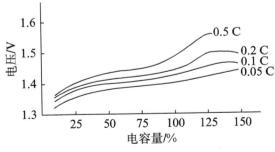

图 5.48 不同充电率时的充电曲线(20℃)

充电终压与温度的关系。典型的全密封电池的充电终压与电池温度依赖关系(即电压强度补偿曲线)如图 5.49 所示。

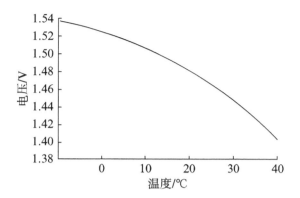

图 5.49　全密封电池充电终压与电池温度的关系

荷电保持能力。全密封电池开路储存时其荷电保持能力与储存时间的关系如图 5.50 所示。

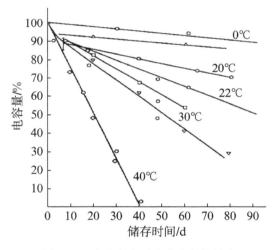

图 5.50　全密封电池的荷电保持能力

2) 初始放电性能

放电容量与温度的关系。典型的全密封电池放电容量与温度的依赖关系如图 5.51 所示。从图 5.51 可知,电池最佳工作温度在 5～10℃。

放电与放电率的关系。同一温度(10℃)下不同放电率时全密封电池的放电曲线如图 5.52 所示。

过放电与放电倍率的关系。同一温度下(10℃),不同放电倍率时全密封电池的过放电曲线如图 5.53 所示。

放电容量与放电终压的关系。全密封电池的放电容量与放电终压的关系如图 5.54 所示。由图 5.54 可知,对于性能好的空间用全密封电池来说,若放电终压选在 1.0 V,则电池能放出几乎全部的容量,若放电终压选在 1.15 V,应能放出额定的容量。

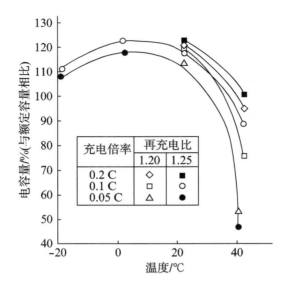

图 5.51　新电池放电容量与温度的关系

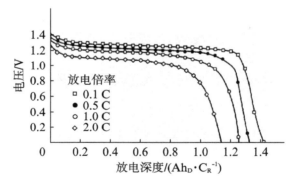

图 5.52　不同放电率时新电池的放电曲线（10℃）

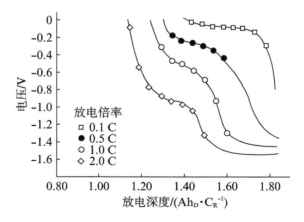

图 5.53　不同放电率时新电池的过放电曲线（10℃）

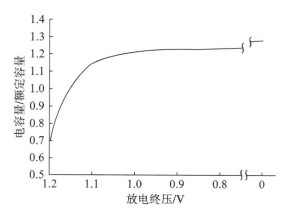

图 5.54　电池放电容量与放电终压的关系

3. 长期充放循环电性能

1) 在周期为 24 h 的高地球轨道循环中的电性能

典型的周期为 24 h 的高地球轨道条件下的充放电循环曲线如图 5.55 所示。在长达数年的高轨道运行中单体容量衰退曲线(随不同的放电终压而异)如图 5.56 所示。

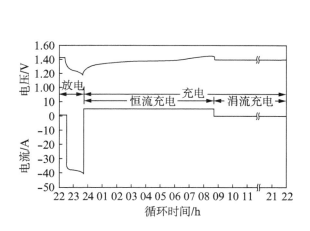

图 5.55　周期为 24 h 循环中典型的充放电曲线

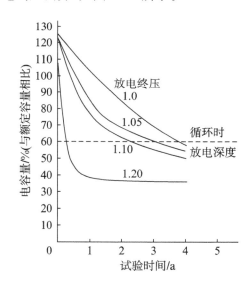

图 5.56　周期为 24 h 循环中容量衰退曲线(20℃，0.6 C 放电率，放电深度 60%)

2) 在周期为 100 min 的中低地球轨道循环中的电性能

典型的周期为 100 min 的中低地球轨道条件下的充放电循环曲线如图 5.57 所示。在长期的中低地球轨道运行中单体电池平均循环寿命与放电深度和温度的关系如图 5.58 所示。从图 5.58 可知，若放电深度不大于 20%、电池温度不高于 20℃，4 年多的中低轨道寿命还是可以保证的。在周期为 100 min 的低地球轨道试验中放电终压与温度、放电深度的关系见表 5.18。在 90～100 min 循环中，15% 放电深度下可维持容量的再充电比与温度的关系见表 5.19。

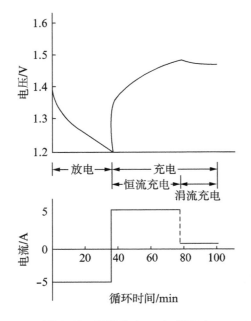

图 5.57　周期为 100 min 循环中
典型的充放电曲线

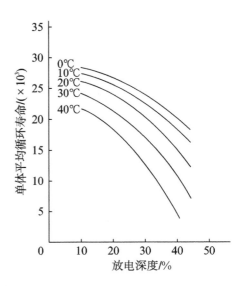

图 5.58　周期为 100 min 循环中电池寿命与
放电深度和温度的关系

表 5.18　低地球轨道寿命试验中放电终压与温度、放电深度的关系

温度/℃	放电深度/%	每个单体电池平均放电终压/V	
		6 000 周	12 000 周
0	15	1.220	1.205
	25	1.175	1.163
	40	1.145	1.130
20	15	1.190	1.190
	25	1.176	1.173
25	15	1.14	1.12

表 5.19　电池再充电比与温度的关系（周期 90～100 min，放电深度 15%）

温度/℃	再充放电比/(A·h/A·h)
0	1.04
15	1.09
32	1.15

5.5.4　电池组设计

1. 电池组的设计要求

电池组的设计必须满足用户的各种使用要求。对航天应用的全密封镉镍电池而言，主

要是指电性能设计、机械性能设计、热性能设计和磁性能设计四个方面。

1）电性能设计

设计一定容量的单体，以串并联形式构成电池组，以满足航天飞行器使用时的电压、电流、工作时间要求，特别还要适应大电流脉冲放电的需要。为了保证镉镍电池组在轨的高可靠长期工作，一般在容量设计上，保证电池的额定容量达到所需容量的110%以上，并且电性能满足下列匹配要求：

① 电池组中各单体电池容量偏差不超过 ±4% 的范围；

② 电池组中各单体电池电压偏差不超过 ±0.008 V 的范围；

③ 若电池组由几个结构块组成，则各电池结构块容量偏差不超过 ±5% 的范围。

2）机械性能设计

可采用电池组外壳、框架拼装或端板拉杆结构，结构强度设计为使用强度要求的 3 倍以上，同时单体电池之间紧装配。防止因电池内部压力而产生变形，并使单体电池之间及和外壳之间贴敷绝缘层达到电绝缘的目的。根据航天器安装板的结构强度设计安装支架或安装孔，使电池组牢固地固定在航天飞行器上。现在大部分航天飞行器镉镍电池组采用端板拉杆结构，既保证了结构强度又最大限度地减轻了结构质量。

3）热性能设计

根据镉镍电池充放电过程中反应物的热力学数据变化，可以得到单位电池反应的理论可逆热效应为 -26 kJ，即镉镍电池在放电过程中放出 26 kJ 的热量，若换算成电流和热功来表示，即相当于 0.14 W·A^{-1}，实际测试结果高于此值，主要是电流流过电池各部位的阻性负载，也放出了一部分热量。对于充电，尽管镉镍电池在充电过程中吸收热量，但由于充电过程中很快伴随着氧气的析出并扩散到负极复合而产生热量，因此在正常充电过程中，两者抵消能够实际测得的热量较少，但当电池处于涓流充电或过充电过程中，则所有的充电功率均成为热量。所以全镉镍电池组热设计相当重要，单体电池之间均应设计导热夹板，填敷导热胶，提供良好的热量传递通道，使每只单体电池在充放电过程中产生的热量迅速传递到热交换器上，保证每个电池结构块内部任意两点之间的温度差不超过 2℃，组成电池组的各电池结构块之间的温度差不超过 5℃。对于其他结构部位应采用硅脂、铝箔、铟箔、加热带和热辐射涂层等多种热控手段，保证电池组工作在 0～15℃ 范围内。

4）磁性能设计

镉镍电池内部含有大量磁性材料，在磁场、电场的作用下，会产生变化的磁场，因此在设计上结构件应尽量选用无磁性的材料，在单体和电池组的排列方式、导线（电流）走向上尽量考虑磁补偿，使磁矩达到最小。更好的解决方案在于航天飞行器在整体布局上充分考虑镉镍电池组的这一特性，通过合理布局抵消镉镍电池组磁效应的影响。

2. 电池组充电控制

全密封镉镍电池充电控制的目的，就是要求在没有过量过充电的情况下提供足够的充电量，以避免在长时间的充电下因过充电而产生大量热量的有害影响。

全密封镉镍电池充电控制方法很多。一般有电压控制、压力控制、电压-压力双重控制、温度控制、安时计量控制、信号电极控制和微机控制等。

低地球轨道航天器镉镍电池充电控制见表 5.20。高地球轨道航天器镉镍电池充电控制见表 5.21。

表 5.20 低地球轨道充电制度

项 目		OGO-4 OGO-6	Nimbus-Ⅱ	OAO-A₂	Lockheed 6型	Pegasus	OSO	ATM	OWS	HEAO	OSO-I	GSFCMMS	鉴别计划
性质	在轨循环次数/周	~5 000	>13 000	24 000	~8 000	~17 000	OSO-3, 25 000 OSO-6,15 000	~4 000	~4 001		6 000		1 200
	单体容量/A·h	12	4.5	20	20	6	14	20	33	20	12	20/50	45
	电池组温度范围/℃	25~32	23~28	10~15	4~38	15~35		-10~30	2~38	4~23	15	0~20	5~15
	放电深度/%	25	10~14	10~16	25	13		8~13	30	15~21	15		25
	电池组数	2	8	3	4	2	4	18	8	3	2	2或3	4
充电控制	V=f(t)												
	I=f(T)												
	恒电流												
	安时计												
	定时充电断开												
	充电过温断开	35 C			50 C			35 C	50 C	30 C	35 C	35 C	36.7 C
	辅助电极信号												
	地面指令控制												

表 5.21　高地球轨道充电制度

项　目		Tacsat	Intelsat-Ⅲ	Intelsat-Ⅳ	DSCS-Ⅱ	DSP	TDSSP-A	SMS	HS333 (ANIK)	AST-6	FLTSA T-COM	Marisat	Nato-Ⅲ
性质	寿命/a	3	5	7	5	3	5	5	7	2	5	5	7
	单体容量/A·h	6	9	15	12	15	6	3	7	15	24	10	20
	电池组温度范围/℃	0~33	15~26	3~27	4~26	10~29	28		4~29	0~25	5~23	4~29	4~29
	放电深度/%	28	60	31.5	39	42	40		60	50	68	47	45
	电池组数	3	1	2	3	3	2	2	2	2	3	2	3
	每个电池组内单体数	28	20	25	22	22	16	20	28	19	24	28	20
充电控制	电压控制		f(T)				f(T)			f(T)	f(T)		
	恒电流	C/10		C/15			C/10						C/16
	安时计												
	定时充电断开		37 C		35 C	43 C				35 C	26.7 C		29 C
	单体旁路												
	地面指令控制												
	切向消流												
	去记忆效应能力												
	在轨活化												

下面介绍几种常用的全密封镉镍电池充电控制方法。

1）$V=f(T)$，电压温度补偿充电控制

电压温度补偿充电控制原理如图 5.59 所示。在光照期,太阳电池方阵通过充电器对镉镍电池组进行恒电流充电。随着充电的进行,安装在电池组内的热敏电阻阻值在不断变化。到充足电时,即电池充电电压到达 $V\text{-}T$ 曲线上对应于该电池温度时的特定充电终止电压值时,充电控制电路动作,将恒电流充电电路切断,切向涓流充电或停止充电。该法的优点是控制电路简单实用。目前已发展到用 8 条 $V\text{-}T$ 曲线控制充电终压值,视镉镍电池组运行寿命长短和实际需要而异。FLTSATCOM 卫星的镉镍电池充电终压温度补偿曲线如图 5.60 所示。

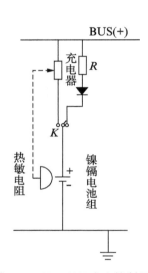

图 5.59　$V=f(T)$充电控制原理

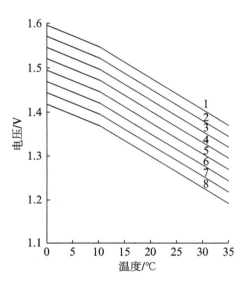

图 5.60　FLTSATCOM 通信卫星的镉镍电池充电终压温度补偿曲线（单体级）

1～8 -补偿曲线序号

现在美国宇航局传统镉镍电池均采用 8 条标准充电终压温度补偿曲线,0℃时的单体电池充电电压范围为 1.38～1.52 V,相邻两条曲线的间距为 0.02 V,温度补偿系数为 $-0.002\,33\,\mathrm{V}\cdot\mathrm{℃}^{-1}$。充电电流根据功率需求确定,现在常采用大电流充电转恒压充电或恒压脉冲充电,更好地保证航天飞行器的用电。

2）电子安时计量充电控制

该法直接采用电子控制,也称安时计法。它是将放电的容量（安时数）测量并记录下来,加上一个附加容量（相当于该工作温度下的安时效率）,以脉冲计数的形式在放电结束时送到存储器中。在紧接着的充电过程中。脉冲计数器对通过的安时数计数。当与存储器指示的脉冲数相等时,产生停止充电的信号。该法的缺点是控制线路较复杂,特别是对再充电比和温度因素补偿不容易做准。

3）第三电极控制

用于镉镍电池组充电控制的敏感元件——第三电极电池的结构如图 5.61 所示。第三电极即在镉镍电池中加入一个氧电极。此电极与镉电极构成镉氧电池。两个电极之间再接入一个标准电阻 R_s,形成外电路。此时,通过 R_s 的电流 I_s 将取决于镉氧电池的电动势及 R_s

数值。当电池过充电时，O_2 分压上升，氧电极电位随之上升，使镉氧电池电动势上升，导致 I_s 增大。因此，外接 R_s 上的压降 V_s 也上升。可以利用 V_s 的某一给定值，作为控制线路电池充足电的信息，使控制电路动作，将大的充电电流自动转为涓流充电，或切除充电电流，从而实现电池的充电控制。

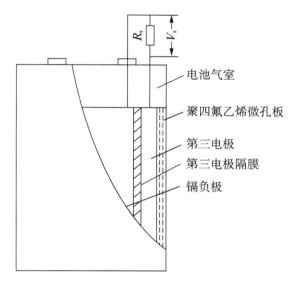

图 5.61　第三电极电池结构示意图

第三电极电池的化学反应式为

$$镉负极　Cd+2OH^- \longrightarrow Cd(OH)_2+2e \tag{5.22}$$

$$氧正极　\frac{1}{2}O_2+H_2O+2e \longrightarrow 2OH^- \tag{5.23}$$

$$总反应　Cd+\frac{1}{2}O_2+H_2O \longrightarrow Cd(OH)_2 \tag{5.24}$$

在采用第三电极时，往往又引入另一个称为第四电极的与镉电极相接的氧电极。它可增加负极的吸氧能力，并使第三电极信号电压在停止充电后迅速下降。

第三电极电压与充电时间的关系如图 5.62 所示。在周期为 100 min 的低地球轨道中镉镍电池电压、第三电极信号与时间的关系如图 5.63 所示。在以 0.1 C 充电、0.5 C 放电的高地球轨道充放电循环中镉镍电池电压、第三电极信号与时间的关系如图 5.64 所示。

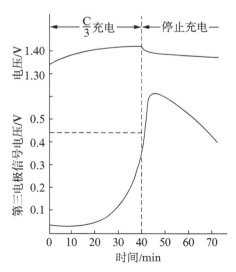

图 5.62　第三电极电压与充电时间的关系

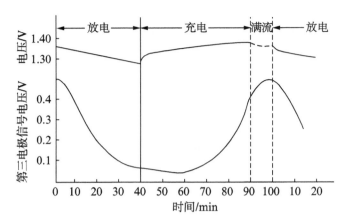

图 5.63　低地球轨道镉镍电池电压、第三电极信号与时间的关系

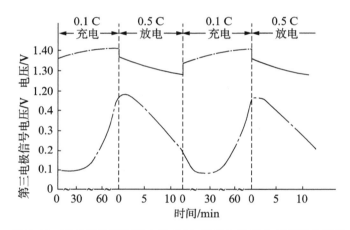

图 5.64　高地球轨道镉镍电池电压、第三电极信号与时间的关系

3. 电池组温度控制

温度对镉镍电池性能影响极大。

低温易使电池放电电压降低,在充电过程中易产生氧气,引起电池内压增大,以至破坏密封,甚至爆炸。电解液在低温时,易在正极引起结晶。

镉镍电池的充放电过程,是很容易使电池温度上升的。电池放电时,放出大量的热量。电池充电后期,也会因充电过头而发热。镉的溶解度随温度的升高而加快,加速向负极片外侧迁移,甚至迁移到隔膜中,以致引起电池短路。温度升高使小晶粒溶解并形成大晶粒,使镉电极活性降低。高温也使镍基片腐蚀和隔膜氧化。高温使碳酸钾数量增加,进一步消耗过充电保护物质 $Cd(OH)_2$;镍电极逸气速度随温度升高而加速,最终也导致电池的容量衰降和失效。

因此,低温和高温对电池性能都是十分不利的。同时,电池内温度不均匀也会引起电池和电解液分布的不均匀,造成了极片老化的不均匀。为此,镉镍电池温度必须控制。对全密封镉镍电池来说,电池最佳温度是 $5\sim10℃$,一般工作温度范围可在 $0\sim20℃$ 之间。

航天用全密封镉镍电池组常用的两种温度控制方法为:

① 主动温控。对于在低温下工作的镉镍电池组,用电加热的办法给电池加热到所需温

度,并通过加温继电器通断控制通过电阻加热片的加温电流,从而达到维持某个温度范围的目的。如国际通信卫星 4 号镉镍电池组由 28 只方形全密封电池组成。采用 T 型肋骨结构。每个肋骨上装 4 只电池,每 4 只电池中装有 28 W 电加热器。每个电池带有信号器。T 型肋骨作为与底部连接的散热片。

② 被动温控。对于在充放电过程中发热量较大的镉镍电池组,控制热量传递通道,使热量迅速散发掉。可以采用金属导热片或热管冷却,使整个电池组散热,将电池组温度维持在某一温度范围内。例如,月球卫星镉镍电池组由两组各 10 只方形全密封电池组成。电池组无底板,但每只单体电池底部粘有一块铝板,为电池与安装表面提供传热通道。接触面上用铟箔,以减少热阻,保证热接触良好。

5.5.5 航天应用

全密封镉镍电池组在低轨道和高轨道条件下的空间应用情况见表 5.20、表 5.21。

下面再举几个典型的例子。

1. 地球同步气象卫星(synchronous meteorological satellite,SMS)

地球同步气象卫星共两个电池组。每个电池组由 20 个 3 A·h 单体串联组成。寿命 5 a(储存寿命 2 a)。峰值功耗 729 W。放电深度 60%。放电保护,1.0 V/单体。电池组尺寸 140 mm×290 mm×70 mm,质量 3.4 kg。电池组装配比(即电池组质量与各单体质量和之比)为 1.10。电池组工作温度 0~35℃。

2. 改进的泰罗斯工作系统(improved TIROS operation system D,ITOS-D)

电池组由 23 个 6 A·h 单体串联组成。低轨道寿命 1 年。峰值功耗 93 W。放电深度 17%(最大为 28%)。一条电压温度补偿曲线控制。充电电流 0~1.5 A。放电电流 0~3 A。放电保护,1.15 V/单体。电池组尺寸 150 mm×130 mm×300 mm,质量 9.1 kg。电池组装配比 1.50。电池组工作温度 5~30℃。

3. 大气勘探者(atmospheric explorer C,AE-C)

电池组由 24 个 6 A·h 单体串联组成。低轨道寿命 1.33 a(储存寿命 1.33 a)。三个电池组,峰值功耗 261 W。放电深度 18%(最大为 40%)。放电电流 0~2.7 A。充电电流 0~1.6 A。利用辅助电极信号控制充电,充足后转入涓流 150 mA。电池过温切除。电池组尺寸 150 mm×130 mm×300 mm,质量 2.28 kg。电池组工作温度 0~40℃。

4. 航天小卫星(small astronomy satellite C,SAS-C)

电池组由 12 个 9 A·h 单体串联组成。低轨道应用,18 000 周循环(0~25℃储存 4 a)。30 A 放电 2 min,放电终电 1.0 V/单体。单体外壳和盖材料为 304 不锈钢,0.15~0.30 mm 厚非编织尼龙隔膜。电池单体尺寸 80 mm×60 mm×70 mm。电池组质量 6.2 kg。电池组工作温度 0~25℃。

5. 轨道太阳观测器(orbiting solar observatory 1,OSO-1)

电池组由 21 个 12 A·h 单体串联组成。分两块安装,分别包含 10 个和 11 个单体。低轨道寿命 1 年。放电深度 15%,充电电流、放电电流均为 3.2 A。放电终压 1.18 V,过温(35℃以上)切除。8 条指令温度补偿曲线控制充电。电池块尺寸为 310 mm×120 mm×120 mm(10 个单体)和 330 mm×120 mm×120 mm(11 个单体)。电池块质量分别为 6.0 kg(10 个单体)和 6.6 kg(11 个单体)。电池组装配比为 1.14。电池组工作温度 -10~35℃。

6. 应用技术卫星(applications technology satellite 6，ATS-6)

电池组由 19 个 15 A·h 单体串联组成。高地球轨道寿命 2 年。两个电池组，峰值功耗 500 W。充电由一条温度补偿曲线控制，指令涓流值为 C/20 和 C/60。放电终压 1.0 V，过温(35℃以上)切除。电池组尺寸 300 mm×230 mm×190 mm。电池组质量 17.0 kg。电池组装配比 1.31。电池组工作温度 0～25℃。

7. FLTSATCOM

电池组由 24 个 24 A·h 单体串联组成。高地球轨道寿命 5 年。三个电池组，其中每个电池组峰值供电 410 W、1.2 h。每个电池组 24 V 以上可供电 600 W·h，放电深度大于 70%。8 条温度补偿曲线控制充电，涓流充电为 C/100。正反向单体旁路保护。电池组尺寸 390 mm×300 mm×220 mm。电池组质量 29.9 kg。电池组装配比为 1.33(单体总质量 22.5 kg)。电池组工作温度 4～32℃。

8. 国防气象卫星计划(defense meteorological satellite program，DMSP)

电池组由 17 个 30 A·h 单体串联组成。高地球轨道寿命 5 年。分为两块安装，分别包含 8 个和 9 个单体。峰值功耗 336 W。放电深度 30%。每块电池中各有一个氧信号电极控制充电，最大充电率 C/2，有温度补偿措施。无放电终压保护，低温下有加热器。电池块尺寸 340 mm×230 mm×130 mm(8 个电池)。电池块质量分别为 11.9 kg(8 个单体)和 12.8 kg(9 个单体)。电池组工作温度 0～40℃。

上述例子是 1965～1975 年 10 余年时间里的一些典型应用。到 70 年代末 80 年代初，镉镍电池性能有了进一步的提高。在高地球轨道场合，在 85% 放电深度下达到了 10 a 以上的寿命；在低地球轨道场合，在 30% 放电深度下达到了 5 a 以上的寿命。

镉镍电池长寿命轻质量的途径包括：

① 减轻单体外壳质量。减薄外壳厚度，采用新材料。如石墨纤维外壳质量比标准化的 0.48 mm 外壳减轻 75%，比 0.3 mm 外壳减轻 35%。钛合金的强度质量比有较大的提高。

② 减轻电池组装配结构质量。电池组采用标准化设计，去除了多余质量。组合端板采用钛合金。使电池组质量与单体总质量之比降到 1.05～1.10。

③ 改变极片制造过程。采用电化学浸渍的电极，提高了电极比容量，限制了对电池寿命不利的电极膨胀。

④ 降低负极对正极的容量比。对于高地球轨道应用的电池，选用的负极对正极的容量比为 1.5∶1。对于低地球轨道应用的电池，此值为 1.25∶1。

⑤ 对电池进行最低过充电保护，或用去除记忆效应的活化技术，维持镉电极的活性。

长寿命轻质量电池如 NATO-Ⅲ 电池组。负极对正极的容量比为 1.3∶1，单体比能量达 48.5 W·h·kg^{-1}(实测容量)。电池组由 20 个 20 A·h 单体组成，比能量达 39.7 W·h·kg^{-1}。采用 Intercostal 新结构。

又如先进的轻质量电池组。其负极对正极的容量比为 1.5∶1。正极采用电化学浸渍。单体比能量为 50.7 W·h·kg^{-1}(实测容量)。电池组由 14 个 34 A·h 单体组成，比能量达 46.3 W·h·kg^{-1}。

镉镍电池的第 4 代产品已经研制成功，可以与氢镍电池相媲美。采用电化学浸渍增大正负极活性物质的比表面；采用聚苯并咪唑浸过的 Zircar 隔膜使其吸液多且在碱液中更稳定，改进电极的空间；采用新的添加剂抑止镉大晶体的形成，延长负极寿命。它在高地球轨道 80％放电深度下,可工作 10～15 a;在低地球轨道 40％放电深度下,可工作 43 000 次充放循环。

5.6　使用和维护

5.6.1　注意事项

在使用维护镉镍电池前,必须熟知下列注意事项:

① 不要敲折、砸毁或焚烧电池。否则会飞溅出腐蚀性碱液误伤人物或引起爆炸。

② 不允许在电池上放置金属工具或其他器具。否则有可能使电池短路放电而过热,损坏电池。

③ 对于带气塞的镉镍电池,充电前应打开气塞盖或将闷塞换成通气塞,带有闷塞的电池充电,会发生气胀而有可能引起电池爆炸。

④ 充电场所应保持通风。防止氢氧气体积累发生爆炸事故。

⑤ 不允许有明火接近充电的电池。

⑥ 电解液是腐蚀性较强的碱性溶液。手或其他皮肤接触电解液时,应立即用硼酸水冲洗。

⑦ 使用密封电池时应做到:不用大电流、长时间过充电。不允许过放电。严格按制造厂规定的制度充电。

5.6.2　使用前检查与准备

① 目测检查电池外壳、盖有无机械损伤,电解液有否渗漏。

② 检查气塞、螺母、连接片等是否齐全,备用工具是否短缺。

③ 密封电池不允许电解液泄漏。一旦发生电解液漏出,会在漏处出现碳酸钾结晶。可用酚酞试剂检查(若出现红色即表明电液泄漏)。

④ 检查电压。测量电池开路电压,一般应在 1.0 V 左右。如果电池出厂时间过长或电池内部有微短路及运输中造成电极短路,会出现电池电压偏低,甚至零伏。若充电后已恢复正常,电池可照常使用。如确系内部微短路,电池不能使用。判别电池是否微短路的方法:将可疑电池用导线将正负极连接起来,短路 10 h。取下短路导线,以 1 C 率电流充电 5 min(也可用 0.2 C 率电流充电),电池电压应大于 1.30 V。开路搁置 24 h,检查开压大于 1.20 V以上为正常电池;小于 1.20 V 说明电池有问题。

⑤ 电池如无异常,即可按要求将电池安装到电池架(箱、框),按图纸用连接片将其连接成串并联状态。拧紧螺母,减少接触电阻。

5.6.3　充放电制度

镉镍电池的充电制度见表 5.22,放电制度见表 5.23(直流屏等成套电源装置中有关所用镉镍电池的放电制度,请参见其说明书中的有关规定)。

5.6.4　电池活化

镉镍电池储存一段时间后,使用前须将电池活化。而且使用一段时间后,会发生记忆效

表 5.22　镉镍电池的充电制度

电池类型	开口全烧结电池			密封圆柱电池		
充电参数	充电电流/A	充电电压/V	充电时间/h	充电电流/A	充电电压/V	充电时间
正常充电	0.2 C	—	7	0.2 C	—	7 h
补充电	0.1 C	—	10	0.1 C	—	10 h
过充电	0.2 C	—	10	0.1 C	—	28 d
快速充电	0.5 C/0.2 C	—	2/2	0.33 C	—	4 h
浮充电	2~5 mA/A·h	1.37~1.39	不定	0.05 C	1.4	不定
均衡充电	—	1.46~1.28	4~8	—	1.44~1.46	6~10 h

表 5.23　镉镍电池的放电制度

电池类型	开口全烧结电池		密封圆柱电池	
放电参数	放电终压/V	放电时间/min	放电终压/V	放电时间/min
0.2 C 率	1.0	300	1.0	285
1 C 率	1.0	54	1.0	54
5 C 率	1.0	8	0.8	6
7 C 率	1.0	7	—	—
10 C 率	1.0	1	0.6	2
12 C 率	0.9	2	—	—
15 C 率	0.9	1	—	—

应,即经长期浅充放循环后进行深放电时,表现出容量损失和放电电压的下降。需经数次全充放循环后,恢复电池性能。换言之,消除镉镍电池的记忆效应也需要活化。因此电池活化处理(也称电池性能调节)是镉镍电池使用维护不可缺少的重要环节之一。

1.　开口镉镍电池活化

对开口镉镍电池而言,电池长期处于浮充电状态或其他恒电压充电使用状态,会出现电池容量不足和单体电池之间容量不均匀等问题,要求每年进行一次活化。实际上,就是进行 1~3 次深充电、深放电,使电池的电化学活性“复活”,电容量恢复到一定的水平。具体的活化处理方法如下:

①　先对电池以 0.1 C 率电流充电 8~14 h。停置 1 h,以 0.2 C 率电流放电。放电终止电压为 1.0 V。记录放电时间,计算电池容量。若与初期容量相差不多,可再通过 1~2 次充放电循环得到恢复。若容量相差较大,则须按下列步骤处理。

②　再用 0.1 C 率电流充足电后,以 0.2 C 率电流放电到每个电池平均电压约 0.5 V。分别将每个电池的正负极柱短路 12 h 以上。

③　拆除短路导线。以 0.1 C 率电流充电。充电 5 min 后检查测量单体电压。如高于 1.50 V,则认为电池内阻大,应补加蒸馏水。10 min 后再次测量电池电压。将高于 1.55 V

和低于 1.20 V 的电池取出另行处理。

④ 连续充电 14~16 h。测量并记录单体电压。如电池电压低于 1.50 V，则认为该电池不正常，必须更换。

⑤ 以 0.2 C 率电流放电。放电终压为 1.0 V。记录放电时间并计算电池容量。

⑥ 若放电容量不足，可重复步骤（2）~（5），直到恢复一定容量为止。如活化多次仍达不到额定容量的 70% ，则认为电池已失效。

2. 密封镉镍电池活化

若遇到下列情况则需进行密封圆柱电池的活化：

① 电池出厂后第一次使用前电池已长期储存。

② 浮充电状态使用半年以后。

③ 固定放电深度长期充放电使用以后。

④ 使用过程中发现电池工作电压和容量明显降低时。

圆柱电池的活化比较简单。分深充放活化和浅充放活化两种。

浅充放活化：以 0.2 C 率电流放电至每个电池为 1.0 V。再以 0.1 C 率电流充电 12~14 h。停 0.5 h 后，以 0.2 C 率电池放电至每个电池为 1.0 V。

深充放活化：以 0.2 C 率电流放电至每个电流接近零伏。然后以 0.1 C 率电流充电 12~14 h。停 0.5 h 后，以 0.2 C 率电流放电至每个电池接近零伏。活化往往要进行 1~3 次循环，直到电池容量达到一定水平为止。若达不到规定容量，说明电池已失效。

5.6.5　电解液更换

电解液品质的好坏对电池性能有直接影响。各电池制造厂商对电解液都有一定的要求。配制电解液必须采用合格的材料，严格控制杂质含量。在使用中也要随时注意电解液的变化。

电解液的劣化，主要是电解液吸收了空气中的 CO_2 而生成的 K_2CO_3 不断积聚的结果。若电解液内 K_2CO_3 含量大于 $50 g \cdot dm^{-3}$ ，则该电解液须更换。

根据开口电池实际使用经验，一般 2~3 a、充放电 100 周次以上，须更换电解液。

更换电解液应在充电态进行。用塑料吸液器或针筒将电解液吸出，然后加注新的电解液。

电解液成分有三种（表 5.24）。

表 5.24　镉镍电池电解液组成和密度

材料名称	材料规格	全烧结电池	
		常温用	低温用
氢氧化钾	优级纯(82%)	1 000 g	1 000 g
氢氧化锂	分析纯	30 g	27 g
蒸馏水	≥200 kΩ	2 000 g	1 700 g
电解液密度/(g·cm⁻³)		1.25±0.01	1.29±0.01

配制方法:将称好的蒸馏水倒入干净的容器内,然后把所需KOH缓慢倒入。边倒边搅拌。氢氧化钾溶解为放热反应,溶解温度可达80℃左右。氢氧化钾全部加完后,趁热将氢氧化锂也慢慢倒入。搅拌至全部溶解。待温度降至20℃时,测量溶液密度。允许多次调整,直至合格为止。调整好密度后,应静置3~4 h。取其澄清溶液或过滤后保存在加盖密封塑料桶内。保存期一般不大于2 a。

5.6.6　储存

需长期储存的电池应处于放电态。储存在通风、干燥、没有腐蚀性气氛,温度为5~35℃的仓库内。

对开口电池来说,还要将电解液液面调整到极片与隔膜全部浸没,换上闷塞。同时,将极柱、螺母、连接片等金属件涂上防锈剂或凡士林。

5.6.7　常见故障及处理方法

镉镍电池(这里主要指开口电池)使用时的常见故障及处理方法见表5.25。

表5.25　常见故障及处理方法

序号	故　障	原　因	处 理 方 法
1	开路电压偏低	放电较深,出厂时间较长	用1.2 C率电流充电5 min
2	充电极性反极	线路接反	用电压表逐个检查充电电压或放电电压
3	充电电压不正常	(1)电解液不足,充电电压高	补加电解液或蒸馏水
		(2)电池内部微短路	调换电池,送制造厂修理
		(3)连接点接触不良	检查各触点情况,拧紧紧固件
		(4)电液外溢,外部短路	清洗电池及箱架,保持干燥
4	冒液爬碱严重	(1)电解液面过高	吸去多余电解液,及时清理,保持干燥
		(2)气塞密封不严	清洗气塞,并拧紧
		(3)亮盖黏结不良,渗漏液	调换电池,送制造厂修理
5	充电翻泡严重,液面下降快	(1)充电电流过大,时间过长	调整电流值,按规定的电流和时间充电
		(2)浮充电流过大	调整浮充电压及电流值,按3 mA·(A·h)$^{-1}$进行浮充电
6	电池内部析出泡沫	电解液存在有机杂质	更换电解液
7	电池容量不足	(1)充放电制度不符合要求	按规定的充放电要求进行
		(2)电解液量少,露出部分级片	补加电解液或蒸馏水,经活化处理再作容量检查
		(3)电解液使用时间不长,K_2CO_3含量高	更换新电解液

序号	故 障	原 因	处 理 方 法
8	放电时有电池反应	这是由电池本身不一致造成的,尤其是连续几次充放,造成个别电池或几个电池过放电	(1) 将反极电池拆下,以 0.2 C 率充电使之恢复
			(2) 若正常充电不能恢复,可用 1～3 C 率脉冲充电
			(3) 掌握放电时间和放电终压,使不要过放电
9	充电前开路电压很低,甚至为零伏	出厂时间较长,电池自放电较大,极片表面钝化	(1) 用正常充电制 0.2 C 率电流充 5 min,电压大于 1.30 V 即为正常
			(2) 若电压还是冲不上去,可用大于 1 C 率的电流充电 1 min,电压大于 1.30 V 即可
			(3) 更换电池,送制造厂修理

5.6.8 电池的失效

尽管镉镍电池使用寿命很长,但使用时间久了总会出现不能正常工作甚至完全不能工作的失效现象。

镉镍电池的失效分两类:可逆失效和不可逆失效。当电池不符合规定的性能要求,通过适当的活化处理能恢复到可用状态,就称为可逆失效。当电池通过活化或其他方法仍不能恢复到可用状态,就称为不可逆失效或永久失效。

可逆失效。当电池以恒电流充放电和固定时间反复循环时,可能受到可逆的容量损失。这种效应就称为记忆效应。无论大电流放电到较低的终止电压或小电流放电到较高的终止电压,其效应相同。容量衰减的基本原因就是浅度放电。电池在重复浅放电循环中,放电平均电压降低导致电池容量减少,如图 5.65 所示。从图 5.65 可知,第 5 次循环电压平段为 1.25 V,而 500 次循环后,电压平段为 1.15 V。这种放电电压损耗,多数可通过几次深充放循环后恢复。

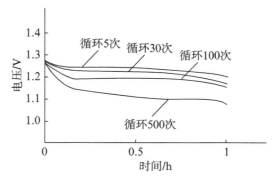

图 5.65 密封电池以 0.2 C 率循环放电 1 h 的电压曲线

长期过充电也可使电池发生可逆失效。尤其在高温下更是如此。如图 5.66 所示。由长期过充电引起放电快终止时的过渡阶梯,虽容量仍可适当利用,但工作电压比较低。这也是可逆失效。通过几次深充放电循环后可恢复到额定电压和期望的容量。

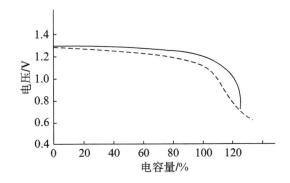

图 5.66　密封电池以 0.1 C 率长期过充电后(虚线)放电的电压
曲线与用 0.1 C 率充电 18 h 后(实线)放电的比较

不可逆失效。密封圆柱电池永久失效的原因主要有两个：短路和电解液干涸。

电池内短路,导致电池无使用价值。

电解液若稍有损耗即会引起容量减少。容量损耗与电解液减少成正比。电池反复反极、高温下高倍率充电、直接短路等都会引起电解液通过压力安全装置而损耗。电解液还可能长时间通过电池密封圈而消耗。由电解液损耗所引起的容量减少在高倍率放电时更为明显。

高温会降低电池寿命。温度较高会促使隔膜受损并增加短路的可能。较高温度还会使水通过密封圈迅速蒸发。尽管这种影响是长期的,但温度越高电池损坏越快。

现将电池失效界限、电池失效现象和电池失效原因讨论如下。

1. 电池失效界限

镉镍电池的失效标准目前还没有一个统一的说法。这里主要是指还有使用价值的电池,对于其界限如何划分比较恰当,有的认为,电池容量达不到额定容量的一半,即判为电池失效。有的则认为,电池不能驱动这些仪器设备工作,称为功能失效,但还可用于其他场所。而且有极板盒、全烧结开口电池、圆柱密封电池和全密封电池等结构、性能和寿命各不相同,难于提出一个统一的失效界限标准。在这里,综合各型电池的使用要求和影响因素,推荐一个镉镍电池失效界限的判别标准：有极板盒式开口电池,60%；全烧结开口电池,70%；圆柱密封电池,50%。若电池经活化后容量小于上述规定值,则判定该电池失效。

2. 电池失效现象

① 电池短路。电池短路有三种情况：一为低电阻短路。电池开路电压为 0 V,以 0.1 C 率电流充电 20 h,充电终止电压仍低于 1.25 V。二为高电阻短路。电池充电终压大于 1.25 V,充电后立即放电也能放出部分容量;但长时间搁置又降至 0 V(称为微短路)。三为间隙短路。这种电池受到振动后,电压忽有忽无或忽高忽低。

② 电池开路。制造厂商工艺控制不严,电池内部焊接脱开或螺纹松动,充电控制失调,使用维护不正确等造成电池无电能输出。

③ 电池膨胀。由于充电电压高,电池常处于过充电状态,造成半烧结电池的负极膨胀、壳体变形。圆柱电池也会发生电池膨胀问题。

④ 气体阻挡层失效。这是由过充电电流过大,过充电温度过高或电解液液面低时的高倍率放电引起的恶果。

⑤ 热失控。这是气体阻挡层失效的电池在恒电位充电场合所引起的后果。镉镍电池的电压与温度成反比。环境温度升高时,电池电压则下降。过充电时电能部分转变成热能,产生的热量使电池温度升高。随着温度上升,电池电压则下降。若采用恒电压充电,就会造成充电电流增加,致使过充电量也增加。循环往复,使电池温度进一步升高,电压进一步下降,出现热失控。热失控可使电解液温度达到沸腾的程度,使隔膜受到严重损坏,直至电解液耗干,电池隔膜击穿引起内部短路。

3. 电池失效原因

① 高温。在高温下工作,会使隔膜强度降低,对正负极隔离作用变弱,短路可能性增加。由于隔膜的降阶和氧化,造成负极过充电保护措施(氢氧化镉还原变成金属镉)削弱,电池两极荷电状态改变,电池充电电压升高,负极过早析出氢气,使电池失效。高温下充电,电池容量会严重不足。

② 放电深度。放电深度越深,电池寿命越短。电池浅放电使用,工作时间肯定会长。

③ 再充电系数。再充电系数(或充放比)指充入电容量与电池放出电容量之比。在正常情况下,开口电池为 $1.2 \sim 1.6$,密封电池为 $1.2 \sim 1.4$。再充电系数过大,过充电程度增加,电池发热严重,致使电池寿命缩短。

④ 过放电。镉镍电池能耐过放电。但从使用维护角度看,尽量不要过放电。特别是圆柱电池和全密封电池,应严禁过放电。电池过放电,正极析出氢气,负极析出氧气。电池吸收氢气的能力差,只好迫使安全阀频繁排气而影响电池寿命。

由上述讨论可知,为了延长镉镍电池的使用寿命,不仅要在产品设计和制造上下工夫,还要有一个良好的环境和遵守使用维护规则的习惯。在某些场合,使用维护好坏起了决定性作用。

5.6.9　航天用镉镍电池的使用与维护

航天用镉镍电池由于有高可靠、长寿命要求,除了上述镉镍电池使用维护的一般要求外,还需遵循下列原则,才能保证航天用镉镍电池组在轨工作的良好性能。

1. 在轨工作条件

① 航天用镉镍电池组在轨工作温度范围 $0 \sim 15 \, ^\circ\!C$。

② 航天用镉镍电池组的每个结构块内各单体电池温差不大于 $2 \, ^\circ\!C$。

③ 构成航天用镉镍电池组的各个结构块间温差不大于 $5 \, ^\circ\!C$。

④ 当航天用镉镍电池组在轨充电温度大于 $25 \, ^\circ\!C$,应适当调整电池组的充放电状态。

⑤ 航天用镉镍电池组的充放电循环寿命与放电深度密切相关,要达到长期使用的目的,低轨道使用的放电深度不高于 30%、高轨道使用的放电深度不高于 60%。

2. 储存、运输、安装要求

航天用镉镍电池组在良好储存条件下的储存寿命从单体电池加注电解液开始计算不超过 $3 \, a$。影响储存寿命的主要因素是,隔膜的降解和电解液对金属陶瓷封接层的腐蚀,两者均与温度成正比关系,因此航天用镉镍电池组应保持放电短路态和低温储存,最佳储存条件是 $0 \, ^\circ\!C$;当储存期不大于 $45 \, d$ 时,储存温度允许为 $-10 \sim 20 \, ^\circ\!C$;当储存期超过 $45 \, d$ 时,储存环境温度允许为 $-10 \sim 5 \, ^\circ\!C$。

航天用镉镍电池组应以放电短路态运输、安装,运输、安装期间每天电池组处于 $30 \, ^\circ\!C$ 以上的时间应不多于 4 h,累计处于超过 30℃以上的时间应少于 10 d。

3. 地面使用要求

航天用镉镍电池组不应在超出航天飞行器镉镍电池组技术要求范围和轨道运行条件的情况下使用。

航天用镉镍电池组放电态短路搁置超过 14 d,使用前应进行如下活化和充电:

① C/20 充电(40±4)h。

② C/2 放电至任一单体电池电压小于等于 1.0 V。

③ 用 0.5 Ω、8 W 电阻跨接每个单体电池的正负极柱 16 h,换导线短路 4 h 以上。

④ C/10 充电(16±1)h。

⑤ 根据活化效果重复②和③。

⑥ C/10 充电(16±1)h。

航天用镉镍电池组开路搁置超过 4 h,使用前应进行 3～5 min 的放电激活,放电过程中任一单体电池电压不得低于 1.0 V;经短路处理后的电池组开路搁置超过 4 h,使用前应用导线短路每个单体电池的正负极柱 3～5 min。

航天用镉镍电池组若需开路搁置超过 7 d,应提供 C/100～C/60 的涓流充电,涓流过程中电池组温度不得超过 25℃。

航天用镉镍电池组保持涓流充电、间隙放电状态的时间达到 30 d,应进行如下调整和充电:

① C/2 放电至任一单体电池电压小于等于 1.0 V;

② 每个单体电池用 0.5 Ω、8 W 电阻跨接正负极柱 16 h;

③ 每个单体电池用导线短路 4 h 以上;

④ 以 C/20 充电(40±4)h,开路搁置 1 h;

⑤ 以 C/2 放电至任一单体电池电压小于等于 1.0 V,用 0.5 Ω、8 W 电阻跨接每个单体电池的正负极柱 16 h,换导线短路 4 h 以上;

⑥ 以 C/10 充电(16±1)h。

无论航天用镉镍电池组处于何种状态,均应在发射前 7 d 内进行活化或调整,活化或调整后应保持涓流充电状态直至发射。

航天用镉镍电池组的在轨活化。当航天飞行器镉镍电池组在宇宙空间运行较长一段时间后(如 0.5 a、1 a 等),为了消除镉镍电池固有的记忆效应(特别是经过半年左右全日照工况的镉镍电池组,受长期涓流充电之后性能有所下降),必须对全密封镉镍电池组进行在轨活化处理。常见的方法是:通过地面遥控指令,将电池组切出供电回路,接通固定负载将电能量放完。然后,再通过地面遥控指令将其切入供电回路,让太阳电池方阵将其充电,直至充足为止。必须指出的是,电池组的在轨活化只能在高轨道航天飞行器上进行,最好在阴影期即将到来之前进行活化,在中、低轨道航天飞行器实现较困难些。当然,这种活化处理的循环次数可视实际需要而定。

5.7 发展趋势

20 世纪 70 年代末各种新型电极不断地被开发应用,带来了镉镍电池发展的崭新时期,

80 年代以来塑料黏结电极、纤维电极和发泡电极相继进入镉镍电池的制造过程,现在 21 世纪纳米级活性物质材料的广泛研究与应用,将进一步推动相关技术的发展。

5.7.1 黏结电极镉镍电池

塑料黏结式电极在 20 世纪 70 年代得到大力发展,其主要特点是工艺简单,耗镍量少,成本较低,但大电流放电能力较差,循环使用寿命短。塑料黏结式电极的制造过程是采用 5%~10% 的聚四氟乙烯悬浊液将活性物质、导电剂、添加剂等混合均匀后,用涂覆或刮浆的方法黏附到导电骨架上,经压制或辊压、烘干而成,电极制造过程如下:

1. 黏结式镍电极制造

黏结式镍电极制造工艺简单,耗镍量少,成本最低。

黏结式镍电极依黏结剂不同主要有成膜法、热挤压法、刮浆法等。

黏结式镍电极的主要原材料有高活性球形 $Ni(OH)_2$,导电剂镍粉、鳞片石墨或胶体石墨、乙炔黑等。一般在胶体石墨中加入乙炔黑,质量比为 3:1。常用的添加剂有钴、镉、锌、锂、钡、汞等。添加剂的作用是提高 $Ni(OH)_2$ 电极活性和活性物质利用率,提高充电效率。常用的黏结剂有 PTFE、PE、PVA、CMC、MC、107 胶等。PTFE 与 CMC 联用效果最好,加入量为 2% 的 CMC(原料浓度为 3%)和 6.86% 的 PTFE(原料浓度为 60%),$Ni(OH)_2$ 在干态电极中含量为 75%~80%。

球形 $Ni(OH)_2$ 具有密度高、放电容量大的特征,是具有适度晶格缺陷的 β-$Ni(OH)_2$,很适合于用作镉-镍电池的正极材料。

球形 β-$Ni(OH)_2$ 的制备方法为:

1) 化学沉淀法

化学沉淀法是镍盐或镍的配合物与苛性碱反应生成沉淀,通过控制温度、pH、加料速度、反应时间、搅拌强度等,可得到高结晶型的球形 $Ni(OH)_2$。所用的配位剂有氨、铵等,苛性碱为 NaOH、KOH。镍盐可以是 $NiSO_4$、$NiCl_2$、$Ni(NO_3)_2$ 等。

制备 $Ni(OH)_2$ 的基本工艺过程是:分别配制镍盐、苛性碱和配位剂溶液,加料、沉淀反应、沉淀分离、洗涤、烘干、筛分等。

加料方式有加入法,即将镍盐溶液喷淋到搅拌的碱溶液中;反加入法,即将碱溶液喷淋到搅拌的镍溶液中;并流加入法,即将镍盐溶液、碱溶液、配位剂溶液并流连续加入到反应器中。

化学沉淀法中的氨催化液相沉淀法具有工艺流程短、设备简单、操作方便、过滤性能好、产品质量高等优点。

氨催化液相沉淀法是在一定温度下,将一定浓度的 $NiSO_4$、NaOH 和氨水并流后连续加入反应釜中,调节 pH 使其维持在一定值,不断搅拌,待反应达到预定时间后,过滤,洗涤,干燥,即可得 $Ni(OH)_2$ 粉末。

影响球形 $Ni(OH)_2$ 工艺过程的主要因素是 pH、镍盐和碱浓度、温度、反应时间、加料方式、搅拌强度等。工业生产控制的技术条件是:pH 10.8 ± 0.1,温度 $(50\pm2)\,℃$;$NiSO_4\ 1.4\sim1.6\ mol\cdot dm^{-3}$,$NaOH\ 4\sim8\ mol\cdot dm^{-3}$,$NH_3\cdot H_2O\ 10\sim13\ mol\cdot dm^{-3}$ 的溶液按 n_{NiSO_4}:n_{NaOH}:$n_{NH_3\cdot H_2O}=1.0:(1.9\sim2.1):(0.2\sim0.5)$ 并流连续加入到反应釜中,反应生成的 $Ni(OH)_2$ 在反应釜中滞留时间一般在 $0.5\sim5.0\ h$。

2）电解法

在外电流作用下，金属镍阳极氧化成 Ni^{2+}，水分子在阴极还原析氢产生 OH^-，两者反应生成 $Ni(OH)_2$。

影响球形 $Ni(OH)_2$ 电化学性能的主要影响因素有化学组成、添加剂种类、杂质种类和含量、粒径大小及分布、密度、晶型、表面状态和形貌、组织结构等。

（1）化学组成的影响

镍含量、添加剂和杂质含量对 $Ni(OH)_2$ 的电化学性能均有一定的影响。纯 $Ni(OH)_2$ 的镍含量为 63.3%。因含有水、添加剂和杂质，实际镍含量只有 50%～62%。通常 $Ni(OH)_2$ 的放电容量随镍含量增加而增高。为了提高电极活性物质的利用率，提高放电容量和充放电性能，在制备 $Ni(OH)_2$ 的过程中，通常采用共沉淀法添加一定量的 Co、Zn 和 Cd 等添加剂。

$Ni(OH)_2$ 中的主要有害杂质是 Ca、Mg、Fe、SO_4^{2-}、CO_3^{2-} 等，在制备 $Ni(OH)_2$ 的过程中，必须控制杂质在一定的范围。

（2）粒径及粒径分布的影响

粒径大小及粒径分布主要影响 $Ni(OH)_2$ 的活性、比表面积、密度。粒径小，比表面积大，活性就高。但粒径过小，会降低 $Ni(OH)_2$ 密度。由化学沉淀晶体生长法制备的球形 $Ni(OH)_2$ 的粒径一般在 1～50 μm 之间，平均粒径在 5～12 μm 较为合适。

（3）表面状态的影响

表面光滑，球形度好的 $Ni(OH)_2$ 振实密度高，流动性好，但活性较低；表面粗糙、球形度低、孔隙发达的 $Ni(OH)_2$，其振实密度相对较低，流动性差，但活性较高。$Ni(OH)_2$ 的表面状态不同，比表面积会差别较大，影响电化学性能。

（4）微晶晶粒尺寸及缺陷的影响

化学组成和粒径分布相同的 $Ni(OH)_2$ 的电化学性能有时也存在很大差别，其原因是 $Ni(OH)_2$ 晶体内部微晶晶粒尺寸和缺陷不同。在制备 $Ni(OH)_2$ 过程中，制备工艺，反应产物的后处理方法不同，添加剂的种类和添加量不同，都会对 $Ni(OH)_2$ 晶体的微晶粒大小和排列状态产生影响，从而引起 $Ni(OH)_2$ 晶体的内部缺陷、孔隙和表面形貌等的差异，导致同一组成和粒度分布相同的 $Ni(OH)_2$ 的电化学性能就不相同。结晶度差，层错率高，微晶粒小，微晶排列无序的 $Ni(OH)_2$，活化速率快，放电容量高，循环寿命长。

2. 黏结式镉电极制造

黏结式镉负极活性高，$Cd(OH)_2$ 比容量为 257 mA·h·g^{-1}。黏结式镉电极制造工艺类似于黏结式镍电极的制造方法，如干式模压法、湿法拉浆法、塑料黏结法等。

干式模压法：将 CdO、海绵镉、$Ni(OH)_2$、变压器油混匀，再按质量比 m（混合粉）：m（3% CMC 水溶液）=19：1 拌匀，放入模具中，再放入镀镍切拉网骨架，压平，加压成型，成型压力为 35～40 MPa，然后干燥处理得镉电极片。

湿式拉浆法：先按质量比 m（CdO）：m（Cd 粉）=4：1 混匀成粉，黏结剂为 3% CMC 水溶液，添加剂有维尼纶纤维（切成 2 mm）、Na_2HPO_4、7% 聚乙烯醇水溶液、25 号变压器油。配镉浆方法是将聚乙烯醇（7%）8.5 kg、维尼纶纤维素 15～20 g、Na_2HPO_4（30.6%）720 g、25 号变压器油 400 cm^3 混合后，加入配好的氧化镉和海绵镉混合物粉 15 kg，调成镉浆，用拉浆法使冲孔镀镍钢带沾满浆液，刮平，送入电加热烘干道烘干。烘干道有三段温度区间：下段(55±5)℃,中段(120±5)℃,上段(150±5)℃。

塑料黏结法:按质量配比 $m(Cd(OH)_2)$:m(导电剂):m(添加剂):m(黏结剂)=80:10:4:10 混合,以 830 μm 冲孔镀镍铁网为集流网,液压成镉电极,导电剂为炭黑、活性剂,黏结剂为 PTFE、CMC、C_2H_5OH。塑料黏结式电极可以用于制造小型镉镍电池与大型镉镍电池。用该技术制造的 AA 型电池已达到放电倍率 7 C、比能量 33 W·h·kg^{-1}、循环寿命大于 500 次,15 A·h 方型电池比能量达到 47.2 W·h·kg^{-1}、循环寿命 7 500 次。

5.7.2　电沉积电极镉镍电池

电沉积电极镉镍电池使用电沉积式电极。电沉积式电极活性物质比表面积大、利用率高、比容量高、能提供较高的能量密度,同时操作简单、周期短、污染相对较少。目前,用电沉积法可以制备 Ni、Cd、Co、Fe 高活性电极,一般在氧化物中电沉积制备的电极活性高,也可在硫酸盐或混合的金属盐中电沉积。电沉积电极制备是采用网状基底,在金属氯化物中通入氧气,进行恒电流电沉积。其电沉积过程在镍带或镀镍钢带上进行,金属带类似于烧结加工用的基板材料。金属带穿过含有 Cd^{2+} 离子、温度、酸度适当的电沉积槽,然后与充电机的负极连接。正电极是由金属镉(Cd)制成,当电流流过时,镉溶解。通过调节电流密度使镉沉积并析出氢气,使镉沉积的同时析出氢气,形成海绵状镉层,然后用辊压方法将其压成所需的厚度。

电沉积负电极的制造方法使负电极处于完全充电状态,它与充满电的正电极一起组装成电池。若要建立所要求的充电余量,必须将负电极放电至一定的荷电状态。可以通过加入一定量的过氧化氢(H_2O_2),它使镉氧化来调节荷电状态并产生所需数量的放电态活性物质[$Cd(OH)_2$]。

影响电沉积镉电极性能的主要因素是:氧气流量、基底结构、电极距离、电解液种类和浓度、pH、电流密度等。氧气流量大、电极距离小,则电极活性高。

电解液可采用 $CdSO_4$、$Cd(Ac)_2$ 或 $CdCl_2$,以 $CdCl_2$ 溶液电沉积的镉电极活性高,$Cd(Ac)_2$ 次之,当用 $CdCl_2$ 溶液电沉积镉时,Cd^{2+} 浓度增加,pH 小于 2,都会使电极活性降低。电流密度低也有利于提高电极活性,因为小电流密度和低浓度溶液有利于电沉积出较细微粒的金属。通入氧气可能把刚电沉积的镉氧化为 $Cd(OH)_2$,而 $Cd(OH)_2$ 又被电还原为金属镉,即还原—氧化—再还原过程不断重复进行,最终形成微颗粒的金属层。在氯化物溶液中,电沉积镉活性高,是因为 Cl^- 与 Cd^{2+} 形成 $CdCl_4^{2-}$,阳极生成 Cl_2,有利于生成各种价态的具有氧化性的氯酸根离子,这些都有利于增大镉电极的比表面。

5.7.3　纤维镍电极镉镍电池

纤维镍电极技术实际是一种镉镍电池电极导电骨架的制备技术,石墨或聚丙烯纤维毡经处理涂上镍层,烧结后,形成孔率高达 94%～97% 的纤维镍毡状物基体。纤维镍基体填充活性物质的方法一般采用电化学浸渍法,也有采用其他刮涂或浸渍方法的。纤维镍电极强度好,可绕性强,导电性能较好,具有高比容量和高活性,可显著减轻电池质量,提高电池的能量密度,而且电池制造工艺简单,成本低,可大规模连续生产。其缺点是镍纤维易造成电池正负极微短路,导致自放电较大。

使用纤维式镍电极制造的 AA 型电池,容量可以达到 800 mA·h,比通常烧结式镉镍电池容量提高 50% 以上。纤维式镍电极也已用于航空和航天领域。

5.7.4　泡沫电极镉镍电池

泡沫镍电极技术是 20 世纪 80 年代发展起来的新型电极,也是一种镉镍电池电极导电骨架的制备技术。该电极基体质量轻,活性物质载入量大,比能量高。电极容量密度高达 500 mA·h·cm^{-3},电极活性物质利用率高达 90% 以上,快速充电性能好,制造工艺简单,设备投资少,成本低,但因该电极泡沫基体孔径大,活性物质填充后颗粒较大,活性物质与基体电子接触电阻较大,其放电电压较烧结式电极稍低,高倍率放电性能和循环寿命不如烧结式电极。

泡沫镍基板制造工艺分基板制造和电极制造两部分。发泡氨基甲酸乙酯树脂经处理后镀镍,烧结后形成三维网状结构的高孔率泡沫镍基板,然后将活性物质 $Ni(OH)_2$ 填充至泡沫镍基体孔隙中,经轧制成泡沫镍电极。

1. 泡沫镍基板制造

泡沫塑料发泡体选用多孔性树脂材料,如聚氨酯泡沫塑料,孔率为 96% 左右,孔径为 300~600 μm。泡沫镍基板制造工艺过程如下:

先将泡沫塑料进行碱性除油、表面粗化使泡沫塑料孔壁表面呈现微观粗糙,提高镀层与基体的结合力,同时,使塑料孔壁表面的聚合分子断链,由疏水性变成亲水性;再通过敏化在塑料孔壁表面吸附一层易氧化的物质,使活化时易氧化,在表面形成氧化膜;活化是在泡沫塑料孔壁表面产生一层催化金属层,作为化学镀镍时的催化剂,一般采用胶体钯活化液或盐基胶体钯活化液;活化后通过解胶将泡沫塑料孔壁表面吸附的钯粒周围的亚锡离子水解胶体去掉,常用酸性液解胶或碱性液解胶,即酸性解胶用浓 HCl(100 cm^3,加水至 1 dm^3)洗一下、碱性解胶用 $NaOH$(50 g·dm^{-3})溶液浸 1 min。然后进行导电化处理,常用的导电化处理方法有化学镀镍、涂覆碳基导电涂料、真空气相沉积。经导电处理过的泡沫塑料用瓦特镀液或氨基磺酸镍镀液电沉积镍。一般沉积量为 0.26 g·cm^{-3} 以上,最后将已镀镍的塑料基体烧去,并在 800~1 100℃ 下的还原气氛中烧制成发泡镍材。

2. 泡沫镍电极制造

泡沫镍电极制造工艺简单,只需将正极活性物质 $Ni(OH)_2$ 或负极活性物质 CaO 和导电剂、添加剂、黏结剂等混合均匀后,填充至泡沫基体孔隙中,经轧制成型即可。作为电极基板的泡沫要满足以下性能:孔隙率 95%~97%,孔径分布 50~500 μm,孔的线性密度 40~100 孔/25 mm,导电性能好,强度≥1.0 N·mm^{-2},延伸性和柔软性好,比表面积约 0.1 m^2·g^{-1}。

5.7.5　超级镉镍电池

超级镉镍电池(super NiCd)是美国航天用镉镍电池制造公司用于区别传统航天用镉镍电池,作为美国宇航局第四代航天用镉镍电池的标志。其主要特点是用电化学浸渍镍、镉电极取代化学浸渍镍、镉电极;并借鉴 Ni-H$_2$ 电池氧化锆隔膜技术,使用浸渍聚苯并咪唑的氧化锆隔膜(PBI-Z)或浸渍聚苯并咪唑的聚丙烯隔膜取代尼龙隔膜,同时在结构、电解液和充电控制方面也做了适应性改进;通过这些改进提高了电池组的充放电性能,也延长了航天用镉镍电池的使用寿命。

美国宇航局从 1988 年到 2000 年已有 1 400 多个 super NiCd 电池单体成功应用于 40

多颗轨道飞行器,无一单体失效。1992 年 7 月 3 日发射成功的 SAMPEX 飞行器镉镍电池组在轨放电深度 12%,充放电循环超过 45 000 次,此电池组的地面试验放电深度 40%,充放电循环次数可达 30 000 次,在轨工作寿命可达 5 年以上。相比于美国宇航局的标准镉镍电池(standard NiCd)性能有了较大提升,super NiCd 电池应用于低轨道卫星循环寿命可达 5 年以上(40%DOD),应用于高轨道卫星则能运行 15 年(80%DOD)。超级镉镍电池具有工作寿命长、放电深度大、有效比能量高等优点,而且作为镉镍电池,在空间的应用相对较成熟,适合于通信卫星、气象卫星、资源探测卫星和各种科学试验技术卫星等中小卫星作储能电源。

思 考 题

(1) 请写出镉镍电池的成流反应式,并给出镉镍电池的电动势表达式。

(2) 为什么镉镍电池可以制成密封电池?

(3) 全密封镉镍电池的主要特点是什么?

(4) 怎样提高全密封镉镍电池的比能量? 电池组的设计又必须注意什么?

(5) 简述镉镍电池正确使用和维护的要点。

(6) 在全密封镉镍电池中加入第三电极,是怎样实现充电控制的?

(7) 全密封镉镍电池为什么要选用金属-陶瓷封接技术进行单体电池的封口? 全密封的基本指标是什么?

(8) 简述镉镍电池的性能特点。

(9) 如何减弱或消除镉镍电池的记忆效应?

(10) 已知基片烧结后,一张样片干重 100 g,吸水后湿重 140 g,该样片网重为 30 g,计算该基片的孔率。

(11) 简述新型镉镍电极的典型代表及其主要特点。

(12) 列出镉镍电池常见的失效现象,并分析引起镉镍电池失效的原因。

(13) 为提高黏结式镍电极的电化学性能,增大放电容量,需对球形 $Ni(OH)_2$ 进行改性,请简述常用的改性方法。

(14) 设计一种高倍率全密封 80 A·h 镉镍电池,容量设计时留 20% 的余量,根据所掌握的知识确定正负极片尺寸和单体电池尺寸,并给出确定设计参数的条件。

(15) 镉镍电池正负极片浸渍后,需进行化成,请简述化成的目的。

(16) 某型号 70 A·h 镉镍电池单体在 20℃±2℃ 的环境温度下以 7 A 电流充电 16 h 后,再以 14.0 A 电流放电至 1.0 V 历时 6 h;以 7 A 电流充电 16 h,搁置三日后,再以 14.0 A 电流放电至 1.0 V 历时 5 h 45 min,请问镉镍电池单体的自放电率是多少?

(17) 请分别简述镉镍电池充电、放电阶段温度变化情况,并分析原因。

(18) 简述电化学浸渍法制备镍电极的优点。

(19) 采取哪些途径能够使镉镍电池具有长寿命轻质量的特点?

第6章 氢镍蓄电池

6.1 氢镍蓄电池概述

根据负极状态的不同,氢镍蓄电池包括高压氢镍蓄电池及低压氢镍蓄电池。其中,高压氢镍蓄电池是镉镍蓄电池技术和燃料电池技术相结合的产物,其正极来自镉镍蓄电池的氧化镍电极,负极来自燃料电池的氢电极。但作为一种新体系,氢镍蓄电池有自己独特的技术特点。它不同于镉镍蓄电池,它的负极活性物质是氢气,气体电极和固体电极的共存产生了氢镍蓄电池新的技术特性。它也不同于燃料电池,它能反复充电和放电循环使用,作为活性物质的氢气将在催化电极上反复生成和消失,氢气压力变化范围在 $0.3 \sim 6$ MPa 或更大一些。

高压氢镍蓄电池电化学表达式为

$$NiOOH + \frac{1}{2} H_2 \Longleftrightarrow Ni(OH)_2 \tag{6.1}$$

低压氢镍蓄电池正极与高压氢镍蓄电池正极一致,但负极为储氢合金,氢活性物质以原子状态吸附于储氢合金,电池内部不存在高压,因此大大降低了电池壳体设计与制造难度,安全性也相应提高。

低压氢镍蓄电池电化学表达式为

$$M + xNi(OH)_2 \Longleftrightarrow MH_x + xNiOOH \tag{6.2}$$

6.1.1 发展简史

由于其独特优点,氢镍蓄电池自 20 世纪 70 年代起得到了系统研究和发展。主要目标是航天应用,用作卫星和空间站的储能设备,替代长期以来一直服役并起过重要作用的密封镉镍蓄电池。它的高比能量特性使电池在满足功率和能量的使用要求下质量得到减轻,它的充放循环寿命长的特点能使卫星工作寿命延长,产生巨大经济效益。特别是随着卫星设计工作寿命的延长,镉镍蓄电池成为寿命限制设备的情况下更具有重要意义。此外,它的承受过充电和过放电能力强的特点使电源系统控制部分的设计能够简化,从而提高电源分系统的可靠性。氢镍蓄电池和镉镍蓄电池性能对比见表 6.1。目前世界上航天器主要采用的蓄电池性能对比见表 6.2。尽管近年来受到了高比能量锂离子蓄电池的冲击,但是其优良的高功率特性和较长的寿命使其仍将在航天领域占有一席之地。

氢镍蓄电池在世界上的第一次应用是在美国海军技术卫星Ⅱ号(NTS-2)上用作储能电源。该卫星于 1977 年 6 月 23 日发射升空,并成功地在轨道连续运转 10 多年,氢镍蓄电池性能达到设计要求。飞行试验的成功向世界证明了氢镍蓄电池用于航天领域的可行性、现实性和先进性。1983 年发射成功的国际通信卫星Ⅴ号也使用了氢镍蓄电池,开始了在国际

表 6.1　高压氢镍蓄电池和镉镍蓄电池性能对比

项　目		高压氢镍蓄电池	镉镍蓄电池
金属-气体间隔离		不需要	不需要
工作电压/V		1.25	1.23
充电态确定		内部氢气压力测量	无法
质量比能量 /(W·h·kg^{-1})	理论值	378	209
	实际值	40～90	20～40
体积比能量/(W·h·dm^{-3})		73	140
充电放电速率		任意速率	速率较低
过充电能力		允许长期过充电,但需考虑散热	允许低速率短期过充电
过放电能力		允许高速率过放电, 电池温度反而下降	不允许过放电,只允许极低的 速率下短时间反极
最佳工作温度/℃		−5～15	0～15
低温性能		允许低温充电,低温性能佳	镉电极不能低温充电
自放电率(20℃,7 d)/%		30	10
工作压力/MPa		3～5	<0.2
极柱密封方式应用		金属-陶瓷封接,塑压密封	金属-陶瓷封接
外形特点		圆柱体,上下两端为半圆或碟形	矩形
应用		高椭圆轨道,同步轨道,低轨道卫星	高轨道或低轨道卫星
寿命		高轨道 10～15 a, 低轨道 5 a 以上	高轨道 8～10 a, 低轨道 3 a 以下
泄漏后寿命		终止,表现为电池开路	视泄漏程度

表 6.2　飞行器用主要的蓄电池性能比较

电池种类	镉镍蓄电池	氢镍蓄电池	锂离子蓄电池
电压/V	1.2	1.25	3.6
质量比能量/(W·h·kg^{-1})	35	70	120
LEO 寿命/a	3～5	5～7	3～5
GEO 寿命/a	8～10	15～20	10～15
国外发展程度	成熟	成熟	开始应用
国内发展程度	成熟	初步应用	开始应用

通信卫星Ⅴ号及后继型号上全面使用氢镍蓄电池的发展计划。1990 年,氢镍蓄电池首次应用于低轨道卫星,即哈勃太空望远镜,并在轨运行了 12 年以上,验证了氢镍蓄电池的良好

性能。

目前在国际上各个轨道航天工程中,氢镍蓄电池已经得到普遍应用。高轨道长寿命大功率卫星几乎100%都使用氢镍蓄电池,低轨道从哈勃卫星开始也应用得越来越多。占欧美市场85%以上份额的美国 Eagle-Picher 技术公司已生产制造了4万多只氢镍蓄电池单体和450多个电池组,在300多个卫星上得到了应用,在轨飞行时间已积累超过3.5亿小时。俄罗斯则已在150多颗卫星上采用了氢镍蓄电池。法国 SAFT 公司制造的氢镍蓄电池也已在28颗 GEO 卫星上得到了应用,在轨飞行时间已积累超过0.66亿小时。

氢镍蓄电池研发和应用最具代表性和先进性的是美国,它从20世纪70年代开始研制 IPV(independent pressure vessel)氢镍蓄电池,容量主要是30~50 A·h(直径3.5 in,1 in=2.54 cm),80年代中期开始研制容量80 A·h的 IPV 氢镍蓄电池和以容量40 A·h为代表的 CPV(common pressure vessel)氢镍蓄电池(直径3.5 in),及20 A·h以下的 CPV 氢镍蓄电池(直径2.5 in),90年代开始研制的100 A·h以上容量的 IPV 氢镍蓄电池(直径4.5 in)和 CPV 氢镍蓄电池,以上电池都相继取得成功并得到实际应用。90年代中后期开始研制300 A·h以上容量的氢镍蓄电池(直径5.5 in)。2001年11月26日发射的美国 DIRECTV-4S 数字电视卫星采用了该直径的超大容量氢镍蓄电池。因此,目前其航天用氢镍蓄电池技术发展已相当成熟,已基本形成系列化,见表6.3。而俄罗斯也从20世纪70年代甚至更早开始研制和应用氢镍蓄电池,主要是 IPV 氢镍蓄电池,CPV 和 SPV(Single pressure vessel)氢镍蓄电池虽有过研发,但没有成功和实际应用,俄罗斯 IPV 氢镍蓄电池在技术特点和制造工艺方面有别于欧美,其有自成一体的标准规格和特点,见表6.4。美国和俄罗斯氢镍蓄电池的应用情况见表6.5、表6.6和表6.7。从列表可以看出,氢镍蓄电池应用于高轨道(GEO)多于低轨道(LEO),CPV 多于 IPV,中、小容量多于大容量。

表6.3 美国氢镍蓄电池单体系列型谱

氢镍蓄电池系列	工作电压/V	直径/in	容量范围/(A·h)
IPV	1.25	2.5	10~20
		3.5	10~100
		4.5	100~300
		5.5	200~500
CPV	2.50	2.5	6~20
		3.5	20~60
		4.5	50~150
		5.5	100~225
SPV	27.5	5.0	10~25
		10.0	30~60
		13.0	80~120

表 6.4　俄罗斯 IPV 氢镍蓄电池单体系列型谱

容量范围/(A·h)	直径/mm	直筒段长度/mm	极柱螺母/mm
8~25	φ40	80~120	M4×0.75
20~40	φ76	125~190	M6×0.75
40~60	φ76	190~215	M6×0.75
60~140	φ96	215~340	M8×1.0

表 6.5　美国部分 IPV 氢镍蓄电池的应用情况

卫星型号	轨道	额定容量/(A·h)	DOD/%	卫星数量
INTELSAT V	GEO	30	56	6
		30	72	2
GSTAR	GEO	30	60	4
SAPCENET	GEO	40	60	3
ACS-1	GEO	35	65	1
SATCOM K	GEO	50	65	2
OLYMPUS	GEO	35	60	1
ITALSAT	GEO	30	65	1
EUTELSAT Ⅱ	GEO	58	74	5
TV-SAT Ⅱ	GEO	30	—	—
Astro 1A	GEO	50	70	1
Astro 1B	GEO	50	65	1
ANIK-E	GEO	50	70	2
TELECOM 2	GEO	83	75	3
INTELSAT Ⅵ	GEO	44	60	5
PANAMSAT	GEO	35	60	1
ASC Ⅱ	GEO	40	60	1
AURORA	GEO	40	60	1
SUPERBIRD	GEO	83	75	2
INTELSAT K	GEO	50	65	1
INTELSAT Ⅶ	GEO	85	70	5
Satcom C3/C4	GEO	50	55	2

卫星型号	轨道	额定容量/(A·h)	DOD/%	卫星数量
Telstar 4	GEO	50	70	3
Inmarsat 3	GEO	50	65	4
INTELSAT Ⅶ A	GEO	120	—	—
DIRECTV-4S	GEO	>200	—	1
Hubble Space Telescope	LEO	88	8	1
Intelnational Space Station	LEO	81	35	1

表 6.6 美国 CPV 氢镍蓄电池组应用状况（1998 年 NASA 计划）

卫星型号	发射日期	电池组容量/(A·h)	电压/V	备注
ORBCOMM-2	1998/4/28	10	12.5	5-CPV
QUICKBIRD	1998/7/1	40	28	11-CPV
DLR-TUBSAT	1998/9/1	12	10	4-CPV
ORBITER	1998/12/10	16	28	11-CPV
LANDER	1999/1/1	16	29	11-CPV
STARDUST	1999/2/6	16	28	11-CPV
ORBVIEW-3	1999/6/1	20	28	11-CPV
ORBVIEW-4	1999/12/1	16	28	11-CPV
CHAMP	1999/12/1	16	28	11-CPV
MAP	2000/8/1	23	28	11-CPV
HISSI	1999	15	28	11-CPV
2001	1999	16	28	11-CPV
MITA	1999	7	28	11-CPV
DEEP SPACE	1998	12	25	10-CPV
GENISIS	1999	16	28	11-CPV
GRACE	1999	16	28	11-CPV
SAC-C	1999	12	28	11-CPV

表 6.7　俄罗斯 JSC SATURN 公司部分氢镍蓄电池组应用计划

飞行器型号	运行轨道	电池组型号	起始研制日期	研制阶段
Gonetz D1	LEO	21NH-25	1996	SSP
Cosmos	LEO	21NH-25	1996	SSP
Rodnik	LEO	19NH-25	2004	FM
Resurs DK	LEO	28NH-70R	2004	FM
Monitor	LEO	28NH-40	2004	FM
MKS	LEO	22NH-100	—	BDR
Arkon-2	LEO	30NH-70A	2005	BDR
Liana	LEO	28NH-70R	2005	FM
Persona	LEO	28NH-70E	—	FM
Ekran-M	GEO	28NH-45	1988	SSP
Cosmos	GEO	28NH-45	1990	SSP
Gals	GEO	28NH-60	1990	FM
Express	GEO	28NH-60	1992	FM
Ekspress-A	GEO	28NH-70	2000	FM
SESAT	GEO	40NH-70	2000	FM
Yamal-200	GEO	18NH-100	2003	FM
Dialog	GEO	28NH-40	2004	FM
Express-AM	GEO	40NH-70	2003	FM
Cosmos	GEO	40NH-70	2004	FM
Molniya-3K		28NH-45M	1998	FM
Cosmos	High Elliptic Orbits	40NH-70	2004	FM
VEO EKS		30NH-70	—	BDR
Glonass	High Circular Orbits	28NH-50	2003	FM
Interbol		28NH-45	1995	SSP
Fobos-Grunt	Long Range Space	18NH-50	—	BDR

注：BDR-基线设计评审；FM-飞行试验；SSP-小规模生产。

在我国，氢镍蓄电池的研究也已有 20 多年的研究历史，首次航天应用为 2003 年 11 月 15 日应用于"中星"20 号通信卫星，主要以高轨道应用为主，低轨道应用较少。

国内研制的 IPV、CPV 和 SPV 氢镍蓄电池及电池组性能数据见表 6.8、表 6.9。

表 6.8 国内 IPV 氢镍蓄电池单体系列型谱及应用情况

电池型号	额定容量/(A·h)	实际容量/(A·h)	质量/g	尺寸/mm	比能量/(W·h·kg⁻¹)
QNY₁G30	30	36	860	$\phi89\times150$	52
QNY₁G35	35(36)	40	960	$\phi89\times165$	52
QNY₁G40	40	47	1 130	$\phi89\times166$	52
QNY₁G50	50	60	1 300	$\phi89\times210$	57
QNY₁G60	60	66	1 460	$\phi89\times220$	56
QNY₁G80	80	95	2 000	$\phi89\times230$	59
QNY₁G100	100	110	2 180	$\phi115\times215$	64
QNY₁G120	120	132	2 520	$\phi115\times243$	65
QNY₁G120	120	132	2 950	$\phi118\times240$	55.9
QNY₁G150	150	155	3 150	$\phi115\times256$	63
QNY₁G200	200	210	4 200	$\phi115\times341$	63

表 6.9 国内 CPV、SPV 氢镍蓄电池单体系列型谱及应用情况

电池型号	额定容量/(A·h)	实际容量/(A·h)	质量/g	尺寸/mm	比能量/(W·h·kg⁻¹)
2QNY₁G15	15	18	1 000	$\phi89\times165$	48
2QNY₁G30	30	35	1 600	$\phi89\times220$	55
2QNY₁G40	40	46	2 100	$\phi90\times232$	55
2QNY₁G60	60	66	3 000	$\phi118\times200$	55
7QNY₁G5	5	6.3	1 650	$\phi90\times200$	35
5QNY₁G24	24	26.5	—	—	—
18QNY₁G8	8	10	—	—	—

6.1.2 氢镍蓄电池分类与命名

1. 分类

高压氢镍蓄电池的分类有以下几个方面：

1）按应用轨道分类

根据飞行器轨道的不同,可分为高轨道和低轨道用氢镍蓄电池,两者在设计上有所不同。高轨道飞行器每年进行的充放电循环次数只有 92 周次,在轨 10 年也只有 920 次充放电,但放电深度较大,最大为 80%。而低轨道飞行器用氢镍蓄电池每天要进行 16 周次的充放电循环,一年要经受 5 500 周次的充放电循环,如果在轨 5 年,经受的充放电循环次数可达

27 500 次。但是放电深度较浅,最大为 40%。根据上述不同的使用特点,氢镍蓄电池的设计异同点见表 6.10。

表 6.10 高轨道和低轨道用氢镍蓄电池的设计异同点

项 目	低轨道	高轨道
镍电极活性物质载量(电化学浸渍)/(g·cm⁻³)	1.55 ± 0.1	1.67 ± 0.1
电解液浓度/%	26~31	31~38
隔膜	双层氧化锆 石棉	双层氧化锆 石棉
极堆设计	背对背式 循环往复式	背对背式
电极形状	菠萝片式电极	菠萝片式电极

2)按氢镍蓄电池单体的直径分类

按单体直径大小,氢镍蓄电池可分为 2.5 in、3.5 in、4.5 in 和 5.5 in 等。通常的设计为 20 A·h 容量以下的氢镍蓄电池的直径为 2.5 in,20~100 A·h 容量以下的氢镍蓄电池的直径为 3.5 in,100~250 A·h 容量的氢镍蓄电池的直径为 4.5 in,200~350 A·h 的氢镍蓄电池直径为 5.5 in。

3)按氢镍蓄电池的结构特点分类

按结构特点,氢镍蓄电池可分为 IPV、CPV、SPV、DPV 等。

独立压力容器(independent pressure vessel,IPV)氢镍蓄电池,即在一个压力容器内只有一只单体,容器内多片正负极并联,对外的输出电压为 1.25 V;应用时根据需要由多个单体电池串联而成。该电池组质量比能量、体积比能量较低。IPV 氢镍蓄电池研制时间较长,技术成熟,容量在 200 A·h 以下、直径为 3.5 in 和 4.5 in 的氢镍蓄电池已得到普遍应用,目前已在研制直径为 5.5 in、容量在 300~500 A·h 的超大容量氢镍蓄电池。

共用压力容器(common pressure vessel,CPV)氢镍蓄电池,即在一个压力容器内只串联两只单体电池,对外的输出电压为 2.5 V;应用时根据需要由多个 CPV 单体电池串联而成。该电池质量比能量和体积比能量优于 IPV 氢镍蓄电池。

单一压力容器(single pressure vessel,SPV)氢镍蓄电池,即在一个压力容器内串联电池组所需的所有单体电池,对外的输出电压为所有单体电池的电压之和,单体数目由所需的电压决定。SPV 氢镍蓄电池具有更低的成本和更高的比能量,在 1994 年得到首次应用,成熟的产品有 5 in 和 10 in,容量在 15~60 A·h 之间。目前正在研制直径为 13 in、容量在 120 A·h、电压为 27.5 V 的 SPV 氢镍蓄电池。

互靠式压力容器(dependent pressure vessel,DPV)氢镍蓄电池,是一种全新的氢镍蓄电池结构形式,其电池单体形状为圆柱状,相互叠加排列靠紧,单体与单体之间设置散热片,并采用刚性的端板和高强度拉杆连接支撑固定,与镉镍蓄电池组拉杆式结构相似,电池工作压力为 3.5~7 MPa。

2. 氢镍蓄电池命名

氢镍蓄电池单体和电池组型号的命名按如下规定进行。

氢镍蓄电池的系列代号为 QN,是负极氢气的汉语拼音 qing 和正极材料镍的汉语拼音 nie 的第一个大写字母。第三个字母为外形代号,Y 代表圆柱形,外形代号右下角加注 1,表示全密封结构。第四位一般用于表示容量。

对单体而言,如:

QNY₁40——容量为 40 A·h 的全密封氢镍蓄电池。

对电池组而言,如:

28QNY₁40——由 28 只容量为 40 A·h 的全密封氢镍蓄电池单体组成的电池组。

6.1.3　氢镍蓄电池特性

1. 电压特性

氢镍蓄电池标准电动势 $E^{\ominus}=1.319$ V,与镉镍蓄电池基本相近($E^{\ominus}=1.33$ V)。充电和放电过程中,由于极化,工作电压偏离标准电动势。

图 6.1 给出了典型的充电曲线,同时给出了不同充电速率时的充电曲线。图 6.2 给出了典型的放电曲线,同时给出了不同放电速率时的放电曲线。

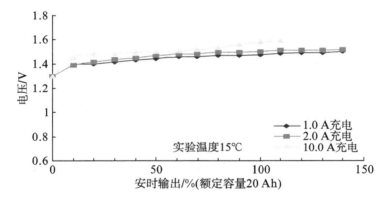

图 6.1　充电曲线及其充电速率的影响

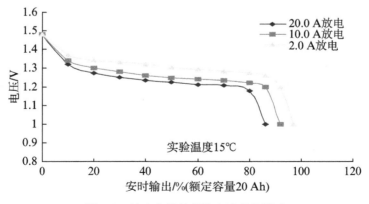

图 6.2　放电曲线及其放电速率的影响

从图中可知,充电工作电压范围在 1.40~1.60 V,或更高些,随充电速率而定。放电电压范围在 1.20~1.30 V,电压平稳,而且与镉镍蓄电池工作电压相近,因此氢镍蓄电池能够顺利取代镉镍蓄电池用作航天储能电源,而不给电源系统的设计带来很大的变化。

　　氢镍蓄电池充电和放电电压值随速率和温度而变化。虽然航天用氢镍蓄电池不是设计成大功率使用的,但从图 6.1 和图 6.2 可知,在 C/10、C/2 和 C 三种速率下放电电压平稳,随速率增加而有所下降,充电电压随速率增加有所增加。

　　图 6.3 和图 6.4 给出了温度对氢镍蓄电池充放电电压的影响。

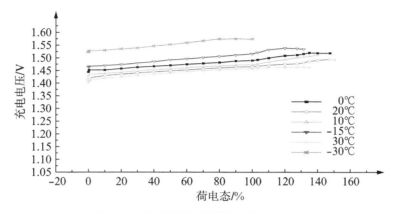

图 6.3　不同温度下氢镍蓄电池充电电压

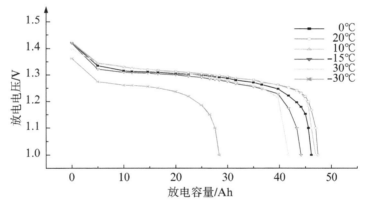

图 6.4　不同温度下氢镍蓄电池放电电压

　　从图可以看出,温度越低,充电终止电压越高;充电速率越大,充电终止电压越高。由于电池的充电终止电压值是充电控制的重要参数之一,因此准确获得这类数据对航天电源系统的设计是至关重要的。

　　2. 容量特性

　　氢镍蓄电池的容量与放电速率和工作温度有关。放电速率对电池容量的影响可以从图 6.2 看出,放电速率增加,则容量减少。图 6.5 则给出了氢镍蓄电池容量和环境温度的关系。可以看出,0℃温度升高则放电容量降低。在 10℃ 时的容量比 20℃ 时容量高 10%。温度升高使充电效率降低,这是导致放电容量减少的原因之一。从图 6.6 充电效率与温度的关系曲线可知,温度越高充电效率越低。当电池荷电态达到 100% 时,0℃ 下的充电效率为 95%,而 10℃ 下为 88%。从图 6.7 充电温度与电池容量的关系可见,充电温度越低电池的容量越高。实际应用中,为了保证氢镍蓄电池的最佳工作性能,设计中采用了温控措施,控制电池温度在 -5～20℃ 范围内。

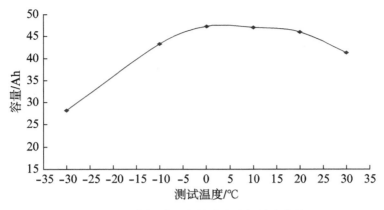

图 6.5　不同温度下氢镍蓄电池的放电容量

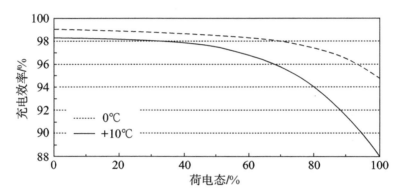

图 6.6　充电效率与温度的关系

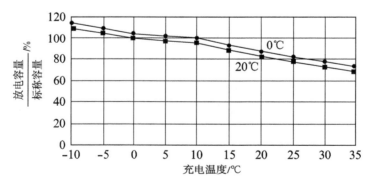

图 6.7　充电温度与电池容量的关系

3. 热特性

氢镍蓄电池作为一个复杂的电化学体系,其热量来源主要包括可逆热效应、极化热及过充电过程中的氢氧复合热。

1)可逆热效应

氢镍蓄电池的热力学状况与镉镍蓄电池非常相似。两种电池的正电极相同,并且氢电极的平衡电位仅比镉电极电位低 0.02 V。氢镍蓄电池的可逆热效应为 -36 kJ,可逆热是负值,这意味着氢镍蓄电池在正常充电期间是吸热过程,放电期间是放热过程,且放电电流越大,可逆热效应产生越快,放热量越明显。

2）极化热

电池内部各种电阻如隔膜电阻、电解液电阻、正负电极导电基体的电阻和活性物质间的接触电阻等集中表现为电池内阻的大小,电池内阻的存在使电池的充电电压高于平衡值,放电电压低于平衡值,即极化效应。而克服极化所需的电能是以热量形式散发出去的,因此电池内阻越小,电池的充放电效率越高,产生的热量越少。

3）氢氧复合热

由氢镍蓄电池的过充电过程中的电化学反应可知,过充电的电量全部转化为氢氧复合释放出的热量,此时的充电效率极低。上述热量变化导致氢镍蓄电池在放电过程中温度升高,在充电过程中温度下降。当充电充足转入过充阶段,电池温度又开始上升。图 6.8 和图 6.9 反映了这一特点。

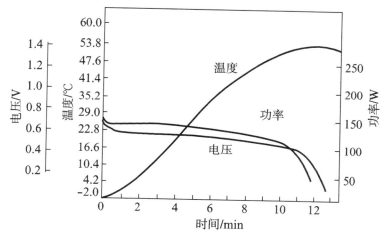

图 6.8　氢镍蓄电池放电过程中的温度变化

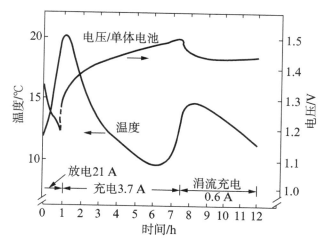

图 6.9　氢镍蓄电池充电过程中的温度变化

图 6.8 所示的放电曲线为国际通信卫星 V 号用 30 A·h 单体电池在 200 A 电流放电时的放电曲线。可以看到,放电过程中电池温度迅速从 −2℃ 上升到 50℃ 以上。温度是通过贴

在壳体外壁上的传感器测得的,所以这还仅仅是壳体的温度,电池内部温度更高。

图 6.9 的数据是飞行试验实测数据。在放电过程中,电池组温度上升,转充电过程后电池组温度下跌,当转入过充电阶段时电池组温度又回升,最后在涓流阶段,电池温度又逐渐下跌。数据表明,在全部工作阶段,电池组最高温度不大于 20℃,涓流阶段温度不超过 15℃,电池温度控制的设计达到预期要求。

4. 气体压力特性

氢镍蓄电池负极活性物质是氢气,充电时产生氢气,放电时消耗氢气,因此在充电和放电过程中氢气压力是发生变化的。氢气压力与壳体安全系数有关,在氢镍蓄电池研制初期,为保障安全,壳体的安全系数在 3.0 以上,因此最高设计压力在 5 MPa 以下,但是随着氢镍蓄电池技术的日益成熟和发射对电池比能量的要求,目前设计的壳体安全系数在 2.5 左右,设计压力在 6~8 MPa。

氢镍蓄电池的杰出优点之一是气体压力与电池的带电状态(容量状态)有直接联系。如果充电是恒电流,则气体压力线性地随充电时间变化。图 6.10 清楚地显示了这种特点。曲线表明,充电过程中气体压力增加,过充电时压力有个上升阶段,然后趋于平稳。过充电所产生的氧气能与氢气在催化电极上复合,当产生气体的速率与气体复合的速率相等时,气体压力为一平衡值。开路储存阶段,由于自放电,内部气体压力下降。放电过程中,气体压力继续下降,而在过放电阶段,气体压力仍能维持在一个稳定值,这是由于在镍电极上产生的氢气在氢电极上继续消耗。

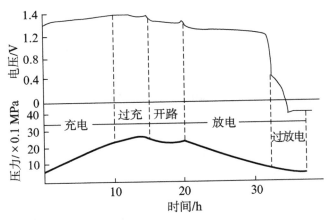

图 6.10　氢镍蓄电池内部压力随充放电时间的变化

5. 自放电特性

氢镍蓄电池与镉镍蓄电池不同,正极和负极活性物质不能由隔膜分开。负极活性物质氢气充满整个单体电池容器内的空间,因此自放电较镉镍蓄电池大。图 6.11 是氢镍蓄电池在不同环境温度的自放电特性,可见在 20℃时的自放电速率比 0℃时大一倍。

除了从测定电池开路搁置后的容量得知自放电速率外,也可以从电池开路搁置中氢压的减小来测定,因为氢压是电池容量的直接指示。当然,采用此法前,电池内部气体压力与容量的对应关系要事先确定。图 6.12 显示了开路搁置中单体电池容量的变化。自放电数据表明,自放电速率正比于氢气压力。

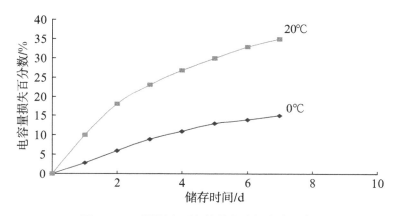

图 6.11　不同温度下氢镍蓄电池的自放电率

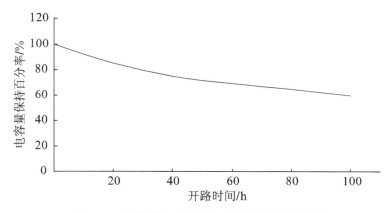

图 6.12　氢镍蓄电池自放电率随开路时间的变化

6. 寿命特性

工作寿命长是氢镍蓄电池突出的优点之一。根据目前氢镍蓄电池组的使用情况,其在地球同步轨道条件下工作寿命可达 15 年以上,太阳同步轨道条件下工作寿命可达 8 年以上。

通常,单体电池寿命试验结束是以放电工作电压跌到 1.0 V 以下为判断依据的。导致电池工作寿命结束或失效的主要原因是:

1)正极膨胀

镍电极随着充放电循环次数的增加而膨胀,最终导致烧结基板解体。膨胀速率是所用 KOH 电解液浓度、活性物质浸渍量、放电深度和运行环境温度的函数。极板膨胀还将挤压出隔膜吸收的电解液,导致其干涸而造成电池失效。图 6.13 为在 10℃下放电深度对氢镍蓄电池寿命的影响,其关系式为

$$N = 1\,885.04\mathrm{e}^{4.621(1-\mathrm{DOD})} = 191\,511.73\mathrm{e}^{-4.621\mathrm{DOD}} \tag{6.3}$$

式中,N 为循环次数;DOD 为放电深度。

可见氢镍蓄电池的寿命与 DOD 呈负指数关系。图 6.14 为 KOH 浓度对氢镍蓄电池容量和寿命的影响,可见随着 KOH 浓度的提高,电池容量增加,循环寿命降低。

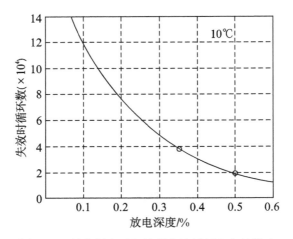

图 6.13 放电深度对氢镍蓄电池循环寿命的影响

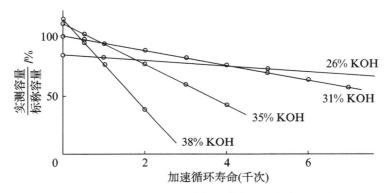

图 6.14 KOH 浓度对氢镍蓄电池容量和寿命的影响

2）电解液再分配

由氢镍蓄电池的工作原理可知,电池极堆是电池的发热体,在充电末期和放电过程中电极堆会放出大量的热,这会导致电池极堆部分温度高,上下壳体温度低,从而导致单体电池出现温度差异。该温度差异过大将导致水蒸气在电池冷端发生凝结,而为了维持电池壳体内水蒸气压的平衡,水会不断地从极堆内蒸发出来,并凝结在电池壳壁上。实际上,水的迁移驱动力是由温度不同而造成的水蒸气压的差异。因此,一定要使单体电池内部的温差控制在合理的范围内。

同时,在充电和过充电的时候,都有可能导致电解液随气体传递离开电极和隔膜。充电时,在负极产生氢气,然后通过气体扩散网进入围绕电极组的自由空间,同时带走一部分电解液。在过充电时,正极产生氧气,氧气在背对背的正电极之间往外扩散,并带走一部分电解液。这种影响在地球同步轨道工作条件下不大,因为充电速率较小,随着充电速率的增加,这种影响会加大。

另外,当正极随着循环而变厚时,活性物质慢慢逐步移至极片表面,这导致与隔膜相接触的极片表面孔径大大减小,如此形成现有孔的毛细活动加剧,使电解液更易从隔膜中吸走,同时,正极膨胀也导致在极片内部有更多的孔体积,可以吸存更多的电解液,使电解液再也不能形成重复循环。

3）密封壳体泄漏

氢镍蓄电池负极活性物质氢气是密封在压力容器中的,如果密封失效,发生泄漏,将使电池放电时间逐渐缩短,而充电时又很快过充。如此反复,电池性能会越来越差,最终失效。

4）隔膜降解

使用氧化锆编织布隔膜不存在降解问题。

6.2　工作原理

氢镍蓄电池工作状态可以划分为三种:正常工作状态、过充电状态和过放电(反极)状态。在不同工作状态下电池内部发生的电化学反应是不同的。图 6.15 为氢镍蓄电池成流反应示意图。表 6.11 列出了不同工作状态下的电极反应及相应的电极电位和电池电动势。表 6.12 列出了实测的电池电位值和电池电动势值的对比。这些公式没有完全考虑活性物质氢氧化镍在充电状态下的价态,在更高的氧化态下,水分子、KOH 会进入到氢氧化镍晶格结构内。高氧化态的氢氧化镍($Ni^{+3.67}$)为 γ 相,低氧化态的氢氧化镍($Ni^{+3.0}$)为 β 相,表 6.11～表 6.13 中反应的充电态的活性物质均为 β 相。读者可以参考 Barnard 的研究,以进一步了解 β 相和 γ 相的化学计量、价态特点和电动势特点。

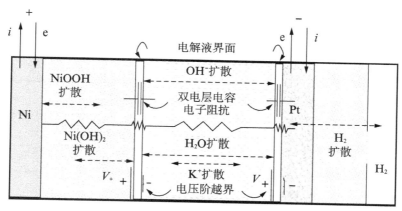

图 6.15　氢镍蓄电池成流反应示意图

表 6.11　氢镍蓄电池充放电过程发生电极反应

工作状态	电化学反应式	电极电位/V
正常充放电:		
镍电极	$NiOOH + H_2O + e \underset{充电}{\overset{放电}{\rightleftharpoons}} Ni(OH)_2 + OH^-$	+0.409
氢电极	$\frac{1}{2}H_2 + OH^- \underset{充电}{\overset{放电}{\rightleftharpoons}} H_2O + e$	-0.829
电池总反应	$NiOOH + \frac{1}{2}H_2 \underset{充电}{\overset{放电}{\rightleftharpoons}} Ni(OH)_2$	1.319
过充电:		
镍电极	$2OH^- \longrightarrow 2e + \frac{1}{2}O_2 \uparrow + H_2O$	+0.401

工作状态	电化学反应式	电极电位/V
氢电极	$2H_2O+2e \longrightarrow 2OH^-+H_2\uparrow$	-0.829
电池反应	$H_2O \longrightarrow H_2\uparrow+\frac{1}{2}O_2\uparrow$	$+1.23$
在催化点上的反应	$\frac{1}{2}O_2+H_2 \longrightarrow H_2O+热量$	

过放电(反极),有两种情况:

(1) 带有正极过量的电池		
镍电极(直到预充量被完全消耗尽)	$NiOOH+H_2O+e \longrightarrow Ni(OH)_2+OH^-$	$+0.409$
镍电极(预充量被完全消耗尽以后)	$2H_2O+2e \longrightarrow 2OH^-+H_2\uparrow$	
氢电极	$2OH^- \longrightarrow \frac{1}{2}O_2\uparrow+H_2O+2e$	
在催化点上的反应	$\frac{1}{2}O_2+H_2 \longrightarrow H_2O+热量$	
(2) 带有负极过量的电池		
镍电极	$2H_2O+2e \longrightarrow 2OH^-+H_2\uparrow$	
氢电极	$\frac{1}{2}H_2+OH^- \longrightarrow e+H_2O$	-0.829
电池总反应	无净反应	

表 6.12　氢镍蓄电池实测电位和理论电动势值

工作状态	正常		过充电	过放电	开路**
电动势(E_0)/V	1.391		1.23	0	1.319
实测电压*(E)/V	充电	1.5	1.52	-0.2	1.339
	放电	1.25			

* 该数值随不同条件有变化。
* * 在氢气压力 5×10^5 Pa 的实际条件下。

氢镍蓄电池的热力学数据见表 13。

表 6.13　氢镍蓄电池实测电位和理论电动势值

序号	物质	摩尔焓($\Delta_f H_m^{\ominus}$)/(kJ·mol^{-1})	自由焓($\Delta_f G_m^{\ominus}$)/(kJ·mol^{-1})
1	H_2	0	0
2	β-NiOOH,H_2O	-676	-561
3	β-hNi(OH)$_2$	-537.8	-453.5
4	H_2O	-285.8	-237.2

根据上述数据,氢镍蓄电池化学反应的焓变和自由能如下:$\Delta H = -295$ kJ/mol;$\Delta G = -259$ kJ/mol。

温度系数为 $dE_0/dT = -0.6$ mV/℃,即氢镍蓄电池的电动势随温度的增加而降低,温度每增加 1℃,电动势降低 0.6 mV。可逆热效应为

$$Q_{rev} = T\Delta S = \Delta H - \Delta G = -36 \text{ kJ/mol}$$

Q_{rev} 为负值,意味着在放电期间可逆热效应会放出更多的热量,充电期间产生的热量下降。

6.2.1　正常充电和放电

从表 6.11 可见,在正常工作状态下,正极(氧化镍)电极发生的电化学反应与镉镍蓄电池正极所发生的电化学反应相同。负极(氢电极)发生的电化学反应与燃料电池负极所发生的反应相同,放电时氢气被氧化成水,充电时水被电解,氢气又被生成。电池总反应过程发生后,除了氧化镍被氢气还原生成氢氧化镍或相反过程之外,没有水量的变化,也没有 KOH 量的变化,因此 KOH 溶液的浓度也不变。

6.2.2　过充电

当充电进行到正电极的氢氧化镍向氧化镍的转化已经完成时,正极的阳极过程由水的电解来接替。反应结果是氧气在正极界面析出,电池进入过充状态。

在过充电状态下负极继续进行氢气阴极析出的过程。因为负极本身为铂黑催化电极,因此正极界面析出的氧气能够在负极的铂黑催化剂表面迅速地和等当量的氢气化学复合生成水。复合反应的速率非常快,即使过充电速率很高情况下产生的氧气几乎都能及时复合。对电池内部气体成分分析结果表明氧气分压低于 1%。从表 6.11 列出的电极反应可见,连续过充电并不发生水的总量和 KOH 溶液浓度的变化。但是,氢氧复合后会释放出大量的热,导致氢镍蓄电池温度升高,因此在一定的温控条件下,氢镍蓄电池具有相当的耐过充电能力。

6.2.3　过放电

氢镍蓄电池的过放电有两种情况,对于容量限制为镍电极即负极过量的情况,当放电进行到正极的氧化镍阴极还原成氢氧化镍的过程结束,氢气将在正极界面开始析出,电池进入过放电状态。在过放电状态下负极依然进行氢气催化氧化生成水的过程,正极产生的氢气能够等当量地在负极消耗掉,电池内部不会发生因氢气积累而造成的内部压力升高,电池电位也基本保持不变,在 -0.2 V 左右,电池温度反而比正常放电时下降。

对于容量限制为氢气即正极过量的情况下,当放电到氢气被消耗尽后,在铂电极上会发生 OH^- 的放电,生成氧气,该氧气的氧化性较强,会与负极铂金属发生反应:

$$2Pt + O_2 + 4OH^- + 2H_2O \Longrightarrow 2Pt(OH)_4^{2-} \tag{6.4}$$

该反应会造成铂的溶解,尽管在后续的充电过程中又会被还原成铂金属,但是这会导致负极的比表面积降低,催化能力下降。当过量的正极也被消耗尽后,在正极上发生析氢反应,此时生成的氢气与氧气会在负极表面复合生成水。因此电池内部也不会发生因氢气积

累而造成的内部压力升高。但电池温度此时会上升。过放电反应并不造成 KOH 溶液浓度和水量的变化,因此氢镍蓄电池有相当好的耐过放能力。

6.2.4 自放电

电池处于搁置期间自放电过程会发生,因为负极活性物质是氢气,氢气占据了壳体内部的空间包围着电极极组,并与正极活性物质氧化镍直接接触。但是氢镍蓄电池自放电反应的特点是氢气还原氧化镍的过程以电化学方式进行而不是以化学方式进行。氢镍蓄电池的自放电率与电池温度和内部氢气压力有关。

6.3 氢镍蓄电池单体设计

6.3.1 氢镍蓄电池单体结构

图 6.16 为氢镍单体电池剖面结构示意图。从图 6.16 可以看到,氢镍单体电池基本组成为:① 压力容器(包括极柱和密封件);② 镍电极;③ 氢电极;④ 隔膜;⑤ 电解液;⑥ 紧固件等结构件。

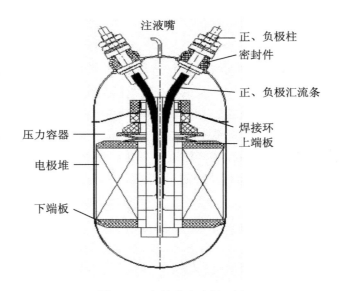

图 6.16　氢镍蓄电池剖面图

电极组由正极、负极、隔膜及气体扩散网以一定形式堆叠而成。组成电极组各部件及其排列如图 6.17 所示。可以看出一定数量的电极组元件通过中心连杆、上端板、下端板等紧固件组装成电极组整体,再通过焊接圈牢固地安装固定在壳体中。

可以认为电极组是由若干单元按顺序堆叠起来的,这种单元称为电极对。电极对有两种组成型式:背对背式和重复循环式,如图 6.18 所示。

背对背式电极对由两片正电极、两层隔膜、两片负电极和一层气体扩散网组成。两片正电极背对背排列,通过两边的隔膜分别与两片负电极贴近。若干这样的电极对单元顺序排列就可以组成不同容量的单体电池。1975 年前研制生产的氢镍蓄电池全部采用这种背对背形式的排列。这种形式的特点是:当隔膜采用燃料电池级的石棉膜时,由于该膜不透气,

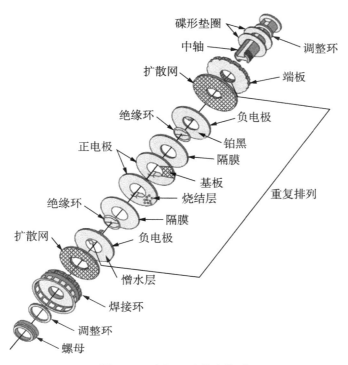

图 6.17 电极组元件及排列

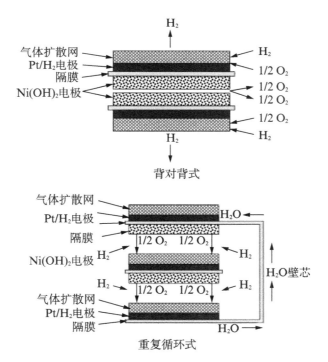

图 6.18 氢镍蓄电池电极对形式

电池在充电和过充阶段在镍电极上析出的氧气被迫从两片镍电极之间的缝隙赶出并绕过隔膜进入氢气气室与其复合。

重复循环式电极对由一片正电极、一片隔膜、一片负电极(带气体扩散网)组成。若干这样的电极对单元顺序排列就可以组成不同容量的单体电池。这种形式是从 1975 年以后,在研制低轨道卫星用氢镍蓄电池时提出并采用的。这种形式的特点是一个电极对中的镍电极直接面对下一个电极对中的氢电极。从镍电极中析出的氧气直接通过气体扩散网在氢电极表面均匀地与氢气复合。这样的复合过程使氧气产生到复合所经过的途径缩短,复合反应的面积大,因而是有优点的。当然,这种形式也带来不利之处,随着氧气从一个电极对转移到下一个,实际造成了水从一个电极对转移到下一个电极对,需要采取相应措施使失去的水再循环过来。

电极堆堆叠后采用极堆螺母进行紧固,此时可以调节电极堆的松紧比 η,从而调节极堆高度,松紧比一般取 $95\%\sim99\%$,计算方法见式(6.5)。

$$\eta=\text{调节后电极堆厚度}/\text{电极堆零部件厚度实测值之和}\times100\% \qquad (6.5)$$

式中,电极堆零部件包括:正极片、负极片、隔膜、扩散网、隔离膜及端板(上、下)。

6.3.2　单体设计目标

1. 安全性

氢镍蓄电池内部存在数十千克的氢气压力及渗透性良好的强腐蚀性 KOH 溶液,一旦由于高压造成蓄电池壳体爆裂或由于密封失效,造成氢气与电解液泄漏,除造成电池失效,性能不能满足使用要求外,还将导致严重的安全问题。

因此,必须从壳体的强度、密封性(包括气密和液密)设计入手,确保氢镍蓄电池的安全性。

2. 长寿命

1) 氢镍蓄电池电解液管理设计

电解液的管理就是要使电池在使用寿命期间,电解液始终就位并保持合理分布。氢镍蓄电池在充电末期和过充电阶段会产生氧气而取代一部分电解液。氧气离开电极组的过程中也会带走一部分电解液。电极组发热也使电解液的水分挥发并在较冷的壳体处凝聚下来。氢镍蓄电池内部储存氢气这一特点也给电解液脱离电极组准备了一个空间。电极组与壳体隔开有空隙也使脱离电极组的电解液返回困难。可以想象,如果没有合理的电解液的管理,随着充放电的进行,电池将会由于电极干涸而失效。

为此,常通过对蓄电池壳体壁面进行特殊处理,形成电解液回流通道,避免出现电极干涸。

2) 氢镍蓄电池内部氧气管理设计

氢镍蓄电池充电后期和过充阶段,在镍电极界面产生的氧气将离开镍电极,绕道转移到氢电极区与氢气化学复合,并保持合适的电解液平衡。单体电池设计时必须考虑到提供氧气一个什么样的移动途径。如果途径是长的,意味着单体电池内部有更多的氧气在转移,氧气分压将会升高。如果氧气在氢电极界面的化学复合分布不均匀,可能会导致氢电极表面局部过热和损坏,甚至局部熔化。所以单体电池内部氧气的管理是否合理将会严重影响电池的性能。

为此,在单体结构设计及材料选用时,需要充分考虑如何建立合理的氧气扩散途径,通过改善氧气管理,保障蓄电池的性能与安全性。

3) 热管理设计

氢镍蓄电池的工作过程始终与热有联系,放电时发热,充电时吸热,转入过充电状态又发热。合理的单体电池设计应考虑到电池的热效应,把从电极、导线和极柱处产生的热量均匀和有效地发散出去,使电池内部各处的温度尽可能地保持均匀。如果热量分布不均匀,必将造成温度差,进而引起不均匀的电流分布和不均匀的电解液分布。

氢镍蓄电池的放电容量、自放电特性和工作寿命都是温度的函数,镍电极的充电效率也是温度的函数。因此,单体电池设计中的热管理的考虑对电池性能是非常重要的。

为此,应使用热传导优良的材料,氢镍蓄电池单体采用薄形电极、低载量活性物质,采用耐高温、吸碱量大的氧化锆隔膜,降低电池的极化,减小发热量,并有利于提高单体电池温度均匀性。单体电池采用全金属外壳,有利于散热。

4) 充电管理

良好的在轨管理是保证氢镍蓄电池长寿命的重要因素,而充电控制是在轨管理的重要部分。针对低轨道飞行器储能蓄电池充电电流大、充电时间短的特点,特别需要精准地获知电池容量,并根据电池荷电态和充电效率的关系制定合理的充电电流,避免电池发生过充。

对于氢镍蓄电池来说,内部氢气压力与电池容量呈正比关系,即氢压直接指示电池的荷电态,因此以氢压为控制指标是最理想的充电控制方式。压力-容量充电控制方法基本原理为:采用压力传感器测量氢镍蓄电池内部氢气压力,根据压力计算出电池容量,以此为基础,制定一定的充电策略,确保在轨不发生过充和欠充。

6.3.3　氢镍蓄电池单体详细设计

1. 容量

首先,按式(6.6)计算额定容量:

$$C = I \times t / \text{DOD} \tag{6.6}$$

式中,C 为容量(A·h);I 为工作电流(A);t 为工作时间(h);DOD 为放电深度(%),一般低轨道使用放电深度不大于 40%,高轨道使用放电深度不大于 80%。

设计容量一般取额定容量的 110%～120%。氢镍蓄电池为正极限容、负极过量设计。正极活性物质 $Ni(OH)_2$(氢氧化镍)的理论容量为 0.289 A·h/g,实际利用率为 90%,据此可以得到所需正极活性物质的量。负极为氢催化电极,选用比表面积大的铂黑作为催化剂。

2. 压力容器

壳体选择强度高、耐碱腐蚀、抗氢脆的材料,一般选用高温镍基合金(国外牌号为 Inconel718,国内为 GH4169)。制成壳体后需进行热处理,处理后硬度不小于 400 HV。壳体内壁与电池极堆相接触的部分喷涂多孔氧化锆涂层,以利于电极堆内的电解液回流,从而实现电解液管理。具体设计过程如下。

1) 电池壳体壁厚的设计

壳体壁厚根据电池质量和内部最高工作压力而定,薄壁压力容器筒体段和球冠段壁厚的计算公式分别如下:

$$S_{筒} = \frac{PDn}{2\sigma_b\phi - P} \tag{6.7}$$

$$S_{球} = \frac{PDn}{2\sigma_b\phi - P} \tag{6.8}$$

式中，$S_{筒}$，$S_{球}$ 为壳体直筒段和球冠段壁厚(cm)；P 为最高设计压力(MPa)，氢镍蓄电池内部最高工作压力一般设计为 5～8 MPa，具体依据电池的尺寸而定；D 为壳体内直径(cm)；n 为壳体安全系数，一般取 2.0 以上；σ_b 为材料的抗拉强度，为 1 380 MPa；ϕ 为焊缝系数，一般取 0.9，即焊缝处的强度为本体强度的 9/10。

因此，若电池的直径为 89 cm，设计压力为 6 MPa，则直筒段壁厚为 0.43 cm，球冠段壁厚为 0.21 cm。

2) 电池壳体体积设计

电池壳体体积包括在最大工作压力下气体的体积和电极堆的体积，电池壳体包括直筒段和球部。氢镍蓄电池内部最大氢气体积计算如下：

氢镍蓄电池内部氢气主要在电池充电阶段产生，充电阶段的化学反应式为

$$Ni(OH)_2 \longrightarrow 1/2H_2 + NiOOH \tag{6.9}$$

由式(6.9)知，1 mol Ni(OH)$_2$ 反应将在氢电极上产生 0.5 mol 的 H$_2$。因此可知一定容量的氢镍蓄电池在充满电时将产生 H$_2$ 的量，进而可根据气体状态方程(式6.10)计算得到氢气所占用体积：

$$V_{气} = nRT/P \tag{6.10}$$

式中，$V_{气}$ 为壳体内氢气所占用体积(m³)；P 为设计氢压(Pa)；n 为氢气的物质的量(mol)；R 为阿伏伽德罗常量，8.314 Pa·m³·mol^{-1}·K^{-1}；T 为热力学温度(K)，取电池工作时承受的最高温度，一般为 35℃。

氢镍蓄电池内部电极堆体积为电极堆所有零部件的体积之和。

根据电池壳体体积和选用的电池壳体外形即可得出电池壳体的尺寸，图 6.19 所示的电池壳体的尺寸计算如下：

$$V_{壳} = V_{气} + V_{电} = 2 \times V_{球冠} + V_{直筒} = 2 \times \frac{\pi}{3} \times h^2(3r-h) + \frac{\pi}{4}D^2H \tag{6.11}$$

式中，h 为球冠高度；r 为球冠半径；D 为壳体内径；H 为圆筒段长度。

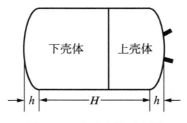

图 6.19　电池壳体示意图

上、下壳体的长度尺寸分割原则为：下壳体直筒段根据电极堆长度(下端板到焊接环的长度)而定，尽量将电极堆下端板放置到壳体直筒段与圆弧段的交界处，有利于固定电极堆，

同时留有 1～2 mm 的余量,剩余尺寸即为上壳体尺寸。

3. 镍电极

镍电极是氢镍蓄电池的关键部件之一,不仅质量占了单体电池质量的 35%,而且它的容量限制了电池的容量。镍电极的性能对电池性能和充放电循环寿命影响最大。从制造工艺过程来讲,镍电极的工艺复杂性和工艺控制严格程度在氢镍蓄电池各部件中也占首位。

目前采用的镍电极形状有两种,一种为截去两边的圆盘形,电极中间带有一小孔供电极组装配用,如图 6.20(a)所示。截去圆盘部分面积是为了在壳体中留出空隙供电极组的正汇流条和负汇流条占用。另一种形状为环形,也称菠萝形,如图 6.20(b)所示。这种设计主要从热量散失角度考虑。电极中心挖去一个小圆的目的是留出空间给导线占用。导线将从中心圆孔通向极柱。这种电极形状能使电极外圆与壳体的间隙更小,使电极内圆边缘离壳体的距离也缩小,从而使电极产生的热量更容易、更均匀地导向壳体。

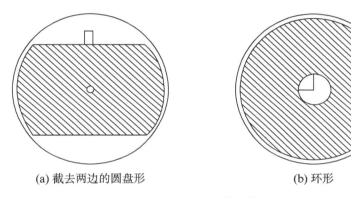

(a) 截去两边的圆盘形　　　　　　　　　(b) 环形

图 6.20　镍电极外形结构

镍电极由冲孔镍网、镍粉、活性物质氢氧化镍组成,其设计包括极片尺寸、孔率、活性物质孔体积增重等参数。

1) 镍电极尺寸

镍电极尺寸包括内、外径和厚度。其中,

镍电极外径＝电池壳体外径－2×电池壳体壁厚－2×电池壳体内壁喷涂的氧化锆涂层厚度－2×1.5 mm(极堆与壳体间隙)

镍电极内径:根据单体的散热要求和质量要求合理选择镍电极的内径,以容量不大于 100 A·h 的电池为例,一般低轨道选取 30 mm,高轨道选取 26 mm。

2) 镍电极厚度

镍电极厚度选取要综合考虑电池的质量要求、容量要求、寿命要求以及工艺制造的可行性,一般低轨道选取 0.80～0.90 mm,高轨道选取 0.85～0.95 mm。

3) 镍电极孔率

镍电极孔率选取要综合考虑电池的质量要求、寿命要求以及工艺制造的可行性,一般选取 80%～90%。

4) 活性物质孔体积增重

活性物质采用化学浸渍或电化学浸渍的方法填充于基板孔隙,其单位体积增重影响到电池的容量、质量、寿命和工艺可行性,一般低轨道选取 1.5～1.7 g·cm^{-3},高轨道选取

$1.7{\sim}1.9\,\mathrm{g\cdot cm^{-3}}$。

4. 氢电极

氢电极与燃料电池氢电极基本相同,为聚四氟乙烯黏结的铂黑催化电极。它是多层结构,面层为催化层,由聚四氟乙烯乳液和含铂催化剂的活性炭混合而成。背层是防水层,由一层聚四氟乙烯薄膜组成。中间层是一片镍网,既是电极的骨架,又是集流网。

催化层是多孔结构,提供了气、液和催化剂三相界面。合适结构的三相界面是催化电极活性的重要保证,因而正确的制造工艺是非常重要的。如果催化剂含量不够,则不能提供足够的反应点发生异相电化学反应。聚四氟乙烯含量太多将使电催化剂形成断开的结构,某些催化剂将形成孤岛,成为永久干涸区域而得不到充分利用,导致电极效率降低。聚四氟乙烯含量太少则导致电化学活性点被电解液淹没。

防水膜起到防止氢电极被电解液淹死的作用,它的存在使氢气以及在过充阶段产生的氧气能够通过它进入催化电极三相区发生反应,而防止电解液通过。该功能主要由防水膜的憎水性和孔径来实现。合适的孔径是非常重要的。试验结果表明,牌号为 GORELEX SIO415,厚度 50 μm,孔径 0.2 μm 的聚四氟乙烯薄膜性能很好,电池内部氧气浓度低于 0.1%。防水膜也能防止镍电极和氢电极之间的短路。

导电骨架选用耐碱腐蚀的光刻金属镍网制成,表面、边缘均应光滑无毛刺,厚度均匀;催化剂选用比表面积大的纯铂黑,催化剂用量为 $4{\sim}6\,\mathrm{mg\cdot cm^{-2}}$;防水层选用耐碱腐蚀、防水透气的聚四氟乙烯薄膜;负极片的外径比正极片小 $0.5{\sim}1\,\mathrm{mm}$,内径比正极片大 $0.5{\sim}1\,\mathrm{mm}$。

5. 隔膜

用于氢镍蓄电池的隔膜有燃料电池级石棉膜和氧化锆布,也有聚丙烯膜。早期也曾使用过尼龙毡。石棉膜和氧化锆布具有热稳定和湿润性好的特点。两者都有优良的孔结构,电解液保持能力强。在目前阶段,地球同步轨道卫星用氢镍蓄电池主要使用石棉膜,该膜的技术发展成熟,性能可以满足使用要求。

石棉膜是不透气的,因此在充电和过充电期间镍电极上逸出的氧气要绕道先进入电极组和压力容器之间的空间,再通过负极的气体扩散网区进入负极的多孔背面与氢气复合生成水。长期研究表明,在地球同步轨道工作条件下,由氧气逸出引起的电解液输送损失很少,几乎测量不出,氧气分压小于氢气分压的 1%,低于危险值。由氧气复合而造成的负极和正极边缘地区的过热也不明显,因此石棉膜的使用是有效和安全的。试验结果表明,过高倍率的充电会导致电解液输送的损失,所以对于正在研制的低轨道卫星用的氢镍蓄电池,主要应选用氧化锆布。

氧化锆布有杰出的化学和几何形状的稳定性,它的特殊结构能够起到储存电解液的作用,对于电解液的控制十分有用。这种隔膜材料既可加工成无纺布形式,也可以与少量高分子材料一起编织后加工成形以加强强度。由于氧化锆布能够透过气体,这种隔膜也被称为双功能隔膜。使用这种隔膜时,在高倍率充电和过充电过程中,电解液输送损失少,电极组外也无氧气分压积聚,能够满足低轨道卫星用氢镍蓄电池的使用要求。研究工作也发现,在连续过充电状态下,氧化锆布传递太多的氧气而造成了氢电极局部击穿成洞。其原因是氧化锆布隔膜结构不够均匀。正在研究和试验的途径是采取措施改变氧化锆布的氧气传递特性。氢镍蓄电池在充电后期会析出氧气,氧气与氢气在负极表面复合并产生大量的热,一侧的隔膜将受到强烈的热冲击,因此隔膜需具有较高的熔点;此外,氢镍蓄电池充放电循环中,镍电极会膨胀挤压隔膜,隔膜需要具有良好的抗压及保液能力。

为此,低轨道应用一般选用无机隔膜,包括石棉和氧化锆;高轨道应用可以选用有机隔膜,包括聚丙烯。

6. 电解液

氢镍蓄电池使用氢氧化钾水溶液,密度在 $1.3\,\mathrm{g\cdot cm^{-3}}$ 左右(25℃)。有时也添加一定量的氢氧化锂,其浓度和用量依据电池的使用寿命和比能量而定。浓度越低,电池的充放电循环寿命越长,但比能量会降低;浓度越高,电池的充放电循环寿命越短,但比能量将提高。低轨道应用一般选用浓度 $26\%\sim31\%$,而高轨道应用一般选用 $31\%\sim38\%$。用量一般以 $3\sim5\,\mathrm{g/A\cdot h}$ 为宜,过多将导致内部产生爆鸣,过少影响蓄电池寿命。

7. 极柱与电池壳体的密封

极柱与壳体的密封目前有两种形式:金属-陶瓷密封和塑压密封,具体依据制造工艺的可行性选择。选择塑压密封时,需要注意密封件之间的尺寸配合、密封件材料的选择和密封结构的设计,确保密封的可靠性,塑压密封件材料一般选用尼龙或者聚四氟乙烯。

8. 压力传感器设计

国际上通常采用两种压力传感器进行压力测量。如俄罗斯采用内置的压力探头,这种方法测量的氢气压力比较准确,但是对制造工艺要求极高;欧美等国则通过在电池壳体上粘贴电阻应变片,组成外置式压力传感器测试压力。

外置式压力传感器的传感元件是电阻应变片,它是一种电阻式的敏感元件。它的外形如图 6.21 所示,由敏感栅、覆盖层、基底和引出线四个部分组成。电阻应变片的敏感量是应变。

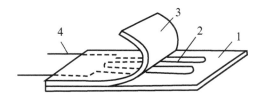

图 6.21　箔式电阻应变片结构图

1-基底;2-敏感栅;3-覆盖层;4-引出线

其工作原理为:被测弹性体在压力下产生形变从而引起电阻阻值的改变,相应的输出电压信号发生改变。即利用应力应变使电阻丝产生形变,使其长度、截面积等发生改变,如下式所示。

$$R = \frac{\rho L}{A} \tag{6.12}$$

式中,R 为电阻值;ρ 为电阻率;L 为电阻丝长度;A 为电阻丝横截面积。

导体拉伸时,L 变大,A 变小,R 变大;导体收缩时,L 变小,A 变大,R 变小。粘贴在弹性元件表面上的应变片,仅考虑载荷和温度的作用时,输出的应变值可用下式表示:

$$\varepsilon_{\text{总}} = \varepsilon_{\sigma} + \varepsilon_{\text{T}} \tag{6.13}$$

式中,$\varepsilon_{总}$为输出的总的应变值;ε_e为荷载作用产生的应变值;ε_T为温度引起的应变值(虚假应变)。

从中可以看出,电阻应变片输出的应变值由真实应变和虚假应变两部分组成,虚假应变是不需要的,但是由于环境的温度总是有一定的变化,所以虚假应变总是存在的,因而需采用温度补偿的方法来消除温度产生的应变的影响。电阻应变片温度补偿的方法主要有桥路补偿和应变片自补偿两类。其中,应变片自补偿则是利用应变片本身特性使温度变化引起电阻增量相互抵消,以达到温度补偿的目的。应用较多的是桥路补偿,具体实施方法为:利用两个特性相同的应变片,粘贴在材质相同的两个试件上,置于相同的温度环境中,其中一个受力,其上的应变片称为工作片,另一个不受力,作为补偿片,将两个应变片分别接到电桥相邻的两个桥臂中,当温度变化时,两个应变片的电阻增量相等,电桥仍保持平衡,从而达到温度补偿的目的。

为此,选用惠斯登电桥作为测量电路,如图 6.22 所示。用两对应变片组成一个典型的四元式惠斯登电桥(Whetstone bridge)电路,两个电阻应变片 R_1 和 R_4 作为主动式应变片,可直接贴在壳体上,用于测量壳体的微应变,同时感受电池壳体的温度和感受电池壳体的应变,另外两个电阻应变片 R_2 和 R_3 作为被动式应变片,粘贴在材料性质、环境温度与电池壳体一样的补偿块上,然后再将补偿块粘贴在电池壳体上,使电阻应变片只感受电池的温度而不感受电池壳体的应变,从而实现温度补偿。

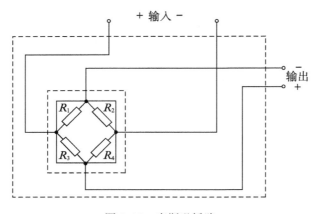

图 6.22 惠斯登桥路

6.4 氢镍蓄电池单体制造

氢镍蓄电池单体制造流程如图 6.23 所示,主要工序包括壳体加工、正极制造、负极制造、隔膜制造、电解液配制、其他结构件加工及单体电池装配。

6.4.1 壳体制造

壳体的制造方法有引伸法、液压法。液压法将壳体加工成初步形状,然后再用电化学加工法加工到要求的厚度。此种工艺能够很好地控制壳体厚度,质量较轻。引伸法为一次成型,将板材拉伸到所需的长度,该方法决定了壳体直筒段的壁厚比圆球段厚,但是根据物体

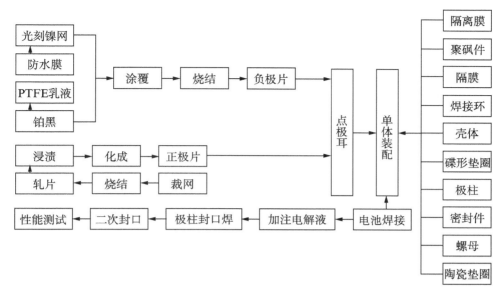

图 6.23 氢镍蓄电池单体制造流程

的承压公式,在相同壁厚的情况下,圆顶段所承受的压力比直筒段可以大一倍,因此这并不影响整个壳体的强度。

其中,引伸法的加工流程如图 6.24 所示。

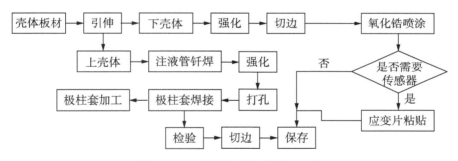

图 6.24 氢镍蓄电池壳体制造流程

壳体内壁喷涂氧化锆的目的一是进行电解液管理,通过将其和隔膜接触的方法将极堆析出的电解液吸回到极堆内,二是充当电极堆和壳体间的电子绝缘层。

6.4.2 镍电极

氢镍蓄电池镍电极基本制造流程如图 6.25 所示。

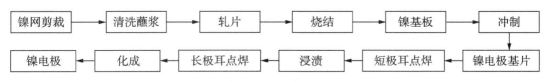

图 6.25 氢镍蓄电池镍电极制造流程

主要工序如下:

① 镍网导电骨架剪裁:目前有采用冲孔镍带、编制镍网等基体。

② 镍基板烧结：目前有两种过程即干法烧结、湿法烧结。干法烧结即将镍粉、造孔剂、黏结剂等混合均匀,轧制到导电骨架上制成。湿法烧结即将上述粉料用乙醇或水混合成浆料,通过刮浆的方法将浆料上到导电骨架上,先烘干再进行烧结。湿法烧结的强度大于干法烧结基板,但孔率要低,基板制造过程中应控制的参数包括厚度、强度、孔率、孔径、孔径均匀性和孔在基板纵向的分布。这些参数对电极强度、活性物质利用率和降低电极极化均是重要的参数。

③ 活性物质浸渍：通常采用电化学方法进行,分为乙醇基浸渍液和水基浸渍液。也有采用化学浸渍法,浸渍工艺与镉镍蓄电池相同。该过程要控制活性物质浸渍量。

④ 化成：将浸渍好的镍电极与镉电极组装成模拟电池,放在大量电解液中进行充放电处理。过程中要计算电极容量、活性物质利用率,同时考察电极放电平台。这是后续镍电极筛选匹配的重要参数。

6.4.3 氢电极

目前有两种方法制备氢电极,一种以烧结镍基体作为导电骨架,通过沉积的过程将 Pt、Pd 等催化剂沉积到烧结镍的微孔内,这种电极也称为亲水性氢电极。另一种为憎水性氢电极,其制造方法来源于燃料电池的氢电极。其结构如图 6.26 所示。通常以后者为多见。

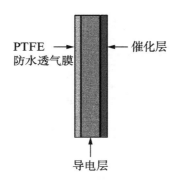

图 6.26　憎水性氢电极结构

制造过程为将 PTFE 的防水膜和导电层压制在一起,将铂黑催化剂、黏结剂和 PTFE 乳液配制的浆料涂覆到导电层一侧,烘干后置于高温下烧结,烧结后进行去极化处理,流程如图 6.27 所示。

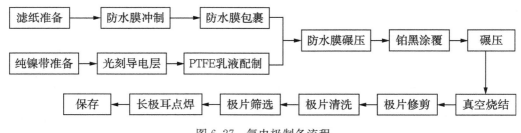

图 6.27　氢电极制备流程

电极骨架通常使用镍丝编织网或镍皮冲切网。一种新型骨架已研制成功,这种骨架由镍箔经过光化学刻蚀而形成辐射状的同心圈构型。图 6.28 给出了这种骨架的实物图。

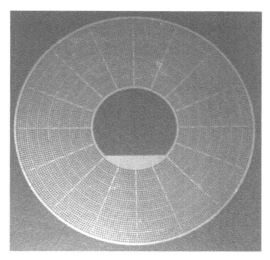

图 6.28　氢电极光刻腐蚀骨架

这种骨架厚度薄,质量轻,导电性能好。很重要的好处是它消除了模具冲切镍网引起的金属尖点,从而减少了电极间短路或者电极与壳体短路的可能性。

通过对燃料电池开发阶段的长期研究,氢电极制造技术已比较成熟。相比于镍电极,其具有优良的稳定性。所以氢电极不构成氢镍蓄电池性能和寿命的制约因素。

6.4.4　隔膜

氧化锆隔膜制造工艺难度极大,其制造的基本流程如图 6.29 所示。

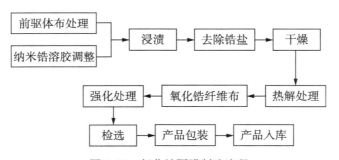

图 6.29　氧化锆隔膜制造流程

工艺技术难点在于:

(1)氧化锆隔膜显微结构控制技术

控制氧化锆纤维直径、空心纤维、晶粒形貌及尺寸等参数,使隔膜具备耐碱性能好、吸碱率高、柔韧性高、隔热等特点。

(2)吸碱率均匀性控制技术

控制氧化锆隔膜的密度、厚度、结构方式及强化处理方式,使隔膜吸碱率均匀。

(3)氧化锆隔膜面电阻控制技术

降低面电阻的有效途径为提高隔膜孔隙率和减小隔膜厚度,但会直接影响到隔膜的吸碱率和隔膜强度,需要采用适当的添加剂在两者之中取得最优平衡。

（4）产品批次一致性控制技术

隔膜的一致性会导致电池的稳定性和一致性，所以需从原材料选择、原材料处理到烧结、强化处理，直至产品的检选等各工艺环节参数的控制入手，保证产品性能一致性。

6.4.5　电解液

采用电阻率大于 $1.0\,M\Omega\cdot cm$ 的去离子水配制含锂氢氧化钾溶液，溶液中 KOH 含量为 $388\sim424\,g\cdot dm^{-3}$，LiOH 含量为 $7.5\sim8.5\,g\cdot dm^{-3}$，有害物质 K_2CO_3 的含量不应大于 $7.5\,g\cdot dm^{-3}$，Fe 的含量不应大于 $25.0\,mg\cdot dm^{-3}$，配制好的电解液的有效期为三个月。

6.4.6　电极组

将准备好的零部件按一定次序堆叠，堆叠形式依设计而定。其中的中轴、挡板和极堆螺母采用聚砜材料注塑成型。焊接环的材料与壳体相同，采用磨具冲制。由于镍电极在使用过程中会发生膨胀，因此在极堆上放置弹性碟形垫圈对其厚度进行调节，以免其过分挤压隔膜。

6.4.7　电池装配

将装配好的极堆放置在电池壳体内，焊接好后加注电解液，一般采用真空加注法，调整电解液量到设计值，最后封口活化。

6.4.8　压力传感器

压力传感器制造工艺流程如图 6.30 所示，过程中最重要的是应变片的粘贴工艺，根据粘贴胶水种类的不同，有不同的粘贴工艺。

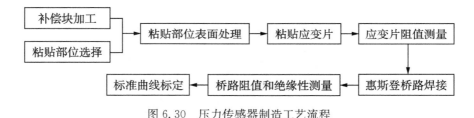

图 6.30　压力传感器制造工艺流程

应变片粘贴前需要对组成桥路的 4 片应变片的阻值进行匹配、应变片表观观察和粘贴部位的表面处理。其中粘贴部位的表面处理非常重要，对后续的粘贴质量有重要影响，一定要确保粘贴表面无缺陷、氧化层和不平整的现象，粘贴表面要通过打磨处理成毛面，以利于增大比表面积提高黏结强度。粘贴使用的胶水有多种，包括常温胶、高温胶等，根据不同的胶水种类有不同的粘贴工艺，可根据产品用途、可靠性、操作难易程度等选用合适的胶水。粘贴后需要对应变片进行严格、精细的质量检查，包括阻值、微观状态（包括应变片栅丝是否有变形、损坏，是否有气泡）等。压力传感器桥路连接一般采用锡焊的形式用电缆将桥路连接起来，连接过程注意焊接质量，不得有虚焊现象。桥路连接后需进行桥路阻值和绝缘测试。

压力传感器制造完毕后需进行标准曲线标定，即在桥路供电端施加一定的激励源，如恒流源或恒压源,输出端即相应输出一电压信号,逐渐增加电池内气体压力,即增大壳体载荷,就得到电池内气体压力与传感器输出信号间的关系,如图 6.31 所示。

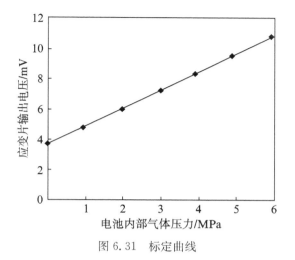

图 6.31　标定曲线

利用上述标定曲线,可实时监测充放电过程中氢镍蓄电池内部氢气压力变化,如图 6.32 所示。由图 6.32 充放电期间氢压与时间的关系,可进一步换算成氢压与容量的关系,如图 6.33 所示,从而最终可以通过传感器的输出信号判断氢镍蓄电池容量,实现氢压充电控制。

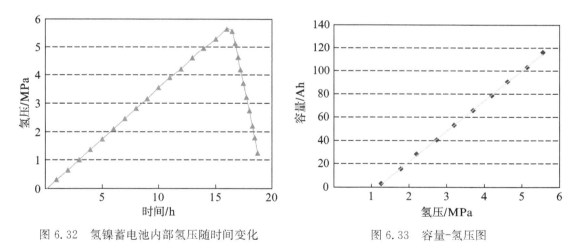

图 6.32　氢镍蓄电池内部氢压随时间变化　　　　　图 6.33　容量-氢压图

6.4.9　活化

单体电池组装完毕加注电解液后,在使用前要进行活化处理。常采用小电流深充放电制度(一般为 0.05 C 充电 36～40 h,0.2 C 放电至 1.0 V,并用电阻短接 16 h 以上)。活化的目的是:

① 调整电解液量。一般氢镍蓄电池采用真空加注电解液,因此正负极和隔膜的空隙内均充满了电解液。电池在充电过程中会有一部分电解液被气体排出,形成游离态,这部分对电池没有作用,化成后要将这部分游离态电解液倒掉。

② 创建气体通路。对氢气的反应提供通路。

③ 调整电池的设计过量状态。电池活化后要对设计过量状态(正极过量还是负极过量)和过量值进行设置和调整。之后电池要进行密封。活化后做这一步对电池的一致性较好。

6.4.10　性能测试

制备后的单体需进行一系列的性能测试,以验证单体的设计和制造满足要求,一般的测试项目和测试制度如下:

1. 外观

用目视法检查氢镍蓄电池单体的外观。蓄电池单体外壳完整,表面整洁,无污迹,无凹坑,无划伤痕迹,无电解液残余,极柱、陶瓷垫圈和注液管无损伤和裂纹。

2. 尺寸

从同批生产的蓄电池单体中随机抽取五只,用游标卡尺(精度 0.02 mm)测量其外形尺寸,应满足设计要求。

3. 质量

用数字式电子秤(感量为 0.1 g 或更高)称量氢镍蓄电池单体质量,应满足设计要求。

4. 内阻

用 Agilent 4338B 毫欧测试仪测量氢镍蓄电池单体放电态内阻,应满足设计要求。

5. 容量测试

在 20℃±2℃ 的环境温度下,开路搁置 1 h 以上,用 0.1 C 电流充电 15 h±2 h,充电结束后停 0.5 h,再以 0.5 C 电流放电至单体终压 1.0 V。放电结束后用 0.5 Ω 电阻跨接蓄电池单体正、负极短路 16 h 或短路至单体电压不大于 0.05 V。重复两次容量测试。根据放电电流和放电持续时间计算蓄电池单体容量,应满足设计要求。

6. 自放电率

在 20℃±2℃ 的环境温度下,开路搁置 1 h 以上,用 0.1 C 电流充电 15 h±2 h,充电结束后开路搁置 72 h,再以 0.5 C 电流放电至单体终压 1.0 V。放电结束后用 0.5 Ω 电阻跨接蓄电池单体正、负极短路 16 h 或短路至单体电压不大于 0.05 V。根据放电电流和放电时间计算氢镍蓄电池单体搁置后的容量,用式(6.14)计算氢镍蓄电池单体的自放电率,应不大于 30%。

$$自放电率 = \frac{容量(20℃,0.5\,C) - 搁置后容量(20℃,0.5\,C)}{容量(20℃,0.5\,C)} \times 100\% \tag{6.14}$$

7. 短路恢复电压

在 20℃±2℃ 的环境温度下,蓄电池单体经 0.5 Ω 电阻跨接正、负极短路处理处于全放电态,单体电压应不大于 0.05 V,然后以 0.1 CA 电流充电 5 min,开路搁置 16 h 后测量蓄电池单体短路恢复电压,一般应不得低于 1.10 V。

8. 工作电压

设置环境温度 20℃±2℃,蓄电池单体开路搁置 1 h 以上,用 0.1 C 电流充电 15 h±2 h,充电结束后停 0.5 h,然后按实际在轨的使用要求进行充放电循环,记录每周蓄电池单体放电终止电压和充电终止电压,一般进行 30 周次,则每周次的充电终止电压和放电终止电压即为工作电压,应满足设计要求。蓄电池单体在第 30 周充电结束后,应进行放电处理,即用 0.5 C 电流放电至单体终压 1.0 V,用 0.5 Ω 电阻跨接蓄电池单体正、负极短路 16 h 或短路至单体电压不大于 0.05 V。

9. 碱液密封性能

碱液密封可以用下列任一方法进行检测:

用棉花球蘸 1% 的酚酞乙醇溶液检查蓄电池单体极柱密封部位、注液管焊缝和壳体焊缝,若显红色,表明蓄电池单体电解液泄漏或有电解液残余。

或用含无水乙醇的棉花球检查蓄电池单体极柱密封部位、注液管焊缝和壳体焊缝,然后用 1% 的酚酞乙醇溶液滴在棉花球上,若显红色,表明蓄电池单体电解液泄漏或有电解液残余。

10. 气体密封

检验方法为将充电态(荷电≥65%)的蓄电池单体放入氢质谱检漏系统的检漏罐中,抽真空进行检漏。

合格判定:抽真空 8～12 min,漏率小于等于 1.0×10^{-7} Pa • m³ • s⁻¹。

6.5　氢镍蓄电池组设计

6.5.1　氢镍蓄电池组结构

1. IPV/CPV 氢镍蓄电池组结构

IPV/CPV 氢镍蓄电池组是指由一定数量的 IPV 和 CPV 氢镍蓄电池单体通过串联联结方式组成电池组,电池组的结构有立式和卧式两种形式,如图 6.34 和图 6.35 所示。

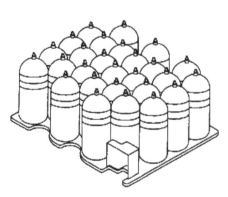

图 6.34　立式电池组结构

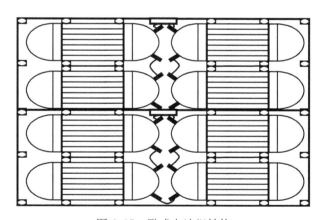

图 6.35　卧式电池组结构

相对于立式结构,卧式结构更有利于电池的散热,但是电池组所需要的安装面积会增加许多。因此卧式结构多用于功率较小的微小卫星。表 6.14 列出了一些 IPV 和 CPV 电池组的性能特点。可见 CPV 多采用卧式,因为其内部有两个单体,卧式结构能保障其热环境一致。

2. SPV 氢镍蓄电池组的结构

表 6.15 列出了 IPV、CPV 和 SPV 三种结构电池的性能特点对比,可见 SPV 氢镍蓄电

表 6.14 IPV 氢镍蓄电池组和 CPV 氢镍蓄电池组性能比较

类别	额定容量 /(A·h)	实测容量 /(A·h)	电池数	电压 /V	质量 /kg	长度 /cm	宽度 /cm	高度 /cm	质量比能量 /(W·h·kg⁻¹)	体积比能量 /(W·h·dm⁻³)
IPV 氢镍 电池组	10	11	11	28.0	9.48	56.5	28.9	19.4(立式)	32.5	12.3
	30	38	27	33.8	31.0	59.7	43.8	22.0(立式)	41.4	22.3
	35	43	31	38.8	39.4	67.3	48.4	24.7(立式)	42.3	20.8
	58	70	27	33.8	48.6	59.7	43.8	27.0(立式)	49.8	33.8
	88	95	22	27.5	58.3	85.6	25.9	25.8(立式)	45.6	46.3
CPV 氢镍 蓄电池组	6	7.1	10	25	7.93	40.6	35.6	7.4(卧式)	22.4	17.5
	12	12.8	11	28	11.35	31.1	22.2	20.6(立式)	31.6	24.6
	20	23	8	20	13.24	43.2	45.7	12.8(卧式)	34.7	25.0

表 6.15 IPV、CPV 和 SPV 氢镍蓄电池组性能特点

性能特点	IPV		CPV		SPV	
	30 A·h	40 A·h	30 A·h	40 A·h	30 A·h	40 A·h
容量/(A·h)	33.7	44.9	33.5	43.4	36.6	45.8
长度/mm	136.7	161.2	113.0	160.5	111.5	167.6
宽度/mm	113.0	92.4	71.6	51.0	65.2	65.2
高度/mm	41.9	48.5	66.5	65.7	65.2	65.2
质量比能量/(W·h·kg⁻¹)	36.0	41.9	41.5	51.4	49.3	54.5
体积比能量/(W·h·dm⁻³)	25.2	30.8	33.1	46.4	46.7	47.2

池组具有比 IPV 和 CPV 更好的质量比能量和体积比能量。

图 6.36 为 SPV 氢镍蓄电池组结构图,与 IPV、CPV 一样,为圆柱形带有两端为半球形的壳体,其内部单元电池的结构如图 6.37 所示。单元电池是 SPV 氢镍蓄电池组的核心部

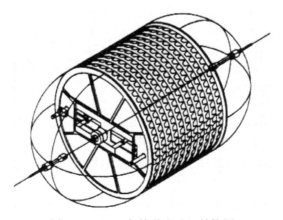

图 6.36 SPV 氢镍蓄电池组结构图

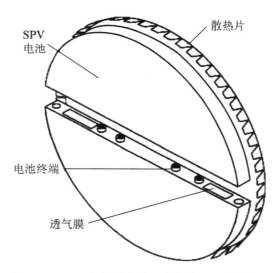

图 6.37　SPV 氢镍蓄电池组内部单元电池结构图

件,它直接关系 SPV 氢镍蓄电池组设计的成败。在圆筒形的有效空间中,SPV 电池组内部单元电池设计必须满足电学的、化学的、热学的、机械的要求。一般情况下,单体电池有圆形、半圆形两种形状。但无论何种形状的单元电池,都必须有可靠的保液性能、电路结构、气流通路,并且单元电池还必须具有高放电性能及良好的散热通道。

单元电池壳体材料一般选用具有良好的耐碱、耐老化性能及具有良好的高低温性能、焊接性能的塑料。单元电池壳体外部包覆一层导热性能良好的轻质耐碱金属材料作为散热片,一般为镀镍的轻质铝合金,位于与电池组壳壁相接处,起到快速散热的作用。

SPV 氢镍蓄电池制造和使用的难点在于:如何保证单元电池的一致性,因其不可更换;防止单元电池间生成电解液桥,这会造成电解液的分解;电池间的气体管理等。同时如果电池组内部单元发生开路将导致整个 SPV 电池组失效,且不能通过并联防开路元件来进行保护。

3. DPV 氢镍蓄电池组的结构

DPV 是氢镍蓄电池组结构上的又一大突破。DPV 电池组结构简单、质量轻,而且不存在 CPV 和 SPV 电池中的电解液桥问题,同时没有水蒸气和氧传输引起的热力学分配不均问题。美国 Eagel-Picher 公司已经研制成功 90 A·h DPV 氢镍蓄电池,并模拟 LEO 轨道、40%DOD 进行了 4 863 周寿命试验,60%DOD 进行了 2 885 周寿命试验,但到目前为止尚未得到应用。图 6.38 为 DPV 氢镍蓄电池内部结构。可见 DPV 电池完全不同于上述三种结构的电池,电极组元件为方形,比起圆环形大大提高了各个元件的利用率。

压力容器的几何形状是 DPV 氢镍蓄电池的另一个特点,单体电池的壳体由两个完全一致的无缝半壳体构成,如图 6.39 所示。其中的一个半壳上引出电极终端。DPV 电池组之所以称为互靠式,是由于许多这样的单体电池互相紧邻以将内部氢压互相抵消,因此电池壳体不用承受整个电池的压力,因而可采用薄壁设计减轻电池质量。电池组如图 6.40 和图 6.41 所示。DPV 电池组不同于 IPV 和 CPV,不需要安装袖套,DPV 电池组借鉴了空间镉镍蓄电池的组合设计,电池间放置散热片,多个单体电池互靠在一起通过拉杆和端板固定,这使得电池组的体积比能量大大提高。

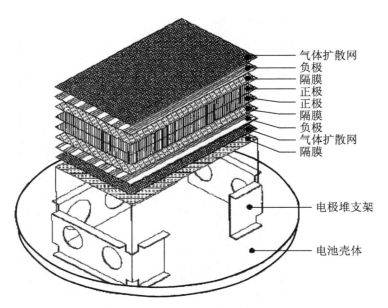

气体扩散网
负极
隔膜
正极
正极
隔膜
负极
气体扩散网
隔膜

电极堆支架

电池壳体

图 6.38　DPV 单体电池电堆结构

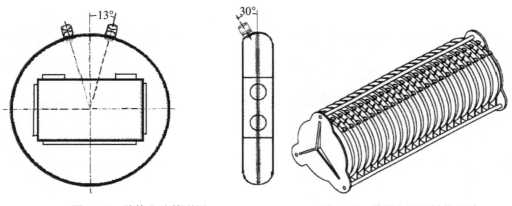

图 6.39　单体电池外形图　　　　　图 6.40　单排电池组结构设计

拉杆
电池正、负终端
电池组端板

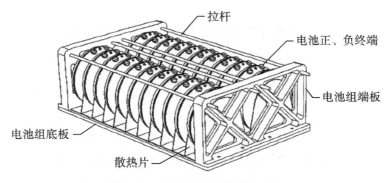

电池组底板
散热片

图 6.41　双排 DPV 氢镍蓄电池组

6.5.2　氢镍蓄电池组设计

氢镍蓄电池组基本组成包括单体电池、电池组结构件(包括导热袖套、安装底板)及功率、信号电连接器。

电池组结构件起到支撑单体电池和散热的作用,因此一般采用强度高、质量轻、导热性能好的材料。到目前采用过的材料有铝合金、钛合金、镁合金及碳纤维等。圆筒形导热袖套的长度和厚度及底板的厚度对电池的导热性能有着重要的影响,这也是电池组热设计的关键。为了减少单体电池和导热袖套间的热阻,电池和袖套间要填充导热硅橡胶,同时起到固定的作用。导热袖套和底板间的连接采用螺钉,并涂覆导热硅胶。

实际上为了监测电池组的性能和进行充放电控制,氢镍蓄电池组的单体电池上要粘贴一些测温用的温度传感器、测电池内部压力的压力传感器等元器件。有些电池组为了避免发生单体电池开路失效这样致命的故障,还要在每个单体电池旁并联防开路保护元件,如旁路二极管组件等。

下面介绍氢镍蓄电池组设计的一般要素:

1. 电性能设计

根据储存能量、功率和使用寿命的要求,选定单体电池的容量和数量,其中单体的设计详见 6.3 节。

2. 机械结构设计

在允许的外形尺寸范围内,选定最佳机械结构形式,将单体电池排列和固定起来。该机械结构需保证电池组能够承受力学环境的考验,又具有最佳性能成本比,而且电池组装配和拆卸的操作简便。

氢镍蓄电池组采用立式安装结构。蓄电池组合结构设计采用底板-散热套结构,密集排列。每个蓄电池单体通过包覆聚酰亚胺薄膜和室温硫化硅橡胶与散热套绝缘固定,散热套与底板通过螺钉连接紧固,并充分考虑电池散热要求,散热套与底板接触面之间涂覆导热硅脂。

3. 热设计

电池组工作期间,各单体电池的温度要维持在一定范围内,而且各单体电池之间的温度梯度也不能超过规定的范围。为了实现温度控制,除了在电池组外部采取措施以外,电池组设计时要考虑到内部热量的传递和散失。氢镍蓄电池组在兼顾质量的情况下使电池具有较低的发热量和传热热阻,同时使单体电池内部的温度分布均匀是氢镍蓄电池热设计的关键。

由氢镍蓄电池在真空条件下的散热途经可知,热传导是最主要的散热方式。氢镍蓄电池组的热设计也依此为原则。电池组的热设计包括将单体传出的热量传导到电池的散热袖套,再从散热袖套传导到电池组底板。因此,减少蓄电池发热量,并减小各个环节热传导的热阻是电池组热设计的原则。

4. 充电控制

电池组在充放电循环过程中需要在充电时将放出的容量充回去,充电的安时容量需要稍微大于放电的安时容量,以补充自放电带来的容量损失。

对于低轨道使用的氢镍蓄电池,充电控制的主要要求是在要求的时间内将电池充满并避免过充,以减少过充带来的热量。对于氢镍蓄电池,在 0~10℃ 的工作温度范围内,其安时效率几乎可达 100%,瓦时效率可达 85%。氢镍蓄电池最初采用与镉镍蓄电池相同的充电控制方法,即温度补偿电压控制(V-T)和安时再充比控制,典型的充电容量和放电容量比率为 1.01~1.05。

随着氢镍蓄电池压力测量技术的稳定性和准确性的提高,采用氢压作为充电控制法,由于氢压与氢镍蓄电池容量呈线性关系,同时充电过程中氢压随时间的变化率也反映了电池的充电效率,因此目前也有许多在轨型号采用氢压容量充电控制方法。

6.6 氢镍蓄电池组制造

氢镍蓄电池组的制造流程如图 6.42 所示。

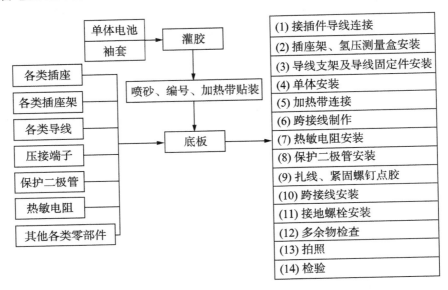

图 6.42　氢镍蓄电池组制造流程

以上工序可划分为零部件准备、单体绝缘胶灌封、结构装配、电子装联及检验等。

6.6.1 零部件准备

将散热套、底板、插座罩等零部件放入清洗剂溶液中用脱脂纱布擦洗,然后用自来水冲洗至无泡,零件表面应光亮无油迹。用无水乙醇脱水后自然晾干,或进 45~50℃烘箱烘干。用滤纸或脱脂纱布包好,保存在料架内待用。

6.6.2 结构装配

采用手工或自动化方式在蓄电池单体安装表面贴绝缘胶带,之后采用专门工装与设备,将单体与袖套进行绝缘胶灌封。灌封后将裸露的单体壳体表面进行抛光处理,并采用电腐蚀方法刻写产品编号。

对电池组安装底板进行多余物的清理,按照工艺顺序将带导热袖套的单体、插座架、氢压测量盒、防开路二极管组件、热敏电阻、接地电阻以及螺钉绝缘套等安装在电池组底板上,需要散热的部件在安装面涂覆导热硅脂。

6.6.3　电子装联

氢镍蓄电池组的电子装联相对电子单机产品简单,主要包括电连接器导线连接、功率导线走线和安装、信号导线走线和安装、汇流条和接地桩安装、扎线、紧固螺钉点胶和检查等过程。过程中要遵守航天电子装联禁限用工艺的要求。

电池组制造完毕后,须清除蓄电池组和蓄电池组底板表面的灰尘或多余物,再用吸尘器将电池组和电池组底板表面吸干净。将电池组安装在工艺底板上,套上保护罩,装入包装箱。检查装箱清单,其他附件及产品有关文件应正确无误。

6.7　氢镍蓄电池安全性设计与控制

6.7.1　安全性设计原则

良好的安全性操作应从氢镍蓄电池单体和电池组本身的设计、制造、质量控制等方面的了解开始。

最重要的安全因素是单体设计。单体设计应尽可能采用经飞行试验验证的设计方案,对于电池组的设计也是如此。

引入新的设计理念可以提高电池单体的性能或可靠性,或者两者都提高。新的单体设计必须通过鉴定和可靠性测试。并且对压力容器设计进行任何更改都要求重新进行质量认证。

第二个安全要素是确认单体的制造过程满足设计要求,这可以通过一系列的生产过程控制检查、验收试验、生产商过程控制、强制检验点、质量控制、极堆成分分析、单体破坏性物理分析等来完成。

通过收集和检查氢镍蓄电池单体或电池组关于安全处理和操作的信息,可以发现单体或电池组潜在的危险点。单体或电池组的缺陷可能引发一个或多个危险事件,操作失误也可能引发危险。

6.7.2　安全故障与失效

1. 安全隐患与控制措施

1) 单体氢气泄漏

氢气从单体内部泄漏到外界环境中是非常危险的。氢气扩散到空气中可能引起燃烧,达到一定浓度时甚至可能引起爆炸。

在良好的通风条件下,氢气会快速上升并分散到空气中去。然而,如果房间内空气流通不佳,氢气可能在天花板下滞留。氢气泄漏最可能的结果是通过空气流通和扩散进入大气中。

控制措施:① 电池储存环境有足够的通风条件;② 在电池放置区域的天花板上安装氢气探测装置;③ 电池放置区域内禁止吸烟。

2) 压力容器高压破裂

氢镍蓄电池壳体设计需确保电池能够在高压条件下安全工作。哈勃空间望远镜(HTS)用氢镍蓄电池能够在 7 MPa 的压力下工作。单体电池从单体爆裂压力到最大工作压力间有

4 倍的安全系数。为确保安全性,所有单体都要经过 1.5 倍的最大工作压力的保压试验。

HTS 用压力容器的裂纹机理分析表明:保压试验后可能存在的最大尺寸缺陷或裂纹在 4 个完整的寿命周期内不会长大到引发爆裂的临界尺寸。

INTELSAT V 用氢镍蓄电池单体在 0~5 MPa 的氢气压力间工作。要求超过 250 000 周次的压力疲劳试验。失效一般是由极柱套的焊接区内裂纹扩展导致的泄漏。这些试验结果在 TRW 对 INCONEL718 压力容器的裂纹机理进行分析中得到证实,研究表明在 0~5 MPa 之间的压力工作的电池,在爆炸前已经由于裂纹扩展导致引起泄漏而失效。

控制措施:① 所有氢镍蓄电池单体都要进行 1.5 倍于最高工作压力的保压试验;② 每批次的 NCONEL718 壳体至少要进行两次爆破试验。爆破压力对于最大工作压力至少有 2 倍的安全系数,推荐安全系数是 2.5 以上。

3) 单体内氢氧混合导致的爆炸

单体内局部的氢氧聚集将导致微型爆炸,通常称为爆鸣。这种微型的爆炸在电池活化期间较常见(该活化过程可排出多余电解液、形成合理的气体通道并消除内部气泡)。单体设计应尽可能排除或降低这种微型爆炸造成的破坏,已经有在活化时由于爆鸣而引发故障的报道。活化充分的电池在大部分工作条件下性能优异,无爆鸣情况。

控制措施:确保电池在规定的使用条件范围内工作和操作。

4) 电解液泄漏

氢氧化钾电解液泄漏类似于气体泄漏,若发生电解液泄漏,则同时必然发生气体泄漏。电解液泄漏常表现为密封处和壳体上出现白色物质。发生电解液泄漏后必须马上停止试验,移出电池并更换泄漏单体。

控制措施:① 对单体焊接区域及极柱部分进行全面检查,及时发现电解液泄漏的迹象;② 在电池组验收级试验和发射前对电池组内每个单体进行电解液泄漏检查。

2. 单体和电池组制造缺陷及控制措施

1) 单体外壳与结构件间短接

氢镍蓄电池组一般是由多个单体串联组成,每个单体装入结构件内,单体壳体上包裹一层绝缘材料,使得单体和结构件间绝缘。在电池组使用时结构件通常接地,如果绝缘膜破裂,使得单体外壳和结构件间发生短接,此时短路电流仅受极堆和壳体间短路物质的电阻值所限。为此,大多数飞行器的电池组设计时,结构件和飞行器安装面间都采用高阻连接进行绝缘。

控制措施:检查电池模块所有可能与接地端连接路径的绝缘性。

2) 单体内部的微短路

镉镍蓄电池最常见的失效方式即为内短路导致的容量下降,这种失效方式在氢镍蓄电池中也较为常见。

控制措施:对电池组中的每个单体的电压进行监测,通过观察电压(容量)是否偏低来判断。

3) 压力容器内氢气泄漏

对于氢镍蓄电池来说,氢气泄漏并不必然视为失效。发生氢气泄漏后,电池的氢压和容量将明显下降。即使漏率很低,经过一段时间后,最终也将表现为容量下降。

如果单体发生氢气泄漏,则单体在放电时将受到负极的限制。电池组中其他的正常单体将对这个负极受限的单体进行反向放电。电池在这种情况下可能继续工作,直到极堆干涸、电池短路或开路。

控制措施:监测电池组中单体电压,更换不匹配的单体。

3. 操作失误及控制措施

1)电池或单体的外短路

外短路可能是氢镍蓄电池使用中最大的危险之一。充满电的电池组若发生短路,将以非常大的速率进行放电。这将导致开关上电弧放电、短路继电器熔解、电池壳体与接地线间的电弧放电等。除对外部负载及设备造成损害外,短路还将造成电池组自身发热量过大,从而使电极堆部件受损,并可能导致密封件处泄漏。

控制措施:① 电池单体或电池组储存时,应处于放空电且开路状态;② 电池组安装保护罩;③ 只对放空电后的电池进行操作;④ 电池组在装入飞行器之前应进行彻底的容量检查。

2)高温下工作(超过 30℃)

电池组在轨时正常工作温度范围应该在−5℃到 15℃之间。在对电池进行操作时,温度应该不能超过 30℃。超范围工作或使电池暴露在 30℃以上的高温环境时,电池将出现永久性的容量损失。

控制措施:电池组操作及使用过程中,对温度进行持续监测。任何情况下,均不允许温度超过 30℃。

3)过充电

电池组过充电时,所有过充的能量都将以热量形式散发。因此,过充电将导致电池组温度上升,甚至可能导致热失控。在正常的操作条件下,电池温度通常在−5℃到 15℃。然而,如果电池严重过充,温度将快速上升。

若电源系统不对严重过充电加以限制,将对电池产生破坏并有潜在的危险。电池温度将上升,内部的正极和负极将被破坏,气体扩散网将融化,密封件可能失效,电池发生泄漏。

控制措施:在电池组中不同位置单体的袖套和底板上安装温度传感器对温度进行监测。在电池充电时设置温度上限,达到报警温度后停止充电。

4)低温工作(低于−25℃)

氢镍蓄电池电解液中 KOH 的浓度一般介于 26%到 38%之间,其冰点温度相应介于−30℃到−40℃之间,考虑安全边界,氢镍蓄电池最低温度限制为−25℃。使用小于或等于 26%的 KOH 时,不能在低于−10℃的环境中工作。

控制措施:对电池温度进行监测,任何时候不允许温度低于−25℃,温度过低时使用加热装置控制温度。

6.8　使用和维护

6.8.1　注意事项

高压氢镍蓄电池应用于空间飞行器,为确保在整个发射飞行过程的性能和寿命,对氢镍蓄电池的储存、地面使用和处理均要特别注意,这里介绍的是氢镍蓄电池组在使用处理过程中的一些注意事项。

电池组如果经受了开路,不间断地使用,即开路、涓流充电、偶尔放电等累计达到 30 天应该进行活化处理。20℃下的活化制度为：① C/2 放电到 1.0 V；② 1 Ω 电阻短路到每只单体电池电压小于 0.03 V；③ C/20 电流充电（40±4）h；④ 重复步骤①和②；⑤ C/10 充电（16±4）h；⑥ 重复步骤①、②。

电池组不能并联充放电，在卫星的功率系统中要进行一定的隔绝处理以避免一组电池组失效后对其他电池组造成影响。

电池组以放电态装入飞行器，装前电池组要进行充电并检查所有的功能和单体电池。

当飞行件电池组被短路储存时，短路电阻应跨接在单体电池上，以免电池发生反极，这会损坏电池组内单体电池。

功率系统应能够阻止电池组发生过充电，因为产生的热量能够损坏电池组。

应监控处理和储存时电池组的温度。处理温度不应超过 18℃，非处理温度不应超过 25℃，超过 30℃ 的搁置将导致永久的容量损失。

采用加热器保证电池组的温度不低于 -25℃，以防止电解液结冰。

6.8.2 储存

氢镍蓄电池如果储存不当会产生第二放电平台，而第二放电平台在 1.0 V 以下，则造成氢镍蓄电池可用容量的损失。国外对氢镍蓄电池储存失效机理进行了深入的研究。结果表明储存温度、时间、储存状态、氢镍蓄电池的预充形式都对第二放电平台的产生有影响。主要的研究机理认为在储存期间在烧结镍基体和活性物质之间生成了 NiO 阻挡层。

根据氢镍蓄电池组的发射程序，储存期可从几个星期到几年。下面的三种方法常用来储存和维护电池的容量：

① 全充电状态开路储存在 0℃ 以下，但是这些电池每 7 天到 14 天一定要进行补充电或者是涓流充电。

② 全充电状态，并以 C/100 的电流涓流维持充电，储存在 0℃ 以下。

③ 放电态开路储存在 0℃ 以下，可储存 3 年。

运输阶段电池/电池组应处于全放电短路状态，电池/电池组分别装在包装箱内，要避免潮湿，温度控制在（5±5）℃。每 5 到 10 个单体电池放在一个包装箱内，最好采用空运以减少运输时间。运输设备应该带有温度记录仪以确保飞行件电池不暴露在超过 25℃ 的温度下。电池组的容量在运输前后均要检查以免发生容量衰减。

在发射场地，电池组处理时应处于放电态。电池组能在满荷电态下，在室温下进行短期储存，但每 7～14 天一定要进行补充电。飞行件电池组要保持涓流充电一直到发射前。飞行件电池组的最后活化应该在卫星发射前的 14 天进行，完全活化以后，飞行件电池应该保持低倍率的涓流充电状态直到发射，如果发射被延迟，则每 30 天活化一次。如果发射被延迟超过 90 天，电池组应该保持冷储存。

6.9 高压氢镍蓄电池发展趋势

高压氢镍蓄电池目前已成为空间飞行器用最主要的化学储能电源之一，国内外发射的高轨道飞行器大多采用高压氢镍蓄电池，低轨道飞行器也有相当数量的飞行器采用高压氢镍蓄电池作为储能电源。尽管目前受到了高比能量的锂离子蓄电池的冲击，但是其成熟的飞行经验、高可靠性和长寿命不会使其退出应用舞台。同时工程技术人员也在进行技术开发使其具有更高比能量,如采用纤维镍作镍电极的导电骨架,优化单体电池和电池组的结构设计,开发 300 A·h 以上大容量的电池以满足高功率卫星的需求等。因此在未来高压氢镍蓄电池还会在空间飞行器上发挥其优势,扩大其应用范围。

6.10　低压氢镍蓄电池概述

6.10.1　发展简史

1969 年,Zijlstra 等发现具有应用前景的储氢合金 LaNi5。从此储氢合金的研究和利用得到了较大的发展。20 世纪 70 年代初,Justi 和 Ewe 首次发现储氢材料能够用电化学方法可逆地吸放氢,随后开始了 MH/Ni 电池的研究。1974 年,美国发表了 TiFe 合金储氢的报告。1984 年,飞利浦公司研究解决了储氢材料 LaNi5 在充放电过程中容量衰减的问题,使 MH/Ni 电池的研究进入实用化阶段。1988 年,美国 Ovonic 公司开发出 MH/Ni 电池。1989 年,日本松下、东芝、三洋等公司开发出 MH/Ni 电池。20 世纪 80 年代末,我国研制出储氢合金,90 年代研制成 AA 型氢镍蓄电池。从低压氢镍蓄电池的发展简史可看出,负极储氢合金材料的发展对低压氢镍蓄电池的发展起到了极大的推动作用。

日本、美国、法国等许多国家都在 MH/Ni 电池的材料、电极成型工艺、在线检测技术及工装设备等许多方面投入了大量的人力、物力和财力,极大地推动了 MH/Ni 电池的研发和产业化进程。美国最先于 1987 年建成试生产线,随后日本也相继在 1989 年前后进行了试生产。目前有美国 Ovonic、法国 SAFT、德国 Varta 及日本松下、三洋、汤浅等世界知名 MH/Ni 电池生产商。

我国在国家"863"计划的支持下,于 1992 年在广东省中山市建立了 MH/Ni 电池中试生产基地,有力地推动了 MH/Ni 电池研发和产业化进程。目前国内已建起数家年产千万只电池的大型企业,如比亚迪、江门三捷、海四达等,逐步发展成为在国际上具有竞争力的电池生产基地。

6.10.2　特性和用途

表 6.16 列出了低压氢镍蓄电池和镉镍蓄电池的性能特点对比,可见 MH/Ni 电池具有如下明显的优点:① 高比能量,约为 Cd/Ni 二次电池的 1.4~2 倍;② 环保型,不含 Cd 等有害物质,被称为绿色电池。

表 6.16　Ni/MH 电池与 Ni/Cd 电池性能特点比较

项　目	性能特点对比
标称电压	相同(1.25 V)
比能量	MH/Ni 电池大约为 Cd/Ni 电池的 1.4~2 倍
放电曲线	相同
放电截止电压	相同
高倍率放电能力	相同

续表

项　目	性能特点对比
高温性能	Cd/Ni 电池稍好于 MH/Ni 电池
充电过程	基本相同,采用多步恒流充电制度并带有过充电保护
操作温度	基本相同
自放电率	MH/Ni 稍高于 Cd/Ni 电池
循环寿命	基本相同,但 MH/Ni 电池更依赖于使用条件
应用领域	基本相同
环境友好性	由于无 Cd,MH/Ni 电池更友好

目前 MH/Ni 电池已广泛应用于移动电话、笔记本电脑、家用电器、现代化武器、航空航天等许多领域。

6.10.3　化学原理

MH/Ni 电池的工作原理如图 6.43 所示。其电化学式可表示为

$$正极:Ni(OH)_2 + OH^- \xrightarrow[放电]{充电} NiOOH + H_2O + e \tag{6.15}$$

$$负极:M + xH_2O + xe \xrightarrow[放电]{充电} MH_x + xOH^- \tag{6.16}$$

电池总反应式可表示为

$$M + xNi(OH)_2 \xrightarrow[放电]{充电} MH_x + xNiOOH \tag{6.17}$$

式中,M 及 MH_x 分别为储氢合金和金属氢化物。

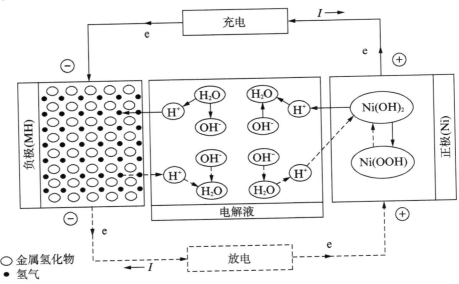

图 6.43　MH/Ni 电池的工作原理示意图

由式(6.15)、式(6.16)可以看出,充放电过程中发生在 MH/Ni 电池正负电极上的反应均属固相转变机制,整个反应过程中不产生任何中间态的可溶性金属离子,因此电池的正、负极都具有较高的稳定性。电池工作过程中没有电解质组元的额外生成或消耗,充放电可看作只是氢原子从一个电极转移到另一个电极的反复过程。

MH/Ni 电池是一种免维护电池,采取正极限容,负极过量的设计原理。视应用领域的不同,其比值为(1∶1.2)～(1∶1.8)。当 MH/Ni 电池过充和过放时,正负极上发生的反应为:

过充电时,

正极:

$$4OH^- \longrightarrow 2H_2O + O_2 + 4e \tag{6.18}$$

负极:

$$O_2 + 2H_2O + 4e \longrightarrow 4OH^- \tag{6.19}$$

$$4MH + O_2 \longrightarrow 4M + 2H_2O \tag{6.20}$$

过放电时,

正极:

$$H_2O + e \longrightarrow 1/2H_2 + OH^- \tag{6.21}$$

负极:

$$2M + H_2 \longrightarrow 2MH \tag{6.22}$$

$$MH + OH^- \longrightarrow H_2O + M + e \tag{6.23}$$

可见,MH/Ni 电池在过充电过程中,正极上析出的氧气可扩散到负极表面经过化学和电化学复合反应还原为 H_2O 或 OH^- 进入电解液,当氧气的扩散速率与氧气在负极上的还原速率相等时,电池内部的压力会维持一个不变值,从而避免电池内部压力积累升高。过放电时正极上析出的氢气也可扩散到负极表面被过量的负极吸收,故 MH/Ni 电池具有良好的耐过充、过放能力,这也是该电池可实现密封和免维护的基础。低压氢镍蓄电池的基本特点如下:

① 电压。低压氢镍蓄电池的正极与高压氢镍蓄电池相同,负极活性物质也为氢气,因此其工作电压与高压氢镍蓄电池相近,为 1.25 V。图 6.44 和图 6.45 为在不同充放电倍率下电池的充放电电压。可见,随着充放电倍率的增加电池的充电电压升高、放电电压下降。

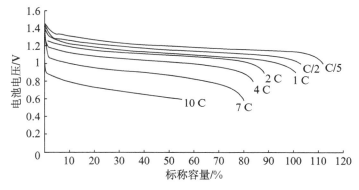

图 6.44　放电速率对 MH/Ni 电池放电电压的影响

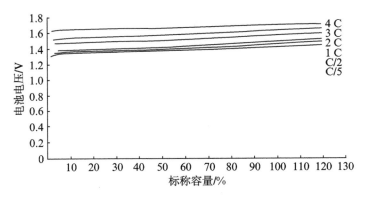

图 6.45　充电速率对 MH/Ni 电池充电电压的影响

② 容量。低压氢镍蓄电池为实现密封免维护,均采用正极限容设计。放电速率增加,电池放电容量和电压均下降。充电速率对电池容量的影响如图 6.46 所示,充电速率加大,电池容量有所增加,但是超过 2 C 后,电池的容量下降。

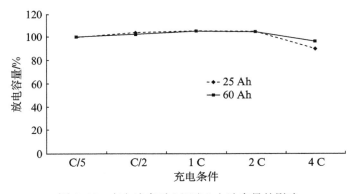

图 6.46　充电速率对 MH/Ni 电池容量的影响

③ 充电效率。低压氢镍蓄电池正极与高压氢镍蓄电池和镉镍蓄电池均相同。镍电极上氧的析出导致其充电效率下降。充电效率与充电温度和电池的荷电状态有关。温度越高充电效率越低。充电效率随着电池荷电态的增加而降低,如图 6.47 所示。当荷电态超过

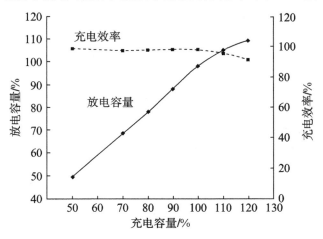

图 6.47　不同荷电态下 MH/Ni 电池的充电效率

95％时,电池的充电效率急剧下降。此时由于氧气在负极复合,电池的温度也开始上升。

④ 寿命。低压氢镍蓄电池的寿命限制因素与高压氢镍蓄电池不同,为负极储氢合金。储氢合金在碱液中的腐蚀、氢质子在充放电过程中在储氢合金内的嵌入和脱出,导致储氢合金的粉化等原因,造成储氢合金性能的衰退。使用温度高、放电深度大都会加剧上述过程的发生,导致电池寿命缩短。

6.10.4　结构与制造

低压氢镍蓄电池的外形结构有两种,圆柱形和方形,其实物如图 6.48 所示。圆柱形氢镍蓄电池结构如图 6.49 所示。

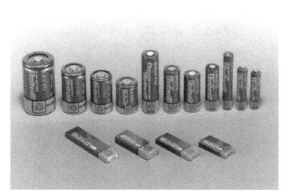

图 6.48　低压氢镍蓄电池实物图

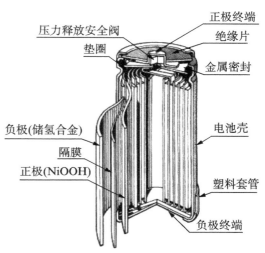

图 6.49　卷绕式低压氢镍蓄电池

圆柱形一般为卷绕式,即将正电极、隔膜、负电极叠放好后,卷绕成圆柱形,安装在圆柱形壳体内,一般壳体为负极,顶盖为正极。方形采用叠片式,即将方形的正极、隔膜和负极按次序叠放后放置于方形壳体内,极组要和壳体绝缘,正负极从壳盖分别引出。无论方形还是圆柱形,其基本组成均包括:正极、负极、隔膜、电解液、壳体、密封件等。

1. 正极

在镍电极制备过程中,制备技术的选择、添加剂和黏合剂的使用、充填工艺和集流体骨架的选择等对镍电极的电化学活性和活性物质填充量均有影响。现国内外大力开发的纤维式镍电极、黏结式镍电极、发泡式镍电极等新型镍电极均比传统的烧结式镍电极容量高,电极特性好,但是寿命和功率性能还存在差距。

2. 负极

目前常用的制作工艺为涂膏式,即将储氢合金粉与添加剂、黏结剂和水混合成浆料涂覆到导电集流体上(如泡沫镍和穿孔镀镍钢带),烘干后裁成电极,也称为涂膏式电极。但 Yoshinori 等认为涂膏式电极的缺点是:黏结剂阻碍了三相界面,即气相(氧气)、液相(电解液)、固相(储氢合金)的形成和氧气在合金表面的还原,导致电池内压升高,不能大电流充电;增大了合金颗粒间的接触电阻,从而使电极内阻提高;由于黏结剂的存在,电极的质量比容量降低。因此 Srinivasan 等将合金粉末与添加剂混合均匀后直接轧制在导电集流体上,大大提高了电极的高倍率性能。而 Jian-Jun Jiang 等将制好的涂膏式电极在保护气氛下进行烧结处理,以除去黏结剂,并使颗粒间形成微接触。这不但提高了储氢合金电极的倍率性能,还提高了电极的循环稳定性。

3. 隔膜

MH/Ni 电池隔膜必须具有以下性能:良好的润湿性和电解液保持能力;优良的化学稳定性;足够的机械强度;较高的离子传输能力和较低的电阻;良好的透气性。一般来说隔膜的吸碱量、保液能力和透气性是影响电池各方面性能的关键因素。目前,在 MH/Ni 电池中使用的隔膜大多沿用 Cd/Ni 电池所用隔膜,主要有尼龙和聚丙烯两种。尼龙隔膜亲水性好吸碱量大,但化学稳定性略差;Ovinnic 公司通过对尼龙隔膜细化处理,使电池的寿命提高了3倍。聚丙烯隔膜化学稳定性好,机械强度高,但聚丙烯隔膜是憎水性的,吸碱率偏低,透气性较好。使用时通过对其进行一定的处理使一部分具有亲水性,一部分具有憎水性,则能保证隔膜既有良好的吸碱量和保液能力,又有良好的透气性,从而提高电池的综合性能。通过对聚丙烯隔膜采用高能辐射、紫外线法等手段进行接枝处理,即将丙烯酸单分子接到基材上,提高了亲水性,延长了电池的循环寿命。还有厂家将隔膜磺化处理,改善了电池的自放电率,氟化处理提高了隔膜的机械强度和电解液保持率。

4. 电解液

MH/Ni 电池电解液的主成分为 KOH,但为提高电池的寿命和高温性能一般加入少量 NaOH 和 LiOH。因为 Li^+ 和 Na^+ 的半径小于 K^+,更容易进入镍电极内部。由于 $Ni(OH)_2$ 为层状结构且具有半导体的特性,当异种离子插入时,可能改善其原有的结构特征,降低镍电极充电时的极化,从而提高其充电效率。但是 NaOH 和 LiOH 的电导率小于 KOH,因此从提高功率特性的角度考虑加入量不能过多。

电解液的量对于电池性能的影响也是显著的。这是因为电池内空间有限,电解液过多时,它已经不仅使电极及隔膜润湿,而且富余的电解液还附在电极和隔膜的表面,甚至充盈在电池中心的空间,这使得充电尤其是高倍率充电过程中正极产生的氧气在通过隔膜和负极表面的液层到达负极的过程中受阻而不能被及时复合,从而导致了电池内压升高,电池漏液。电解液量过少,正负极和隔膜上分配得到的电解液相对贫乏,电池内阻较高,从而使高倍率放电容量和电压平台降低。因此合适的电解液量是至关重要的。

5. 壳体

低压氢镍蓄电池壳体材料选用镀镍的不锈钢,以耐碱腐蚀,采用冲模工艺加工成方形、圆柱形。

6. 密封件

圆柱形低压氢镍蓄电池的顶盖组件也采用安全阀结构,若电池内部由于过度过充电或过放电产生超压时,则安全阀可自动打开排出气体。待电池内部压力恢复正常时自动复原。该安全阀排气再密封结构,可确保电池安全可靠而不会使电池外壳破裂或者是电池发生泄漏。

7. 新型电池结构设计

近年来一些研究者从伏打电堆(Volta pile)的结构模式即将电池通过双极连接片串联在一起以获得高电压中获得启发,试图将此思路应用于高功率 MH/Ni 电池组的开发。这种双极性的设计(图 6.50)使得 MH/Ni 电池提高了功率能量比,降低了价格,易于操作。已有研究结果表明：双极性的 MH/Ni 电池组功率密度达到 1 000 W·kg^{-1}，比能量达到 45 W·h·kg^{-1}。其性能已经达到了 DOE/PNGV 制定的要求。但是目前双极性的开发还处在实验室阶段，因为此项技术本身尚有很多难题需要解决，如单体电池之间的电解液隔离、单体电池边界的密封、单体电池损坏后的维修以及双极板在电解液中的耐腐蚀性等。故此技术应用于实际仍然有许多工作要做。

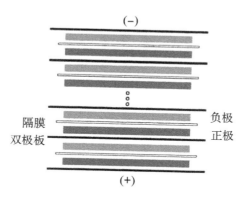

图 6.50　双极性电池组的组合原理

6.10.5　应用分析

目前低压氢镍蓄电池由于受到高比能量锂离子电池的冲击，已逐渐退出 3C（移动电话、笔记本电脑、数码设备）市场。因此 MH/Ni 电池在朝着低成本化、高容量化和轻重化发展的同时必须致力于拓宽新的应用市场。近年来，适合高功率等特殊场合应用的 MH/Ni 电池日益受到人们的青睐。混合电动车、电动工具、电动玩具和新一代 42 V 汽车电气系统为综合性能优良、价格适中的 MH/Ni 电池提供了广阔的市场空间，但是也对 MH/Ni 电池提出了新的性能要求。如混合电动车（HEV）要求其辅助动力电池具有高充放电功率性能，要求脉冲放电峰功率达到 600～900 W·kg^{-1}。而航天模型、电动工具等要求其至少能在10～20 C 率放电。因此为满足以上要求，世界许多知名大公司及科研院所大力开发高功率 MH/Ni 电池。

图 6.51 为混合电动车用高功率氢镍蓄电池组（350 V/60 A·h）。表 6.17 列出了目前已上市的各大汽车公司开发的 HEV 概念车和所采用的辅助动力源。由此可见，MH/Ni 电池是目前 HEV 的主流动力电池。

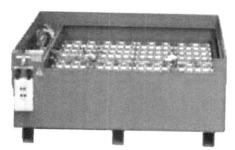

图 6.51　混合电动车用高功率氢镍蓄电池组（350 V/60 A·h）

表 6.17 HEV 或 HEV 概念车采用的辅助动力源

汽车公司	HEV 车名	电池组	动力系统
丰田	Prius	MH/Ni	THS 混合动力系统
	Prius 2000	MH/Ni	
	THS-C	MH/Ni	
本田	Insight	MH/Ni	IMA 混合动力系统
日产	Tino	Li-ion	Neo 混合动力系统
福特	Prodigy	MH/Ni	—
	Escape	MH/Ni	—
通用	Chevnolet Triax	MH/Ni	Gen Ⅲ 混合动力系统
	Precept	MH/Ni 或 Li-ion	—
克莱斯勒	ESX3	Li-ion	—
飞雅特	Multipla	Li-ion	—

在空间应用领域该技术也逐渐成为研究和开发的热点。美国 Gate 公司和 Eagle-Picher 公司是研制卫星用 Ni-MH 蓄电池的主要公司。Gate 公司研制的 22 A·h 电池循环寿命已达 6 000 次(室温、50%DOD);Eagle-Picher 公司 10 A·h 电池也完成了 3 000 次寿命循环(室温、45%DOD)。目前 Ni-MH 蓄电池开发计划,是使其达到地球同步轨道 80%DOD 下 15 年工作寿命和 30%DOD 下 30 000 次的低轨道寿命,近期已研制出第一代空间用电池并即将参加飞行试验。

低压氢镍蓄电池作为镉镍蓄电池替代技术之一,尤其在小卫星上十分看好。为了提高低压氢镍蓄电池的寿命和性能,尽快实现其在卫星上的应用,还需解决以下主要问题:① 进一步开发储氢能力强、热力学稳定、寿命长的储氢材料;② 进一步研究 Ni-MH 蓄电池的充放电特性和热特性;③ 进行充电方法研究,适应空间应用。

思 考 题

(1) 请写出高压氢镍蓄电池的分类及其特点。

(2) 试述 IPV、CPV、SPV、DPV 氢镍蓄电池单体的异同点。

(3) 导致高压氢镍蓄电池寿命失效的主要原因有哪些?

(4) 请写出高压氢镍蓄电池在正常充放电、过充电和过放电过程中的电化学反应式。

(5) 请计算一只设计容量为 40 A·h 的高压氢镍蓄电池在充满电后产生的氢气质量。

(6) 请写出薄壁压力容器直筒段壁厚的计算公式并给出公式内各符号的意义。

(7) 请画出惠斯登电桥,并解释温度补偿的原理。

(8) 高压氢镍蓄电池活化的目的是什么?

(9) 高压氢镍蓄电池的密封性包括哪两个方面? 应如何检查?

(10) 高压氢镍蓄电池单体电极堆的排列方式有几种? 各有什么优缺点?

（11）简述高压氢镍蓄电池单体的热特性。

（12）简述为提高高压氢镍蓄电池组的比能量,研究者在高压氢镍蓄电池组的技术上做了哪些改进。

（13）简述引起高压氢镍蓄电池安全事故的原因有哪几方面,具体的控制措施是什么。

（14）引起高压氢镍蓄电池内部电解液再分配的原因有哪几个? 如何对高压氢镍蓄电池进行电解液管理?

（15）简述 DPV 氢镍蓄电池组的设计原理。

（16）简述低压氢镍蓄电池的特点并写出电化学反应式。

第7章 锂电池

7.1 锂电池概述

7.1.1 发展简史

锂是自然界里最轻的金属元素，密度约及水的一半。同时，它又具有最低的电负性，标准电极电位是 -3.045 V（以氢电极为标准）。所以选择适当的正极材料作正极，与锂相匹配，可以获得较高的电动势。这种以锂为负极的电极堆，再加以适当的电解液组装成电池，这种电池应当具有最高的比能量。正是基于这种考虑，世界上相关学者在 20 世纪 60 年代初期就着手锂电池的研究和开发。由于金属锂遇水会发生剧烈的反应，所以当时一般电解质溶液都选用非水电解液。早期正极材料多选用 CuF_2 等，但是这些正极材料在电解液中很容易溶解。另外，初期电池结构材料在电解液中也不能很好地承受长期腐蚀，所以没有形成真正的商品锂电池。1970 年以后，日本松下电器公司研制成功了 $Li/(CF_x)_n$ 电池。这种电池首次解决了上述缺陷，真正得到了应用，并被誉为 1971 年全日本的十大新产品之一。1976 年，日本的三洋电器公司相继推出了 Li/MnO_2 电池，首先在计算器等领域得到了广泛的应用。

与此同时，1970 年美国建立了动力转换有限公司（Power Conversion Inc.）专门从事 Li/SO_2 电池的研究。并于 1971 年后正式投入商品生产，商标名称为 Eternacell。其主要用于军事用途，被称为当时最有前途的一种锂电池。目前在美国军方的各种便携式装备中 Li/SO_2 电池应用已十分广泛。

法国 SAFT 公司在 20 世纪 60 年代就开始了锂电池的研究。该公司 Gabano 博士在 1970 年第一个获得 $Li/SOCl_2$ 电池的专利权。1973 年美国 GTE 公司、以色列塔迪朗工业有限公司（Tadiran Israel Electronics Industries, Ltd.）相继正式生产 $Li/SOCl_2$ 电池。特别是后者，与特拉维夫大学合作，在 1975 年建成了一个工厂；1977 年重新设计，建成大规模生产设备并投入生产；1978 年开始在全世界出售 $Li/SOCl_2$ 电池。目前，美国、法国、以色列等国家均已有商品。

几乎与锂一次电池同步，各国开展了锂二次电池的研究。最初工作集中在金属卤化物、金属氧化物和其他可溶正极材料上。但做成的电池自放电率大，不能令人满意。20 世纪 80 年代中期真正开发成功的锂二次电池只有加拿大 Moli 公司的 Li/MoS_2 电池。但是这种电池到 90 年代初由于诸如安全等方面的考虑，没能真正进入到千家万户之中。90 年代后，许多科学家都将目光瞄准到锂离子可充电池身上。

国际上还在研究锂硫电池、锂空气电池和锂水电池。锂硫电池是一种高能量密度的二次电池，理论比能量可达 2 572 W·h·kg^{-1}，在各个领域都有广阔的应用前景。锂空气电池理论能量密度更高，作为未来电动车辆的动力是十分吸引人的。这种电池以 LiOH 溶液为电解液，理论开路电压为 3.35 V，实际开路电压为 2.85 V。锂水电池是一种高效率高功率的输出系统,在航海环境中因不需要考虑水的质量使得这种电池十分有吸引力。锂水化合时反应热十分高,是有危险的,但当 OH^- 离子的浓度高于一定值时,锂表面能形成一层保护膜,呈动态稳定状态。这才使其有可能成为一种电化学装置,这种装置需要一套辅助系统,比较复杂。

7.1.2 分类

锂电池是以金属锂为负极的一类电池的统称,是整个化学电源中的一个重要分支。锂电池有许多种类。

从可否充电来分,分为一次锂电池和二次锂电池。一次锂电池,又称锂原电池,即电池放电后不能用充电方法使它复原的一类电池。换言之,这种电池只能使用一次,放电后的电池只能被遗弃,如 $Li/SOCl_2$ 电池、Li/SO_2、Li/MnO_2、$Li/(CF_x)_n$ 等。二次锂电池,又称锂蓄电池。即电池放电后可用充电方法使活性物质复原以后能够再放电,且充放电能反复多次循环使用的一类电池,代表性的锂二次电池为 Li/S 电池。

由于金属锂与水能发生剧烈的化学反应,所以一般锂电池的电解液均采用非水溶剂作为电解液的溶剂。这种溶剂如是有机溶剂,也就是溶质溶于有机溶剂里,成为有机电解液,由此构成的锂电池称为有机电解质锂电池。如溶质溶于无机溶剂中,成为无机电解液,构成的锂电池称为无机电解质锂电池。有机溶剂有许多种,最常用的是碳酸丙烯酯(PC)、碳酸乙烯酯(EC)、γ-丁内酯(γ-BL)、四氢呋喃(THF)、乙腈(AN)、二甲氧基乙烷(DME)、二氧戊环(1,3-DOL)等。溶质最常用的是高氯酸锂($LiClO_4$)、六氟磷酸锂($LiPF_6$)、六氟砷酸锂($LiAsF_6$)等。最常见的一次锂有机电解质电池有 $Li/LiClO_4$:$PC+DME/MnO_2$、$Li/LiClO_4$:$1,3-DOL/CuO$、$Li/LiBF_4$:$PC+DME/(CF_x)_n$ 等。无机溶剂也有许多种。如亚硫酰氯($SOCl_2$)、硫酰氯(SO_2Cl_2)等。最常见的电池有 $Li/LiAlCl_4$:$SOCl_2/C$、$Li/LiAlCl_4$:SO_2Cl_2/C。

根据所采用的正极活性物质的类型来分,又可以分为可溶正极锂电池、固体正极锂电池。① 可溶正极锂电池,大多采用液体或气体正极活性材料,这些正极活性物质溶于电解液或者作为电解液溶剂。典型的如 Li/SO_2、$Li/SOCl_2$ 电池等。② 固体正极锂电池,是指采用固体物质作为正极活性物质。由于正极活性物质是固体,其功率输出能力显然不及前者;另外这类电池往往不产生内压,所以电池密封要求比可溶正极锂电池低。日前大量生产的扣式或圆柱形 Li/MnO_2、$Li/(CF_x)_n$ 电池均属于这一种。固体正极锂电池中如果电解质采用固体电解质,则称固体电解质锂电池。这种电池电解质均为固体,所以它的储存寿命特别长,甚至超过 20 年。但是其功率输出都较小,其电流密度往往只能是微安级的。典型的如在心脏起搏器上得到应用的 Li/I_2 电池。表 7.1 列出了常见的锂电池的分类情况。

7.1.3 特性

1. 比能量高

评价电池的优劣有指标,而这些指标的重要性对不同的用户则不尽相同。但是,比能量的大小,则对所有用户的要求而言却是一致的。也就是说,希望电池的质量比能量、体积比能量、质量比功率和体积比功率越高越好。从图 7.1 可以看到,一次锂电池从比能量看,比锌银、锌镍、镉镍、铅酸、锌锰、碱性锌锰电池等优越得多。但是,从比功率上看,虽然它比锌

表 7.1 锂电池按所采用的正极活性物质类型的分类

电池分类	典型电解液	功率	容量/(A·h)	工作温度范围/℃	储存寿命/a	典型正极	额定电压/V	主要性能
可溶正极(液体和气体)	有机或无机	中到大功率,W	0.5~20 000	−55~70	5~15	SO_2 $SOCl_2$ SO_2Cl_2	3.0 3.6 3.9	高比能量,大功率输出,能低温工作,储存寿命长
固体正极	有机	低到中功率,mW	0.03~20	−40~50	5~8	V_2O_3 CrO_x Ag_2CrO_4 MnO_2 $(CF_x)_n$ S CuS FeS_2 FeS CuO $Bi_2Pb_2O_3$ Bi_2O_3	3.3 3.3 3.1 3.0 2.6 2.2 1.7 1.6 1.5 1.5 1.5 1.5	能为中等功率要求进行高能量输出,电池不产生内压
	固态	功率很低,μW	0.03~0.5	0~100	10~25	PbI_2/PbS $PbI_2(P_2VP)$	1.9 2.8	储存寿命很长,固态不漏液,能长期以微安放电

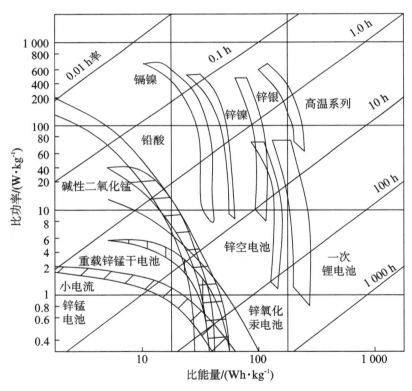

图 7.1 各种电池系列的工作特性

锰电池等好,但它的大倍率放电特性不及镉镍和锌银系列电池。

2. 电池的湿荷电储存寿命

一般而言,一次电池的湿荷电储存寿命优于二次电池。大多数一次电池能在较高温度下储存几年,仍保持大部分容量,而锂电池由于湿荷电储存期间在锂的表面形成一层钝化层膜而阻止了金属锂的进一步腐蚀,从而使锂电池有更长的湿荷电储存寿命(图 7.2)。

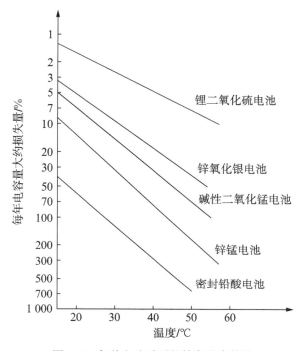

图 7.2 各种电池系列的储存寿命特性

3. 放电电压平坦

许多电子线路要求电池放电电压平坦。锂电池,如 Li/SO_2 电池,则有着极平坦的放电电压曲线(图 7.3)。特别是如 $Li/SOCl_2$ 等体系,在允许使用范围内,其电压精度几乎可以与稳压电源相媲美。

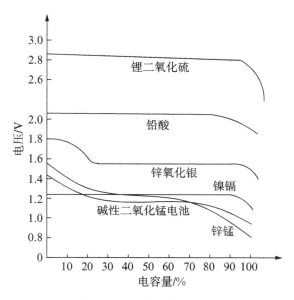

图 7.3 一次和二次电池放电曲线

4. 宽广的温度使用范围

大部分化学电源都是采用水溶液作为电解质溶液,所以它们的低温性能往往受到这些水溶液冰点的影响。从图 7.4 和图 7.5 可以看到,当温度下降时,电池性能均有不同程度下降。当温度过低时锂电池性能虽然下降更快,但相比传统的二次电池,如铅酸、镉镍电池,比能量优势仍然明显。同时锂电池通常能在 $-40 \sim 60℃$ 的温度范围内正常工作,个别锂电池(如 Li/CuO 等)可在 150℃ 高温环境下正常工作;特殊设计的 $Li/SOCl_2$ 电池可在 $-80℃$ 低温下正常工作。

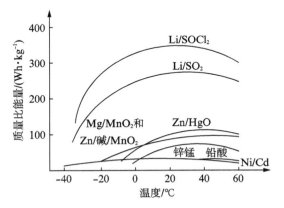

图 7.4 温度对一次和二次电池质量
比能量的影响(D 型电池)

图 7.5 温度对一次和二次电池的体积
比能量的影响(D 型电池)

5. 价格

到目前为止,世界上还没有一种电池体系,其价格性能比是真正理想的。而先进的电池体系相对来讲,价格都还比较高。有些是属于材料本身价格昂贵,如 Zn/Ag_2O、$Li/(CF_x)_n$。有些则是工艺上特别复杂,成本不能大幅度下降,如 Li/S、Li/I_2、$Li/SOCl_2$ 等。锂固体电解质电池成本是最高的,锂可溶正极电池成本也比较高。

6. 锂电池的电压滞后和安全性

各种锂电池从目前情况来看,都存在着电压滞后和安全性两大问题,只是不同的体系表现的程度不同。

1) 电压滞后

电池放电初期,电压低于额定值下限,随着放电时间的延长,电压渐渐回升,这种现象称为电压滞后现象。电压滞后在电池长时间高温储存后进行放电时都可以观察到,特别是大电流低温放电时,这种现象更为突出,而这种现象尤以 $Li/SOCl_2$ 电池最明显。通常,这种滞后程度与储存温度和储存时间成正比。

这种电压滞后的原因通常认为是在锂电极上形成了一层保护膜。这层保护膜防止了电池的进一步自放电,使电池有较好的湿储存性能。但另一方面也就造成了电压的滞后。以 $Li/SOCl_2$ 电池为例,Li 与 $SOCl_2$ 接触,会发生如下反应:

$$4Li + 2SOCl_2 \longrightarrow 4LiCl + SO_2 + S \tag{7.1}$$

在 Li 表面上形成一层较致密的 LiCl 膜,即保护膜。膜的晶粒大小,随储存温度和时间的增加而增大。一般电压在 1 min 内都能回复到峰值电压的 95%。电池容量和平稳工作电压不受电压滞后的影响。

2）电池的安全性

在某些过高负荷或短路等滥用条件下,某些有机电解质锂电池及非水无机电解质锂电池都有可能发生燃烧或爆炸。这是锂电池高能量密度特性带来的一大隐患。通常认为爆炸是由于反应发生的热使电池温度升高,而温度升高又促使电池反应加速进行,温度往往在局部超过锂的熔点 $180^\circ\mathrm{C}$。溶剂又很易挥发,溶剂蒸气以及反应产生的气体形成很高的压力,对于 $Li/SOCl_2$ 正极含有炭微粒,正极放电产物又有硫,这些物质在高温时都生成气体。某些无机盐如 $LiClO_4$,本身也有爆炸性,隔膜也可能分解,这些都使电池具有爆炸的可能性。

7.1.4 用途

锂电池由于具有最高的比能量,放电电压平坦,使用温度范围宽广,湿荷电搁置寿命长等诸多优点,已在军事工业和日常生活中得到了大量的应用。

综合锂一次电池和锂二次电池的应用,大致可分为三个类型,即一般消费型应用、工业及医学上的应用和军事及宇航上的应用。① 消费型应用,大约可分为三大类,即家庭用品类、手提型产品类和汽车用品类。家庭用品类中最常用的产品是用作电唱机、电话、闹钟、手表、照相机、汽车收音机等的电源。② 工业及医学上的应用可分成四种,即安全用、高温测试用、测量用和其他方面。主要产品可应用于如防盗设备、大百货公司和工厂的电路控制、打字机、油井钻探设备、心脏起搏器等(表 7.2)。③ 军事上和宇航上的用途可分为存储器后备电池、电源供应等。这类电池和与电池相关联的设备经储存后,一旦再使用,可保证电源供应。目前产品大致在图像、无线电通信、军火和测量等诸领域里应用(表 7.3)。

表 7.2 锂电池的消费品应用、工业应用和医学应用

| 类别 | 消 费 品 | | | 工业应用和医学应用 | | | |
	家庭用品	手提型产品	汽车用品	安全	测量	高温测量	其他
CMOS 存储器后备能源	电唱机频率调整器、电视机参量放大器。洗衣机、家庭设备、暖气调节器、电话机、自动拨号器、磁带录像机		汽车收音机、警报器、各种仪表	大百货商店和工厂电路控制	传感器、测量元件	测热仪、炉窑	车船飞机上计算机和录音机遥控、工序调整、机器人、捣碎(冲印、打印)机、公共电话、打字机
电源供应	闹钟;智能电表、智能水表、智能燃气表	电视机遥控器、自行车转速表、电话、手表、计算机、液晶显示游戏机、照相机、摄像机、闪光灯;钓鱼装置、海事卫星电话	启门系统、引擎、轮胎等的敏感元件	塔格(TAG)、厂防盗器、定位及验定敏感元件——浮标、安全闪灯、公路用发射机	方位确定搜索仪、探测器、X 射线计(核电站)遥测仪	油井钻探、地质学、太空	电脑钟、心脏起搏器、其他医学器材
储存寿命能源		救生衣		急难定位发射机信标、安全闪灯、救生衣			

表 7.3　锂电池在军事上和宇航上的应用举例

类别	观测	无线电通信	军火	测量	控制和其他
CMOS 存储器后备能源		无线电编(译)码机	飞弹		惯性导航系统、炮兵用计算机、雷达计算机、车船飞机上记录器、训练用飞弹
电源供应	红外夜视仪、观测仪三脚架、遥测仪	数字通信、终端信标、GPS 定位仪、无线电发射、转播机、车船飞机内部通话设备、扬声器放大器、高频投弹发射器、通信保密设备	地雷杀伤系统、导弹地面系统电源	核射线测量器、瓦斯表、浮标、敌军入侵侦测器	战术空军控制系统终端设备、干扰台、手提雷达、飞机导航信标目标定位器和弹道计算；短周期卫星电源系统；运载火箭系统
储存寿命能源		急难定位发射机信标	反坦克飞弹触发器、地雷、水雷、弹药、火箭		飞机座舱抛射器、安全闪光信号灯；深空探测器

7.2　锂电池结构组成

与其他化学电池一样,锂电池的主要组成也是负极、正极和电解液三大部分。现分述如下。

7.2.1　锂负极

金属锂具有最高的电化学当量和最负的电极电位。表 7.4 列出了一些电池常用负极材料的性能。从表中可以看出,金属锂具有最高的电化学当量和最负的电极反应,但在体积比能量上不及铝和镁等金属。而锂不单有良好的电化学性质,其机械性能都比较好、延展性好等均更适合作为一种负极材料。

表 7.4　负极材料的性能

负极材料	相对原子质量	25℃下的标准电位/V	密度/$(g \cdot cm^{-3})$	熔点/℃	化合价变化	电化学当量 /$(A \cdot h \cdot g^{-1})$	电化学当量 /$(g \cdot A \cdot h^{-1})$	电化学当量 /$(A \cdot h \cdot cm^{-3})$
Li	6.94	−3.05	0.534	180	1	3.86	0.259	2.08
Na	23.0	−2.7	0.97	97.8	1	1.16	0.858	1.12
Mg	24.3	−2.4	1.74	650	2	2.20	0.454	3.8
Al	26.9	−1.7	2.7	659	3	2.98	0.335	8.1
Ca	40.1	−2.87	1.54	851	2	1.34	0.748	2.06
Fe	55.8	−0.44	7.85	1 528	2	0.96	1.04	7.5
Mn	65.4	−0.76	7.1	419	2	0.82	1.22	5.8
Cd	112	−0.40	8.65	321	2	0.48	2.10	4.1
Pb	207	−0.13	11.3	327	2	0.26	3.87	2.9

锂是所有金属元素中最轻的一种,从表 7.5 中可以看到,其密度只有水的一半。所以锂丢在水中,将浮在水的表面,并与水发生剧烈反应,生成 LiOH 和 H_2[式(7.2)],放出大量热。锂量多时有发生剧烈燃烧和爆炸的危险。

$$2Li + 2H_2O \longrightarrow 2LiOH + H_2 \uparrow \tag{7.2}$$

表 7.5 锂的物理性能

熔点/℃	180.5
沸点/℃	1 347
密度/($g \cdot cm^{-3}$)	0.534(25℃)
比热/($J \cdot g^{-1} \cdot ℃^{-1}$)	3.565(25℃)
比电阻/($\Omega \cdot cm$)	9.35×10^{-6}(20℃)
硬度(莫氏硬度)	0.6

锂是银白色的金属。在潮湿空气中很快失去光泽。一般在 80% 相对湿度的大气中只需 $1 \sim 2$ s 时间即可被一层 LiOH 所覆盖。所以锂电池主要生产过程必须保持十分干燥,通常要 2% 以下相对湿度环境才能符合要求。这无疑给电池的制造带来了困难,增加了电池生产的成本。锂软而有延展性,易于挤压成薄带、薄片,给锂电极制造带来了方便。此外,锂是良导体,所以电池中锂的利用率往往高达 90% 以上。通常锂电池制造对锂的纯度要求很高,一般达 99.9%。其中杂质含量 $Na \leqslant 0.015\%$,$K \leqslant 0.01\%$,$Ca \leqslant 0.06\%$。这些杂质影响着电池的自放电和放电特性。

7.2.2 正极

作为锂电池的正极物质,种类繁多。对这些正极物质提出的最重要的要求是与锂匹配,可以提供一个较高电压的电极对。正极物质有较高的比能量和对电解液有相容性,也就是说,在电解液中基本上不起反应或不溶解。这些正极物质最好应当是导电的,但它们往往导电性不够,不得不在固体正极物质中添加一定量的导电添加剂,如石墨等,然后将这种混合物涂覆到导电骨架上做成正极。当然,这些正极物质应当成本低,尽可能没有毒性、易燃性等。表 7.6 列出了一些锂电池的正极材料性质。最常用的是 SO_2、$SOCl_2$、$(CF_x)_n$、FeS_2 等。

7.2.3 电解液

锂与水会发生剧烈的化学反应,甚至燃烧爆炸。所以,一般而言,一次或二次锂电池的电解液均采用非水电解液。如前所述,非水电解液有有机和无机之分。无机电解液,如 $LiAlCl_4$ 的亚硫酰氯($SOCl_2$)溶液和 $LiAlCl_4$ 的硫酰氯(SO_2Cl_2)溶液,这种电解液中的无机溶剂既是电解液中的溶剂,它们又充当正极活性物质。而有机电解液则是一次锂电池中最通用的电解液。电池对电解液中溶剂的最重要的要求是:

① 不与锂和正极发生反应。某些电解液会与锂发生作用,产生一层保护膜,阻止了进一步的腐蚀反应,这种电解液也是可以接受的。

② 这种电解液应有高的离子传导。

表 7.6　锂电池的正极材料

正极材料	相对分子质量	化合价变化	密度/(g·cm⁻³)	电化学当量 /(A·h·g⁻¹)	/(A·h·cm⁻³)	/(g·A·h⁻¹)	电池反应（与锂负极）	单体电池理论值 电压/V	比能量/(Wh·kg⁻¹)
SO_2	64	1	1.37	0.419	—	2.39	$2Li+2SO_2 \longrightarrow Li_2S_2O_4$	3.1	1 170
$SOCl_2$	119	2	1.63	0.450	—	2.22	$4Li+2SOCl_2 \longrightarrow 4LiCl+S+SO_2$	3.65	1 470
SO_2Cl_2	135	2	1.66	0.397	—	2.52	$2Li+SO_2Cl_2 \longrightarrow 2LiCl+SO_2$	3.91	1 405
S	32	2	2.03	2.67	5.42	0.38	$2Li+S \longrightarrow Li_2S$	2.18	2 572
Bi_2O_3	466	6	8.5	0.35	2.97	2.86	$6Li+Bi_2O_3 \longrightarrow 3Li_2O+2Bi$	2.0	640
$Bi_2Pb_2O_5$	912	10	9.0	0.29	2.64	3.41	$10Li+Bi_2Pb_2O_5 \longrightarrow 5Li_2O+2Bi+2Pb$	2.0	544
$(CF_x)_n$	$(31)_n$	1	2.7	0.86	2.32	1.16	$nLi+(CF)_n \longrightarrow nLiF+nC$	3.1	2 180
$CuCl_2$	134.5	2	3.1	0.40	1.22	2.50	$2Li+CuCl_2 \longrightarrow 2LiCl+Cu$	3.1	1 125
CuF_2	101.6	2	2.9	0.53	1.52	1.87	$2Li+CuF_2 \longrightarrow 2LiF+Cu$	3.54	1 650
CuO	79.6	2	6.4	0.67	4.26	1.49	$2Li+CuO \longrightarrow Li_2O+Cu$	2.24	1 280
CuS	95.6	2	4.6	0.56	2.57	1.79	$2Li+CuS \longrightarrow Li_2S+Cu$	2.15	1 050
FeS	87.9	2	4.8	0.61	2.95	1.64	$2Li+FeS \longrightarrow Li_2S+Fe$	1.75	920
FeS_2	119.9	4	4.9	0.89	4.35	1.12	$4Li+FeS_2 \longrightarrow 2Li_2S+Fe$	1.8	1 304
MnO_2	86.9	1	5.0	0.31	1.54	3.22	$Li+Mn^{IV}O_2 \longrightarrow Mn^{III}O_2(Li^+)$	3.5	1 005
MoO_3	143	1	4.5	0.19	0.84	5.26	$6Li+2MoO_3 \longrightarrow 3Li_2O+Mo_2O_3$	2.9	525
Ni_2S_2	240	4	—	0.47	—	2.12	$4Li+Ni_2S_2 \longrightarrow 2Li_2S+2Ni$	1.8	755
$AgCl$	143.3	1	5.6	0.19	1.04	5.26	$Li+AgCl \longrightarrow LiCl+Ag$	2.85	515
Ag_2CrO_4	331.8	2	5.6	0.16	0.90	6.25	$2Li+Ag_2CrO_4 \longrightarrow Li_2CrO_4+2Ag$	3.35	515
V_2O_5	181.9	1	3.6	0.15	0.53	6.66	$Li+V_2O_5 \longrightarrow LiV_2O_5$	3.4	490

③ 在宽广的温度范围内电解液呈液态,黏度较低。

④ 合适的物理化学性能,如低蒸气压力,稳定性好,无毒性,不易燃烧等。

表 7.7 列出了一些主要有机溶剂的性质,最常用的是 AN、γ-BL、1,2-DME、PC 和 THF。有机溶剂的导电性均很差,一般加入适量的锂盐以达到足够的离子传导。这些锂盐有 LiCl、LiClO$_4$、LiBr、LiAlCl$_4$、LiGaCl$_4$、LiBF$_4$、LiAsF$_6$、LiPF$_6$、LiTFSI 等。通常对溶质的要求是,它能溶于溶剂中并能离解形成导电电解液。当然,它与溶剂形成的电解液必须是与活性物质惰性的。但是这种非水电解质溶液的导电性能远远不及含水电解质如 KOH、NaOH 的导电性。前者往往不及后者的 1/10。这从一个方面说明,这些锂电池的输出功率受到了很大的影响。也就是一般的锂电池其比功率均不很理想,而且其电导随着温度的下降而下降。

表 7.7　锂电池有机电解液溶剂的性能

溶　剂	化学式	沸点 (10^5 Pa 下)/℃	熔点/℃	闪点/℃	密度(25℃下)/ (g·cm^{-3})	1 mol·dm^{-3} LiClO$_4$ 时电导率/ (S·cm^{-1})
乙腈(AN)	CH$_3$C≡N	81	−45	5	0.78	3.6×10^{-2}
γ-丁内酯(BL)	(CH$_2$)$_3$OC=O	204	−44	99	1.1	1.1×10^{-2}
二甲亚砜(DMSO)	(CH$_3$)$_2$S=O	189	18.5	95	1.1	1.4×10^{-2}
亚硫酸二甲酯(DMSI)	(CH$_3$O)$_2$S=O	126	−141	—	1.2	—
1,2-二甲氧基乙烷(DME)	CH$_3$O(CH$_2$)$_2$OCH$_3$	83	−60	1	0.87	—
二氧戊烷(1,3-DOL)	(CH$_2$O)$_2$CH$_2$	75	−26	2	1.07	—
甲酸甲酯(MF)	CH$_3$OCHO	32	−100	−19	0.98	3.2×10^{-2}
硝基甲烷(NM)	CH$_3$NO$_2$	101	−29	35	1.13	1.0×10^{-2}
碳酸丙烯酯(PC)	CH$_3$(CH$_2$OCHO)C=O	242	−49	135	1.2	7.3×10^{-2}
四氢呋喃(THF)	(CH$_2$)$_4$O	65	−109	−15	0.89	—

7.3　Li/MnO$_2$ 电池

锂二氧化锰电池是第一个商品化的锂/固体正极体系电池,也是至今应用最广泛的锂电池。该电池体系的特点是电池电压高(3 V),质量比能量和体积比能量可分别达到 230 W·h·kg^{-1} 和 535 W·h·dm^{-3},在宽温度范围内性能良好,储存寿命长,价格低廉。

7.3.1　电池反应

Li/MnO$_2$ 电池以 Li 为负极,电解质为 LiClO$_4$ 溶解于 PC 和 1,2-DME 混合有机溶剂中。MnO$_2$ 经过专门热处理,作为正极活性物质。MnO$_2$ 按来源分有化学 MnO$_2$ 和电解 MnO$_2$。MnO$_2$ 主要有 α、β 和 γ 三种晶型。电池工业中常用电解 MnO$_2$。

Li/MnO$_2$ 电池反应,正极反应不属于传统意义上的氧化还原反应,而是一种锂离子的嵌入反应。

负极反应

$$xLi \longrightarrow xLi^+ + xe \qquad (7.3)$$

正极反应

$$MnO_2 + xLi^+ + e \longrightarrow Li_xMnO_2 \qquad (7.4)$$

总反应

$$xLi + MnO_2 \longrightarrow Li_xMnO_2 \qquad (7.5)$$

反应结果是,Li^+ 进入 MnO_2 晶格中,形成 Li_xMnO_2。

7.3.2 结构

Li/MnO_2 电化学体系可以按照不同的设计和结构来制造,以满足不同用途对小型化、轻量化移动电源的需求。

低倍率电池使用压成式 MnO_2 粉末。常用黏结剂是聚四氟乙烯。高倍率扣式或圆柱形 Li/MnO_2 电池,其正极是在骨架上涂膏做成薄型电极,然后正负极卷绕成电极对放入外壳而成。图 7.6 为圆柱形和扣式 Li/MnO_2 电池的剖视图。图 7.6(a) 是一种大型高倍率电池,它带有安全阀,在电流输出过大或其他滥用时,安全阀起作用,气体从排气孔外泄,防止了危险的进一步发展。图 7.6(b) 是一种典型的扣式 Li/MnO_2 结构。

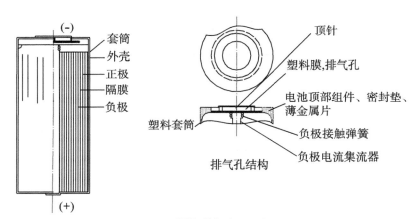

(a) 圆柱形电池(2N型)

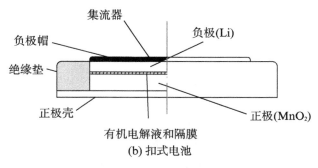

(b) 扣式电池

图 7.6 Li/MnO_2 电池的剖视图

7.3.3 性能

Li/MnO₂ 电池开路电压 3.5 V,额定电压 3.0 V。电池大部分容量耗尽时的终止电压为 2.0 V。20℃时,各种不同结构的 Li/MnO₂ 电池的放电曲线如图 7.7 所示。从图 7.7 可知,放电曲线比较平稳,大致平稳在 3 V 左右。Li/MnO₂ 电池能在－20～55℃的宽广温度范围内工作。

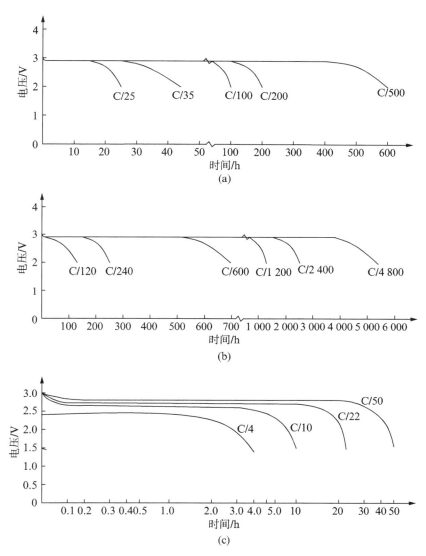

图 7.7 Li/MnO₂ 电池典型放电曲线
(a) 高倍率扣式电池;(b) 低倍率扣式电池;(c) 圆柱电池

各种不同温度下的放电曲线如图 7.8 所示。其性能与温度和放电率的关系如图 7.9 所示。

从图 7.9 可知,较低倍率的 Li/MnO₂ 电池性能的确十分优良。即使倍率高一些,电池放出的容量百分比也较高。该电池储存性能也很好。从图 7.10 可以看出,在 20℃下储存 3 年,容量损失小于 5%。影响储存寿命的最大因素是电池封口处溶剂的渗漏总量。Li/MnO₂ 单体和组合电池的性能见表 7.8。

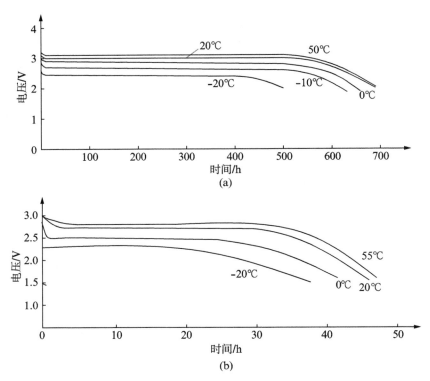

图 7.8 Li/MnO₂电池在不同温度下的放电曲线

(a) 以 C/600 率放电的低倍率扣式电池;(b) C/50 率放电的圆柱电池

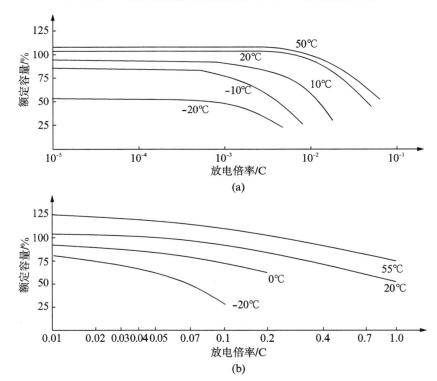

图 7.9 Li/MnO₂电池性能与温度和放电率(至终压 2 V)的函数关系

(a) 低倍率扣式电池;(b) 圆柱电池

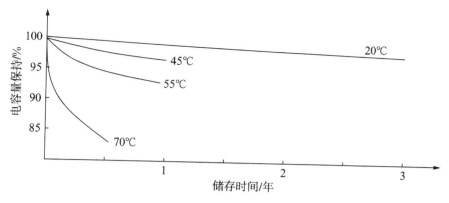

图 7.10 Li/MnO₂ 电池的储存寿命

表 7.8 Li/MnO₂电池单体和组合电池的性能

国际电工委员会 (IEC)型号	额定容量/ (mA·h)*	质量/g	尺 寸			比能量⁺	
			直径/mm	高/mm	体积/cm³	/(W·h·kg⁻¹)	/(W·h·dm⁻³)
低倍率扣式电池							
CR-1142	65	1.7	11.5	4.2	0.44	105	410
CR-1220	30	0.8	12.5	2.0	0.25	105	335
CR-1620	50	1.2	16.0	2.0	0.40	116	350
CR-2016	50	2.0	20.0	1.6	0.50	70	280
CR-2020	90	2.3	20.0	2.0	0.63	110	400
CR-2025	120	2.5	20.0	2.5	0.79	135	425
CR-2420	120	3.0	24.5	2.0	0.94	112	360
CR-2030	170	3.0	20.0	3.2	1.00	160	475
CR-2325	160	3.8	23.0	2.5	1.04	120	430
CR-2430	200	4.0	24.5	3.0	1.41	140	400
CR-WM	3 500	42.0	45.0	12.0	19.08	230	515
高倍率扣式电池							
CR-2016H	50	2.0	20.0	1.6	0.50	70	280
CR-2025H	100	2.4	20.0	2.5	0.79	115	355
CR-2420H	100	3.0	24.5	2.0	0.94	94	298
CR-2032H	130	2.8	20.0	3.2	1.00	130	365
CR-2430H	160	4.0	24.5	3.0	1.41	112	320
圆柱电池							
CR-772	30	1.0	7.9	7.2	0.35	84	240
CR1/3N	160	3.0	11.6	10.8	1.14	150	395
CR1/2AA	500	8.5	14.5	25.0	4.13	165	340

续表

国际电工委员会 (IEC)型号	额定容量/ (mA·h)*	质量/g	尺 寸			比能量+	
			直径/mm	高/mm	体积/cm³	/(W·h·kg⁻¹)	/(W·h·dm⁻³)
圆柱电池							
CR-2N	1 000	13.0	12.0	60.0	6.78	215	415
CR-2/3A	1 100	15.0	16.4	32.8	7.25	205	425
组合电池							
2-CR-1/3N (两只串联单体)	160	8.8	$\phi 13.0 \times 25.2$		3.3	100	275
扁平式电池组 (两只并联单体)	1 200	34	$94 \times 77 \times 4.5$		30.2	210	238
印刷电路板安装 的方形电池(3 V)	200	12	$27.2 \times 28 \times 5.08$		3.8	50	160

* 低倍率电池以 C/200 率放电；高倍率和圆柱电池以 C/30 率放电。

\+ 以每只电池 2.8 V 平均电压为基准的比能量。

7.3.4 用途

综上所述，Li/MnO_2 电池有较高的体积比能量，较好的高倍率放电性能，比传统锌锰电池好的湿储存寿命，比锌银电池低的价格，种种优点决定了它必然会有较大的应用面。目前其已大量应用于计算机 CMOS 存储器、电子计算器、照相闪光灯、电动玩具中作电源。也可用作程序记忆中的失电保护电源、电话机、智能化煤气表、水表测量装置、各种自动化办公用具、电子钥匙、记忆卡、各种录像摄影机、医学设备、汽车计时器、电子琴等电源。

7.4 Li/I₂ 电池

Li/I₂ 电池是目前世界上常温固体电解质电池中最成熟的品种之一。

7.4.1 电池反应

电池的负极是 Li，正极是碘的多相电极，即碘经添加有机材料（如含吡啶的聚合物）做成的导电体。最常用的添加剂是聚-2-乙烯基吡啶（P_2VP），作用是增强碘的导电性。电池的反应方程式是：

负极反应：

$$2Li \longrightarrow 2Li^+ + 2e \tag{7.6}$$

正极反应：

$$2Li^+ + P_2VP \cdot nI_2 + 2e \longrightarrow P_2VP(n-1)I_2 + 2LiI \tag{7.7}$$

总反应：

$$2Li + P_2VP \cdot nI_2 \longrightarrow P_2VP \cdot (n-1)I_2 + 2LiI \tag{7.8}$$

放电完后,Li 和 I_2 被消耗。反应产物中的 LiI 在两种反应物的中间区域内沉淀,这种沉淀可作为电池隔膜。在放电过程中,LiI 变厚,电池内阻也加大。因此,电池放电电压不可能绝对平坦,心脏起搏器电池正需要有这种电压逐渐下降的预警标志。

电池放电电流密度一般为 $1\sim2\ \mu A \cdot cm^{-2}$,体积比能量可达 $1\,000\ W \cdot h \cdot dm^{-3}$。该电池体系的特点包括自放电率小、可靠性高和放电时不析气。同时电池储存寿命为 10 年或 10 年以上,电池可以相当多次地间断使用,而无严重影响。

7.4.2 结构

目前已经生产出了多种一般类型的 Li/I_2 电池,其中有的用于医疗方面,如心脏起搏器。图 7.11 表示出了早在 20 世纪 80 年代推出的第一种款式的电池。该电池采用中性外壳设计,外壳为不锈钢制成,内壁衬有塑料绝缘体。锂负极形成一个密封袋紧贴于塑料内,袋内用于填充 $I_2(P_2VP)$ 去极剂。该电池结构中消除了外壳与碘去极剂的任何接触。

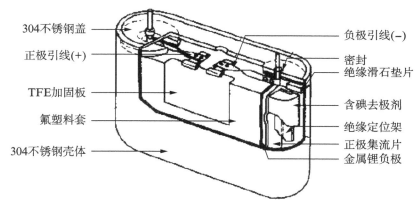

图 7.11 802/35 型 Li/I_2 电池

在第二种结构的电池中,外壳尺寸与第一种类似,该电池的截面如图 7.12 所示。该电池中央为锂负极,用不锈钢壳作为电池的正极集流体,I_2 和 P_2VP 为片状,压入中心负极组合件中,随后整个部件塞入电池 Ni 外壳中。负极集流体通过玻璃金属密封绝缘子引出。

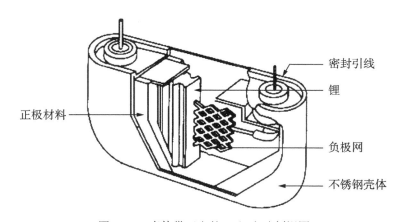

图 7.12 壳体带正电的 Li/I_2 电池剖视图

非医疗电池也有制成扣式或圆柱形的,用于非医疗目的,如数字手表的电源、计算机存储器的备用电源等。

7.4.3 性能

大多数的 Li/I$_2$ 电池用于心脏起搏器上,所以使用温度是 37℃,但在非医疗用电池中,温度是有一定影响的。低温时 LiI 和去极剂的电导率下降,所以低温放电性能下降,在较高温度时自放电速率将增大。所以一般 Li/I$_2$ 电池最佳工作温度范围在室温和 40℃ 之间。

Li/I$_2$ 电池的开路电压为 2.8 V,电池内阻比较高,主要由放电产物 LiI 的多少决定。在整个放电过程中内阻不断增大,所以电池即使在中等电流放电时,放电曲线也是不平坦的,如图 7.13 所示。电池在整个放电周期内,内阻由 100 Ω 变到 800 Ω,而相应的 lgR 与 Q 呈直线关系。

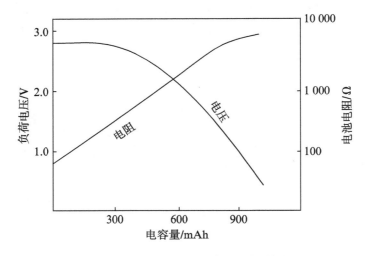

图 7.13　37℃,以 100 μA 电流放电的涂覆负极 Li/I$_2$
电池的电压、电阻与容量的关系曲线

图 7.14 为 CRC800 系列电池典型的放电曲线及电池内阻的变化。典型的商品化 Li/I$_2$ 电池性能见表 7.9。

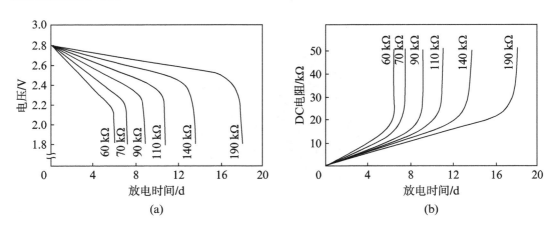

图 7.14　800 系列 Li/I$_2$ 电池
(a) 典型放电曲线;(b) 放电过程中电池内阻的变化

表 7.9 典型商品化 Li/I₂ 电池的厂家规范

制造 * 厂家	型号	制造厂家额定的容量/(A·h)	质量/g	体积/cm³	尺寸(长×宽×高)/mm	比 能 量	
						/(W·h·cm⁻³)	/(W·h·g⁻¹)
CRC⁺	802/35	3.8	54	18.7	45×13.5×35	0.53	0.186
CRC⁺	901/23	2.5	26	7.4	45×9.3×23	0.92	0.254
WGL⁺	761/15	1.3	17	4.6	45×8.6×15	0.71	0.202
WGL⁺	761/23	2.5	27	7.6	45×8.6×23	0.82	0.245
WGL⁺	762M	2.5	29	8.2	45×8.0×28	0.82	0.228
CRC‡	S23P-15	0.12	3.8	0.83	23d×1.8	0.39	0.084
CRC	S27P-15	0.17	5.3	1.0	27d×1.8	0.46	0.085
CRC‡	S19P-20	0.12	2.8	0.57	19d×2.0	0.57	0.114
CRC	LID	14	140	38.6	33d×57	0.94	0.265
CRC	2 736	0.43	7.1	2.2	27d×3.8	0.59	0.168
CRC	3 740	0.870	17.8	4.2	37d×4.0	0.56	0.130

* CRC 为 Catalyst Research Corp., Baltimore, Md；WGL 为 Wilson Greatbatch, Ltd., Clarence, N.Y.。
＋医疗用电池；‡扣式电池。

7.4.4 用途

Li/I₂ 电池主要用于医疗器械（如心脏起搏器中），制造规模不大。其特点是高可靠。其价格十分昂贵，单体电池价格大多在 75～125 美元之间。Li/I₂ 电池也有做成扣式和圆柱形的，用于非医疗目的，如数字手表的电源、计算机存储器的备用电源等。

7.5 Li/SO₂ 电池

SO₂ 作为正极活性物质的锂电池，是在 1971 年获得专利的。Li/SO₂ 电池是一次锂电池中较为先进的一种体系。最主要的特点是它可以较高功率输出，而且低温性能较好。其比能量大抵可达 280 W·h·kg⁻¹ 和 440 W·h·dm⁻³。Li/SO₂ 电池主要应用在军事场合。

7.5.1 电池反应

Li/SO₂ 电池以 Li 作负极，采用多孔的碳电极作为正极，SO₂ 作为正极活性物质。电解液大多采用二氧化硫和有机溶剂（乙腈）与可溶溴化锂组成的非水电解液。SO₂ 以液态加到电解质溶液中，电池的反应方程式如下：

$$2Li + 2SO_2 \longrightarrow Li_2S_2O_4（连二亚硫酸锂）\qquad(7.9)$$

7.5.2 结构

Li/SO₂ 电池一般设计成如图 7.15 所示的圆柱形构型。极组采用卷绕式结构，它是把金属锂箔、一层微孔聚丙烯隔膜、正极（聚四氟乙烯与炭黑的混合物压在铝网骨架上形成）和第二层隔膜螺旋形卷绕而成的。然后将卷绕极组插入镀镍钢壳内,再将正极极耳和负极极耳分别焊接到玻璃/金属绝缘子的中央棒及电池内壁上,以实现电连接。将壳体与顶盖焊接在一起后,注入含有去极剂 SO_2 的电解质。当内部压力达到过大值,即达到典型值 2.41 MPa 时,安全阀会打开排气。这种高的内部压力是由诸如过热或短路等不适当滥用引起的,排气可以防止电池本身的破裂或爆炸。十分重要的是要采用一种耐腐蚀玻璃或用保护性涂层涂覆玻璃,以防止在电池壳体与玻璃-金属绝缘子中央棒之间存在电位差时玻璃的锂化发生。

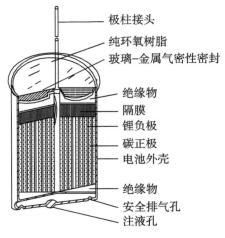

极柱接头
纯环氧树脂
玻璃-金属气密性密封
绝缘物
隔膜
锂负极
碳正极
电池外壳
绝缘物
安全排气孔
注液孔

图 7.15 Li/SO_2 电池

简单介绍一种 Li/SO_2 电池的制造工艺,将碳糊涂在展延的铝网上作正极,尺寸为 3.8 cm×16.5 cm,碳层厚度为 0.9 mm,孔率为 80%。负极是将厚 0.38 mm 的锂片压在铜网上。隔膜为多孔聚丙烯膜。采用卷式结构,电极活性面积为 126 cm^2,电池质量 41 g,体积 22.6 cm^3,液态 SO_2、溶剂乙腈、碳酸丙烯酯的体积比为 23∶10∶3,LiBr 浓度为 1.8 mol·dm^{-3}。

7.5.3 性能

Li/SO_2 电池 25℃ 下开路电压为 2.91 V。通常典型的工作电压范围在 2.7~2.9 V 之间。大多数电池容量耗尽时的终止电压为 2 V。

这种电池之所以能以较高功率输出,主要是由于它的电解液有较高的电导。图 7.16 表示了电解液在不同温度下的电导值。由于液态 SO_2 在电池中有一定的蒸气压力,所以这种 Li/SO_2 电池在未放电时存在一定的内部压力。从图 7.17 中可以看到,在 20℃ 时,其蒸气压力为 $3×10^5$~$4×10^5$ Pa。所以这种电池往往设计成图 7.15 这样的结构,当温度过高,内部压力达到一定限值时,气体从安全排气孔中排出,从而达到比较安全的目的。

SO_2 溶于电解液中,与锂会发生自放电反应。由于锂表面生成了 $Li_2S_2O_4$ 保护膜,防止了自放电的进一步发生。然而,正是这层保护膜导致了 Li/SO_2 电池的电压滞后特性。从图 7.18 可以看到,低温放电或大电流放电,电压滞后更为明显。

图 7.19 表示 20℃ 下不同负载时的放电特性。从图 7.19 中可以看到这种电池放电电压十分平坦,特别是小电流放电时更是如此。Li/SO_2 电池在不同温度时的放电曲线如图 7.20 所示。从图 7.20 中可以看出,在 −40℃ 时放电时间可达常温放电时间的 50%。在 −20℃ 下

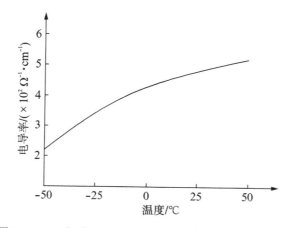

图 7.16 乙腈-溴化锂-二氧化硫(70%SO$_2$)电解液的电导

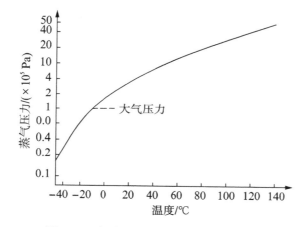

图 7.17 各种不同温度下 SO$_2$ 的蒸气压力

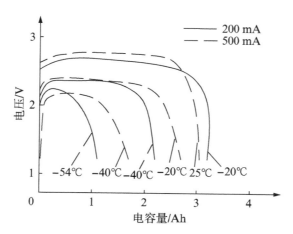

图 7.18 Li/SO$_2$ 电池的放电曲线及滞后现象

以 C/30 放电,工作电压比较平坦。

图 7.21 表示了 Li/SO$_2$ D 型电池在不同倍率放电时与其他类型电池的比较。可以看到,它比碱性 Zn/MnO$_2$、Mg/MnO$_2$、Zn/MnO$_2$ 电池都优越。在 C/10 放电时,Li/SO$_2$ 的输出功率几乎大于碱性 Zn/MnO$_2$ 电池 4 倍,普通 Zn/MnO$_2$ 电池 10 倍。

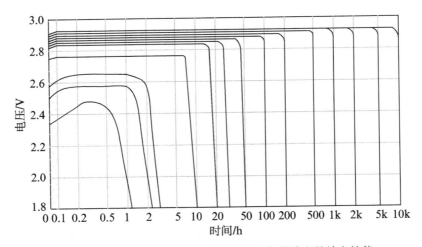

图 7.19 20℃下 Li/SO₂ 电池以各种不同负载放电的放电性能

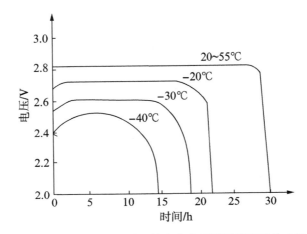

图 7.20 Li/SO₂ 电池以 C/30 放电率在不同温度下的放电性能

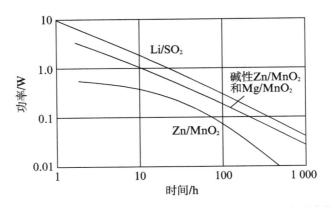

图 7.21 20℃下 Li/SO₂ 电池与各种 D 型电池性能相比的高倍率优势

Li/SO₂电池的储存寿命较长,在 70℃下储存一年半,容量损失为 35%,在 20℃下储存 5 年,容量损失小于 10%(图 7.22)。Li/SO₂电池的这些优点,决定了它是 Li 电池系列中一种优秀的品种。它已被制造成不同的尺寸,形成了自己的系列(表 7.12)。

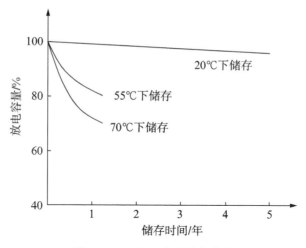

图 7.22　Li/SO₂电池储存寿命

表 7.10　Li/SO₂圆柱电池

电池型号	额定容量 /(A·h)*	尺　　寸			质量/g	比能量⁺	
		直径/mm	高度/mm	体积/cm³		/(W·h·kg⁻¹)	/(W·h·dm⁻³)
AA	0.45	14	24	3.7	6.5	193	341
	1.05(AA 型)	14	50	7.6	14.0	210	386
A	0.45	16.3	24	5.0	9.0	170	308
	0.90	16.3	34.5	7.2	12.0	210	350
	1.20(A 型)	16.3	44.5	9.3	15.0	224	361
	1.75	16.3	57.0	11.8	19.0	258	408
	0.65	24.0	18.5	8.3	13.0	140	218
	3.0	24.0	53.0	24.0	37.0	227	350
C	1.0	25.7	17.2	8.9	17.0	162	314
	3.5(C 型)	25.7	50	26	41	238	378
	4.4	25.7	60	31	50	245	392
	9.5	25.7	130	68	115	230	395
D	5.4	29.1	60	40	62	244	378
	8.0(D 型)	33.8	60	54	85	263	417
	16.5(2D 型)	33.8	120	108	165	280	428
	8.5	38.7	50	59	95	249	406
	21.0	38.7	114	134	207	283	440
	9.5	41.6	51	69	105	252	384
	25.0	41.6	118	160	230	302	437
	30.0	41.6	141	191	230	300	440

＊以 C/30 率放电的额定容量。表中列出的某些电池是高倍率结构,以高倍率放电使用好,但以 C/30 率放电,容量则较低。

＋以 2.8 V 平均电压为基准的比能量。

7.5.4　用途

　　Li/SO₂电池主要用于各种军事装置上,如无线电通信机、便携式监视装置、声呐声标、炮弹等。在已成功的美国火星探测飞行器计划中，SAFT 公司分别为"勇气（Spirit）"号和"机遇（Opportunity）"号提供了 5 个高能锂二氧化硫电池组，为"勇气"号和"机遇"号在进入预定轨道、飞行器降落和着陆等关键阶段供电。

7.6　Li/SOCl₂ 电池

20 世纪 60 年代法国 SAFT 公司的 Gabano 博士首先提出了 Li/SOCl₂ 体系制成锂电池的可能性。Li/SOCl₂ 电池属于无机电解质锂电池范畴，是目前实际应用的化学电源中比能量最高的电池体系。它具有比能量高、工作电压高且平稳、工作温度范围宽、湿荷电寿命长、使用维护方便等诸多优点。电池开路电压典型值为 3.65 V，典型的工作电压范围在 3.35～3.55 V 之间。已有较多实验数据表明国产 Li/SOCl₂ 电池产品经 10 年室温自然存放后电池电性能依然良好，放电容量与新电池无显著差异。我国卫星用大容量 Li/SOCl₂ 电池组比能量已达到 360 W·h·kg⁻¹、410 W·h·dm⁻³ 的水平。国外碳包式 DD 型 40 A·h 电池，比能量高达 740 W·h·kg⁻¹、1 450 W·h·dm⁻³。D 型高倍率电池，放电电流高达 3 A，电压 3.2 V，容量 12 A·h，比能量高达 396 W·h·kg⁻¹。

7.6.1　电池反应

Li/SOCl₂ 电池以 Li 作负极，碳作正极，无水四氯铝酸锂（LiAlCl₄）的 SOCl₂ 溶液作电解液，SOCl₂ 还是正极活性物质。其放电机理说法不一，目前较为公认的总反应方程式是：

$$4Li + 2SOCl_2 \longrightarrow 4LiCl + S + SO_2 \tag{7.10}$$

放电产物 SO₂ 会部分溶解于 SOCl₂ 中，S 微溶于 SOCl₂ 电解液，大多数析出、沉积在碳正极中。LiCl 是不溶的，沉积在碳正极中。SOCl₂ 的密度是 1.638 g·cm⁻³（25℃），沸点是 78℃，凝固点为 −105℃。

电池反应产物白色 LiCl 及黄色 S 在正极炭黑内沉积出来，部分堵塞了正极内的微孔道。一方面使正极有些膨胀，另一方面阻碍了电解液的扩散，增大了浓差极化，使电池逐渐失效。

Li/SOCl₂ 电池作为非水电解质体系，其电解液电导比水系电解液低得多，这就限制了它的大电流放电能力，使得常规水电解质体系电池惯用的一些标准已不太适用。放电倍率通常用来衡量电池功率输出能力大小，而为了更好地衡量 Li/SOCl₂ 电池功率输出能力水平，采用电流密度（表观单位面积电极的输出电流）来比较更加合适、方便。通常把 Li/SOCl₂ 电池放电电流密度不大于 2 mA·cm⁻² 的工作状态称为低速率工作，电流密度在 2～10 mA·cm⁻² 之间称为中速率工作，电流密度不小于 10 mA·cm⁻² 的工作状态称为高速率工作。不同工作状态的电池在设计上将会有所不同。

Li/SOCl₂ 电池中锂电极的利用率已经能做到很高的水平，一般负极极化很小，活性物质利用率通常高达 90% 以上，性能提升的空间不大。碳电极既是正极电化学反应的催化载体和固体反应产物的容器又是电池正极集流体。当前碳电极还是电池电性能中的限制性要素，性能改进提升的空间还很大。

LiAlCl₄：SOCl₂ 电解液的电导率开始随着电解质浓度的增加而增大，常温下浓度到约 1.8 mol·L⁻¹ 后电导率反而会有下降。低温下由于溶液黏度变化等情况不同，峰值电导率浓度会有所不同,通常认为要低一些。电解液浓度较高,对锂表面的腐蚀作用也较强。

7.6.2 结构

由于 $Li/SOCl_2$ 电池中电解液 $LiAlCl_4$:$SOCl_2$ 溶液与水的作用十分激烈,甚至十分微量的水分也极其容易与之发生作用,产生 HCl 等气体,造成严重腐蚀,电池最终失效。所以这种电池很少采用扣式或半密封的卷边结构,一般均采用金属/玻璃或金属/陶瓷绝缘的全密封结构。电池外壳材料一般多用不锈钢(1Cr18Ni9Ti),这是因为在全密封无水的 $LiAlCl_4$:$SOCl_2$ 电解液中不锈钢是稳定的。Ni 外壳也可以,但 Ni 材较贵,所以一般不拟选用。有机高分子材料,如聚乙烯、聚丙烯、尼龙等均不能抵挡电解液的腐蚀;而能承受长期腐蚀环境的聚四氟乙烯、三氟氯乙烯等由于焊接工艺上或经济上的原因,也未见诸报道。所以最常用的是金属/玻璃或金属/陶瓷绝缘加上氩弧焊或激光焊接的全密封结构。对于这类电池,全密封是电池的关键之一。密封失效,不单影响电池的使用寿命,恶化电池的周围环境,由于水气的进入,还增加了电池的不安全性。通常要求电池各密封环节都应经氦质谱检漏合格,漏率应 $\leqslant 5 \times 10^{-9} \, Pa \cdot m^3 \cdot s^{-1}$。

全密封结构的关键有两个方面。一是金属/玻璃绝缘珠(M-g)处。图 7.23 是电池上盖的示意图。一般选用可阀材料作上盖和注液管,是因为它们的热膨胀系数与玻璃最相近,这种材料做成的盖子,在不同温度下与玻璃绝缘珠的膨胀系数基本一致,不会造成异质界面的开裂而破坏密封性。目前由于 M-g 烧结技术的进步,采用不锈钢材料也可得到满足使用要求的 M-g 绝缘子。这种玻璃珠不能用一般的玻璃材料,因为它需要承受几年、十几年长期的电解液对它的侵蚀。上盖内玻璃与可阀材料之间的烧结是一项关键工艺,烧结之后温度应尽可能慢地下降,否则会造成过大的内应力,使电池在使用或存放一定时间后玻璃处突然破裂。

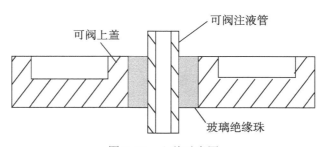

图 7.23 上盖示意图

全密封结构关键的另一方面是焊接处(图 7.24)。激光焊接与氩弧焊接均可以,不过后者往往局部温度过高的区域较大,时间较长,会影响电池内部的结构,因为内部的金属 Li 的熔点才 180℃。所以,氩弧焊焊接时,必须采用一种特殊的散热手段;而激光焊接时热效应小得多,一些特殊部位的焊接还只能采用激光焊接。激光焊接的成本较高,通常是根据实际需要单独或混合采用各种焊接方式。

$Li/SOCl_2$ 电池碳包式电池以符合 ANSI 标准的尺寸制成圆柱形。这些电池是为低、中放电率放电设计的,不得高于 C/100 的放电倍率。典型的碳包式圆柱形 $Li/SOCl_2$ 电池结构如图 7.24 所示。负极由锂箔制成,倾靠在不锈钢或镀镍钢外壳的内壁上;隔膜由非编织玻璃丝布制成;正极由聚四氟乙烯黏结的炭黑组成,呈圆柱状,有极高的孔隙率,并占据了电池

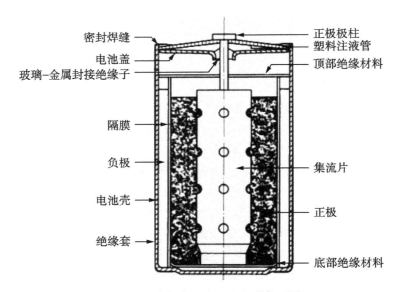

图 7.24　碳包式 Li/SOCl₂ 电磁截面图

的大部分体积。电池为气密性密封,正极柱采用玻璃-金属封接绝缘子。这种电池属于典型的低功率工作电池。因设计原因,碳包式电池即使短路也无多大危险,容量很小的碳包式电池可不设计安全装置。

　　使用螺旋卷绕式(以下简称卷绕式)电极结构设计的中等至高放电率 Li/SOCl₂ 电池可在市场获得。这些电池主要是为了满足军用目的而设计,如有大电流输出和低温工作等需要的场合。有同样使用要求的工业领域也仍在使用这类电池。图 7.25 给出了该类电池的典型结构。电池壳是由不锈钢拉伸而成,正极极柱使用了玻璃-金属封接绝缘子;电池盖采用激光封接或焊接保证电池的完全密封。安全装置,如泄露孔、熔断丝或者 PTC 器件等都安装在电池内部以保护电池在有内部高压和外短路时电池结构的安全。

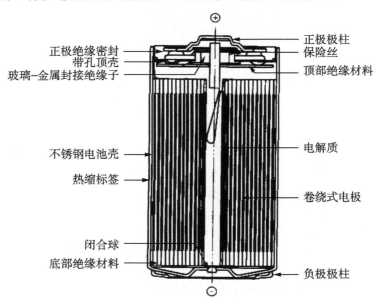

图 7.25　Li/SOCl₂ 卷绕式电极电池剖视图

Li/SOCl₂ 电池系列也可制成以中等、高放电率放电的扁形或盘形电池。这些电池为气密性密封。如图 7.26 所示,电池由单个或多个盘形锂负极、隔膜和碳正极封装在不锈钢内而组成,外壳上有一个陶瓷封接的金属绝缘子用作负极极柱,并将正、负极隔离。

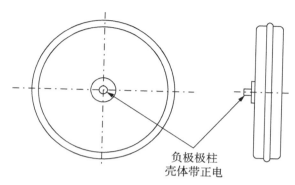

负极极柱
壳体带正电

图 7.26 扁形或盘形 Li/SOCl₂ 电池示意图

大型 Li/SOCl₂ 电池主要用于军事用途,作为一种无须充电的备用电源。这种大型 Li/SOCl₂ 电池大多采用方形结构,如图 7.27 所示。锂负极和聚四氟乙烯黏结的碳电极被制成方形平板,该平板电极用板栅结构支撑,并用非编织玻璃丝布隔膜隔开,最后被装进气密性密封的不锈钢壳中。极柱通过玻璃-金属封接绝缘子引到电池外面或者使用单极柱并把其与带正电的壳体绝缘分开。电池通过注液孔把电解质注入单体电池中。这种方形结构在组合电池中显然有利于体积比能量的提高。

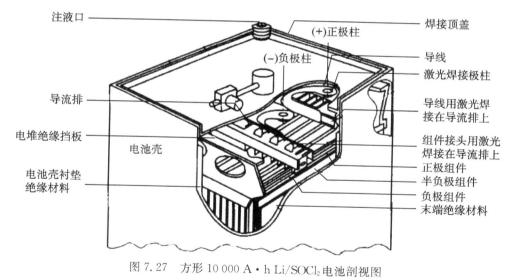

注液口　　　　　　　　　　　　(+)正极柱　　　　　焊接顶盖
　　　　　　　　　　　(−)负极柱　　　　　　　导线
　　　　　　　　　　　　　　　　　　　　激光焊接极柱
导流排　　　　　　　　　　　　　　　　导线用激光焊
　　　　　　　　　　　　　　　　　　接在导流排上
电堆绝缘挡板　　　　　电池壳　　　　　组件接头用激光
　　　　　　　　　　　　　　　　　　焊接在导流排上
电池壳衬垫　　　　　　　　　　　　　正极组件
绝缘材料　　　　　　　　　　　　　半负极组件
　　　　　　　　　　　　　　　　　负极组件
　　　　　　　　　　　　　　　　　末端绝缘材料

图 7.27 方形 10 000 A·h Li/SOCl₂ 电池剖视图

7.6.3 制造方法

与其他化学电源一样,Li/SOCl₂ 电池也是由正极、负极、隔膜、电解液和电池壳等五部分组成的。电池壳通常由不锈钢壳体与带有 M-g(金属-玻璃)烧结接线柱的电池盖组件和安全阀组成。安全阀一般有电池壳体刻痕、含薄形爆破片的安全装置和含有带薄弱环节爆破片的安全装置三种设计形式。小型圆柱形电池采用电池壳体刻痕方式较多。较大容量电池通常都有专门的安全阀,其中含有带薄弱环节爆破片的安全阀使用较多。

负极由 Li 箔压在 Ni 网上组成夹心式电极。正极采用乙炔黑,用聚四氟乙烯悬浮液作黏结剂,纯水作分散剂,乙醇作破乳剂,纤维化后制成薄片状,压制在 Ni 网上组成夹心式电极,在烘箱内烘干待用。电池隔膜绝大多数采用非编织的玻璃纤维膜,也有一些高性能电池采用了聚四氟乙烯隔膜。聚丙烯(PP)膜等有机物隔膜是有机电解质锂电池或碱性蓄电池中最常用的隔膜,但由于它们在 $LiAlCl_4$:$SOCl_2$ 溶液中不稳定而不被选用。

碳电极所用黏结剂用量通常在 5%～20%之间,用量多少需要根据电极厚度、强度、极群构成方式等具体情况进行调整。原则上在保证电极不掉渣、有足够结构强度的前提下,黏结剂用量应尽可能少。通常卷绕式结构对电极强度的要求最高,叠层式次之,碳包式最小。多孔碳电极的厚度、视密度、比表面、孔径及孔径分布等物理参数对电池电性能好坏有重要影响。不同工作状态下碳电极参数要求也有所不同。

电解液配制需要在相对湿度(RH)小于 2%的通风环境中进行。$LiAlCl_4$:$SOCl_2$ 电解液配制通常有两种途径,一是先按溶液浓度要求在一定量的 $SOCl_2$ 中加入一定量的无水三氯化铝($AlCl_3$),搅拌至完全溶解后再加入等物质的量的无水氯化锂(LiCl),继续搅拌至氯化锂溶解完毕;二是先将无水三氯化铝和无水氯化锂等物质的量比例混合均匀后,高温熔融制备得到无水四氯铝酸锂($LiAlCl_4$)固体物质,再按溶液浓度要求在一定量的 $SOCl_2$ 中加入一定量的无水四氯铝酸锂,搅拌至四氯铝酸锂溶解完毕。两种途径配得的电解液在外观颜色上可能会有所不同,前者多呈黄色,后者多呈褐色。在工业生产中多采用第二种配制途径。不同工作电流密度要求的电解液浓度通常也有所不同。

电池装配需要在相对湿度小于 2%的环境中进行,碳电极和隔膜使用前还必须在真空干燥箱中充分干燥。电池壳体等封装零部件需经严格检漏合格后才能用于电池装配。电池加注电解液前必须严格检验,确保电池没有内部短路后才能注液。电池的封装方式应采用氩弧焊或激光焊等焊接封装工艺,不宜采用卷边密封等机械封装工艺。

电解液加注需要在相对湿度小于 2%的通风环境中进行。电解液加注通常有常压注射式和真空注液式两种方法。常压注射方法简单易实施,但要求有较大的电池内部冗余空间和一定的极群浸润、排气时间,加注效率较低。真空注液式方法复杂难实施,但电池内部冗余空间要求小,几乎不需要极群浸润、排气时间,加注效率高。在工业生产中多采用真空注液式方法。

单体电池注液封装后,最好进行一段时间(5 天以上)自然存放,检查确定电池无漏液迹象后再完成外包装工作。有漏液迹象的电池不宜出厂使用。

电解液制备、加注等工序会产生含 SO_2 和 HCl 的酸性废气,可用碱水洗气塔对集中的废气进行处理,即可实现无污染排放。

7.6.4　性能

$Li/SOCl_2$ 电池的开路电压为 3.65 V;典型的工作电压的范围在 3.3～3.6 V 之间(至终止电压 3 V)。图 7.28 给出了 D 型 $Li/SOCl_2$ 电池的典型放电曲线。在较宽的温度范围内和低至中等放电倍率下放电,$Li/SOCl_2$ 电池都有平坦的放电曲线和良好的性能。

一般而言,$Li/SOCl_2$ 电池可在－40～55℃之间有效地工作。全密封的 $Li/SOCl_2$ 电池在极高温下也能得到应用。在 145℃下(图 7.29),电池以高放电率放电时,可放出其大部分容

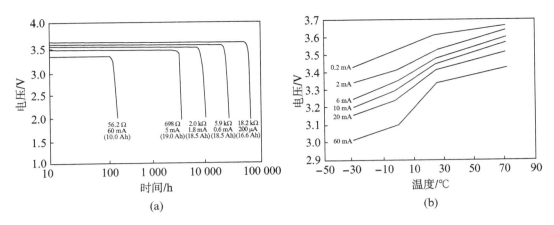

图 7.28　（a）25℃时，D 型碳包式圆柱形高容量 Li/SOCl₂ 电池的放电特性；
（b）在不同放电倍率下温度对该电池工作电压的影响

量，而以低放电率放电（放电 20 天）可放出超过 70% 的容量。但是，如果高温下应用时发生短路等情况还是有一定危险的。

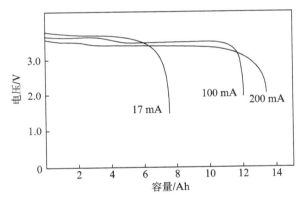

图 7.29　145℃时 D 型碳包式圆柱形 Li/SOCl₂ 电池放电特性

　　图 7.30 表示碳包式圆柱形 Li/SOCl₂ 电池在 20℃下储存 3 年后的容量损失，每年损失 1%～2%。在 70℃下储存，每年大约损失 30% 的容量，但容量损失率随着储存时间的增加

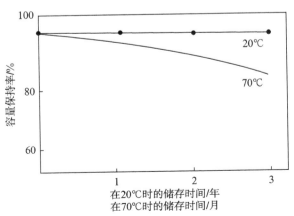

图 7.30　碳包式圆柱形 Li/SOCl₂ 电池的容量保持率

而减少。电池最好以立式姿势储存,侧放或颠倒储存会引起较高的容量损失。

圆柱形碳包式 Li/SOCl₂ 电池性能数据见表7.11。表7.12列出了大型 Li/SOCl₂ 电池的性能。从表7.12可以看出,它们的比能量一般都比小型电池高。这种大型电池一般能以较低倍率放电,电池电压平稳,电池在正常放电过程中温度也没有明显的变化(图7.31)。这种大容量的电池在低倍率放电的同时,有能力放出较大的脉冲电流,这种性能保证了它的应用,如卫星上的应用就要求有脉冲输出的能力。图7.32表示 2 000 A·h Li/SOCl₂ 电池脉冲电流输出时的电压变化。

表7.11　圆柱碳包式 Li/SOCl₂ 电池的性能

电池型号		小 AA*	1/2AA	AA	1/3C	C	1/6D*	D
C/1 000 放电率的额定容量/(A·h)		1.25	0.75	1.6	1.8	5.1	1.0*	10.2
尺寸	直径/mm	12.1	14.7	14.7	26.0	26.0	32.9	32.9
	高度/mm	41.6	25.5	51.0	19.0	49.8	10.0	61.3
	体积/cm³	4.8	4.3	8.0	10	26	8.2	51
质量/g		10	10	19	21	52	26	100
连续放电最大电流/mA			15	42	30	90	0.7	125
比能量	/(W·h·kg⁻¹)	425	250	280	290	330	130	340
	/(W·h·dm⁻³)	885	600	680	620	665	415	675

* 根据文献得到的数据。

表7.12　大型方形 Li/SOCl₂ 电池的性能

容量/(A·h)	尺寸/cm			质量/kg	比能量	
	高	长	宽		/(W·h·kg⁻¹)	/(W·h·dm⁻³)
2 000	44.8	31.6	5.3	15	460	910
10 000	44.8	31.6	25.5	71	480	950
16 500	38.7	38.7	38.7	113	495	970

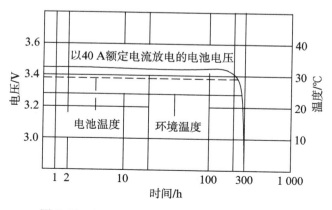

图7.31　10 000 A·h Li/SOCl₂ 电池的放电曲线

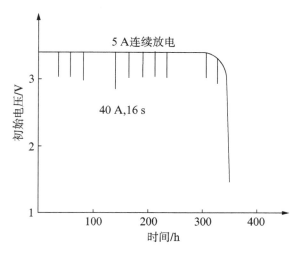

图 7.32　大容量 2 000 A·h Li/SOCl$_2$ 电池的放电

7.6.5　电压滞后和安全问题

Li/SOCl$_2$ 电池的优异性能十分突出,但它有两个方面的问题也比较突出,那就是电压滞后和安全问题。

1. 电压滞后

工作电压未达到额定工作电压下限或 2 V 的现象称为电池的电压滞后现象;电池启动后工作电压达到额定工作电压下限或 2 V 需要的爬升时间称为电压滞后时间。Li/SOCl$_2$ 电池使用金属 Li 作为阳极活性物质。Li 原子序数为 3,位于元素周期表左上角碱金属第一列,它是一种很独特的金属。金属 Li 的性质十分活泼,哪怕是暴露在相对湿度(RH)≤1% 的干燥空气中,在 Li 的表面也会生成一层 10～30 Å 的氧化物保护膜。Li 与 SOCl$_2$ 接触,即会发生如下反应:

$$8Li + 4SOCl_2 \longrightarrow 6LiCl + Li_2S_2O_4 + S_2Cl_2 \tag{7.11}$$

或

$$8Li + 3SOCl_2 \longrightarrow 6LiCl + Li_2SO_3 + 2S \tag{7.12}$$

正因为有这种反应,也就是说在 Li 电极上形成一层 LiCl 保护膜(也称钝化膜),从而防止了锂的进一步腐蚀,即防止了电池的自放电。若暴露在相对湿度(RH)≤2% 干燥空气中的 Li 再接触到 LiAlCl$_4$/SOCl$_2$ 电解液时,还会形成一层更厚(100 Å 以上)的钝化膜,即 SEI(固体电解质中间相)膜。SEI 钝化膜的存在不仅妨碍了 Li 的正常阳极反应,还妨碍了电解液向阳极反应界面的渗透、扩散,阻碍了整个电化学反应的传质过程。因此,在 Li/SOCl$_2$ 电池的放电初期,尤其是在低温或高速率放电情况下,SEI 膜使得电池在启动工作时会表现出明显的电压低波段,即会发生明显的电压滞后现象。

电压滞后时间因电池内部杂质含量多少、存放时间的长短、存放环境温度的高低、初始工作电流的大小和工作环境温度的高低而异。一般情况下,Li/SOCl$_2$ 电池杂质含量越高、存放时间越长、存放环境温度越高、初始工作电流越大和工作环境温度越低时,电压滞后现象越严重。也可理解为 SEI 膜越厚、电流越大、温度越低,电池的工作电压降低和极化越严重,所引发的电压滞后时间也越长。电解液浓度对电压滞后也有一定影响,通常浓度较高电压滞后会较严重。

这种滞后现象使电池电压一般在几分钟内才能回复到峰值电压的 95%。当然,电池电压的平稳性和放电容量不受滞后的影响。虽然电压滞后现象影响了 $Li/SOCl_2$ 电池在某些场合的正常使用,但我们更应该看到,正是因为在金属 Li 的表面形成了一层致密的 SEI 钝化膜,才保护了 Li 电极,避免了金属 Li 的进一步氧化、腐蚀,从而使得 $Li/SOCl_2$ 原电池的实用化成为可能,并使电池具有极其优异的储存性能。由此可见,$Li/SOCl_2$ 电池的电压滞后与其优良的湿荷电储存性能是一个矛盾问题对立统一的两个方面。

表 7.13 列出了 D 型电池在不同搁置时间和不同试验条件下的电压滞后性。从表 7.13 可知,D 型 $Li/SOCl_2$ 电池在 25℃下存放 6 个月,在 25℃下以 3 A 放电,电压滞后达到 120 s。$-30℃$ 时以 3 A 放电,滞后 240 s。

表 7.13　不同储存和试验条件下的电压滞后

搁置温度	搁置时间	$-30℃$不同试验电流时电压滞后/s			25℃不同试验电流时的电压滞后/s		
		0.25 A	1.0 A	3.0 A	0.25 A	1.0 A	3.0 A
72℃	1 周	135	215	320	1	625	912
	2 周	<1	292	∞	2	1 000	396
	4 周	<1	∞	∞	<1	800	634
	3 月	1 800	∞	∞	5 000	1 440	1 670
55℃	2 周	0	122	249	0	137	271
	4 周	102	110	345	0	17	77
	3 月	<1	135	185	15	25	300
	6 月	540	1 000	1 460	720		660
45℃	1 月	90	115	150	<1	0	
	3 月	110	360	520	26	0	110
		350	370	520			
25℃	3 月	0	74	160	0.5	0.5	160
	6 月	170	210	240	0	0	120

$Li/SOCl_2$ 电池的电压滞后现象可以通过改变电解质盐、在电解液中使用某些添加剂、改进电解质溶液组成或进行阳极保护等措施加以改善或控制。如 SO_2 等添加剂,可以使在 Li 表面沉积的 LiCl 结晶变小,SEI 钝化膜致密而较薄。目前还有用 $Li_2B_{10}Cl_{10}$、$Li_2B_{10}Cl_{12}$ 来代替 $LiAlCl_4$,从而减小电池滞后现象。经过科技人员的不断探索和努力,对于解决一般情况下的电压滞后现象已经取得了明显的进展。然而,需要特别指出的是,目前很多解决 $Li/SOCl_2$ 电池电压滞后的办法都是以牺牲 $Li/SOCl_2$ 电池的一些高性能为代价的。鉴于此,我们认为在需要高比能量,尤其是在军用或空间应用场合下更应注意电池使用方法,通过工作程序和电路设计等方面的配合改变,让电池提前启动放电,预先工作一定时间以便跨过电压低波区,待 $Li/SOCl_2$ 电池达到预定的工作电压值后再让电池正常工作。从工程应用的实际出发,这不失为一个简单实用的好方法。

2. 安全问题

$Li/SOCl_2$ 电池作为一种高能密度的电源体系,安全问题是另一个引起极大重视的问题,而且其重视程度远远超过了电压滞后问题,世界上许多学者都全力研究过这个课题。由于科学技术的不断进步和锂电池工作者们的不懈努力,目前安全问题已不是 $Li/SOCl_2$ 电池获得广泛推广和应用的主要障碍了。$Li/SOCl_2$ 电池的高能密度和安全危害度是一个矛盾问题对立、统一的两个方面,对于安全问题应有正确的认识和态度。通常把 $Li/SOCl_2$ 电池在制造、运输、保管和使用过程中出现的泄漏、燃烧直至爆炸等不安全行为称为锂电池的安全问题。$Li/SOCl_2$ 电池的安全问题按产生原因可归为由设计、生产者引起和使用方引起两大类。

由设计与制造者引起的安全问题主要表现在:$Li/SOCl_2$ 电池的技术设计不合理;电池的制造工艺、生产过程控制不严格、不可靠;以及电池的质量监督和检测设施不完善。这些都将使电池带有明显的先天不足或隐患。$Li/SOCl_2$ 电池在不同的工作环境以不同的放电速率使用时应该有不同的技术设计。技术设计不合理最主要的表现就是阳、阴极活性物质配比不当甚至比例失调,使用这种 $Li/SOCl_2$ 电池很容易出现安全问题,因而是有很大隐患的。

由使用方引起的安全问题主要表现在:使用者未严格按技术说明书的要求使用和保管电池,造成 $Li/SOCl_2$ 电池的使用不当,甚至使电池遭遇了充电、过放电、强迫过放电、短路、高温、过热(火焰煅烧)、过度强烈的冲击与振动、挤压、刺穿等滥用情况。这时 $Li/SOCl_2$ 电池就有可能发生从电解液泄漏直至电池激烈燃烧、爆炸等一系列不安全行为。

$Li/SOCl_2$ 电池安全问题的发生是一个有明确诱因的概率事件。不同设计、不同诱因、不同品质电池发生爆炸的概率大不相同。通常认为低速率工作的电池采用锂容量限制设计比较安全;高速率工作的电池采用碳正极容量限制设计比较安全;$SOCl_2$ 容量限制设计是最不安全的。小电流密度充电和过放电时发生安全问题的概率是很低的,电流密度越小,发生概率越低。充电和过放电诱发电池安全问题似乎存在一个临界电流密度值,该值因电池设计水平和制造水平的不同而有较大差别。外部短路诱发安全问题的概率与短路电阻有关,短路电阻越小,发生概率越大。外部短路导致电池爆炸,都需要有一定的短路电流和短路持续时间,通常都在几分钟以上,时间也因电池设计水平、制造水平和散热情况的不同而有所不同。挤压、刺穿等导致电池内部短路和火焰焚烧等情况而发生爆炸的概率是最高的。由于 $Li/SOCl_2$ 电池极群(正负极、隔膜)都是轻质材料,电池大部分的质量集中在金属壳体和电解液上,因此 $Li/SOCl_2$ 电池耐受苛刻力学环境条件的能力就较强,强烈冲击与振动诱发电池尤其是全容量电池发生安全问题的概率较低。多只电池串联作为电池组使用时,由于单体电池之间容量的不一致导致个别电池会发生强迫过放电现象,持续时间过长和电流密度过大时就会诱发安全问题。通常认为单体电池的容量离差率不超出 $\pm 9\%$ 时,电池组因强迫过放电诱发安全问题的概率已相当小,可以保障电池组的安全使用。放完电的 $Li/SOCl_2$ 电池虽然其电能已消耗掉,但电池仍然蕴涵有很高的能量,不可随意处理,需要好好保管、及时销毁。

引起爆炸的因素有很多。主要是短路、过放电、充电、高温灼烧,甚至在极个别的场合部分放过电的电池在储存时也会出现爆炸。爆炸可分为物理性爆炸和化学性爆炸两大类。物理性爆炸是由物态变化剧烈所引起,一般只可能在有容器的情况下发生,中间没有化学反应。化学性爆炸主要是爆炸时发生化学反应,如在引爆后极短的时间内发生剧烈的化学反应,生成大量气体,以及一系列的连锁反应,最后引发猛烈的爆炸。$Li/SOCl_2$ 电池的爆炸是一种化学性的爆炸,可能是一些爆炸性物质或不稳定的中间产物的存在,有的直接参加反应,有的作为引发剂,导致爆炸性反应的发生。$Li/SOCl_2$ 电池的爆炸原因、特征以及危害程度都很不同,表现出较复杂的过程和反应机理,而且还往往与电池的构造、制造工艺、体系荷电状态、放电速率、环境条件等因素有关。Li/SOCl₂电池爆炸的机理至今还没有统一、肯定的说法。但可以肯定,不同的滥用条件有着不同的反应过程。因此,没有也不可能找到一种能解决所有滥用条件引起爆炸的对抗措施,只能针对不同的情况解决某一方面的问题。另外,在某一种滥用条件下,反应过程也不是一线贯穿能说明的,可能有各种复杂的因素在相互作用,它的反应链除了主链之外还有各种支链,而主次之间又可能发生相互转变。

Li/SOCl₂电池在安全上存在着一定的危险性。严格的生产工艺和强有力的Li/SOCl₂电池生产、制造全过程的质量检验措施也是保障电池安全性能的重要环节。Li/SOCl₂电池内部的每一种电池成分、每一个电池零部件都必须经过严格的除水后方能进入电池的生产与组装;LiAlCl₄/SOCl₂电解液的制备过程既包括固态电解质的干燥除水,也包括液态溶剂的提纯与除水操作。没有训练有素的技术人员、质量可靠的干燥设施和精良的检测设备是很难胜任并完成这些操作的。

改进设计,在单体电池内采用低压排气阀,电池组内加熔断丝,可防止短路产生的危险。目前国内外许多锂电池设计中在结构上加上了安全阀(图7.33),或易熔片、保险丝。目的在于当短路或使用电流太大时,电池内部温度升高,导致压力增加,在一定压力下安全阀打开、排气,从而降低了电池的内部压力,达到排气减压的安全目的。或者电流太大,烧断保险丝,或者温度过高,将易熔片烧熔,达到终止危险进程的目的。必须指出,这些方法不能从根本上解决安全问题,只有在慢速过热、外部短路等部分情况下有效,不能真正解除由化学因素引起的热失控等类型的爆炸危险。需要指出的是安全阀一旦开启,电池就会失效,泄露出的强腐蚀性物质还会对周围的仪器设备造成损害。严格意义上的安全设计应尽力避免电池泄漏现象发生。安全阀的开启压力一般被定在1～3 MPa之间。圆柱形电池的安全阀开启压力通常要大于方形电池。

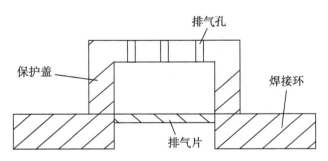

图 7.33　安全阀示意图

设计时注意改善排热和冷却性能。为了防止电池的反充,采用如图7.34(a)所示的电子线路。为了防止电池过放电,采用反向导流装置也是有效的[图7.34(b)]。一旦电池出现反极,分流二极管导通,电流被二极管旁路,从而避免了大电流通过电池。

为了减少短路、过放电引起的危险,加添加剂也许是有好处的,如 S₂Cl₂、PVC、BrCl、NbCl₅等。相关学者也研究了有机金属络合物催化剂,如金属酞花青络合物。掺有 Co、Fe 的酞花青络合物电催化剂的多孔碳正极试验表明,SOCl₂的电化学还原速率得到显著的改进,反应机理得到改变,使电池在室温下能达到很高的放电速率,且能承受较长时间的过放电,减小了在反极情况下出现爆炸的危险。一种含氮轮烯添加剂 Ni-TAA、H₂-＋TAA(6,

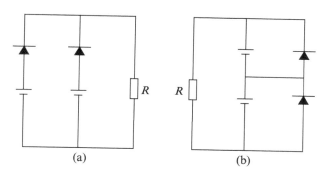

图 7.34　Li/SOCl₂ 电池保护装置

(a) 反充电保护；(b) 过放电保护

13 -二乙基-1,8 -二氢 2,3,9,10 -二苯并 1,4,8,11 -四氮杂十四轮烯)在 25℃，1 mA·cm^{-2} 下放电时，能对 Li/SOCl₂ 电池容量分别提高 15% 和 10%，Ni-TAA、H₂-TAA 添加剂不改变 Li/SOCl₂ 电池的放电反应最终产物，但改变了电池的反应途径。据报道，其能改善电池的安全性。

　　综上所述，在实际应用层面解决 Li/SOCl₂ 电池的安全问题需要由设计、生产方与电池的使用方共同面对和负责才能做到万无一失。对设计、生产方而言，必须从优化设计、强化工艺、密切检测和注重质量等方面入手，生产出高性能和高可靠性的安全电池。对此在设计上可采用优化活性物质配比、容量冗余设计、电池壳体的全密封、耐压设计、热设计和爆破片式安全阀等设计和技术措施；在电池的生产、制造方面要严格控制碳阴极和电解液的生产工艺过程、强化电池生产过程中的性能测试和质量检验手段，使得 Li/SOCl₂ 电池的生产装配全过程都在受控状态。对 Li/SOCl₂ 电池的使用方而言，必须严格按照 Li/SOCl₂ 电池使用说明书的要求进行电池和电池组的使用、维护、储存和管理，一定要做到切勿滥用。

7.6.6　用途

　　无机电解质锂电池中 Li/SOCl₂ 电池是研制得最成熟的一种。早先在微功耗设备中它曾经大量用于心脏起搏器。由于它的放电性能十分优良，放电电压十分平坦，犹若稳压电源，电压只是在放电结束前才突然下降至零伏，在心脏起搏器中缺少一个预警阶段，所以后来逐渐被 Li/I₂ 电池所取代。但是它具有的诸多优点使研究者重点开发了这种电池体系，其成功达到商品化的目的，并在各种行业中，特别是军事工业和宇航事业中得到了广泛的应用。

　　1971 年美国 GTE 公司开始研制该电池，1974 年即出现了产品。AA 型电池试用作心脏起搏器电源，到 1979 年已植入人体 5 万例。后来，AA 型、C 型、D 型、DD 型电池也相继进入商品化生产。电池容量由几百毫安时一直到 20 000 A·h。1980 年美国 GTE 公司投资 1 300 万美元建厂 5 600 m²，1982 年 6 月为空军"民兵"导弹计划生产出了第一批 10 000 A·h 的 Li/SOCl₂ 电池。1988 年法国 SAFT 公司为大力神Ⅳ-半人马座运载火箭系统研制了标称容量 250 A·h 的动力型 Li/SOCl₂ 电池组。1988 年美国以 Li/SOCl₂ 电池作为 Delta 181 低轨道探测器的主电源；该航天器于 1988 年 2 月 8 日发射，同年 4 月 2 日返回，电池输出了超过 60 000 W·h 的能量，返回地面后仍能继续正常工作，电池组比能量达到 264 W·h·

$\mathrm{kg^{-1}}$。1998 年美国为火星着陆探测器研制了能耐受 80 000 g 着陆冲击,并可以在−80℃环境下工作的 $\mathrm{Li/SOCl_2}$ 电池组。

20 世纪 80 年代末,已有国内电池厂家具备了大批量生产小型、标准圆柱形 $\mathrm{Li/SOCl_2}$ 电池的能力。1996 年国产 30 A·h $\mathrm{Li/SOCl_2}$ 电池组在我国第 17 颗返回式卫星上成功进行了首次应用。2003 年至 2005 年国产大容量 $\mathrm{Li/SOCl_2}$ 电池组连续在我国五颗返回式卫星上得到了大规模成功应用。

在军事和宇航领域,安全问题已不是 $\mathrm{Li/SOCl_2}$ 电池应用的主要障碍。在所有强调高比能量要求,输出功率要求不太高的应用场合,$\mathrm{Li/SOCl_2}$ 电池都具有很强的竞争优势。在民用领域,安全性最好的小容量碳包式 $\mathrm{Li/SOCl_2}$ 电池仍然是市场的主流产品。在 $\mathrm{Li/SOCl_2}$ 电池的成本构成中,原材料成本所占比例较小。随着市场规模的扩大,生产批量的增加,$\mathrm{Li/SOCl_2}$ 电池的成本将会有较大下降。

7.7　使用和安全防护

锂电池和锂电池组的设计和使用必须慎重,如同大多数电池体系一样,如果使用不当,会出现危险。因此必须采取预防措施避免机械和电滥用,以保证安全和可靠地工作。

金属锂极为活泼,标准电极电位是−3.045 V(以氢电极为标准),遇水发生剧烈反应,生成 LiOH 和 $\mathrm{H_2}$,放出大量热。锂量多时遇水有发生剧烈燃烧和爆炸的危险。此外,由于锂熔点较低(180.5℃),因此必须避免电池内部出现高温。同时由于锂电池的某些成分是有毒的甚至是易燃的,因此安全性对于锂电池显得格外重要。

7.7.1　影响到安全的因素

锂电池的安全,取决于电池的下列诸因素:

① 电化学体系。特定的电化学体系和电池组件影响着电池工作的安全。

② 电池和电池组的尺寸和容量。通常小尺寸电池所含材料较少,总的能量比较小,因此它比同结构和化学配方相同的较大尺寸的电池安全。

③ 所用锂的量。所用锂越少,意味着电池能量越小,电池也就越安全。美国政府在锂电池运输中规定的单体电池含锂量这一点就是出于这种安全考虑。

④ 电池设计。能高倍率输出电能的锂电池显然比只能低功率输出电能的锂电池安全性差。目前,即使是 $\mathrm{Li/SOCl_2}$ 电池,采用极低倍率输出的碳包式结构的小型电池,往往也认为是安全的。

⑤ 安全装置。如防止电池内部产生过高压力的电池排气机构,防止温度过高的热切断装置、电气保险丝,防止充电的电二极管保护装置。这些安全特性都不同程度地提高了电池的安全性。

⑥ 电池和电池组容器。满足电池和电池组使用的机械与环境要求,即使电池在工作和操作中要遇到高冲击、强振动、极端温度或其他严苛条件,也必须保证其完整一体性。为此电池容器应该选择即使在火中也不会燃烧和燃烧产物无毒性的材料,容器设计应该最有利于放电时产生热的分散以及可以释放电池一旦排气的压力。

7.7.2　需要考虑的安全事项

高倍率放电或短路　小容量电池或者指定以低倍率放电的电池可以自行加以控制,只要不以高倍率放电,轻微的温度升高不会带来安全问题。较大的电池和/或高放电率电池,如果短路或以过高倍率工作,会产生高的内部温度。一般要求这些电池必须具有安全排气机构,以避免更严重的危害。这样的电池或电池组应采用保险丝保护(用以限制放电电流),同时还应采用热熔断器或热开关以限制最大温升值,正温度系数(PTC)器件可应用于电池和电池组中提供这种保护。总之,这种情况防范容易,危险度不高。

强迫过放电或电池反极　电压反极可发生在多只单体电池串联的电池组中,由于单体电池性能的不一致,当正常工作的电池可以迫使电压为零以下的坏电池放电时,电压就会出现反极,甚至电池组放电电压趋向零。这种强制放电可能导致电池排气或电池破裂的严重后果。这种情况防范不易,危险度较高。可以采用的预防措施包括使用电压切断电路,以防止电池组达到过低的电压;采用低电压电池组(只有几个电池串联,不太可能发生这种电压反极现象)并限制放电电流,因为高放电率强制放电的影响格外显著。此外,负极的集流体既用于保持锂电极的完整性,也可以提供一个内部短路机构,以限制电池反极时的电压。

充电　对一次电池充电可能会生成危险的产物和产生气体,使电池温度升高、内压增加而发生安全问题;这种情况防范容易,危险度不高。并联连接或可能接入充电电源的电池(如在以电池组为备用电源的 CMOS 记忆保存电路中)应有二极管保护以防止充电。

过热　过热情况下电池反应剧烈,使电池温度过高、内压过大而发生安全问题。这可在电池组中通过限制放电电流,采用安全装置(如熔断和热开关装置)和设计散热措施来实现。

焚烧　在无适当保护条件下,不应焚烧这些电池,否则在高温下很容易造成爆炸。爆炸的威力十分巨大。如 200 A·h $Li/SOCl_2$ 电池焚烧引起的爆炸可使 400 m^2 的防爆房剧烈振动,现场浓烟密布。

目前,对锂电池的运输、装船等都有了专门的方法,对电池组的使用、储存、保管也都作了适当的推荐,对一些废锂电池的处置也有了规定。应当指出,解决锂电池的安全问题实际上是一个包括设计、生产到使用全过程的系统工程,除了上面谈到的以外,对用户的宣传、教育、培训都是这一系统工程中不可偏废的重要组成部分。

7.8　发展趋势

金属锂电池未来的发展朝着两个方向进行,一种是朝着二次电源的方向发展;另一种朝着更高比能量的新型一次电源的方向发展。

7.8.1　锂硫电池

以最终产物 Li_2S 计,以单质硫为正极活性物质、金属锂为负极的锂硫电池的理论比能量高达 2 600 $W·h·kg^{-1}$,在高能电池方面具有相当诱人的应用前景。硫是可进行充放电,具有可逆容量的材料,因此锂硫电池被认为是未来高能量密度二次电池的代表,具有成为第四代空间用储能电源的潜力。

比能量高是锂硫电池也是锂系电池最大的特点,正因为这个原因,锂硫电池等锂系电池在未来无人机、运载火箭、上面级、战略导弹、单兵系统等方面具有相当诱人的应用前景。但是锂硫电池的寿命仍然较短并且安全性有待提高。

1. 组成

锂硫电池主要由硫材料(正极)、金属锂(负极)、聚丙烯聚乙烯复合微孔隔膜、多元有机电解液和全密封外壳等部件组成。正极片是将浆料通过涂布设备均匀地涂覆在集流体的两侧所得,湿涂层和集流体在慢速通过烘干通道时,在热气流下干燥以除去溶剂,并按照设计要求,通过辊压机将锂硫电池正极片压制成具有一定厚度和面密度的极片。将正、负极极片和隔膜叠片制备成电堆,将电堆上的极耳与电池极耳焊接,装入一定尺寸软包装铝塑复合膜中,加入定量的电解液并完成封口,进行化成处理及容量筛选后真空封口,电池即可使用。

2. 工作原理

锂硫电池的电化学反应式如下所示。

$$S_8 + Li \rightleftharpoons Li_2S_x (1 < x \leqslant 8) \rightleftharpoons Li_2S \qquad (7.13)$$

以单质硫为正极的锂硫电池工作原理如图7.35所示。硫的高容量和可充放性来源于S_8分子中S—S键的电化学断裂和重新键合,整个过程具有一定的可逆性。S经过多步反应被还原成Li_2S,隔膜采用多孔渗透性材料,多硫化物离子在隔膜两边穿梭,其中Li_2S_2和Li_2S不溶于溶剂。可见锂硫电池的电化学反应机理要比现有锂离子电池复杂,中间产物(多硫离子)比较多。放电电压平台在2.3 V和2.1 V附近。放电曲线如图7.36所示。

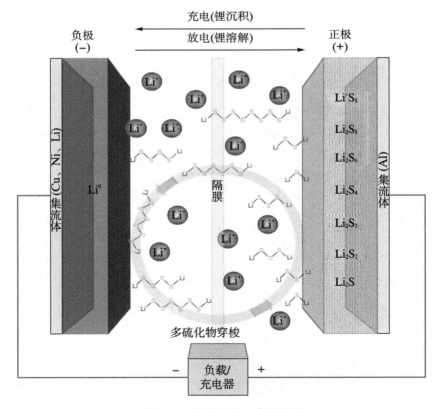

图 7.35　锂硫电池工作原理图

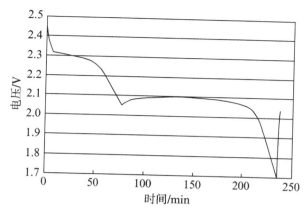

图 7.36　锂硫电池典型放电曲线

3. 存在的问题

虽然锂硫电池的能量密度很高,但是在正极、负极方面仍存在很多的缺点。

硫正极方面,单质硫所固有的电子绝缘性(5×10^{-30} S・cm^{-1},25℃)使其表现为电化学惰性,容量发挥难,因此需要在正极材料中加入大量的导电炭黑,降低了电池的比能量。此外,硫电极的放电中间产物多硫化锂在有机电解质体系中具有高的溶解性,这些易溶的多硫化物扩散至锂负极,生成锂的低价多硫化物沉积到负极,同时一些低价的液态多硫化物又会扩散回正极发生氧化反应,形成穿梭效应(shuttle),一方面造成活性物质流失,另一方面导致了电池的自放电率大,严重降低了充放电效率。

对于电池负极方面,锂金属的电化学可逆性和安全可靠性仍是目前研究的难点。主要存在以下几个问题未得到解决:① 锂枝晶:电池充电过程中易形成金属锂枝晶,枝晶刺穿隔膜,发生短路,继而可能引起起火或爆炸;即使不造成短路,枝晶在放电过程中也会发生不均匀溶解,造成部分枝晶折断,形成电绝缘的死锂,导致锂负极充放电效率低。② 化学不稳定性:金属锂活性高,在发生意外事故或电池滥用时易与电解质或空气发生剧烈反应,甚至导致起火或爆炸。③ 电化学不稳定性:充放电过程中,金属锂与电解质反应,造成电池贫液,内阻增加,循环性能降低。

4. 研究进展

对锂硫电池来说,美国公司走在世界的前列。1999 年 10 月由 PolyPlus Corporation、Sheldahl Corporation 和 Eveready Battery Company 三家公司组成的集团开发了一种锂硫电池。该电池的正极为单质硫系正极;锂负极是以铜或聚合物为集流体,利用蒸气沉积法在集流体上形成一层金属锂薄膜而制成的。据 PolyPlus 公司报道,此电池体积比能量和质量比能量分别达 520 W・h・L^{-1} 和 420 W・h・kg^{-1}。

Sion Power 公司跟美国 NASA 合作,开发航天领域用锂硫二次电池,他们集中解决的问题是优化硫电极制作方法,并提高电极的电子导电性能。2004 年 5 月 11 日,美国 Sion Power 公司在微软公司年度 Windows 硬件工程会议上向全世界宣布已研制出轻便、循环周期长的商品高能锂硫电池。演示电池组(10.5 V、4.8 A・h)使用的单体电池比能量达到 250 W・h・kg^{-1}。其后期报道的锂硫电池样品性能参数如下:电池尺寸 63 mm×43 mm× 11.5 mm,工作电压区间 1.7~2.5 V,额定容量 2.8 A・h,比能量达到 350 W・h・kg^{-1},全充放循环次数 25～80 次。

2010 年，Sion Power 公司与 BASF、Lawrence Berkeley 国家实验室、Pacific Northwest 国家实验室合作，又受到 United States Department of Energy Advanced Research Projects Agency-Energy(ARPA-E)资助，开发超过 300 英里(1 英里为 1.609 344 千米)的纯电动车动力锂硫电池，目标是使电动车电池组质量小于 700 磅(1 磅为 0.453 592 千米)，能够载 5 名乘客(共 3 500 lbs)行驶 300 英里(1 英里为 1.609 344 千米)。英国的 Zephyr 无人高空飞行器，夜间的动力由美国 Sion Power 公司开发的锂硫电池组提供，2010 年 7 月飞行达到创纪录的 14 天。除 Sion Power 外，JCS 也受到 ARPA-E 的资助研发锂硫电池，2011 年报道电池容量约 4.5 A·h，放电初期比能量 393 W·h·kg^{-1}，90 次循环容量损失约 30%。

7.8.2　锂氟化碳电池

一次电池中理论比能量最大的就是锂氟化碳电池(约 2 180 W·h·kg^{-1})，它也是首先作为商品的一种固体正极锂电池。以氟化石墨为正极的锂氟化碳电池由于具有理论质量比能量较高，且放电平台平稳(2.5～2.7 V)、工作温度范围广、自放电率低、存储寿命长(>10 年)等优点而受到了极大的关注。

1. 组成

Li/$(CF_x)_n$ 电池以 Li 作负极，以固体聚氟化碳为正极材料，其中 $0 \leqslant x \leqslant 1.5$，通常 $x=1$。$(CF_x)_n$ 是碳粉和氟反应生成的夹层化合物，反应温度在 400～460℃之间。反应方程式是

$$2nC + nxF_2 \longrightarrow 2(CF_x)_n \tag{7.14}$$

$(CF_x)_n$ 是灰白色或白色固体，在 400℃ 空气中不分解，在有机电解质溶液中也很稳定，是一种插入式化合物。氟原子在石墨六角环状椅式排列的行间结合，平行行间距为 0.73 nm。对于表面积大的碳粉，有一部分氟是吸附状态，其余是共价键结合。

该电池可采用各种不同的电解液。通常有 $LiAsF_6$/DMSI(亚硫酸二甲酯)、$LiBF_4$/γ-BL + THF、$LiBF_4$/PC+1.2-DME。

2. 工作原理

Li/$(CF_x)_n$ 电池的简化放电反应如下：

负极反应

$$n\text{Li} \longrightarrow n\text{Li}^+ + ne \tag{7.15}$$

正极反应

$$(CF)_n + ne \longrightarrow nC + nF^- \text{(设 } x=1） \tag{7.16}$$

总反应

$$n\text{Li} + (CF)_n \longrightarrow n\text{LiF} + nC \tag{7.17}$$

开路电压为 3.2 V，工作电压为 2.5～2.7 V(低倍率放电)。该电池以低到中等放电率放电为主。

3. 存在的问题

① 氟化石墨合成成本高，对设备、工艺等控制要求严格，世界范围内只有 5 个制造商；

② 存在放电起始电压滞后现象,特别是低温下更加明显;

③ 低温特性有待于提高;

④ 电极在放电过程中的体积膨胀明显;

⑤ 放电过程中发热量大。

4. 研究进展

世界上生产和应用锂氟化碳电池的国家主要是美国和日本。美国最早开发出锂氟化碳电池。日本松下公司生产的锂氟化碳电池平均比能为 320 W·h·kg^{-1}、510 W·h·dm^{-3}。英国 QinetiQ 公司 25 A·h 软包装锂氟化碳电池组以 100 h 率放电,比能量达到 545 W·h·kg^{-1}。QinetiQ 公司则开发了 45 A·h 软包电池,比能量为 650 W·h·kg^{-1}(单体电池)。据英国国防部报道,英国士兵携带的电池是由 QinetiQ 公司制造的锂氟化碳电池。德国的 Varta 公司生产的 BP-20 锂氟化碳电池 52 只组合,制备军事用途广泛的 BA5590 电池组取代原有的锂二氧化硫电池,电池组比能量超过 460 W·h·kg^{-1}。

7.8.3 锂空气电池

锂空气电池属于金属空气电池的一种,由于金属空气电池阴极一侧活性组分(空气或 O_2)取自环境而不是储存在电池体系中,因此由活性阳极材料与空气电极组成的电化学储能体系通常具有较高的能量密度,而体系的容量也主要受限于阳极的容量和反应产物的形式与特性。所有金属中锂具有最高的理论电压和电化学当量,锂空气电池具有最高的理论比能量。锂空气电池体系由于具有较高的比容量和放电电压,相比于锂硫电池和锂氟化碳电池来说,锂空气电池更加前沿。

1. 组成

锂空气电池主要由锂金属负极、电解质和空气正极组成。其中,O_2 在正极上发生还原反应,因此所使用的催化剂称为氧还原催化剂。

按照放电机理分类,锂空气电池主要可以分为有机电解液体系、混合电解质体系、水基电解液体系和固体电解质体系。其中有机电解液体系和混合电解液体系表现出一定应用潜力,是锂空气电池研究的重点。有机体系锂空气电池与锂离子电池技术接近,主要特点是放电产物储存于空气电极内;混合电解液锂空气电池可以理解为锂金属电极与燃料电池空气电极的复合,主要特点是采用陶瓷电解质技术,实现有机电解液、水基电解液的物理分离和离子导通。

2. 工作原理

锂空气电池的工作原理基于以下两个反应:

$$2Li + O_2 \longrightarrow Li_2O_2 \tag{7.18}$$

$$4Li + O_2 \longrightarrow 2Li_2O \tag{7.19}$$

按式(7.18)计算,电池开路电压为 3.10 V,按式(7.19)计算则为 2.91 V,锂空气电池的理论能量密度可达到 5 200 W·h·kg^{-1}。而在实际应用中,氧气由外界环境提供,因此排除氧气后的理论能量密度达到惊人的 11 140 W·h·kg^{-1},高出现有电池体系 1~2 个数量级,在军用和民用的高能量密度领域中具有重要的应用前景。

目前,研究工作者普遍接受的反应过程如下:氧气首先被还原为超氧负离子(O_2^-),然后继续还原为过氧负离子(O_2^{2-}),与锂离子结合生成过氧化锂(Li_2O_2),或 O_2^- 也有可能与电解液中的锂离子生成超氧化锂(LiO_2),然后继续还原为过氧化锂,虽然有研究人员认为最终能够形成 Li_2O,但迄今为止未发现直接证据。具体反应过程如图 7.37 所示。

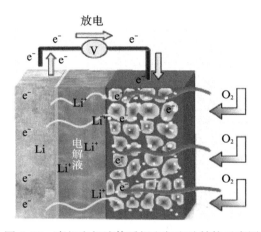

图 7.37　有机体系内氧还原机理

由于 O_2^-、O_2^{2-} 和 LiO_2、Li_2O_2 都不能够溶解于有机电解液内,放电产物将储存于空气电极内,当气体通道完全被放电产物堵塞之后,放电终止。为了储存更多的放电产物,空气电极需要保持一定的孔隙率,空气电极不同层的催化活性需要进一步调控,电池结构如图 7.38 所示。

图 7.38　有机电解液体系锂空气电池结构示意图

混合电解液体系指的是空气电极一侧使用水基电解液,锂金属一侧使用有机电解液,中间采用固体电解质陶瓷膜,实现物理隔离两种电解液体系,保障锂离子导通。这种结合相当于锌空电池的空气电极与锂金属电池的金属电极的组合,其结构如图 7.39 所示。

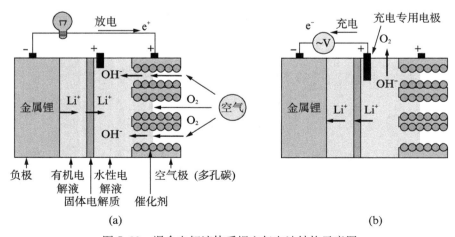

图 7.39　混合电解液体系锂空气电池结构示意图

这类电池的水系电解液以碱性为主,也有研究小组关注酸性体系和中性体系。以碱性电解液为例,在放电过程中,O_2 在空气电极一侧被还原为 OH^- 离子,溶解于水基电解液中;金属锂被氧化为 Li^+ 离子,溶解于有机电解液中;有机电解液和无机电解液通过 LISICON 陶瓷膜实现 Li^+ 离子浓度平衡。整个反应过程如下:

$$空气电极:O_2 + 2H_2O + 4e \longrightarrow 4OH^- \tag{7.20}$$

$$金属电极:4Li \longrightarrow 4Li^+ + 4e \tag{7.21}$$

$$总反应:4Li + O_2 + 2H_2O \longrightarrow 4LiOH \tag{7.22}$$

3. 存在的问题

有机体系锂空气电池由于有机电解液的氧还原、氧析出研究经验很少,微观反应机理、电极材料等诸多问题仍然不清晰。目前,主要面临的问题可以分为以下四个方面:

① 实际能量密度不高。有机体系内,当氧气扩散通道被放电产物堵塞后,放电终止,导致实际能量密度远低于理论能量密度。

② 循环问题。常用的碳酸酯类有机溶剂在放电过程中会参与反应,生成难分解放电产物碳酸锂,电解液干涸和放电产物难分解造成空气电池循环性很不理想。

③ 自呼吸膜的开发。空气中水分扩散至电池内,将会腐蚀锂金属,造成活性材料损失,影响电池的正常使用。

④ 碳腐蚀问题。目前还没有有机体系内碳腐蚀的报道,但不能排除这种可能性。

相对于有机体系而言,混合体系相对成熟一些,但仍有以下五个方面的问题限制其商业化进程:

① 陶瓷膜的稳定性与可获得性。用于锂离子空气电池的 LISICON 陶瓷膜机械性能不好,在酸碱体系内的化学稳定性较差,使用过程中容易破碎。目前,国际上只有日本 Ohara 公司能够生产,市场上销售的样品是 $5\text{ cm} \times 5\text{ cm}$ 的陶瓷薄膜,价格约为 200 美元。另外,陶瓷膜的大面积样品制备非常困难,电池规模化制备也会出现很多技术困难。

② 能量密度不高。理论能量密度不高是这个体系的一个本质缺陷。碱性体系内,氢氧化锂在室温下的溶解度为 12.8 g,如果控制晶体不析出,理论能量密度为 $444\text{ W} \cdot \text{h} \cdot \text{kg}^{-1}$;如果允许晶体析出,能量密度将进一步提高,晶体主要沉积于陶瓷膜上,可能会影响锂离子的传输性能。在酸性体系内,室温下的溶解度为 77 g,如果控制晶体不析出,理论能量密度为 $1\,353\text{ W} \cdot \text{h} \cdot \text{kg}^{-1}$。

③ 安全性。如果陶瓷膜破裂,水与金属锂将发生剧烈的化学反应,同时释放出氢气,有可能出现严重的安全事故。

④ 自呼吸膜。由于水的沸点较低,如何保持氧气畅通、防止水分挥发是一个主要技术挑战。此外,对于碱性体系,自呼吸膜需要具备氧气/二氧化碳的高效选择性。

⑤ 碳腐蚀。在锌空电池中,长期循环测试后发现了碳腐蚀现象。虽然没有酸性、中性溶液内碳稳定性的报道,但碳腐蚀可能难以避免。

4. 研究进展

锂空气电池的研究得到了美国国家航空航天局和美国军事实验室的大力支持。全球研究锂空气电池的小组主要有:锂空气电池的创始人 K. M. Abraham,美国军事实验室的 J. Read,英国的 P. G. Bruce,日本的 Kuboki,美国的 S. S. Sandhu、Hui Ye 等。他们的研究主要集中在电池的工作机理和电解液对电池性能的影响等方面。

Abraham 等在 1996 年首次报道了有机电解质锂空气二次电池体系,电池能量密度为 $250\sim300$ W·h·kg^{-1}。其中负极是锂电极、隔膜是固态聚合物电解质(SPE)(采用聚丙烯腈 PAN、EC、PC 和 LiPF$_6$ 制备而成)、正极是充满碳的固态聚合物电解质。2010 年,美国西北太平洋国家实验室 J. G. Zhang 博士在实验室内制备了一次锂空气电池,能量密度达到 362 W·h·kg^{-1},这是世界上首次报道锂空气电池器件能量密度。有机体系的最主要优势是理论能量密度高,有可能成为能量密度最高的储能装置。

美国的 Polyplus 也采用这种技术路线,对外宣布能够制备出 700 W·h·kg^{-1} 的一次电池器件。日本三重大学 Tao Zhang 等提出以乙酸体系作为电解质溶液,由于体系的缓冲作用而使其 pH 稳定在中性,从而使其具有较高的循环稳定性。乙酸体系的反应方程式如下:

$$2Li+1/2O_2+2CH_3COOH \Longleftrightarrow 2CH_3COOLi+H_2O \qquad (7.23)$$

体系的比容量可以达到 400 mA·h·g^{-1}(电压 3.4 V),由此计算的理论比能量可达到 1 360 W·h·kg^{-1}。

思　考　题

(1) 简述锂电池的定义、组成及分类。

(2) 锂电池的特性有哪些?

(3) 锂电池有哪些用途?

(4) 描述 Li/MnO$_2$ 电池的组成及电池反应。

(5) Li/MnO$_2$ 电池的性能特点是什么?

(6) 描述 Li/I$_2$ 电池的组成及电池反应。

(7) 描述 Li/SO$_2$ 电池的组成及电池反应。

(8) Li/SO$_2$ 电池的性能特点是什么?

(9) 描述 Li/SOCl$_2$ 电池的组成及电池反应。

(10) Li/SOCl$_2$ 电池的性能特点是什么?

(11) 简述 Li/SOCl$_2$ 电池的电压滞后现象及产生原因。

(12) 造成 Li/SOCl$_2$ 电池发生爆炸等安全问题的原因是什么?

(13) 避免 Li/SOCl$_2$ 电池发生安全事故的方法是什么?

(14) 如何安全使用锂电池?

(15) 简述锂硫电池的特点及存在的主要问题,提出可能的解决措施。

(16) 简述锂氟化碳电池的优点及主要问题。

(17) 锂空气电池主要有哪几种体系? 各自的问题是什么?

第8章 锂离子蓄电池

8.1 锂离子蓄电池概述

锂离子蓄电池是指以 Li^+ 嵌入化合物作为正、负极活性物质的二次电池。正极活性物质一般采用锂金属化合物，如 $LiCoO_2$、$LiNiO_2$、$LiMn_2O_4$ 和 $LiFePO_4$ 等，负极活性物质一般采用碳材料。电解液为溶有锂盐，如 $LiPF_6$、$LiClO_4$、$LiAsF_6$、$LiBF_4$ 和 $LiN(CF_3SO_2)_2$ 等的有机溶液。

锂离子蓄电池在充、放电过程中，Li^+ 在正、负两极间嵌入和脱嵌，因此锂离子蓄电池也被称为是"摇椅电池"(rocking chair battery)。该蓄电池的电化学表达式为

$$（-）C_6 \mid LiPF_6 + EC + DEC \mid LiMeO_2（+） \tag{8.1}$$

式中，Me 为 Co、Ni、Mn 等。

8.1.1 发展简史

锂离子蓄电池的研究开始于 20 世纪 80 年代。在这以前，研制人员的注意力主要集中在以金属锂和锂合金作为负极的锂二次电池体系。但是采用金属锂和锂合金体系的二次电池在充电的过程中由于锂的不均匀沉积而产生锂枝晶。当锂枝晶发展到一定程度时，一方面锂枝晶会发生折断现象从而造成锂的不可逆容量损失；另一方面锂枝晶有可能刺穿隔膜，造成短路故障。当发生短路时，蓄电池会产生大量的热，使电池着火甚至发生爆炸，从而带来严重的安全隐患。

1980 年 Goodenough 等提出以 $LiCoO_2$ 作为锂二次电池的正极材料，1985 年发现碳材料可以作为锂二次电池的负极材料，1990 年日本 Nagoura 等研制了以石油焦为负极、$LiCoO_2$ 为正极的锂离子二次电池，同年 Moli 和 Sony 两大电池公司宣称将推出以碳为负极的锂离子蓄电池产品，1991 年锂离子蓄电池实现了商品化。采用具有石墨层状结构的碳材料取代金属锂负极，正极采用锂与过渡金属的复合氧化物如 $LiCoO_2$ 的锂离子蓄电池，在充电过程中 Li^+ 与石墨化碳材料形成插入化合物 LiC_6，LiC_6 与金属锂的电位相差小于 0.5 V，电压损失不大；在充电过程中 Li^+ 嵌入到石墨的层状结构中，放电时从层状结构中脱嵌，可逆性良好，因此该电化学体系循环性能优良；由于采用碳材料作为负极，避免了使用活泼的金属锂，从而避免锂枝晶的产生，一方面改善了电池的循环寿命，另一方面从根本上解决了安全问题。

自锂离子蓄电池商品化以来，锂离子蓄电池在越来越多的领域得到应用，世界范围内掀起了锂离子蓄电池研制和生产的热潮。目前，锂离子蓄电池在笔记本电脑、移动电话、摄像机、照相机等数码产品中应用广泛，并且在航空、航天、战术武器、军用通信设备、交通工具、航海、医疗仪器等领域逐步代替传统蓄电池。

自 1957 年苏联发射第一颗人造卫星以来,卫星设计对储能电源的质量、体积和电性能要求越来越高,目的在于提高卫星的有效载荷、降低发射成本和增强其可靠性。卫星储能电源大致经历了锌银蓄电池、镉镍蓄电池、高压氢镍蓄电池这样一个发展历程。但就过去和当前的使用情况来看,上述蓄电池尚不能完全满足卫星设计需要。例如,锌银蓄电池寿命短、低温性能差;镉镍电蓄池质量比能量较低,有记忆效应;高压氢镍蓄电池空间体积比能量差,这些问题都严重地影响了航天飞行器的整体性能。

与传统的锌银蓄电池、镉镍蓄电池、氢镍蓄电池相比,锂离子蓄电池的比能量高、工作电压高、应用温度范围宽、自放电率低、循环寿命长、安全性好。因此,在航天领域中,锂离子蓄电池成为替代目前所用镉镍、氢镍蓄电池的第三代卫星用储能电源。如果用锂离子蓄电池取代目前卫星、宇宙飞船、空间站等航天器所用的储能电源,可将储能电源在电源分系统中所占质量的比例大大降低,从而降低发射成本,增加有效载荷。

目前许多研究机构已经开展了锂离子蓄电池在空间应用中的研究和评估工作,美国国家航空航天局(NASA)、欧洲航天局(ESA)以及日本宇航探索局(JAXA)已经做了多年的工作。美国的 Yardney、Eagle Picher 和 Quallion、日本 GS 和 Furukawa、法国 SAFT 等公司也纷纷投巨资进行卫星用锂离子蓄电池的研制和开发,并且取得重大进展。表 8.1 中列出了 NASA 对航天用锂离子蓄电池的一些性能要求。

表 8.1　NASA 对航天用锂离子蓄电池性能要求

技术参数	深空探测登陆器/漫游器	地球同步轨道卫星	太阳同步轨道卫星	航空器	无人机
放电倍率/C	0.2～1	0.5	0.5～1	1	0.2～1
循环寿命/次	>500	>2 000	>30 000	>1 000	>1 000
放电深度/%	>60	>75	>30	>50	>50
使用温度/℃	−40～40	−5～30	−5～30	−40～65	−40～65
寿命/年	3	>10	>5	>5	>5
质量比能量/($W \cdot h \cdot kg^{-1}$)	>100	>100	>100	>100	100
体积比能量/($W \cdot h \cdot dm^{-3}$)	120～160	120～160	120～160	120～160	120～160

2000 年 11 月英国首先在 STRV-1d 小型卫星上采用锂离子蓄电池组作为储能电源。经过近十年的研究工作,到 2013 年末,国际上已有超过二百颗航天飞行器采用锂离子蓄电池作为空间飞行器储能电源。

8.1.2　特性

锂离子蓄电池具有以下优点:

① 比能量高。法国 SAFT 公司空间用 VES180 锂离子蓄电池的质量比能量可以达到 165 $W \cdot h \cdot kg^{-1}$。

② 平均放电电压高。锂离子蓄电池的平均放电电压一般大于 3.6 V,是镉镍蓄电池和氢镍蓄电池平均放电电压的 3 倍。

③ 自放电率低。锂离子蓄电池在正常存放情况下的月自放电率小于 10%。

④ 无记忆效应。

⑤ 充放电安时效率高。化成后的锂离子蓄电池充放电安时效率一般在 99% 以上。

⑥ 循环寿命长。锂离子蓄电池在 100%DOD 充放电寿命可达 1 000 周以上。

⑦ 工作温度范围宽。锂离子蓄电池的工作温度范围一般可以达到 -20~45℃。

⑧ 对环境友好。锂离子蓄电池被称为"绿色电池"。

⑨ 与其他二次电池的性能相比较,锂离子蓄电池在比能量、循环性能以及荷电保持能力等方面存在明显的优势,表 8.2 列出了锂离子蓄电池与其他二次电池的性能比较结果。

表 8.2　锂离子蓄电池与其他二次电池的性能比较

电池类别	工作电压/V	质量比能量 /(W·h·kg⁻¹)	体积比能量 /(W·h·dm⁻³)	循环寿命 (100%DOD)/周	自放电 (室温,月)/%
铅酸蓄电池	2.00	35	80	300	5
镉镍蓄电池	1.20	40	120	500	20
低压氢镍蓄电池	1.25	50~80	100~200	500	30
高压氢镍蓄电池	1.25	60	70	1 000	50(周)
锂离子蓄电池	3.60	110~160	300	500~1 000	10

下面以额定容量为 30 A·h 的方形锂离子蓄电池为例来说明锂离子蓄电池的各种性能。

1. 充电特性

锂离子蓄电池采用的是恒流-恒压充电方式,即充电器先对锂离子蓄电池进行恒流充电,当蓄电池电压达到设定值(如 4.1 V)时转入恒压充电,恒压充电时充电电流渐渐自动下降,最终当该电流达到某一预定的很小电流(如 0.05 C)时可以停止充电。锂离子蓄电池严格限制过充电,深度过充会导致电池内部有机电解液分解产生气体,蓄电池发热,蓄电池壳体压力增加,严重时会发生壳体变形,甚至壳体爆裂。通常采用电子线路来防止锂离子蓄电池过充电故障的发生。图 8.1 为 30 A·h 方形锂离子蓄电池的典型充电曲线。

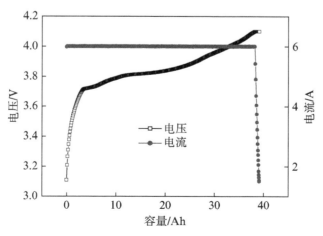

图 8.1　30 A·h 方形锂离子蓄电池的典型充电曲线

2. 放电特性

在正常的放电倍率下(0.1~1.0 C),锂离子蓄电池的平均放电电压一般为 3.4~3.8 V,

放电终止电压一般为 3.0 V。锂离子蓄电池也严格限制过放电,锂离子蓄电池在深度过放电时,不但会改变电池正极材料的晶格结构,还会使负极铜集流体氧化,导电性能下降,性能衰减,严重的会造成锂离子蓄电池失效。通常采用电子线路来防止锂离子蓄电池过放电故障的发生。

图 8.2 是 30 A·h 方形锂离子蓄电池的倍率放电性能曲线。0.1 C 放电时,放电容量为38.4 A·h;0.5 C 放电时相对于 0.1 C 放电时的容量减少了 0.1%;1.0 C 放电时相对于0.1 C 放电时的容量减少了 0.4%。

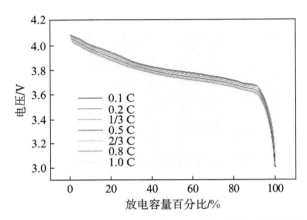

图 8.2　30 A·h 方形锂离子蓄电池的倍率放电性能曲线

3. 高、低温特性

由于锂离子蓄电池采用的是多元有机电解液体系,锂离子蓄电池低温性能差,锂离子蓄电池一般在不低于 -20℃的环境下使用。有效地提高锂离子蓄电池的低温性能,扩大锂离子蓄电池的使用温度范围,可以大大增加锂离子蓄电池的应用范围。另外对于一些特殊应用场合(如严寒地区)下的储能电源,也都要求锂离子蓄电池具有优良的低温性能。蓄电池的温度特性除了和蓄电池的结构设计及制备工艺等有关之外,另一关键因素就是蓄电池的电解液。一般商业化锂离子蓄电池电解液体系中 EC(乙烯碳酸酯)的含量为 30%~50%,但是 EC 的凝固点(36.4℃)较高,因此在低温环境下电解液的介电常数增大,黏度增加,离子迁移数下降,导致电导率降低,严重时甚至会发生电解液凝固现象,从而影响蓄电池在低温环境下的工作性能。已有研究表明,改善电解液低温特性最有效的方法之一是加入低熔点的低温共溶剂。如国外报道的 SAFT(额定容量 9 A·h)锂离子蓄电池,电解液配方为1.0 mol/L LiPF$_6$-EC+DEC+DMC+EMC(体积比 1:1:1:3),在 -70℃(常温充电,放电倍率 C/150,截止电压 2.0 V)下能放出 70%的容量,C/50 倍率下则能放出常温容量的35%。可以看出,寻找低熔点、低黏度、高介电常数,且具有较高的化学和电化学稳定性的共溶剂是改善电解液低温特性的关键。图 8.3 所示为 30 A·h 方形锂离子蓄电池在低温条件下的放电曲线(0.2 C 倍率放电)。0℃时的放电容量相对于 20℃时的放电容量损失了0.4%,-20℃时的放电容量相对于 20℃时的放电容量损失了 4.1%,-40℃时的放电容量相对于 20℃时的放电容量损失了 42.0%。

相对于镉镍蓄电池、氢镍蓄电池等二次电池,锂离子蓄电池的高温性能较好。一般可以在≤50℃的环境下正常使用,但是在较高的温度下长期使用锂离子蓄电池,会对锂离子蓄电

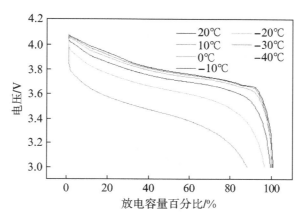

图 8.3　30 A·h 方形锂离子蓄电池低温放电曲线

池中 SEI 膜有较大的破坏作用,使锂离子蓄电池的容量降低,寿命减少。图 8.4 所示为 30 A·h 方形锂离子蓄电池在高温条件下的放电曲线。50℃时的放电容量相对于 20℃时的放电容量损失了 0.6%。

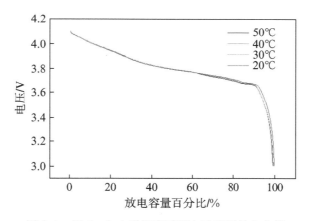

图 8.4　30 A·h 方形锂离子蓄电池高温放电曲线

4. 自放电特性

无论是二次蓄电池还是一次电池,在使用和储存过程中都会发生不同程度的自放电现象。自放电现象一般会造成电池的容量损失,严重时会使二次电池产生不可逆容量损失。引起自放电的原因是多方面的,如电极活性物质的溶解或者脱落、电极的腐蚀、电极上的副反应等。图 8.5 为放置 28 天后的 30 A·h 方形锂离子蓄电池与放置 28 天前的锂离子蓄电池的放电曲线,30 A·h 方形锂离子蓄电池的自放电率为 3.67%/28 天。

5. 储存特性

锂离子蓄电池的储存特性是指锂离子蓄电池在开路状态时,在一定的环境条件下(如温度、湿度、压力等)储存时,锂离子蓄电池的容量、内阻、循环性能等的变化情况。

储存温度:锂离子蓄电池的长期储存合理温度一般为－5～5℃范围内,在该储存温度下储存锂离子蓄电池,锂离子蓄电池的年容量损失一般≤2%。

储存湿度:锂离子蓄电池储存环境一般要求相对湿度小于 60%,其目的是增加锂离子

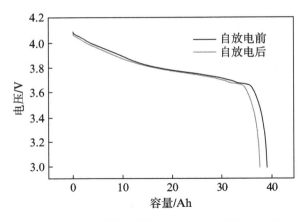

图 8.5   30 A·h 方形锂离子蓄电池自放电试验容量变化曲线

蓄电池的绝缘电阻,降低锂离子蓄电池的自放电。

储存状态与活化:锂离子蓄电池在储存时一般处于半荷电状态。对于长期储存的锂离子蓄电池,为了保持锂离子蓄电池的性能一般对锂离子蓄电池进行活化。锂离子蓄电池一般每隔六个月活化一次。活化步骤如下:在 20(±2)℃的环境温度下,蓄电池组以 0.2C 倍率电流放电至 3.0 V,再以 0.2C 倍率循环 1～3 周,然后将锂离子蓄电池 0.2C 倍率电流充电至 3.8 V。

6. 磁特性

剩磁矩参数是锂离子蓄电池组在卫星应用的重要参数。锂离子蓄电池组的剩磁矩主要包括静态剩磁矩和动态剩磁矩,静态剩磁矩主要是由锂离子蓄电池组本身的组成成分决定的,动态剩磁矩主要是锂离子蓄电池组在充电和放电过程中产生的,除了与锂离子蓄电池组本身的组成成分有关外,还与锂离子蓄电池组的结构设计、电路设计等有关。表 8.3、表 8.4 为不同类型锂离子蓄电池组剩磁矩的试验数据。

表 8.3   60 A·h 锂离子蓄电池组剩磁矩(30 A·h 单体 2 并 6 串)

状态	磁矩值(单位:mA·m²)			
	M_X	M_Y	M_Z	$M_总$
静态	12	−39	−2	41
15 A 充电	−131	35	−295	325
30 A 放电	262	5	594	649

表 8.4   120 A·h 锂离子蓄电池结构块剩磁矩(30 A·h 单体 4 并 4 串)

状态	磁矩值(单位:mA·m²)			
	M_X	M_Y	M_Z	$M_总$
静态	4	10	2	11
24 A 充电	168	−79	320	370
16 A 放电	−256	−66	−184	322
120 A 放电	−1 560	−3 220	−1 670	3 949

7. 热特性

锂离子蓄电池在充放电过程中，一直伴随着温度的变化。一般情况下，锂离子蓄电池在充电初期一般为吸热过程，在充电末期转为放热过程；在放电时一般为放热过程。下面以 30 A·h 方形锂离子蓄电池为例，来说明锂离子蓄电池的热特性。

1）比热容测试

锂离子蓄电池的比热容是由锂离子蓄电池的组成成分决定的，30 A·h 方形锂离子蓄电池的比热容测试在真空罐中进行，试验原理为：在一个孤立系统，系统内部所产生或吸收的热量，在没有系统与外界进行热交换，即在绝热的情况下，热量将全部用于系统自身的温度上升或下降。用公式表示为

$$q \cdot \Delta T + q_{漏} \cdot \Delta T = C \cdot M \cdot \Delta T \qquad (8.2)$$

$$q = I^2 \cdot R \qquad (8.3)$$

式中，q 为系统发热或吸热的功率，在比热容测试时为电加热器功率，由式（8.3）表示（W）；$q_{漏}$ 为系统漏热功率（W）；M 为质量（kg）；ΔT 为温升或温降值（℃）；C 为比热容（W·h·kg^{-1}·℃$^{-1}$）；ΔT 为放热或吸热的时间（h）；I 为加热器电流（A）；R 为加热器电阻（Ω）。

试验数据代入式（8.2）和式（8.3）中，得到 30 A·h 方形锂离子蓄电池单体在使用温度范围内的平均比热容 C 为 936 J·kg^{-1}·K^{-1}。

2）发热量测试

30 A·h 方形锂离子蓄电池发热量的测试原理与比热容测试原理基本相同。30 A·h 方形锂离子蓄电池在充电时的发热量和吸热量都比较小，与系统漏热量为同一数量级，基本可以忽略不计。30 A·h 方形锂离子蓄电池在放电时的发热量数据如图 8.6 所示。

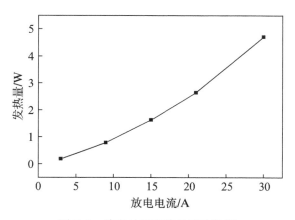

图 8.6　放电过程发热量试验数据

8.1.3　分类及命名

锂离子蓄电池按电解液的状态一般分为液态锂离子蓄电池、聚合物锂离子蓄电池和全固态锂离子蓄电池。液态锂离子蓄电池即通常所说的锂离子蓄电池。

锂离子蓄电池从外形上一般分为圆柱形和方形两种。聚合物锂离子蓄电池可以根据需要制成任意形状。

常见的锂离子蓄电池主要由正极、负极、隔膜、电解液、外壳以及各种绝缘、安全装置组成,其典型结构如图 8.7 所示。

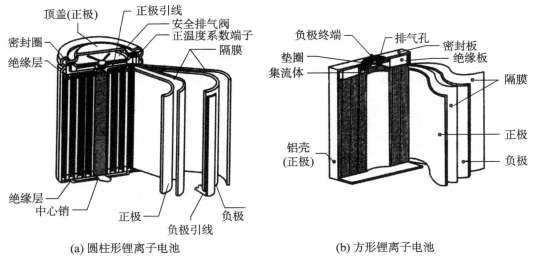

(a) 圆柱形锂离子电池　　　　(b) 方形锂离子电池

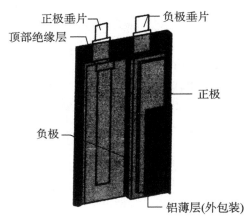

(c) 聚合物锂离子电池

图 8.7　常见的锂离子蓄电池结构

锂离子蓄电池的型号命名一般是由英文字母和阿拉伯数字组成。具体命名方法如下[4]:

1. 锂离子蓄电池单体型号命名方法

锂离子蓄电池单体型号命名一般由化学元素符号、形状代字和阿拉伯数字组成,其基本形式由如下四部分组成:

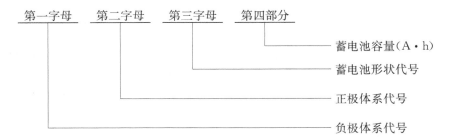

第一个字母表示电池采用的负极体系。字母代字及其意义见表8.5。

表 8.5　负极体系代号及其意义

代字	负 极 体 系
I	采用具有嵌入特性负极的锂离子蓄电池体系
L	金属锂负极体系或锂合金负极体系

第二个字母表示电极活性物质中占有最大质量比例的正极体系。具体内容见表8.6。

表 8.6　正极材料的代号及其意义

代字	正极材料
C	钴基正极
N	镍基正极
M	锰基正极
F	铁基正极

第三个字母表示蓄电池形状,具体内容见表8.7。

表 8.7　蓄电池形状代号及其意义

代字	形状
P	方形蓄电池
R	圆形蓄电池

第四部分为阿拉伯数字,表示单体蓄电池额定电容量数值的整数部分,额定电容量以A·h为单位,代号中不反映出"A·h",具体命名方法见示例。

示例:ICP10 表示以钴基材料为正极、采用具有嵌入特性负极的方形锂离子蓄电池单体,该蓄电池的额定容量为 10 A·h。

锂离子蓄电池单体如出现同系列、同容量,而壳体材料、结构、形状等不同的蓄电池单体,则应在以上各电池单体命名后加入设计改进序号"一(1)、一(2)……",依次类推(锂离子蓄电池单体型号首次命名不填写改进序号)。

示例:ICP30-(2)表示 ICP30 锂离子蓄电池单体第二次改进型号的命名。

2. 锂离子蓄电池组命名

表示蓄电池串联组合时,只需要在单体蓄电池前加入组合的数量,具体命名方法见示例。

示例:7ICP10 表示由 7 个以钴基材料为正极采用具有嵌入特性负极的 10 A·h 方形锂离子蓄电池单体串联而成的锂离子蓄电池组。

当蓄电池并联组合时,在单体蓄电池前加入并联的蓄电池单体个数,并在数字下加"_",具体命名方法见示例。

示例:4ICP10 表示由 4 个 ICP10 的锂离子蓄电池单体并联而成的蓄电池组。

当蓄电池并、串联组合时(即先并联,再串联),在单体蓄电池前加入并联单体蓄电池个数和串联并联模块个数,在两个数量之间加"-"连接,并在表示并联单体蓄电池数量下面加"_",具体命名方法见示例。

示例:4-7ICP10 表示由 28 个 ICP10 的锂离子蓄电池单体先 4 个单体并联,再把 7 个并联模块串联组成的蓄电池组。

锂离子蓄电池组如出现同系列、同容量、串并只数相同而结构、形状不同的蓄电池组,则应在以上各蓄电池组命名后加入设计改进序号,设计改进序号为英文的大写字母如:A、B⋯⋯依次类推(锂离子蓄电池组型号首次命名时不填写改进序号)。

示例:4-7ICP10B 表示 4-7ICP10 蓄电池组的第二次改进型号的命名。

8.1.4 用途

锂离子蓄电池作为一种 20 世纪 90 年代初期发展的先进蓄电池技术,代表了 20 世纪 90 年代蓄电池技术发展的最高水平,具有高比能量、高电压、无记忆效应和对环境友好等一系列优点,已在民用领域(手机、笔记本电脑、小型摄像机、电动玩具、电动自行车等)得到广泛使用,蓄电池的安全性和实用性均良好。因此,在对储能电源电性能、可靠性、安全性要求较高的场合,锂离子蓄电池组将成为首选对象。

全密封锂离子蓄电池:一般指漏气率 $\leqslant 1.0 \times 10^{-10}$ Pa·m³·S⁻¹ 的锂离子蓄电池,由于它能在真空下长期工作,可以用于各种太阳同步轨道卫星、地球同步轨道卫星、宇宙飞船和空间站等空间飞行器的电化学储能电源。

半密封锂离子蓄电池:一般指漏气率 $\leqslant 1.0 \times 10^{-8}$ Pa·m³·S⁻¹,并且不带安全阀的锂离子蓄电池,由于它能在低压下正常工作,可以用于平流层飞艇的储能电源,鱼雷、导弹以及运载火箭等的动力电源。

常规锂离子蓄电池:一般指带有安全阀的锂离子蓄电池,由于它能在常规环境条件下正常工作,可以广泛用于军用通信器材、全球定位系统、空军飞行员的救生系统、陆军轻枪械、电子和无线电设备等的动力电源。

8.2 工作原理

锂离子蓄电池充放电过程中发生的反应是嵌入反应。嵌入反应是指客体粒子(离子、原子或分子)嵌入主体晶格,而主体晶格基本不变,生成非化学计量化合物的反应过程。其反应式可表示为

$$x\mathrm{G} + <\mathrm{H}> \longrightarrow \mathrm{G}_x<\mathrm{H}> \tag{8.4}$$

式中,G 代表客体粒子,又称嵌质;<H>表示主体物质,又称嵌基;x 为嵌入度,又称嵌入浓度;$\mathrm{G}_x<\mathrm{H}>$ 为嵌入化合物。嵌入反应突出的特点是一般具有可逆性,且生成的嵌入化合物在化学、电子、光学、磁性等方面与原嵌基材料有较大不同。

以层状石墨为负极、$\mathrm{LiCoO_2}$ 为正极的锂离子蓄电池体系为例来说明锂离子蓄电池的成流反应。该体系的电化学表达式为

$$(-)\mathrm{C_6} \mid \mathrm{LiPF_6} - \mathrm{EC} + \mathrm{DEC} \mid \mathrm{LiCoO_2}(+) \tag{8.5}$$

锂离子蓄电池的充放电反应为

$$LiCoO_2 + C_6 \underset{放电}{\overset{充电}{\rightleftharpoons}} Li_{1-x}CoO_2 + C_6Li_x \tag{8.6}$$

正极反应：

$$LiCoO_2 \underset{放电}{\overset{充电}{\rightleftharpoons}} Li_{1-x}CoO_2 + xLi^+ + xe \tag{8.7}$$

负极反应：

$$xLi^+ + C_6 + xe \underset{放电}{\overset{充电}{\rightleftharpoons}} C_6Li_x \tag{8.8}$$

锂离子蓄电池实际上是 Li^+ 的浓差电池。充电时，Li^+ 从正极材料中脱嵌，通过电解液迁移到负极，并嵌入到石墨的层状结构中，此时负极处于富锂状态，正极处于贫锂状态；放电时过程相反。锂离子蓄电池的充、放电反应如图 8.8 所示。

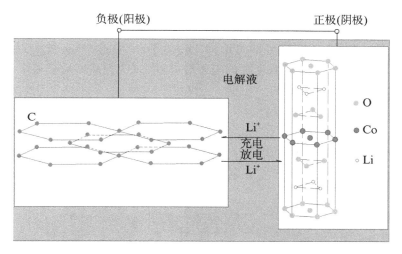

图 8.8　锂离子蓄电池的充、放电反应示意图

8.3　蓄电池单体结构组成

锂离子蓄电池单体与其他化学蓄电池一样，主要由五个基本部分组成：正极、负极、电解液、隔膜和壳体。

8.3.1　正极

锂离子蓄电池的正极主要由正极活性材料、导电剂、黏结剂和集流体组成。其中用作正极活性材料的是一种可以和锂生成嵌入化合物的过渡金属氧化物。现在锂离子蓄电池所采用的正极活性材料主要是 $LiCoO_2$、$LiNiO_2$、$LiCo_{1-x}Ni_xO_2$、$LiMn_2O_4$、$Li_{1-x}Mn_2O_4$、$LiM_yMn_{2-y}O_4$ 等。表 8.8 列出了几种锂离子蓄电池正极活性材料的性能参数的比较情况。

表 8.8　各种正极活性材料的电压和能量

正极材料	电压 /V(vs. Li⁺/Li)	理论容量 /(A·h·kg⁻¹)	实际容量 /(A·h·kg⁻¹)	理论比能量 /(W·h·kg⁻¹)	实际比能量 /(W·h·kg⁻¹)
$LiCoO_2$	3.8	273	140	1 037	532
$LiNiO_2$	3.7	274	170	1 013	629
$LiMn_2O_4$	4.0	148	110	440	259
$Li_{1-x}Mn_2O_4$	2.8	210	170	588	480
$LiFePO_4$	3.4	170	140	578	476

锂离子蓄电池正极活性材料应满足以下要求：

① 根据法拉第定律 $\Delta G = -nEF$，嵌入反应具有大的吉布斯自由能，可以使正极同负极之间保持一个较大的电位差、提供高的电池电压。

② 在一定范围内，锂离子嵌入反应的 ΔG 改变量小，即锂离子嵌入量大且电极电位对嵌入量的依赖性小，以便确保锂离子蓄电池工作电压平稳。

③ 正极活性材料须具有大孔径隧道结构。锂离子在"隧道"中有较大的扩散系数和迁移系数，保证大的扩散速率，并具有良好的电子导电性，以便提高锂离子蓄电池的最大工作电流。

④ 脱嵌锂离子过程中，正极活性材料具有较小的体积变化，以保证良好的可逆性，同时提高循环性能。

⑤ 在电解液中溶解度很小，同电解质具有良好的热稳定性，以保证工作的安全。

⑥ 空气中储存性能好，有利于实际应用。

8.3.2　负极

锂离子蓄电池的负极主要由负极活性材料、导电剂、黏结剂和集流体组成。其中用作负极活性材料的也是一种可以和锂生成嵌入化合物的材料，主要包括碳基材料（包括高规则化碳和低规则化碳）、锡基负极材料、锂过渡金属氮化物、表面改性的锂金属、Si/Graphite/C 复合材料和 $Li_4Ti_5O_{12}$ 材料等。现在锂离子蓄电池所采用的负极材料主要是碳基负极材料，按照石墨化程度的不同，即规则化程度的不同可将锂离子蓄电池碳基负极材料进行分类。分类情况列于表 8.9。

表 8.9　锂离子蓄电池负极用碳材料分类

锂离子蓄电池负极用碳基材料	高规则化碳	天然石墨	
		人造石墨	中间相碳微球(CMS)
			气相生长石墨纤维
			石墨化针状焦
	低规则化碳	易石墨化碳(软碳)	焦炭

续表

			PAS
锂离子蓄电池负极用碳基材料	低规则化碳	难石墨化碳(硬碳)	树脂碳	PFA-C
				PPP
		复合碳	碳-碳复合	软碳-石墨复合
				硬碳-石墨复合
			碳-非碳复合	
	碳纳米材料			

锂离子蓄电池负极活性材料应满足以下要求：① 锂在负极的活度要接近纯金属锂的活度，这关系到蓄电池是否具有较高的开路电压。② 电化学当量要低，这样才能有尽可能大的比容量。③ 锂在负极中的扩散系数要足够大，可以大倍率放电。④ 锂离子在负极中嵌入和脱嵌过程中，电位变化要小(即极化要小)。⑤ 碳材料在热力学稳定的同时与电解液的匹配性要好。⑥ 成本低，易制备，无公害。

8.3.3　电解液

电解液是在蓄电池正负极之间起传导作用的离子导体，它本身的性能及其形成的界面状况很大程度上影响蓄电池的性能。优良的锂离子蓄电池有机电解液应满足以下几点要求：① 良好的化学稳定性，与蓄电池内的正负极活性物质和集流体(一般用 Al 和 Cu 箔)不发生化学反应。② 宽的电化学稳定窗口。③ 高的锂离子电导率。④ 良好的成膜(SEI)特性，在负极材料表面形成稳定钝化膜。⑤ 合适的温度范围。⑥ 安全低毒，无环境污染。

同时具有以上特点的由单一组分溶剂和电解质盐组成的电解液很难找到。实际用的电解液都是由二元以上溶剂和电解质混合而成，溶剂之间的特点能优势互补。常用的电解液体系有：$PC+DME+LiClO_4$、$EC+PC+LiClO_4$、$EC+DEC+LiClO_4$(或 $LiPF_6$)、$EC+DMC+LiClO_4$(或 $LiPF_6$)等，有时为提高蓄电池的性能，也采用三元及三元以上电解液，如在 $EC+DEC+LiPF_6$ 电解液体系中加入 DMC 或 EMC 可以提高蓄电池的低温性能。一般情况下它们都能与正极相匹配，因为它们都能抗 4.5 V 左右或以上的氧化；而对负极更关心的是电解液能不能在比较高的电位下还原形成致密、稳定的钝化膜，这就要求电解液组分尽可能具有较高的标准还原电极电位和大的交换电流密度。

8.3.4　隔膜

蓄电池隔膜的作用是使蓄电池的正、负极分隔开，防止两极接触而短路，此外还要作为电解液离子传输的通道。一般要求其电子绝缘性好，电解质离子透过性好，对电解液的化学和电化学性能稳定，对电解液浸润性好，具有一定机械强度，厚度尽可能小。根据隔膜材料不同，可以分成天然或合成高分子隔膜和无机隔膜，而根据隔膜材料特点和加工方法不同，又可以分成有机材料隔膜、编织隔膜、毡状膜、隔膜纸和陶瓷隔膜。对于锂离子蓄电池体系，需要耐有机溶剂的隔膜材料，一般选用高强度薄膜化的聚烯烃多孔膜，如聚乙烯(PE)、聚丙烯(PP)、PP/PE/PP 复合膜等。

锂离子蓄电池用隔膜材料的制备方法主要分为湿法工艺(热致相分离法)和干法工艺(熔融拉伸法)。干法工艺相对简单且生产过程中无污染,但是隔膜的孔径、孔隙率较难控制,横向强度较差,复合膜的厚度不易做薄,目前世界上采用此方法生产的企业有日本宇部和美国 Celgard 等,表 8.10 是美国 Celgard 公司采用干法制备的锂离子蓄电池用隔膜的主要指标。湿法工艺可以较好地控制孔径、孔隙率,可制备较薄的隔膜,隔膜的性能优异,更适用于大容量、高倍率放电的锂离子蓄电池;缺点是其工艺比较复杂,生产费用相对较高。目前世界上采用此法生产隔膜的有日本旭化成(Asahi Kasei)、东燃(Tonen)以及美国Entek 等。

表 8.10　美国 Celgard 隔膜的性能

性能	Celgard 2400	Celgard 2300
构造	PP 单层	PP/PE/PP 三层
厚度/μ	25	25
孔率/%	38	38
透气度/s	35	25
纵向拉伸强度/MPa	140	180
横向拉伸强度/MPa	14	20
穿刺强度/N	380	480
拉伸模量(纵向)/MPa	1 500	2 000
撕裂起始(纵向)/N	46	63
耐折叠性/次	>105	>105

8.3.5　壳体

蓄电池壳体又称为蓄电池容器,它的作用是盛装由正负极和隔膜组成的电极堆,并灌有电解液。蓄电池壳体一般由电池盖和电池壳组成。目前,空间用锂离子蓄电池单体的壳体主要有方形结构和圆柱形结构两种。

目前国外空间用锂离子蓄电池的主要研究机构有 Saft(法国)、Eagle-Picher(美国)、Yardney(美国)、GS(日本)、ABSL(美国)、Quallion(美国)、土星(俄罗斯)等公司。表 8.11给出了这些研究机构的单体型谱、外形及在轨寿命等,从表 8.11 中可以看出,除了 Saft 公司既有圆形蓄电池也有方形蓄电池、ABSL 公司采用 18650 圆形蓄电池以外,其他国外机构均采用方形蓄电池结构。

无论是方形结构和圆柱形结构的锂离子蓄电池,在空间应用时壳体设计的关键是实现全密封和能够承受发射力学环境、太空高真空环境的压力。空间用锂离子蓄电池单体的壳体必须要实现全密封(漏气率小于 1.0×10^{-10} Pa·m³·S⁻¹)。由于卫星用储能电源在空间工作时的环境近似于高真空状态,如果单体蓄电池没有实现全密封,则会发生电解液微漏以及气体逸出,最终导致电解液"干涸",蓄电池失效。

表 8.11　国外锂离子蓄电池外形结构

序号	公司	产品型号	单体
1	Saft	VES 系列	
2		MPS 系列	
3	ABSL	18650HC	
4	GS Yuasa	GYT	
5	Quallion	QL 系列	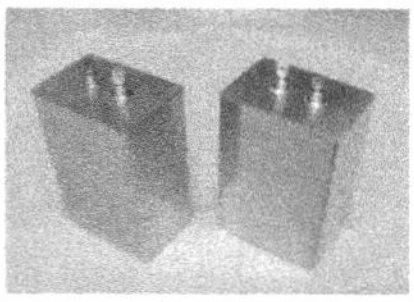
6	Yardney Lithion	MSP INCP	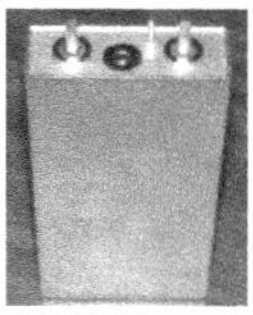
7	Furukawa	13.2 A·h、25 A·h（以单体容量表示）	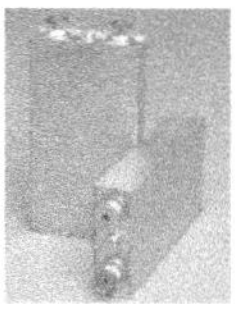
8	俄罗斯土星公司	ЛИГП 系列	

8.4　蓄电池制造

8.4.1　蓄电池单体制造

$LiCoO_2/CMS$ 体系锂离子蓄电池单体生产工艺流程如图 8.9 所示。单体制造工序繁

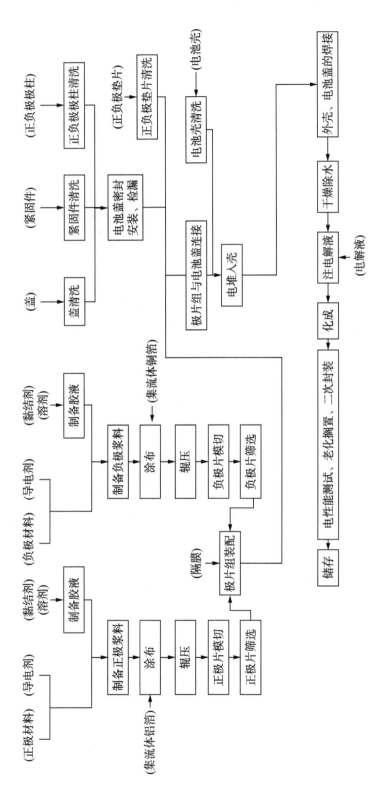

图 8.9　全密封锂离子蓄电池生产工艺流程示意图

多,而且部分工序并非顺接关系,而是须同时进行的并列关系。为使条理清晰,根据单体制造工艺的特征节点,将单体制造工艺分为五大工序,分别为极片制造、电堆装配、单体封装、注电解液及化成。

1. 极片制造

采用钴酸锂为正极活性物质正极片、采用 CMS 为负极活性物质的负极片,其制造工艺如图 8.10 所示。

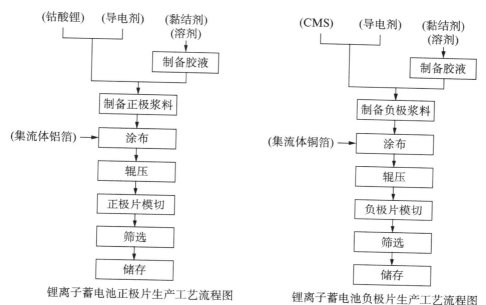

锂离子蓄电池正极片生产工艺流程图　　　锂离子蓄电池负极片生产工艺流程图

图 8.10　锂离子蓄电池极片制造工艺流程图

1) 黏结剂制备

锂离子蓄电池的黏结剂一般采用聚偏二氟乙烯(PVDF)溶液,溶剂一般采用 N-甲基-2-吡咯烷酮(NMP)。具体制备方法是:PVDF 与 NMP 按一定的质量比置于混合设备中真空搅拌,使 PVDF 溶解于 NMP 中,制成黏结剂溶液,俗称黏结剂胶液,制备过程也称为制胶。

2) 浆料制备

将电极活性物质、导电剂及黏结剂(PVDF 的 NMP 溶液,部分负极采用水性黏结剂)按照一定的比例混合均匀,置于浆料混合设备内搅拌成具有一定黏度的浆料,即浆料制备。

混合之前,活性物质、导电剂要在真空烘箱内烘干,以除去其中的水分。黏结剂溶液过筛后,从制胶罐转移到制浆罐后,需要补加一部分 NMP 溶剂,以达到合适的固液比,有利于制浆及后续工序的进行。制浆过程中,需要测定浆料的黏度等主要指标。如浆料的黏度过高,可以添加 NMP 来稀释浆料,降低黏度。

3) 涂布

涂布是将浆料通过涂布设备均匀地涂覆在集流体箔带的表面,涂层在慢速通过烘干通道时,在热气流下干燥以除去有机溶剂,形成极片卷。锂离子蓄电池的主体结构中,采用超薄金属箔片作为正负电极导体,即集流体。其功能主要是将蓄电池活性物质产生的电流汇集起来形成较大电流对外输出。其中,正极采用铝箔;负极采用铜箔。

活性物质从涂布机头涂覆在集流体箔带上后,经过烘箱段烘干,到达涂布机尾收卷。涂布机烘箱一般采用多段设计,目的是将涂覆在集流体箔带上的活性物质烘干,防止有龟裂、脱落及未完全干燥的情况发生。

实际生产中,烘箱段温度是非常重要的,需要严格控制。这是由于若温度太高会因烘烤过度造成活性物质龟裂、脱落而批量报废;若温度太低则不能完全烘干,使得溶剂积聚在活性物质内部,最终导致极片面密度与实际不符而影响蓄电池容量,严重的还会因为溶剂过多,收卷时活性物质无序黏附在集流体箔带表面,造成母极片卷整卷报废。烘箱段温度与活性物质种类、涂覆面密度、涂布速度等均有关系。

面密度是决定蓄电池单体容量的关键指标之一,必须对活性物质面密度进行实时监控以确保涂布质量。面密度应符合涂布技术参数要求,若不在参数要求范围内则重新调节涂布头参数,直至其符合要求。一般情况下,极片厚度与涂布面密度成正比关系,为了保证涂布面密度更加精准,可通过测量极片厚度以监测涂布面密度。

4)辊压

通过辊压机将涂布后的锂离子蓄电池极片卷轧制成具有一定厚度的母极片。辊压过程中,需对极片卷辊压后的厚度进行严格检验。

5)模切

模切前,需对辊压完成的母极片卷进行分切。根据母极片卷宽度及正负极片的尺寸,用分切机对母极片卷进行分切,一般分切成2~4个小极片卷,再用模切设备对小极卷进行模切。根据极片种类、生产效率和模切质量的要求不同,目前的模切方式主要包括刀模冲切、五金模切和激光模切等。

6)筛选

对模切完成的极片进行外观筛选,极片外观需满足如下的要求:极片表面平整均匀,无划痕、辊压印痕等,边缘无毛刺,极耳无断裂,极耳上无残留活性物质。对外观合格的极片称重分档。

7)储存

对分档完成,尚未转入下一道工序的极片置于真空干燥箱中保存,以防止环境中的水分进入极片内部。

2. 电堆装配

电堆装配是将正、负极片用隔膜折叠起来,组成极片组,多个极片组并联,装配成电堆。

正极片匹配:将合格正极片分成若干组,每组片数根据单体设计而定,要求每组总质量一致,偏差控制在工艺要求以内。

负极片分组:将合格负极片分成若干组,每组片数根据工艺设计而定。

叠片:利用装配夹具或设备使极片和隔膜按照"隔膜-正极片-隔膜-负极片"的顺序反复Z字型堆叠对齐,形成极片组。极片组最外侧采用隔膜包裹。

绝缘电阻测量:每个极片组制作完成后,采用微短路测试设备测量正负极之间的绝缘电阻。绝缘电阻合格的极片组方可进入下一道工序,尚未转入下一道工序的极片置于真空干燥箱中保存。

3. 单体封装

1)蓄电池盖的组装

将极柱、密封件、紧固件、盖片等部件清洗后按顺序组装成电池盖,并进行绝缘电阻测量和漏率测量。

2）电堆与电池盖的连接

传统的电堆与蓄电池盖连接多采用铆接方式，近年来，连接阻抗更小、可靠性更好、多余物控制更规范的超声波焊接已经逐渐取代铆接，成为锂离子蓄电池电堆和蓄电池盖的主要连接方式。焊接接头需要经过拉力、剥离等项目的检验，同时需要目检极耳无断裂、无裂纹。

3）电堆入壳

电堆入壳前，在电堆外围加装衬套（或贴聚酰亚胺绝缘压敏胶带）。入壳前用万用表测量极柱之间、极柱与盖体之间的绝缘电阻，绝缘电阻合格的方可入壳。将装好电池盖和加装衬套（或贴好聚酰亚胺绝缘压敏胶带）的电堆小心地装入电池壳内，要注意检查正、负极是否与刻号标志一致，装配过程中要时刻防止壳口将衬套（或聚酰亚胺压敏胶带）刺破。入壳后用万用表或微短路测试仪测量正负极柱之间以及正负极柱与壳体之间的绝缘电阻，绝缘电阻合格的进入下一道工序。

4）蓄电池壳、盖的焊接

采用焊接方法完成电池壳、盖的连接。焊接完成后要求焊缝表面无气孔、裂纹，圆润、光滑、平整，不得有焊瘤。用万用表或微短路测试仪测量两个极柱之间以及正负极柱与壳体之间的电阻，绝缘电阻合格的进入下一道工序。

4. 注电解液

全密封锂离子蓄电池注电解液工艺流程如图 8.11 所示。

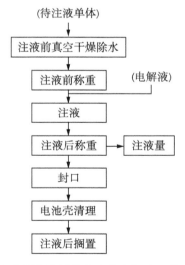

图 8.11　全密封锂离子蓄电池注电解液工艺流程示意图

1）注液前的准备

将待注液的蓄电池在真空干燥箱中加热干燥除水。

2）蓄电池注液

注液过程要求在低露点环境下完成，同时对电解液的含水量进行检测，合格后方可用于加注。用电子天平称量蓄电池注液前后的质量，计算蓄电池的注液量。

3）蓄电池封口

注液完成后马上将锂离子蓄电池封口，封好之后，将蓄电池壳擦拭干净，以除去注液过程中黏附在蓄电池壳的电解液,然后自然晾干。

4)注液后搁置

将注液后的蓄电池装入夹具中,室温下放置一定时间,确保电解液在蓄电池内部充分浸润。

5. 化成

锂离子蓄电池化成制造工艺流程如图 8.12 所示。

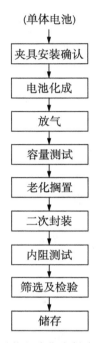

图 8.12　锂离子蓄电池化成制造工艺流程示意图

1)化成

化成是 SEI 膜的形成过程。在规定的温度下,采用小电流对注液后的蓄电池预充电并进行充放电循环,确保 SEI 膜稳定、均匀地形成。

2)放气

化成结束后,将蓄电池转移到低露点环境中,打开电池盖密封装置,放出蓄电池在化成过程中产生的气体,放气结束后,马上将锂离子蓄电池封口。

3)容量测试

容量测试程序是恒流充电(0.2 C)至 4.1 V 或 4.2 V,转恒压充电至电流小于设定值,然后恒流放电(0.2 C)至 3 V 或 2.75 V,按此程序循环三周。

4)老化

容量测试完成后,将蓄电池充满电,老化搁置时间不低于 28 天。搁置期间,利用内阻测试仪测量电池的内阻和电压。搁置结束后,将蓄电池置于测试架上,将蓄电池的正、负极与化成设备的测试线相连,0.2 C 恒流放电至 3 V,测试老化搁置后的容量。

5)二次封装

二次封装可在老化搁置过程中或老化搁置完成后至筛选前进行。将蓄电池转移到低露点环境中。进行注液口的焊接封口。

6）内阻测试

老化搁置结束后，在 3.9 V 的状态下用内阻测试仪测量蓄电池的内阻。

7）筛选及储存

蓄电池应外观完整，表面整洁，零部件齐全，无机械缺损，无多余物；蓄电池尺寸、质量、容量应符合设计要求。

8.4.2　蓄电池组制造

锂离子蓄电池组生产工艺流程如图 8.13 所示。蓄电池组的结构件包括左右壁板、散热片等，由于蓄电池组结构不同，结构件的种类与数量也不尽相同，本节以比较成熟的拉杆式结构为例介绍蓄电池组的生产制造工艺。根据蓄电池组制造工艺的特征节点，将蓄电池组制造工艺分为三大工序，分别为装组前的准备、蓄电池组总装、蓄电池组电装。

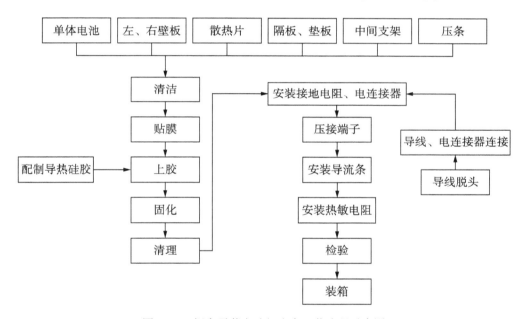

图 8.13　锂离子蓄电池组生产工艺流程示意图

1. 装组前的准备

装组前的准备主要内容包括单体、结构件的清洁及聚酰亚胺绝缘压敏胶带的黏结。

1）清洁

用酒精棉球擦洗单体电池表面，擦洗左右壁板、散热片、中间支架、压条等结构件，零部件表面应光亮无油迹、无划痕。

2）贴聚酰亚胺绝缘压敏胶带

将聚酰亚胺绝缘压敏胶带裁切成合适的尺寸，贴于散热片、左右壁板、中间支夹、压条、蓄电池单体表面，削去多余部分，要求包角处无金属外露。

2. 蓄电池组总装

在左壁板内表面涂导热硅胶，竖直贴放在电池组装配专用夹具上。取一块散热片，在其与左壁板相接触的外侧均匀涂上导热硅胶，紧靠左壁板放置。将 2 个绝缘条嵌进压条侧边的凹槽,卡紧,并在压条内表面均匀涂上导热硅胶。再取一块散热片在与单体相接触的外侧面均匀涂上导热硅胶,穿过压条的安装槽,将压条压在第一块散热片上面。根据单体蓄电池的排列顺序,取单体蓄电池,在其与散热片内侧面和散热隔板相接触的两面均匀涂上导热硅胶,紧贴散热片放置。重复上述过程,组装剩余的单体蓄电池。

根据图纸的要求,调整蓄电池组的外形尺寸、安装尺寸。检查各单体壳体间及壳体与结构件之间的绝缘,要求绝缘电阻不小于 100 MΩ。将定位块放置好并固定,用专用夹具上的定位压脚将蓄电池固定在夹具上,将蓄电池单体压紧压实,保证安装孔尺寸符合图纸要求。导热硅胶固化时间必须大于 24 h。固化大于 24 h 后,从装配夹具上取下蓄电池组,清除表面多余的导热硅胶,用指定的螺钉、平垫圈和弹簧垫圈将蓄电池组固定在底板上。

3. 蓄电池组电装

剪取所需尺寸的导线,导线切割应整齐、无损伤,用热剥钳剥除导线的绝缘层和护套。根据电连接器规格的不同,导线、电连接器的连接方法也不同,主要有焊接和压接两种。根据图纸接线表,将导线焊接或压接到电连接器上,并做好导线标志。完成后用数字万用表欧姆档检查接点和标志是否正确。

按照装配图将电连接器用力矩螺丝刀安装于插座架上,螺钉点胶固定;按照装配图将接地螺栓安装于相应位置,通过两个接头焊片,使接地电阻两端分别与接地螺栓和装配图规定的另一端相连,螺钉点胶固定;将导流条和压接端子按照图纸要求安装到蓄电池组上;根据图纸进行热敏电阻的安装;根据图纸接线表焊接热敏电阻的引线与连接导线,焊接完成后先将聚酰亚胺压敏胶带贴在蓄电池组相应位置,然后粘贴热敏电阻;对拉杆上的螺母和电池正、负极极柱上的螺母点胶固定;按照蓄电池组技术条件和测试细则进行检验,检验合格后装箱。

8.5 设计和计算

8.5.1 设计要素

储能电源的设计要素见表 8.12。它揭示了任何型号方案设计初期应考虑的问题。

表 8.12 储能电源的设计要素

物 理 方 面	电 气 方 面	计 划 方 面
体积、质量、结构、工作条件、静态和动态环境	电压、负载电流、工作循环、工作循环次数、工作时间和存储时间,以及对放电深度的限制	成本、储存寿命与工作循环寿命、飞行任务要求、可靠性、可维修性以及可生产性

在进行锂离子蓄电池设计时,必须根据具体的使用要求,区别情况分别对待。具体使用要求是指功率和寿命要求,搁置时间的长短,工作温度的高低,耐振动、冲击、离心等的要求。因为在不同的情况下,蓄电池的工作电压和正、负极活性物质的利用率都不一样,要求使用的活性物质的数量也不一样。

对于小电流负载放电的蓄电池,为了保证正、负极片处于较佳状态,极片可以厚一点,比能量做得高一些;对于大电流负载使用的蓄电池,极片应该做得相对薄一些,这样可使放电电流密度减小,提高活性物质的利用率和电池的工作电压。同时,在不同的情况下,使用的隔膜也不尽相同,隔膜的厚度和孔率也有所不同。电解液成分及添加剂的选择,也应根据具体使用情况而有所不同。

在蓄电池设计工作中,有时遇到的情况比较特殊,或要求的指标比较高,在作初步设计方案后还要根据试验结果作适当的修正,才能满足实际的要求。所以,在设计时,一方面要深思熟虑、统筹兼顾;另一方面也要注意在理论与实践中存在的差异,具体情况具体对待。

8.5.2　锂离子蓄电池设计和计算实例

一般情况下蓄电池电性能设计的步骤按下列 10 个环节进行：① 将蓄电池组的要求转化为单体蓄电池技术指标;② 以单体蓄电池技术要求选择最佳工作状态;③ 计算极片总面积、极片尺寸和数量;④ 计算电池容量;⑤ 计算正、负极活性物质用量;⑥ 正、负极极片平均厚度的计算;⑦ 隔膜和电解液的选择;⑧ 单体装配松紧度的设计;⑨ 单体蓄电池尺寸的计算;⑩ 单体电性能设计参数的修正。

某锂离子蓄电池设计举例如下：

某型号低轨道小卫星轨道运行周期 90 min,最大地影期 30 min,在地影期长期功耗为 100 W,峰值功耗 140 W,峰值功耗时间≤10 min,母线电压(27±2)V,寿命≥3 年。

1. 将蓄电池组的要求转化为单体电池技术指标

对于低轨道卫星锂离子蓄电池组的放电深度(DOD%)一般取 20%～30%DOD(现取 25%DOD),因此锂离子蓄电池组的容量为

蓄电池组容量＝地影期最大功率/(母线最低工作电压×放电深度×转换效率)
$$=[100 \text{ W}×30 \text{ min}+(140 \text{ W}-100 \text{ W})×10 \text{ min}]/(25 \text{ V}×25\%×90\%×60 \text{ min})$$
$$=10.07 \text{ A·h}$$
$$≈10 \text{ A·h}$$

锂离子蓄电池组单体电池串联数为

锂离子蓄电池组单体电池串联数＝母线最高工作电压/单体电池最高充电电压
$$=(27 \text{ V}+2 \text{ V})/4.1 \text{ V}$$
$$=7.07 \text{ 串}$$
$$≈7 \text{ 串}$$

锂离子蓄电池组单体电池串联数取 7 串。

2. 以单体电池技术要求选择最佳工作状态

锂离子蓄电池组在地影期最大连续工作时间约 30 min,在地影期长期功耗的平均放电倍率约 0.4 C,正好符合锂离子蓄电池常规的工作条件。

3. 计算极片总面积、极片尺寸和数量

取放电电流密度为 1.0 mA·cm^{-2},正极片的总面积为

$$[100 \text{ W}×30 \text{ min}+(140 \text{ W}-100 \text{ W})×10 \text{ min}]×1 000/(3.7 \text{ V}×7×1.0 \text{ mA·cm}^{-2}×30 \text{ min})≈4 376 \text{ cm}^2$$

正极片尺寸为 6 cm×9 cm,需要正极片的数量为

$$4 376 \text{ cm}^2/(6 \text{ cm}×9 \text{ cm}×2 \text{ 面})≈40 \text{ 片}$$

一般负极比正极多一片,因此负极为 41 片。

4. 计算蓄电池容量

锂离子蓄电池组单体电池额定容量取 10 A·h。为确保蓄电池组的质量,设计容量一般大于额定容量 10%～20%,取 20% 的设计余量,则单体电池的设计容量应为 12 A·h。

5. 计算正、负极活性物质用量

锂离子蓄电池正极材料采用 $LiCoO_2$,根据法拉第定律 $LiCoO_2$ 的理论容量为 274 mA·h·g^{-1},经过 CR2025 型扣式模拟电池测量,实际容量为 140 mA·h·g^{-1},正极活性物质的利用率为 51.09%,正极活性物质的用量约为 86 g。

锂离子蓄电池负极材料采用中间相碳微球(MCMB)材料,根据法拉第定律 MCMB 的理论容量为 372 mA·h·g^{-1},经过 CR2025 型扣式模拟电池测量,实际容量约为 310 mA·h·g^{-1},负极活性物质的利用率为 83.33%。由于锂离子蓄电池采用正极限容设计,负极容量应比正极多 10%,因此负极活性物质的用量约为 43 g。

6. 正、负极极片平均厚度的计算

正极集流体采用 0.02 mm 厚的铝箔,负极集流体采用 0.02 mm 厚的铜箔。一般情况下正极片厚度为 140～200 μm,负极片厚度为 130～200 μm。由于锂离子蓄电池的功率要求不高,因此正极片厚度取 170 μm,负极片厚度取 150 μm。

7. 隔膜和电解液的选择

由于锂离子蓄电池的使用条件并不苛刻,采用 Celgard2300 聚丙烯聚乙烯复合微孔隔膜作为正、负极之间的隔膜,隔膜厚度 25 μm。聚丙烯膜在温度高达 165℃时仍然具有良好的机械稳定性,而聚乙烯微孔隔膜在 130℃时就会熔化。采用聚丙烯和聚乙烯的复合隔膜,则可以同时具有两者的优点,提高了蓄电池的电性能和安全性,如在蓄电池短路引起蓄电池内部温度过高时,聚乙烯膜将比聚丙烯膜较早熔化,堵住微孔,从而切断电流。电解液采用多元有机电解液。

8. 单体装配松紧度的设计

正极片总厚度:0.17 mm×40 片=6.80 mm;

负极片总厚度:0.15 mm×41 片=6.15 mm;

隔膜总厚度:0.025 mm×82 片=2.05 mm;

衬套厚度:0.80 mm;

总厚度:15.80 mm;

考虑到单体蓄电池在注液后,极片和隔膜会发生膨胀,因此单体装配松紧度取 92%,则蓄电池内腔的厚度为

$$内腔的厚度=总厚度/装配松紧度≈17.17\ mm$$

9. 单体蓄电池尺寸的计算

单体蓄电池厚度:单体蓄电池的壳体采用 0.4 mm 厚的不锈钢板材料用引伸工艺制成,因此蓄电池厚度为:内腔的厚度+壳体厚度×2=17.97 mm≈18.00 mm。

单体蓄电池长度:由于极片长度为 60 mm,因此单体蓄电池长度取 65 mm。

单体蓄电池高度:极片高度为 90 mm,单体蓄电池内部空腔(极耳与汇流排的连接处)高度单体取 30 mm,极柱高度取 15 mm,因此蓄电池总高度为 135 mm(包含极柱)。

10. 单体电性能设计参数的修正

按上述设计制造蓄单体电池,检测蓄电池的各项设计参数与蓄电池组的要求是否一致,并根据测试结果对设计参数进行修正。设计后的 10 A·h 方形锂离子蓄电池外形如图 8.14 所示。

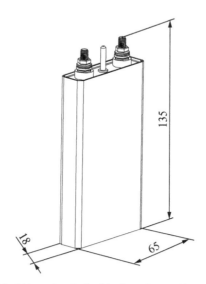

图 8.14　设计后的 10 A·h 方形锂离子蓄电池外形图(单位:mm)

8.6　使用和维护

正确合理地使用和维护锂离子蓄电池,可以有效延长锂离子蓄电池的使用寿命,防止安全性事故的发生。卫星用锂离子蓄电池组使用和维护的基本准则为:① 蓄电池组长期储存必须以半荷电状态储存在 −5～5℃ 的环境中。② 在短期内不参加整星测试时,蓄电池应保持在(3.8±0.2)V 的荷电状态。③ 在整星测试过程中,蓄电池的温度不应超过 35℃。④ 在90 d 的间歇性使用后,蓄电池应进行活化处理。⑤ 锂离子蓄电池只有在装星前才可同蓄电池安装板脱离。⑥ 在整星测试阶段,若蓄电池舱板未关闭,则锂离子蓄电池必须罩有保护罩。

8.6.1　使用前的检查

① 打开蓄电池组产品包装箱,核对箱内产品、文件等是否与装箱清单相符。

② 将蓄电池组及其安装板一起从包装箱中取出,目测蓄电池组外观。蓄电池组应外观完整、表面清洁、零部件齐全,并且安装位置正确,无多余物、无损伤。

③ 蓄电池组的外形尺寸、安装尺寸以及质量应符合各蓄电池组所对应的接口数据单。

④ 用工具检查紧固件,应连接牢固且不松动。

⑤ 在温度(20±10)℃、相对湿度大于 60% 的环境条件下,用 100 V 兆欧表测量蓄电池组内单体蓄电池同蓄电池组结构件之间、单体蓄电池壳体与热敏电阻之间的绝缘电阻应大于 100 MΩ。

⑥ 用数字多用表检查蓄电池组电连接点分配,应符合各蓄电池组所对应接口数据单的要求。

⑦ 在标准大气压下,检查蓄电池的极柱、焊接处是否有电解液泄漏。

⑧ 对处于储存状态的锂离子蓄电池组应每隔六个月活化一次。同时,处于储存状态的蓄电池组若要恢复正常的使用状态也需要活化。活化步骤如下:在(20 ± 2)℃的环境温度下,蓄电池组以 $0.2\,C$ 电流放电至终止电压,再以 $0.2\,C$ 倍率进行 3 周循环,循环 3 周后蓄电池组再以 $0.2\,C$ 电流充电至蓄电池组中的单体电压达到(3.8 ± 0.2)V。

8.6.2 充电

锂离子蓄电池严格防止过充电。如果锂离子蓄电池的充电电压高于 $4.8\,V$ 就会发生过充电现象。过充电会导致电池内部有机电解液分解产生气体,蓄电池发热,严重时发生爆炸。造成过充电的主要原因为充电控制电路失效。正确的充电是保证蓄电池组性能和寿命的重要条件之一。锂离子蓄电池组的充电方式主要采用恒流-恒压充电方式。在充电过程中,充电控制电路先对锂离子蓄电池进行恒流充电,当蓄电池组电压达到设定值时,转入恒压充电,恒压充电过程中电流渐渐自动下降,最终当该电流达到某一预定的很小电流时可以停止充电,实现充电保护,通过充电控制电路电压控制,可以有效防止锂离子蓄电池单体和蓄电池组过充电。

8.6.3 放电

锂离子蓄电池的放电电压低于 $2\,V$ 就会发生过放电现象。过放电会改变蓄电池正极材料的晶格结构,并使负极铜集流体氧化,氧化产生的铜离子在正极还原使正极失效。在锂离子蓄电池组的测试过程中必须严格控制放电电流和放电深度,应通过地面设备实时监测锂离子蓄电池组的电压和充放电容量。

1. 放电电压

在锂离子蓄电池组单独测试和参加整星测试过程中,蓄电池组的单体蓄电池放电电压不得低于 $3.0\,V$。

2. 放电深度

在锂离子蓄电池组单独测试和参加整星测试过程中,蓄电池组的放电深度不宜超过 50%。

3. 放电电流

在锂离子蓄电池组单独测试和参加整星测试过程中,蓄电池组的最大放电电流通常不超过 $1\,C$。

8.6.4 在发射场的使用与维护

① 当锂离子蓄电池组运送到发射场后,若不立即使用则应按要求储存。蓄电池组在装星前应进行活化,使之性能恢复正常。

② 在技术阵地的测试过程中,应严格监测蓄电池组的状态,防止蓄电池组的性能下降。

③ 卫星转场前,蓄电池组必须通过专用星表插头进行活化。

④ 卫星运输至发射阵地后,蓄电池组应用 $0.2\,C$ 倍率充电至蓄电池组内部各个单体蓄

电池电压达到 4.0～4.2 V,建立初始容量。

⑤ 在卫星临射前,蓄电池组需要进行补充充电。补充充电结束后,应保持 1/20 C 倍率电流进行涓流充电直至转内电。

⑥ 在发射阵地应根据具体情况决定是否对蓄电池组进行活化。

⑦ 当锂离子蓄电池组通过地面或星上进行充放电和活化时,应对蓄电池组的电压、温度等参数进行实时监控。

8.7 发展趋势

8.7.1 高比能量锂离子蓄电池

随着锂离子蓄电池技术的快速发展,锂离子蓄电池单体制备工艺日臻完善,针对常用的锂离子蓄电池体系,通过优化制备工艺的方法已很难再大幅提高锂离子蓄电池单体的能量密度。因此研究人员通常采用两种措施来提高蓄电池的比能量:采用高比容量的电极材料体系以提高蓄电池的储锂能力;采用高电压的正极材料以提高电池的工作电压。

1. 富锂多元正极材料体系

目前使用的钴酸锂材料实际克容量约 $140 \ \mathrm{mA \cdot h \cdot g^{-1}}$,而镍钴铝酸锂材料的实际克容量为 $185～195 \ \mathrm{mA \cdot h \cdot g^{-1}}$。近年来,一种由 Li_2MnO_3 和层状 $LiMO_2$ 形成的固溶体富锂锰基正极材料 $xLi_2MnO_3 \cdot (1-x)LiMO_2$(Mn 的平均化合价为 +4,M 为一种或多种金属离子,M 的平均化合价为 +3,包括 Mn、Ni、Co 等)由于具有较高的比容量(> $250 \ \mathrm{mA \cdot h \cdot g^{-1}}$,充放电截止电压 2.0～4.6 V,放电曲线如图 8.15 所示)而引起广泛的关注,典型的结构式为 $0.5Li_2MnO_3 \cdot 0.5LiMn_{1/3}Ni_{1/3}Co_{1/3}O_2$。目前以 BASF、Envia 和 Toda 为代表的公司已经购买了合成富锂锰基材料的相关专利,并已初步实现少量样品材料生产,所制备的经表面修饰高比容量富锂锰基正极材料,比容量超过 $270 \ \mathrm{mA \cdot h \cdot g^{-1}}$,首次充放电效率已提高到 90% 以上,不足之处在于长期循环性能还不够稳定,倍率放电特性和低温放电特性也相对较差。

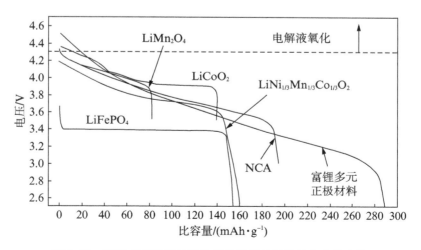

图 8.15 富锂多元正极材料和其他正极材料的放电曲线比较

在现有的锂离子电池中,每摩尔传统正极材料对应可脱嵌的锂离子数均小于1,大多为单电子反应,最多涉及一个锂离子的迁移,导致电池能量密度偏低。从储锂能力的角度来看,增加电池反应电子数,是提高锂离子电池能量密度的有效途径。因此探索多电子反应的高容量材料特别是正极材料和实现方式,是高比能量锂离子蓄电池研究的新领域。

2. 5 V 高电压正极材料

在不降低储锂能力的前提下提高锂离子蓄电池的工作电压无疑也是提高电池比能量的有效措施,其中的关键就是开发高电压的正极材料,此类材料的代表是 $LiNi_{0.5}Mn_{1.5}O_4$,具有反尖晶石结构的钒系氧化物如 $LiM_xV_{2-x}O_4$,具有橄榄石结构的复合磷酸盐 $LiMPO_4$ 等。其中以 $LiNi_{0.5}Mn_{1.5}O_4$ 研究最多,最具有代表性。

5 V 正极材料 $LiNi_{0.5}Mn_{1.5}O_4$ 具有尖晶石结构,其理论比容量为 147 mA·h·g^{-1},实际可达 130 mA·h·g^{-1},如图 8.16 所示。由于 $LiNi_{0.5}Mn_{1.5}O_4$ 的充放电电压平台接近 5 V,而目前的普通锂离子蓄电池电解液在高电位下容易发生分解反应,严重影响电池的电化学性能,因此高电压的 $LiNi_{0.5}Mn_{1.5}O_4$ 材料必须要与高分解电压的电解液体系配合来使用。因此,$LiNi_{0.5}Mn_{1.5}O_4$ 材料尽管工作电压高,但是相对较低的比容量抵消了一部分比能量优势,而且耐高压电解液技术还未成熟,导致此类材料还未大规模实用化。

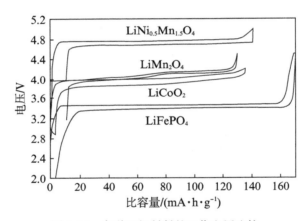

图 8.16　各种正极材料的工作电压比较

3. 高容量负极材料

现今广泛应用的锂离子蓄电池负极材料为石墨类碳材料,石墨类材料的循环性能良好,但有其理论储锂容量的限制(372 mA·h·g^{-1})。目前研究开发的高比容量负极材料以合金类复合负极材料最有应用潜力。经过多年研究,合金类复合负极材料的各方面性能已有较大的突破,国外相关电池公司宣称已处在产业化初期的阶段。合金类负极材料的理论储锂容量比石墨类材料要高得多,如硅的理论储锂容量为 4 200 mA·h·g^{-1}。硅可与 Li 形成 $Li_{22}Si_5$ 合金,是目前已知材料中理论容量最大的,但是其在充放电过程中严重的体积效应导致材料长期循环性能不够稳定。图 8.17 是各种负极材料的理论比容量比较情况。

目前硅基负极材料的开发方面以日本相关电池公司较为领先。日本三井金属公司宣称已开发出用于新一代锂离子蓄电池的新型负极"SILX"。采用以硅(Si)为主体的结构,克容量约为现有碳类负极的 2 倍。日立麦克赛尔公司表明了近几年开始量产可实现更高容量且负极采用硅合金类材料的锂离子充电电池的意向。而日本松下公司于 2013 年小批量产负

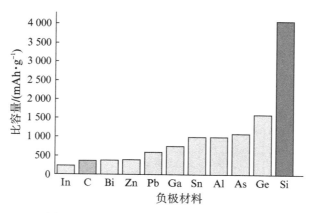

图 8.17　各种负极材料的理论比容量比较

极材料采用硅基材料的锂离子蓄电池,已小量生产的 18650 锂离子蓄电池样品的比能量达到 250 W·h·kg^{-1},相比普通蓄电池的比能量要高约 30%,但未见寿命性能报道。

根据最新调研情况,美国 Envia 公司采用自主开发的富锂锰基多元正极材料,以及克容量达到 1 500 mA·h·g^{-1} 的硅基负极材料,研制出高比能液态软包装锂离子蓄电池实验室样品,实际容量 45 A·h,比能量达到 430 W·h·kg^{-1}(常温 0.05 C 充放电条件),蓄电池以 80%DOD 循环 500 次后能量保持率在 65% 以上。

8.7.2　高比功率锂离子蓄电池

可适用于高比功率锂离子蓄电池的电极材料体系有很多种,正极材料如镍钴铝酸锂、镍钴锰酸锂、锰酸锂、磷酸铁锂等,负极材料如功率型石墨、硬碳和钛酸锂等。电池材料本身的一些性能存在差异,如比容量、工作电压、功率特性、循环特性和价格成本等,导致各种体系的高比功率锂离子蓄电池的应用领域也有所不同,因此可以根据实际背景需求来选择合适的高比功率锂离子蓄电池体系。以下简单介绍两种高比功率锂离子蓄电池体系的情况。

根据现有资料调研,仅从功率密度比较,SAFT 公司的 VL5U 圆柱形锂离子蓄电池产品水平最高,其采用镍钴铝酸锂作为正极体系,石墨作为负极体系,可适用于需要超高功率输出的场合。典型指标如下:容量 5 A·h,质量 0.35 kg,平均工作电压 3.65 V,持续放电倍率 400 C,0.2 s 脉冲放电倍率 800 C,放电工作温度范围 −60～60℃,−40℃ 下持续 100 C 放电至 2.0 V 的容量保持率近 80%。不同放电电流下的功率密度和能量密度如表 8.13 和图 8.18 所示。

表 8.13　SAFT 公司 VL5U 高功率锂离子蓄电池参数

放电电流	功率密度		能量密度	
/A	/(kW·kg^{-1})	/(kW·dm^{-3})	/(W·h·kg^{-1})	/(W·h·dm^{-3})
5	0.052	0.13	57	146
250	0.58	1.5	47	121
500	4.7	12	42	108
1 000	8.7	22	36	93
2 000	14	36	27	69

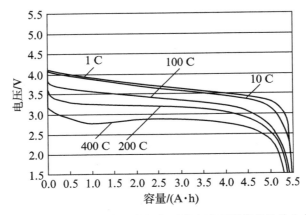

图 8.18　SAFT 公司 VL5U 高功率锂离子蓄电池不同倍率的放电曲线比较

　　钛酸锂材料的本征导电性较差,但经过纳米化和表面碳包覆等手段处理后,完全可适用于高功率锂离子蓄电池。钛酸锂材料具有优异的循环性能和热稳定性等特点,其嵌锂电位约 1.5 V,优势在于大电流充电时不易在负极表面析出金属锂,因而蓄电池可以承受较高的倍率充电;不足之处在于蓄电池的平均工作电压较低,严重影响蓄电池的比能量,图 8.19 是锰酸锂/钛酸锂体系功率型锂离子蓄电池不同倍率的放电情况。锰酸锂/钛酸锂体系蓄电池的工作电压为 2.5 V 左右,从提高蓄电池工作电压考虑,采用 5 V 高压镍锰酸锂正极材料代替锰酸锂正极材料是钛酸锂体系锂离子蓄电池技术后续发展的重要方向,当然这还有赖于 5 V 高压电解液的成熟应用。目前钛酸锂体系高功率锂离子蓄电池研制水平较高的机构是美国 Enerdel 和日本 Toshiba 公司,主要应用背景为新能源电动车和电力储能系统。

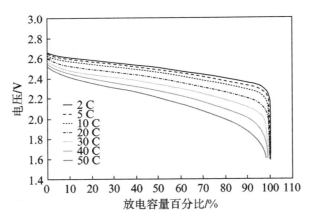

图 8.19　锰酸锂/钛酸锂体系功率型锂离子蓄电池不同倍率的放电曲线比较

8.7.3　全固态锂离子蓄电池

　　有机液态电解液的锂离子蓄电池,存在着电解质易挥发、易泄露、电解质在高温/低温极端环境下分解/失活、隔膜容易被负极表面产生的枝晶或受压变形而刺穿等一系列潜在的安全与寿命问题。无机全固态锂离子蓄电池以其极高的体积比能量(>800 $W \cdot h \cdot L^{-1}$)、超长的寿命(可循环数达万次)和优异的安全性,为未来电池的发展提供了新的发展方向。这种采用固态无机电解质的全固态锂离子蓄电池,各组件都非常致密,体积能量密度很高;同时,电解质无挥发、相变、不可燃,是电子绝缘体,自放电小,使用和储存寿命长、安全性能好。

按电解质的种类,目前研究的全固态锂二次电池主要包括两大类:一类是以有机聚合物电解质组成的锂离子电池,也称为聚合物全固态锂电池;另一类是以无机固态电解质组成的锂离子电池,又称为无机全固态锂电池。在充放电过程中,由于无机全固态锂电池副反应较聚合物全固态锂电池少,其应用更加广泛。

无机全固态锂电池的组成包括正极、负极、电解质、集流体和外壳 5 个部分。其中正极、负极和电解质是无机全固态锂电池的关键部件,固态化电解质起到离子传导和隔膜的双重作用。固相材料中的离子迁移率制约着全固态锂离子蓄电池的电性能。在充放电过程中,金属离子需要在电极与电解质中传输,电极结构、材料晶体结构以及电极材料和电解质的界面的不可逆变化,导致了不可逆反应的发生。这种不可逆主要来源于:① 动力学因素及界面副反应导致部分锂离子在充放电循环中滞留在电极材料内部或界面,无法发生二次嵌脱反应,形成"死锂";② 材料或界面接触阻抗的不均一,导致充放电时电极与电解质界面局部微区电压过高/过低,存在离子浓度梯度,进而使界面阻抗增大、电极发生歧化反应,电极材料与界面层晶体结构发生不可逆转化;③ 随着充放电次数的增加,电极材料形貌与界面组分发生改变,锂离子传输动力学常数降低,电极结构发生崩溃;④ 随着电池充放电反应的进行,电极与电解质界面会产生浓度梯度层及多相结构。

全固态锂二次电池根据制备工艺的不同,全固态锂电池可以分为两大类。通过磁控溅射、化学气相沉积等物理化学制膜方法,将电极材料沉积在基板上的全固态锂电池称为薄膜型全固态锂电池[图 8.20(a)];通过冷压或热压等粉末压制工艺,将依次放入的正极粉料、固态电解质粉体和负极粉料在模具中压制成型的,称为粉末型全固态锂电池[图 8.20(b)]。

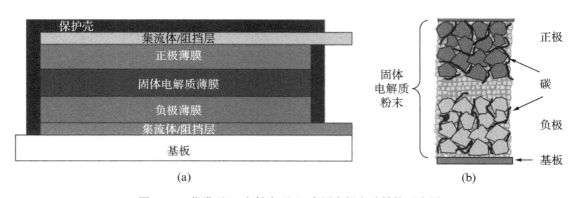

图 8.20　薄膜型(a)和粉末型(b)全固态锂电池结构示意图

目前,研究较多的固态电解质有很多类型:非晶体型固体电解质主要包括氧化物玻璃态和硫化物玻璃态电解质,以及 LiPON 类;晶体型电解质主要包括钙钛矿型、锂快离子导体(LISICON)、钠快离子导体(NASICON)、硫代-锂快离子导体(thio-LISICON)和石榴石型等。现在应用前景较好的主要有 LiPON 电解质及硫化物玻璃态电解质两类。

美国 Cymbet 公司的 POWER FAB 系列微电池,是世界首批可充电固态电池芯片,所用固态锂电池可充电数千次,能够在系统产品的整个生命周期中持续使用、不会有危险化学品或者气体泄漏出来。韩国 GS Caltex 联合爱发科(ULVAC)采用层层溅射的方法制造出了超薄、邮票大小的固态锂离子电池。其正极材料为 $LiCoO_2$，负极材料为锂，电解质为 LiPON，容量为 0.5 mA·h，体积能量密度超过 800 W·h·L^{-1}。大阪府立大学的 Tatsumisago 等采用机械研磨 $Li_2S\text{-}P_2S_5$ 类固态电解质和硫化镍（NiS）组成复合正极，50 次周期后其充放电效率仍接近 100%，容量仍维持在约 300 mA·h·g^{-1}。

未来全固态锂电池的发展方向主要是：以 LiPON 为固态电解质的高比特性无机全固态微电池具有高安全性、轻量化、电池有效容量高、使用寿命与储存寿命高等一系列优点，在航空航天、物联网、可穿戴等领域中有着广泛的应用前景；以钙钛矿、硫化物等快离子导体为固态电解质的大容量无机全固态电池，不仅能够显著提升现有电池性能，替代当前液态电解液的锂离子电池，更将为下一代储能电源的研发打下基础。这其中，通过分析调整电极与电解质界面层的纳米结构，将成为全固态锂电池突破的关键点。

思 考 题

（1）简述 $LiCoO_2$/C（天然石墨）体系锂离子电池的工作原理（含反应方程式）。

（2）简述锂离子蓄电池、镉镍蓄电池和高压氢镍蓄电池的性能比较。

（3）简述锂离子蓄电池的机械、电学、热力学特性。

（4）某卫星型号用锂离子蓄电池组采用 $LiCoO_2$/C 体系方形 30 A·h 锂离子蓄电池单体 4 并 9 串组成，蓄电池组如何命名？

（5）简述锂离子蓄电池单体的组成。

（6）简述锂离子电池嵌入式负极材料应具有的性能。

（7）简述锂离子电池正极活性材料应具有的性能。

（8）简述锂离子电池（叠片式）的生产流程。

（9）简述拉杆式、压条式结构锂离子电池组制备流程。

（10）某型号电动自行车工作电压（36±3）V，功率 200 W，连续工作时间大于 2 h，使用寿命 2 年，工作温度范围 $-5\sim40℃$。请作出锂离子蓄电池单体的设计方案。

（11）简述锂离子蓄电池组在发射场的使用与维护方法及注意事项。

（12）作为卫星、飞船、空间站等航天飞行器用储能电源，你认为锂离子蓄电池技术应该如何发展？

第9章 热 电 池

9.1 热电池概述

在第二次世界大战期间,德国 Erb 博士发明了热电池技术,并将其应用于 V2 火箭上。此热电池采用 Ca|LiCl-KCl|CaCrO₄ 电化学体系,并利用发动机的尾气余热保持电解质熔融。战后,美国国家标准局武器发展部得到此技术后成功研制出热电池产品。

20 世纪 50 年代中期,美国海军武器实验室(NOL)和 Eurelca-Williams 公司研制出了 Mg/V₂O₅ 片型热电池,从而使热电池的制造工艺从制作复杂的杯型工艺发展为操作较为简单的片型工艺,使热电池的性能上了一个新台阶。

1961 年美国 Sandia 国家实验室将片型工艺成功应用于钙系热电池,并于 1966 年生产出了第一批完整的片型钙系热电池,从而使片型钙系热电池开始成为美国核武器上使用的主要电源。20 世纪 60 年代和 70 年代初期,钙系热电池蓬勃发展,热电池的比能量、比功率得到了大幅度的提高,工作寿命也延长到 1 h。钙系热电池存在着明显的电噪声、易热失控和电极严重极化等问题,阻碍了钙系热电池的进一步发展,影响了其在武器上的使用。

相关学者从 20 世纪 70 年代开始从事锂系热电池研究。1970 年英国海军部海上技术研究中心开展了负极为金属锂、正极为单质硫的热电池研究,但是金属锂和单质硫在热电池工作温度下不稳定,易发生电池热失控,后改用了锂合金(主要为锂铝合金和锂硅合金)和二硫化铁作为热电池的电极材料。

20 世纪 70 年代中期,美国 Sandia 国家实验室成功研制了小型、片型长寿命锂合金二硫化铁热电池。该热电池的各项性能大大超过其他电化学体系的热电池,具有电压平稳、无电噪声、比功率大、比能量大的特点。这是热电池发展史上又一个重大技术突破。

20 世纪 70 年代后期至 80 年代初期是锂合金二硫化铁热电池的大发展时期,出现了各种性能优良的热电池产品。这些产品在各种不同类型的武器上得到应用,为提高武器性能立下了赫赫功劳。其中锂硅合金二硫化铁体系已成为目前武器中应用最广泛的热电池电化学体系。

20 世纪 90 年代,新型热电池负极材料锂硼合金也开始应用于热电池研制中,使热电池的比能量和比功率得到大幅度提升。与此同时,作为热电池正极材料的二硫化铁逐渐被热稳定性更高、极化更小的二硫化钴所取代,从而使高功率热电池和长寿命热电池的性能得到进一步提高。该电化学体系有望成为锂硅合金二硫化铁体系的理想替代体系。

9.2 工作原理

9.2.1 原理

热电池是用电池本身的加热系统把不导电的固态电解质加热熔融呈离子型导体而进入

工作状态的一种热激活储备电池。电解质由低共熔盐组成,在常温下为不导电的固体,电池处于高阻状态不能输出电能;使用时通过电激活或机械激活引燃电池内部加热材料把电解质熔融并形成离子导体,电池内阻迅速下降到毫欧级,正负极材料发生电化学反应,对外输出电能。

9.2.2　特点

由于热电池独特的结构,其具有以下优点:

(1) 储存寿命长

热电池在激活前其电解质为固体,正负极之间回路电阻达到兆欧级,电池的自放电率非常小,几乎不发生容量损失,热电池的储存寿命在 10 年以上,最长可达 50 年。

(2) 激活时间快,无方向性

热电池的激活过程非常快,一般在 0.2~1.5 s 内完成,因此,热电池具有快速响应的特点。热电池在激活过程中只有热量的传递,无物质传递,无方向性,在任何角度均可激活。

(3) 电流密度大、输出功率高

热电池采用熔融盐作为电解质,导电率比水溶液电解质高几个数量级,电池内阻非常小。正负极材料的工作温度为 400~500℃,活性高,极化内阻小。这都有利于电池大电流密度放电,一般热电池的电流密度为 300 mA·cm^{-2},脉冲放电时最大电流密度可达 5 A·cm^{-2}。热电池的最大比功率可达到 10 kW·kg^{-1}。

(4) 环境适应能力强

热电池内部包含加热材料和保温材料,电池性能对外界环境温度影响较小。热电池可在 −45~60℃环境下激活并正常工作,激活后可以在更加严酷的环境温度下工作。热电池内部为紧装配结构,内部无液态物质,能够承受严酷的环境力学条件。

(5) 在储存期间无须维护与保养

热电池为一次性使用产品,无须维护。热电池未激活使用前,内部材料均为固态,因此热电池本身具有自放电小,耐环境温度宽,力学性能好,可以长期储存的优点。

热电池在使用过程中也存在一定的问题:① 工作时间较短,一般热电池的工作时间在 10 min 以内。② 激活后必须立即使用。③ 工作过程中表面温度会逐渐上升,最高可达 200~300℃。

9.2.3　分类

自从热电池发明以来,热电池取得了很大的发展,先后研究出多个电化学体系,每个电化学体系根据不同的需要发展成多种类型的热电池。1996 年我国就热电池的分类和命名专门制定了国家军用标准。国家军用标准规定:热电池的分类按所使用的负极材料为依据分为镁系热电池、钙系热电池和锂系热电池,分类代号分别是 M、G 和 L。表 9.1 列出了各类热电池的常见电化学体系。

9.2.4　命名法

单元热电池的命名由型号和热电池字样组成。型号由五部分组成:

表 9.1　常见热电池电化学体系

体系	负极|电解质|正极	工作电压/V	适应特性
钙系	Ca|LiCl-KCl|WO₃	2.4~2.6	电气干扰小、力学条件低
	Ca|LiCl-KCl|PbSO₄	1.9~2.2	力学条件高、工作时间短
	Ca|LiCl-KCl|CaCrO₄	2.2~2.6	力学条件低、工作时间较长
镁系	Mg|LiCl-KCl|V₂O₅	2.2~2.7	力学条件高、放电时间短
锂系	LiAl|LiCl-KCl|FeS₂	1.8~2.1	力学范围固定、输出中、低功率
	LiSi|LiCl-KCl|FeS₂	1.7~2.1	力学条件高、中等功率输出
	LiB|LiCl-KCl|FeS₂	2.0~2.2	力学条件宽、中等功率输出
	LiSi|LiCl-KCl|NiCl₂	2.0~2.4	力学条件宽、高电压、工艺简单
	LiSi|LiF-LiCl-LiBr|NiCl₂	2.0~2.4	力学条件宽、高功率、高电压输出

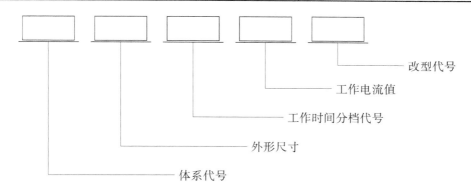

① 体系代号：按 9.2.3 节分类规定。

② 外形尺寸（直径/高度）：直径不包括安装附件和保护外壳，高度不包括接线柱高度。

③ 工作时间取与工作电流相对应的数值，工作时间分档代号见表 9.2。

表 9.2　工作时间分档代号

代号	时间范围/s
Ⅰ	≤10
Ⅱ	11~60
Ⅲ	61~180
Ⅳ	181~600
Ⅴ	>600

④ 热电池有若干个电流值或一定范围电流值时，工作电流取最大值；工作电流为脉冲电流时，电流值加方括号。

⑤ 热电池改型顺序代号用英文字母 A、B、C……（I、O 除外）表示。

组合热电池组的命名由型号和"组合热电池组"字样组成。型号由六部分组成：

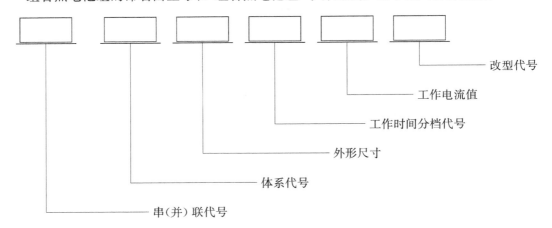

串（并）联代号：若干个单元热电池串（并）联于一个壳体时,其并联热电池代号的并联热电池个数用阿拉伯数字表示;串联热电池代号用 C 表示,其串联个数用阿拉伯数字表示。

体系代号、外形尺寸、工作时间分档代号、工作电流值、改型代号同单元热电池代号。

下面举例说明：

例 1　镁系单元热电池,直径为 40 mm,高度 30 mm,工作时间为 2 s,工作电流为 2 A,该热电池应命名为 M40/30Ⅰ2 热电池。

例 2　锂系单元热电池,直径为 48 mm,高度 50 mm,工作时间为 90 s,工作电流为 1 A,第一次改型,该热电池应命名为 L48/50Ⅲ1A 热电池。

例 3　锂系单元热电池,直径为 40 mm,高度 90 mm,工作时间为 12 s,脉冲工作电流为 5 A,第二次改型,该热电池应命名为 L40/90Ⅱ[5]B 热电池。

例 4　并联 4 个锂系热电池,直径为 68 mm,高度 144 mm,工作时间为 120 s,工作电流为 10 A,该热电池应命名为 4L68/144Ⅲ10 组合热电池组。

例 5　串联 2 个锂系热电池,直径为 56 mm,高度 80 mm,工作时间为 80 s,工作电流为 13 A,第二次改型,该热电池应命名为 C2L56/80Ⅲ13B 组合热电池组。

9.2.5　用途

鉴于热电池具有上述优良性能,其在武器上得到了广泛应用。所涉及的武器品种包括各种战术导弹、战略导弹、巡航导弹、核武器、精确制导炸弹和水中兵器等。在武器应用中,可以用于电爆管、雷管等火工品引爆、发动机点火、控制系统和遥测系统供电、水下鱼雷推进、飞机座椅弹射。热电池除在军事领域得到广泛应用外,在民用领域也初显端倪,如作为火警电源、地下深井高温探矿电源等。

9.3　电池结构和激活

9.3.1　热电池的组成

热电池的基本单元为单元电池。根据用电需求可能需要多个单元电池进行串、并联组合,组合在一起称为热电池组。单元电池的结构如图 9.1 所示,主要由金属外壳、电堆、电极柱(又称接线柱)、保温层和点火装置组成。

金属外壳由电池壳和电池盖组成,电池壳盖焊接后成密封体,使单元电池内部与外界环境隔离。外壳材料一般为不锈钢和钛合金。不锈钢的价格便宜、加工方便,大部分热电池将其作为外壳材料。钛合金具有密度小、导热系数低、强度好等优点,在特殊需求的热电池中得到应用。

电堆是热电池的核心部分,决定其电性

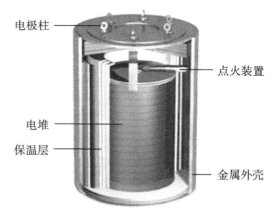

图 9.1　单元电池的结构

能。电堆包括单体电池、热缓冲层、紧固件、绝缘材料、集流片和引流条。单体电池主要由正极层、电解质层、负极层和加热层组成。热缓冲层的作用主要是减少激活过程中加热材料燃烧时温度冲击和放电过程中热量的损失。紧固件的作用是将单体电池和热缓冲层紧固,提高热电池的力学强度。绝缘材料位于单体电池与紧固件和引流条之间,避免电堆内部短路。集流片位于单体电池两面,收集电流。引流条的作用是将电流从电堆中导出至电极柱。

电极柱作为激活输入和电能输出的端子,内与电堆的正、负极和点火装置相连。电极柱与金属外壳采用玻璃绝缘子烧结,实现单元电池的密封,并与金属外壳绝缘。

保温层用于维持电堆在一定的温度范围内,延长热电池的工作时间。根据热电池的工作时间,选择不同导热系数的云母、石棉纸、Min-k 材料、二氧化硅气凝胶等作为保温材料。

点火装置是热电池的激活部分,由点火头(或火帽)和引燃材料组成。点火头(或火帽)在输入激活信号后产生火焰,引燃材料将火焰传递至每一片单体电池。

9.3.2　热电池的结构

根据单体电池的结构,一般将热电池的结构分为杯型和片型两种结构。早期热电池的单体电池采用杯型结构,后改为片型结构。

1. 杯型结构

杯型结构主要应用于钙系和镁系热电池。图 9.2 为典型杯型单体电池的结构,一个杯型单体电池由两个单体电池并联组成。负极材料为镁箔或钙箔,压焊在镍基片上,从杯型壳体中引出时与之绝缘。正极材料如铬酸钙等通过造纸法载带在玻璃纤维布上,干燥后冲压成型。正极直接与杯型壳体连接,因此壳体为正极。正、负极之间的电解质是由玻璃纤维带或石棉带浸取电解质后冲制而成。

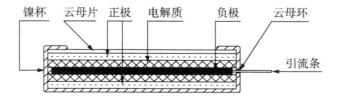

图 9.2　典型杯型单体电池结构

杯型结构的优点是：壳杯做成碗状,活性物质和电解质不易外溢;电极可以做得很薄。然而杯型结构存在着较多的缺点,主要为零件多,制备和装配过程复杂;工作时间短;工作重现性差;在很大的自旋和加速度条件下,容易造成电池短路。

2. 片型结构

片型结构单体电池的优点表现为：能大幅度延长热电池的工作时间,杯型结构热电池的工作时间为 5 min 左右,采用片型结构后可使热电池的工作时间延长至 60 min;激活后内部压力很小,可减少电池外壳的质量,有利于提高比能量和比功率;单体电池可简化到 1~3 个元件,无需各种复杂的连接片等,结构简单、装配简便;采用铁粉/高氯酸钾加热材料,点火能量高,发气量少,热电池的安全性高;使用部件少,结构紧凑,能耐苛刻的环境条件,电池的可靠性高。

片型结构单体电池可以分为以下三种形式。

1) DEB 片结构

DEB 片结构由美国 Sandia 实验室在 20 世纪 60 年代中期研制成功。DEB 片是去极剂(D,即正极材料)、电解质(E)和黏合剂(B)的复合片,DEB 分别是去极剂、电解质和黏合剂的英文字首。其单体电池结构比较简单,由一个 DEB 片和一个负极片组成。该单体电池结构如图 9.3 所示。为了满足电堆结构需要,通常单体电池中心开圆孔。

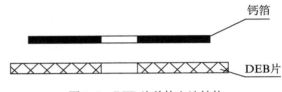

图 9.3 DEB 片单体电池结构

2) 三层片结构

20 世纪 70 年代后期,美国 Sandia 实验室成功研制出锂系热电池。将传统的 DEB 片分成 DE 片和 EB 片,即将电解质与氧化镁混合在一起制成隔离粉,单独压制成片。正极另外独立压制成极片。因此,一个单体电池由正极片、隔离片、石棉圈和负极片组成。其结构如图 9.4 所示。

三层片也可采用一次压制成型工艺方法制备,其制备方法是：首先在模框中倒入正极粉,摊平,再加入隔离粉,摊平,放入石棉圈,最后在圈中加入负极粉,摊平,盖上模,把它压制成一个集成片,即单体电池。

3)“四合一”结构

“四合一”结构是将加热片与三层片一次压制成型的结构,其制备方法是：首先在模框中倒入加热粉,摊平,然后加入正极粉,摊平,再加入隔离粉,摊平,放入石棉圈,最后在圈中加入负极粉,摊平,盖上模,把它压制成一个集成片,即单体电池。其结构如图 9.5 所示。

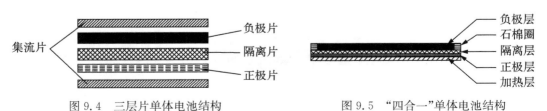

图 9.4 三层片单体电池结构　　　　图 9.5 “四合一”单体电池结构

9.3.3 热电池的激活

激活就是外界信号使热电池内部加热物质燃烧产生热量使电池进入可工作状态的过程,主要包括火工品发火点燃引燃材料、引燃材料传火给加热片、加热片燃烧产生热量、热量传递电解质、电解质熔融建立双电子层五个过程。衡量激活快慢用激活时间来表示,激活时间就是从输入激活信号开始到电池的工作电压达到规定下限值所需的时间。

热电池的激活方式主要有两种:机械激活和电激活。

1. 机械激活

机械激活,就是利用机械产生一个力,使撞针具有一定冲击力,撞击火帽使其发火,引燃电池内部加热材料,从而完成激活电池的使命。

火帽是机械激活热电池的发火元件。衡量火帽性能的指标主要是标称发火能量和不发火能量(可用一定质量落锤或落球的落下高度来表示,单位为 g·cm)。火帽在不小于标称发火能量的作用下应发生爆轰或燃烧;在不大于不发火能量作用下不应发生爆轰或燃烧。

2. 电激活

电激活就是在封闭电路中,通过电流使电阻丝产生热量,点燃烟火药,引燃电池内部加热材料,从而完成激活电池的任务。

这个发火元件称为电点火头(器)。衡量电点火头(器)性能的指标主要是发火电流和安全电流(单位为 A)。电点火头(器)在不小于发火电流的作用下应可靠发火;在不大于安全电流的作用下不应发火。

9.4 热电池电解质及其流动抑制剂

9.4.1 热电池电解质

根据热电池结构和使用状态,其使用的电解质需具备以下条件:① 蒸气压低,在热电池储存和使用过程中,电解质不具有挥发性;② 离子导电能力强,可降低内阻,提高大电流放电能力;③ 共熔点低,可扩大热电池工作温度范围;④ 电化学窗口大,不与电极材料发生化学反应;⑤ 对流动抑制剂的溶解能力差或基本不溶解,不会影响流动抑制剂对电解质的吸附能力,避免引起电解质渗漏而造成单体电池短路;⑥ 对电极材料的溶解度低,以减少自放电反应,避免容量的损失;⑦ 对放电产物的溶解度低,以减少可能的放电反应。

热电池电解质主要选用碱金属卤化物共熔盐体系。由于单盐的熔点较高,如氟化锂848℃、氯化锂610℃、溴化锂547℃,其无法直接作为热电池的电解质。为此采用两种或两种以上的单盐组成低共熔体,以降低熔点温度。表 9.3 列出了部分碱金属卤化物体系电解质的组成和熔点。其中 LiCl-KCl、LiF-LiCl-LiBr、LiCl-LiBr-KBr 三种电解质在热电池中得到了广泛的应用。

1. LiCl-KCl 电解质

LiCl-KCl 低共熔盐是最早作为热电池的电解质,在常温下为白色固体,它属于简单共晶体,其相图如图 9.6 所示。根据相图,LiCl-KCl 低共熔盐的组成为 LiCl∶KCl＝45∶55 时熔点最低,达 352℃。该组分被用作钙系热电池和早期锂系热电池的电解质。

表 9.3 碱金属卤化物体系电解质组成和熔点

电解质	组成(质量分数)/%	组成(摩尔分数)/%	熔点/℃
LiCl-KCl	45～55	58.9～41.1	352
LiBr-KBr	52.26～47.74	60～40	320
LiI-KI	58.2～41.8	63.3～36.7	285
LiF-LiI	3.7～96.3	16.5～83.5	411
LiBr-LiF	91.4～8.6	76～24	448
LiCl-LiI	14.4～85.6	34.6～65.4	368
LiF-LiCl	21.2～78.8	30.5～69.5	501
LiBr-CsCl	50～50	66～34	260
LiBr-CsBr	58～42	77.2～22.8	262
LiBr-RbBr	42～58	57.9～42.1	271
LiF-LiCl-LiBr	9.6～22～68.4	22～31～47	443
LiF-LiBr-KBr	0.81～56～43.18	3～63～34	312
LiCl-LiBr-KBr	12.05～36.54～51.41	25～37～38	310
LiF-NaF-KF	29.5～10.9～59.6	46.5～11.5～42	455
LiCl-KCl-LiF	53.2～42.1～4.7	62.7～28.8～9.1	397
LiCl-KCl-LiBr	42.1～42.8～15.1	57～33～10	416
LiCl-KCl-NaCl	42.63～48.63～8.74	61.2～29.7～9.1	429
LiCl-KCl-LiI	44.2～45.0～10.7	57～33～10	394
LiCl-KCl-KI	37.6～51.5～10.9	54～42～4	367
LiBr-LiCl-LiI	19～243.～56.7	16.07～10.04～73.88	368
LiF-LiCl-LiI	3.2～13～83.8	11.7～29.1～59.2	341
LiCl-LiI-KI	2.6～57.3～40.1	8.5～59～32	265
LiF-LiCl-LiBr-LiI	4.9～11.2～34.9～49	15.4～24.7～32.9～30	360
CsBr-LiBr-KBr	42.75～39.08～18.17	25～56～19	238
RbCl-LiCl-KCl	58.91～29.21～11.88	36.6～51.5～11.9	265

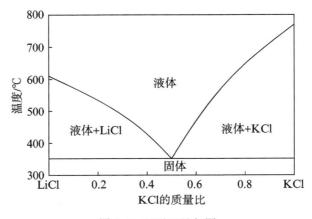

图 9.6 LiCl-KCl 相图

LiCl-KCl 电解质是以一水合氯化锂(LiCl·H₂O)和氯化钾为原料通过熔融相变法制备而得,其工艺流程如图 9.7 所示。由于 LiCl-KCl 电解质的吸水能力强,其制备需在露点小于－28℃(即在温度 20℃时相对湿度小于 2%)的干燥环境下进行。电解质制备的操作步骤如下:

① 将 LiCl·H₂O 置于高温炉内,脱除结晶水,冷却后粉碎成粉末。

② 将 KCl 置于干燥箱内进行干燥。

③ 按 LiCl 和 KCl 的质量比为 45∶55 的比例将这两种物质进行充分混合。

④ 将混合均匀后的 LiCl 和 KCl 混合物在高温炉中熔融,待完全熔融后,进行冷却凝固。

⑤ 将凝固物进行粉碎,并进行过筛。

⑥ 再次进行干燥。

⑦ 装瓶,密封后待用。

图 9.7 LiCl-KCl 电解质制备工艺流程

LiCl-KCl 电解质的优点有:

① 导电性良好:电导率在 475℃为 1.69 Ω⁻¹·cm⁻¹,比水溶液电解质大 10 倍左右,比单独氯化锂和氯化钾也要大 1～3 倍。

② 熔点低:在质量比为 45∶55 时 LiCl-KCl 的熔点为 352℃,远低于氯化锂的熔点 610℃和氯化钾的熔点 770℃。

③ 分解电压高:分解电压约为 3.4 V。

④ 密度低:常温下晶体的密度为 2.01 g·cm⁻³,500℃时液体的密度为 1.6 g·cm⁻³。

⑤ 价格便宜,资源丰富。

缺点有:由于氯化锂吸附水分的平衡蒸气压低,约为 46.7 Pa(即露点－28℃),它易从空气中吸取水分。因此,在制造、储存和使用过程中需要露点小于－28℃的干燥空气的保护,这无疑给生产增加了难度。

2. LiF-LiCl-LiBr 电解质

随着武器系统对热电池输出功率要求越来越高,LiCl-KCl 电解质因离子迁移能力不够而发生很大的浓度梯度,造成 Li⁺/K⁺ 比例变化,电解质提前凝固,热电池内阻增大,无法满足热电池大功率输出的要求。为此,开发了导电率更高且正离子全为 Li⁺ 的 LiF-LiCl-LiBr 电解质(又称三元全锂电解质)。

图 9.8 为 440℃时 LiF-LiCl-LiBr 相图。在 LiF、LiCl 和 LiBr 的质量比达到 9.6∶22∶68.4 时电解质的熔点达到最低,为 443℃。LiF-LiCl-LiBr 电解质具有优良的离子导电能力,在 475℃时电导率为 3.21 Ω⁻¹·cm⁻¹,是 LiCl-KCl 电解质的近两倍;同时正离子为唯一的 Li⁺,所有负离子也很稳定,即使在大功率放电时也不会造成电解质组成的变化而引起熔点的升高,特别适合于在大功率热电池上使用。由于溴的相对原子质量较大,LiF-LiCl-LiBr

电解质密度比 LiCl-KCl 电解质略大,在常温下固体的密度为 $2.91\ g \cdot cm^{-3}$,500℃时液体的密度为 $2.17\ g \cdot cm^{-3}$。由于 LiBr 的吸水能力比 LiCl 更强,LiF-LiCl-LiBr 电解质的制造、储存和使用过程需要在更低露点的环境下进行。

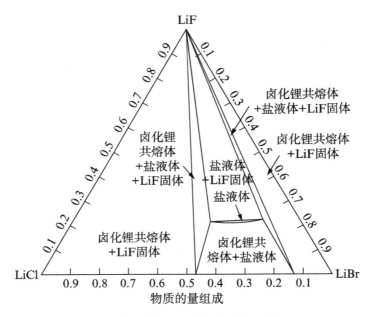

图 9.8　440℃时 LiF-LiCl-LiBr 相图

除了原料(LiF、LiCl · H$_2$O 和 LiBr · H$_2$O)和各单盐的配比不同外,LiF-LiCl-LiBr 电解质的制备过程与 LiCl-KCl 电解质相同。

3. LiCl-LiBr-KBr 电解质

由于 LiF-LiCl-LiBr 电解质的熔点达到了 443℃,不利于热电池内部温度的维持,影响了热电池的长时间放电。同时采用 LiF-LiCl-LiBr 电解质的热电池存在着严重的自放电,影响容量的维持。因此在长寿命热电池中需要开发低熔点、低自放电率的电解质。

图 9.9 为 330℃时 LiCl-LiBr-KBr 相图。LiCl-LiBr-KBr 电解质是 LiCl、LiBr 和 KBr 三种单盐分别按质量比 12.05:36.54:51.41 混合熔融的低共熔盐。此电解质的熔点为 310℃,比 LiF-LiCl-LiBr 电解质低了 133℃。LiCl-LiBr-KBr 电解质具有较高的 Li$^+$ 含量,达 62%,高于 LiCl-KCl 电解质的 59%。在 475℃时电导率为 $1.69\ \Omega^{-1} \cdot cm^{-1}$,显示出了良好的导电性能。

以 LiCl · H$_2$O、LiBr · H$_2$O 和 KBr 为原料,按 LiCl-KCL 电解质类似的方法进行 LiCl-LiBr-KBr 电解质的制备。

9.4.2　电解质流动抑制剂

热电池激活后,电解质就熔融成液体。液体的流动会给电池的性能造成很大的影响,严重时使电池短路,因此抑制热电池中电解质的流动成为研制热电池的关键技术之一。为了抑制电解质的流动,通常需要添加电解质流动抑制剂。选择电解质流动抑制剂的基本原则是:

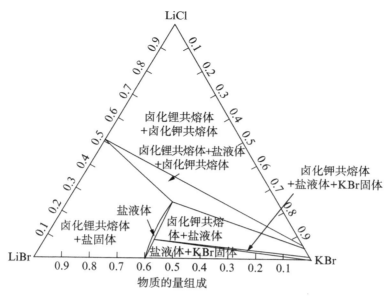

图 9.9 330℃时 LiCl-LiBr-KBr 相图

① 比表面积大：这使其具有较强的电解质吸附能力。

② 化学性能稳定：耐高温、耐电解质的腐蚀，并不与正、负极材料发生化学反应。

③ 绝缘性好：避免单体电池内部构成回路。

④ 资源丰富、价格便宜。

电解质流动抑制剂的选择与热电池体系和结构密切相关。在杯型结构的钙系热电池中主要选用无碱玻璃纤维布作为电解质流动抑制剂；在 DEB 片结构的钙系热电池中选用黏合剂作为电解质流动抑制剂；氧化镁则是锂系热电池主要电解质流动抑制剂。

1. 杯型结构的钙系热电池

杯型热电池用电解质片是将电解质吸附在无碱玻璃纤维布上制成的，无碱玻璃纤维布起着抑制电解质流动的作用，其工艺流程如图 9.10 所示。

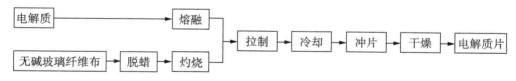

图 9.10 杯型结构的钙系热电池电解质片工艺流程

杯型热电池用电解质片的操作步骤如下：

① 将无碱玻璃纤维布浸泡在有机溶剂中进行脱蜡处理，约 1 h 后取出晾干。

② 将脱蜡处理后的无碱玻璃纤维布在高温炉中灼烧，以除去杂质。

③ 将电解质加热熔融成液体，再将无碱玻璃纤维布以一定的速度通过熔融的电解质，电解质被均匀地吸附在无碱玻璃纤维布上。

④ 冷却后，冲制成所需大小的电解质片。

⑤ 将电解质片置于干燥箱内进行干燥。

⑥ 装瓶，密封后待用。

一般无碱玻璃纤维布的比表面积较小,它阻止电解质流动的能力还不够,因此,当热电池在受到大的加速度或自转时电解质仍有泄漏的可能。

2. DEB 片结构的钙系热电池

在 DEB 片中黏合剂起着抑制电解质流动的作用。在研究初期,选用天然高岭土作为 DEB 片中的黏合剂,电性能较杯型结构热电池有较大幅度提高,特别是工作时间得到较大的延长。由于高岭土对电解质的抑制能力有限,在 DEB 片中占总质量的 20%,影响比能量的提高。为此人们开发出了四种新型的黏合剂,分别为 Santocel A、Santocel Z、Cab-O-sil M-5 和 Cab-O-sil EH-5。四种黏合剂的主要成分都是二氧化硅,具有较高比表面,使其在 DEB 片中的比例可以下降到 8%,也就是可以提高电解质的含量,从而改善电池的电性能,放电时间大大增加。因此,无论是对电解质的抑制能力还是单体电池的电性能方面其均表现出比高岭土更好的性能。

DEB 片结构的钙系热电池 EB 粉制备的工艺流程如图 9.11 所示,具体操作步骤如下:

① 将黏合剂在高温炉中灼烧,以除去杂质。

② 将灼烧后的黏合剂和电解质按一定比例进行充分混合。

③ 将混合后的 EB 粉置于高温炉中熔融。

④ 冷却后,粉碎过筛。

⑤ 进行干燥处理。

⑥ 装瓶,密封后待用。

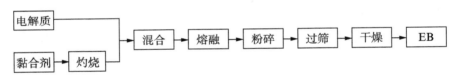

图 9.11　DEB 片结构的钙系热电池 EB 工艺流程

3. 锂系热电池

由于二氧化硅在高温下与锂合金会发生化学反应,故其不能作为锂系热电池的电解质流动抑制剂。在不与锂合金发生反应的材料中,氧化镁被广泛应用于锂系热电池的电解质流动抑制剂。比表面和表面形貌决定了氧化镁对电解质的吸附能力,为此一般选用高比表面积($80\sim100\ m^2/g$)、疏松、纤维状的氧化镁作为流动抑制剂。

氧化镁吸附电解质后得到的粉末称为隔离粉。隔离粉中氧化镁的含量由氧化镁的吸附性能和电解质的种类决定,质量分数一般为 35%～60%。氧化镁含量的增加可以更好地抑制电解质流动,但是会影响电解质的性能。氧化镁含量与电解质泄露量、电阻率、厚度变化量的关系分别如图 9.12、图 9.13 和图 9.14 所示。从图 9.12 和图 9.14 可知,随氧化镁含量的增加,电解质泄露量和隔离片厚度变化量明显减少,到含量达到 35% 以上后趋于稳定。然而从图 9.13 可以看出,电阻率随着氧化镁含量的提高呈现出快速增加。因此,在热电池使用中,隔离粉中氧化镁的含量需要严格控制。

锂系热电池隔离粉工艺流程如图 9.15 所示,具体操作步骤如下:

① 将氧化镁在高温炉中进行灼烧。

② 将氧化镁和电解质按一定比例均匀混合。

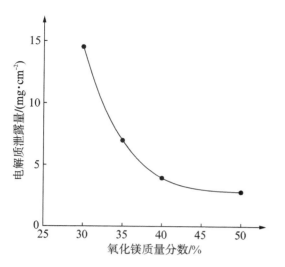

图 9.12　氧化镁含量与 400℃恒温 30 min 后
电解质泄露量的关系

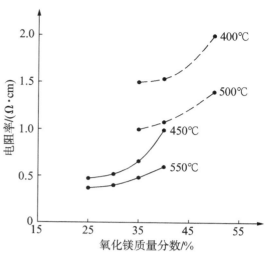

图 9.13　不同温度下氧化镁含量与
电解质电阻率的关系

——LiCl-LiBr-LiF；-----LiCl-KCl

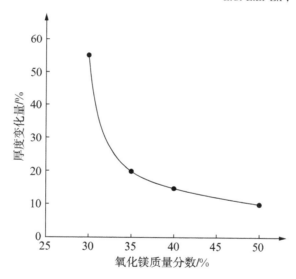

图 9.14　氧化镁含量对隔离片厚度变化量的影响

图 9.15　锂系热电池隔离粉工艺流程

③ 将混合好的粉末置于高温炉中熔融。

④ 冷却后进行粉碎、过筛处理。

⑤ 进行干燥处理。

⑥ 装瓶,密封后待用。

9.5 热电池的加温和保温

热电池是热激活电池,通过加热材料燃烧使电池内部温度上升到一定的温度范围内,并通过保温材料使这一温度保持下来。这种使热电池内部温度保持在电池能够正常工作范围内的时间称为热寿命。要延长热寿命必须进行合理的热设计,热设计主要涉及加热材料、保温材料和热缓冲材料。

9.5.1 加热材料

加热材料燃烧产生的热量决定了热电池激活时内部工作温度,因此,其性能的好坏影响了电池的电性能。从热电池发明以来,主要有两种加热材料被广泛地应用于热电池中,分别是 Zr-BaCrO$_4$ 加热纸和 Fe-KClO$_4$ 加热粉。

1. Zr-BaCrO$_4$ 加热纸

Zr-BaCrO$_4$ 加热纸在杯型结构的钙系热电池中作为主加热材料,在片型结构热电池中作为 Fe-KClO$_4$ 加热粉的引燃材料。Zr-BaCrO$_4$ 加热纸通常是将锆粉、铬酸钡和无机纤维在水中进行充分混合成纸浆,再按造纸工艺制成加热纸,其制造工艺流程如图 9.16 所示,具体操作过程如下:

① 将锆粉从水中取出,置于干燥箱中真空干燥。

② 取一定量的无机纤维放入水中,用搅拌器搅拌使其呈均匀的浆状物。

③ 将烘干的锆粉、铬酸钡和打成浆状的无机纤维按一定比例进行混合。

④ 将充分混合均匀的浆料慢慢倒入造纸器中,待成纸后用蒸馏水洗涤。

⑤ 取出加热纸,在干燥箱中真空干燥。

⑥ 干燥后保存在干燥器中待用。

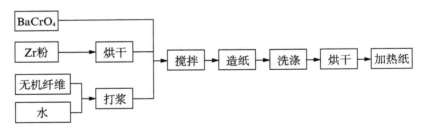

图 9.16 Zr-BaCrO$_4$ 加热纸的制造工艺流程

加热纸燃烧时发生氧化-还原反应,其化学反应方程式为

$$3Zr+4BaCrO_4 \Longrightarrow 4BaO+2Cr_2O_3+3ZrO_2 \tag{9.1}$$

当 Zr、BaCrO$_4$、无机纤维的质量比为 21:74:5 时发热量为 $1\,882.8\,\text{J} \cdot \text{g}^{-1}$。配方中各种原材料的性能对加热纸的性能影响较大。锆粉中活性锆的含量需大于 85%,否则会影响加热纸的发热量和燃速。铬酸钡最好采用即时合成,刚合成的铬酸钡颗粒小而且均匀,不易团聚,在引燃纸中分布均匀。无机纤维一般采用石棉纤维或玻璃纤维,石棉纤维燃烧后形变小,但产气量大;玻璃纤维燃速快,产气量小,但是燃烧后形变大。

Zr/BaCrO₄加热纸的优点有：

① 工艺成熟和性能稳定。

② 燃速较高，达 200 mm·s⁻¹。

③ 点火灵敏度（是衡量点火难易的指标）高。

Zr/BaCrO₄加热纸存在的问题有：

① 对静电敏感，容易燃烧，不安全。

② 调节热量不方便，一旦需要调整时需重新制造。

③ 燃烧后不导电，单体电池之间须有连接片。

④ 燃烧后形变大，影响电堆的松紧度，从而影响电池内阻。

2. Fe-KClO₄加热粉

片型结构热电池的加热材料主要为 Fe-KClO₄加热粉，它是由活性铁粉和高氯酸钾为原料制备而成，其制备工艺流程如图 9.17 所示，具体操作步骤如下：

① 将高氯酸钾置于干燥箱中干燥。

② 将烘干的高氯酸钾用气流粉碎机进行粉碎。

③ 将粉碎后的高氯酸钾和活性铁粉按一定比例进行混合。

④ 混合均匀后置于球磨机中进行球磨。

⑤ 进行干燥处理。

⑥ 装瓶，密封后待用。

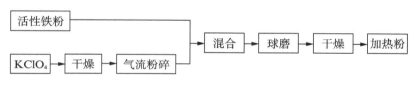

图 9.17　加热粉制备工艺流程

在热电池使用过程中，Fe-KClO₄加热粉需压制成加热片后才能使用。在加热片的制备过程中将加热粉平铺在模具中后在一定压力下压制成型。由于加热片中铁是远远过量的，燃烧时发生的氧化还原反应方程式为

$$4Fe + KClO_4 =\!=\!= 4FeO + KCl \tag{9.2}$$

加热片性能的好坏主要通过燃烧热量、燃烧速度、片子强度、气体释放量和点火灵敏度五项指标进行评价。燃烧热量是指单位质量的加热片燃烧时产生的热量，决定了热电池中加热材料的用量。燃烧热量越高，所需的加热材料越少。燃烧速度是指单位时间内加热片燃烧距离，其影响热电池的激活时间。加热片燃烧速度越快，热电池激活时间也越快。片子强度常用折断力来衡量。将加热片的一端固定，向另一端的垂直方向施加力，当加热片刚好折断时在单位受力截面上所受的力称为折断力。折断力越高，加热片在装配和工作时损坏的可能性越低。气体释放量是指单位质量加热片燃烧时气体释放量，其主要来源于副反应高氯酸钾受热分解。加热片气体释放量越大，热电池内部压力也越大，这对热电池壳体设计强度和焊缝焊接强度提出了较高的要求。点火灵敏度是衡量加热片点火难易程度的指标，是给加热片一定能量的发火概率。加热片的点火灵敏度需要控制在合适的范围内，难以点火会影响热电池激活的可靠性，容易点火会影响热电池的安全性。加热片的五项指标受活

性铁粉的来源、高氯酸钾的颗粒度、配比、成型压力等因素的影响。

在热电池发展早期，国外的活性铁粉是美国的 C. K. Williams 公司研制的，型号为 I-68。由于原料的缺乏，后由 Easton 实验室研制，型号为 NX-1000，该铁粉已作为美国热电池专用铁粉。为配合热电池发展需要，国内采用氢气还原氧化铁成功研制出了活性铁粉。表 9.4 列出了国外 NX-1000 型活性铁粉和国内活性铁粉的性能对比。国内活性铁粉的性能指标已达到（或超过）美国 NX-1000 型活性铁粉，在国内热电池中得到广泛应用。

表 9.4　国内外活性铁粉的性质

铁粉规格	国外 NX-1000	国内
铁总含量	$\geqslant 97\%$	$\geqslant 97\%$
金属铁含量	$\geqslant 89\%$	$\geqslant 89\%$
氧（与铁结合）含量	$\leqslant 2.3\%$	—
格林强度（ASTMB312-56T）	$20.7\sim 41.4$ MPa	—
颗粒大小（费氏粒度）	$1.5\sim 3.5\ \mu m$	$<1\ \mu m$
-325 筛孔	$\geqslant 70\%$	$\approx 100\%$
$+100$ 筛孔	$\leqslant 1.0\%$	—
燃烧热量	926.7 J/g$(m_{Fe}:m_{KClO_4}=88:12)$	$1\,082$ J/g$(m_{Fe}:m_{KClO_4}=86:14)$
点火能量	0.26 J$(m_{Fe}:m_{KClO_4}=88:12)$	<0.235 J$(m_{Fe}:m_{KClO_4}=84:14)$
燃烧速度	7.8 cm $\cdot$ s$^{-1}(m_{Fe}:m_{KClO_4}=88:12)$	>10 cm $\cdot$ s$^{-1}(m_{Fe}:m_{KClO_4}=86:14)$
气体释放量	1.7 mL $\cdot$ g^{-1}	—
折断力	4.44 N $\cdot$ cm^{-2}	7.22 N $\cdot$ cm^{-2}

高氯酸钾的颗粒越小，与活性铁粉接触面积越大，加热片的活性越高，因此，高氯酸钾的颗粒度对加热片点火灵敏度的影响较大。这从表 9.5 列出的高氯酸钾的颗粒度与加热片发火概率 50% 时点火能量的关系中得到了证实。

表 9.5　高氯酸钾颗粒度对加热片点火灵敏度的影响

颗粒度/μm	2.5	5.0	7.5	10	15	20
50%点火能量/J	0.280	0.274	0.351	0.415	0.810	2.028

表 9.6 列出了不同配方对加热片燃烧热量、气体释放量、片子密度、50% 点火能量和燃烧速度的影响。

表 9.6　不同配比对加热片性能的影响

Fe/KClO$_4$ 比例	燃烧热量 /(J $\cdot$ g^{-1})	气体释放量 /(cm^3 $\cdot$ g^{-1})	片子密度 /(g $\cdot$ cm^{-3})	50%点火能量 /J	燃烧速度 /(cm $\cdot$ s^{-1})
90/10	758.6	2.7	3.50	1.32	4.03
88/12	927.6	1.7	3.42	0.26	7.87

Fe/KClO$_4$ 比例	燃烧热量 /(J·g^{-1})	气体释放量 /(cm^3·g^{-1})	片子密度 /(g·cm^{-3})	50%点火能量 /J	燃烧速度 /(cm·s^{-1})
86/14	1 083.7	2.1	3.37	0.34	10.0
84/16	1 243.9	1.9	3.32	0.25	—
82/18	1 401.2	1.9	3.25	0.22	—
80/20	1 541.8	1.2	3.22	0.32	—

表 9.7 列出了成型压力对加热片性能的影响。

表 9.7 成型压力对加热片性能的影响

在 31.75 mm 直径 片子上的压力/t	片子密度/(g·cm^{-3})	断裂强度/kg	50%点火能量/J	线燃速/(mm·s^{-1})
5	3.08	0.18	0.26	71.6
10	3.55	0.45	0.38	75.2
15	3.89	0.78	0.55	74.2
20	4.20	1.06	0.92	73.4
25	4.39	1.15	1.76	72.4

Fe-KClO$_4$ 加热粉具有以下优点：

① 工艺简便、制造容易。

② 机械强度高、燃烧后不变形,使得热电池内阻稳定、电压平稳。

③ 点火灵敏度和燃烧速度适中,安全性高。

④ 燃烧后仍具有导电性,可直接连接,减少零件,简化装配工艺。

⑤ 燃烧时气体释放量少,降低电池内压,有利于降低电池结构质量。

⑥ 热量调整方便,从而加快热电池研制周期。

⑦ 化学稳定,有利于长期储存。

9.5.2 保温材料

热电池激活后内部温度达到了 450～550℃,与周围环境存在着上百度的温差,热量向周围环境传递。保温材料的作用是降低热量传递速度,从而实现激活后热电池内部温度在一定时间内维持在工作温度范围内。保温材料性能的好坏是通过导热系数的高低进行评价的,导热系数越低保温性能越好。热量传递的基本方式主要有三种,即热传导、热对流和热辐射。空气的导热率通常都是很小的,然而空气通常并不能很好地绝热,如存在对流传热、热辐射,只有当气体被限制发生对流以及阻碍红外辐射时才具有比较小的导热率。气体被束缚在多孔材料中,当孔壁间距小于气体分子的平均自由程时气体的热对流就得到限制。据理论计算,最佳的绝热材料自身体积占总体积的 5%,并提供直径为 60 nm 的孔。

为满足热电池使用要求,保温材料需具有导热系数合适、耐高温性能好、结构强度高的特点。表9.8列出了热电池常用保温材料的导热系数。对中短寿命热电池而言,热寿命较短,一般选用导热系数相对较大的云母、石棉或硅酸铝纤维。对于工作时间大于5 min的热电池,一般选用以二氧化硅气凝胶为主要成分的Min-K材料、Microtherm材料和超级绝热毯。二氧化硅气凝胶是一种轻质纳米多孔材料,其比表面积可高达1 000 $m^2 \cdot g^{-1}$,孔洞的典型尺寸为$1 \sim 100$ nm,被认为是固体材料中热导系数很低的材料。然而其为粉末状,结构强度差。20世纪50年代Johns-Manrille在二氧化硅气凝胶中添加树脂黏结剂、石棉纤维以增强结构强度而研制出了Min-K材料。之后,人们又在Min-K材料的基础上研制出了一种Microtherm保温材料。它的组成与Min-K相同,但不再使用树脂和石棉纤维,降低了生产成本,同时添加了一种遮光剂用以反射、折射和吸收因温度上升而产生的特征辐射。国内在二氧化硅气凝胶中添加一些结构增强剂制备出了柔性的超级绝热毯。

表9.8 常用保温材料的导热系数

材料名称	导热系数/($W \cdot m^{-1} \cdot K^{-1}$)
天然云母	1.9(300℃)
人造云母	2.0(300℃)
硅酸铝纤维	0.486(1 000℃)
超细玻璃纤维	0.136(常温)
高硅氧纤维	0.335(500℃)
石棉纸	1.069
Min-K材料	0.044 2(常温)
Microtherm材料	0.037 7~0.041 9(0~250℃)
超级绝热毯	0.04(常温)

对于工作时间超过1小时的热电池,Min-K材料、Microtherm材料和超级绝热毯的应用也无法满足热寿命的要求,为此人们开发出了真空双壳体。真空双壳体是将电池壳制成双层,两层之间抽真空,其结构如图9.18所示。真空双层壳体的保温原理与热水瓶的相同,抽成真空以后缺少了真空层的物质也就阻止了热传导和热对流方式,仅以辐射的方式进行热量的传递。为了减少热量的辐射散热,人们在真空层中放入如铝箔等反光剂。图9.19给出了Microtherm保温材料、真空双层壳体、添加反光剂的真空双层壳体三种保温条件下电池内部温度变化曲线。从图中可以看出,添加反光剂的真空双层壳体的保温性能明显优于真空双层壳体,更优于Microtherm保温材料。采用Microtherm保温材料的电池内部降温速率为40℃ $\cdot$ h^{-1}左右,而真空双层壳体和添加反光剂的真空双层壳体内部降温速率可分别下降至20℃ $\cdot$ h^{-1}和17℃ $\cdot$ h^{-1}。因此,采用添加反光剂的真空双层壳体技术后可将热电池的热寿命提高至小时级。此技术已在Sandia公司研制的声呐浮标用热电池中得到应用,其工作时间可达$2 \sim 6$ h。

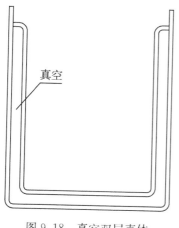

真空

图 9.18　真空双层壳体

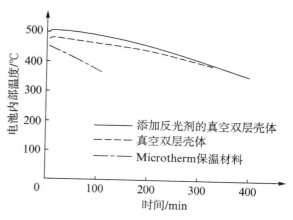

图 9.19　不同保温条件下电池内部温度变化

9.5.3　热缓冲材料

　　热电池的热缓冲材料是一种固液相变材料,当电池内部温度高于相变材料的熔点时,由固态转变为液态同时吸收大量的热量;当低于熔点时,由液态转变为固态同时放出大量的热量。热缓冲材料应用于长寿命热电池时,在电池激活时能够把多余的热量储存起来,减缓了热冲击,减少了容量的损失;在放电后期,能够把储存的热量释放出来,减慢内部温度下降速度以达到延长热寿命的目的。热缓冲材料和保温材料的同时应用可使长寿命热电池性能更佳。对于某一种热缓冲材料而言,它的熔点是恒定的,通过合理的设计可使激活前处于不同温度状态下的热电池在激活后内部温度都能控制在同一个温度下(即热缓冲材料的熔点),有利于对温度敏感的电化学体系的性能发挥。

　　根据热电池使用状态,热缓冲材料需具有以下特点:

　　① 熔点必须接近热电池的理想工作温度,一般热电池的理想工作温度在 500℃ 左右。

　　② 熔化焓大,可避免热缓冲材料的引入而严重影响电池的体积和质量。

　　③ 相对分子质量小。

　　④ 便于制备、易于成型且具有一定的机械强度。

　　⑤ 化学性能稳定,对热电池内部材料不产生腐蚀性,对热电池内部材料具有抗腐蚀性。

　　为满足上述特点,热电池的热缓冲材料一般选用熔盐。表 9.9 给出了常见单一熔盐的热性能。由表 9.9 可知,虽然某些单一熔盐的熔化焓较大,但是其熔点普遍偏高,离热电池的理想工作温度有一定的差距。为了降低熔点,和熔融盐电解质一样采用两种熔盐混合形成低共熔盐。表 9.10 列出了二元低共熔盐的熔点和组成。从表 9.10 可以看出,二元低共熔盐的熔点均明显下降,其中 $LiCl\text{-}Li_2SO_4$ 及 $KCl\text{-}Na_2SO_4$ 的熔点接近于热电池的理想工作温度。由于 $NaCl\text{-}Li_2SO_4$ 的熔化焓高达 $469.9\ J\cdot g^{-1}$,熔点更接近热电池的理想工作温度,$NaCl$ 的价格更便宜,更不易吸水,所以一般热电池均选用 $NaCl\text{-}Li_2SO_4$ 作为热电池的热缓冲材料。低共熔盐的制备步骤与电解质基本相同。

　　热缓冲材料通常放置在电堆的中间和两端。热电池放电过程中,电堆中间温度最高,电堆两端温度下降最快。使用热缓冲材料后,可以避免电堆中间热量的聚积和电堆两端热量

表 9.9 常见单一熔盐的热性能

化合物	相对分子质量	熔点/℃	熔化焓	
			(kJ·mol⁻¹)	(J·g⁻¹)
LiCl	42.39	610	19.9	469.9
NaCl	58.44	808	28.0	479.1
KCl	74.56	772	26.5	355.6
$MgCl_2$	95.22	714	43.1	452.7
$CaCl_2$	110.99	782	28.4	259.8
Li_2SO_4	109.95	859	8.26	75.3
Na_2SO_4	142.05	884	23.7	166.9
K_2SO_4	174.27	1 074	37.9	217.6
$MgSO_4$	120.39	1 127	14.6	121.8
$CaSO_4$	136.15	1 400	28.0	205.9
Li_2CO_3	73.89	735*	44.8	480.3
Na_2CO_3	105.99	854*	28.0	260.2
K_2CO_3	138.21	896*	27.6	199.9
$CaCO_3$	100.91	1 340*	28.9	286.2
LiBr	86.85	547	17.7	203.3
NaBr	102.90	747	26.1	253.6
KBr	119.01	734	25.5	214.6
$MgBr_2$	184.13	711	37.0	201.3
$CaBr_2$	199.90	730	29.0	145.6
K_2CrO_4	194.20	980	24.4	151.0
$MgCrO_4$	140.30	—	36.8	189.5

* 低于熔点分解。

表 9.10 二元低共熔盐的熔点和组成

低共熔体	熔点/℃	组成(质量分数)/%	低共熔体	熔点/℃	组成(质量分数)/%
$MgCl_2$-NaCl	450	52~48	$LiCl$-Li_2CO_3	507	47~53
KCl-Li_2SO_4	456	39~61	LiBr-NaBr	507	80.5~19.5
KCl-$MgCl_2$	470	42.5~57.5	LiBr-LiCl	521	75~25
$LiBr$-Li_2SO_4	474	68~32	KCl-Na_2SO_4	522	43~57
$LiBr$-Li_2CO_3	476	44.7~55.3	Li_2SO_4-Li_2CO_3	530	69.5~30.5
$LiCl$-Li_2SO_4	481	41~59	$CaSO_4$-LiCl	533	35~65
$CaCl_2$-LiCl	485	60~40	K_2SO_4-Li_2SO_4	535	28~72
K_2CO_3-Li_2CO_3	488	53~47	$CaCrO_4$-LiCl	538	36~64
$CaCl_2$-NaCl	498	70~30	K_2CrO_4-Li_2CrO_4	544	64~36
Li_2SO_4-NaCl	499	72.8~27.2	LiCl-NaCl	549	68.5~31.5
Li_2CO_3-Na_2CO_3	500	43~57	KBr-Na_2SO_4	550	39.4~60.6

的快速下降。图 9.20 给出了使用热缓冲材料前后热电池内部温度的变化情况。从图 9.20 可以看出,使用热缓冲材料后电池内部温度峰值明显下降,出现温度峰值的时间向后推迟,随后的下降速度明显减慢,热寿命得到延长。

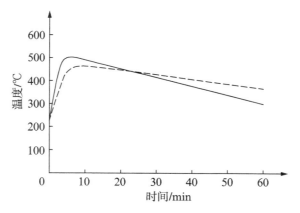

图 9.20　缓冲材料对热电池内部温度的影响
—— 没有使用缓冲材料;
----- 使用缓冲材料

与熔融盐电解质一样,热缓冲材料熔融后也会发生流动影响电性能,为此需在热缓冲材料中加入流动抑制剂。相对于电解质流动抑制剂,热缓冲材料流动抑制剂只需具有比表面积大、化学性能稳定、资源丰富、价格便宜等特点。基于上述要求,通常选用二氧化硅作为热缓冲材料流动抑制剂。在热缓冲材料中添加二氧化硅的过程和前面所述的 EB 制备相同。

9.6　钙系热电池

在热电池发明初期的 30 年,钙系热电池一直占主导地位。由于钙系热电池具有放电时间长、工作电压高、激活可靠、使用安全、能耐苛刻的环境条件等特点,热电池在军事领域中得到快速推广应用。然而钙系热电池体系本身存在一定的问题,自 20 世纪 70 年代逐渐被新型的锂系热电池取代。

9.6.1　钙系热电池负极材料

钙系热电池的负极为金属钙。金属钙呈银白色,密度 1.55 g · cm^{-3},熔点 845℃,沸点 1 430℃,在 464℃ 以下为面心立方体结构,温度上升到 464~480℃ 之间转化为体心立方体结构。由于金属钙化学性能活泼,一般将其压制成钙箔后保存在煤油中。

金属钙的制备是将氧化钙和铝粉在高温下反应制备的,并通过蒸馏进行提纯从而得到高纯金属钙(纯度＞99.9%)。制备化学反应方程式为

$$5CaO + 2Al == 4Ca + CaO_2 \cdot Al_2O_3 \tag{9.3}$$

钙在元素周期表中位于第四周期第Ⅱ族,属于碱土金属,化学性能非常活泼,能与许多物质发生反应。与热电池有关的化学反应方程式主要有

$$2Ca + O_2 == 2CaO \tag{9.4}$$

$$3Ca + N_2 \rightleftharpoons Ca_3N_2 \qquad (9.5)$$

$$Ca + 2H_2O \rightleftharpoons Ca(OH)_2 + H_2 \uparrow \qquad (9.6)$$

$$Ca + H_2 \rightleftharpoons CaH_2 \qquad (9.7)$$

普通大气的主要成分为氧气、氮气和水蒸气等,它们均能与金属钙反应。在温度低于350℃时,钙与氧的反应是微不足道的,其反应速率小于 $3 \times 10^{-3} mg \cdot cm^{-2} \cdot h^{-1}$。当温度超过350℃时,反应明显加快。钙金属的氧化反应还与金属表面状态有关。在负极片制备时,若对金属钙进行表面磨蚀处理以除去氧化层则应立即使用,否则磨蚀产生的颗粒会促进氧化层的生成,加快低温下与氧气的反应。金属钙与氮气的反应很慢,甚至加热到550℃时也没有明显加快。相对于氧气和氮气,金属钙与水的反应要快得多。在普通大气下,金属钙一遇到空气中的水蒸气就发生反应,表面生成一层氢氧化钙。因此,对金属钙的操作需在干燥空气中进行。另外,还必须注意氢气对金属钙的影响。金属钙与氢气在150~300℃温度范围内就能生成氢化钙,氢化钙的存在会严重影响热电池的性能。

以 LiCl-KCl 为电解质,金属钙作为热电池的负极在放电时发生以下反应:

$$Ca + 2Li^+ \rightleftharpoons Ca^{2+} + 2Li \qquad (9.8)$$

$$Ca + 2Li \rightleftharpoons CaLi_2 \qquad (9.9)$$

$$CaLi_2 \rightleftharpoons Ca^{2+} + 2Li^+ + 4e \qquad (9.10)$$

总反应为

$$Ca \rightleftharpoons Ca^{2+} + 2e \qquad (9.11)$$

从上述反应过程中可以看出,金属钙不是负极的活性物质,它首先与 LiCl-KCl 电解质反应生成 $CaLi_2$ 合金,$CaLi_2$ 合金再发生电极反应,因此,$CaLi_2$ 合金是钙系热电池的负极材料的活性物质。通过 X 射线粉末衍射分析,$CaLi_2$ 合金属于六角密堆积型晶体,晶格参数为 $a_0 = b_0 = (0.631\,3 \pm 0.001\,0) nm$ 和 $c_0 = (1.028 + 0.001) nm$,四个 $CaLi_2$ 分子组成一个晶胞。以 Ag/AgCl(0.1 mol) 为参比电极,测量了 $CaLi_2$ 合金在 LiCl-KCl 电解质中的电极电位,结果见表9.11。通过负极的整个反应过程可以看出,总反应为钙失去两个电子生成钙离子,通过计算金属钙的理论容量为 $1.338 A \cdot h \cdot g^{-1}$。

表 9.11 $CaLi_2$ 合金的电极电位与温度的关系

温度/℃	电极电位/V
400	−2.40
500	−2.35
600	−2.30

然而 $CaLi_2$ 合金的生成对热电池放电是不利的。这是由于 $CaLi_2$ 合金的熔点为230℃,在热电池工作温度下熔化成可流动性的液体,容易产生电噪声,严重的会造成电池短路。为了防止多余的 $CaLi_2$ 合金生成,可采取以下措施:

一般使加热片不直接加热钙负极片,以避免钙负极片过热(高温会加快 $CaLi_2$ 合金的生成);

在钙负极片周围安放云母环以阻止 $CaLi_2$ 合金流动;

在电解质中添加抑制 $CaLi_2$ 合金生成的添加剂,如氢氧化钙、硫酸盐等;

分层制造电解质片,$LiCl$ 含量多的靠近正极,KCl 含量多的靠近钙负极,这个措施可使电池工作温度范围扩大,增加放电时间。当然也会带来制造上的麻烦。$CaLi_2$ 合金生成的同时,也产生了氯化钙,在一定的条件下与电解质中的氯化钾结合生成固态的 $KCaCl_3$ 复盐,化学反应方程式为

$$Ca^{2+} + K^+ + 3Cl^- \rightleftharpoons KCaCl_3 \tag{9.12}$$

$KCaCl_3$ 复盐的熔点为 752℃,其在负极表面沉积导致电池内阻增加。

金属钙负极片的制备过程为:从油中取出钙箔,擦去表面浮油后在露点小于 -28℃ 干燥气体保护下用抛轮或刮刀把钙箔表面氧化膜除去,根据需要冲制成所需形状。将金属钙负极片点焊在集流片的两面可作为杯型结构热电池的负极,将金属钙负极片点焊在集流片的一个面上可作为片型结构热电池的负极。负极片的容量由钙箔的厚度和面积决定。

9.6.2 钙系热电池正极材料

铬酸钙、硫酸铅、五氧化二钒、氧化钨、二氧化锰等材料都被用于钙系热电池的正极材料的研究,其中成功应用的主要有铬酸钙和硫酸铅。

1. 铬酸钙正极材料

铬酸钙($CaCrO_4$),黄色,四方晶系,不导电,在 800℃ 以上发生分解。它微溶于水,不溶于无水乙醇,溶于稀酸。铬酸钙的结晶水形式主要有 $CaCrO_4 \cdot 1/2H_2O$、$CaCrO_4 \cdot H_2O$ 和 $CaCrO_4 \cdot 2H_2O$ 三种,在 $110\sim240$℃ 时,均可脱除结晶水生成无水铬酸钙。铬酸钙是一种致癌物质,对操作人员身体有一定的危害。铬酸钙的制备方法较多,其中以铬酸和氧化钙为原料制备铬酸钙的方法最简单。

在 $LiCl-KCl$ 电解质中铬酸钙有一定的溶解度,350℃ 时溶解度为 10%,600℃ 时上升至 34%。铬酸钙的溶解使 $LiCl-KCl$ 电解质的熔点下降到约 342℃,然而电导率下降到 $0.596\,S \cdot cm^{-1}$,几乎是纯 $LiCl-KCl$ 电解质的一半。

以 $LiCl-KCl$ 为电解质,铬酸钙作为热电池的正极在放电时发生以下反应:

$$CrO_4^{2-} + e \rightleftharpoons CrO_4^{3-} \tag{9.13}$$

$$3CrO_4^{3-} + Cl^- + 5Ca^{2+} \rightleftharpoons Ca_5(CrO_4)_3Cl \tag{9.14}$$

$$Ca_5(CrO_4)_3Cl + 3Li^+ + 6e \rightleftharpoons 3LiCrO_2 + 5Ca^{2+} + Cl^- + 6O^{2-} \tag{9.15}$$

总反应为

$$CrO_4^{2-} + Li^+ + 3e \rightleftharpoons LiCrO_2 + 2O^{2-} \tag{9.16}$$

根据此反应方程式计算得到铬酸钙的理论容量为 $0.515\,A \cdot h \cdot g^{-1}$。对铬酸钙的电极电位研究较少,一般认为在 425℃ 时 $Ca|LiCl-KCl|CaCrO_4$ 电化学体系的电动势为 2.65 V。

铬酸钙正极片的制备根据单体电池的结构主要有两种。单体电池采用杯型结构时,铬酸钙正极片是将铬酸钙加水调成糊状后与玻璃纤维或陶瓷纤维充分混合,加压成薄片,干燥后冲制所需大小的正极片。采用 DEB 片结构时,正极材料、电解质和黏合剂混合在一起组成 DEB 片。DEB 片的制备工艺流程如图 9.21 所示,具体操作步骤如下:

① 把铬酸钙在高温下灼烧,以除去水分和其他挥发物。

② 将灼烧后的铬酸钙与按 9.4.2 节描述的方法制备的 EB 粉按一定比例进行混合。

③ 混合均匀后,在高温炉中熔融。

④ 将熔融的 DEB 冷却后,进行粉碎、过筛处理。

⑤ 进行干燥处理。

⑥ 将干燥后的 DEB 粉在模具中压制成所需质量和大小的 DEB 片。

图 9.21 DEB 片制备工艺流程

值得注意的是:在 DEB 片结构单体电池中 DEB 片直接与负极钙箔接触,正、负极材料之间没有物理隔离。在电池激活时就会发生一系列复杂的化学反应,在负极钙箔表面形成了隔离层,从而降低了自放电。隔离层形成至关重要,若隔离层形成不完整,将产生大量的自放电,放出的热量使电池内部温度升高。这不仅降低活性物质的利用率,一旦电池内部温度超过 600℃,还会造成电池热失控,使电池失效。

2. 硫酸铅正极材料

硫酸铅($PbSO_4$),白色单斜或斜方晶体,密度 6.2 g·cm^{-3},熔点 1 170℃,难溶于水和酸,微溶于热水和浓硫酸,溶于铵盐。它是有毒物质。

由于硫酸铅不导电,需将其溶解于电解质中以增强正极材料的导电性。硫酸铅溶于 LiCl-KCl 电解质形成三元低共熔体,当组成为 $m(PbSO_4):m(KCl):m(LiCl)=28:32:40$ 时熔点最低,为 312℃。在该组成下 $PbSO_4$-LiCl-KCl 相图如图 9.22 所示。

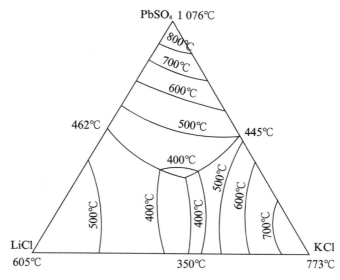

图 9.22 $PbSO_4$-LiCl-KCl(质量比为 28:32:40)相图

作为热电池正极材料,硫酸铅的电极反应方程式为

$$PbSO_4 + 2e \longrightarrow Pb + SO_4^{2-}$$

(9.17)

根据反应式,计算其理论容量为 $0.177\ A\cdot h\cdot g^{-1}$,只有铬酸钙的 1/3。硫酸铅发生电极反应后生成了金属铅,使正极的导电能力得到增强。

硫酸铅一般用于杯型结构热电池,正极片的制备工艺流程如图 9.23 所示,具体操作步骤如下:

① 将 $LiCl\cdot H_2O$ 置于高温炉内,脱除结晶水,冷却后粉碎成粉末。

② 将 KCl 和 $PbSO_4$ 分别置于干燥箱内进行干燥。

③ 将干燥后的 LiCl、KCl 和 $PbSO_4$ 按质量比 40:32:28 的比例进行配料、混合。

④ 将混合均匀后的粉料在高温炉中熔融。

⑤ 用有机溶剂清洗镍网,并晾干。

⑥ 将清洗后的镍网以一定的速度通过熔融的 $PbSO_4$-LiCl-KCl 低共熔体,低共熔体被均匀地吸附在镍网上。

⑦ 将吸附了低共熔体的镍网冷却后冲制成所需大小的正极片。

⑧ 将正极片进行真空干燥后保存在干燥器中待用。

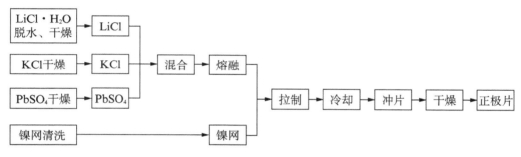

图 9.23 硫酸铅正极片的制备工艺流程

9.6.3 钙系热电池单元电池制备

热电池的基本单元为单元电池,根据单体电池的结构不同单元电池的制备也有所不同。

1. 杯型结构

在电池组装前,石棉制品需经高温灼烧除去可挥发物质,所有零部件需经过干燥处理。电池组装在露点小于 $-28℃$ 的干燥气体保护下的手套箱或干燥室内进行。单元电池的制备工艺流程如图 9.24 所示。

为了达到一定的工作电压,必须将一定数量的单体电池串联组合,并在每个单体电池之间放置加热纸,这样就组成了电堆。为了防止电堆两端因散热过快而造成电堆温度不均,通常在电堆两端要多放端加热纸,杯型结构热电池的电堆如图 9.25 所示。单体电池之间通过加热纸隔离变得绝缘,单体电池之间的串联是通过负极引流条与上一个单体电池的镍杯引流条连接来实现。

将电堆周围附上引燃条并裹上保温材料后,装入不锈钢壳体中,电点火头和输出回路引流条分别与电池盖的接线柱连接。电池壳、盖之间密封采用激光焊接机、氩弧焊机等进行焊接。

2. DEB 片结构

在装配前,所有零部件都需经过真空干燥处理,然后在露点小于 $-28℃$ 的干燥气体保护

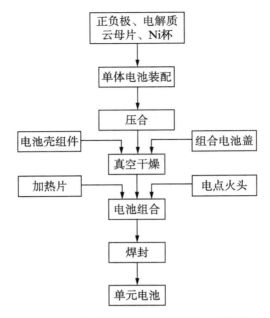

图 9.24 杯型结构单元电池制备工艺流程

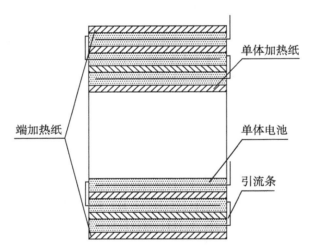

图 9.25 杯型结构热电池的电堆

下,在干燥室或手套箱中按图 9.26 工艺流程进行装配。

单体电池由一片 DEB 片,一片 Ca 负极和集流片组成,两个单体电池之间有一片加热片。根据电压值,把一定数量的单体电池叠在一起,两端放上缓冲片和端加热片。由于单体电池缺少了镍杯结构,容易造成单体电池之间松弛,内阻增大,影响电性能。为此,在单体电池中心插上绝缘的硬质玻璃杆,通过拧紧螺母给单体电池加压。DEB 片结构热电池的电堆如 9.27 所示。电堆外缘包上引燃条和保温带,装上电点火头。由于加热片采用 $Fe/KClO_4$ 材料,燃烧后仍具有导电性,不需要连接片连接。在两端单体电池中分别引出引流条,并与电池盖的输出接线柱连接;电点火头引线与电池盖的激活接线柱相连。连接后装入电池壳中,壳盖进行密封焊接。

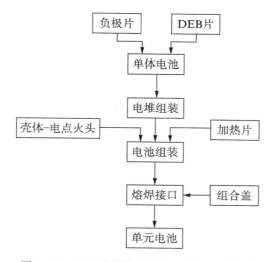

图 9.26　DEB 片结构单元电池制备工艺流程

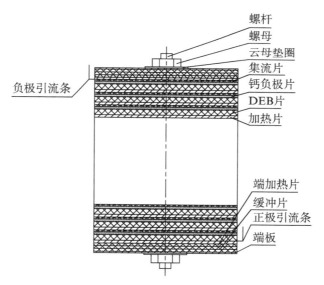

图 9.27　DEB 片结构热电池的电堆

3. 激活时电堆压力变化的解决方法

虽然装配时都会对电堆施加一定的压力,但是热电池激活时电堆的压力会发生明显的变化。一方面加热材料(特别是 $Zr\text{-}BaCrO_4$ 加热纸)燃烧后会发生收缩,另一方面 DEB 和缓冲片因熔盐熔化而软化受压后变薄,均会导致电堆压力变小。电堆压力过小时,电池各零部件之间的接触松弛,内阻增加,从而影响热电池的电性能,对于长寿命热电池而言表现得尤为突出。电堆的压力控制一时成为钙系热电池的重大技术问题。

为解决上述问题,一般在电堆中加入弹簧垫片。在装配时将弹簧垫片压平,在激活时通过弹簧的弹力仍给电堆施加平稳的压力。基于热电池内部工作环境,弹簧垫片的材料须高温性能好、耐腐蚀能力强。弹簧垫片的设计主要有图 9.28 所示的三种,矩形、方形和半球形。矩形和方形弹簧垫片的制造都比较简单,电堆受力不太均匀;半球形弹簧垫片的制造比较复杂,但是电堆受力比较均匀。采用半球形弹簧垫片设计,制备了 5 个 Ca/CaCrO$_4$ 体系热电池,并按 $15\ mA \cdot cm^{-2}$ 的电流密度进行放电,结果见表 9.12。这些电池的平均放电时间为 69 min,标准偏差 4 min,一致性得到提高。

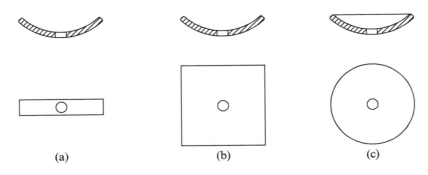

图 9.28　弹簧垫片

(a) 矩形;(b) 方形;(c) 半球形

表 9.12　采用半球形弹簧垫片后 5 个热电池放电结果

序号	放电电压/V						
	10 min	20 min	30 min	40 min	50 min	60 min	70 min
1	31.08	30.35	29.38	28.17	26.46	26.08	24.98
2	31.10	30.41	29.39	28.04	26.46	26.01	24.64
3	31.06	30.41	29.10	27.50	26.30	25.51	22.44
4	31.07	30.35	29.13	27.55	26.42	25.74	23.72
5	31.15	30.44	28.76	26.75	26.08	24.90	20.39
平均值	31.09	30.39	29.15	27.60	26.34	25.65	23.23
标准偏差	0.04	0.04	0.26	0.56	0.16	0.48	1.87

9.6.4　钙系热电池的性能

钙系热电池具有激活时间短、储存时间长、电压高、放电时间可长达 1 h 的特点,但是比能量和比功率相对于锂系热电池低。

1. Ca/CaCrO$_4$ 体系热电池

Ca/CaCrO$_4$ 体系热电池研究早期其单体电池采用杯型结构,该类电池的工作时间较短、比能量低,其中典型的指标为:工作电压 27～22 V;工作电流 4 A;激活时间 0.6 s;工作时间 50 s;质量 479 g;体积 180 cm^3。

20 世纪 60 年代中期研制成功 DEB 结构后,人们对单体电池采用 DEB 片结构的 Ca/CaCrO$_4$ 体系进行了深入的研究,开发出了短寿命热电池、中等寿命热电池、长寿命热电池和高电压热电池系列。

短寿命热电池的性能特点是激活时间短、短时大功率输出的能力强。表 9.13 给出了一个典型短寿命 Ca/CaCrO$_4$ 体系热电池的性能。该电池外形尺寸为 ϕ50.8 mm×50.8 mm,由 5 片单体电池串联组成;单体电池的直径为 31.7 mm,钙箔、DEB 片和 Fe/KClO$_4$ 加热粉的质量分别为 0.31 g、2.0 g 和 3.8 g。根据表 9.13,通过计算最大电流密度为 428 mA·cm^{-2},最大体积比功率为 276 W·L^{-1}。

表 9.13　短寿命 Ca/CaCrO$_4$ 体系热电池的性能

序号	放电负载/Ω	激活时间/s	峰压/V	放电时间(截止电压为峰压的 75%)/s
1	40	1.10	10.78	263
2	20	1.01	10.37	151
3	10	1.32	10.07	89
4	5	1.27	9.33	34
5	2.5	1.74	8.44	13

中等寿命 Ca/CaCrO$_4$ 体系热电池,工作时间一般为 10 min 左右,它的性能特点是:既要保持一定的工作时间又要具有一定的功率输出能力。一个中等寿命热电池的设计如下:外形尺寸为 ϕ57.2 mm×63.5 mm,由 5 片单体电池串联组成;单体电池的外径为 34.9 mm,内径为 6.4 mm,钙箔、DEB 片和 Fe/KClO$_4$ 加热粉的质量分别为 0.33 g、2.0 g 和 2.6 g;端加热片质量为 10.4 g,NaCl-Li$_2$SO$_4$ 缓冲片重 3.5 g;保温采用 Min-K 材料。该热电池在不同电流密度下放电结果如图 9.29 所示,在不同温度下放电时间如图 9.30 所示。该电池在 0.62 mA·cm^{-2} 的电流密度下放电时间达到 25 min 以上,而随着电流密度的继续增加电压下降速度加快,放电时间明显缩短。从图 9.30 可知,环境温度对中等寿命 Ca/CaCrO$_4$ 体系热电池影响较大,在 −50℃ 低温下工作时放电时间略高于 50℃ 时的一半,因此,对于该类电池的设计需要注意合理的热设计。

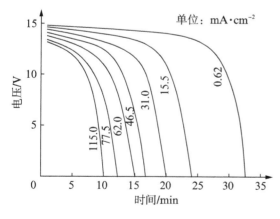

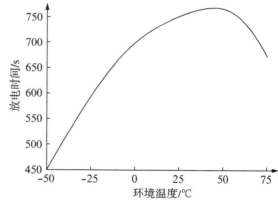

图 9.29　不同电流密度下中等寿命 Ca/CaCrO$_4$ 体系热电池放电曲线

图 9.30　环境温度对中等寿命 Ca/CaCrO$_4$ 体系热电池放电时间的影响

Ca/CaCrO$_4$ 体系热电池的最长放电时间可长达 1 h,该类电池需要进行合理的加热和保温设计。典型热电池的设计如下:外形尺寸为 ϕ114 mm×102 mm,由 12 片单体电池串联组成;单体电池的外径为 82.5 mm,内径为 12.7 mm,钙箔、DEB 片和 Fe/KClO$_4$ 加热粉的质量分别为 2 g、13 g 和 13 g;端加热片质量为 65 g,NaCl-Li$_2$SO$_4$ 缓冲片重 13 g;保温采用 Min-K

材料。该电池的放电结果见表 9.14。该类电池的体积设计较大,以提高电池本身的保温性能。

表 9.14　长寿命 Ca/CaCrO₄ 体系热电池的性能

序号	激活时间/s	峰压/V	放电时间/s	缓冲片最高温度/℃
1	0.80	32.60	73.78	524
2	0.77	32.71	72.10	524
3	0.75	32.85	66.83	533
4	0.74	32.73	69.22	529
5	0.78	32.53	63.50	539
平均值	0.77	32.68	69.09	530
标准偏差	0.02	0.12	4.11	6.4

Ca/CaCrO₄ 体系热电池的工作电压较高,单体电池的工作电压可达 2.2～2.6 V,对于高压热电池可减少单体电池的数量。某一 500 V 小型高压热电池设计如下:负极采用钙-铁双金属片,正极选用铬酸钾-铬酸钙混合正极;将 168 片采用 DEB 片结构制作的单体电池串联后装入氧化铍管中;Fe/KClO₄ 加热材料布置在氧化铍管周围;设计的热电池体积为16.4 cm³,质量为 41 g。此高压热电池在不同负载下的放电结果见表 9.15。

表 9.15　Ca/CaCrO₄ 体系高压热电池在不同负载下放电结果

环境温度/℃	负载电阻/Ω	460 V 时电流密度 /(mA·cm⁻²)	上升到 410 V 的时间/s	峰压/V	放电到 410 V 的时间/s
16	100 k	58	2.3	451	16
	500 k	12	2.4	463	29
	1 M	5.8	2.2	488	62
	5 M	1.2	2.2	495	103
	10 M	0.58	2.4	498	124
	100 M	0.058	2.3	503	156
71	100 k	58	1.8	460	24
	500 k	12	1.9	476	44
	1 M	5.8	1.9	491	73
	5 M	1.2	1.8	493	125
	10 M	0.58	1.7	499	140
	100 M	0.058	1.9	507	176

2. Ca/PbSO₄ 体系热电池

Ca/PbSO₄ 体系热电池的单体电池采用杯型结构,单体电池在不同电流密度下放电曲线如图 9.31 所示,由 13 片单体电池组成的热电池放电曲线如图 9.32 所示。从两个图可知,不管是单体电池还是单元电池,在各种电流密度下放电时电压曲线均十分平坦,有的在放电过程中略有升高。这是由于在放电过程中正极材料放电产物金属铅的不断生成,提高正极的导电性,使电池内阻下降。这种体系的热电池输出功率较大,目前已成功研制出质量比功率 198 W·kg^{-1},体积比功率 567 W·L^{-1} 的产品。

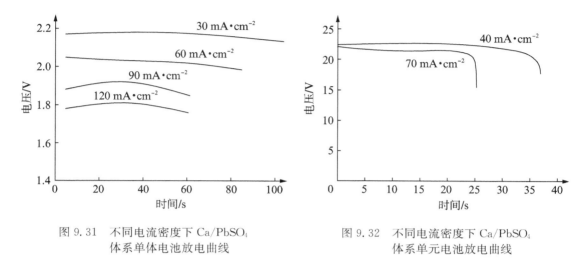

图 9.31　不同电流密度下 Ca/PbSO$_4$ 体系单体电池放电曲线　　　　图 9.32　不同电流密度下 Ca/PbSO$_4$ 体系单元电池放电曲线

9.7　锂系热电池

随着研究的深入,人们发现钙系热电池自身存在着一些致命的缺点:一是该热电池容易形成 CaLi$_2$ 合金,该合金在电池工作温度下是可流动的液体,因而容易引起电池短路和产生电噪声;二是钙负极与铬酸钙容易发生难以预测的放热反应,从而引起电池的热失控而使电池提前结束放电;三是电池在放电过程中,钙负极表面产生一层惰性的 KCaCl$_3$ 膜,引起电极严重极化。为此,人们在 20 世纪 70 年代开发了锂系热电池,使热电池的技术水平得到了前所未有的提高。

9.7.1　锂系热电池负极材料

金属锂不能直接作为热电池负极,这是由于其熔点较低(熔点为 180.6℃),在热电池的工作温度(450～550℃)下呈液态,易从多孔的集流器中逸出,造成电池短路。为此,改用熔点高的锂合金或在金属锂中添加流动抑制剂作为热电池的负极。研究较多的有锂铝合金(LiAl)、锂硅合金(LiSi)和锂硼合金(LiB)。这些合金的热稳定性高,同时保持了金属的电化学性能,其主要性能参数见表 9.16。

1. 锂铝合金

LiAl 合金采用熔融冶炼法制备,其工艺流程如图 9.33 所示,将金属锂和金属铝按一定比例在惰性气体保护下加热熔融,合金化后冷却、粉碎得到 LiAl 合金粉。LiAl 合金也可以用电化学法制备。

表 9.16　不同锂合金负极材料的性能

负极材料	Li	LiAl[a]	LiSi	LiB
锂质量分数/%	100	19.3	44	70
对锂电动势/V	0	0.3	0.15,0.27[b]	0,0.1[b]
理论活性锂质量分数/%	100	14.4	37.8	47.6
理论质量比容量/($A \cdot h \cdot g^{-1}$)	3.86	0.56	1.46	1.84
理论体积比容量/($A \cdot h \cdot cm^{-3}$)	2.08	0.75	1.36	1.97
100 mA·cm^{-2}时利用率/%	100	85	86	90
300 mA·cm^{-2}时利用率/%	100	45	52	67
最高工作温度/℃	<180	700	~730	>1 200

a 指含有 20% 的电解质；b 为电压平台。

图 9.33　LiAl 合金制备工艺流程

　　图 9.34 为 LiAl 合金二元相图。从纯铝到锂摩尔分数 7%～8% 的范围内，LiAl 合金以 α 相稳定存在；随着锂含量继续增加，β 相开始形成，$(\alpha+\beta)$ 相一直扩展到锂摩尔分数为 47%；在锂摩尔分数为 48%～56% 时，LiAl 合金以 β 相的形式存在。

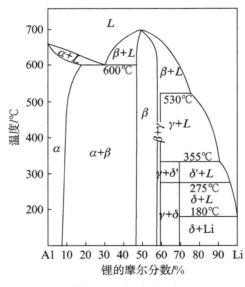

图 9.34　锂-铝相图

　　LiAl 合金的电位与其物相密切相关，组成与电压的关系如图 9.35 所示。在 $(\alpha+\beta)$ 相存在的区间，LiAl 合金的电极电位保持不变，相对于纯锂电极偏正 297 mV 左右，并随着温度的升高电位呈线性下降。为此,一般选用锂摩尔含量为 47% 的 LiAl 合金作为热电池的负极材料,此材料的熔点接近 700℃。LiAl 合金的密度为 1.74 g·cm^{-3}。

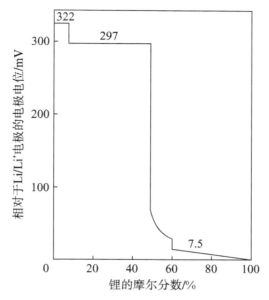

图 9.35　427℃时 LiAl 合金的电极电位

在实际热电池放电时,仅利用 LiAl 合金的 β 相向 α 相转变放电平台,电极反应方程式为

$$Li_{0.47}Al_{0.53} = Li_{0.059}Al_{0.53} + 0.411Li^+ + 0.411e \tag{9.18}$$

通过计算,其放电理论容量为 2 259 A·s·g^{-1}。

2. 锂硅合金

由于 LiAl 合金的大电流放电能力较差,在 20 世纪 80 年代美国 Sandia 国家实验室开发出了取代 LiAl 合金的 LiSi 合金负极。LiSi 合金是目前锂系热电池最常用的负极材料,通常采用电炉熔炼制备,其工艺流程如图 9.36 所示,具体是将金属锂和硅粉按一定比例称量,混合均匀后放入反应釜中,在惰性气体保护下加热到预定温度并保温至反应结束,冷却后粉碎。温度、时间和配比直接影响最终产物的性能,合成反应方程式为

$$22Li + 5Si = Li_{22}Si_5 \tag{9.19}$$

$$Li_{22}Si_5 + 4Li + 3Si = 2Li_{13}Si_4 \tag{9.20}$$

图 9.36　LiSi 合金制备工艺流程

从图 9.37 的锂-硅相图可知,锂和硅可以组成 $Li_{22}Si_5$、$Li_{13}Si_4$、Li_7Si_3 和 $Li_{12}Si_7$ 四种物相。在 415℃时,不同的物相对应的电极电位如图 9.38 所示。每一个电位平台对应一个物相,其中第 3 个平台对应于 $Li_{13}Si_4$ 相,相对于纯锂电极偏正 157 mV 左右。

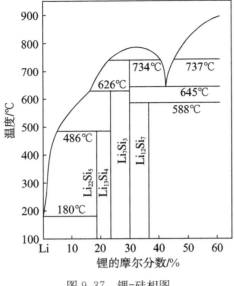

图 9.37　锂-硅相图

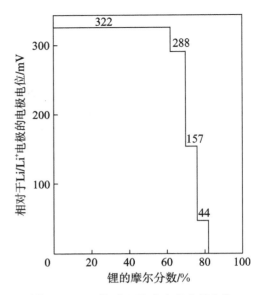

图 9.38　415℃时 LiSi 合金的电极电位

由于 $Li_{22}Si_5$ 相稳定性差,不易在干燥间操作,因此很少用作热电池负极材料的主相。用于热电池负极材料的 LiSi 合金中,一般锂的质量分数为 44%,密度为 $1.38\ g\cdot cm^{-2}$,主要物相为 $Li_{13}Si_4$ 相(图 9.39)。

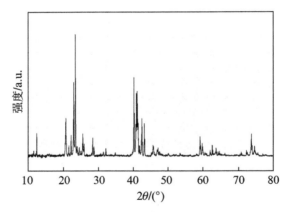

图 9.39　热电池负极材料 LiSi 合金 XRD 图

作为热电池负极材料,LiSi 电极反应方程式依次为

$$3Li_{13}Si_4 =\!=\!= 4Li_7Si_3 + 11Li^+ + 11e \tag{9.21}$$

$$7Li_7Si_3 =\!=\!= 3Li_{12}Si_7 + 13Li^+ + 13e \tag{9.22}$$

$$Li_{12}Si_7 =\!=\!= 7Si + 12Li^+ + 12e \tag{9.23}$$

通过计算,第一步反应的放电理论容量为 $1\ 747\ A\cdot s\cdot g^{-1}$,对于电压精度要求高的热电池而言只能利用这一步反应。对于电压精度要求不高的热电池还可以利用到第二步反应,此时放电理论容量增加到 $2\ 926\ A\cdot s\cdot g^{-1}$。

3. 锂硼合金

自从 1978 年 F. E. Wang 首先研制出了 LiB 合金以来,人们对其的性能进行广泛的研究,但是一直没有在热电池中得到应用。直至 1995 年,俄罗斯在国际电源会议上报道了 LiB 合金的应用研究,才使 LiB 合金的研究进入了一个新的阶段。

与 LiSi 合金相比,LiB 合金具有以下优势:

① LiB 合金中锂含量高,最高质量分数可达 80%。

② LiB 合金的容量高,在提供相同容量的前提下用量可减少。

③ LiB 合金为带状,可随意加工成各种形状。

④ LiB 合金的使用温度范围宽,在 1 200℃下均可使用。

⑤ LiB 合金的电位负,非常接近于纯锂。

国内外关于 LiB 合金的制备基本采用金属锂和单质硼加热熔炼,合成的 LiB 合金锭经机械热处理后轧制成带状。其制备工艺流程如图 9.40 所示,具体是将锂锭和硼粉(粒)按一定比例(富锂)投入铁质坩埚中,在惰性气体保护下加热升温并不断地搅拌,在 250~400℃时发生第一次放热反应,反应后硼进入锂熔液生成 LiB_3 金属间化合物,熔液的黏度逐渐增加,在 400~550℃时熔液发生第二次放热反应,由 LiB_3 进一步与液态锂反应形成一种稳定骨架结构的 Li_7B_6 相,而过剩的金属锂嵌入 Li_7B_6 骨架中,熔液固化并收缩,冷却后得到 LiB 合金锭,将合金锭挤压、轧制成 LiB 合金带。LiB 合金合成的反应方程式为

$$Li + 3B \Longrightarrow LiB_3 \tag{9.24}$$

$$2LiB_3 + 5Li \Longrightarrow Li_7B_6 \tag{9.25}$$

在 LiB 合金制备过程中最重要的是两步放热反应时温度的精确控制。若未能将反应热充分释放,易改变 Li_7B_6 相的形态,金属锂未能充分嵌入骨架中,合成的材料不能用作热电池负极材料。随着制备技术水平的提高,LiB 合金的生产量从早期 400 g·炉$^{-1}$ 提高到目前的 900~2 000 g·炉$^{-1}$,而且每批产品性能稳定。

图 9.40　LiB 合金制备工艺流程

LiB 合金具有银白色金属光泽,塑性和延展性好,易轧制成薄带,冷轧开坯总加工率可达 60% 而不发生大的裂边及裂纹。LiB 合金不是单一物相,而是由 Li_7B_6 物相和金属锂相组成的一种复合材料,其 XRD 图如图 9.41 所示。Li_7B_6 物相具有多孔结构,起支撑骨架作用;金属锂相作为活性材料,嵌于 Li_7B_6 骨架中,保证在高于熔点时不自由流动。Li_7B_6 耐 1 200℃以上高温,因此 LiB 合金的热稳定性优于其他锂系负极材料。LiB 合金的电阻率为 $12.5 \times 10^{-8} \sim 23 \times 10^{-8}\ \Omega \cdot m$,并随着温度的升高而逐渐增大,然而在硼原子分数低于 40% 时电阻率与组成无关,这表现出了良好的金属性。LiB 合金的密度在 $0.6 \sim 1.07\ g \cdot cm^{-3}$ 之间,均低于压紧状态下 LiSi 合金的密度。LiB 合金的热导率约为 $75\ W \cdot m^{-1} \cdot K^{-1}$,与金属铁的基本接近,具有良好的导热性。LiB 合金的热容较大,为 $3.45 \sim 3.7\ J \cdot g^{-1} \cdot K^{-1}$,通过 DSC 研究表明在 180℃附近还存在一个对应金属锂熔化的吸热过程。

LiB 合金放电时先后出现两个电压平台,分别对应金属锂相和 Li_7B_6 相放电,金属锂相的电极反应方程式为

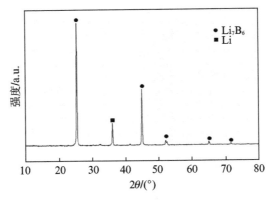

图 9.41 LiB 合金的 XRD 图

$$Li \Longrightarrow Li^+ + e \qquad (9.26)$$

LiB 合金中金属锂相与纯锂具有相同的活性,两者的电位差只有 20 mV。金属锂相的放电电压平稳,电极极化小,即使在大电流密度放电时也是如此,在 8 A·cm^{-2} 大电流密度放电时其极化只有约 0.5 V,因此金属锂相的利用率可接近 100%。根据 LiB 合金中锂含量的多少,理论容量可达到 3 000~8 000 A·s·g^{-1}。Li$_7$B$_6$ 相也能参与放电,其电压平台比金属锂相的低约 0.3 V,一般利用率为 30% 左右。

9.7.2 锂系热电池正极材料

在锂系热电池中,优良的正极材料应具有以下特点:
① 电极电位高,相对于锂电极电位应大于 2.0 V。
② 具有高的热稳定性。
③ 与电解质不发生反应。
④ 具有电子导电性,能够大电流放电。
⑤ 生成的产物能够导电或能溶入电解质,减少内阻。

锂系热电池的正极材料,通常采用电压较正的金属硫化物、氧化物以及氯化物等。目前广泛应用的主要有二硫化铁和二硫化钴。

1. 二硫化铁

从 20 世纪 70 年代以来,二硫化铁一直被广泛应用于热电池的研制中,其技术非常成熟。锂系热电池所用的二硫化铁主要来源于天然黄铁矿。黄铁矿是地壳中分布最广的硫化物,晶体结构属于等轴晶系的 NaCl 型。黄铁矿的晶体形态常呈立方体和五角十二面体,较少呈八面体,XRD 图如图 9.42 所示。二硫化铁在使用之前,需要进行提纯以除去杂质。二硫化铁的提纯工艺流程如图 9.43 所示,具体操作如下:
① 将二硫化铁粉碎后过筛。
② 用清水洗涤 3~4 次。
③ 加入硫酸和氢氟酸,加热煮沸数小时。
④ 用清水洗涤,并采用振荡法将密度较小的杂质除去。
⑤ 抽干后,进行干燥处理。
⑥ 装瓶,备用。

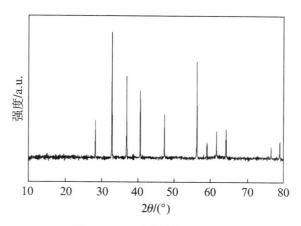

图 9.42 二硫化铁的 XRD 图

图 9.43 二硫化铁提纯工艺流程

纯的二硫化铁为黄色,相对分子质量为 119.97,密度为 5.00 g·cm⁻³。二硫化铁分子中,铁以 +2 价形式存在,硫以—S—S—的形式存在。二硫化铁为半导体,在室温下的电阻率为 0.036 Ω·cm,随着温度的上升其电阻率逐渐下降。二硫化铁的熔点为 1 171℃,然而在达到熔点之前就发生分解,分解温度为 550℃,反应方程式为

$$FeS_2 = FeS + S \tag{9.27}$$

在热电池使用过程中应避免二硫化铁的分解,一旦发生分解就会产生硫蒸气,硫蒸气会迅速扩散到负极层发生化学反应产生大量的热,引起温度升高,加快二硫化铁的分解,最终使热电池发生严重的热失控,不但使热电池完全失效而且引起严重的安全性事故。二硫化铁的比热容(C_p,J·K⁻¹·mol⁻¹)与温度(T,K)的关系式为

$$C_p = 68.95 + 14.1 \times 10^{-3}T - 9.87 \times 10^5/T^2 \tag{9.28}$$

二硫化铁表面很容易与空气中的氧气反应生成硫酸亚铁,在相对湿度 20% 以上时反应明显加快,其反应的活化能为 27.2 J·mol⁻¹。生成的硫酸盐在高温下分解会产生氧化铁,这些硫酸盐、氧化物以及原料中的单质硫杂质在热电池激活时均会产生一个电压尖峰,不利于电压的控制。为此,一方面提纯后的二硫化铁应尽量避免与普通空气接触,另一方面应在热电池使用之前进行锂化削峰处理。

在锂系热电池中,二硫化铁依次发生以下电极反应:

$$2FeS_2 + 3Li^+ + 3e = Li_3Fe_2S_4 \tag{9.29}$$

$$(1-x)Li_3Fe_2S_4 \rightleftharpoons (1-2x)Li_{2-x}Fe_{1-x}S_2 + Fe_{1-x}S \tag{9.30a}$$

$$Li_3Fe_2S_4 + Li^+ + e = Li_2FeS_2 + FeS + Li_2S \tag{9.30b}$$

$$Li_{2-x}Fe_{1-x}S_2 \longrightarrow Li_2FeS_2 \tag{9.31}$$

$$Li_2FeS_2 + 2e = Li_2S + Fe + S^{2-} \tag{9.32}$$

其中 $Li_3Fe_2S_4$ 称为 Z 相;Li_2FeS_2 称为 X 相。相对于 LiAl 合金,在 400℃时二硫化铁的电位为 1.750 V,$Li_3Fe_2S_4$ 的电位为 1.645 V,Li_2FeS_2 的电位为 1.261 V。相对于第三步放电反应,第一步和第二步的放电电压比较接近,然而由于 $Li_3Fe_2S_4$ 的电阻率提高了近千倍,在热电池使用中往往只能利用第一步反应。通过计算第一步反应的理论容量为 1 206 A·s·g^{-1}。

在高温下,二硫化铁与电解质接触后会发生部分溶解,在 500℃时溶解度为 1 ppm(1 ppm 为 10^{-6}),溶解度随着温度的升高而增大。二硫化铁溶解于电解质后产生了 S^{2-}、Fe^{2+}、S 等组分,如图 9.44 所示,这些组分遇到同样溶解于电解质的锂合金直接发生化学反应,从而导致容量的损失。此过程为热电池自放电的主要途径。自放电与温度密切相关,以 LiCl-KCl 为电解质,在 395℃时自放电率为 1.0 mA·cm^{-2},在 436℃时则上升到 1.9 mA·cm^{-2}。自放电还与电解质种类有关,通过比较 LiCl-KCl、LiCl-LiBr-KBr、LiF-LiBr-KBr 和 LiF-LiCl-LiBr 电解质,在 LiCl-LiBr-LiF 电解质中正极材料的自放电率是最高的,高于其他电解质近一倍。图 9.45 给出了在 500℃时开路搁置时 LiSi/FeS$_2$ 体系单体电池的容量变化。

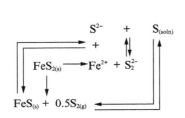

图 9.44 溶解于电解质中的
二硫化铁转化

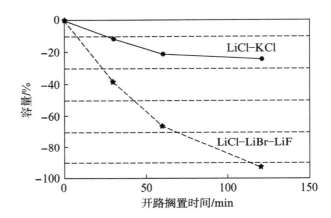

图 9.45 在 500℃时开路搁置时 LiSi/FeS$_2$
体系单体电池的容量变化

2. 二硫化钴

二硫化钴的电化学性能早在 20 世纪 70 年代进行了研究,但其应用到二十年后才开始。到目前为止二硫化钴未完全取代二硫化铁作为热电池的正极材料,其中一个因素是二硫化钴是人工合成的,价格高,而二硫化铁为天然矿物,价格低。

二硫化铁在自然界中以黄铁矿的形式广泛存在,而二硫化钴在自然界中不常独立存在,往往与许多矿物伴生且含量低,无开采价值。目前,纯的二硫化钴采用无机合成法。常用的有溶液沉淀法、熔盐电解法和高温硫化法。溶液沉淀法一般以硫化钠溶液作为原料,加入硫粉,在高温下回流先制备多硫化物,然后将多硫化钠与氯化钴溶液混合后发生置换反应,生成二硫化钴沉淀,经提纯后得到纯净物。熔盐电解法是用 LiCl-KCl 低共熔物为电解质,硫化钴为阳极,石墨为阴极,在 352～500℃时进行电解,阳极上生成二硫化钴,分离后得到纯净物。高温硫化法根据原料不同主要有两种:① 以钴粉和硫黄粉为原料,混合并真空密封在石英管中,在 700℃下加热经两次高温合成二硫化钴。② 将真空干燥的硫酸钴于氮气流中加热到 350℃,再在硫化氢和氢气混合气流中加热 6 h,急冷,可得到二硫化钴。

在上述合成方法中,以钴粉和硫黄粉为原料采用高温硫化法制备二硫化钴适合于大规模生产,是目前合成二硫化钴的主要方法。根据钴和硫的二元相图(图 9.46),钴和硫可以生成多种物质,如 Co_9S_8、Co_3S_4、CoS_2 等,在这些物质中,二硫化钴的硫含量最高,质量分数达到了 52%。采用高温硫化法制备二硫化钴时,为了避免其他硫化钴生成投料时加入过量的硫黄粉,使合成的产品只含有硫黄粉杂质。通过高温气体吹扫,可以将残留的硫黄粉除去以获得高纯二硫化钴。

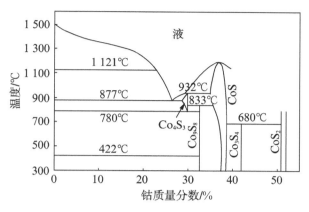

图 9.46 钴-硫相图

二硫化钴为黑色粉末,立方结构晶体,XRD 图如图 9.47 所示,密度为 $4.27\ \mathrm{g \cdot cm^{-3}}$,相比二硫化铁略小。与二硫化铁一样,二硫化钴分子中钴以 +2 价形式存在,硫以—S—S—的形式存在。二硫化钴具有良好的导电性能,其电阻率为 $0.002\ \Omega \cdot cm$,属于金属导体,随着温度的上升其电阻率逐渐增加,这与二硫化铁完全不同。二硫化钴和二硫化铁的热力学性能见表 9.17。在热电池正常使用过程中,电极材料所需承受的最宽温度范围为 $-55 \sim 800\ ℃$,在这个范围内二硫化钴的热容明显高于二硫化铁,也就是在热电池激活并达到工作温度时二硫化钴需要吸收更多的热量。根据图 9.46,二硫化钴在熔融成液态之前已发生了分解,反应方程式为

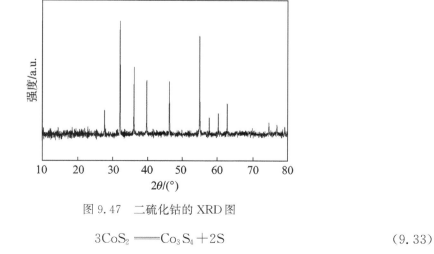

图 9.47 二硫化钴的 XRD 图

$$3CoS_2 = Co_3S_4 + 2S \tag{9.33}$$

通过图 9.48 的热重曲线,分析其分解温度为 650 ℃,相对于二硫化铁提高了近 100 ℃。二硫

化钴的使用为热电池拓宽工作温度范围,为追求优越性能而进行高热量设计提供可能。

表 9.17　二硫化钴和二硫化铁的热力学性能

物质	T/K	$\Delta H_f^{\ominus}/(kJ \cdot mol^{-1})$	$S_f^{\ominus}/(J \cdot K^{-1} \cdot mol^{-1})$	$C_p(T)/(J \cdot mol^{-1})$
CoS_2	298	−152.1	69.0	$60.67 + 25.31 \times 10^{-3}T$
FeS_2	298	−178.2	52.93	$68.95 + 14.1 \times 10^{-3}T - 9.87 \times 10^5/T^2$

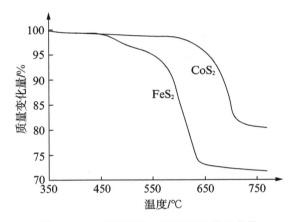

图 9.48　二硫化铁和二硫化钴的热重曲线

二硫化钴暴露在空气中也会吸附空气中的氧,并发生氧化反应生成硫酸钴或氧化钴,这些物质在放电初期会形成电压峰压,影响电压的平稳度,其与氧的作用能力与二硫化钴的颗粒大小密切相关。相比于二硫化铁,二硫化钴对氧的敏感性要低得多,这有利于控制放电电压的平稳度。

二硫化钴的放电反应与二硫化铁不同,没有产生嵌锂化合物,具体放电反应如下:

$$3CoS_2 + 4e \Longrightarrow Co_3S_4 + 2S^{2-} \tag{9.34}$$

$$3Co_3S_4 + 8e \Longrightarrow Co_9S_8 + 4S^{2-} \tag{9.35}$$

$$Co_9S_8 + 16e \Longrightarrow 9Co + 8S^{2-} \tag{9.36}$$

中间产物四硫化三钴(Co_3S_4)和八硫化九钴(Co_9S_8)的电阻率比二硫化钴的高,在放电过程中分别依次出现三个电压平台。根据理论计算,二硫化钴第一个电压平台的放电理论容量为 $1\,045\ A \cdot s \cdot g^{-1}$,略低于二硫化铁。然而,由于部分二硫化铁溶解于电解质中产生自放电以及极化内阻偏大,二硫化钴的实际放电容量往往会高于二硫化铁。放电过程中,在二硫化钴还没有消耗尽之前,大约在放电容量达到 $840\ A \cdot s \cdot g^{-1}$(即二硫化钴的利用率达到 80%)时,中间产物 Co_3S_4 开始进行放电。通过计算,前两步总的理论放电容量为 $1\,741\ A \cdot s \cdot g^{-1}$。由于 Co_3S_4 比二硫化钴具有较高的电阻率,因此在放电曲线上出现明显的电压下降,这对于电压精度要求高的热电池只能利用第一步放电平台,而电压精度较宽时可以利用第一步和第二步放电平台,但是第三步放电平台是肯定不能被利用的。

二硫化钴的电极电位比二硫化铁低 0.1 V,在 500℃时 LiSi/CoS$_2$ 体系热电池的开路电压为 1.84 V,而 LiSi/FeS$_2$ 体系会达到 1.94 V。然而在大电流密度放电时,由于电池内阻压降更小,二硫化钴的工作电压高于二硫化铁。图 9.49 显示了二硫化钴和二硫化铁的单体电池在工作温度为 500℃和电流密度为 125 mA·cm^{-2}下放电结果,其中负极为锂硅合金,电解质为 LiCl-KCl。在 Li/MS$_2$比小于 1 时二硫化钴的电压明显低于二硫化铁 0.1 V,之后二硫化铁电压迅速下降低于二硫化钴。以 1 V 为放电终点,二硫化钴的容量明显高于二硫化铁。从单体电池的内阻变化曲线可知,二硫化钴的内阻均小于二硫化铁,并且在曲线中只出现一个内阻增加的尖峰,此尖峰对应于二硫化钴电压的突变过程。

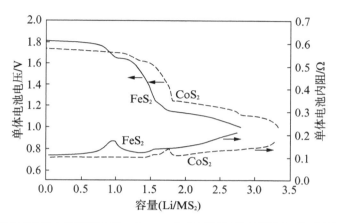

图 9.49 在温度 500℃和电流密度 125 mA·cm^{-2}时 LiSi｜LiCl-KCl｜MS$_2$体系单体电池放电对比

与二硫化铁一样,二硫化钴也溶解于电解质。图 9.50 比较了二硫化铁和二硫化钴在 550℃时开路搁置时容量衰减变化,其中负极为锂硅合金,电解质为 LiCl-LiBr-LiF。二硫化铁在开路搁置 60 min 后大部分容量已经衰减,而二硫化钴的衰减只有二硫化铁的一半,因此二硫化钴更适合于作为长寿命热电池的正极材料。

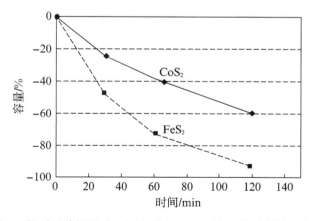

图 9.50 在 550℃时开路搁置时 LiSi｜LiCl-LiBr-LiF｜MS$_2$体系单体电池的容量变化

3. 正极材料的制备

无论是二硫化铁还是二硫化钴都不能直接作为热电池正极材料使用,需进行预处理。预处理包括锂化削峰处理和改性处理。

锂化处理的作用是消除热电池激活时产生电压尖峰(也称为高波)以控制电压精度。引起电压尖峰的原因主要有:

① 电池激活瞬间加热物质产生的大量热使二硫化铁（或二硫化钴）分解，产生单质硫，形成较高电动势。

② 原料不纯，存在少量的单质硫以及吸附氧气后产生的硫酸盐、氧化物等，在电池激活后形成较高电动势。

③ 根据锂-铁-硫（或锂-钴-硫）三元相图，二硫化铁（或二硫化钴）相点是单相区的一个部分，这个区间锂含量很小，在电池激活后产生较高电动势。

根据产生电压尖峰的原因，分别采取以下措施：

① 通过理论计算确定单体电池的热平衡值，优化热设计，避免局部过热产生高温，从而降低温度对初期电压的影响。

② 提纯二硫化铁（或二硫化钴），通过酸洗、清洗、烘干、过筛等步骤除去二硫化铁（或二硫化钴）中存在的杂质，从而消除杂质对初期电压的影响。

③ 在二硫化铁（或二硫化钴）中加入硫化锂、氧化锂、锂硅合金等添加剂，对正极材料进行锂化处理，从而消除正极层中锂含量的剧烈变化。

根据添加剂的不同，正极材料的锂化可以分为硫化锂锂化、氧化锂锂化、锂硅合金锂化等。用未经处理和锂化处理的正极材料分别制备出 5 个单体电池组成的热电池，其放电性能如图 9.51 所示。可见通过锂化处理，电池放电初期的电压尖峰已经消除。图 9.52 为正极材料的锂化处理工艺流程，具体步骤是：

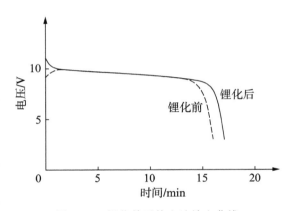

图 9.51 锂化前后热电池放电曲线

① 将二硫化铁（或二硫化钴）、电解质（含流动抑制剂）和氧化锂等添加剂按一定比例进行混合。

② 混合均匀后在惰性气体保护下进行加热，并保持数小时。

③ 冷却后，进行粉碎、过筛处理。

④ 进行干燥处理。

⑤ 装瓶，密封后待用。

图 9.52 正极材料锂化处理工艺流程

正极材料的改性处理是优化其性能，特别是提高正极材料的导电性能。为此，需在正极材料中添加离子导电剂和电子导电剂。离子导电剂一般选用电解质，往往在锂化处理时一起添加。电子导电剂一般选用石墨、金属粉末等，通过简单混合进行制备。

9.7.3 锂系热电池单元电池制备

在电池生产前,石棉制品需经高温灼烧除去可挥发物质,所有零部件需经过干燥处理。电池生产在露点小于-28℃的干燥气体保护下的手套箱或干燥室内进行。单元电池的制备工艺流程如图 9.53 所示。

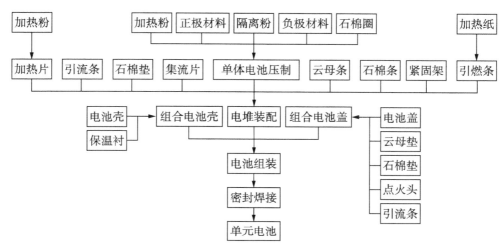

图 9.53　锂系热电池制造工艺流程

锂系热电池的单体电池采用三层片或四合一结构,四合一结构中包括了加热粉、正极材料、隔离粉和负极材料,而三层片结构中只有正极材料、隔离粉和负极材料,加热粉单独成型。两种结构的单体电池制备过程基本相同,分别将各种粉料按要求依次倒入模具中并摊平,在倒入负极材料之前放入石棉圈以保护负极层,盖上模盖后移至压机中在一定压力下进行压制,退模取出单体电池。成型后,必须对其外观、厚度、质量、绝缘电阻进行严格检查。

根据电性能要求,对一定数量的单体电池进行串并联组合,在每个单体电池之间放置一片集流片避免单体电池的加热层直接接触负极层,两端分别放置由加热片和石棉垫组成的热缓冲层,然后由紧固架紧固在一起。将电堆周围附上引燃条并裹上保温材料后,装入不锈钢壳体中,电点火头和输出回路引流条分别与电池盖的接线柱连接。电池壳、盖之间密封采用激光焊接机、氩弧焊机等进行焊接。

9.7.4 锂系热电池的性能

相对于钙系热电池,锂系热电池具有以下特点:

① 在电池工作温度范围内,负极是固体,不存在液体,不会造成电噪声和电池内部短路。

② 锂系热电池的环境适应能力强,电池可在-50~85℃温度环境下正常工作,在激活状态下,电池可承受 1 078 m·s^{-2} 的离心作用。

③ 正极材料在电解质中溶解度很小,因而自放电极小。

④ 用锂合金作负极,副反应少,且内阻恒定,因而电池的比能量高,是钙镁为负极材料电池的 3~7 倍。

⑤ 电池成本低廉。

在锂系热电池中,根据不同正、负极材料搭配,可以组成六种体系,其中对 $LiAl/CoS_2$ 体系热电池的研究较少,下面不进行具体叙述。

1. $LiAl/FeS_2$ 体系热电池

图 9.54 表明了以 $LiAl/FeS_2$ 体系热电池和以 $Ca/CaCrO_4$ 体系热电池在不同电流密度放电下的比容量。锂系热电池的比容量明显高于钙系热电池,特别是大电流密度下差距更大。

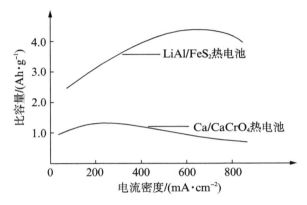

图 9.54　两种体系热电池在不同电流密度放电下比容量比较

$LiAl/FeS_2$ 热电池单体电池在不同电流密度下的放电曲线如图 9.55 所示,比能量计算结果见表 9.18。

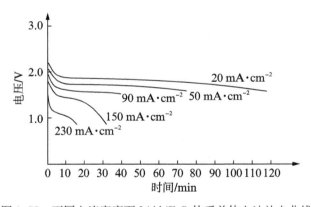

图 9.55　不同电流密度下 $LiAl/FeS_2$ 体系单体电池放电曲线

表 9.18　$LiAl/FeS_2$ 体系单体电池在不同电流密度下的比能量

电流密度/$(mA \cdot cm^{-2})$	比能量/$(W \cdot h \cdot kg^{-1})$
50	102.1
90	183.7
150	191.6

法国 SAFT/SCORE 公司研制的空空导弹弹上热电池 P/N1030400,即采用 $LiAl/FeS_2$ 热电池,性能参数见表 9.19。而同类型的锌银电池工作时间仅 76 s。

表 9.19　P/N1030400 热电池性能参数

参数类别	参数指标
工作电压/V	± 26、± 20、-8.8、$+5.9$
工作电流/A	$0.45 \sim 18$
激活时间/s	$0.6 \sim 0.8$
工作时间/s	90

2. LiSi/FeS₂ 体系热电池

LiSi/FeS₂ 体系单体电池在不同电流密度下的放电曲线如图 9.56 所示。与 LiAl/FeS₂ 体系相比,LiSi/FeS₂ 体系单体电池可以在更大的电流密度下进行放电,从而可提高热电池的输出功率。

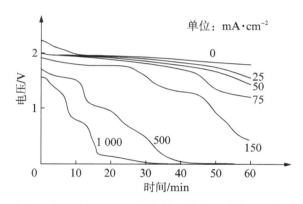

图 9.56　不同电流密度下 LiSi/FeS₂ 体系单体电池放电曲线

LiSi/FeS₂ 体系从 20 世纪 80 年代开始研究,技术已经十分成熟,性能发展已接近顶峰,形成了大功率、长寿命和快激活三大系列品种,电池性能参数见表 9.20、表 9.21 和表 9.22。由于技术成熟和性能稳定,LiSi/FeS₂ 体系在目前热电池研制过程中已得到广泛应用。

表 9.20　大功率电池性能

序号	1	2	3	4
工作电压/V	140 ± 10	28 ± 2.8	65^{+10}_{-7}	48^{+5}_{-6} $\pm 20^{+3}_{-2}$
工作电流/A	15	44	11.7	10 A,17 A 脉冲,3,1
激活时间/s	$\leqslant 1$	$\leqslant 1$	$\leqslant 1$	$\leqslant 1$
工作时间/s	$\geqslant 20$	$\geqslant 60$	$\geqslant 70$	$\geqslant 20$
功率/W	2 100	1 232	760	500
质量/g	1 500	1 200	900	410
外形尺寸/mm	$\phi 63 \times 181$	$\phi 68 \times 144$	$\phi 62 \times 110$	$\phi 40 \times 100$

表 9.21　长寿命电池性能

序号	1	2	3	4	5
工作电压/V	28±3	28±3	28.5±0.5	56^{+10}_{-6}	27±4
工作电流/A	17.5	20	2	12	2.5
激活时间/s	≤1	≤1	≤1	≤1	≤1.5
工作时间/s	≥300	≥520	≥600	≥520	≥2 400
质量/g	1 300	2 000	1 000	2 500	2 000
外形尺寸/mm	φ68×150	φ84×170	80×45×115	φ86×200	φ90×110

表 9.22　快激活电池性能

序号	1	2	3	4
工作电压/V	$±20^{+3}_{-2}$,+5±0.5	27±4	27±4	27±4
工作电流/A	0.9,0.65	1.5	3.0	4.5
激活时间/s	≤0.2	≤0.2	≤0.2	≤0.2
工作时间/s	≥50	≥20	≥20	≥20
质量/g	400	150	250	400
外形尺寸/mm	φ33×71	φ32×80	φ40×80	φ50×80

美国 Sandia 国家实验室、Argonn 国家实验室,法国 SAFT 公司,日本蓄电池有限公司,俄罗斯国家宇航局等一直从事热电池的研制,他们在大功率、长寿命热电池项目开发领域已经取得了阶段性成果。部分热电池产品性能见表 9.23。

表 9.23　国外部分热电池产品性能

电压/V	电流/A	直径/mm	高度/mm	激活时间/s	工作时间/s	功率/W	生产厂家
27±2.7	70	80	110	1	60	2 000	SAFT
60±15	35.5	98	234	1	480	2 130	MSA
27±3	4.5	9	100	1.5	2 400	122	SAFT
28±4	1	76.2	93.9	1.5	3 600	28	Iven Tek
28	0.6	51	63.5	0.2	300	17	SAFT

3. LiB/FeS$_2$ 体系热电池

单体电池中负极片由锂硼合金带直接冲制而成,其他各层可采用分片成型或一次压制成型。LiB/FeS$_2$ 体系单体电池在不同电流密度下的放电结果如图 9.57 所示。相对于 LiAl/FeS$_2$ 和 LiSi/FeS$_2$ 电化学体系,LiB/FeS$_2$ 体系放电曲线简单,只有两个放电平台,每个平台的电压基本稳定;大电流密度放电能力更强,在 400 mA·cm^{-2} 的电流密度下电池极化仍较小;容量更大。

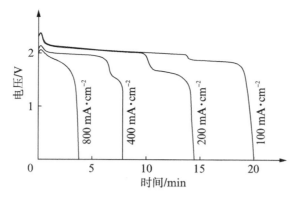

图 9.57　不同电流密度下 LiB/FeS$_2$ 体系单体电池放电曲线

LiB/FeS$_2$ 体系单体电池在不同温度下的放电结果如图 9.58 所示。随着温度的升高，两个放电平台升高。在 600℃时第二个电压平台的放电时间大于第一个电压平台。放电容量随着温度的升高，开始增大，到了 550℃后则降低。在 LiCl-KCl 电解质中，导电主要靠 Li$^+$ 离子的迁移。在温度较低时，Li$^+$ 离子的迁移速度慢，浓差极化起主要作用，特别是放电温度 380℃，接近 LiCl-KCl 电解质熔点 352℃，由放电引起电解质中 Li$^+$ 与 K$^+$ 比值的变化，导致熔点升高，使电解质提前凝固，放电结束。由于放电温度 600℃超过了二硫化铁的分解温度 550℃，在放电过程中伴随着二硫化铁的分解，容量得到部分损失，使放电容量下降。

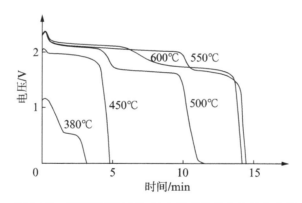

图 9.58　不同温度下 LiB/FeS$_2$ 体系单体电池放电曲线

4. LiSi/CoS$_2$ 体系热电池

LiSi/CoS$_2$ 体系的正负极材料早在 20 世纪 70～80 年代就开始了研究，而 LiSi/CoS$_2$ 体系在热电池的应用到 90 年代才开始。由于二硫化钴的价格较高，到目前为止 LiSi/CoS$_2$ 体系主要应用于高功率热电池和长寿命热电池的研制中。

二硫化钴为金属导体，电阻率小，大电流放电时可减少内部压降，提高电能输出效率；二硫化钴颗粒表面呈现多孔结构，有利于与电解质充分接触，可有效降低实际放电电流密度，减少反应极化；二硫化钴的热稳定性高，可以进一步提高电池内部工作温度，提高电极材料的活性和离子迁移速度，减少极化。这三方面的优势使二硫化钴体系热电池具有更小的内阻，有利于容量的快速输出，比二硫化铁更适合于在高功率热电池中的应用。美国 Sandia 国家实验室开展了 LiSi/CoS$_2$ 体系高功率热电池的研究。高功率电池的设计如下：单体电池直径 ϕ32 mm；负极为添加了 25% 电解质的 LiSi 合金 0.99 g；以含 35% 氧化镁的 LiF-

LiCl-LiBr 或含 25%氧化镁的 LiBr-KBr-LiF 为隔离粉;正极粉为锂化后的二硫化铁或二硫化钴;电堆采用 10 片单体电池串联。制作的热电池以 360 mA·cm^{-2} 电流密度放电,其中附加脉宽为 50 ms、脉冲电流密度为 1 640 mA·cm^{-2} 的脉冲电流,放电结果如图 9.59 所示。结果表明,在 360 mA·cm^{-2} 的电流密度下进行放电,以二硫化钴为正极的电池电压在放电初期稍低于以二硫化铁为正极的电池,但随着放电的持续,以二硫化铁为正极的电池严重极化,电压快速下降,而以二硫化钴为正极的电池极化较小,电压平稳。通过脉冲放电时压降计算得到的内阻也证明二硫化钴的内阻要小得多。

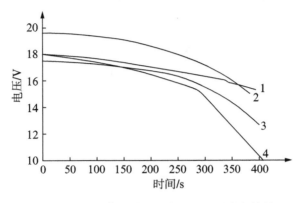

图 9.59　不同体系热电池在－54℃下放电结果

1－LiSi|LiF-LiCl-LiBr|CoS$_2$体系;

2－LiSi|LiF-LiCl-LiBr|FeS$_2$体系;

3－LiSi|LiBr-KBr-LiF|CoS$_2$体系;

4－LiSi|LiBr-KBr-LiF|FeS$_2$体系

美国成功地将 LiSi/CoS$_2$ 体系应用于高电压、大功率热电池中。该电池的脉冲功率为 180 kW(500 V、360 A),由四个单元电池并联组成,每个单元电池由 125 个单体电池串联组成。单元电池外形尺寸为 ϕ101.2 mm×279.5 mm,质量 4.792 kg。单元电池以脉冲负载 250 A 放电,脉冲间隔每 1 分钟一次,脉冲宽度前 2 次为 0.5 s,其余为 1 s,总时间大于 10 min。单元电池的放电电压曲线如图 9.60 所示,平均功率和平均比功率曲线如图 9.61 所示。结果表明,该电池兼具高功率、高能量、长时间输出的能力,放电 10 min 的工作电压始终保持在 210～230 V 范围内,并具有很高的功率脉冲放电能力,脉冲输出功率超过

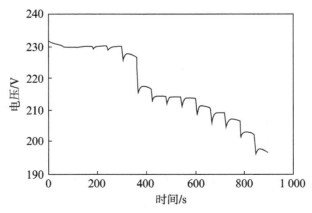

图 9.60　单元电池的放电电压曲线

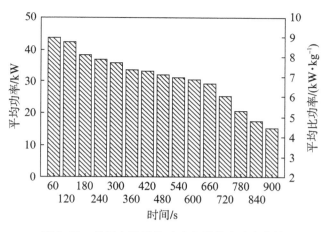

图 9.61 单元电池平均功率和平均比功率曲线

30 kW,电池的比功率达到 9.09 kW·kg^{-1} 或 19.2 kW·dm^{-3}。该电池的性能已经达到了当今热电池的顶峰水平。

二硫化钴具有更高的热稳定性,可减少高温分解,降低容量损失,同时可以拓宽热电池的工作温度,延长热寿命。另外,二硫化钴在电解质中的溶解度比二硫化铁低,有利于减少热电池的自放电。这两方面的优势使二硫化钴在长寿命热电池中得到成功应用。Thomas采用 LiSi/CoS$_2$ 体系成功研制了声呐浮标用热电池,并采用真空双壳体进行保温,电池可以连续脉冲放电 2.5~6 h。

5. LiB/CoS$_2$ 体系热电池

LiB/CoS$_2$ 体系是目前热电池应用中技术最先进的电化学体系之一。图 9.62 为不同电流密度下 LiB/CoS$_2$ 体系单体电池放电曲线,其中放电温度为 460℃、电解质为 LiF-LiCl-LiBr。图 9.63 为不同放电温度下 LiB/CoS$_2$ 体系单体电池放电曲线,其中电流密度为 500 mA/cm^2、电解质为 LiF-LiCl-LiBr。由图 9.62 和图 9.63 可知,单体电池加热后电压迅速上升到最高值,然后由于原料的消耗和产物的生成电压开始逐渐下降。放电曲线均呈现出两个电压平台,分别对应于 LiB 合金中金属锂相和 Li$_7$B$_6$ 相放电,前者的平台电压为 2.1 V,后者则低 0.3 V。通过计算几乎全部金属锂相参与了第一平台的放电反应,而 Li$_7$B$_6$ 相中只有 30%~40% 的锂参与了第二个平台的电化学反应。随着放电电流密度的增加,在消耗相同容量时平台电压下降速度增快,致使两个平台分界开始模糊。对锂硼合金的表征结果发现,金属锂相被具有多孔结构的 Li$_7$B$_6$ 相吸附着。放电开始时,金属锂参与电化学反应转化为锂离子溶解于电解质中,合金表面剩下 Li$_7$B$_6$ 相。随着放电的进行,反应面向合金内部推进,而多孔结构的 Li$_7$B$_6$ 相阻碍了离子的扩散,产生扩散极化。随着电流密度的增加,扩散极化更加严重,引起单体电池内阻的增加,最终使得平台电压下降速度增快。比较第一个放电电压平台的容量时,发现在不同电流密度下其容量基本相同。由图 9.63 可知,在 440℃ 下单体电池的放电曲线不同于其他曲线,这是由于放电温度非常接近 LiF-LiCl-LiBr 电解质的熔点 430℃,电解质虽然已经熔融但是离子的迁移能力较差,特别是在起流动抑制作用的 MgO 存在下,在 500 mA·cm^{-2} 的电流密度下放电电解质浓差极化严重,电压迅速下降,锂硼合金的容量不能释放。当放电温度高于 460℃ 时,单体电池的内阻下降,电解质的离子迁移能力大幅度提高。由于在 460℃ 以上单体电池的内阻相差不大,单体电池放电初期的电压比较接近。随着放电反应的进行,锂硼合金内离子扩散极化逐渐增加,而高温可以促进离子的迁移速度使电压下降减缓,导致在不同温度下单体电池的电压差距增加。比较第一个放电电压平台的容量时发现,在不同电流密度下其容量基本相同。

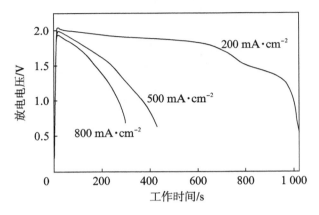

图 9.62　不同电流密度下 LiB/CoS$_2$ 体系单体电池放电曲线

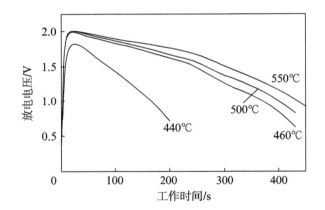

图 9.63　不同温度下 LiB/CoS$_2$ 体系单体电池放电曲线

为了满足新型武器系统使用要求,LiB/CoS$_2$ 体系开始在热电池研制过程中得到应用,技术日渐成熟,目前已开发出了多种热电池产品,部分 LiB/CoS$_2$ 体系热电池性能参数见表 9.24。

表 9.24　LiB/CoS$_2$ 体系热电池的性能

序　号	1	2	3	4	5
工作电压/V	160±10	50±5	28±3	28±3	28±3
工作电流/A	17	6	8	12	20
脉冲电流/A	50	35	13	—	37.5
工作时间/s	≥20	≥75	≥60	≥400	≥520
激活时间/s	≤0.4	≤0.2	≤0.2	≤0.6	≤0.8
环境温度/℃	−20～70	−50～70	−50～70	−45～70	−45～70
质量/g	≤730	≤180	≤170	≤930	≤2 300
外形尺寸/mm	φ48×142	φ36×60	φ40×50	φ58×150	φ84×165

9.8 热电池的生产设备和仪器

热电池生产设备和仪器主要有空气干燥系统及露点仪、焊接设备和热电池综合测试仪等。

9.8.1 空气干燥系统及露点仪

热电池负极材料的化学性能非常活泼,一遇到空气中水蒸气就会发生反应。同时,电解质极易吸潮。故热电池整个制造过程都必须在露点小于 -28℃ 的环境条件下工作。为此,必须有空气干燥设备及测定湿度的仪器从而保证生产场地达到规定的湿度要求。

1. 空气干燥系统

用于热电池生产的干燥系统大体上有两种类型,吸附型的无热再生干燥系统和冷冻-转轮除湿系统。吸附型的无热再生干燥系统由无油空气压缩机、装有硅胶或分子筛的干燥再生循环塔、储气罐、气水分离器及控制系统组成。该系统采用双塔变压吸附、无热再生的工艺,其工作原理是一个吸附塔对空气进行压缩并通过高吸水性的氧化铝或分子筛进行干燥,同时另一个吸附塔采用一部分产生的干燥空气降压带走吸附的水,以固定的切换时间进行双塔切换,从而连续提供干燥气体,如图 9.64 所示。该系统的优点是节能、体积小、使用方便,其主要与手套箱配套使用,适用于实验室和小批量生产。

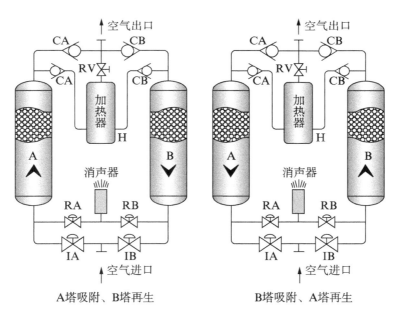

图 9.64 无热再生干燥系统工作原理

日前热电池生产用气体干燥系统主要使用的是冷冻-转轮除湿系统。该系统有新风冷却段和转轮除湿段。新风冷却段是将空气经过新风过滤器洁净后冷却,大部分水凝结成液体并排除,该段的特点是除湿效率高,除湿量大。转轮除湿段是将新风冷却处理后的空气通过转轮时吸湿介质吸附残余的水蒸气,从而获得超低湿度的干燥空气。在除湿过程中,转轮缓慢转动,转轮吸附水蒸气后进入再生区域由高温空气进行脱附再生,这一过程周而复始,干燥空气连续经温度调节后送入指定空间。冷冻-转轮除湿系统工作原理如图 9.65 所示。该系统的特点是除湿量大、露点极低、出风量大、运转操作和维修简单、使用时间长,适用于大批量生产。

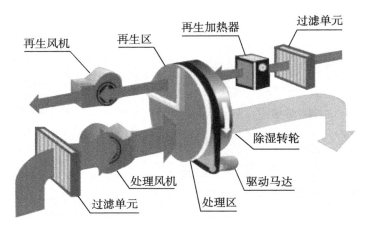

图 9.65　冷冻-转轮除湿系统工作原理

2. 露点仪

热电池试验和生产过程都在极低湿度环境中进行,监测生产场地的湿度是保证产品质量的必要手段。常规使用的干湿度仪,在极低湿度的条件下,测试误差较大,因此对极低湿度的测试一般使用露点测试仪。通常空气中结露温度与所在的环境气氛的含水量是一一对应关系,即每一个结露温度(称为露点温度)对应环境气氛的一个含水量值。露点可以简单地理解为使气体中水蒸气含量达到饱和状态的温度,是表示气体绝对湿度的方式之一;因此,露点温度是度量气体水分含量的一种单位制。露点分析仪就是基于这种单位制而测量气体中绝对水分含量的仪器。

常用的露点测试仪种类有:

1) 镜面式露点仪

不同水分含量的气体在不同温度下的镜面上会结露。采用光电检测技术,检测出露层并测量结露时的温度,直接显示露点。镜面制冷的方法有:半导体制冷、液氮制冷和高压空气制冷。镜面式露点仪采用的是直接测量方法,在保证检露准确、镜面制冷高效率和精密测量结露温度前提下,该种露点仪可作为标准露点仪使用。目前国际上最高精度达到±0.1℃(露点温度),一般精度可达到±0.5℃以内。

2) 电传感器式露点仪

采用亲水性材料或憎水性材料作为介质,构成电容或电阻,在含水分的气体流过后,介电常数或电导率发生相应变化,测出当时的电容值或电阻值,就能知道当时的气体水分含量。建立在露点单位制上设计的该类传感器,构成了电传感器式露点分析仪。目前国际上最高精度达到±1.0℃(露点温度),一般精度可达到±3℃以内。

3) 电解法露点仪

利用五氧化二磷等材料吸湿后分解成极性分子,从而在电极上积累电荷的特性,设计出建立在绝对含湿量单位制上的电解法微水分仪。目前国际上最高精度达到±1.0℃(露点温度),一般精度可达到±3℃以内。

4）晶体振荡式露点仪

利用晶体沾湿后振荡频率改变的特性，可以设计晶体振荡式露点仪。这是一项较新的技术，目前尚处于不十分成熟的阶段。国外有相关产品，但精度较差且成本很高。

5）红外式露点仪

利用气体中的水分对红外光谱吸收的特性，可以设计红外式露点仪。目前该仪器很难测到低露点，主要是红外探测器的峰值探测率还不能达到微量水吸收的量级，还有气体中其他成分含量对红外光谱吸收的干扰。但这是一项很新的技术，对于环境气体水分含量的非接触式在线监测具有重要的意义。

6）半导体传感器露点仪

每个水分子都具有其自然振动频率，当它进入半导体晶格的空隙时，就和受到充电激励的晶格产生共振，其共振频率与水的物质的量成正比。水分子的共振能使半导体结放出自由电子，从而使晶格的导电率增大，阻抗减小。利用这一特性设计的半导体露点仪可测到 $-100℃$ 露点的微量水分。

但随着各厂家的不断努力，该方法正在逐渐得到完善，例如，通过改变材料和提高工艺使得传感器稳定度大大提高，通过对传感器响应曲线的补偿做到了饱和线性，解决了自动校准问题。代表产品为英国 Michell 的 Easidew 系列，采用陶瓷基底的氧化铝电容及 C2TX 微处理器；芬兰维萨拉公司的 DMT242A 系列电容式露点传感器，采用了 DRYCAP 和自动校准技术，能在线自动校准零位漂移，因此可靠性、精确度较高，另外采用了不锈钢烧结过滤器作为传感器保护，能够防冷凝、抗灰尘，可以在环境恶劣、粉尘较多的生产环境内使用。

9.8.2 焊接设备

由于热电池电极材料和电解质不能与普通空气接触，故需将热电池焊接密封。密封性能的好坏会直接影响热电池的储存寿命。其常用设备有氩弧焊机、真空电子束焊机、激光焊机等。

氩弧焊即钨极惰性气体保护弧焊，是指在惰性气体（氩气）保护下用工业钨或活性钨作不熔化电极的焊接方法，简称 TIG。氩弧焊的起弧采用高压击穿的起弧方式，先在电极针（钨针）与工件间加以高频高压，击穿氩气，使之导电，然后供给持续的电流，保证电弧稳定。氩弧焊接优点为：焊接强度大，成本低。其缺点如下：

① 焊接热惯性大，为防止加热片被引燃，需要散热夹具。

② 在焊接过程中，产生氮氧化合物和臭氧化物，直接危害人体健康。

③ 产生较强的光辐射，主要包括红外线和紫外线，对人体及眼睛有危害。

电子束焊接是一种利用电子束作为热源的焊接工艺。电子束发生器中的阴极加热到一定的温度时逸出电子，电子在高压电场中被加速，通过电磁透镜聚焦后，形成能量密集度极高的电子束，当电子束轰击焊接表面时，电子的动能大部分转变为热能，使焊接件结合处的金属熔融，当焊件移动时，在焊件结合处形成一条连续的焊缝。它的优点为：焊缝质量高，成型美观，热影响比氩弧焊小。其缺点如下：

① 设备较复杂，价格较高。

② 电子束光点直径小，只有 0.5 mm。

③ 要求工件加工精度高。

④ 也需要散热夹具。

⑤ 焊接时，产生 X 射线，必须加以防护。

激光焊机也称为激光焊接机，是利用激光束优良的方向性和高功率密度的特点，将激光束聚焦在被焊接物体表面，形成局部高温，使材料瞬间熔化而焊接。激光焊机的缺点为：价格高，要求工件加工精度高。其优点如下：

① 适用焊接不锈钢等难熔金属。

② 自动化程度高，焊接精度高，操作方便。

③ 能量集中，热影响区极小，焊接热电池时不需散热装置。

9.8.3 热电池综合测试仪

热电池的放电性能用热电池综合测试仪进行测试。测试线路如图 9.66 所示。该套测试设备可以实现恒流、恒阻两种放电模式的全自动智能测试，采集的数据包括电池的工作电压、工作电流、激活电流、激活时间、表面温度等。测试前通过软件对放电负载进行预先设置，测试时对数据自动采集、实时打印，测试结束后可对数据进行存储及处理。

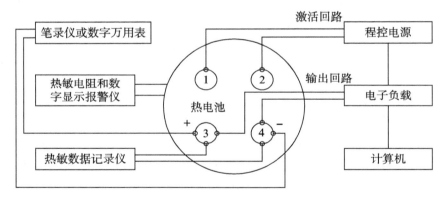

图 9.66　热电池综合测试仪线路简图

9.9　使用和维护

热电池为全密封一次激活使用的化学电源，电池内部均为固态材料，具有超过 10 年的储存寿命，使用前无须任何维护，使用时需要注意以下几个问题：

① 由于热电池内装有电点火头，因此激活回路应采用短路插头（座）进行短接保护。

② 热电池工作前，应用兆欧表或绝缘电阻测试仪测量热电池的绝缘电阻，此时激活回路之间不得开路，应有短路插头（座）保护，以防误动作引燃电点火头。

③ 取下短路插头（座），用电雷管测试仪检查热电池激活回路之间的阻值，确认电点火头处于正常状态。

④ 电池一经激活使用，严禁由外界引起对电池的短路。

⑤ 在进行地面联试时，应对电池采取安全防护措施。

9.10 发展趋势

现代武器的迅猛发展,对热电池提出了更高的要求,高比功率、高比能量以及长寿命热电池是未来的主要发展方向,因此还需要不断改善新型正极、负极、电解质等材料的性能,提高规模生产的能力,同时进一步改进热电池的制造工艺技术,提高电池的可靠性。

思 考 题

(1) 简述热电池工作原理和优缺点。

(2) 热电池的结构分为哪两种? 各自的优点分别是什么?

(3) 简述热电池对电解质的要求。

(4) 简述 LiCl-KCl、LiF-LiCl-LiBr、LiCl-LiBr-KBr 三种电解质的组成、熔点和工艺流程。

(5) 简述选择电解质流动抑制剂的基本原则。

(6) 简述热电池加热材料的种类和各自优点。

(7) 评价加热片性能的五项指标是什么?

(8) 简述热电池对热缓冲材料的要求。

(9) 简述钙系热电池的致命缺点。

(10) 写出用于热电池负极材料的 LiSi 合金的主要物相、第一步电极反应方程式和理论容量。

(11) 写出用于热电池负极材料的 LiB 合金的主要物相、第一步电极反应方程式和理论容量。

(12) 简述锂系热电池对正极材料的要求。

(13) 写出二硫化铁的分解温度、第一步电极反应方程式和理论容量。

(14) 写出二硫化钴的分解温度、第一步电极反应方程式和理论容量。

(15) 简述锂系热电池激活时产生电压尖峰的原因。

(16) 简述热电池需要在干燥空气下生产的原因。

第 10 章　其他化学电源

10.1　燃料电池

10.1.1　概述

自 1839 年 W. R. Grove 制作了第一个燃料电池,对燃料电池的研究已经接近 200 年。当初由煤、碳和汽油所定义的燃料范畴,已扩大到氢、醇和肼等,氧化剂范畴也由空气扩展至纯氧和过氧化氢等。1894 年,W. Ostwald 指出,如果化学反应通过热能做功,则反应的能量转换效率受卡诺循环限制,整个工作过程的能量利用率不可能大于 50%。与此相反,燃料电池不以热机形式工作,电池反应的能量转换等温进行,因此其转换效率不受卡诺循环限制,燃料中的大部分化学能都可以直接变为电能,效率可达 50%~80%。此外,燃料电池工作时不对环境构成污染,是一种清洁的能源装置。燃料电池还具有积木化的特点,可以根据输出功率或电压的要求选择电池单体的数量和组合方式。

进入 21 世纪后,全世界各地已经有许多医院、学校、商场等公共场所安装了燃料电池进行并联供电或示范运转,而主要的汽车制造商也已经开发出各种燃料电池原型车辆,并在进行路试中。在北美和欧洲的许多城市,以燃料电池为动力的公共汽车正在投入示范运行。此外,以燃料电池作为便携式电子产品电力的发展也正在积极地开展中,燃料电池将成为未来一种具有广阔应用前景的清洁能源。

燃料电池可以按照多种方式分类。其分类方式由研究的侧重方向而定。

按电池结构划分:静止或流动电解质。

按电解质类型划分:酸性电解质、碱性电解质、中性电解质、固体氧化物和熔融盐电解质。

按工作温度划分:低温(25~100℃)、中温(100~500℃)、高温(500~1 000℃)和超高温(>1 000℃)。

按输出功率划分:超小功率(<1 kW)、小功率(1~10 kW)、中功率(10~150 kW)和大功率(>150 kW)。

按燃料物理状态划分:气态、液态和固态燃料。

按燃料供应方式划分:一次燃料电池和再生燃料电池。

按电池的组合方式划分:单体电池和组合电池。

显然,以上划分的电池类型是相互覆盖的。实际使用的燃料电池,其特征往往是这些类型的综合体现。按燃料电池的电解质将其分为:碱性燃料电池(AFC)、质子交换膜燃料电池(PEMFC)、磷酸燃料电池(PAFC)、熔融碳酸盐燃料电池(MCFC)和固体氧化物燃料电池(SOFC)。

1. 碱性燃料电池

在碱性燃料电池中,浓 KOH 溶液既当作电解液,又作为冷却剂。它起到从阴极向阳极

传递 OH^- 的作用。电池的工作温度一般为 $80\sim200℃$，并且对 CO_2 中毒很敏感。

2. 质子交换膜燃料电池

质子交换膜燃料电池又称为固体聚合物燃料电池（SPFC），一般在 $50\sim100℃$ 下工作。电解质是一种固体有机膜，在增湿情况下，膜可传导质子。一般需要用铂作催化剂，实际制作电极时，通常把铂分散在炭黑中，然后涂在固体膜表面上。但是铂在此温度下对 CO 中毒极其敏感。CO_2 存在对 PEMFC 性能影响不大。PEMFC 的分支——直接甲醇燃料电池（DMFC）也受到越来越多的重视。

3. 磷酸燃料电池

磷酸燃料电池工作在 $200℃$ 左右。通常电解质储存在多孔材料中，承担从阴极向阳极传递氢氧根离子的任务。PAFC 常用铂作催化剂，也存在 CO 中毒问题。CO_2 存在对 PAFC 性能影响不大。

4. 熔融碳酸盐燃料电池

熔融碳酸盐燃料电池使用碳酸盐作为电解质，它通过从阴极到阳极传递碳酸根离子来完成物质和电荷的传递。在工作时，需要向阴极不断补充 CO_2 以维持碳酸根离子连续传递过程，CO_2 最后从阳极释放出来。电池工作温度在 $650℃$ 左右，可使用镍作催化剂。

5. 固体氧化物燃料电池

固体氧化物燃料电池中使用的电解质一般是掺入氧化钇或氧化钙的固体氧化锆，氧化钇或氧化锆能够稳定氧化锆晶体结构。固体氧化锆在 $1\,000℃$ 高温下可传递氧离子。由于电解质和电极都是陶瓷材料，MCFC 和 SOFC 属于高温燃料电池。高温燃料电池的优点是对冷却系统要求不高，电池效率较高。

综上所述，可将燃料电池的基本情况列于表 10.1。

表 10.1　燃料电池的基本数据

类　　型	工作温度/℃	燃料	氧化剂	单电池发电效率（理论）/%	单电池发电效率（实际）/%	可能的应用领域
碱性燃料电池	$50\sim200$	纯 H_2	纯 O_2	83	40	航天、特殊地面应用
质子交换膜燃料电池	室温～100	H_2、重整氢	O_2、空气	83	40	空间、电动车、潜艇、移动电源
直接甲醇燃料电池	室温～100	甲醇	空气	97	40	微型设备电源
磷酸燃料电池	$100\sim200$	甲烷、天然气、H_2	O_2、空气	80	55	区域性供电
熔融碳酸盐燃料电池	$650\sim700$	甲烷、天然气、煤气、H_2	O_2、空气	78	$55\sim65$	区域性供电
高温固体氧化物燃料电池	$900\sim1\,000$	甲烷、煤气、天然气、H_2	O_2、空气	73	$60\sim65$	空间、潜艇、区域性供电、联合发电
低温固体氧化物燃料电池	$400\sim700$	甲醇、H_2	O_2、空气	73	—	空间、潜艇、区域性供电、联合发电

10.1.2　原理与特性

实用的燃料电池产品实际上是一个复杂系统,如图 10.1 所示。

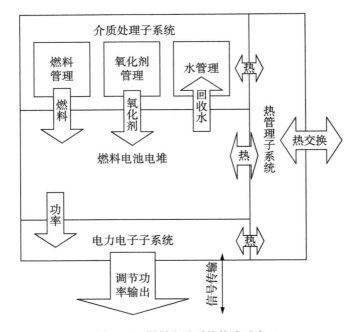

图 10.1　燃料电池系统构成示意

系统主要包括以下四个部分:

① 燃料电池电堆(或称燃料电池子系统):这是能量转化核心器件,将化学能转化为电能,由若干单体电池串联堆叠而成。其中,单体电池的核心是电极、电解质、双极板。

② 热管理子系统:对燃料电池电堆及系统其他部分生成热量进行综合管理,多余热量向环境散除。

③ 介质处理子系统:对氧化剂和燃料进行处理及管理,使满足燃料电池电堆使用要求。

④ 电力电子子系统:实现电力调节、电力转化、监控以及电力管理与信号传输。

1. 燃料电池电堆

燃料电池电堆是通过电化学过程将反应物中的化学能直接转化为电能的电池装置。燃料电池工作期间,燃料和氧化剂分别输送至电池的两个电极上,确保电池连续稳定工作。以氢-氧燃料电池为例,电池反应为

$$H_2 + 1/2 O_2 \longrightarrow H_2O \tag{10.1}$$

但是在酸性电解质燃料电池中,发生的阳极反应为

$$H_2 \longrightarrow 2H^+ + 2e \tag{10.2}$$

产生的电子通过外电路到达阴极,阴极反应为

$$1/2 O_2 + 2H^+ + 2e \longrightarrow H_2O \tag{10.3}$$

要使反应连续发生,氢离子就必须通过电解质迁移到阴极与氧发生阴极反应。酸性溶液存

在自由的氢离子,很容易进行迁移。某些固态高分子聚合物也存在可移动的氢离子,这种聚合物称为质子交换膜。酸性氢氧燃料电池的工作原理如图 10.2 所示。

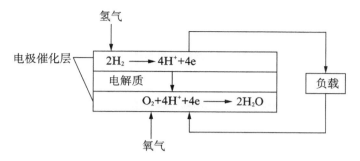

图 10.2　酸性电解质燃料电池工作原理示意图

在碱性电解质氢氧燃料电池中,阳极反应为

$$H_2 + 2OH^- \longrightarrow 2H_2O + 2e \tag{10.4}$$

产生的电子经外电路到达阴极,氧得到电子与水反应生成 OH^-,阴极反应为

$$1/2O_2 + H_2O + 2e \longrightarrow 2OH^- \tag{10.5}$$

OH^- 通过电解质迁移到阳极同氢发生阳极反应,这样连续进行就使氢的化学能不断转化为电能。碱性燃料电池的工作原理如图 10.3 所示。

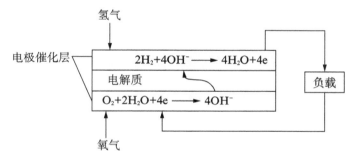

图 10.3　碱性电解质燃料电池工作原理

1) 燃料电池电动势

根据化学热力学可知,可逆过程所做的最大非膨胀功等于反应的吉布斯自由能变化,如果非膨胀功全部为电功,则有

$$\Delta G = -nFE \tag{10.6}$$

式中,E 为电池的电动势;F 为法拉第常量,即 1 mol 电子电量;n 为电化学反应中转移的电子数。燃料电池的电动势可以根据其热力学数据计算得到。表 10.2 给出了在 101.325 kPa,298.15 K 时,典型燃料电池热力学数据。

电动势随反应物压力和浓度变化而变化,对于反应:

$$H_2 + \frac{1}{2}O_2 \longrightarrow H_2O(g)$$

表 10.2　氢气、氧气和水的热力学数据

类　　　型	$\Delta G^{\ominus}/(\mathrm{kJ \cdot mol^{-1}})$	n	$E^{\ominus}/\mathrm{V}$
$H_2 + \frac{1}{2}O_2 \longrightarrow H_2O(l)$	-237.2	2	1.23
$H_2 + \frac{1}{2}O_2 \longrightarrow H_2O(g)$	-228.6	2	1.19
$CH_3OH + \frac{3}{2}O_2 \longrightarrow 2H_2O + CO_2$	-698.2	6	1.21
$CO + \frac{1}{2}O_2 \longrightarrow CO_2$	-257.1	2	1.33

电动势可表示为

$$E = E^{\ominus} - \frac{RT}{nF}\ln\left(\frac{\alpha_{H_2O}}{\alpha_{H_2}\alpha_{O_2}^{\frac{1}{2}}}\right) \tag{10.7}$$

式中,$E^{\ominus}$ 为电池的标准电动势,是所有电池成分处于标准态(溶液活度为 1,气体压力为 101.325 kPa)时的电动势。式(10.7)称为能斯特(Nernst)方程。

由热力学可知,当反应在恒压下进行时,ΔG 与温度的关系为

$$\left(\frac{\partial \Delta G}{\partial T}\right)_p = -\Delta S \tag{10.8}$$

由式(10.8)可得

$$\left(\frac{\partial E}{\partial T}\right)_p = \frac{\Delta S}{nF} \tag{10.9}$$

式(10.9)称为电动势的温度系数。对于氢氧燃料电池 $\Delta S < 0$,温度系数为负,即氢氧燃料电池的电动势随温度升高而降低。

2) 燃料电池热力学效率

按热力学第二定律,在理想的可逆热机中,高温热源 T_1 至低温热源 T_2 之间的热能对流所作最大功 W_{max},与其热能转换效率有关,

$$W_{max} = \frac{(T_1 - T_2)}{T_1}q_1 = \eta_c q_1 \tag{10.10}$$

式中,q_1 为高温热源的热量;η_c 为热机效率。显然,只有当 $T_2 \to 0$ K 时,η_c 才可能为 100%。较为理想的热机效率仅能达到如下水平:① 蒸汽机,$\eta_c \approx 45\%$;② 柴油机,$\eta_c \approx 30\%$;③ 汽油机,$\eta_c \approx 20\%$。

上述热机效率同燃料电池相比,相差甚远。理论上,燃料电池的效率达到或超过 100% 都是可能的。燃料电池效率可表示为

$$\eta = \frac{\Delta G}{\Delta H} \tag{10.11}$$

不同种类的燃料电池的效率可由反应的热力学数据得到。对于氢氧燃料电池,在标准状态下,生成液态水时,能量转换效率为 83%,生成气态水时为 94.5%。不同反应体系的效

率见表 10.1。实际上，由于电极工作时极化现象的产生，燃料电池的实际效率在 50%～70% 之间，这也比内燃机的实际效率要高得多。

3）燃料电池动力学

由燃料电池热力学可知，氢氧燃料电池在标准状态下的电动势为 1.229 V。燃料电池实际工作时，由于电极过程存在不可逆性，燃料电池电压不可能达到电动势。典型的低温燃料电池工作曲线如图 10.4 所示。

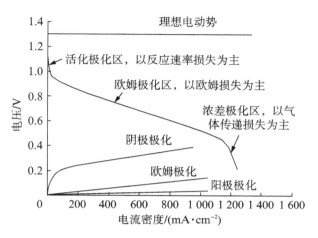

图 10.4　典型低温燃料电池极化曲线

偏离平衡状态的现象称为极化。实际电位 φ 与平衡电位值 φ_e 差的绝对值，称为电极的过电位，用 η_e 表示，即

$$\eta_e = |\Delta\varphi| = |\varphi - \varphi_e| \tag{10.12}$$

图 10.4 的极化曲线可分为三个区域，即活化极化区、欧姆极化区和浓差极化区。

活化极化：电极反应过程中由电子转移引起的极化称为活化极化或电化学极化，对应于图 10.4 中电极电位从平衡电位迅速下降的区域。当电流密度 $i \ll i_0$ 时，活化极化产生的过电位与电流密度之间的关系为

$$\eta_{act} = \frac{RT}{nFi_0}i = R_{act}i \tag{10.13}$$

即电极工作电流密度与电极极化过电位成正比，R_{act} 称为极化电阻。当电流密度 $i \gg i_0$ 时，活化极化产生的过电位与电流密度之间的关系为

$$\eta_{act} = -\frac{RT}{\alpha nF}\ln i_0 + \frac{RT}{\alpha nF}\ln i = a + b\ln i \tag{10.14}$$

此为塔费尔方程。

欧姆极化：图 10.4 中的直线段区域，电极电位与电流密度呈线形关系，称为欧姆极化，主要由电极材料及接触电阻引起，即

$$\eta_{ohm} = Ri \tag{10.15}$$

浓差极化：电极反应区参加反应的反应物或产物浓度发生变化时引起电极电位改变，

称为浓差极化,如图 10.4 中高电流密度区域。电极过电位与电流密度的关系为

$$\eta_{c} = \frac{RT}{nF}\ln\left(1 - \frac{i}{i_{d}}\right) \tag{10.16}$$

式中,i_{d} 为极限电流密度。

需要指出的是,上述三个电极过程在整个工作过程均存在,只是在不同的阶段其中一个过程为控制步骤,而其他过程可以忽略。

2. 燃料电池系统

通常,燃料电池热管理子系统、介质处理子系统和电力电子子系统(即除电池堆以外部分)也被统称为燃料电池辅助系统(balance of plant,BOP)。辅助系统根据燃料电池体系、用途需要进行配置。以直接氢为燃料的质子交换膜燃料电池备用电源为例,进行燃料电池系统原理介绍。

在所有燃料电池体系中,质子交换膜燃料电池具有结构紧凑、质量轻、常温工作性能好、启动/关停速度快的优点,应用最为广泛。图 10.5 为质子交换膜燃料电池备用电源工作原理。

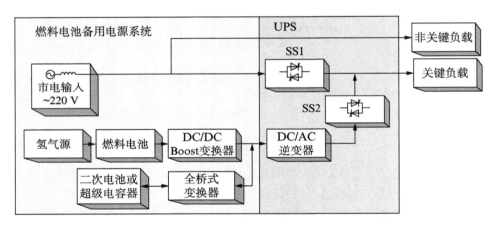

图 10.5　质子交换膜燃料电池备用电源工作原理

10.1.3　设计与制造

1. 设计

燃料电池系统设计包括电池堆设计和辅助系统设计。电堆设计所需输入的关键参数通常是电堆发电功率、效率和工作电压。设计变化量包括电堆中单体数目、电池活性面积、体积和质量等。电池工作的压力、温度等操作条件通常由系统工作要求而定。BOP 的设计主要包括反应气的供应,电池工作压力、温度等条件的控制,电池水热管理以及电堆输出功率调节等。

1) 燃料电池系统设计

根据采用的燃料电池体系和具体应用,进行燃料电池系统设计,满足使用要求。以直接氢为燃料的质子交换膜燃料电池备用电源为例,进行燃料电池系统设计介绍。表 10.3 为常用市售 1 kW 质子交换膜燃料电池备用电源技术性能参数。根据负载设备用电要求,进行系

统及分系统、电池堆设计。

表 10.3　1 kW 质子交换膜燃料电池备用电源技术性能参数

项　　目	特　性　参　数	备　　注
持续输出功率	1 kW 连续 1 h 输出	可 1 kW 持续 1 h 输出 注:取决于配置氢气及储罐容积
峰值功率	2 kW,20 s	可 2 kW 持续 20 s 输出
输出相	单相,≤1 kVA	
输出电压	120 V,正弦 AC,偏差不高于±6%	
输出电压频率	60 Hz(美国)或 50 Hz(欧洲)	
响应时间(典型/最大)	4/6 ms	
负载功率因数(PF) 范围和振幅因数(CF)	PF: 0.6~1.0;CF: 3	
燃料电池电流纹波	120 Hz 纹波系数:<15%(10%~100%负载) 60 Hz 纹波系数:<10%(10%~100%负载)	
输出 THD	<5%	
保护	过流、过压、短路、过温、欠压;输出短路无损害;可参考 IEEE 标准 929	
噪声	<50 dBA	1.5 m 距离测试噪声水平
环境	10~40℃、户内安装	
效率	≥90%	
安全性	系统可由非技术性人员安全使用	
寿命周期	在 20~30℃通常环境、正常使用、正确日常维护条件下,系统寿命大于 10 年	

（1）热管理子系统设计

如果氢气的所有反应焓全部转变为电能,那么电池输出电压为 1.48 V(HHV)或 1.25 V(LHV)。但是,燃料电池工作时,实际的输出电压要比这个电压值低,这是因为燃料的一部分能量转化成了热能。对于具有 n 个单体电池的燃料电池组来说,在电流为 I 时产生的热能为

$$Q = nI(1.25 - V_c) = P_e\left(\frac{1.25}{V_c} - 1\right) \tag{10.17}$$

电池对的工作温度必须控制在一定的范围内,这样电池组产生的废热必须及时排出电池外,对于大功率的电池组产生的废热较多,靠电池本身的辐射散热是远远不够的,通常需要用冷却介质将电池组内的热带出,由外部的散热器将热量散失掉。电池组的热管理系统组成如图 10.6 所示。电池组进出口冷却管路上均设有温度传感器,由出口冷却剂的温度和进出口温度差来控制泵的流量,从而使电池组的温度控制在一定范围内。冷却剂的流量与所选用的冷却剂的类型有关,假设冷却剂的比热容为 C_p,电池组温差为 ΔT,则冷却剂的流

量由下式决定：

$$Q_L = \frac{Q}{C_p \cdot \Delta T} \tag{10.18}$$

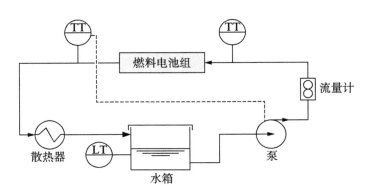

图 10.6　燃料电池组热管理系统

（2）介质处理子系统设计

在世界能源行业中，氢可作为多种用途的能量媒介，这种潜在重要性，引起人们对储氢问题高度关注。氢是质量比能量（每千克能量）最高的物质之一，这也是它作为航天用途的原因。但氢密度最小，是体积比能量（每立方米能量）最小的物质之一，要把大体积氢装入小体积容器，需要加压。而且，与其他气体能量载体不同的是，氢难以液化，它不像 LPG 或丁烷那样简单加压就可以液化，氢必须冷却到 22 K 以下才能液化。空间电源系统用氢的储存方式目前常用高压气瓶储氢和低温液态储氢。高压储氢效率较低，一般在 6%～8%（储存的氢气质量与储瓶的质量分数），但这种方式简单、存储时间长且对氢气的纯度要求不高，因此，对于用氢量不高的空间任务常采用这种方式。氢气液化以后，其密度比气态高很多，因而其储存效率将显著提高。低温液态储氢效率一般可达到 14%～16%，需要输出能量较高的空间任务一般采用低温液态方式储存。

从燃料电池的电化学原理知道，氢气和氧气的消耗量同燃料电池的输出电流成正比：

$$N_{H_2} = \frac{I}{2F} \text{ 或 } N_{O_2} = \frac{I}{4F} (\text{mol} \cdot \text{s}^{-1}) \tag{10.19}$$

对于有 n 个单体电池的燃料电池组，氢气用量为

$$Q_{H_2} = \frac{2.02 \times 10^{-3} \lambda n I}{2F} = 1.05 \times 10^{-8} \lambda n I (\text{kg} \cdot \text{s}^{-1}) \tag{10.20}$$

氧气用量为

$$Q_{O_2} = \frac{32 \times 10^{-3} \lambda n I}{4F} = 8.29 \times 10^{-8} \lambda n I = 8.29 \times 10^{-8} \frac{\lambda P_e}{V_c} (\text{kg} \cdot \text{s}^{-1}) \tag{10.21}$$

式中，I 为电流（A）；F 为法拉第常量（96 485 C·mol^{-1}）；λ 为计量比，定义为电堆进口反应物的流量与其内部消耗流量的比值；P_e 为电池堆输出功率（W）；V_c 为单体电池平均电压（V）。在地面使用，通常燃料电池使用的氧气是以空气的形式供给的，所以必须将式（10.21）转换成空气用量形式。空气中氮气的摩尔分数为 21%，空气的摩尔质量为 28.97×

$10^{-3}\,\mathrm{kg} \cdot \mathrm{mol}^{-1}$，所以式（10.21）可改写成

$$Q_{\mathrm{Air}} = 3.57 \times 10^{-7} \frac{\lambda P_e}{V_c}\,(\mathrm{kg} \cdot \mathrm{s}^{-1}) \tag{10.22}$$

根据电池组工作的时间 t，便可知道氢气和氧气的质量分别为

$$m_{\mathrm{H_2}} = Q_{\mathrm{H_2}} \cdot t \tag{10.23}$$

$$m_{\mathrm{O_2}} = Q_{\mathrm{O_2}} \cdot t \tag{10.24}$$

燃料电池用氢氧储罐的质量是罐的体积和压力的函数，轻质气体储罐的性能系数的计算方法为

$$F = \frac{p \times V}{m_{tank}} \tag{10.25}$$

一般地，罐的安全系数选取 1.5，反应气体的富余系数为 1.05，因此可以计算储罐的质量为

$$m_{\mathrm{H_2},tank} = \frac{1.5 \times 1.05 pV}{F} = \frac{1.575 n_{\mathrm{H_2}} RT}{F} \tag{10.26}$$

$$m_{\mathrm{O_2},tank} = \frac{1.5 \times 1.05 pV}{F} = \frac{1.575 n_{\mathrm{O_2}} RT}{F} \tag{10.27}$$

式中，p 为存储气体压力（Pa）；R 为摩尔气体常数（8.314 Nm · mol^{-1} · K^{-1}）；T 为存储温度（K）；$n_{\mathrm{H_2}}$，$n_{\mathrm{O_2}}$ 为存储气体的物质量。

进入燃料电池的反应气实际上不可能完全参加反应，未参加反应的剩余气体将排出电池组，工程中常将尾气循环至反应气入口处以提高燃料的利用率。将尾气循环至入口的设备有风机、喷射泵和真空泵。几种尾气循环方法如图 10.7 所示。

（3）电力电子子系统设计

基于制造工艺和可靠性的考虑，燃料电池的输出电压通常比较低，而且燃料电池的外特性（电压随电流的变化）曲线斜率较大，当输出电流变化时，输出电压波动较大。因此，燃料电池难以直接与用电负载相连。解决这一问题的方法是在燃料电池的输出端串接一个 DC/DC 或 DC/AC 变换器，对燃料电池输出电压进行升/降压及稳定调节，同时，DC/DC 或 DC/AC 变换器可以对燃料电池最大输出电流和功率进行控制，起到保护燃料电池组的目的。变换器的控制结构如图 10.8 所示。

2）燃料电池堆设计

为满足额定电流、电压的负载设备用电要求，燃料电池电堆主要设计参数包括：单体数、效率，单体电池的性能，即单体电池的性能曲线或极化曲线。燃料电池的设计必须尽可能确保电池的操作条件和每个单体的性能与单电池的性能接近。

影响燃料电池性能的因素主要有：反应物流量电池进口反应气的压力；电池进口反应气体的温度（对质子交换膜燃料电池还有气体湿度）；电池的工作温度和内部温度分布。

优良的电池设计必须确保以下条件：反应物在每个电池中均匀分布；温度均匀分布；内阻低；适应热膨胀；密封好；较小的压力降；能够有效地从每个单体电池中排出反应生成

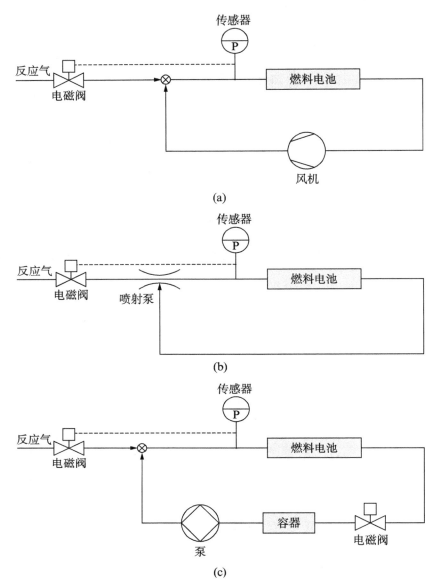

图 10.7　几种不同的循环系统

图 10.8　变换器控制结构图

的水。

（1）电堆大小确定

一旦选定单电池的极化曲线及其上的额定工作点,电堆就可以设计输出任何所需功率。电堆输出功率 P 为

$$P = i \cdot V_{\text{cell}} \cdot n_{\text{cell}} \cdot A_{\text{cell}} \tag{10.28}$$

式中，i 为电流密度（A·cm^{-2}）；V_{cell} 为单电池电压（V）；n_{cell} 为电堆中串联电池数目；A_{cell} 为电池活性面积（cm^2）。

电池活性面积和串联数目为设计变量。对于设计任何功率输出的电堆，其单体数目和电池活性面积均可从式（10.28）中计算得出。为满足从式（10.28）计算出的总活性电池面积，必须合适地匹配单体电池面积和单体电池数目。活性面积小，单体多将使电堆难以对齐和装配。然而，活性面积大，单体少也将导致低电压、大电流的情况出现，连接电缆会有明显的电压损失。通常，电堆中单体电池的数目由系统的工作电压确定，典型的活性面积在 $100\ \text{cm}^2$ 和 $500\ \text{cm}^2$ 之间。电堆中单体数目的最大值由紧固压力、结构紧凑度以及气体在长的通孔中的压力降决定。

（2）电堆密封

为确保电池的安全和高效，燃料电池应具有严格的密封性能，防止任何形式的反应气体泄漏。但反应气体在电池堆中的渗透几乎是不可避免的，尤其是在质子交换膜燃料电池中，气体渗透速率与质子交换膜的厚度成反比，同时干态和湿态膜的气体渗透率有所不同。每个电堆的额定气体渗透率都应有严格的规定。

从采用的密封结构上看，分为面密封和线密封两类。采用面密封时，所需的电池组装力大。若采用弹性材料如硅橡胶密封，随着电池组长时间运行，密封材料会老化变形。为确保电池的密封，通常需要加自紧装置跟踪电池密封件的变形。若采用线密封，不但电池的组装力小，而且密封件变形小。在结构设计合理时，可不加自紧装置，简化了电池结构。但采用线密封时，对双极板或电极的平整度要求高，而且对密封结构的加工精度要求也高。

针对氢-空气和氢-氧气不同电池组结构设计进行电池组密封设计和材料选择，参考 GB 150.1～150.4—2011《钢制压力容器》，密封结构可采用图 10.9 所示方法，根据有关标准选择密封圈尺寸，确定密封圈宽度 N 和基本密封宽度 b_0，并按照以下规定计算密封圈有效密封宽度 b：

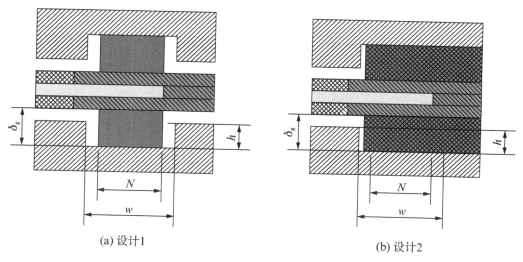

(a) 设计1　　　　　　　　　　(b) 设计2

图 10.9　密封结构设计

当 $b_0 \leqslant 6.4$ mm 时,$b = b_0$;

当 $b_0 > 6.4$ 时,$b = 2.53\sqrt{b_0}$;

$b_0 = (w + N)/4 = (3.5 + 2.0)/4$。

密封材料可选用硅橡胶、氟橡胶、丁腈橡胶、三元乙丙胶等。

（3）流体分布

电堆设计的关键之一就是必须确保每个单体电池都具有同样的流体分布。通过认真设计通孔形状,典型的分布形式有 U 形和 Z 形,如图 10.10 所示。

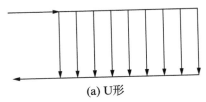
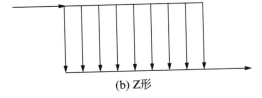

(a) U形 (b) Z形

图 10.10　典型的流体分配形式

（4）双极板设计

双极板是燃料电池电堆内的一个非活性、多功能部件,主要起到集流、导电、传热、分散反应和冷却介质、阻隔介质互窜、支撑电极等作用,主要材质有石墨、金属、复合碳板等。双极板具体材料的选用需要根据实际应用要求考虑,通常石墨板易碎、透气率高、加工困难,很少使用;薄型金属板机械性能、致密、导热导电性能好,质量比功率和体积比功率高,一般用于移动用途;模压复合碳板成本低、易于大批量生产,一般用于固定式电源。双极板基本要求是:① 电导率 $\geqslant 100$ S·cm^{-1};② 热导率 $\geqslant 20$ W·cm^{-1}·K^{-1};③ 透气率 $< 10^{-5}$ Pa·dm^3·s^{-1}·cm^{-2};④ 能够在酸性、强氧化(O_2)、强还原(H_2)、潮湿环境中长时间稳定工作;⑤ 密度小,质量轻;⑥ 廉价的材料,流场易加工。

双极板流场具有将反应气体均匀分布在全部电极活性面积上的功能。流场形状多种多样,如直流道、十字交叉型、蛇形单流道、蛇形多流道、综合型、交指状、网状和多孔介质型。最常用的一种是蛇型流道。单流道用于小活性面积的电池,多流道用于大面积电池。流道典型宽度为 1 mm,深度 1 mm。流道宽度取决于扩散层的硬度。气体流速与流道长度、深度和流道与台阶的宽度比值有关。气体在流道中的流动为层流,雷诺系数约为 100。数字模拟试验表明,处于流道正上方的催化层活性最高,而在交指状流道中,处于两条流道之间的台阶正上方的催化层活性最高。数字模拟和试验验证是设计流场的最好工具。在实际应用中,流场板可根据具体的用途、使用材质、加工方法、燃料和氧化剂种类以及冷却方式等设计成不同样式和尺寸,如图 10.11 所示。

（5）膜-电极组件设计

通常将燃料电池隔膜、正负电极以及扩散层材料制成一体化组件,即膜电极组件(MEA),便于集成。因此,膜电极组件是燃料电池的发电核心部件。以质子交换膜燃料电池为例,它一般由质子交换膜、催化剂层和气体扩散层组成。根据不同的制备方法,MEA 有不同的结构,如图 10.12 所示。如图所示,将催化剂直接涂布于质子交换膜上(catalyst coated membrane, CCM)得到电极-膜-电极的三层结构,即三层膜电极(3-layer MEA),而在三层结构 MEA 两侧分别用气体扩散层夹合热压后就形成了五层结构的膜电极(5-layer

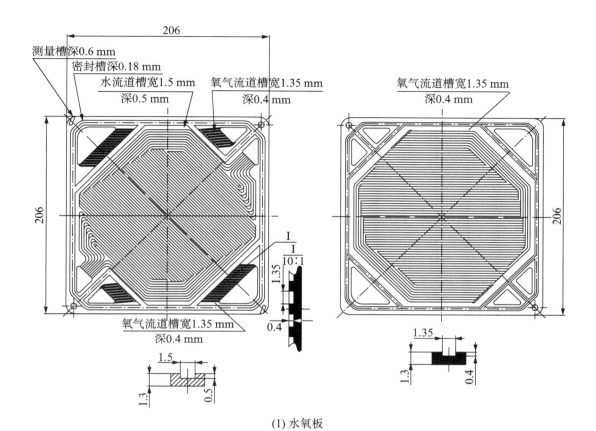

(1) 水氧板

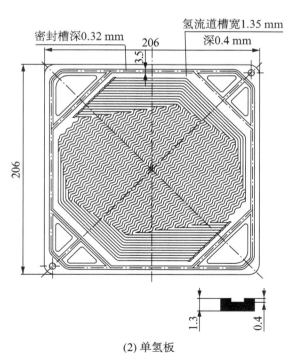

(2) 单氢板

图 10.11　质子交换膜燃料电池双极板设计实例(单位：mm)

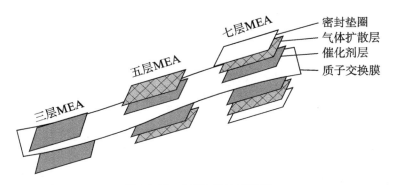

图 10.12　MEA 结构示意图

MEA)，此外，也可将催化剂直接涂布于气体扩散层上(catalyst coated substrate，CCS)，然后将膜置于两电极中压合也可得到五层膜电极。当五层 MEA 四周再加上密封层时则形成七层膜电极(7-layer MEA)。

（6）减少内阻损失

燃料电池设计要考虑各种内阻损失，好的设计是要尽可能地减小这些内阻。燃料电池主要有三种类型的内阻损失，即电解质电阻、导电材料的电阻（双极板和扩散层）、各组件之间的接触电阻。电解质的电阻与所用材料、状态等有关。对于质子交换膜电解质，典型值在 $0.06\sim0.15\ \Omega\cdot cm^2$ 之间。导电材料电阻与导电材料自身导电性能有关。如用石墨，其体积电阻率为 $1.4\ m\Omega\cdot cm$，意味着 3 mm 厚的石墨板电阻仅为 $0.000\ 42\ \Omega\cdot cm^2$。即使是石墨/复合材料板的体积电阻率达到 $4\sim16\ m\Omega\cdot cm$，3 mm 厚板的电阻也只有 $0.001\sim0.005\ \Omega\cdot cm^2$，相对于电解质电阻而言，仍可忽略不计。然而，实际情况下，电池的电阻相当大，这主要是由导电层之间的接触电阻引起的。接触电阻不仅与材料的性质有关，也与材料的表面性质、接触几何面积和压紧力有关。

（7）电池组的水、热管理

氢氧燃料电池发生电化学反应，产物是水。电池效率一般为 $40\%\sim60\%$，因此仍有 $40\%\sim60\%$ 的化学能以热的形式产生。为维持电池组稳定、连续运行，则必须将产生的水或热及时地排出电池组，这就是电池组水、热管理的目的。

对于中高温燃料电池，电池工作温度在 $100\ ℃$ 以上，生成的气态水随排放尾气排出电池，排水问题相对简单。但对低温电池，因工作温度低于 $100\ ℃$，生成水以液态形式存在，如果这些水不及时排出，将影响电解质或者电极的性能。电池组产生的废热也必须及时排出，否则由于电化学反应速率随温度升高而加快，局部过热会引起该处电流密度升高，产生更多废热，形成局部热点，严重时会烧坏电池的电极或电解质隔膜，导致电池失效。

电堆水管理：燃料电池水管理主要有三种方法，即电解液循环、动态排水和静态排水。

电解液循环法仅适用于采用双孔电极（如培根燃料电池）或双隔膜（如石棉）组装的带电解液腔的电池组。在这类电池组里，利用电解液循环实现电池组的排水和排热。在电池外部利用蒸发或渗透装置对循环电解液浓度进行控制，使循环电解液浓度保持在一定范围内。在地面或水下应用的大功率碱性燃料电池常采用这种结构，如德国在 U1 潜艇上成功试验了采用这种结构的 100 kW 碱性燃料电池组。

动态排水法就是用反应气体将生成水吹扫出电池的方法。在碱性电池中，水在阳极生成,故可采用风机循环含水蒸气的氢气,并通过外置冷凝器将电池生成水排出,用这种方法同时还可以完成电池组的排热。美国"阿波罗"任务中的培根型碱性燃料电池和航天飞机用的碱性石棉膜燃料电池均采用这种排水方式。

静态排水是靠采用多孔导水阻气材料将电池生成水通过毛细作用排出。这种方法特别适合航天飞行的电池,可利用太空的真空条件,将水静态导出。与动态法相比,静态法减少了系统的动部件,不但提高了电池组的可靠性,而且减少了电池组的内耗。其不足之处是电池组的结构复杂,液态水蒸发只能排出电池组 1/3 左右的废热,还需要额外的排热措施。

电堆热管理:为电池组利于散热,应尽可能用导热良好的材料制备电池组的零部件,尤其是双极板和流场。双极板一般采用石墨或金属制备,以利于导电导热。但仅靠双极板来散掉电池组的热是不可能的。实际情况是,依据实测的传热系数,通常在电池组内每 1~3 节电池间加一块排热板,在排热板内通水、气或绝缘油等冷却剂对电池组进行冷却。在"阿波罗"上使用的是汽车发动机里常用的乙二醇和水的混合液,在航天飞机上用于冷却的液体是一种绝缘的氟碳化合物。

2. 制造

本部分将重点介绍燃料电池电堆制造方法。

1) 双极板制造

双极板制造流程如图 10.13 所示。

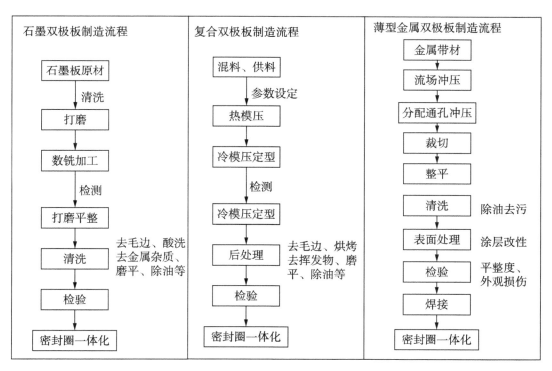

图 10.13　燃料电池双极板制造流程

2) 膜电极组件制造

膜电极组件制造流程如图 10.14 所示。

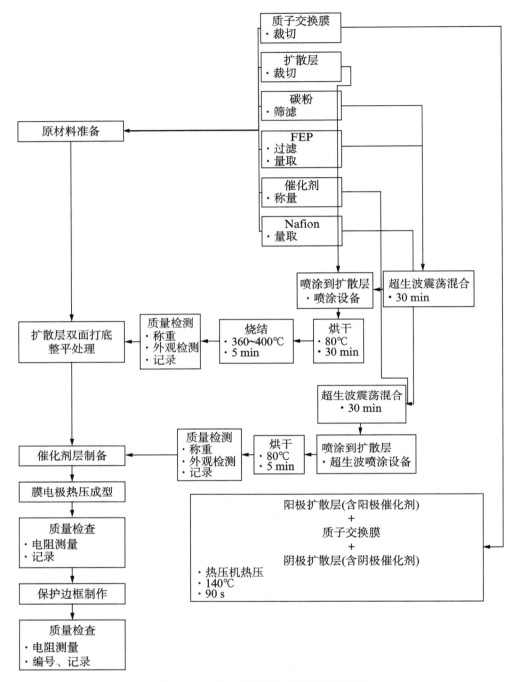

图 10.14　燃料电池膜电极组件制造流程

3）电堆装配集成

进行电池组装配之前，完成以下工作：

① 密封圈和密封圈-双极板一体化组件。

② 膜电极阻抗检测。

③ 辅助部件质量检查。

电池组装配工艺流程如图 10.15 所示。

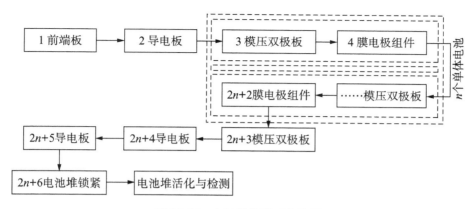

图 10.15 电池组装配工艺流程

电池组内最为脆弱和对应力最为敏感的是扩散层(GDL)和膜电极(MEA,包括质子膜、催化电极)。当压紧力过低时,GDL 与金属流场板接触电阻较大,导致电池放电性能差;当压紧力过高时,容易造成 GDL 三维立体孔道被压实,导致传质困难,电池组放电性能下降,更严重的过压还会造成 GDL 以及 MEA 被压穿,即电池内短路,导致电池失效。通常,扩散层的压缩形变量为 $20\%\sim25\%$ 时为一比较合理值。

通常电池组的装配由手工完成,但是由于薄形金属流场比石墨板更柔软,手工操作难以保证在流场板与膜电极、密封圈间均匀施加装配压力。因此,不当的装配压力会严重影响电池组性能,甚至还会造成膜电极局部受压过度而被金属板压穿,失效。为确保精准的装配压力和降低人为因素影响,需提高装配精度和重现性。

装配时,可根据计算所得装配压力和单体电池厚度,由式(10.29)和式(10.30)计算出电池组装配高度 h:

$$h_1 = n \times \left[d_{M1}(1 - f_M) + 2d_b \right] + K \tag{10.29}$$

或

$$h_2 = n \times \left[2d_s(1 - f_s) + b_{M2} - 2d_c + 2d_b \right] + K \tag{10.30}$$

式中,d_b 为金属流场板高度;n 为电池组中单电池节数;K 为其他部件的尺寸。调节 f_s,使得 $h_1 = h_2 = h$,此时,f_s 为密封圈具有最好密封性能的压缩率范围。

电池组装配螺杆锁紧按照图 10.16 所示顺序,使用扭力扳手分多次重复旋紧螺栓。

4)电堆性能

采用不同材料和不同工艺制作的 PEM 燃料电池组有不同的性能。PEM 电池组实际运行过程中,电池电压不可逆因素主要包括:电化学极化、燃料和氧化剂的穿透及内部微短路电流、欧姆极化和浓差极化。图 10.17 为采用美国杜邦公司生产的不同厚度 Nafion 膜制备的膜电极组件,在相同的运行条件下的性能。由图

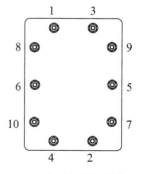

图 10.16 电池组螺杆锁紧工艺

10.17 可知,Nafion 膜厚度不仅影响电池动态内阻,而且影响极限电流,最厚的 Nafion 117 膜已经出现极限电流,而更薄的 Nafion 112、Nafion 101 还无极限电流出现的迹相。

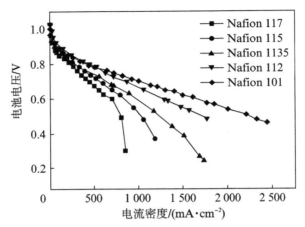

图 10.17 Nafion 膜对电池性能的影响

电池操作温度,80℃;P_{H_2},0.3 MPa;P_{O_2},0.5 MPa;增湿,T_{H_2}、T_{O_2},90℃;$V_{H_2,out}$,15 cm^3·min^{-1};$V_{O_2,out}$,30 dm^3·min^{-1}

从 1995 年到 2000 年,中国质子交换膜燃料电池膜电极组件制备技术和电池技术也有了很大的进展,具体性能见表 10.4。

表 10.4 中国质子交换膜燃料电池膜电极组件制备技术

时间/年	铂载量/(mg·cm^{-2})	膜型号	电流密度/(mA·cm^{-2})	单体电池电压/V
1995	4~8	Nafion 117	400	0.7
1996	1~4	Nafion 117	400	0.7
1997	0.5~1.0	Nafion 117	400	0.7
		Nafion 115	500	0.7
1998	0.1~0.4	Nafion 115	500	0.7
1999	0.02~0.40	Nafion 1135	600	0.7
		Nafion 112	1 000	0.7
2000	0.20	Nafion 101	1 300	0.7

通过前人的大量实验和分析,在电流密度为 i 时 PEMFC 性能经验模型可以表示为

$$V = E_{oc} - \eta_{ohm} - \eta_{act} - \eta_{con} \tag{10.31}$$

$$V = E_{oc} - iR - A\ln\left(\frac{i+i_n}{i_0}\right) - m\exp(ni) \tag{10.32}$$

式中,E_{oc} 为电池开路电压(V);η_{ohm}、η_{act}、η_{con} 分别为欧姆极化过电位、电化学极化过电位、浓差极化过电位;i_n 为内部短路电流和氢、氧穿透等量电流密度(mA·cm^{-2});A 为塔费尔曲线斜率;i_0 为电极交换电流密度(在阴极极化远远大于阳极极化时可为阴极交换电流密度或者

为阴、阳极交换电流密度的函数）；m 和 n 为与传质有关的常量；R 为单位面积电阻（$\Omega \cdot cm^2$）。

如果忽略 i_n，式（10.32）可以近似简化为

$$V = E_{oc} - iR - A\ln i - m\exp(ni) \tag{10.33}$$

这个公式虽然简单，但是可以很好地表达实际 PEMFC 的电池实验结果。表 10.4 中的参数值引用 Laurencelle 等研究结果。

表 10.5　式（10.33）中常量样本

参　数	PEMFC Ballard Mark V(70℃)
E_{oc}/V	1.031
$R/(\Omega \cdot cm^{-2})$	2.45×10^{-4}
A/V	0.03
m/V	2.11×10^{-5}
$n/(cm^2 \cdot mA^{-1})$	8×10^{-3}

模拟式（10.33）并不难，可以使用电子表格（如 Excel）或者 MATLAB 程序或图表计算器等。但是，必须记住，采用不同材料、不同工艺制作的燃料电池以及使用不同纯度氢气和氧气，表 10.5 中的常量可能不尽相同，这需要根据具体的电池性能测试结果进行反复推敲和尝试。如果表 10.5 中参数取值合理，可以得到与实验值极为吻合的电池极化曲线，根据参数所代表的含义可以进一步分析出电池及膜电极的相关特性，加深对问题分析和理解，还有可能对电池装配及电极制作工艺等实践工作起到积极的指导意义。

10.1.4　应用与发展前景

燃料电池的应用领域非常广泛，可适用于陆、海、空、天的军、民多个领域，如汽车、飞行器、船舶、航天器等各类移动或固定式电源。尤其是 21 世纪，全人类都面临着能源、环保、交通等问题的困扰，对燃料电池的开发研究以及商业化是解决世界节能和环保的一条重要手段。因此，世界各国都投入巨大的人力物力到这项工作中来。我们国家也应进一步加大资金投入，大力推进燃料电池在特殊领域的应用，增强我国的国防军事实力，同时，加快燃料电池民用商业化的步伐，提供高能效、环境友好的燃料电池发电技术，为建立低碳、减排、不依赖于石化能源的能量转化技术新体系做贡献，为人类可持续发展、改善人类生存环境做贡献。

10.2　电化学电容器

10.2.1　概述

1957 年，美国通用电气公司的 Becker 在他的专利中首次提出可以通过制造电化学电容器来储存电能。美国 SOHIO 公司在 20 世纪 60 年代后期率先研制成功了双电层电化学电容

器,接着日本的 NEC 公司和 Matsushita 公司也参与开发并获得成功。1978 年 Matsushita 公司推出了商用产品——著名的松下金电容器。1975 年至 1981 年间,加拿大 Conway 教授为首的渥太华大学研究小组与美国 Continental Group Inc. 合作,进行了混合氧化物电化学电容器的研发。20 世纪 80 年代起,电化学电容器商品逐步被应用到记忆储备电源,走向了应用市场。

1990 年起,电动车研制项目推动了电化学电容器技术的发展。人们意识到,电化学电容器体系固有的超大容量和高功率充放电能力可以补充电池的不足。将电化学电容器和高能密度电池混合应用,作为电动汽车动力系统,能够提供比单一电池作为动力系统更为优良的性能。

通常,电化学电容器按电极类型进行分类,可再根据电解液的类型不同作进一步细分,见表 10.6。

表 10.6　电化学电容器的分类

类型	电　极	电解液	研发公司(举例)
1	碳电极	水系电解液	Sandia 国家实验室
2		有机电解液	Maxwell
3	金属氧化物电极	水系电解液	Pinnacle 研究所
4	导电聚合物电极	水系电解液	Los Alamos 国家实验室
5	不对称混合型 NiOOH(正极),碳(负极)	水系电解液	ESMA
6	不对称混合型 LiCoO$_2$(正极),碳(负极)	有机电解液	NESSCAP

碳电极双电层电容器是最早研制的类型,是电化学电容器技术最重要的组成部分,目前技术比较成熟,应用领域正在积极开拓中,特别是在电动汽车混合动力系统中的应用。

金属氧化物电化学电容器研制起始于 1975 年。该体系由于具有比碳电极体系高的能量密度而受到重视。但是因价格的原因,其应用局限于某些特殊领域,如军用领域。

导电聚合物电化学电容器是新发展的一个体系,这类导电聚合物具有很高的电导率,能像金属氧化物,如 RuO$_2$ 那样发生氧化还原反应产生大的比电容,能量密度比碳电极双电层电容器高 2～3 倍。这类材料价格比 RuO$_2$ 便宜得多,能够降低电容器的制造成本。但是该体系的循环寿命尚不高,需要进一步改进提高。该体系有相当大的发展空间,可以通过设计选择相应聚合物的结构,进一步提高聚合物的性能。

不对称混合型电化学电容器是电化学电容器技术发展的一个新体系,其主要优点是提高了能量密度,从而使其在某些应用领域,如 UPS,能够替代铅酸电池。但需要指出的是,这类体系也牺牲了电化学电容器固有的长循环寿命能力和高功率脉冲特性。

10.2.2　原理与特性

1. 原理
1) 储能机理
电化学电容器的储能机理有两类:电极/溶液界面双电层电容储能(double-layer

capacitance)和电化学反应电容储能(pseudocapacitance)。

（1）电极/溶液界面双电层电容储能

1853 年,Helmholtz 发现,一个金属电极和电解液接触形成的界面存在一个双电层,界面的金属一侧会积聚一定量的电荷,同时界面的溶液一侧也会积聚同等数量,但符号相反的电荷,形成电极/溶液界面双电层结构。图 10.18 为 Helmholtz 双电层结构模型示意图。

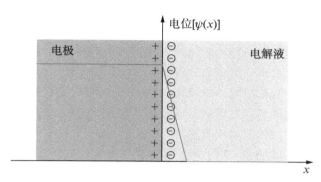

图 10.18　Helmholtz 双电层结构模型

电极/溶液界面双电层结构类似金属平板电容器,电极表面是电容器的一个极板,溶液离子层为另一个极板,双电层的厚度也就是两极板的间距。根据双电层理论,这个间距非常小,仅为分子级大小,在 0.3～0.6 nm 范围。

根据金属平板电容器理论,电容值 C 为

$$C = \frac{\varepsilon\varepsilon_0 A}{d}$$
$$= C_{比} \times A \tag{10.34}$$

式中,A 为极板面积;d 为极板间的距离;ε 为介质的相对介电常数;ε_0 为真空介电常数;$C_{比}$ 为比电容,$C_{比} = \dfrac{\varepsilon\varepsilon_0}{d}$。

根据静电学和电化学基础理论,ε_0 的值为 $8.85 \times 10^{-12} \text{F} \cdot \text{m}^{-1}$,$\varepsilon$ 的值在 10 的数量级范围,由于间距 d 值非常小,在 0.5 nm 左右,从而导致 $C_{比}$ 普遍地能够达到 $16 \sim 50\ \mu\text{F} \cdot \text{cm}^{-2}$ 范围。这是电化学电容器能够具有超大电容值的本质和关键。再次强调一下,正是由于双电层结构在分子尺度的微观特性决定了双电层电容器的超大比电容。这是电极/界面双电层的自身特性,不像传统电容器,需要通过设计和制造工艺尽量减少两电极板之间的距离来提高电容值。

根据式(10.34),双电层电容 $C = C_{比} \times A$。如果电极材料具有大的面积,就能产生大的电容值。随着材料工艺技术的发展,电化学电容器用商品化碳材料的比表面积已能达到 $1\,000 \sim 2\,000\ \text{m}^2 \cdot \text{g}^{-1}$。如果 $C_{比}$ 值取 $30\ \mu\text{F} \cdot \text{cm}^{-2}$,碳材料比表面积取 $1\,000\ \text{m}^2 \cdot \text{g}^{-1}$,那么碳电极的双电层电容值 $C_{碳}$ 可计算为

$$C_{碳} = 30 \times 1\,000 \times 10^4\ \mu\text{F} \cdot \text{g}^{-1}$$
$$= 300\ \text{F} \cdot \text{g}^{-1}$$

根据双电层电容器储存(或释放)能量 E 的计算公式:

$$E = \frac{1}{2}CV^2 \qquad\qquad (10.35)$$

式中，C 取 $300\ \mathrm{F \cdot g^{-1}}$；$V$ 为碳电极在充电时的电位变化，取值 $1\ \mathrm{V}$。则碳电极双电层电容器储存（或释放）的能量为

$$E_{\text{碳}} = 150\ \mathrm{J \cdot g^{-1}} \qquad\qquad (10.36)$$
$$= 41.7\ \mathrm{W \cdot h \cdot kg^{-1}}$$

需要注意的是，该数值仅是理论计算值，实际测量只能实现该值的 20% 左右。

（2）电化学反应电容储能

电化学反应电容受英文名词 pseudocapacitance 影响，常被称为伪电容。伪电容是 pseudocapacitance 的中文译名。"伪"的含义是与"真"相比较而言的。真电容就是人们熟悉的传统的静电容或与之类似的双电层电容。

伪电容起源于一个具体的、特殊的电化学反应。在电化学电容器领域，对应于一个电极材料为金属氧化物的电极反应。当电极充电（或放电）时发生了电化学反应，一定量的电量（ΔQ）进入电极，同时电极电位随之变化（ΔV），而且 ΔQ 与 ΔV 存在对应的函数关系，这种关系可用 $C_\phi = \dfrac{\Delta Q}{\Delta V}$ 的电容关系式表示。这种机理产生的电容称为电化学反应电容，通常称为伪电容。这类伪电容可根据实际反应体系用公式表示，其值也是客观存在的，可以由实验测得。

具有这类特性的材料目前尚不多，已被研究的有金属氧化物 RuO_2、IrO_2、Co_3O_4、MoO_3、WO_3 和氮化物 Mo_xN 等。其中对最具代表性的 RuO_2 进行了广泛的科学和技术的研究。按目前的技术水平，RuO_2 电极材料的比电容 C_{RuO_2} 可达 $720\ \mathrm{F \cdot g^{-1}}$，电极充电电压可达 $1.2\ \mathrm{V}$，储存能量值按式（10.35）计算得

$$E_{RuO_2} = 518\ \mathrm{J \cdot g^{-1}} \qquad\qquad (10.37)$$
$$= 144\ \mathrm{W \cdot h \cdot kg^{-1}}$$

RuO_2 电极材料产生的电化学反应电容（伪电容）值比碳电极双电层电容值大，也具有更大的储能密度。

2）工作原理

电化学电容器电极的特性可以像研究电池电极性能那样，采用三电极实验装置进行研究。

单个电化学电容器电极不具有实用功能。一个实用的电化学电容器必须含有两个电容器电极，在接入充电或放电电路后，一个电极流入电流，另一个电极流出电流，完成能量的储存或释放的功能。

图 10.19 为由两个电极组成的电化学电容器示意图。

相应的等效电路如图 10.20 所示。

由图 10.19 和图 10.20 可以看到，一个实用的双电层电化学电容器由两个电极组成，每个电极都有自己的电极/溶液界面双电层。当充电时，负极表面集聚越来越多的电子负电荷，界面溶液侧集聚越来越多的正离子电荷相对应，双电层的电荷密度不断增加，负极的电

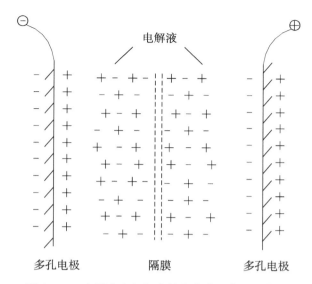

图 10.19　由两个电极组成的电化学电容器示意图

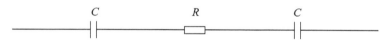

图 10.20　由两个电极组成的电化学电容器的等效电路图

极电位也依据电容值跟着变化；而正极表面随着电子的流出，带有越来越多的正电荷，界面溶液侧则集聚越来越多的负离子电荷相对应，双电层的电荷密度也不断增加，正极的电极电位也依据电容值跟着变化，直至充电结束，完成了储能。图 10.21 显示了充好电后电化学电容器电极电位分布状态与充电前的比较。放电时情况相反，负极电子流出，正极电子进入，

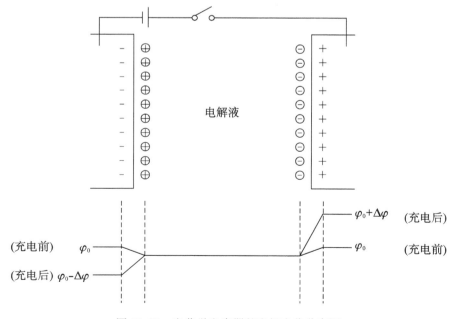

图 10.21　电化学电容器的电极电位分布图

双电层溶液侧的荷电离子相应减少,双电层电荷密度减少,电极电位也随之变化,直至放电结束,电极电位的分布又恢复到充电前的状态。

可以用下列方程式模拟地表示出双电层电容器的充电和放电过程。

$$负极 \quad C+HA+e \underset{放电}{\overset{充电}{\rightleftharpoons}} C^- \| H^+ + A^- \tag{10.38}$$

$$正极 \quad C+HA \underset{放电}{\overset{充电}{\rightleftharpoons}} A^- \| C^+ + H^+ + e \tag{10.39}$$

$$总反应 \quad C+C+HA \underset{放电}{\overset{充电}{\rightleftharpoons}} C^- \| H^+ + A^- \| C^+ \tag{10.40}$$

从上述充放电过程可以看到,双电层电容器充放电时没有发生法拉第反应,没有电荷穿越电极界面,只发生了电荷的静电移动,因而是一个非常快速的、近乎可逆的过程。这种机理决定了双电层电容器具有高功率能量储存和释放的优良特性。

RuO_2 电化学电容器进行充电和放电时,正极和负极都发生了电化学反应,可用下列各方程式表示[21]:

$$负极 \quad HRuO_2+H^+ + e \underset{放电}{\overset{充电}{\rightleftharpoons}} H_2RuO_2 \tag{10.41}$$

$$正极 \quad HRuO_2 \underset{放电}{\overset{充电}{\rightleftharpoons}} RuO_2+H^+ + e \tag{10.42}$$

$$总反应 \quad HRuO_2+HRuO_2 \underset{放电}{\overset{充电}{\rightleftharpoons}} H_2RuO_2+RuO_2 \tag{10.43}$$

但需提醒的是,这类特殊的电化学电极反应,进入(或流出)电极的电量(ΔQ)与电极电位的变化量(ΔV)存在对应的函数关系,这种关系可用 $C_\phi = \dfrac{\Delta Q}{\Delta V}$ 的电容关系式表示。

2. 特性

电化学电容器(electrochemical capacitor),又称超级电容器(ultracapacitor 或 supercapacitor),是一种新型储能装置。所谓新型,是相对于另外两种储能体系(电池和传统电容器)而言的。

电化学电容器的主要特性为:

1)超大电容值和高能量密度

该项性能是相对于传统电容器的。传统电容器技术经历了空气介质电容器、云母电容器、陶瓷电容器、纸介质电容器和电解质电容器的发展阶段。先进的电解质电容器额定电容值能够达到法拉级,但已商品化的电化学电容器的电容量已达到了 10 000 法拉或更高,能量密度比传统电容器大 10~100 倍。

2)高功率密度

这项特性是电化学电容器最为重要的优点之一。电化学电容器能够在数秒内快速释放出所储存的能量,同时又能在几分钟内非常快速、高效充电储存能量,即具有高功率充电和放电的能力。同时比功率可达到 $100 \sim 15\,000 \mathrm{W \cdot kg^{-1}}$,甚至更高。

3)充放电效率高

电化学电容器充放电效率可以达到 0.9~0.95。充放电效率高意味着能量利用率高,同时由电能转化成热能的损失减小,导致了电化学电容器有更长的循环工作寿命。

4）循环工作寿命长

电化学电容器具有全容量充电和放电的能力，而且循环寿命可以达到 100 000 次以上，而电池在深充放电循环工作条件下，寿命只有 500～2 000 周次。

表 10.7 给出了电化学电容器、电池和传统电容器在上述 4 个重要性能方面的比较。

表 10.7　电化学电容器、电池和传统电容器性能比较

性　　能	电　　池	电化学电容器	传统电容器
放电时间	0.1～10 h	1～30 s	$10^{-6}～10^{-3}$ s
能量密度/(W·h·kg^{-1})	20～200	1～10	<0.1
功率密度/(W·kg^{-1})	50～5 000	100～15 000	>10 000
充放电效率	0.7～0.99	0.9～0.95	≈1.0
循环寿命/周	500～2 000	>100 000	∞

采用 Ragone 图也可以更清晰地反映出三种储能装置在功率密度和能量密度性能方面的比较，显示出它们各自的应用范围。Ragone 图的两个对数坐标单位分别表示能量密度和功率密度。根据一个储能体系能量密度和功率密度对应关系可以经验地在 Ragone 图上作出一个区域，根据不同体系在 Ragone 图上的位置能够比较不同体系的性能。

图 10.22 为电化学电容器、电池和传统电容器的 Ragone 图。

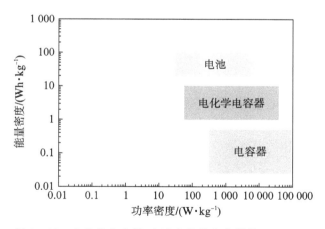

图 10.22　电化学电容器、电池和传统电容器的 Ragone 图

从表 10.7 和图 10.22 可以看出，电池虽然有较高的能量密度，但功率密度通常局限在 50～5 000 W·kg^{-1} 范围，对于超出此范围的功率密度要求电池不能胜任。而电化学电容器虽然能量密度不如电池，但功率密度可以适用在 100～15 000 W·kg^{-1}，甚至更高的范围。传统电容器虽然有最高的功率密度，但是能量密度太低，限制了其应用。

电化学电容器在 Ragone 图中的位置清楚地表明了，作为一种新型储能装置，电化学电容器将会在电池和传统电容器之间的区域得到广泛的应用。

5）工作温度范围宽广

这项性能是电化学电容器又一个显著的优点。电化学电容器能够在 -40～60℃ 的温度范

围内工作,而不造成太大的性能差异,在恶劣环境条件下应用电化学电容器具有明显的优势。

6) 可靠性高,维护要求低

正常使用的电化学电容器工作寿命长达 90 000 h 以上,可靠性非常高,不像电池那样,需按技术要求经常维护及定期更换。

7) 绿色环保电源

电化学电容器,特别是目前占产品主导地位的碳电极双电层电容器不含镉、铅、汞等有害物质,是一种能够得到政府环保政策支持发展的新型绿色电源。

10.2.3 设计与制造

1. 设计

1) 电容量(capacitance)

电容量是电化学电容器最基本的参数之一,其值的大小对应了储能能力的大小,单位是法拉。大容量、高功率电化学电容器主要用于储存和释放电能。因此,电化学电容器电容量 C(法拉)可定义为

$$C = \frac{\Delta Q}{\Delta V} \tag{10.44}$$

式中,ΔV 为电化学电容器工作电压变化范围(V);ΔQ 为变化 ΔV 时,电容器电量的变化(C)。

电容量是个可测值,实际测量时常采用恒电流放电法。式(10.44)可转换成:

$$C = \frac{I \cdot t}{\Delta V} \tag{10.45}$$

恒电流放电法的测试程序通常为:

① 用恒电流将电化学电容器充电到规定的最高电压 V_{max}。

② 稳压保持 1 min。

③ 用恒电流 I 将电化学电容器放电到规定的最低电压 V_{min},测出放电时间 t。

将 I、t、$\Delta V = V_{max} - V_{min}$ 等代入到式(10.45),即可计算得到电容量 C 的值。

2) 额定电压(rated voltage)

该参数规定了电化学电容器允许持续保持的最高工作电压值。该值与温度有关,也和电化学电容器的设计、寿命和可靠性等考虑因素有关。不同类型的电化学电容器具有不同的额定电压值,同一类型但不同厂商的电化学电容器也会有不同的额定电压值,通常由生产厂商给定。

3) 浪涌电压(surge voltage)

浪涌电压指允许电化学电容器短时承受的最大电压值。该值高于额定电压值,通常是额定电压值的 1.1 倍。

4) 额定电流(rated current)

额定电流指生产厂商允许电化学电容器连续放电时所能承受的最大放电电流。

5) 最大脉冲电流(max pulse current)

最大脉冲电流指生产厂商设定的放电时间持续几秒的最大放电电流。

6）最大储能（max stored energy）

在额定电压值时电化学电容器所能存储的能量称为最大储能。单位为焦耳（J）或瓦时（W·h），该值可由公式 $E = \dfrac{1}{2}CV^2$ 计算，式中，E 为最大储能，C 为电容量，V 为额定电压。

7）比能量（specific energy）

该参数表达了单位质量（或单位体积）电化学电容器的最大储能。

质量比能量为单位质量电化学电容器的最大储能，其值可用最大储能除以电化学电容器的质量，单位是 $W·h·kg^{-1}$。

体积比能量为单位体积电化学电容器的最大储能，其值可用最大储能除以电化学电容器的体积，单位是 $W·h·dm^{-3}$。

作为储能装置，能量密度是电化学电容器的一个重要性能参数。使用环境往往对储能装置的质量和体积有一定的要求和限制。目前电化学电容器能量密度相对于电池还比较低，因此随着技术的发展，能量密度的提高会受到人们的关注。

8）比功率（specific power）

该参数表达了单位质量（或单位体积）电化学电容器的最大输出功率。

质量比功率为单位质量电化学电容器的最大输出功率，其值可用最大输出功率除以电化学电容器的质量，单位是 $W·kg^{-1}$。

体积比功率为单位体积电化学电容器的最大输出功率，其值可用最大输出功率除以电化学电容器的体积，单位是 $W·dm^{-3}$。

最大输出功率 P_{max} 为

$$P_{max} = \frac{V^2}{4R} \tag{10.46}$$

式中，V 为电化学电容器的额定电压；R 为电化学电容器的等效串联电阻。

电化学电容器在最大输出功率 P_{max} 条件下输出电能时，50% 的电能为负载利用，其余 50% 的电能转化成热能而消耗。

9）内阻（internal resistance）

在储能领域，常用内阻这一名称表达电化学电容器在充放电过程中呈现的内部电阻特性。在电容器领域，更常用的称呼为等效串联电阻（equivalent series resistance，ESR）。电化学电容器的内阻是各有关组分对电阻贡献的总和，这些组分包括电极、隔膜、集流体、极柱和电解液等。内阻的大小直接制约了电化学电容器高功率充电和放电性能，也影响到其能量利用的效率。

电化学电容器的内阻可以由交流法和直流放电法进行测试。对于同一电化学电容器，通常直流内阻值稍大于交流内阻值。

10）漏电流（leakage current）

电化学电容器充电到额定电压后，如果开路存放，其电压值会逐渐减小，表明有电量从电极上泄漏，这是一个对应于自放电性能的参数。采用电子技术，给电化学电容器注入电流，能够控制电容器电压的跌落，当注入电流和泄漏电流值相等时，就能使电容器恒定在额定电压值，这时的电流值被定义为漏电流。单位常用 mA 表示。

11) 工作温度范围(operating temperature range)

该参数给出了电化学电容器能正常工作的温度范围,这个范围通常为-40~60℃。它表明了作为储能电源,电化学电容器有明显优于电池的温度特性。

12) 循环寿命(life time,cycles)

循环寿命是储能装置的一个重要性能参数。循环寿命长意味着能够长时间反复充电和放电。该特性能够带来使用的可靠,维护的方便和良好的经济效益。电化学电容器的循环寿命可达到$10^5 \sim 10^6$周,远远优于电池。

目前,循环寿命试验尚无完全统一的规范,不同的生产厂商会有不同的试验方法,并在产品技术说明书中注明。

13) 自放电(self-discharge)

电容器充电后开路搁置期间,电压会随时间而逐渐降低,电容器的电量逐渐失去,储能也随之减少,这种特性称为自放电。

由自放电而造成的储能损失 $E_{损失}$ 为

$$E_{损失} = \frac{1}{2}C(V_{额定}^2 - V^2) \tag{10.47}$$

式中,$V_{额定}$ 为初始的额定电压;V 为在某时刻的测试电压;$E_{损失}$ 为该时刻已损失的储能。

能量损失率 η 为

$$\eta = 1 - \left(\frac{V}{V_{额定}}\right)^2 \tag{10.48}$$

2. 制造

1) 电极

电极是电化学电容器最关键的部件,不同的电极类型构成了不同的电化学电容器体系。

按目前的技术,主要有三种类型的电极:碳电极、金属氧化物电极和导电聚合物电极。

电极技术主要包括两个方面:电极材料和电极成型工艺。由于电极成型工艺可以继承和发展现有的电池电极制造工艺,所以电极材料更为关键。

不同类型电化学电容器对电极材料会有各自特殊的技术要求。作为电化学电容器用电极材料的一般技术要求如下:① 重复充电和放电循环的能力,循环寿命大于10^5次;② 长期稳定性;③ 抗电极表面氧化或还原的能力;④ 高比表面积;⑤ 具有在电解液分解电压限度内的最大工作电压范围;⑥ 具有最佳的孔径分布;⑦ 优良的可润湿性,从而具有合适的电极/溶液界面接触角;⑧ 电极材料和导电基板具有尽可能小的欧姆内阻;⑨ 电极材料被加工成电极形状后能够保持电极的机械整体性,并具有尽可能小的开路自放电。

(1) 碳电极

碳电极材料　在电化学电容器技术发展历史上,首次使用高比表面积碳材料制造实用双电层电容器的是美国 SOHIO 公司。当时的多孔碳材料比表面积达到 $400\ m^2 \cdot g^{-1}$,比电容值达到 $80\ F \cdot g^{-1}$。

用于制造双电层电容器的碳材料必须具备下列技术性能:① 真实的高比表面积;② 良好的多孔材料粒子内和粒子间导电性;③ 有利于电解液进入内孔表面区域。此外,对粉状或纤维状碳的表面状态控制和尽量不含杂质(如铁离子、过氧化物、O_2 和醌等)也是非常重要的。

电化学电容器使用的高比表面积碳材料,如活性炭、碳纤维、碳布和碳气凝胶,都是在 N_2、O_2 或水蒸气环境中经过高温处理过的。预处理能够修饰表面功能,能够打开或改变孔结构,同时排除杂质。电化学电容器用碳材料的比表面积目前已达到 $1\,000\sim2\,000\ m^2\cdot g^{-1}$。

美国、日本和中国都已有电化学电容器用碳电极材料供应商,能直接向电容器制造厂家提供所需要的高品质碳材料。例如,中国林业科学院南京林产化工研究所提供的活性炭,经上海空间电源研究所组装成电化学电容器测试,比电容已经超过 $250\ F\cdot g^{-1}$。

碳电极制造　电化学电容器电极的制造工艺类似于电池电极的制造工艺。

碳电极制造工艺举例如下:称取适量的活性炭粉末和导电石墨,加入少量的去离子水将其润湿,随后加入质量分数为 60% 的聚四氟乙烯(PTFE)乳液后放入乳化机中进行剪切搅拌。在搅拌的过程中加入少量的异丙醇(或无水乙醇),剪切搅拌的时间为 $1\sim2\ h$,得到黏稠状的浆料。将浆料放入 60℃ 左右的干燥箱中进行干燥,待半干状态取出后在对辊机上压成厚度为 0.3 mm 左右的薄膜。在薄膜上裁切得到不同形状和面积的电极片。将烘干后的电极片在油压机上压到泡沫镍集流体上,压力控制在 $12\sim15\ MPa$。采用无纺布作为隔膜材料,将电极片和隔膜分别放入 $6\ mol\cdot dm^{-3}$ 的 KOH 水溶液中浸泡,浸泡时间为 12 h。然后真空脱气 20 min 以确保电极和电解液中溶解的氧气被排除掉。将电极片和隔膜组装成电化学电容器。

图 10.23 概要地表达了碳电极制造工艺和电化学电容器装配工艺的基本流程。

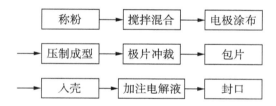

图 10.23　碳电极制造工艺和电化学电容器装配工艺的基本流程

(2) RuO_2 电极

1971 年,意大利电化学家 S. Trasatti 首次提出将 RuO_2 用作电化学电容器电极材料。Trasatti 用热化学分解法将 $RuCl_3$ 转变成 RuO_2,并通过循环伏安实验,显示了 RuO_2 优良的电容特性。1975 年加拿大 B. E. Conway 教授发表文章指出,通过电化学方法生成的 RuO_2 薄层也具有明显的伪电容特性(pseudocapacitance)。

RuO_2 电极材料的制备方法如下:

热化学分解法　将 Ti 箔浸入热乙二酸溶液 $2\sim3\ min$,在蒸馏水中进行超声波清洗,取出干燥后备用。预先在 20% HCl 溶液中配制成 $0.1\ mol\cdot dm^{-3} RuCl_3$ 水溶液。将此溶液涂刷到干净的 Ti 箔上,将带有溶液的 Ti 箔在空气中干燥。干燥后再重复进行涂刷和干燥的操作(需 $6\sim12$ 次),直到足够量的 $RuCl_3$ 附着在 Ti 箔上。最后将已具有足够量 $RuCl_3$ 薄层的 Ti 箔在 $350\sim500℃$ 的空气中进行热处理 5 min,完成了实验用 RuO_2 电极的制备。

电化学法　将金属钌(或电沉积在钛或金上的钌)放入硫酸溶液中。按循环伏安法条件在 0.05 V 到 1.40 V(RHE)电压范围内反复进行阳极和阴极循环数小时,直到有相当厚度的含水氧化钌薄层(高达数微米厚)在电极上形成。

图 10.24 和图 10.25 给出了两种不同方法制造的 RuO_2 电极材料的电容特性。

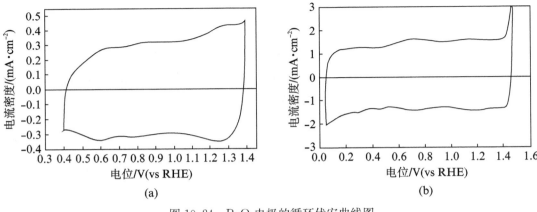

图 10.24　RuO_2 电极的循环伏安曲线图

（a）热化学分解法制备；（b）电化学法制备

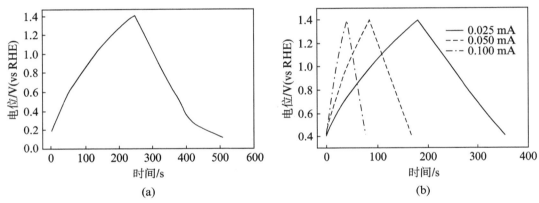

图 10.25　热化学分解法制备的 RuO_2 电极的恒流充放电曲线

（a）恒流充放电曲线；（b）三种不同速率充放电曲线

2）电化学电容器单体

（1）部件

和单体电池一样，一个电化学电容器单体主要由电极、电解液、隔膜、壳体和结构件等部件组成。图 10.26 为一个圆柱形电化学电容器单体的剖面示意图。

一个具有实用储能功能的电化学电容器必须含有两个电极。在电化学电容器技术发展的早期，两个电极是相同的，如两个碳电极，或两个 RuO_2 电极。随着技术的发展，两个电极可以不相同，如一个为碳电极，另一个为 NiOOH 电极，组成不对称型电化学电容器（asymmetric type）。为了区别，前一类型称为对称型（symmetric type）。

（2）单元电容件

两个电极（带集流体）和一个隔膜可以组成电化学电容器的最基本单元，如果带有电解液就可以具有充电和放电功能。这样的电化学电容器最基本单元称为单元电容件，如图 10.27 所示。

如果将一个单元电容件和电解液一起封装在一个扣式金属外壳中，就组成了一个具有实用储能功能的扣式电化学电容器，如图 10.28 所示。

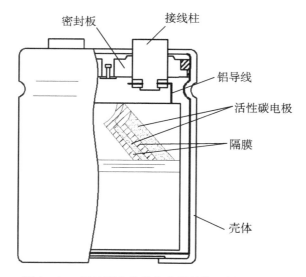

图 10.26　圆柱形电化学电容器单体的剖面示意图

图 10.27　单元电容件组成示意图

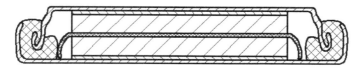

图 10.28　扣式电化学电容器的剖面示意图

该扣式电化学电容器的额定电压 $V_{单元}$ 取决于电极材料和电解液的类型。如果是碳电极,采用水系电解液,额定电压为 $0.8\sim1.0\,\mathrm{V}$;采用有机电解液,额定电压为 $2.3\sim2.7\,\mathrm{V}$。

水系电解液通常为 KOH 水溶液或 H_2SO_4 水溶液。有机电解液通常为四铵离子烷基盐在乙腈溶剂或碳酸丙烯酯(PC)溶剂中的溶液。

（3）单体电容器

上面已提到,一个单元电容件的额定电压 $V_{单元}$ 通常不超过 3 V,电容量 $C_{单元}$ 也是有限的。因此,实用的单体电容器都是通过并联或串联的方法将各个单元电容件组合而成的。

通过并联方式可以增加单体电容器的电容量 $C_并$。如有 n 个单元电容件并联,电容量就增加 n 倍,即

$$C_并 = n \cdot C_{单元} \tag{10.49}$$

并联后单体的电压不变,即

$$V_{\text{并}} = V_{\text{单元}} \tag{10.50}$$

通过串联方式可以增加单体电容器的电压 $V_{\text{串}}$。如有 n 个单元电容件串联,电压就增加 n 倍,即

$$V_{\text{串}} = n \cdot V_{\text{单元}} \tag{10.51}$$

串联后单体的电容量为单元电容件的 n 分之一,即

$$C_{\text{串}} = \frac{C_{\text{单元}}}{n} \tag{10.52}$$

图 10.29 为并联方式组成的电化学电容器单体结构示意图。

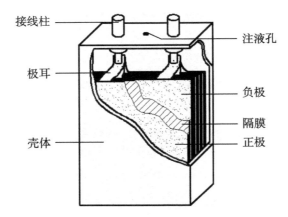

图 10.29　并联方式组成的电化学电容器单体结构示意图

图 10.30 为串联方式组成的电化学电容器单体结构示意图。采用串联方式时,电极通常为双极性构型。

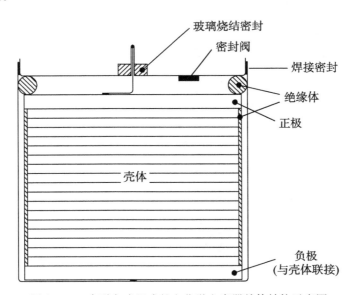

图 10.30　串联方式组成的电化学电容器单体结构示意图

3) 电化学电容器组

电化学电容器单体是大容量和低电压的。作为电池补充,用作高功率动力型电源时,往往需要提供更高的工作电压。通常按技术条件要求将多个电化学电容器单体串联起来组合成一个电化学电容器组,以满足使用要求。

假设电容器组采用 n 个同一型号单体电容器串联组成,则有

$$V_{组} = n \cdot V_{单体} \tag{10.53}$$

$$C_{组} = \frac{C_{单体}}{n} \tag{10.54}$$

式(10.53)清楚地表达了电容器组总电压增加了 n 倍。但式(10.54)往往另人不理解,电容器组的电容怎么反而减少到了单体的 n 分之一。电容量是储存电能能力的反映,电容量减少是否电容器组的储能也减少了呢?答案是否定的。假设单体电容器的储能为 $E_{单体}$,则电容器组的储能 $E_{组}$ 可计算如下:

$$
\begin{aligned}
E_{组} &= \frac{1}{2} C_{组} V_{组}^2 \\
&= \frac{1}{2} \left(\frac{C_{单体}}{n} \right) (n V_{单体})^2 \\
&= \frac{1}{2} n C_{单体} V_{单体}^2 \\
&= n \frac{1}{2} C_{单体} V_{单体}^2 \\
&= n E_{单体}
\end{aligned}
\tag{10.55}
$$

计算结果表明,电容器组储存的能量为单体电容器储存能量的 n 倍,电容器中每个单体的储能都被保持,能量既没有损失也没有增加,符合能量守恒定律。

电化学电容器组的设计技术和我们熟悉的电池组设计技术是相似的,需要考虑的基本方面如下:

① 电性能设计。根据储存能量和功率的要求,选定单体电容器的电容量和数量。并根据需要,对单体电容器采用串联或并联等组合方式。

② 机械结构设计。在允许的外形尺寸范围内,选定最佳机械结构形式,将单体电容器排列和固定起来。该机械结构既需保证电容器组能够承受力学环境的考验,又具有最佳质量性能。同时,电容器组的装配和拆散操作要求简便。

③ 热设计。电化学电容器组在工作期间,各单体电容器的温度如能维持在一定范围内,会有利于性能最佳化。电容器组设计时要考虑到内部热量的传递和散失。

图 10.29 和 10.30 的两个电化学电容器组采用了同一型号的单体电容器,但具有不同的外形结构。组合设计可以根据实际需要采用多样化的组合形式,在满足使用要求下实现电化学电容器组功率密度和能量密度的最佳化。

实际工程应用中,保证电化学电容器组性能的关键技术之一是参与组合的各单体电容器性能参数的一致性,特别是电容量值和内阻。在实际使用时,允许各单体电容器性能参数存在一定差异。根据目前商品化产品的技术参数,电容量的偏差范围通常在 $\pm 20\%$,内阻偏差范围在 $\pm 25\%$。

假定电容器组内各单体电容器容量存在偏差(但在技术规范容许的范围),其最大电容

量和最小电容量的比例会达到1.5。当电容器组充电时,最小电容量的单体电容器首先达到额定电压,此时最大电容量的单体电容器刚达到额定电压值的1/1.5,即67%。如果此时终止充电,最大电容量的单体电容器储能量比最小电容量的单体电容器的储能量还少,只为它的67%。下面通过计算进一步阐明这一结论。

假设$C_大$为最大电容量单体电容器的电容值,$C_小$为最小电容量单体电容器的电容值,$E_小$为最小电容量单体电容器的额定储能量,V为最小电容量单体电容器的额定电压,则最大电容量单体电容器的储能$E_大$计算如下:

$$
\begin{aligned}
E_大 &= \frac{1}{2}C_大\left(\frac{1}{1.5}V\right)^2 \\
&= \frac{1}{2}\times 1.5C_小 \times \left(\frac{1}{1.5}\right)^2 \times V^2 \\
&= \frac{1}{1.5}\times \frac{1}{2}C_小 V^2 \\
&= 0.67E_小
\end{aligned}
\tag{10.56}
$$

如果在这一时刻终止电容器组的充电,从储存能量角度考虑,显然是不合理的。但如果继续对电容器组充电,最小电容量单体电容器的电压将会继续上升。一旦超过电解液分解电压,将会损伤电容器的性能,甚至导致更危险的后果。

单体电容器的内阻差别也会产生上述的影响。需要提出的是,这类性能的差别,会随着使用时间的增加而进一步拉大。

我们需要通过加强生产工艺管理来缩小各单体电容器性能参数的差异,同时加强质量控制,通过筛选保证装入组合的各单体电容器性能的一致。但是这些措施将会增加生产成本。

为此,在电化学电容器组的设计中,通常采用专门的电路控制技术来减小上述问题的影响。这类电子技术称为单体均衡和电压控制(cell balancing and voltage monitoring)。采用这类技术,在电化学电容器组充电时,能够限制每个单体电容器的电压达到或接近额定电压值,不仅保证了电容器组的充电安全性,还能保证电容器组的储能性能达到应有水平,即"充足"电能。

10.2.4 应用与发展前景

电化学电容器以其体系内在特有的储能机理,具备了电池所不具有的快速、大功率放电能力和高于传统电容器的能量密度。电化学电容器的优良特性引起了人们广泛的关注和重视,并得到了深入的研究和开发,作为一种新型储能电源迅速进入应用市场。20世纪90年代电化学电容器作为商品开始进入市场,以日本为主要生产国的小电容量产品已经开始在计算机和电子电器设备的备用电源市场中占有一定份额。虽然销售额不大,但被开拓的应用领域都与电化学电容器的本身独特特性相关,一旦电化学电容器商品进入,是极具竞争力和难以被取代的。1990年以后对电动车用大容量高功率电化学电容器的研究开发,极大地促进和推动了以储能为主要用途的电化学电容器技术的发展。一旦电动汽车开发成功,作为动力系统用的电化学电容器必将形成具有一定规模和产值的电化学电容器制造工业。除此之外,超级电容器还可用作启动电源、大功率脉冲电源以及与太阳电池、高能量密度电池联合配套使用。

作为一种新型储能装置，它的相关技术、生产工艺和市场开发都还处于年轻的成长阶段。但正在得到越来越多的专家、研发人员和公司产业界人士的关注和参与。1999 年，B. E. Conway 编著和出版了《电化学超级电容器——科学原理和技术应用》一书，这是国际上第一部有关电化学电容器的专著，Conway 教授以极其渊博的专业知识和热情，向全世界传播了电化学电容器的科学知识和技术，为电化学电容器的发展作出了巨大的贡献。正如意大利电化学教授 S. Trasatti 在序中所写的："现在的情况是，从事基础研究的人员很了解电化学双电层的每一个细节，但是忽略了把科学知识应用到电化学电容器中；而工程人员熟悉电化学电容器，但是忽略了它们工作的科学原理。这本著作适时出版，正好弥补了这个空隙，书中根据应用目的阐述科学原理，又安排好篇幅范围，结合基础原理介绍应用。B. E. Conway 教授涉及电化学的几乎所有领域，特别是界面电化学。他是电化学电容器领域中第一位意识到很多材料具有双电层储能潜力的资深学者。"现在 Conway 的这本专著已在全球发行，该书的中文版也已在中国出版。我们相信，随着对电化学电容器技术了解的人越来越多，电化学电容器的发展必将产生一个质的飞跃。

电化学电容器的研究还在不断继续和深入，技术还在不断地发展。随着电极材料性能的提高及部件生产工艺的进一步改进，电化学电容器性能将获得进一步的提高。锂离子电化学电容器已被认识，并正在积极研发。国内外从事电化学电容器研发和生产的企业数目也在明显增加，正在研制适合批量生产的制造工艺，提高生产合格率，缩小产品性能差异，同时也在积极降低生产成本和产品价格。

电化学电容器的应用领域和范围也在不断开拓，用户对新类型体系的产品都有一个了解和熟悉的过程。随着时间的推移，具有优良性能的电化学电容器必将成为越来越受欢迎的产品。待电化学电容器技术趋于成熟，在军民用领域都占有一定市场时，作为绿色、环保和新型能源的电化学电容器一定会形成一个具有相当产值规模的朝阳产业。

10.3　水激活电池

10.3.1　概述

水激活电池，确切地说，是指用淡水或海水激活的电池。它是一类从镁氯化银海水激活电池发展起来的储备电池。长期以来，氯化银一直是作为参比电极广泛地应用于分析化学和电化学研究工作中，直到 1860 年 M·戴维斯把氯化银用作正极活性物质，1880 年沃伦·德拉鲁首次制成了氯化银电池，才使电池家族中又增添一个新的成员。

镁氯化银海水电池的独特性能，在第二次世界大战中引起了广泛的兴趣。贝尔电话实验室很快就研制出作为电动鱼雷电源的镁氯化银海水激活电池。随后，通用电气公司也参与研制成用于浮标、探空气球、海空救生装置、航标灯和应急灯的镁氯化银系列电池。

为了满足商业和民用的需要，1949 年又推出了廉价的镁氯化亚铜水激活电池，主要用于一次性使用的大气探空气象装置上。以后，为了降低反潜武器（ASW）电源的造价，又研制了不含银的水激活电池。这项任务导致对几乎所有的正负极活性材料进行配对研究，最后形成了结构不同、性能各异的多种实用电池系列，满足了军用、民用的多种要求。

10.3.2 原理与特性

1. 化学原理

大多数水激活电池工作时与环境有物质交换,反应产物不断地排出,新鲜电解液随时进入。因此,比较而言,水激活电池的化学原理较为简单,其成流反应视电化学体系而异。

镁氯化银($Mg/AgCl$)体系:

$$负极 \quad Mg \longrightarrow Mg^{2+} + 2e \tag{10.57}$$

$$正极 \quad 2AgCl + 2e \longrightarrow 2Ag + 2Cl^- \tag{10.58}$$

$$总反应 \quad Mg + 2AgCl \longrightarrow MgCl_2 + 2Ag \tag{10.59}$$

镁氯化亚铜(Mg/Cu_2Cl_2)体系:

$$负极 \quad Mg \longrightarrow Mg^{2+} + 2e$$

$$正极 \quad Cu_2Cl_2 + 2e \longrightarrow 2Cu + 2Cl^- \tag{10.60}$$

$$总反应 \quad Mg + Cu_2Cl_2 \longrightarrow MgCl_2 + 2Cu \tag{10.61}$$

铝氧化银($Al/KOH/AgO$)体系:

$$负极 \quad 2Al + 4OH^- + 2K^+ \longrightarrow 2KAlO_2 + 4H^+ + 6e \tag{10.62}$$

$$正极 \quad 3AgO + 3H_2O + 6e \longrightarrow 3Ag + 6OH^- \tag{10.63}$$

$$总反应 \quad 2Al + 3AgO + 2KOH \longrightarrow 2KAlO_2 + 3Ag + H_2O \tag{10.64}$$

在水激活电池的电化学体系中,除 $Zn/AgCl$ 外,负极上都有一个重要的副反应存在:

$$Me + mH_2O \longrightarrow Me(OH)_m + \frac{m}{2}H_2 \uparrow + Q \tag{10.65}$$

式中,Me 表示金属负极。这个反应伴随着两个现象:析出氢气和放出热量 Q。这个反应之所以重要是因为氢气的析出有利于电极表面的反应产物(氢氧化物)及时剥离和促进电解液的流动,减缓电极表面被屏蔽和电解液浓差极化现象;热量的产生又保证了电池具有良好的低温放电性能。当然,另一方面,副反应同时也造成了电池电压和电流效率的降低以及电极表面自腐蚀的加剧。因此,对它要进行适当的控制,以满足使用要求。

2. 特性

淡水或海水激活电池(以下统称水激活电池)作为一类常用的储备电池,必然会有储备电池的基本特征。也就是说,电池在储存时某一关键组分或与其他组分隔离或暂缺或处于惰性状态,只在要求电池激活放电时,才将这一组分注入或混入,活化于电池工作区。因此,广义地说,水激活电池是一类以海水为电解液或以水为溶剂或水同时起正极活性物质和溶剂作用,且海水或淡水仅在要求电池激活时才由环境注入的电池。从这个意义上说,水激活电池可以分为三类。

① 以海水为电解液的电池。如镁氯化银、镁氯化亚铜等。

② 以海水或淡水为溶剂的电池。如铝氧化银电池等。

③ 以海水或淡水为正极活性物质和溶剂的电池。如锂水电池、钠水电池、铝水电池等。

水激活电池的主要特点有以下几点:

① 储存寿命长。电池内无电解液存在,故不受自放电影响。

② 低温性能好。电池一旦激活,即有大量副反应产生热量,使电池本体温度远高于环境温度而不受其制约。

③ 比能量、比功率相对较高。电池工作于非密封状态,与外界有物质传递。

④ 特别适合于有水的环境中使用。

正是上述特点,使水激活电池广泛应用于鱼雷推进、声呐浮标、探空气球、海空救生装置、海底电缆增音机和航标灯、应急灯、电动车辆等领域,形成了独特的电池系列。不同体系的水激活电池具有特定的用途,如同样作为鱼雷电源,采用镁氯化银电池的多数为轻型鱼雷,如美国的 MK-44、意大利的 A244/S。而铝氧化银电池,多数用作鱼雷推进电源,如法国的"海鳝"和意大利的 A290 鱼雷。

主要电化学体系的水激活电池的特性和用途见表 10.8。

表 10.8　水激活电池的特性和用途

体　系	Mg/AgCl	Mg/Cu$_2$Cl$_2$	Al/AgO
开路电压/V	1.6～1.7	1.5～1.6	2.36
工作电压/V	1.1～1.5	1.1～1.3	1.4～1.6
电流密度/(mA·cm^{-2})	10～500	5～30	700～1 200
工作温度/℃	−60～65	−60～65	−60～65
质量比能量/(W·h·kg^{-1})	100～150	50～80	180～220
体积比能量/(W·h·dm^{-3})	180～300	20～200	450～500
激活时间/s	<1	1～10	3～4
工作时间/s	数分～100 h	0.5～10 h	
结构类型	浸没型 浸润型 自流型 控流型	浸润型	控流型
现状	生产	生产	生产
一般特性	能量密度大、激活快、放电平稳、低温性能好、设计简单、电压范围宽	价格低廉、资源丰富、正极材料易潮解	负极材料来源广泛、比能量高、耗银量低、辅助系统复杂
主要应用	鱼雷、声呐、浮标、海空救生、应急灯、航标灯等电源	探空气象装置	鱼雷动力电源

10.3.3　设计与制造

1. 结构与设计

如前所述,水激活电池的最大特点是电池内没有电解液,仅在激活时由环境注入电池,因此,根据不同的进液和液流方式,大致可将水激活电池划分为浸没型、浸润型、自流型和控流型等四种基本类型。本小节讨论浸没型和控流型结构。

1) 浸没型

这种结构类型是水激活电池中最常见的。浸没型电池工作时完全浸没在电解液中,正负电极间夹一层隔离物,电极堆可以是叠片状的(图 10.31),也可以是卷绕型的(图10.32)。

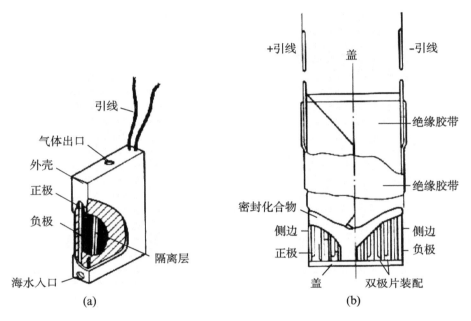

图 10.31　浸没型电池的叠片状结构

(a) 分离式单体电池结构;(b) 双极性堆式电池结构

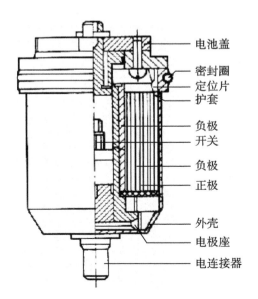

图 10.32　浸没型电池的卷绕式结构

　　叠片状电极堆的电极隔离物往往采用等距排列的绝缘条,或者是多孔性波纹塑料片;卷绕形电极堆的电极隔离物也可以使用更柔软灵活的脱脂棉线,结构更紧凑,极片也更易于弯曲,在一定的空间中提供了更大的表面积,适宜于短寿命大电流使用的场合。

　　在浸没型电池结构中,由隔离物形成的空隙保证了海水的迅速进入,使电池及时激活工作;同时,副反应产物氢气也能顺利逸出,并搅动了电解液,带走部分固体反应产物(氢氧化物),使电池反应在整个寿命期间持续不断地进行。这类电池放电电流可达 50 A,放电电压为一伏到数百伏,放电时间可从几秒到数天。

　　2) 控流型

　　水激活电池应用于鱼雷推进,势必要求在广阔的海域内使用。这时必然要面临温度、盐度变化带来的放电性能的差异,造成输出功率的变化。为了改善电池的放电特性,在自流型结构基础上设计出控流型电池结构。这种结构增加了海水循环控制系统,如图 10.33 所示。这种系统既控制了盐度变化,也能适当地控制温度变化。图 10.34 比较了两种结构电池在不同温度、盐度下的放电性能。很明显,在不同环境条件下,控流型电池放电电流和电压的稳定性和量值都大大提高,电池比能量可达 110 W·h·kg^{-1},若再增加专用的温度控制,还可使电池比能量提高到 130 W·h·kg^{-1}。

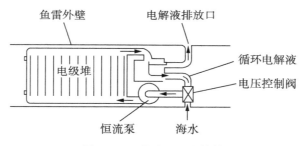

图 10.33　控流型电池结构

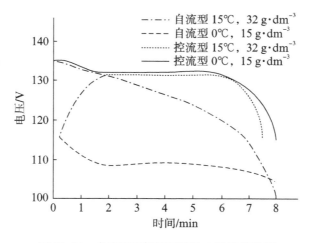

图 10.34　自流型和控流型结构电池性能比较

　　这种结构的成功设计,也使 Al/AgO 体系在鱼雷推进电源中的应用成为可能。Al/AgO 海水激活电池除采用海水循环和温度控制环节外,还增加了气液分离器和碱性电解质储箱,从而改变了传统的水激活电池的电解液成分,提高了电解液的循环效率。Al/AgO 鱼雷推进电源的结构如图 10.35 所示。该电池单体电压 1.5 V 时的电流密度为 $1.1\ A\cdot cm^{-2}$，比能量高达 $180\sim220\ W\cdot h\cdot kg^{-1}$，是目前性能最好的鱼雷推进电源。

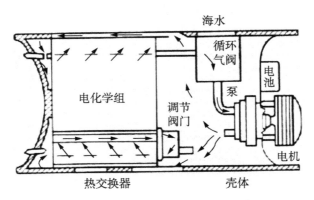

图 10.35　Al/AgO 鱼雷推进电源结构

2. 制造

水激活电池大多使用高活性负极材料，又是储存寿命长的储备电池（一般为 $3\sim5\ a$），因此对电池制造的环境要求较高。对于电池零部件，正极材料在装配前都应作真空干燥处理；负极材料表面根据工艺需要进行刷抛，去除氧化膜或采用阳极氧化技术，生成需要的保护膜；电池在干燥空气环境中装配；部分高性能电池还应在惰性气体保护的条件下装配。这些工序是制造水激活电池的最基本的工艺要求，确保电池内部没有活性气体或水分存在，电极表面保持良好活性，使电池激活时间缩短，储存寿命延长。

1) 负极

水激活电池主要使用的金属负极材料有锂、钠、钙、镁、铝、锌及其合金。在这些负极材料中，锂、钠、钙与水反应相当激烈，采用常规的水激活电池结构无法控制这种电极反应的进行，因此目前尚未满足实用要求。镁尽管也有较严重的副反应，但电压高，可以大电流放电。同时研制了多种镁合金减少腐蚀反应、提高工作电压，从而使其得到了最为广泛的应用。铝由于一系列新型铝合金的研制成功和新型结构的设计，在一定程度上降低了负差效应的影响，已在鱼雷推进电源中崭露头角。这里要强调的是镁合金和铝合金的部分品种中含有毒性金属，特别是含铊合金，熔炼、铸压和使用要采取必要的防护措施。这也限制了这类合金的广泛使用。此外，锌作为最常见的负极材料，也可用于水激活电池的某些场合。

2) 正极

可以用作水激活电池正极的活性材料有很多，其制造方法也各不相同。要注意的是，制造好的正极要储存于干燥清洁的环境中。因为水激活电池要求高活性的正极，而负极又是耐湿性极差的铝、镁合金，潮气和杂质污染都会使电池激活性能和输出性能下降。

氯化银可以铸压成型或电解成型。铸压成型的氯化银正极主要用于大容量电池；电解型氯化银正极主要用于小容量电池。

氯化亚铜正极一般有压制、涂覆和吸着成型等制造方法。

压制成型：这是在氯化亚铜的粉末内加入适量的合成树脂或糊料，与铜网共同加压制成。

涂覆成型：这是把甘油、葡萄糖等弱还原性物质加入氯化亚铜粉末内，用水调制成胶状物涂覆在铜网上成型。

吸着成型：这是将铜网浸渍在熔融的氯化亚铜内制成电极。

3）电池组

前面已介绍了水激活电池的几种基本结构类型及其特点。从理论上说，按本节介绍的方法制造负极和正极，负极再经刷光处理，裁切成所需尺寸，正极直接裁取相应尺寸后，即可相互配对，选用适当的隔离方式和框壳结构，叠合装配，可制成多种结构类型多种电对系列的水激活电池。正负极的配对组合实际上并非是有自由的。某些电对一旦装配成电池，由于一些性能不能满足使用要求而告失败；试验成功的电对也往往只能形成某一结构类型的电池系列。下面就按这两种结构类型分别介绍几种典型电池组产品的结构、制造和性能。

（1）浸没型结构电池组

浸没型结构的水激活电池组如图 10.31 和图 10.32 所示。可以制成这类结构的电对有 Mg/AgCl 等。电极堆可以是叠片式，也可以是卷绕式的。

叠片式结构的电池，舍弃了原来的单体电池分离式结构，采用了双极性堆式结构，极片结构如图 10.36 所示。这种极片减少了单体电池间的内部连线，使电池结构更为紧凑。一般负极比正极稍大，露出的边缘用绝缘带包封起来。Mg/AgCl 电池双极性极片的正负极间靠一层银箔连接，其他体系电池则用 U 形钉把正负极装订在一起。两对极片间的隔离物可以是条状或波形穿孔的隔离片，也可以是正极或负极表面粘贴的均匀分布的绝缘小柱等。电极全部叠合后除进出水口，四面都用绝缘胶料填封。一般电极堆与电池壳体也用此胶料黏结在一起，以减少泄漏电流。

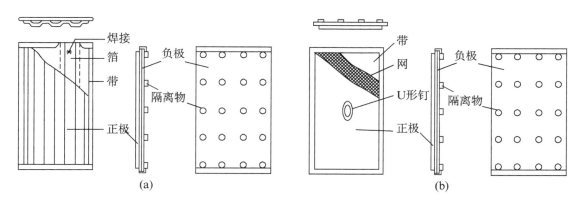

图 10.36　双极性电极结构图

（a）含银电极；（b）不含银电极

卷绕式结构的电池是两片负极夹一片正极上均匀绕有脱脂棉线作为与之负极的隔离，单体电池之间靠铆钉连接，全部单体一个接一个地卷绕在电极座上成型，如图 10.37 所示。这种电池正负极不能厚，所以放电容量有所限制。前后单体之间要严格绝缘。对铆接部位也要注意绝缘保护，防止单体电池之间产生短路。

浸没型电池的开口，可以设计成瓶口型，如图 10.31（a）所示。电池上部的孔为出气口，下部的孔为进液口，使用时拔去或旋开盖子即可。在某些特殊用途中，要考虑干态储

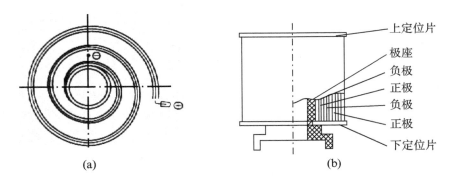

（a） （b）

图 10.37　三单体卷绕式电极堆结构图
(a) 卷绕成型示意图；(b) 电极堆结构图

存时的良好密封和一旦工作时的即刻打开、迅速激活，电池开口设计就比较复杂。某鱼雷启动用水激活电池的电池盖结构如图 10.38 所示。电池开口是密封部位和弹簧的有效配合。储存时由密封圈到位保持密封；工作时拉去保险销后，压缩态弹簧打开活动盖，形成电池开口。

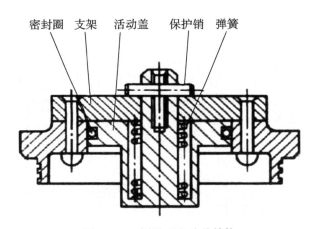

图 10.38　浸没型电池盖结构

几种电化学体系的浸没型结构电池在模拟海水电解液中的性能曲线，如图 10.39 所示。模拟海水电解液由相应质量分数的典型海盐配方配制而得。典型海盐由下列化学成分组成（质量分数）：

NaCl	58.490%
$MgCl_2 \cdot 6H_2O$	26.460%
Na_2SO_4	9.750%
$CaCl_2 \cdot 2H_2O$	2.765%
KCl	1.645%
$NaHCO_3$	0.477%
KBr	0.238%
其他	0.175%

在这些浸没型结构的水激活电池中，以镁氯化银体系性能最好，价格也最昂贵。

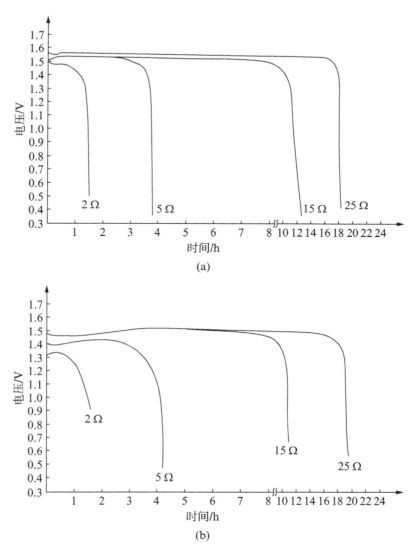

图 10.39　镁氯化银电池放电曲线

(a) 35℃,盐度 3.6%(质量分数);(b) 0℃,盐度 1.5%(质量分数)

(2) 控流型结构电池组

控流型电池,即海水循环流动控制型水激活电池,是目前世界上使用最广泛的一种鱼雷推进电源,这类电池也使用双极性堆式结构。其中,四单体电池叠合的结构如图 10.40 所示。四单体电池叠合的形式,是这类电池的标准电极堆叠合形式。更多的单体电池也同样依次堆叠在一起。如 MK61 Mod O 的结构为:

单体电池数/个	236(分两组安装)
正极表面积/cm^2	396
正极厚度/cm	0.038
负极厚度/cm	0.028
电极间隔/cm	0.058

电解液流动面积 / cm² 　　　　10.24

正极是融铸氯化银。负极是镁合金 AZ61。为了防止氢氧化镁污积在海水进出口死角处，电极设计成腰形或切去四角的矩形，以便在进液口产生一个横向液流，而在海水出口形成一个沉淀物的喷射通道。电极间的隔离物是嵌在正极上的小玻璃珠，使极间距更小，降低液相电阻，提高电解液分布均匀性和流动效率。

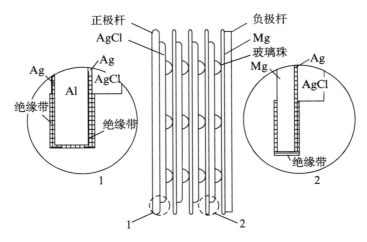

图 10.40　控流型电池四单体叠合结构

整个电池除了电极堆外还有两个测量系统，一个用于检查海水在各单体电池中的流速，据此控制进水口的阀门，提供适当的液流量。另一个是电压测量系统，用于调整新鲜海水和循环电解液的比例，稳定电解液的导电率。这样使电池在整个放电期间有一个更稳定的电解液工作状态，电池能更均匀地激活放电，也有效地防止了电池过热时，活性物质消耗得太快，使电池能量过早耗尽和增加反应产物污积的可能性。

该电池的放电曲线如图 10.41 所示。目前最新的 Mg/AgCl 鱼雷推进电源中又增加了专用浓度计和双铂丝浮头式温度计，更严格地控制海水的盐度和温度，进一步提高了电池工作稳定性和比能量。

控流型结构的鱼雷推进电源——铝氧化银电池性能优于镁氯化银体系，如图 10.42 所示。但结构也更为复杂，整个电源系统如图 10.43 所示。

该 Al/AgO 系统首先要解决析氢问题。铝在浓碱性溶液中析氢严重，无负载时尤为突出。尽管在 $0.8 \sim 1.2\ \mathrm{A \cdot cm^{-2}}$ 时析氢最少，但仍达 $0.031 \sim 0.620\ \mathrm{cm^3 \cdot cm^{-2}\, min^{-1}}$。为此，除了使用新型铝合金和添加缓蚀剂外，在电解液循环系统中设计了一个气液分离器，使电解液去除气体后再进入循环。

该 Al/AgO 系统须解决的第二个问题是控制内阻和反应热量。这种热量一般为电池能量输出的 110%～120%，而在无负载时更高。这种控制同样基于调节新鲜海水与循环电解液的比例，即对电解液循环流动的控制。这种控制既解决热交换问题，也从电池内和电极堆的孔隙中去除了氢氧化铝固体产物。另外在靠近雷壁的部位设置了热交换器，提高散热效率。

该 Al/AgO 系统须解决的第三个问题是电解液浓度。实验表明，铝氧化银体系在 KOH（或 NaOH）与海水的浓度比为 15%～35% 时，电池工作电压和气体析出处于一种有利的平

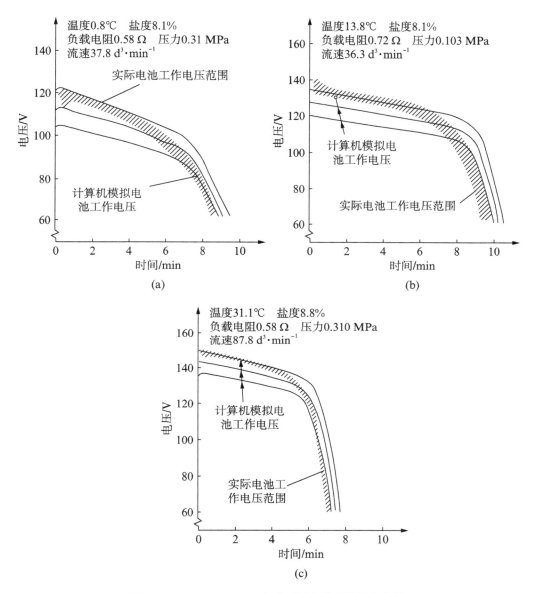

图 10.41　MK61 Mod O 电池不同条件下的放电曲线
实线为计算模拟的范围；斜线区为实际工作范围；
(a) 低温低盐度；(b) 中温中盐度；(c) 高温高盐度

衡中。为此，设计了一个电解质储箱，里面配置了与反应消耗相适应的片、丸和块状 KOH（或 NaOH）的机械混合物。工作起始，由热电池驱动的循环泵吸入海水，片状 KOH 首先溶解，使电解液迅速达到最佳浓度范围。整个放电期间，溶解稍慢的丸、块状 KOH 使电解液保持在这一浓度范围内。KOH 在海水中溶解所放出的大量热能使电池在数秒内就达到了工作温度 70～90℃，不受环境温度的影响。

电极堆同样采取串联堆式结构。极片间隔离物为 0.89 mm 的玻璃珠。通过烧结或热压在氧化银电极上，电极间隔为 0.51～0.64 mm，视去除反应产物和控制液相电阻的需要而定。电极堆也用绝缘布包缠，用环氧胶封。

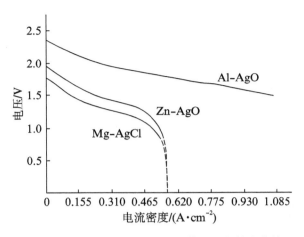

图 10.42 三种常见鱼雷电源单体电池的伏安曲线

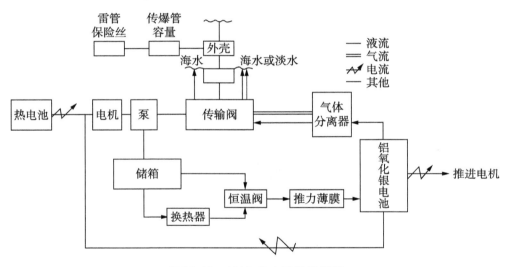

图 10.43 Al/AgO 电池系统框图

10.3.4 应用与发展前景

水激活电池已有了 100 多年的历史。它由于有独特的性能,在许多方面仍有强大的生命力。因此,今后除了进一步完善现有的体系,如探索性能更优的合金材料、设计更优的结构、优化正极制造工艺等,更重要的是要找到一种廉价的能完全替代含银系列的电池体系。国际上目前正在研究的主要候选材料是:二氧化锰、钢丝绒、活性铁、卤化铜、草酸铜、草酸亚铜、甲酸亚铜、酒石酸亚铜、氧化亚汞、氧化铜、氯化亚汞、三氯异氰尿酸等。随着国民经济的发展和军事工业、科学探险事业的需要,水激活电池必将得到更大的发展和应用。

10.4 锌空电池

10.4.1 概述

锌空电池就是以空气中的氧气作为正极活性物质,锌作为负极活性物质的电池。以纯氧为正极活性物质的锌空电池又称锌氧电池。

当然,氧气本身不能直接作为电极,也就不能与锌电极组成电池。它只是利用具有吸附气体能力,并能提供电化学反应场所的碳电极。空气中的氧首先溶解在电解液中扩散,随后吸附在碳电极上,然后再在碳电极与电解液的界面上参加电化学反应而产生电流,氧气被消耗后它再不断从空气中吸收新鲜氧气,继续产生电流。所以,只要有充分的负极材料锌和电解质的存在,理论上一个碳电极就可以不断地工作下去。由此可见:锌空电池对负极来说是蓄电池;而对正极来说,实质上起着能量转换器的作用。这与一般电池是不同的,所以就显示了它的特点:比能量较高,在理论上达 $1\,350\ \mathrm{W \cdot h \cdot kg^{-1}}$。

锌空电池在便携式通信机、雷达装置以及江河上的航标灯上得到了广泛的应用。同时还可用作铁路信号、通信机、导航机、理化仪器和野战医疗手术照明电源。小型高性能的扣式电池于 20 世纪 70 年代后期已商品化进入市场,成功地应用于助听器、电子手表、计算器、存储器以及其他小功率电源的场所。

以锌负极、纯氧和氢氧化钾组成的封闭式电池组可应用于海洋气象卫星(即海洋气象资源测定浮标)。

锌空电池的发展可分为三个阶段。

早在 18 世纪,制成了第一个微酸性的锌空电池。当时以 $\mathrm{NH_4Cl}$ 作为电解质,锌皮作为负极,含有少量铂的活性炭作为正极载体:

$$Zn \mid NH_4Cl \mid O_2(C) \tag{10.66}$$

$$Zn + 2NH_4Cl + \frac{1}{2}O_2 \longrightarrow Zn(NH_3)_2Cl_2 + H_2O \tag{10.67}$$

它的结构和外形与锌锰干电池相似,但电池容量要高出一倍以上。

到 20 世纪 20 年代,对锌空电池做了大量研究和改进,研究重点已开始转到碱性锌空电池上。它以汞齐化锌作为负极,用经过石蜡防水处理的多孔碳作为正极,20% NaOH 水溶液作为电解液。放电电流密度可达到 $0.5 \sim 3.5\ \mathrm{mA \cdot cm^{-2}}$,后又进一步提高到 $7 \sim 10\ \mathrm{mA \cdot cm^{-2}}$。锌电极也被做成可更换的。到了 40 年代,由于锌银电池的研制成功,人们发现在碱性溶液中粉状锌电极能在大电流条件下放电。这为锌空电池的进一步发展提供了条件。

到 60 年代,常温燃料电池研究迅速发展,获得了高性能的气体电极。它为高性能锌空电池的发展创造了条件,使其性能得到了又一次突破。1965 年美国发展了用聚四氟乙烯作黏结剂的薄型气体扩散电极新工艺后,其取代了其他的气体电极。此电极厚度在 $0.12 \sim 0.5\ \mathrm{mm}$ 之间,而最高的放电电流密度可达到 $1\,000\ \mathrm{mA \cdot cm^{-2}}$(在氧气中)。到 1967 年,有学者将上述电极改进——加上一层聚四氟乙烯制成的防水透气膜,构成固定反应层的气体扩散空气电极,使电极能在常压下工作。此时该类电极在空气中以 $50\ \mathrm{mA \cdot cm^{-2}}$ 放电(以 $3\ \mathrm{mol \cdot dm^{-3}}$ KOH 溶液作电解液),工作寿命近 $5\,000\ \mathrm{h}$。到 60 年代末,高效率的锌空电池已进入了工业生产阶段,在许多方面得到了卓有成效的应用。

根据不同的标准,锌空电池的分类如下。

1. 以电解液的性质来分

以电解液的性质来分可分为微酸性电池和碱性电池。

2. 以空气的供应形式来分

以空气的供应形式来分可分为内氧式电池和外氧式电池。

内氧式：电池负极板在正极气体电极两侧或周围，电池有完整的外壳。如图 10.44 所示。

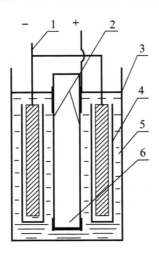

图 10.44　内氧式锌空电池简图

1-锌负极；2-气体电极；3-外壳；4-隔膜；5-电解液；6-带有气体电极的气室

外氧式：电池负极板在正极气体电极中间，气体电极兼作电池壳的部分外壁。如图 10.45 所示。

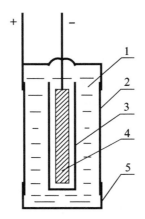

图 10.45　外氧式锌空电池简图

1-电解液；2-气体电极；3-隔膜；4-锌负极；5-电池框架

3. 以负极的充电形式来分

可分为原电池、机械充电式电池、外部再充式电池和电化学再充式电池。

锌空原电池。一次使用后全弃。

机械充电式锌空电池。即更换负极，保留正极继续使用，更换下的负极废弃。

外部再充式锌空电池。即将放完电的负极要换出来，在电池外另行充电，充足电后再装入继续使用。

电化学再充式锌空电池。即利用第三电极或双功能的气体电极充电（图 10.46）。

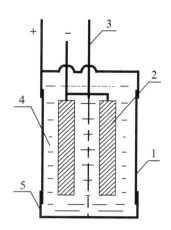

图 10.46　带第三电极的锌空电池示意简图

1-空气电极；2-锌电极；3-第三电极；4-电解液；5-电池框架

4. 以电解液的处理方法来分

以电解液的处理方法来分可分为静止式电池和循环式电池。

5. 以电池的形状来分

以电池的形状来分可分为矩形、扣式、圆柱形电池。

10.4.2　原理与特性

1. 工作原理

1）电池反应

$$负极：Zn+2OH^- \longrightarrow ZnO+H_2O+2e \tag{10.68}$$

$$正极：\frac{1}{2}O_2+H_2O+2e \longrightarrow 2OH^- \tag{10.69}$$

$$电池反应：Zn+\frac{1}{2}O_2 \longrightarrow ZnO \tag{10.70}$$

2）电池电动势

锌空电池的电动势为

$$
\begin{aligned}
E &= \phi^{\ominus}_{O_2/OH^-} - \phi^{\ominus}_{Zn/ZnO} + \frac{0.059}{2}\lg P^{\frac{1}{2}}_{O_2} \\
&= 1.646 + \frac{0.059}{2}\lg P^{\frac{1}{2}}_{O_2}
\end{aligned}
\tag{10.71}
$$

式中，$\phi^{\ominus}_{O_2/OH^-}$ 为氧电极的标准电极电位，其值为 $+0.401$ V；$\phi^{\ominus}_{Zn/ZnO}$ 为锌电极的标准电极电位，其值为 -1.245 V。

由式（10.71）可见，电动势与氧的分压有关。在普通常压下，空气中 P_{O_2} 分压约为大气压的 20%，所以

$$
\begin{aligned}
E &= 1.646 + \frac{0.059}{2}\lg P^{\frac{1}{2}}_{O_2} \\
&= 1.636 \text{ V}
\end{aligned}
$$

锌空电池的电动势是很难达到理论值的。一般测得的电池开压在 1.4～1.5 V 之间。主要原因是氧电极很难达到热力学平衡。

2. 特性

1) 优点

质量比能量高。理论上可达 1 350 W·h·kg^{-1}。实际上已达到 220～300 W·h·kg^{-1}。

原材料容易取得,价廉,使用时无特殊困难和危险。它既无锌银电池中大量使用贵金属银的要求;也无锂电池所需的性能非常活泼的危险材料;也不必像钠硫电池那样要求高温工作条件;更无燃料电池的复杂的辅助系统;也没有镉汞电池那样只能在小功率情况下应用的限制。

工作电压平稳。可与锌银电池的电压性能媲美。几种碱性电池性能比较如图10.47所示。

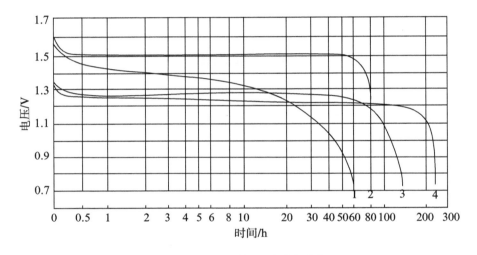

图 10.47　几种碱性电池放电曲线

1-碱性锌锰电池;2-碱性锌银电池;3-碱性锌汞电池;4-碱性锌空电池

在较大的负载区间和温度范围内提供较好的性能。

2) 缺点

由于电池工作需空气中的氧,这样就不能在密封条件下工作,从而带来了两个问题。一是电解液容易吸收空气中的二氧化碳,使电解液碳酸盐化,造成电池失效。二是使电解液中的水分易蒸发或吸潮,而使电池早期失效。

和其他碱性电池一样,在电池的使用中爬碱问题还是不能杜绝,给维护保养带来一定的麻烦。

在大电流负载下使用时电池的热量散发问题还须认真对待,否则难以达到预期效果。

10.4.3　设计与制造

1. 结构设计

1) 锌空电池

典型的锌空电池结构如图 10.48 所示。

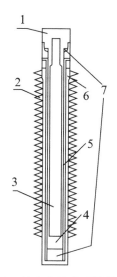

图 10.48　锌空电池典型结构示意图

1-带有负极的电池盖；2-带孔的电池间隔板；3-带隔膜的多孔锌电极；4-KOH 电解液；
5-含有 Pt 催化剂的多孔气体电极；6-敞开式的电池框架；7-耐电解液的密封

它采用了燃料电池技术。正极采用低极化、稳定而长寿命的气体扩散电极。负极采用了具有大比表面积特性的海绵状锌粉电极。其气体扩散电极与外壳框架黏结成一体，所以该电极兼作单体的壁部分。为了增强其强度，在其外侧伴有加强筋。

锌空电池的物理和电气特性，见表 10.9。

表 10.9　锌空电池的物理和电气特性

| 型号 | 最大外形尺寸/mm | | | 质量(带液)/kg | | 开路电压/V | 最高工作电压/V | 放电规则 | | | 输出容量/A·h | 可更换负极使用次数/次 |
	长	宽	高	干态	湿态			放电电流/A	终止电压/V	放电方法		
JQ 200 U	120	55	200	0.69	1.05	>1.30	1.18	1.0	0.9	连放	200	15
							1.22	0.3	1.0	间放，3.5 h/d	190	2
JQ 500 U	151	82	227	1.45	2.40	>1.30	1.18	1.5	0.9	连放	500	10
							1.20	0.75	1.0	间放，3.5 h/d	480	2
JQ 1 000 U	173	118	232	2.50	4.20	>1.30	1.18	2.0	0.9	连放	1 000	5
							1.20	1.5	1.0	间放，3.5 h/d	950	2

锌空电池的放电特性如下：

在常温下锌空电池典型放电曲线如图 10.49 所示。

在常温下锌空电池的电流电压特性曲线如图 10.50 所示。

此类电池在江河航道中的航标灯中被广泛选用，同时还可用作铁路信号、通信机、导航机、理化仪器、野战医疗手术照明电源。

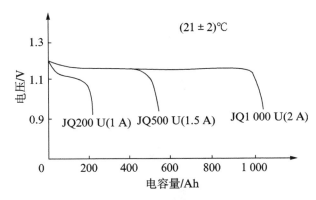

图 10.49　锌空电池典型放电曲线

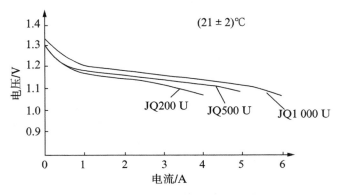

图 10.50　锌空电池典型电流电压特性

2) 扣式锌空电池

扣式锌空电池的结构特点和其他锌空电池完全不同。锌电极是用电解液(或胶凝剂)混合海绵状锌粉制成,而装有正、负极活性物质的外壳作为电池的正、负极端子,上下两个壳体之间用绝缘密封圈绝缘密封。

扣式锌空电池的结构如图 10.51 所示。

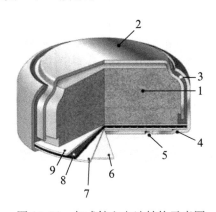

图 10.51　扣式锌空电池结构示意图

1-锌负极;2-电池盖,作为负极的引出端子;3-绝缘密封圈;4-金属外壳;5-空气通道;
6-滤纸;7-聚四氟乙烯型气体扩散电极;8-聚四氟乙烯防水膜;9-隔膜和电解液

（1）负极——锌电极

由于锌空电池的正极很薄,所以允许负极空间的用锌量可比其他系列电池大 2 倍左右。结果电池容量就大,使比能量至少增加一倍。

必须指出,考虑锌负极结构时不能忘记下列两个要素:锌电极放电后,锌转变成氧化锌时体积膨胀;能容纳在工作条件下产生的水量,需占一定体积。此二者所需的体积称为负极自由体积,一般是负极空间体积的 $15\%\sim20\%$。在结构上必须保证做到这一点,否则易引起电池膨胀,影响电池的正常使用。

（2）正极——气体电极

正极结构包括隔膜、催化层、金属网、防水膜、扩散膜、空气扩散层和带孔的正极外壳。其剖视如图 10.52 所示。

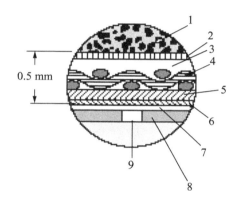

图 10.52　锌空扣式电池正极剖视图

1-锌极;2-隔膜;3-催化层;4-金属网;5-防水膜;
6-扩散膜;7-空气扩散层;8-正极外壳;9-空气进口

催化层包含在碳导电介质里作为催化剂的锰氧化物,通过加入很细的聚四氟乙烯微粒而产生疏水性,以确保气-液-固三相界面处于最佳状态。

金属网构成结构支架并作为集流体。

防水膜保持空气和电解液之间的分界,它起透气不透液的作用。

扩散膜为调节气体扩散速度而设。如果在设计中采用气孔调节气体扩散速度,则该膜可以不用。

空气分散层把氧气均匀地分散到气体电极表面。

带孔的正极外壳既是正极的端子,又为氧进入电池和扩散到电极催化层提供了一条通路。氧和其他气体转移进入或从电池里转移出去的速度是由气孔面积或者正极层表面上的膜的孔率进行调节的。正极结构的好坏决定了整个电池的主要技术性能。

3）密封锌氧二次电池

密封锌氧二次电池的结构如图 10.53 所示。

该电池是利用充电时正极产生氧气,将其储存于电池内。

$$4OH^- \longrightarrow 2H_2O + O_2 + 4e \tag{10.72}$$

放电时氧气重新在正极上放电

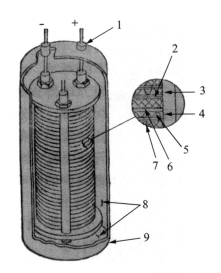

图 10.53　密封锌氧二次电池结构示意图

1-绝缘输电通道;2-隔膜;3,4-氧气;5-气体分布网;
6-氧极;7-锌极;8-储氧空间;9-耐压容器

$$\frac{1}{2}O_2 + H_2O + 2e \longrightarrow 2OH^- \tag{10.73}$$

因此它可成为密封的二次电池。

密封锌氧二次电池具有如下特点:

① 由于它制成密封状,所以它既无锌空电池的水分透过气体电极而损耗的缺陷,也克服了由空气中 CO_2 引起的电解液碳酸盐化的问题。

② 由于氧气压力随充放电而变化,所以可用压力表来显示电池的充电状态,而这在一般电池中是无法办到的。

③ 可以利用压力开关自动控制充放电,所以就能做到无须维护。

④ 由于充电后压力可达 7 MPa,放电后压力在 0.35~0.7 MPa,所以一般塑料容器已无法满足,而必须采用能满足压力要求的金属容器,从而使电池的比能量下降。

⑤ 由于电池外壳成为压力容器,所以为了防止爆炸必须有安全阀。当压力高达10 MPa时就自动开启,这样就使材料成本上升。一般容器要用不锈钢或镍铬合金薄板加工而成。

现将密封锌氧二次电池的性能描述如下。

充放电曲线　图 10.53 所示的电池,其设计容量为 25 A·h。有 8 个锌氧电极对,以 60% 深度放电,充放电 200 周,每 25 周进行一次 100% 的深度放电。其充放电性能如图 10.54 所示。

比能量　该电池的比能量达 132 W·h·kg^{-1},高于氢镍电池和氢银电池。

充放周期　在相同的放电深度下,它没有氢镍电池和氢银电池多。这是由于锌电极的变形而使容量下降。所以在空间长寿命的电池上,它的竞争力不如上述两种电池。

由于它的成本比氢镍或氢银电池低,所以当锌电极变形问题有突破时,其竞争力将会加强。

2. 制造

锌空电池和其他系列电池一样是由正极、负极、隔膜、电解液、外壳五大部分组成。在此

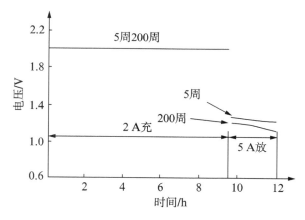

图 10.54　密封锌氧二次电池的充放电曲线

所讨论的重点仍是正极、负极的制造。对隔膜、电解液来说是如何选择材料和配方的问题，外壳则是选材及注塑成型的问题，在此不作论述。

1）多孔锌电极

锌空电池负极锌电极具有如下要求：① 电极孔率要高，活性比表面大；② 自放电要小；③ 有一定的机械强度、变形要小。

对不同使用要求的电池，上述要求有所侧重。如对大功率的一次电池，则重点在①，其他条件可放宽。但如果是扣式锌氧手表电池，则②就成了一个重点而不能忽视。而对锌空蓄电池来说，③是要认真对待的。所以应按不同使用要求区别对待，选择不同的制造方法来满足电性能的要求。

负极的制造方法有以下几种：

压成法：由锌粉、添加剂和缓蚀剂等均匀混合后，在一定的模具中加压成型。

涂膏法：将锌粉、添加剂和黏结剂调成膏状，然后涂在导电网上制成。

烧结法：用海绵状电解锌粉压结成型后，再在还原性气氛中烧结而成。

电沉积法：以锌板作为正极，导电网作为负极，在碱性电解液中以一定的电流进行电沉积。以沉积时间及电流效率作为依据控制锌的沉积量，然后在相应的模具中压成电极，再清洗、烘干即可。

化成法：以 ZnO 为主要原料，用黏结剂调成膏状，涂在导电网上，再以辅助电极对其进行化成，制成极片。

典型工艺规程举例如下。

化成法锌电极制造工艺流程如图 10.55 所示。

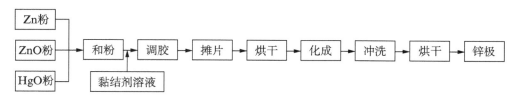

图 10.55　化成法锌电极制造工艺流程框图

锌空电池的锌电极制造典型工艺规程类似锌银电池负极片制备方法。其中,氧化锌粉(ZnO,分析纯)为 $85\%\sim95\%$,锌粉(Zn,分析纯)为 $5\%\sim15\%$,红色氧化汞(HgO,分析纯)为 $1\%\sim4\%$。

2)气体扩散电极

锌空电池的正极——气体扩散电极具有如下要求:① 催化性能要好。即催化剂的活性好,比表面积大,可加速氧的电化学还原速率,提高电极工作电流密度。② 防水性强。电极长期在碱性溶液中浸泡不发生冒汗等现象。③ 导电性能好。④ 透气性能好。以保证供氧渠道畅通。⑤ 具有良好的机械强度。以满足电极兼作电池外壳或作气室壁的要求。

按所用防水材料的不同正极可分成两种:

聚乙烯型电极 此种类型的电极一般均较厚,在 1 mm 以上。其适用于中、小电流密度的电池,在制造单体电池时也可以作为嵌件,与电池框架一起注塑成型成为一个整体。

聚乙烯型电极的制造工艺流程如图 10.56 所示。

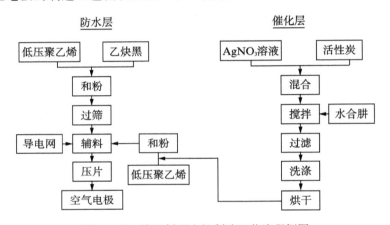

图 10.56 聚乙烯型电极制造工艺流程框图

聚四氟乙烯型电极 此种类型的电极可以做成薄形电极,以满足大电流密度的电池性能要求。

聚四氟乙烯型气体扩散电极由防水层、催化层和导电网组成。

防水层典型的配方为:乙炔黑:聚四氟乙烯=1:1(质量比)。

催化层典型的配方为:活性炭:聚四氟乙烯=3:1(质量比)。

气体扩散电极制造工艺流程如图 10.57 所示。

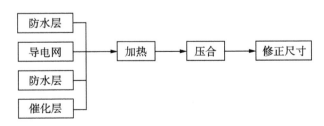

图 10.57 聚四氟乙烯型电极制造工艺流程框图

气体扩散电极制造工艺步骤如下:

将无甘油玻璃纸按极片的二倍面积裁切。

将压片模的盖打开,置一半玻璃纸于模框内。随后按图纸的次序叠齐放入防水膜、导电骨架、防水膜、催化膜,然后将另一半玻璃纸覆盖在催化膜上,合上模盖。将带有电极的模具移到电炉架上加热。数分钟后,用点温计测量压片模上下温度应达 $50\sim60{}^{\circ}\!C$。然后将模具移入压机(图 10.58),加压($8\sim10$ MPa)一次后,转向 90°,再压一次。

打开模盖,取出极片,剥去玻璃纸置于干燥洁净的有盖盘内。

测定极片催化面的定距离电阻($\Omega/50$ mm)应达技术要求,测定极片防水面的定距离电阻($\Omega/50$ mm)应达技术要求。

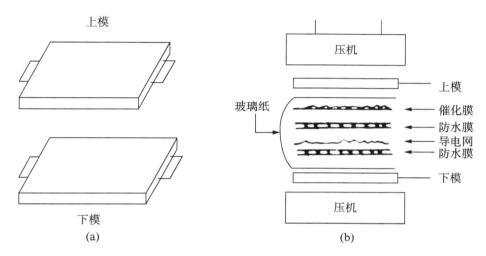

图 10.58　气体扩散电极加压成型示意图
(a) 压片模(上模、下模);(b) 电极成型时各零件位置

3. 使用维护

锌空电池与其他系列电池有所不同,它是半个电池,半个能量转换器,所以在使用维护中应按其特点进行。

目前已经商品化的锌空电池,大多数是一次电池。或者是机械再充电的电池。所以使用维护比较简单,只需掌握几条原则。

① 在储存期间不要拆开封装,储存在阴凉干燥处。

② 使用时才拆开封装(对机械充电用的备用锌电极暂不拆封装,到充电时用多少启封多少)。

③ 方形锌空电池按要求注入定量的专用电解液,浸泡一定时间即可使用。扣式电池使用时将电池上的胶带剥离,露出空气孔,放置数分钟后即可使用。

④ 电池应在有空气流通的环境下使用。

⑤ 电池不要充电。使用时严防短路。注意正负极柱,不要装接错。

⑥ 对兼作外壳壁的气体电极要妥加保护。不要用尖、硬物去碰、压。

10.4.4　应用与发展前景

锌空电池的性能是非常吸引人的。从它的发展历史可见,它是随着化学工业及电子技术的发展带动其潜力才逐渐开发出来,有了新的生命力,应用面逐渐扩大。其不但在通信机、航标灯、海洋浮标等设备上被应用,从 20 世纪 70 年代末开始进入日常生活领域,如助听器、石英电子表、计算器等小型电子仪器上,而且应用面仍在扩大。但是,锌空电池存在着如下困难:

① 空气电极的不可逆性,使得电池充电成了较复杂的课题。

② 锌电极在高倍率放电时钝化,充电时产生锌枝晶,在碱性电解液中锌反应物的有限溶解性。

③ 在高倍率应用时产生大量热量的散发问题。

上述困难,使锌空电池在应用上受到很大的限制。虽然也有采用机械再充电式电池作为动力电源,在试验车上作为动力电源进行过试验,但由于电池使用时大量热量未能很好地引出排除,以及电解液再生等问题难以解决,未见有发展成商品化的趋势。

经过电池工作者的努力已取得了下列几个方面的进展:

① 价格便宜的气体电极结构和催化剂的出现。

② 充电采用附加一个析氧的第三电极进行,从而保护了空气电极的性能不因充电而衰降。

③ 采用电解液的体内外循环,使电解液得以体外处理,既解决了锌电极存在的问题,又可以使高倍率放电所产生的热量得以借电解液带出,从而使电池能正常工作。

这样一来,人们对锌空电池的兴趣又油然而生。其中日本三洋公司制成的 124 V,560 A·h 牵引车用电池已在大型车辆上使用。同样 15 V,560 A·h 的样机也适应于各种固定使用场合。这些系统中单体电池容量为 560 A·h,1 V,额定电流密度为 80 mA·cm^{-2},最大可达 130 mA·cm^{-2}。

锌空电池的发展具有很大的潜力。它将在化学工业和高科技的发展带动下得到新的发展、完善,从而增强它的生命力,向无污染动力电源领域进军。

10.5 钠硫电池

10.5.1 概述

钠硫电池(也称为 β 电池)是美国福特(Ford)公司于 1967 年首先发明公布的。在过去的 40 余年里,钠硫电池作为一种先进的高能量密度的二次电池已在世界上许多国家中受到极大的重视,研制工作已取得了十分显著的进展。目前其正朝着实用化、商品化方向迈进。

10.5.2 原理与特性

1. 工作原理

钠硫电池的表达式可写为

$$(-)Na(液)\,|\,\beta''\text{-}Al_2O_3(固)\,|\,Na_2S_5(液)+S(液)\,|\,C(+) \qquad (两相区)$$
$$(-)Na(液)\,|\,\beta''\text{-}Al_2O_3(固)\,|\,Na_2S_x(液)\,|\,C(+)\,(3\leqslant x<5) \qquad (单相区)$$

与一般常温二次电池不同,钠硫电池是由液态电极和固体电解质构成的,并在 300～350℃ 温度下工作。钠硫电池负极活性物质是熔融金属钠,正极活性物质是硫和多硫化钠熔盐,由于硫是绝缘体(约 $10^7 \Omega \cdot cm$),所以硫通常是填充在多孔的碳或石墨毡里,碳或石墨毡作为正极集流体。固体电解质兼隔膜是一种传导钠离子,被称为 β 或 β''-Al_2O_3 的固态离子导电陶瓷材料。

钠硫电池的电极反应过程如图 10.59 所示。

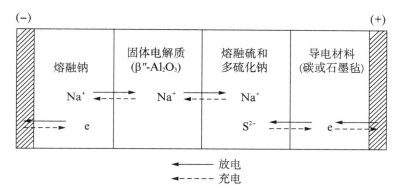

图 10.59　钠硫电池的电极反应原理图

从图中可以看出,电池放电时的电极过程是电子通过外电路从阳极(电池负极)至阴极(电池正极),而 Na^+ 则通过 β''-Al_2O_3 固体电解质与 S 结合形成多硫化钠产物,在充电时电极过程正好相反。

钠硫电池的反应式可表示为

$$负极:2Na \underset{充电}{\overset{放电}{\rightleftharpoons}} 2Na^+ + 2e \tag{10.74}$$

$$正极:2Na^+ + xS + 2e \underset{充电}{\overset{放电}{\rightleftharpoons}} Na_2S_x \quad (x 为 3 \sim 5) \tag{10.75}$$

$$总反应:2Na + xS \underset{充电}{\overset{放电}{\rightleftharpoons}} Na_2S_x \quad (x 为 3 \sim 5) \tag{10.76}$$

图 10.60 为 Na_2S/S 体系相图,从相图可以看出,含有硫 $78\% \sim 100\%$(质量分数)之间的熔盐是由两个互不相混的液相组成,一个是接近纯硫的富硫相,另一个是组分大致为 $Na_2S_{5.2}$ 的离子导电熔盐相。因此,在这宽广的两液相范围内,电池的电动势是不变化的,在 350℃时基本上是恒定在 2.076 V 左右(直至所有的硫反应生成 Na_2S_5 后止)。再进一步反应,进入单相区后,电池电动势随硫极多硫化钠组分的变化将线性地逐渐减少至 1.78 V 左右(大约在 Na_2S_3 组分),电池放电至这个组分通常定义为放电深度 100% 时的理论安时容量。钠硫电池放电过程中的电动势变化也可以从图 10.61 清楚地显示出来。

归纳起来,钠硫电池具有如下特点:

① 比能量高(理论比能量为 760 W · h · kg^{-1},实际上已达 150 W · h · kg^{-1},为铅酸电池的 $4 \sim 5$ 倍)。

② 开路电压高(350℃时开路电压为 2.076 V)。

③ 充放电电流密度高(放电一般可达 $200 \sim 300$ mA · cm^{-2},充电则减半)。

④ 充放电安时效率高(由于电池没有自放电及副反应,电流效率接近 100%)。

⑤ 电池原材料(钠、硫)自然界储量高。

钠硫电池的主要不足之处是其工作温度在 $300 \sim 350$℃(受 β-或 β''-Al_2O_3固体电解质材

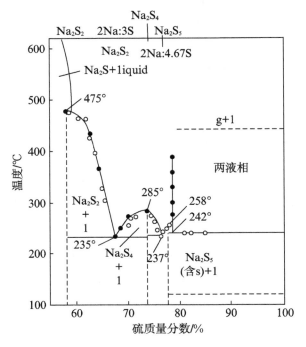

图 10.60　Na_2S/S 体系相图

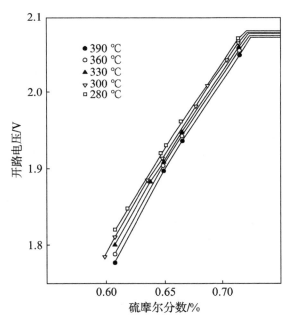

图 10.61　钠硫电池在不同温度时硫极组分与开路电压的关系

料电导率及电极材料的熔点限制），但现代保温技术发展很快，国外已普遍采用高性能真空保温技术，可将保温层做得很薄（$<30\ mm$），比热损失可低于 $60\ W\cdot m^{-2}$（$320℃$）。

2. beta 氧化铝固体电解质

钠 beta 氧化铝固体电解质材料主要有两种变体，一种为 $\beta\text{-}Al_2O_3$，化学式是 $Na_2O\cdot$

$11Al_2O_3$，其晶体结构是 Bragg 等测定的；另一种是 $\beta''-Al_2O_3$，化学式是 $Na_2O \cdot 5Al_2O_3$，是由 Yamaguchi 和 Suzuki 以及 Bettman 和 Peters 确定的。图 10.62 为 $\beta-Al_2O_3$ 和 $\beta''-Al_2O_3$ 的结构图，从图中可知，$\beta-Al_2O_3$ 的单位晶胞是由两个尖晶石基块和两个钠氧层交叠而成，通过钠氧层，上下两个尖晶石基块呈镜面对称；而 $\beta''-Al_2O_3$ 的结构虽然也是类似于 $\beta-Al_2O_3$ 由尖晶石基块沿 C 轴呈层状排列，但它的单位晶胞内含有三个尖晶石基块，所以 C 轴为 $\beta-Al_2O_3$ 的 1.5 倍，这种结构上的差异使 $\beta''-Al_2O_3$ 的钠离子的电导率比 $\beta-Al_2O_3$ 显著提高。

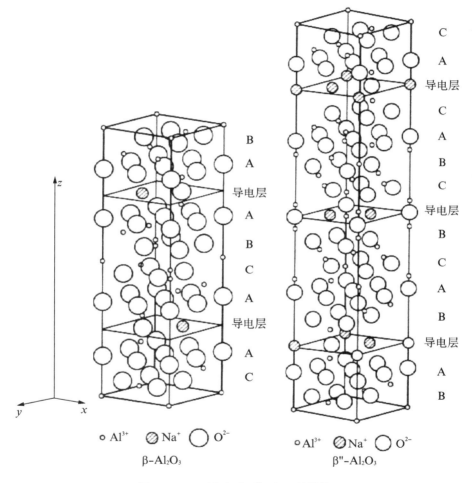

图 10.62　$\beta-Al_2O_3$ 和 $\beta''-Al_2O_3$ 的结构

通常用作 $\beta''-Al_2O_3$ 电解质管的组分是 90%（质量分数）Al_2O_3，8% Na_2O，另加 2% MgO 以稳定 β'' 相，或 90.4% Al_2O_3，8.9% Na_2O，再加 0.7% Li_2O 来稳定 β'' 相，$\beta''-Al_2O_3$ 比 $\beta-Al_2O_3$ 具有更低的离子电阻率（350℃时 2 Ω·cm），并且材料的电阻率变化与 $\beta-Al_2O_3/\beta''-Al_2O_3$ 的比率呈线性关系，对一个纯 $\beta-Al_2O_3$ 来说，电阻率是 15～20 Ω·cm（350℃）。图 10.63 显示了在 350℃时电阻率随 $\beta-Al_2O_3/\beta''-Al_2O_3$ 比率变化的关系。由于 $\beta''-Al_2O_3$ 具有低的电阻率，所以作为电解质材料来说，它是更受欢迎的，然而这种材料对大气的湿度比 $\beta-Al_2O_3$ 敏感得多，通常需要存放在真空干燥的条件下。

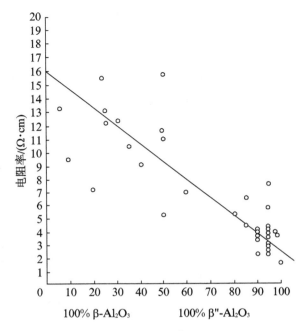

图 10.63　beta-氧化铝电阻率随 β-Al_2O_3/β''-Al_2O_3 的比率变化的关系（350℃）

10.5.3　设计与制造

1. 电池结构设计

钠硫电池的结构基本上是由固体电解质的几何形状确定的，通常 β-氧化铝陶瓷材料可制成管子形状。

管状电池又可设计为两种电池结构——硫中心电池和钠中心电池。

1）硫中心电池

硫中心电池是由英国铁路中心（BR）在 20 世纪 70 年代发明的，英国氯化物无声电力公司（CSPL）曾经使用这种电池结构。图 10.64 是该电池的结构示意图，即利用固体电解质管内装填硫/多硫化钠熔盐，一层薄的金属钠环绕固体电解质外表面，大部分金属钠是储存在电池容器底部的储存器内，工作时通过一个毛细管芯或带有压力的惰性气体将金属钠输送到整个电解质管外表面。硫中心电池设计的最大优点是具有大的电解质表面积，有利于电池产生高功率，另外又避免了电池壳体受多硫化钠熔盐的腐蚀，但有一个问题就是需要制作薄壁（1～1.5 mm）和较大直径（约 ϕ40 mm）的固体电解质管子。在当时条件下对制备这样大尺寸的高可靠性的陶瓷来说是困难的。因此硫中心电池设计在 80 年代后期被放弃，并为钠中心电池所取代。

2）钠中心电池

钠中心电池与硫中心电池正好相反，如图 10.65 所示。其结构为固体电解质管内装填金属钠，通过一个金属安全管和毛细管芯的作用将金属钠输送到电解质管内表面，外部金属壳体盛装硫和多硫化钠，并充当正极集流体。钠中心电池设计的主要优点是使用直径较小的固体电解质管子，根据陶瓷脆性的 Weibull 理论预测，固体电解质陶瓷管强度随其尺寸减小而增加。所以直径较小的陶瓷管不仅在制备工艺条件上是容易控制的，而且在可靠性程

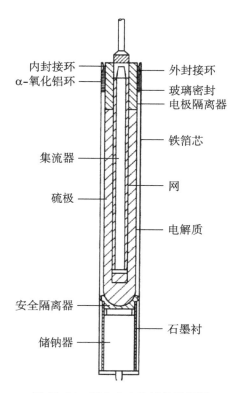

图 10.64　硫中心电池结构示意图

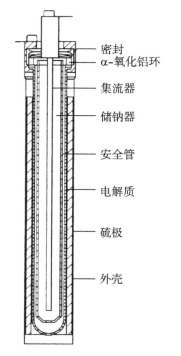

图 10.65　钠中心电池结构示意图

度上也大大增加,使用它通常产生一个比硫中心电池更高的能量密度。这种电池的主要缺点是金属壳体容易受多硫化钠熔盐的腐蚀,但现经采取金属容器内壁渗铬处理等表面防腐措施后已基本消除了这一问题。20 世纪 80 年代以来通过在结构上不断改进和完善,电池容量在几十安时范围内的圆筒状的钠中心电池已普遍为从事钠硫电池的各国研制者们所采用,近年来随着制备技术的日趋成熟,电池容量已扩充至几百安时量级。

2. 制造

1) beta 氧化铝管制造

beta 氧化铝固体电解质管是钠硫电池的关键部件。它必须具备高的离子电导率,长的钠离子迁移寿命,良好的显微结构和机械强度以及准确的尺寸偏差。

beta 氧化铝管能通过各种陶瓷加工手段来制备,主要步骤是粉末制备、素坯成型和烧结。一种典型的加工方法是 Duncan 和 Hick 研究的反应烧结法,将 α-氧化铝、氢氧化钠、氢氧化镁和水以恰当的比例在一起研磨成带 50% 固态的泥浆,然后将泥浆通过喷雾干燥形成流动性很好的粉末,再由等静压成型为所要求的尺寸管子,这些管子或素坯放入氧化镁坩埚和炉子在最高温度 1 620℃时烧结。

2) 单体电池制造

电池制造的工艺流程大致如图 10.66 所示。

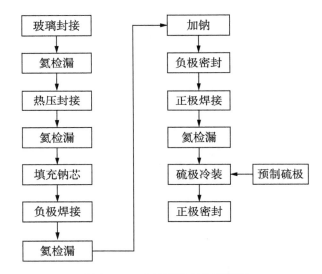

图 10.66 电池制造工艺流程图

电池制造过程中比较重要的技术环节大致有以下三方面:

(1) 密封

密封技术是制造钠硫电池必需的关键技术之一,电池密封性能的好坏将直接影响电池的性能和寿命。如图 10.64 和图 10.65 所示,钠硫电池结构上有三种完全不同类型的密封形式:

陶瓷与陶瓷的密封(连接 β''-Al_2O_3 管和绝缘的 α-氧化铝环之间):一般采用膨胀系数与陶瓷相匹配的,抗钠和多硫化钠腐蚀的硼硅酸盐玻璃作为封接材料,较好地满足了这一封接要求。

陶瓷与金属的密封(分别连接钠极和硫极容器与绝缘的氧化铝环之间):研制初期电池的此类密封一般采用法兰紧固式机械密封,由于结构笨重庞大,而且较难达到密封要求,所以不能令人满意。随后,研究了一种新型的陶瓷与金属的密封方法,称为热压封接,即将金属与陶瓷样品封接件加热到某一温度后施加一定的压力以达到密封连接目的。据报道用铝作为中间体材料的热压封接能达到很好的密封性能和键合强度,并已成功地经电池连续工作三年以上,此类密封被认为是电池中陶瓷与金属封接的一种最佳选择。

金属与金属的密封(分别密封钠极和硫极容器与各自底盖之间):同样在研制初期也是采用法兰紧固式机械密封,其外观及密封效果均不是太理想。现已普遍改用热影响区小,高能量密度熔焊的电子束或激光焊等先进的焊接技术,成功地解决了电池金属容器在分别装填了钠与硫等低熔点活性物质后本身的密封问题,达到了全密封的装配要求。

(2) 加钠

一般少量实验室试验电池加钠都在惰性气氛保护的手套箱内进行,但对组装电池组来说需要的电池量是很多的,因此大量的电池在手套箱内加钠就很不方便。于是一些大公司都研制了自动或半自动的加钠装置,液态金属能很方便地通过计量和定量的方式加入电池内,然后密封储存备用。

(3) 加硫

初期电池加硫一般都是在碳毡或石墨毡装填好硫极容器后,用液态硫在真空条件下加入的。现在硫极制备都采用预制方式,即用一个预先设计加工好的模具,放入碳毡或石墨毡,然后注入液态硫,待冷却后脱模即得到一个硫极预制块,就可进行电池硫极冷装。硫极预制的方法的优点是电池装配简单,易通过热模和注模工艺技术快速制备。

10.5.4 应用与发展前景

钠硫电池作为新型化学电源家族中的一个新成员出现后,一度被各国看好,主要是将其作为电动汽车用的动力电池,而且也确实取得了不少令人鼓舞的成果,但后来随着时间的推移表明,钠硫电池在移动场合下(如电动汽车等)使用条件比较苛刻,在使用可提供的空间、电池本身的安全等方面均存在一定的局限性。与此同时,钠硫电池在空间环境的应用在 20 世纪 90 年代后也未见进一步报道。所以从 20 世纪 80 年代末和 90 年代初开始,国内、国外(主要是日本)钠硫电池技术研究重点转向发展作为固定场合下(如电站储能等)的应用,主要是瞄准电站负荷调平、瞬间补偿电源等,广泛应用于工业和商业等多种不同场合。

10.6 氧化还原液流电池

10.6.1 概述

Thaller 于 1974 年首先提出了氧化还原液流电池的概念,至今已有四十年的历史。氧化还原液流电池(redox flow cell 或 redox flow battery),是指电池的正负极活性物质都为液态形式的氧化还原电对的一类电池。它区别于其他电化学体系的地方主要是该电池能量的主体是以液态形式存在的正负极活性物质,而非一般意义的固体材料。正负极活性物质溶液分别储存在两个容器内,工作时,活性物质溶液分别通过循环泵进入电堆内部发生氧化还原反应,把化学能转化为电能。电池组的输出功率主要取决于电堆的大小与电堆内部主导电极反应的界面特性。电池组的容量主要取决于活性物质的浓度和数量。电池组的输出功率和容量之间关系相对独立,可以根据应用需求分别设计。

液流电池较早提出的有 Ti/Fe、Cr/Fe 及 Zn/Fe 等体系,比较成熟的是多硫化钠/溴(PSB)和全钒(VRB)体系,近年又有 V/Ce、钒氯化物/多卤化物、全铬和 Mn^{3+}/Mn^{2+} 半电池以及其他新体系的研究。Cr/Fe 电池是液流电池体系的先祖,研究始于 20 世纪 70 年代的美国和日本。Cr/Fe 受制于负极 Cr^{3+}/Cr^{2+} 的动力学特征和难有合适的选择性隔膜以消除铁、铬离子的互相渗透,导致铁和铬离子交叉污染,最终难以实现商业化而逐渐被放弃。Ti/Fe 体系的应用主要和 Ti(Ⅲ) 的氧化沉淀有关。铬与 EDTA 络合组成的全铬体系,其正极电对的反应速率慢且受到副反应的干扰;又如高电位电对的 Ce(Ⅲ)/Ce(Ⅳ) 体系,因在 H_2SO_4 支持电解液中易形成复合离子,导致离子扩散阻力增大和电对可逆性下降;钒氯化物/多卤化物体系的活性离子也是复合离子,同样存在与 Ce 电对类似的问题;Mn^{3+}/Mn^{2+} 电对的电位比 Ce^{3+}/Ce^{4+} 更高,易受析氧副反应影响,当其 H_2SO_4 溶液浓度略高时即产生沉淀,且反应动力学迟缓。

目前,国际上液流电池的代表品种主要有 3 种,即多硫化钠/溴电池、全钒氧化还原电池及锌溴电池。多硫化钠/溴液流电池体系类似于铁铬电池。钒电池的研究工作始于 1984 年,由澳大利亚新南威尔士大学(UNSW)的 Marria Syallas-Kazacos 教授提出。近年来,锌溴液流电池受新能源储能技术需求而受到关注和快速发展。

10.6.2 原理与特性

1. 基本结构

与通常蓄电池的活性物质被包容在固态阳极或阴极之内不同,液流电池的活性物质以液态形式存在,既是电极活性材料又是电解质溶液。它可溶解于分装在两大储液罐的溶液中,各由一个泵使溶液流经液流电池,在离子交换膜两侧的电极上分别发生还原和氧化反应。图 10.67 是其单元电堆装置示意图,它分别由两个具有不同电极电位的液体电对作正、负极,该单电池可通过双极板串联成电堆(图 10.68),形成不同规模的蓄电装置,这种电池没有固态反应,

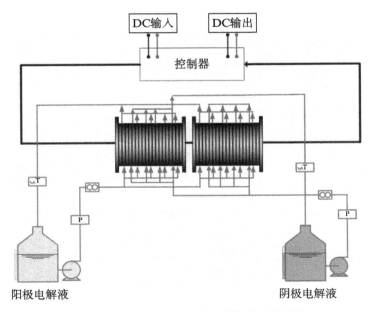

图 10.67　氧化还原液流电池系统构成示意图

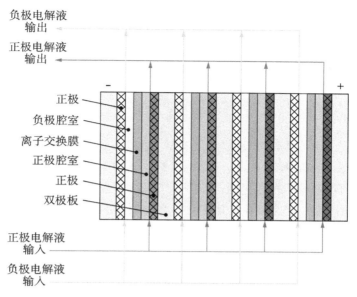

图 10.68　氧化还原液流电池电堆示意图

不发生电极物质结构形态的改变。与其他常规蓄电池相比，其具有明显的优势。

2. 工作原理

氧化还原液流电池反应原理是利用两个不同的氧化、还原反应电对构成电极及电池反应：

$$正极：A^n - e \underset{放电}{\overset{充电}{\rightleftharpoons}} A^{n+1} \tag{10.77}$$

$$负极：C^{n+1} + e \underset{放电}{\overset{充电}{\rightleftharpoons}} C^n \tag{10.78}$$

$$电池反应：C^{n+1} + A^n \underset{放电}{\overset{充电}{\rightleftharpoons}} A^{n+1} + C^n \tag{10.79}$$

1）溴多硫化钠液流电池（bromine/polysulphide flow battery）

溴多硫化钠液流电池正极溶液为溴化钠，负极溶液为多硫化钠。电极和电池反应为

$$正极：3Br^- - 2e \underset{放电}{\overset{充电}{\rightleftharpoons}} Br_3^- \quad E^{\ominus} = +1.09 \text{ V vs SHE} \tag{10.80}$$

$$负极：3S_4^{2-} + 2e \underset{放电}{\overset{充电}{\rightleftharpoons}} 4S_3^{2-} \quad E^{\ominus} = -0.265 \text{ V vs SHE} \tag{10.81}$$

$$电池反应：3Br^- + 3S_4^{2-} \underset{放电}{\overset{充电}{\rightleftharpoons}} 4S_3^{2-} + Br_3^- \quad E^{\ominus} = 1.355 \text{ V vs SHE} \tag{10.82}$$

溴多硫化钠液流电池开路电压一般约 1.5 V，而开路电压又通常与电化学反应活性物质的浓度密切相关。溴多硫化钠液流电池技术挑战主要包括：① 防止正、负极电解液互穿渗透污染；② 维持电解液平衡，即组成不变；③ 抑制隔膜材料中 S 类物质的沉积；④ 抑制副产物 $H_2S(g)$ 和 $Br_2(g)$ 生成，提高电池充放电效率。

2）全钒液流电池（all vanadium redox flow battery，VRB）

全钒液流电池主要采用全钒离子作为电解液，电极和电池反应为

$$正极：VO^{2+}+H_2O-e \underset{放电}{\overset{充电}{\rightleftharpoons}} VO_2^+ + 2H^+ \quad E^\ominus = +1.00 \text{ V vs SHE} \quad (10.83)$$

$$负极：V^{3+}+e \underset{放电}{\overset{充电}{\rightleftharpoons}} V^{2+} \quad E^\ominus = -0.260 \text{ V vs SHE} \quad (10.84)$$

$$电池反应：VO^{2+}+H_2O+V^{3+} \underset{放电}{\overset{充电}{\rightleftharpoons}} VO_2^+ + 2H^+ + V^{2+} \quad E^\ominus = 1.260 \text{ V vs SHE}$$

$$(10.85)$$

钒电池单体电池正负极的标准电势为 1.26 V。在 2 mol·L^{-1} VOSO$_4$ + 2.5 mol·L^{-1} H$_2$SO$_4$ 电解液状态,50% 荷电状态下,开路电压约为 1.4 V;100% 荷电状态下,开路电压约为 1.6 V。全钒液流电池技术挑战包括：① 降低电极材料成本,提高电极的稳定性、电化学反应活性和延长使用寿命;② 改善离子交换膜的 H$^+$ 选择透过性,降低钒离子和水的渗透性,降低成本,延长使用寿命;③ 提高高浓度钒溶液(>2 mol·L^{-1})在循环过程中稳定性,降低成本;④ 进一步提高储能密度(目前 25~35 W·h·kg^{-1});⑤ 提高环境适应性,适用更宽温度范围。

3) 锌溴液流电池(the zinc/bromine redox flow cells)

锌溴液流电池近几年受到更多的关注,是因为其具有更高的能量密度、高电池电压、电极反应可逆性好、反应活性物质储量丰富、成本低等多方面优点。电极及电池反应为

$$正极：3Br^- -2e \underset{放电}{\overset{充电}{\rightleftharpoons}} Br_3^- \quad E^\ominus = +1.09 \text{ V vs SHE} \quad (10.86)$$

$$负极：Zn^{2+}+2e \underset{放电}{\overset{充电}{\rightleftharpoons}} Zn \quad E^\ominus = -0.76 \text{ V vs SHE} \quad (10.87)$$

$$电池反应：3Br^- +Zn^{2+} \underset{放电}{\overset{充电}{\rightleftharpoons}} Br_3^- + Zn \quad E^\ominus = +1.85 \text{ V vs SHE} \quad (10.88)$$

与其他液流体系不同的是,负极反应活性物质在充电状态下会形成金属锌沉淀在负极上。因此,锌溴液流电池也是一种半液流电池。锌溴液流电池的技术难点主要是：① 抑制锌枝晶形成;② 低成本、长寿命多孔隔膜材料;③ 抑制溴从正极向负极迁移,等等。

3. 特点

与常规电池相比,氧化还原液流电池具有下列特点：

① 简单的工作原理和长使用寿命。电池反应为液相反应,只有溶液中离子化合价的变化。与使用固体活性物质的电池相比不存在减少电池使用寿命的因素,如活性物质的损失、相变,电池使用寿命可达 15~20 年。

② 灵活的安装布局,适于用作规模储能装置。电池的输出功率(电池堆)和容量(电解液储槽)可分隔开,因此可根据安装的位置变更两部分的布局。可根据功率和容量需要更改设计。例如,如果容量需要加倍而输出功率不变,只需将储槽尺寸加倍即可。因此有利于做成兆瓦级的储能装置。

③ 无静置损失和快启动问题。电池充电后荷电电解液分别储存在正负储槽中,长期停机期间不会发生自放电,也不需要辅助动力。而且长期放置后只需启动泵,这样只需几分钟就可启动。

④ 安全可靠,易于维护。电解液(含活性物质)从相应的储槽泵入各电池中,每个单体电池的充电态是相同的,减少了如均衡充电这类特殊的操作。而且维护也方便,操作成本

低。与氢氧燃料电池相比,因为电解液相对安全,可保证极好的环境安全性。

⑤ 电池充放电性能好,可深度放电而不损坏电池。电池的自放电低,在电池系统关闭模式下,储槽中的电解液无自放电。

⑥ 电池部件多为廉价的碳材料、工程塑料,使用寿命长,材料来源丰富,加工技术较成熟,易于回收。在固定储能领域,成本和效率是第一重要的,氧化还原液流电池能量转化效率高,成本优势明显。

10.6.3　设计制造

1. 设计考虑

1)设计因素

液流电池设计需要考虑以下因素:

(1)漏电流(shunt currents)

产生漏电流的原因是电解液在电堆中流过时,形成电子或离子的传导回路导致放电发生。降低漏电流的方法主要有:降低电解液电导率、延长电解液流通长度和降低电解液流通有效截面积。但是,延长电解液流通长度和降低电解液流通有效截面积都会增加电解液流动阻力,就会进一步导致相应提高泵的扬程和能耗。因此需要在设计上做到降低漏电流与寄生能耗间优化。

(2)电池堆内电解液均匀分配

理论上,流体电池电极界面上需要获得持续的、均匀的、线性电解液液流(典型值为 $0.05 \sim 1\ \mathrm{m \cdot s^{-1}}$)。然而实际上,往往在电极区域上出现电解液不均匀分布的现象,甚至还会有电解液空白区,尤其是在较大尺寸电池堆中尤为明显。因此需要在电池电堆以及分隔板、电极结构设计上重点考虑电解液流体力学特性。

(3)电解液回流混合

充放电过程中,电解液进入电池堆后,部分发生电化学反应后流回到各自的储罐中,与储罐中的电解液发生混合。这样会导致电解液浓度不断变化,导致电池堆电压效率降低。为避免这种情况的发生,可考虑正、负极电解液都分别采用两个储罐存储充、放电两种不同状态的电解液。但是这可能会增加成本和占用空间。

(4)离子迁移补偿(compensation for ionic migration)

在充、放电过程中,由于电池隔膜两侧电解液组分差异和电场力的共同作用,产生离子和溶剂水的渗透或电渗析,导致电解液组分的变化。所以必须采取必要的技术手段维持电解液组分恒定,如反渗透、水蒸发、电解等,去除多余水分。

2)设计参数

定义液流电池电堆主要技术参数主要包括:电压效率、电流效率、能量效率、功率效率等。这些参数是实际液流电池系统设计和操作运行以及电解液体积计算、系统荷电状态以及反应物转化率等的重要参考依据。

(1)电压效率(voltage efficiency)

电压效率是液流电池电堆放电电压 V_{cc}(discharge)与充电电压 V_{cc}(charge)的比值:

$$\eta_V = \frac{V_{cc}(\mathrm{discharge})}{V_{cc}(\mathrm{charge})} \qquad (10.89)$$

（2）库仑效率（charge efficiency）

库仑效率也称电流效率，是放电电量 $Q(discharge)$ 与充电电量 $Q(charge)$ 的比值：

$$\eta_Q = \frac{Q(discharge)}{Q(charge)} \tag{10.90}$$

（3）能量效率（energy efficiency）

能量效率是可提供放电能量 $E(discharge)$ 与充电电能 $E(charge)$ 的比值：

$$\eta_E = \frac{E(discharge)}{E(charge)} \tag{10.91}$$

（4）功率效率（power efficiency）

功率效率是放电功率 $P(discharge)$ 与充电功率 $P(charge)$ 的比值：

$$\eta_P = \frac{P(discharge)}{P(charge)} \tag{10.92}$$

2. 制造

几种典型氧化还原液流电池设计参数列于表 10.10，大致归为以下几点：① 一般氧化还原液流电池单体电池尺寸都相对较小，溴多硫化钠液流电池例外。装机容量范围多数在 kW 到 MW 量级，溴多硫化钠液流电池更适用于 MW 级应用。② 绝大多数的氧化还原液流电池都采用阳离子交换膜阻隔正、负极。③ 绝大多数的氧化还原液流电池都采用碳和碳复合电极材料，其中三维立体结构碳材料、碳毡等常用作电极材料。④ 氧化还原液流电池效率随充放电状态和过程变化而不同，一般较高。例如，电压效率一般 62%～73%；电流效率 80%～98%，能量效率 60%～75%。⑤ 与其他化学电源相比，氧化还原液流电池比能量相对较低，通常质量比能量和体积比能量为 $18\sim28\ W\cdot h\cdot kg^{-1}$、$20\sim35\ W\cdot h\cdot dm^{-3}$。

表 10.10　典型氧化还原液流电池设计参数

系　统	Br/NaSₓ	V/V	Zn/Br
电极	碳聚合物复合材料	石墨毡和碳布	石墨毡
隔膜	阳离子交换膜	阳离子交换膜	微孔隔膜
单体电池电压/V	1.54	1.70	1.85
电流密度/$(A\cdot m^{-2})$	600	800	150～300
电极面积/m^2	0.67	0.15	0.01～0.16
$R_A/(\Omega\cdot m^2)$	2.6×10^{-3}	2.1×10^{-3}	$5\times10^{-3}\sim8\times10^{-3}$
电压效率/%	75	73.2	85
电流效率/%	90	98.2	95
能量效率/%	67	71.9	80
装机容量/$(kW/kW\cdot h)$	15 000/120 000	1 000/4 000	1.33/0.7
工作温度/℃	35	10～40	15～35

10.6.4　应用与发展前景

氧化还原液流电池结构紧凑,寿命长,可快速充电,功率和容量相对独立容易安装,具有良好的发展前景。可与电网配套应用,调荷以及备用控制,改进供电质量,备用的通信电源;在可再生能源系统中用作储能单元;用作不间断的电源(UPS)、偏远地区动力、移动电源、潜水艇中应急备用电池等。

目前,世界能源需求不断上涨,而石油、煤等化石燃料储量日益减少,可再生的能源系统中的开发日显重要,氧化还原液流电池的出现引起世界的高度关注,在发达国家的研发已达到一定深度,我国也进行了基础及应用研究。因而氧化还原液流电池有希望成为后起之秀,担当起电力调峰、电力灾难事件发生时紧急供电,以及风能、太阳能等洁净可再生能源储能重任。作为化学新能源的研究和开发者,我们必须抓住机遇,努力开发出拥有自主知识产权的液流储能电化学系统,为我国经济和社会的可持续发展作出一份贡献。

思　考　题

(1) 简述燃料电池基本原理及分类。

(2) 氢氧燃料电池工作温度升高 10 K,电动势是降低还是升高? 改变值是多少?

(3) 氢氧燃料电池理论工作效率是多少?

(4) 功率需求 10 kW、效率 60%、电压 100 V,请设计氢氧燃料电池电堆。

(5) 简述电化学电容器基本原理和制造流程。

(6) 简述水激活电池基本原理和特性、应用。

(7) 简述锌空电池基本原理和制造流程。

(8) 简述氧化还原液流电池主要体系及原理。

参 考 文 献

程新群. 2008. 化学电源[M]. 北京：化学工业出版社.

戴维·林登,等. 2007. 电池手册 [M]. 3 版. 汪继强,等,译. 北京：化学工业出版社.

电子元器件专业技术培训教材编写组. 1986. 化学电源[M]. 北京：电子工业出版社.

郭柄焜,李新海,杨松青. 2009. 化学电源——电池原理及制造技术[M]. 长沙：中南大学出版社.

兰德 J J,等. 1974. 锌-氧化银电池组[M]. 翻译组,译. 北京：国防工业出版社：5-7,13-18,53-57,116-123,
140-150.

雷刚. 2003. 锂/亚硫酰氯电池安全设计技术研究[J]. 航天电源,(12)：46-65.

李国欣. 1989. 弹(箭)上一次电源[M]. 北京：宇航出版社.

李国欣. 1992. 新型化学电源导论[M]. 上海：复旦大学出版社.

李国欣. 2007. 新型化学电源技术概论[M]. 上海：上海科学技术出版社.

李国欣. 2008. 航天器电源系统技术概论[M]. 北京：中国宇航出版社.

刘春娜. 2012. 锂氟化碳电池技术进展[J]. 电源技术,36(5)：624-625.

陆瑞生,刘效疆. 2005. 热电池[M]. 北京：国防工业出版社.

马世俊. 2001. 卫星电源技术[M]. 北京：宇航出版社：118-125.

孟宪臣. 1982. 锌银蓄电池 [M]. 北京：人民邮电出版社：38-80.

上海空间电源研究所. 上海空间电源研究所企业标准[S]. 2008. 锂离子蓄电池型号命名方法. Q/
Ru169-2008.

史鹏飞. 2006. 化学电源工艺学[M]. 哈尔滨：哈尔滨工业大学出版社.

吴浩青,李永舫. 1998. 电化学动力学[M]. 北京：高等教育出版社：195-196.

吴宇平,戴晓兵,吴锋,等. 2007. 聚合物锂离子电池[M]. 北京：化学工业出版社：2-3.

徐国宪,章庆权. 1984. 新型化学电源[M]. 北京：国防工业出版社：62-100.

衣宝廉. 2003. 燃料电池——原理·技术·应用[M]. 北京：化学工业出版社：52-56.

詹姆斯·拉米尼,安德鲁·迪克斯. 2006. 燃料电池系统——原理·设计·应用[M]. 2 版. 朱红,译. 北京：
科学出版社：100-115.

张灯,黄桃,余爱水. 2012. 锂空气(氧气)电池的研究进展[EB/OL]. http：// www. powermagazine. cn/
HTML/376_1. html. [2012. 12. 01].

总装备部电子信息基础部. 2009. 军用电子元器件[M]. 北京：国防工业出版社：515-518.

Affinito J. 2012. Developing Li-S chemistry for high energy rechargeable batteries. Symposium on scalable
energy storage beyond Li-ion [EB/OL]. https：// www. ornl. gov/ccsd _ registrations/battery/
presentations/Session7-1020-Affinito. pdf. [2012. 12. 01].

Barnard R, Randell C F, TyeF L. 1980. Studies concerning charged nickel hydroxide electrodes-measurement
of reversible potential[J]. Journal of Applied Electrochemistry, (10)：109-125.

Berndt D. 1997. 蓄电池技术手册[M]. 2 版. 唐槿,译. 北京：中国科学技术出版社：191-434.

Dunlop J D, Mao G M, Yi T Y. 1993. NASA Handbook for Nickel-Hydrogen Batteries[M]. National
Aeronautics and Space Administration Scientific and Technical Information Branch, 1-1.

Guidotti R A, Masset P J. 2006. Thermally activated ("thermal") battery technology Part Ⅰ：An overview
[J]. Journal of Power Sources, 161：1443-1449.

Guidotti R A, Masset P J. 2008. Thermally activated ("thermal") battery technology Part Ⅳ：Anode
materials [J]. Journal of Power Sources, 183：388-398.

Linden D. 1984. Handbook of Batteries and Fuel Cell[M]. New York: Mc Graw-Hill Book Company, Part Ⅰ, Chapt. 1-3; Part Ⅳ, Chapt. 25-32.

Masset P J, Guidotti R A. 2007. Thermal activated (thermal) battery technology Part Ⅱ. Molten salt electrolytes [J]. Journal of Power Sources, 164: 397-414.

Masset P J, Guidotti R A. 2008. Thermally activated ("thermal") battery technology Part Ⅲa: FeS_2 cathode material [J]. Journal of Power Sources, 177: 595-609.

Masset P J, Guidotti R A. 2008. Thermally activated ("thermal") battery technology Part Ⅲb: Sulfur and oxide-based cathode materials [J]. Journal of Power Sources, 178: 456-466.

Mikhaylik Y, et al. 2002. High energy rechargeable Li-S cells for EV application. Status, challenges and solutions [EB/OL]. http://sionpower.com/pdf/articles/SionPowerECS.pdf. [2012.12.01].

Nagoura T, Tozawa K. 1990. Lithium ion battery[J]. Prog Batteries Solar Cells, 9: 209-217.

Ruetschi P, Meli F, Desilvestro J. 1995. Nickel-metal hydride batteries-the preferred batteries of the future? [J]. J Power of Sources, (57): 85-91.

Scott W R, Rusta D W. 1979. Sealed-cell nickel-cadmium battery applications manual[R]. N80-16095. Maryland: NASA Scientific and Technical Information Branch.

Shaju KM, Bruce P G. 2008. Nano-$LiNi_{0.5}Mn_{1.5}O_4$ spinel: a high power electrode for Li-ion batteries[J]. Dalton Transactions: 5471-5475.

Thackeray M M, Kang S H, Johnson C S, et al. 2007. Li_2MnO_3-stabilized $LiMO_2$ (M=Mn, Ni, Co) electrodes for lithium-ion batteries[J]. Journal of Materials Chemistry, 17: 3112-3125.

Vielstich W, Lamm A, Gasteiger H. 2003. Handbook of Fuel Cells: Fundamentals, Technology, Applications [M]. Hoboken: Wiley.

Wu H, Cui Y. 2012. Designing nanostructured Si anodes for high energy lithium ion batteries [J]. Nano Today, 7: 414-429.